科学出版社"十三五"普通高等教育本科规划教材

植物病害与管理

马桂珍　暴增海　孔德平　主编

科 学 出 版 社

北 京

内 容 简 介

　　全书分为四篇二十一章，第一篇重点介绍植物病害基础理论，第二至四篇重点介绍农作物、果树、蔬菜等主要病害的诊断识别、发生规律与管理，针对每种作物均附有技能训练指导及症状和病原形态插图，章前有教学目标和技能目标，章后有思考题。

　　本书是高等院校植物保护专业教材，也可作为普通院校非植物保护专业的教学选用教材，同时可作为农业科技人员的参考书。

图书在版编目（CIP）数据

　　植物病害与管理 / 马桂珍，暴增海，孔德平主编. —北京：科学出版社，
2016
　　科学出版社"十三五"普通高等教育本科规划教材
　　ISBN 978-7-03-050718-1

　　Ⅰ．①植… Ⅱ．①马… ②暴… ③孔… Ⅲ．①病害 - 防治 - 高等学校 - 教材 Ⅳ．① S432

　　中国版本图书馆 CIP 数据核字（2016）第 272360 号

责任编辑：丛 楠 刘 丹 / 责任校对：杜子昂 彭珍珍
责任印制：张 伟 / 封面设计：黄华斌

科 学 出 版 社 出版
北京东黄城根北街 16 号
邮政编码：100717
http://www.sciencep.com
北京凌奇印刷有限责任公司 印刷
科学出版社发行 各地新华书店经销
*
2016 年 11 月第 一 版 开本：787×1092 1/16
2022 年 8 月第四次印刷 印张：35 1/2
字数：820 000
定价：108.00 元
（如有印装质量问题，我社负责调换）

丛书序　编写说明

为贯彻落实全国教育工作会议和《国家中长期教育改革和发展规划纲要（2010—2020年）》精神，加快推进面向农村的职业教育的发展，培养适应现代职业教育发展要求的"双师型"教师，2011年教育部、财政部联合下发的《教育部 财政部关于实施职业院校教师素质提高计划的意见》（教职成〔2011〕14号）中指出，2012~2015年，支持职教师资培养工作基础好、具有相关学科优势的本科层次国家级职业教育师资基地等有关机构，牵头组织职业院校、行业企业等方面的研究力量，共同开发100个职教师资本科专业的培养标准、培养方案、核心课程和特色教材，加强职业教育师资培养体系的内涵建设。

河北科技师范学院作为全国重点建设教师培养培训基地，牵头承担了教育部、财政部"职业院校教师素质提高计划——本科专业职教师资培养资源开发项目"中的"植物保护专业职教师资培养资源开发项目"。"植物保护专业职教师资培养资源开发项目"的实施内容包括：植物保护专业的基础资料调查研究报告，植物保护专业教师标准，植物保护专业教师培养标准，植物保护专业教师培养质量评价方案，课程资源（专业课程大纲、主干课程教材、数字化资源库）的编制、研发和创编工作。

本套教材即为教育部、财政部"职业院校教师素质提高计划——植物保护专业职教师资培养资源开发项目"的成果之一。

本套植物保护专业主干课程教材的开发过程中，以先进的现代职教理念为引领，以培养造就高素质专业化中等职业学校教师为目标，以切实提高植物保护专业教师专业知识水平和专业能力为本位，注重把"专业性"、"职业性"、"师范性"三者深度融合在一起，针对植物保护本科专业中等职教师资培养的核心课程，力争开发出基于工作过程系统化设计思想和体现问题导向、案例引导、任务驱动、项目教学等职业教育教学方法要求，突出"强能力"、"重应用"职业教育特色的课程教材。

1. 教材编委会在项目前期广泛调研、分析的基础上，根据项目总体要求，确定开发《植物虫害与管理》、《植物病害与管理》、《植物化学保护》、《植物保护专业教学法》、《植物保护专业综合实践》等5部植物保护专业主干课程教材。

2. 本套教材的开发以项目总体要求、植物保护专业基础资料调查研究报告、《植物保护专业教师标准》、《植物保护专业教师培养标准》和《植物保护专业相关课程标准》为依据。

3. 教材开发中力求体现以下三方面的特点。

1）树立先进的职教理念，针对职业学校"教师专业化"的要求，聚焦于形成职业教育师范生的"职业能力"，既体现学科专业的基本要求，也体现培养教师专业精神、专业知识和专业能力的要求。

2）注意突破学科自身系统性、逻辑性的局限，体现知识的结构性原则，密切与培养对象生活、现代社会、科技、职业发展的联系，突出体现服务对象综合素质和职业能力培养的功能。

3）体现专业领域的最新理论知识、前沿技术和关键技能；内容综合化，涵盖植物保护各个技术领域的"四新"内容；强化岗位关键技能和生产实践能力的提高。

4. 针对专业类（《植物虫害与防治》、《植物病害与管理》、《植物化学保护》）、教育教学类（《植物保护专业教学法》）、实践类（《植物保护专业综合实践》）等三类课程教材的不同特点，确定了不同的开发原则。

1）专业类课程教材依照"任务驱动"、"问题解决"的模式进行开发。教材内容的组织力求按照工作过程来进行序化，即以工作过程为参照系，将陈述性知识与过程性知识整合、理论知识与实践知识整合，一般以过程性知识为主，以陈述性知识为辅，根据工作过程确定教材体系结构。

2）教育教学类课程教材开发中力求避免宽泛的、一般性的职业教育教学理论介绍，着重于植物保护专业教学的专门理论和方法，使学生能够理解和掌握对学科专业知识进行教学分析的方法，掌握选择采用妥善的教育教学模式和教学方法的技巧。

3）实践类课程教材要重新整合各实践教学环节的教学训练内容，力求实践教学内容前后紧密衔接、由简单到复杂、由单项到综合，努力达到实践教学系统化、规范化；注重专业实践和教育教学实践的有机结合，注重选取专业教学方面的典型项目工作案例。

本套教材开发、编写过程中，王文颇、乔亚科、周印富根据项目专家指导委员会的意见，负责组织、协调各部教材的整体开发工作，并对各部教材的编写体例、编写大纲进行了最后修订。

本套教材在开发、编写过程中，得到了河北科技师范学院、淮海工学院、河北农业大学、沈阳农业大学、山东农业大学、四川农业大学、西北农林科技大学、云南农业大学、华南农业大学、河北大学、河北工程大学、北京林业大学、燕山大学、扬州大学、河南科技学院、河北省农业科学研究院植物保护研究所、河南省科学院、河北北方学院、保定职业技术学院、江苏农林职业技术学院、沧州职业技术学院、成都农业科技职业学院、黑龙江职业学院、黑龙江农业职业技术学院、黑龙江农业经济职业学院、安徽材料工程学校、河北省昌黎县职业技术教育中心、河北省宽城县职业技术教育中心、河北省围场满族蒙古族自治县职业教育技术中心、河北省怀来县职业技术教育中心、河北省武安市职教中心、河北省兴隆县职教中心、河北赞皇中学、安徽省濉溪县职业教育中心、甘肃省通渭县陇山职业中学、河北省农业广播电视学校兴隆分校、中央广播电视学校昌黎分校、广西田园生化股份有限公司、秦皇岛长胜农业科技发展有限公司等单位的领导和同志的大力支持，编写过程中参考和引用了大量的资料和成果，在此一并表示诚挚敬意和衷心的感谢。

由于编者水平有限，加之教材体例上打破了传统"教科书"式的平铺直叙，重点突出了教材内容编排的工作过程系统化设计思想和体现问题导向、案例引导、任务驱动、项目教学等职业教育教学方法和"强能力"、"重应用"的职教特色，使得教材内容体系的构建难度极大。因此，教材中难免出现疏漏、不足和一些不成熟的看法，甚至偏颇的拙见，敬请指正。

植物保护专业职教师资培养主干课程教材编委会

2016 年 4 月

前　言

　　当前，我国职业教育改革进入加快建设现代职业教育体系、全面提高技能型人才培养的新阶段。为了推动职业教育科学发展，进一步保证规模、调整结构、加强管理、提高质量，我国对职教师资队伍建设提出了新的更高的要求。从总体上看，目前，职教师资队伍数量不足，特别是"双师型"教师数量缺口较大、专业素质不高、培养培训体系薄弱等问题依然存在，还不能完全适应新时期加快发展现代职业教育的需要，与建设现代职业教育体系、全面提高技能型人才培养质量的要求还有一定差距。

　　在这种形势下，2013年教育部、财政部支持了43个全国重点建设职教师资培养培训基地作为项目牵头单位，开发了100个职教师资本科专业的培养标准、培养方案、核心课程和特色教材项目，其中专业项目88个，公共项目12个。河北科技师范学院作为全国重点建设教师培养培训基地，牵头承担了该项目中的"植物保护专业的培养标准、培养方案、核心课程和特色教材项目"。

　　职教师资本科专业培养资源开发项目是新中国成立以来第一次由中央财政支持、遴选全国优质资源、系统开发有针对性的职教师资培养资源项目。项目具有以下几个特点：一是实践性。项目针对职教师资队伍建设的突出问题，紧紧围绕实践环节和实践能力，开发相关标准、方案和资源，充分体现职业教育改革发展对"双师型"职教师资的突出要求。同时，各承担单位将项目开发与日常教学紧密结合，不断检验、修改和完善相关成果。二是创新性。项目借鉴国内外先进的职业教育和师资培养理念，构建以培养院校为主体，政府部门、行业企业、职业院校、职教专家等协同参与的项目团队和师资培养。通过调研、论证、开发与应用等过程，充分把握职业教育区别于普通教育、职教师资培养区别于普教师资培养、师资培养专业区别于工程专业的独特性，在研发理念、研发团队、研发模式、研发内容等诸方面体现创新性。三是系统性。12个公共项目成果统筹指导整个项目的开发与实施，避免重复研发，保持项目成果体系的完整性和相互衔接。专业项目针对职教师资本科专业大类，开发88个专业的教师专业标准、教师培养质量标准、专业课程大纲、主干课程教材、数字化资源等，着力于相关专业职教师范生能力的系统培养。

　　在这种背景下，我们共同协作开发、研编了这本教材。全书共分四篇二十一章，重点介绍了植物病害基本概念、症状、发生规律、病害管理及不同作物病害的识别诊断和病害管理的基本技能和基本理论，教材的编写广泛采用了基于工作过程系统化的设计思想和体现问题导向、案例引导、任务驱动、项目教学等职业教育教学方法的要求，整体实现"三性融合"，采用系统创新理念，有整体设计，打破学科化、单纯的学术知识呈现，突出"理实一体化"的理念，把每一个病害作为一个项目，按照操作顺序把理论与实践融为一体，具有可操作性，突出了实践技能的培养。本书可作为高等院校植物保护专业师资培养的专业教材。

在编写过程中，暴增海、马桂珍、孔德平、刘宝柱、刘欣等同志反复学习项目书要求，在充分讨论和理解项目主旨的前提下拟定了编写提纲和体例，并多方征求意见，最后达成了一致意见，完成了编写任务。参加本书编写的有淮海工学院、河北工程大学、河北北方学院、河北科技师范学院、江苏农林职业技术学院、沧州职业技术学院等高校的教师，其中杨鹤同、暴增海、周向红、王洪斌、秦蕾负责第一篇，张树发、袁军海、闫海燕、马桂珍、周向红负责第六章至第十章，李福后、王伟霞、王洪斌负责第十一章和第十二章，王淑芳和刘一健负责第十三章，李福后、王伟霞、刘欣、马桂珍、周向红、刘宝柱负责第三篇，孔德平、王增池、王淑芳、马桂珍、王洪斌、周向红负责第四篇。

暴增海、马桂珍负责全书的整理，对部分章节进行了改写，并完成统稿。

本书在编写过程中，曾参考了有关兄弟院校所编的《植物保护学》等教材，以及其他植物保护书籍、期刊和互联网文献等资料，并吸收了部分内容，在此表示衷心谢意。限于编者的业务水平，加之时间仓促，本书尚存有缺点及不足之处，诚恳地希望专家、同行和读者提出批评和修改意见，以期再版时修正。

编　者

2016 年 10 月

目　录

第二篇　农作物病害与管理篇

第三篇　果树病害与管理篇

第四篇　蔬菜病害与管理篇

第一篇　植物病害与管理基本原理篇

第一章　绪　论

【教学目标】　掌握植物病害的定义，了解两大病害的关系，掌握植物病害的类型和症状特点。

【技能目标】　掌握植物病害症状特点的观察方法，能够准确划分常见病害症状类型。

第一节　植物病害的定义

植物由于受到病原生物或不良环境条件的持续干扰，干扰强度超过了其能够忍耐的程度，正常的生理功能受到严重影响，在生理上和外观上表现出异常，这种偏离了正常状态的植物就是发生了病害。

在自然界，植物的自然衰老凋谢，以及由风、雹、动物等造成的突发性机械损伤及组织死亡，因缺少病理变化过程，故不能称为病害。

有些植物在外界环境因素和栽培条件影响下，生长发育出现一系列异常变化，但其经济价值非但没有降低，反而有所提高，这不列为植物病害。例如，食用茭白受到黑粉菌侵染后，产生一种激素使细胞分裂加快，茎基部膨大变得肥厚嫩脆；利用弱光栽培韭菜，并使其黄化，得到的韭黄更为鲜嫩。虽然这些都是异常的，但却提高了它们的经济利用价值。

第二节　植物病害的类型

植物病害的种类很多，病因也各不相同，引起的病害形式多样。一种植物可以发生多种病害，一种病原生物又能侵染几十种至几百种植物，引起不同的症状；同一种植物又能因品种的抗病性不同，而出现多种症状，因此植物病害可以有多种分类方法。例如，按传播方式和介体分类，植物病害可分为气流传播（气传）病害、土壤传播（土传）病害、雨水传播（水传）病害、种子传播（种传）病害和介体传播病害。

根据致病因素的性质，植物病害可分为两大类，即非侵染性病害和侵染性病害。这是一种非常实用的分类方法，其优点是既可以知道发病的原因，又可以知道病害的发生特点和防治的对策。

1. 非侵染性病害　非侵染性病害（uninfectious disease）是由非生物因素（即不适宜的环境条件）引起的植物病害。这类病害由于没有病原物的侵染，不能在植物个体间互相传染，所以称为非侵染性病害或生理性病害。这类病害常常是由营养元素缺乏、水分供应失调、气候因素及有毒物质对大气、土壤和水体等的污染引起的。

2. 侵染性病害　侵染性病害（infectious disease）是由生物因素引起的植物病害。这类病害可以在植物个体互相传染，所以也称为传染性病害。

（1）按病原生物类型分类　可分为真菌性病害、细菌性病害、病毒病害、线虫病害和寄生性种子植物病害等。

（2）按寄主植物类别分类　可分为大田作物病害、果树病害、蔬菜病害、花卉病害、牧草病害及森林病害等。

（3）按寄主受害部位分类　可分为叶部病害、茎秆病害、果实病害和根部病害等。

侵染性病害和非侵染性病害虽属两类不同性质的病害，但存在密切的关系。在不良环境条件影响下发生了非侵染性病害后，植物生长不良，对病原物的抵抗力下降，为病原物侵入或病害流行创造了有利条件。反之，植物感染了侵染性病害后，对不良环境条件抵抗力也会降低，而易于发生非侵染性病害。

第三节　植物病害的症状

植物受病原物侵染或不良环境因素影响后，在组织内部或外表显露出来的异常状态称为症状（symptom）。按照症状在植物体显示部位的不同，可分为内部症状与外部症状两类。内部症状是指受病原侵染后植物体内细胞形态或组织结构发生的变化，这些改变一般要用光学或电子显微镜才能看到。外部症状是指植物外表所显示的种种病变，肉眼即可识别。外部症状又分为病状和病征两类。病状是指植物本身外部表现出的异常状态。病征是指病原物在植物病部表面形成的各种繁殖器官结构。植物病害都有病状，而病征只有在真菌、细菌引起时才表现明显。症状是认识和诊断植物病害的重要依据。

一、病状类型

1. 变色　植物受不良环境影响或病原物的侵染，植株局部或全株失去正常的颜色的现象称为变色（discoloration）。产生变色的原因是细胞内叶绿素结构受到破坏或形成受阻或色素合成失衡。依据轻重程度不同，常见的变色病状还可分为褪绿、黄化、花叶、斑驳、红叶等。很多病毒病及缺素症等均可呈现变色病状。

2. 坏死　植物的细胞和组织受到破坏而死亡称为坏死（necrosis）。根、茎、叶、花、果等都能发生坏死。坏死在叶片上的主要表现有叶斑和叶枯两种。叶斑根据其形状的不同，可分为圆斑、角斑、条斑、轮纹斑等。叶斑的形状、大小和颜色虽不相同，但轮廓都比较清楚，有的叶斑组织坏死，病斑周围产生离层脱落，形成穿孔。叶枯是指叶片上较大面积的枯死，枯死部分的轮廓有时不像叶斑那么明显，发生在叶尖、叶缘的则称为叶烧。这些病斑主要是在形状、大小、颜色、表面特征等方面存在差异，多数由真菌、细菌危害所致。幼苗根、茎基部发生坏死，死亡不倒伏的称为立枯，迅速倒伏死亡的称为猝倒。

3. 腐烂　是指植物细胞和组织发生较大面积的分解和破坏。植物的根、茎、叶、花、果实、块根、块茎等都可以发生腐烂（decay），而幼嫩或多肉的组织更容易腐烂，腐烂发生时常伴有特殊气味散出。腐烂可以分为干腐、湿腐和软腐。组织腐烂时，随着细胞的消解而流出水分和其他物质，若组织解体较慢，腐烂组织中的水分能及时蒸发而消失，病部表皮干缩或干瘪则形成干腐；若组织解体很快，腐烂组织不能及时失水则形成湿腐。软腐主要先是中胶层受到破坏，腐烂组织的细胞离析，以后再发生细胞的消解。根据腐烂的部位可分为根腐、基腐、茎腐、花腐、果腐等。腐烂型病害大多由真菌、细菌引起。

4. 萎蔫　是指植物整株或局部由于失水而导致枝叶萎垂的现象。萎蔫（wilt）有生理性萎蔫和病理性萎蔫，生理性萎蔫是由土壤缺水、高温、强光照引起的暂时性缺水，若及时供水，植物可以恢复正常；病理性萎蔫是病原物侵染导致的凋萎现象，是一种维管束病害，如青枯、枯萎、黄萎等，这种凋萎大多不能恢复。环境因子、真菌、细菌引起病害均可表现萎蔫症状。

5. 畸形　由于病变组织或细胞生长受阻或过度增生而造成的形态异常。畸形（deformation）病状的形成，本质上来源于细胞生长和分裂的异常，通常可分为三类：一是细胞生长、分裂加速型（增生），如徒长、发根、丛枝等；二是细胞生长、分裂减速型（减生），如矮化；三是速度不匀型（变态），如卷叶、皱缩等。畸形病状大多由病毒引起，也可以由真菌、细菌和线虫引起。

植物病害常见病状类型如表 1-1 所示。

表 1-1　植物病害常见病状类型

病状类型	表现形式		发生原因及特点
变色	植物被侵染后其细胞色素发生变化而引起的表现，其细胞未死亡	褪绿	叶绿素减少使整个植株或叶片均匀褪色而呈浅绿
		黄化	整株或部分叶片的叶绿素很少或不能形成，形成较多叶黄素，色泽变黄
		白化	植株或叶片不能形成叶绿素和其他色素，表现白色，多是遗传原因造成
		红叶	叶片的花青素积累过多而表现红色或紫红色
		银叶	叶表皮与叶肉细胞间产生空隙，叶色呈均匀银白色
		花叶	叶片色泽浓淡不均，呈嵌镶状，变色部分轮廓清晰，形状不规则
		斑驳	变色同花叶，但变色斑较大，轮廓不清晰；发生在花朵上称为碎色，发生在果实上称为花脸
		明脉	叶肉绿色，叶的主脉与支脉褪绿呈明显半透明状
		沿脉变色	沿叶脉两侧一定宽度色泽变浅、变深或变黄
		条纹、线纹、条点	多为单子叶植物的脉间花叶；与叶脉平行呈长条形变色称为条纹，短条形变色称为线纹，虚线状变色称为条点
		环斑、环纹	在植物表面形成单环或同心环状变色称为环斑，不形成全环状变色称为环纹
坏死	植物因受害，其细胞和组织死亡后，仍保持原有细胞和组织的外形轮廓	叶斑	根据颜色可分为褐斑、灰斑、黑斑、白斑和紫斑等，根据形状可分为角斑、圆斑、棱形斑、条斑和不规则形斑等，根据大小可分为大斑和小斑，根据表面花纹可分为轮纹斑、环斑和网斑
		蚀纹	叶的表皮组织出现的类似环斑、环纹或不规则线纹状坏死纹
		穿孔	叶片的局部组织坏死后脱落
		枯焦	早期发生的斑点迅速扩大或愈合成片，最后使局部或全部组织或器官死亡
		叶枯	叶片较大面积地枯死、变褐
		叶烧	叶尖和叶缘大面积地枯死、变褐
		日烧	由于太阳辐射而引起植株局部死亡、变褐
		疮痂	病斑上增生木栓层使表面粗糙或病斑死后因生长不平衡而发生龟裂
		溃疡	木本植物的枝干皮层坏死，病部凹陷，周围木栓化组织增生，使木质部外露
		梢枯	木本植物茎的顶部坏死，多发生在枝条上
		顶尖坏死	草本植物茎的顶部坏死
		立枯	植株幼苗的茎基部组织坏死，上部表现萎蔫以至死亡后立而不倒
		猝倒	植株幼苗的茎基部组织坏死，上部表现萎蔫以至死亡后迅速倒伏

续表

病状类型	表现形式		发生原因及特点
腐烂 植物患病组织较大面积地分解和破坏，细胞死亡	干腐		组织解体较慢，水分能及时蒸发使病部组织干缩
	湿腐		组织解体较快，水分未能及时蒸发使病部保持潮湿状态
	软腐		中胶层受到破坏，组织的细胞离析后又发生细胞的消解
萎蔫 植物根、茎维管束组织受害或因水分供应不足而发生的枝、叶凋萎现象	生理性萎蔫		植物因失水量大于吸水量而引起的枝、叶萎垂，吸水量增加时可恢复
	青枯		植物因根、茎维管束组织受害而发生的全株或局部迅速失水死亡，但仍保持绿色
	枯萎		植物因根、茎维管束组织受害而发生的凋萎现象，重者枯死
	黄萎		植物因根、茎维管束组织受害而发生的凋萎现象，叶片变黄，重者枯死
畸形 植物不同组织、器官发生增生性或抑制性病变	增生	徒长	植株局部细胞体积增大，生长较正常的植株高大
		发根	根系分枝明显增多，形如发状
		丛枝	整株茎节缩短，枝条过度分枝呈扫帚状，俗称疯枝
		瘤瘿	发病组织局部细胞增生，形成不定型的畸形肿大
	减生	矮缩	节间生长发育受阻使植株不成比例地变小、变矮
		矮化	植物各器官生长发育受阻，生长成比例地受抑制，整株矮缩而株型保持不变
	变态	卷叶	叶片两侧沿主脉平行方向向上或向下卷曲，叶片较厚，硬而脆
		缩叶	叶片沿主脉垂直方向向上或向下卷曲
		皱缩	叶脉生长受抑制，叶肉仍然正常生长，使叶片凹凸不平
		蕨叶	叶片发育不均衡，细长、狭小，形似蕨类植物叶形
		花变叶	花的各部分变形、变色，花瓣变为绿色，呈叶片状
		缩果	果面凹凸不平
		袋果	果实变长呈袋状，膨大中空，果肉肥厚呈海绵状

资料来源：费显伟，2010

二、病征类型

1. 霉状物　真菌性病原在病部产生各种颜色的霉层，如霜霉、绵霉、灰霉、青霉、绿霉、黑霉、赤霉等。例如，小麦赤霉病、玉米大斑病。

2. 粉状物　病原真菌在病部产生多种颜色的粉状物，如锈粉、白粉、黑粉等。例如，小麦白粉病、玉米瘤黑粉病、小麦锈病等。

3. 点粒状物　真菌性病原在病部形成的黑色点粒状物，有的排列规则呈轮纹状，有的会溢出红色黏稠状或其他特征的液体。例如，苹果褐斑病、辣椒炭疽病等。

4. 菌核　少数真菌性病原如核盘菌、丝核菌、小核菌等可在病部产生各种大小不等、形状各异的颗粒状物（菌核），可以与植物分离。通常为圆形、椭圆形或不规则形状，黑色或褐色，大的一般肉眼可见。例如，油菜菌核病、水稻纹枯病等。

5. 菌脓　细菌病害可在病部溢出含有细菌菌体的脓状黏液，一般为乳白色或淡黄色，呈露珠状或散布在病部表面成为菌液层，这是细菌病害特有的病征。例如，水稻白叶枯病等。

植物病害常见病症类型如表1-2所示。

表 1-2 植物病害常见病征类型

病征类型	表现形式	特点	病原
霉状物	霜霉	生于叶片背面病斑内或茎、叶病组织上，下部较稀疏，上部密集交叉的白色至紫灰色霉状物	霜霉菌
	绵霉	在高湿条件下于病部产生的白色、疏松、棉絮状霉状物	茄绵疫病菌
	霉层	除霜霉和绵霉外的霉状物，按色泽不同分别称为灰霉、青霉、绿霉、黑霉和赤霉等	灰霉病菌、青霉病菌
粉状物	锈粉	病部表皮下形成的隆起病斑破裂后散出的铁锈状或灰白色粉末	锈菌、白锈菌
	白粉	植物表面长出灰白色绒状霉层后产生的大量白色粉末状物	白粉菌
	黑粉	在植物被破坏的组织或肿瘤内部产生的大量黑色粉末状物	黑粉菌
点粒状物	黑色或褐色小点	植物表皮下产生的大小、色泽和排列各不相同的点粒状结构，突破或不突破表皮，多为黑色或褐色，也有其他颜色	菌物的繁殖体
菌核	核状物	在植物体表或茎秆内髓腔中产生的，似鼠粪、菜籽，多为黑褐色	菌核病菌
菌脓	脓状物	植物病部溢出含有细菌菌体的脓状黏液，多呈露珠状，或散布为菌液层，白色或黄色，干燥时形成菌膜或菌胶粒	桃穿孔病菌

资料来源：费显伟，2010

三、植物病害症状的变化

植物病害症状的复杂性还表现在它在不同条件下的变化。多数情况下，一种植物在发生一种病害以后就出现一种症状，如斑点、腐烂、萎蔫或癌肿等。有不少病害的症状并非固定不变或只有一种症状，它们可以在不同阶段或不同抗性的品种上或者在不同的环境条件下出现不同类型的症状。对于常见的一种症状，就称为典型症状。例如，烟草花叶病毒侵染多种植物后都表现为花叶症状，但它在心叶烟或苋色藜上却表现为枯斑。有的病害在一种植物上可以同时或先后表现两种不同类型的症状，称为综合征（syndrome）。例如，稻瘟病在芽苗期发生，引起烂芽，在成株期侵害叶片出现梭形病斑或圆形枯斑，侵害穗颈部导致穗颈枯死引起白穗。

当两种或多种病害同时在一株植物上发生时，可以出现多种不同类型的症状，称为并发症（complex disease），它与综合征是不同的。当两种病害在同一株植物上发生时，可以出现两种各自的症状而互不影响；有时这两种症状在同一部位或同一器官上出现，就可能彼此干扰发生拮抗现象（antagonism），即只出现一种症状或很轻的症状；也可能出现互相促进从而加重症状的协生现象（synergism），甚至出现完全不同于原有的两种各自症状的第三种类型的症状。因此，拮抗现象和协生现象都是指两种病害在同一株植物上发生时出现症状变化的现象。

隐症现象（masking of symptom）也是症状变化的一种类型。一种病害的症状出现后，由于环境条件的改变，或者使用农药治疗后，原有症状逐渐减退直至消失。隐症的植物体内仍有病原物存在，是个带菌植物，一旦环境条件恢复或农药作用消失后，植物上的症状又会重新出现。

四、植物病害症状在病害诊断中的作用

症状是植物发生某种病害以后在内部和外部显示的表现型。每一种病害都有它特有

的症状表现。人们认识病害首先是从病害症状的描述开始的,描述症状的发生和发展过程,选择最典型的症状来命名这种病害,如烟草花叶病、大白菜软腐病等。从这些病害名称就可以知道它的症状类型。当掌握了大量的病害症状表现,尤其是综合征和并发症的变化以后,就比较容易对某些病害样本作出初步的诊断,如同医生为病人看病诊断并开处方一样,很快就能确定它属于哪一类病害,它的主要特征是什么,以及病因是什么,等等。

▌技能操作

植物病害症状观察

一、目的

通过植物病害标本观察,了解病害的病状、病征的类型与特征,掌握和规范植物病害症状的描述和记载方法,了解症状在植物病害诊断中的作用,为生产指导奠定基础。

二、准备材料与用具

（一）材料

准备具有不同症状代表性的盒装标本、新鲜标本、浸渍标本及相关图片。

主要包括:苹果腐烂病、苹果枝干干腐病、苹果发根病、枣疯病、果树根癌病、桃穿孔病、桃缩叶病、柑橘青霉病、葡萄霜霉病、棉花枯萎病、棉花黄萎病、棉花立枯病、棉花角斑病、棉苗炭疽病、棉苗立枯病、玉米霜霉病、玉米丝黑穗病、稻瘟病、稻曲病、水稻恶苗病、水稻细菌性条斑病、小麦白粉病、小麦赤霉病、麦类麦角病、马铃薯晚疫病、马铃薯疮痂病、茄子褐纹病、油菜菌核病、烟草卷叶病、烟草花叶病、白菜软腐病、苋菜白锈病、萝卜根瘤病、黄瓜花叶病、黄瓜灰霉病、黄瓜根结线虫病、瓜苗猝倒病、瓜类菌核病、瓜类细菌性角斑病、花生根结线虫病、大豆胞囊线虫病、大豆菟丝子、甘薯软腐病、甘薯茎线虫病、向日葵列当等。

（二）用具

显微镜、放大镜、载玻片、盖玻片、解剖针、镊子、记载用具等。

三、观察标本,识别症状类型

用肉眼或放大镜观察各种病害标本,观察不同病害标本寄主受害部位的形态、颜色、大小、形状、质地,准确表述症状的特点,并确定病状属于哪种类型。

观察寄主发病部位有无粉状物、霉状物、点状物、胶状物等,如果有,那应属于哪一类病征?

四、记录观察结果

根据不同病害标本症状类型,按发病部位、病状类型和病征类型简要描述其症状特点并将结果填入表1-3。

表 1-3　植物病害病原及症状观察

病害名称	发病部位	病状类型	病征类型

课后思考题

1．何谓植物病害？

2．植物病害病状和病征分哪些类型？各有何特点？

3．植物病害的主要特征是什么？

4．病状和病征在植物病害诊断上有什么作用？

5．综合征和并发症有什么不同？

第二章

植物病害的病原物

【教学目标】 了解各类植物病原物的一般性状，掌握植物病害的主要病原物的主要形态特征及其所致病害特点，并能对常见真菌、病毒、细菌、线虫和寄生性种子引起的病害进行识别。

【技能目标】 掌握常见真菌、病毒、细菌、线虫和寄生性种子等病原物的观察方法，学会不同病原物形态的绘图技术。

第一节　植物病原真菌及其所致病害

真菌（fungus）是一类营养体统称为丝状体，具细胞壁，以吸收为营养方式，通过产生孢子进行繁殖的低等真核生物。其与人类的生活和生产有着密切关系，有的可以食用、药用，有的用于工业发酵和农业生产，也有少数可引起人、畜、植物的病害。在各类栽培植物的病害中，约有80%的病害是由真菌引起的，如水稻纹枯病、小麦白粉病、棉花立枯病、油菜菌核病、玉米大斑病、苹果腐烂病等。

一、真菌的一般性状

各种真菌在形态上有极大的差异，它们在生长发育过程中，一般都具营养生长阶段和繁殖生长阶段，并分别产生营养体和繁殖体。

（一）真菌的营养体

真菌营养生长阶段的结构称为营养体（vegetative body）。典型的营养体是极小而分枝纤细的丝状体，单根丝状体称为菌丝（hypha），相互交织成的菌丝集合体称为菌丝体（mycelium）。菌丝体通常呈管状，大多无色透明。高等真菌的菌丝有隔膜，将菌丝分隔成多细胞，隔膜上有微孔，细胞间的原生质可以互相流通；低等真菌的菌丝一般无隔膜，通常被认为是一个多核的大细胞（图2-1）。

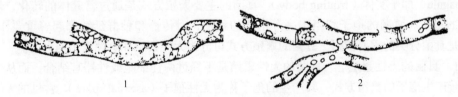

1　　　　　　　　　　　　　　　　2

图2-1　真菌的菌丝（引自李清西和钱学聪，2002）

1. 无隔菌丝；2. 有隔菌丝

菌丝一般是由孢子萌发以后形成的芽管发育而成的。菌丝的每一部分都有潜在生长的能力。在适宜的环境条件下，每一小段（或一个细胞）都能长出新的菌丝体。大多数植物病原菌的菌丝体都在寄主细胞内或细胞间生长，直接从寄主细胞内或通过细胞壁吸取养分。生长在寄主细胞间的真菌，尤其是专性寄生真菌，从菌丝体上形成伸入寄主细胞内吸取养分的结

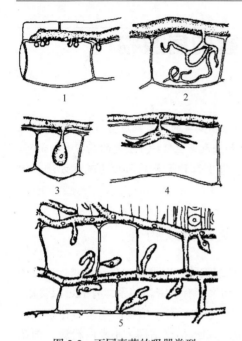

图 2-2　不同真菌的吸器类型
（引自李清西和钱学聪，2002）

1. 白锈菌，瘤状；2. 霜霉菌，分枝状；3. 白粉菌，瘤状；4. 白粉菌，蟹状；5. 锈菌，指状

构称为吸器（haustorium）。各种真菌吸器的形状不同，有瘤状、蟹状、指状和分枝状等（图 2-2）。

菌丝体组成比较疏松的组织，但还能看到菌丝体的长形细胞，这种组织称为疏丝组织（prosenchyma）。另一种是菌丝体组成比较紧密的组织，菌丝体细胞变成近圆形或多角形，与高等植物的薄壁细胞组织相似，称为拟薄壁组织（pseudoparenchyma）。真菌的菌丝体一般是分散的，但有时可以密集形成菌组织。真菌的菌组织还可以形成菌核、子座和菌索等变态类型，以抵抗不良环境。

菌核（sclerotium）是由拟薄壁组织和疏丝组织形成的一种较硬的休眠体。其形状和大小差异较大，通常似绿豆、油菜籽、鼠粪或不规则状。初期颜色常为白色或浅色，成熟后呈褐色或黑色。菌核中贮藏有较丰富的养分，对高温、低温和干燥的抵抗力很强。因此，菌核是真菌渡过不良环境的一种休眠体。子座（stroma）是由拟薄壁组织和疏丝组织形成的一种垫状物，或由菌丝体与部分寄主组织结合而成。子座一般紧密地附着在基物上，在其表面或内部形成产生孢子的组织，子座也有渡过不良环境的作用。菌索（rhizomorph）是由菌丝体平行交织构成的绳索状结构，外形与高等植物的根系相似，也称为根状菌索。高度发达的菌索，可分为由拟薄壁组织组成的深色皮层和由疏丝组织组成的髓部，顶端为生长点。菌索的粗细不一，长短不同，有时可长达几十厘米。它在不适宜环境条件时呈休眠状态；当环境条件适宜时，又可从生长点恢复生长。菌索的功能，除抵抗不良的环境条件外，还有蔓延和侵入植物的作用。

（二）真菌的繁殖体

真菌在生长发育过程中，经过营养生长阶段后，即进入繁殖阶段，形成各种繁殖体（propagule）即子实体（fruiting body）。真菌的主要繁殖方式是通过营养体的转化，形成大量的孢子。真菌的孢子相当于高等植物的种子，对传播和种群延续都起着重要作用，而且是真菌分类的重要依据。真菌的繁殖方式可分为无性繁殖和有性繁殖两大类。

1. 真菌的无性繁殖　　真菌的无性繁殖是不经过两性细胞或性器官结合，而从营养体直接产生孢子的繁殖方式，其产生的孢子称为无性孢子（asexual spore）。常见的无性孢子有以下几种（图 2-3）。

（1）游动孢子（zoospore）　　形成于游动孢子囊（zoosporangium）内。游动孢子囊由菌丝或孢囊梗的顶端膨大而成。游动孢子无细胞壁，具 1～2 根鞭毛，释放后在水中能游动。

（2）孢囊孢子（sporangiospore）　　形成于孢子囊（sporangium）内，孢囊孢子有细胞壁，无鞭毛，释放后可随风飞散。孢子囊着生于孢囊梗上，由孢囊梗的顶端膨大而成。孢子囊成熟时，囊壁破裂释放出孢囊孢子。

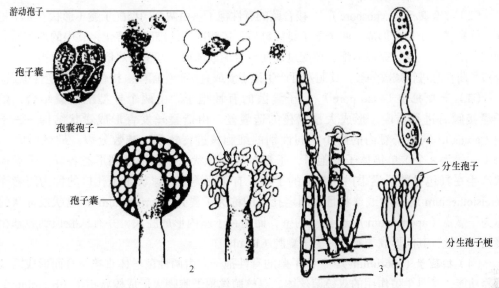

游动孢子

孢子囊

孢囊孢子

孢子囊

分生孢子

分生孢子梗

图2-3 真菌的无性孢子类型（引自李清西和钱学聪，2002）
1. 孢子囊及游动孢子；2. 孢子囊及孢囊孢子；3. 分生孢子；4. 厚垣孢子

（3）分生孢子（conidium） 通常产于菌丝分化形成的分生孢子梗（conidophores）上，也有直接产生于菌丝上的。分生孢子的形状、颜色、大小多种多样，有单细胞、双细胞和多细胞，无色或有色，成熟后从分生孢子梗上脱落。有些真菌的分生孢子产生于分生孢子果内，近球形具有孔口的孢子果称为分生孢子器（pycnidium），杯状或盘状的孢子果称为分生孢子盘（acervulus）。

（4）厚垣孢子（chlamydospore） 有些真菌菌丝或孢子中的某些细胞膨大变圆、原生质浓缩，细胞壁加厚而形成的休眠孢子。

2. 真菌的有性繁殖 真菌生长发育到一定时期进行有性繁殖。真菌的有性繁殖是指真菌通过两性细胞或两性器官结合而产生孢子的繁殖方式，其产生的孢子称为有性孢子（sexual spore）。真菌的性器官称为配子囊（gametangium），性细胞称为配子（gamete）。真菌的有性生殖的过程一般可分为质配（plasmogamy）、核配（karyogamy）和减数分裂（meiosis）3个阶段。常见的有性孢子有以下几种（图2-4）。

（1）卵孢子（oospore） 卵菌的有性孢子。一般由两个异型配子囊（gametangium）即雄器（antheridium）（小的、棍棒或环状）和藏卵器（oogonium）（大的、球形）结合而成。雄器和藏卵器接触后，雄器内的细胞质和细胞核经受精管进入藏卵器，与卵球核配后，发育成厚壁、双倍体的卵孢子。卵孢子萌发形成菌体时进行减数分裂，其萌发可直接形成菌丝或在芽管顶端形成游动孢子。卵孢子抗逆性强。

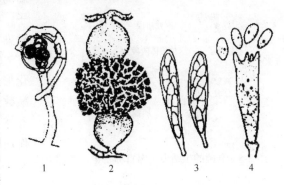

图2-4 真菌的有性孢子类型
（引自李清西和钱学聪，2002）
1. 卵孢子；2. 接合孢子；3. 子囊孢子；4. 担孢子

（2）接合孢子（zygospore）　接合菌的有性孢子。由两个同型配子囊（形状、大小相同、性别相异）结合形成。两个配子囊接触后，接触部位的细胞壁溶化，其中的细胞质和细胞核融合在一起，完成质配、核配过程而发育形成球形、厚壁、双倍体的接合孢子。接合孢子萌发时进行减数分裂，其萌发可产生孢子囊或直接产生菌丝。接合孢子抗逆性也强。

（3）子囊孢子（ascospore）　子囊菌的有性孢子。由两个异型配子囊结合，配子囊接触后进行质配，形成大量双核的造囊丝，由造囊丝发育形成囊状结构——子囊（ascus），同时子囊内的两个不同性别的细胞核进行核配、减数分裂，最终形成2n个（一般为8个）单倍体子囊孢子，子囊多呈棍棒状，子囊孢子则形态各异。子囊通常产生在具包被的子囊果内。常见的子囊果有4种类型：球状而无孔口的称为闭囊壳（cleistothecium）；瓶状或球状且有固定孔口的称为子囊壳（perithecium）；盘状或杯状的称为子囊盘（apothecium）；无独立的壁，而是在子座内形成腔穴，并有从腔顶到腔基相接的拟侧丝，其间形成子囊，称为子囊腔（locule）。

（4）担孢子（sporidium）　担子菌的有性孢子。由两性菌丝体直接结合而形成既具营养功能，又具生殖作用的双核菌丝体。双核菌丝顶细胞膨大形成棒状担子（basidium），其内部的两性核进行核配、减数分裂形成4个担孢子。

真菌繁殖体既是鉴别各类真菌的重要依据，又是植物病害发生危害的基础。在植物病害发生过程中，无性孢子产生的数量多，对不良环境较敏感，寿命短，在病害扩展蔓延中发挥重要作用；有性孢子产生数量相对少，对不良环境抵抗力较强，寿命长（尤其是卵孢子、接合孢子），因此是病原菌越冬的主要形态，在病害初侵染中起重要作用。

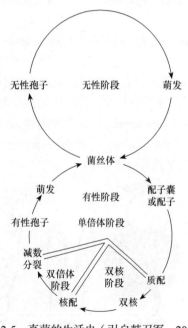

图2-5　真菌的生活史（引自韩召军，2012）

（三）真菌的生活史

真菌的生活史（life cycle）是指从一种孢子萌发开始，经过一定的营养生长和繁殖阶段，最后又产生同一种孢子的过程。真菌的典型生活史包括无性阶段和有性阶段。

（1）无性阶段　菌丝体生长发育到一定阶段就产生无性孢子，在适宜条件下萌发形成新的菌丝体。无性阶段往往产生大量的无性孢子，在一个生长季节可以连续循环多次（有再侵染），对病害的传播和流行起着重要作用。

（2）有性阶段　菌丝体生长后期，可分化形成配子囊，并由其结合经过质配、核配、减数分裂产生有性孢子，萌发又可形成新的菌丝体。有性阶段一般只产生一次有性孢子，其作用除了繁衍后代外，主要是渡过不良环境，并成为翌年病害初侵染的来源（图2-5）。

二、植物病原真菌的主要类群

随着分子生物学技术的发展，人们对生物的认识更加深入。卡瓦尼-史密斯

（Cavalier-Smith，1981，1988）提出将细胞生物分为八界，即原核总界的古细菌界（Archaebacteria）和真细菌界（Eubacteria），真核总界的古动物界（Archaezoa）、原生动物界（Protozoa）、假菌界（Chromista）、真菌界（Fungi）、植物界（Plantae）和动物界（Animalia）。《真菌词典》第8版（1995）和第9版（2001）均接受了这一分类系统。在八界系统中，广义的真菌分属3个界，即原生动物界，包括无细胞壁的黏菌及根肿菌；假菌界，包括细胞壁主要成分为纤维素、营养体为2n、具茸鞭状鞭毛的卵菌等；真菌界，指细胞壁成分含几丁质的真真菌（true fungi），包括绝大多数传统的真菌成员。

（一）原生动物界

营养体是无细胞壁的原质团；营养方式为吞噬或光合作用（叶绿体无淀粉和藻胆体）；游动孢子有鞭毛，但鞭毛不呈直管状。

原生动物界与植物病害有关的是根肿菌门（Plasmodiophoromycota）。根肿菌营养体为无细胞壁的原质团；无性繁殖形成薄壁的游动孢子囊，内生多个具两根长短不等尾鞭的游动孢子；有性生殖时，两个游动配子或游动孢子配合形成合子，再由后者产生厚壁的休眠孢子（囊）。原生动物界均为寄主细胞内专性寄生菌，常常引起植物根部或茎部细胞膨大和组织增生，如引起十字花科植物根肿病的芸薹根肿菌。

（二）假菌界

营养体主要为单细胞或无隔菌丝体；营养方式为吸收或原始光养型（叶绿体位于糙面内质网腔内，无淀粉和藻胆体）；细胞壁主要成分为纤维素，不含几丁质；线粒体脊管状；游动孢子有茸鞭状鞭毛，鞭毛呈直管状。

假菌界与植物病害有关的是卵菌门（Oomycota）。卵菌营养体大多是发达的无隔菌丝体，且为二倍体；无性繁殖形成游动孢子囊，内生多个异型双鞭毛（1根茸鞭和1根尾鞭）的游动孢子；有性生殖时藏卵器中形成1至多个卵孢子。卵菌可以水生、两栖或陆生，腐生、兼性寄生或专性寄生。与植物病害关系密切的重要属如下。

1. 腐霉属（Pythium） 菌落白色，菌丝无隔膜，孢囊梗菌丝状；孢子囊棒状、姜瓣状或球状，成熟后一般不脱落。萌发时先形成泡囊，原生质转入泡囊形成游动孢子。藏卵器内仅产生1个卵孢子（图2-6）。腐霉多生于潮湿肥沃的土壤中，如引起多种植物幼苗的根腐

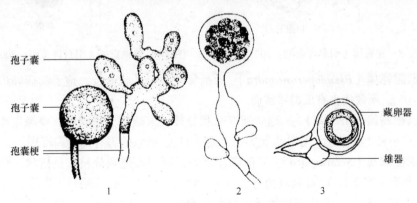

图 2-6 腐霉属（引自许志刚，2003）
1. 孢囊梗和孢子囊；2. 孢子囊萌发形成泡囊；3. 雄器和藏卵器

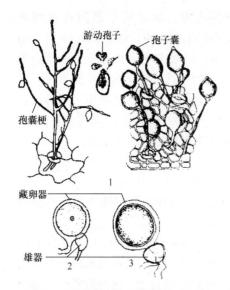

图 2-7 疫霉属（引自许志刚，2003）
1. 孢囊梗、孢子囊和游动孢子；2. 雄器侧生；
3. 雄器包围在藏卵器基部

病、猝倒病及瓜果腐烂病等。

2. 疫霉属（*Phytophthora*） 孢囊梗分化不显著至显著；孢子囊近球形、卵形或梨形，成熟后脱落（图 2-7）。低温下孢子囊萌发产生游动孢子，在高温时萌发直接产生芽管。孢子囊一般不形成泡囊，这是与腐霉属的主要区别。寄生性较强，多为两栖或陆生，如引起马铃薯、番茄、辣椒晚疫病等。

3. 霜霉属（*Peronospora*） 孢囊梗双叉状分枝，末端细。孢子囊近卵形，成熟时易脱落，萌发时直接产生芽管（图 2-8）。所致病害有白菜霜霉病和葡萄霜霉病。

4. 单轴霉属（*Plasmopara*） 孢囊梗交互分枝，分枝与主干成直角，小枝末端平钝。孢子囊卵圆形，顶端有乳头状突起，卵孢子黄褐色，表面有皱折状突起（图 2-9）。所致病害有葡萄霜霉病和月季霜霉病。

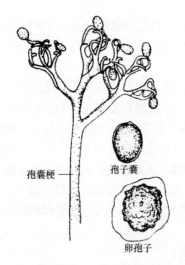

图 2-8 霜霉属（引自许志刚，2003）

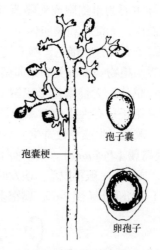

图 2-9 单轴霉属（引自许志刚，2003）

5. 假霜霉属（*Pseudoperonospora*） 孢囊梗假二叉状分枝，孢子囊椭圆形有乳状突（图 2-10）。所致病害有瓜类霜霉病。

6. 盘梗霉属（*Bremia*） 孢囊梗双叉状分枝，末端膨大呈碟状，碟缘生小梗，孢子囊着生在小梗上，卵形，有乳头状突起（图 2-11）。所致病害有莴苣霜霉病。

7. 指梗霉属（*Sclerospora*） 孢囊梗粗大，顶部不规则分枝，呈指状，孢子囊柠檬形或倒梨形（图 2-12）。此属真菌寄生禾本科植物，如小麦、水稻及玉米等。

霜霉菌都是陆生、专性寄生的活体营养生物，其孢子囊成熟后可随风传播，萌发时产生游动孢子或直接产生芽管；藏卵器内含 1 个卵孢子。

8.　白锈属（*Albugo*）　孢囊梗不分枝，短棍棒状，成排地生长在寄主的表皮下呈栅栏状，孢子囊圆形或椭圆形，顶生，串珠状，自上而下成熟（向基性成熟）（图2-13），成熟时突破寄主表皮，借风传播。所致病害为十字花科蔬菜白锈病。

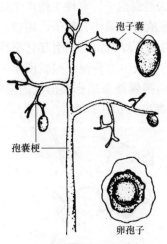

图2-10　假霜霉属（引自许志刚，2003）

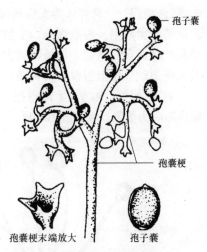

图2-11　盘梗霉属（引自许志刚，2003）

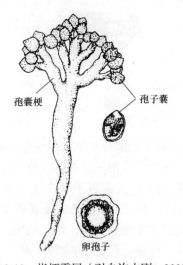

图2-12　指梗霉属（引自许志刚，2003）

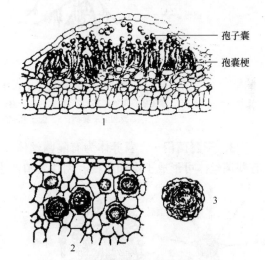

图2-13　白锈属（引自许志刚，2003）
1. 寄主表皮细胞下的孢囊梗和孢子囊；2. 病组织内的卵孢子；3. 卵孢子

（三）真菌界

营养体为无隔或有隔的菌丝体，少数为单细胞或根状菌丝；以吸收方式获得营养；细胞壁主要成分是几丁质，一般不产生游动孢子，若有游动孢子，其鞭毛不是茸鞭。

真菌界包括所有真正的真菌。根据营养体、无性孢子和有性孢子的特征分为壶菌门（Chytridiomycota）、接合菌门（Zygomycota）、子囊菌门（Ascomycota）、担子菌门（Basidiomycota）和半知菌类（Imperfect）。

1. 壶菌门 营养体差异较大，较低等的为单细胞，有的可形成假根；较高等的可形成较发达的无隔菌丝体。无性繁殖产生游动孢子囊，内生多个后生单尾鞭的游动孢子。有性生殖大多产生休眠孢子囊，萌发时释放出游动孢子。壶菌是最低等的微小真菌，一般水生、腐生，少数可寄生植物，如引起玉米褐斑病的玉蜀黍节壶菌。

2. 接合菌门 营养体为无隔菌丝体，无性繁殖形成孢囊孢子，有性生殖产生接合孢子。这类真菌陆生，多数腐生，少数弱寄生，侵染高等植物的果实、种子、块根、块茎，引起贮藏器官的腐烂。与植物病害有关的主要有根霉属（*Rhizopus*），引起甘薯软腐病。其无隔菌丝分化出假根和匍匐菌丝，在假根对应处向上长出孢囊梗。孢囊梗单生或丛生，一般不分枝，顶端着生球形孢子囊。孢子囊内有由孢囊梗顶端膨大形成的囊轴，孢子囊成熟后为黑色，破裂散出球形、卵形或多角形的孢囊孢子（图 2-14）。

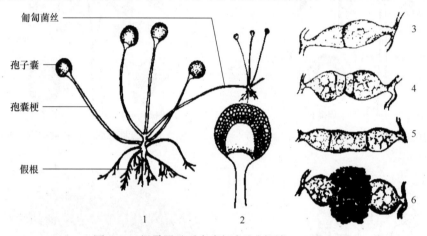

图 2-14 根霉属（引自李怀方和刘凤权，2001）
1. 根霉属真菌的形态；2. 放大的孢子囊；3. 原配子囊；4. 原配子囊分化为配子囊和配子囊柄；5. 配子囊交配；6. 交配后形成接合孢子

3. 子囊菌门 营养体为有隔菌丝体，丝状，少数（如酵母菌）为单细胞，单核，有些菌丝体可形成子座和菌核。无性繁殖产生各种类型的分生孢子。有性繁殖产生子囊和子囊孢子。大多数子囊产生于子囊果（图 2-15）中，少数种类的子囊裸生。子囊菌是真菌中最大类群，均为陆生、腐生或寄生，许多是重要的植物病原物。

（1）半子囊菌纲 半子囊菌纲（Hemiascomycetes）主要特征是子囊裸生，不形成子囊果。与植物病害关系较大的是外囊菌属（*Taphrina*），其特征是子囊长圆筒形，平行排列在寄主组织表面（图 2-16）。菌丝体粗壮，分枝多，寄生于寄主细胞之间，刺激植物组织产生肿胀、皱缩等畸形症状。无性繁殖不发达，但子囊孢子能进行芽殖，产生芽孢子。有

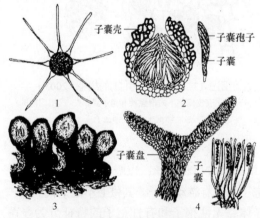

图 2-15 子囊果的类型（引自徐洪富，2003）
1. 闭囊壳；2. 子囊壳、子囊和子囊孢子；
3. 子囊腔；4. 子囊盘和子囊

性繁殖可由蔓延于表皮或角质层下的菌丝直接形成子囊，突破角质层，外露成为灰白色霉层。该属为专性寄生菌，所致病害如桃缩叶病和樱桃丛枝病等。

（2）核菌纲　核菌纲（Pyrenomycetes）是子囊菌中最大的纲。营养体是发达的有隔菌丝体，无性繁殖十分旺盛，产生大量的分生孢子，有性生殖大多形成子囊壳，少数种类形成闭囊壳，子囊单层壁。重要的有白粉菌目和球壳菌目。

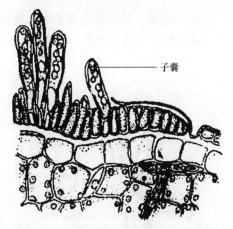

图 2-16　外囊菌属（引自李怀方，2001）

1）白粉菌目（Erysiphales）：菌丝体无色透明（少数褐色），大都生长在寄主植物表面，从上面产生球形或掌状吸器伸入表皮细胞内或皮下细胞吸取营养。分生孢子单细胞、椭圆形、无色，串生于短棒状、不分枝的分生孢子梗上，与菌丝一起在寄主体表形成白粉状病征。有性繁殖产生的子囊果是闭囊壳，成熟的闭囊壳为球形或近球形、黑色，在寄主体表呈小黑粒或小黑点状。闭囊壳内可形成1至多个子囊，闭囊壳四周或顶部有各种形状的附属丝。附属丝形态和子囊数目是分属的主要依据。

常见的有白粉菌属（Erysiphe）、单丝壳属（Sphaerotheca）、布氏白粉菌属（Blumeria）、叉丝单囊壳属（Podosphaera）、球针壳属（Phyllactinia）、钩丝壳属（Uncinula）、叉丝壳属（Microsphaera）等，均为专性寄生菌，引起多种植物白粉病。

白粉菌属：闭囊壳内有多个子囊；附属丝菌丝状（图2-17），可引起烟草、芝麻、向日葵及瓜类等白粉病。

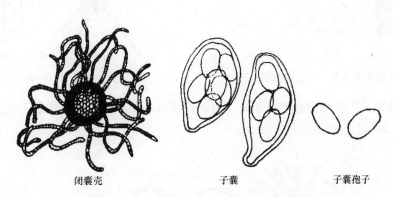

闭囊壳　　　　　子囊　　　　　子囊孢子

图 2-17　白粉菌属（引自许志刚，2003）

单丝壳属：闭囊壳内产生一个子囊，子囊内有多个子囊孢子；附属丝菌丝状（图2-18），可引起瓜类、豆类、凤仙花、果树等多种植物白粉病。

布氏白粉菌属：闭囊壳上的附属丝不发达，呈短菌丝状，闭囊壳内含多个子囊；分生孢子梗基部膨大呈球形（图2-19），主要引起麦类白粉病。

叉丝单囊壳属：附属丝二叉状分枝（图2-20），生于子囊壳中部或顶部，一个闭囊壳内只有1个子囊，球形，内有多个子囊孢子。可引起苹果、桃白粉病。

球针壳属：闭囊壳内有多个子囊，附属丝刚直，长针状，基部球形膨大（图2-21）。可引起桑树、梨树、柿子、核桃等多种植物白粉病。

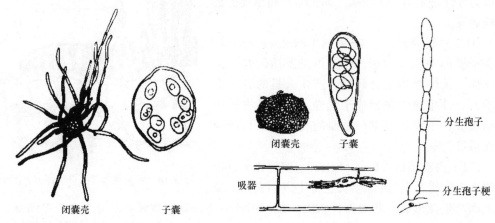

图 2-18　单丝壳属（引自许志刚，2003）　　图 2-19　布氏白粉菌属（引自许志刚，2003）

图 2-20　叉丝单囊壳属（引自许志刚，2003）

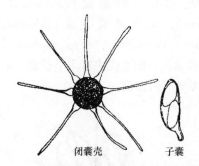

图 2-21　球针壳属（引自许志刚，2003）

钩丝壳属：闭囊壳内有多个子囊，附属丝顶端卷曲呈钩状或螺旋状（图2-22）。可引起葡萄、桑树、朴树等白粉病。

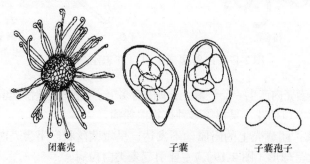

图 2-22　钩丝壳属（引自许志刚，2003）

叉丝壳属：闭囊壳内有多个子囊，附属丝顶端有数回叉状分枝（图2-23）。可引起核桃、榛树、栗树等多种树木白粉病。

2）球壳菌目（Sphaeriales）：多数为腐生菌。寄生菌的菌丝体蔓延于寄主细胞间，为内寄生类型，无性繁殖发达，产生大量的各种分生孢子，分生孢子为单胞、双胞或多胞，有色或无色，圆形至长形。有性繁殖产生子囊壳，子囊壳为球形、半球形或瓶形，单生或成群生在基物上，埋生或表生。子囊壳的形态、色泽、质地，以及子座的发育、子囊、子囊孢子的形态、大小、色泽等是球壳菌分类的依据，重要的植物病原属如下。

长喙壳属（*Ceratocystis*）：子囊壳生于基物的表面，瓶状，有长喙，喙顶端有孔口丝。子囊近球形，不规则地散生于子囊壳内，子囊之间无侧丝（图2-24），子囊壁易自溶。子囊孢子单胞、无色、半球形或钢盔形。分生孢子梗长筒形，基部膨大，顶端呈管状孢子鞘，产生内生分生孢子，无色、单胞、圆柱形。所致病害如甘薯黑斑病。

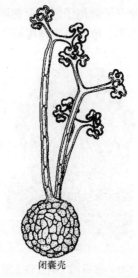

图 2-23　叉丝壳属（引自许志刚, 2003）

黑腐皮壳属（*Valsa*）：子囊壳球形或近球形，成群埋生子座内，具长颈伸出子座。子囊棍棒形或圆柱形。子囊孢子无色，弯曲呈腊肠形（图2-25）。所致病害如苹果树腐烂病和梨树腐烂病。

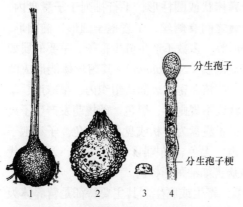

图 2-24　长喙壳属（引自许志刚, 2003）
1. 子囊壳; 2. 子囊壳剖面; 3. 子囊孢子; 4. 分生孢子梗和分生孢子

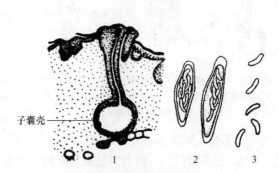

图 2-25　黑腐皮壳属
（引自李怀方和刘凤权, 2001）
1. 着生于子座组织内的子囊壳; 2. 子囊; 3. 子囊孢子

赤霉属（*Gibberella*）：子囊壳单生或群生于子座表面，球形或圆锥形，壳壁蓝紫色。子囊棍棒状，内含8个纺锤形、多细胞（少数为双胞）、无色的子囊孢子（图2-26）。无性世代为镰刀菌属，产生镰刀形多胞的大型分生孢子及椭圆形单胞的小型分生孢子。所致病害如小麦赤霉病。

（3）腔菌纲　腔菌纲（Loculoascomycetes）基本特征有子囊果为子囊座（ascostroma），子座组织溶解成子囊腔，子囊双层壁。子囊座有垫状、块状，有的呈子囊壳形（瓶形、有口）。无性繁殖十分发达，许多种类很少进行有性繁殖。重要的属如下。

黑星菌属（*Venturia*）：其子座初埋生，后外露或近表生，孔口周围有刚毛。子囊长卵形。子囊孢子圆筒至椭圆形，中部常有一隔膜，无色或淡橄榄绿色（图 2-27）。无性孢子卵形、单胞、淡橄榄绿色。所致病害如梨黑星病、苹果黑星病。

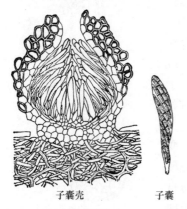

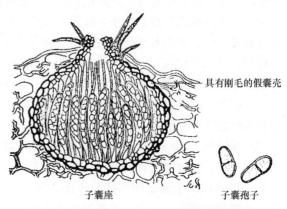

图 2-26　赤霉属（引自许志刚，2003）　　图 2-27　黑星菌属（引自李怀方和刘凤权，2001）

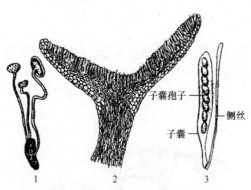

图 2-28　核盘菌属（引自李怀方和刘凤权，2001）
1. 菌核萌发形成子囊盘；2. 子囊盘剖面示子囊层；3. 子囊、子囊孢子及侧丝

（4）盘菌纲　　盘菌纲（Discomycetes）绝大多数为腐生菌，只有少数寄生性盘菌可引起植物病害。这类真菌的子囊果是子囊盘，子囊盘多呈盘状或杯状，有柄或无柄。子囊棒状或圆柱形，平行排列于子囊盘内，子囊之间有侧丝，子囊孢子圆形、椭圆形、线形等。多数不产生分生孢子。重要的属如核盘菌属（Sclerotinia），其菌丝体能形成菌核，菌核在寄主表面或组织内，呈球形、鼠粪状或不规则形，黑色。菌核萌发产生子囊盘，子囊盘为杯状或盘状，褐色。子囊孢子单孢、无色、椭圆形（图 2-28）。无性世代为小核菌属（Sclerotium），不产生分生孢子。所致病害如油菜菌核病。

4. 担子菌门　　担子菌是最高等的一类真菌，寄生或腐生。其主要特征是营养体为有隔菌丝体，且通常是双核菌丝体。双核菌丝体可形成菌核、菌索和担子果等结构。无性繁殖不发达。有性繁殖产生担子及担孢子。担子菌有两类：一类是高等担子菌，其担子和担孢子着生在担子果内，如许多食用菌、药用菌、菌根真菌和其他大型真菌；另一类是低等担子菌，没有担子果，在寄主组织内形成冬孢子堆。这类真菌包括黑粉菌和锈菌，分别引起多种植物的黑粉病和锈病。

（1）黑粉菌目　　黑粉菌主要以双核菌丝在寄主的细胞间寄生，后期在寄主组织内产生成堆黑色粉状的冬孢子，黑粉菌因此而得名。由它引起的植物病害，称为黑粉病。冬孢子萌发形成先菌丝和担孢子，不同性别的担孢子结合后萌发形成双核菌丝再侵入寄主。黑粉菌全是植物的寄生菌，主要根据冬孢子的形态、孢子堆组成及寄主范围等分属。重要的属如下。

1）黑粉菌属（Ustilago）：冬孢子堆多着生于花器。冬孢子散生，近球形，茶褐色，表面光滑或具瘤刺、网纹等。萌发产生有隔担子，侧生担孢子（图2-29）。有些种类也可直接萌发侵入寄主。可引起小麦散黑穗病、大麦坚黑穗病、玉米瘤黑粉病等。

　　2）轴黑粉菌属（*Sphacelotheca*）：以破坏花序和子房最常见。由菌丝体组成的膜包被在粉状或粒状孢子堆外面，孢子堆中间有由寄主维管束残余组织形成的中轴（图2-30）。冬孢子堆团粒状或粉状。冬孢子散生，单胞，萌发方式与黑粉菌属相同。所致病害如玉米丝黑穗病和高粱散黑穗病。

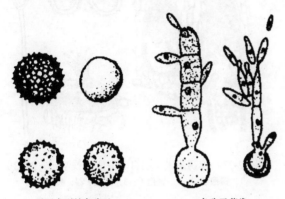

不同类型的冬孢子　　　　　冬孢子萌发

图2-29　黑粉菌属（引自陈利锋和徐敬支，2001）

子房受害后形成的冬孢子堆　　冬孢子

图2-30　轴黑粉菌属
（引自许志刚，2003）

　　3）腥黑粉菌属（*Tilletia*）：以破坏禾本科植物子房为主。冬孢子堆通常在寄主子房内产生，少数产生在寄主的营养器官上。谷粒成熟后破裂，散发出黑色粉末状的冬孢子堆，有腥臭味。冬孢子近球形，淡黄色或褐色，表面光滑或具网纹。冬孢子萌发产生管状无隔担子，顶端束生线形担孢子，有时担孢子可成对作"H"形结合（图2-31）。所致病害为3种小麦腥黑穗病。

　　（2）锈菌目　　为专性寄生菌，有高度的专化性和变异性。种内常分化有不同的专化型和生理小种。锈菌生活史复杂，典型锈菌的生活史可依次产生5种孢子，即性孢子（0）、锈孢子（Ⅰ）、夏孢子（Ⅱ）、冬孢子（Ⅲ）和担孢子（Ⅳ），这类锈菌称为全孢型锈菌；也有的锈菌生活史中缺少1种至几种孢子，称为非全孢型锈菌，如梨锈菌缺少夏孢子。有些锈菌的全部生活史可以在同一寄主上完成，有的锈菌必须在两种亲缘关系很远的寄主上寄生才能完成生活史。前者称同主寄生或

冬孢子表面

冬孢子剖面　　冬孢子萌发

图2-31　腥黑粉菌属
（引自许志刚，2003）

单生寄生，后者称转主寄生。锈菌主要依据冬孢子形态、萌发方式及有无冬孢子等性状分类。常见植物病原锈菌属如下。

　　1）柄锈菌属（*Puccinia*）：冬孢子双胞、有柄。夏孢子堆初埋生于寄主表皮下，成熟后突破表皮呈锈粉状。夏孢子单胞，球形或椭圆形，有微刺，黄褐色（图2-32）。所致病害有小麦锈病、花生锈病。

　　2）胶锈菌属（*Gymnosporangium*）：转主寄生，无夏孢子阶段。冬孢子堆生于桧柏

小枝的表皮下，后突破表皮形成各种形状的冬孢子角，遇水呈胶质状。冬孢子双胞、浅黄色、柄长、易胶化。性孢子器球形，生于梨、苹果叶片正面表皮下，锈孢子器长筒形、群生、生于病叶背面呈丝毛状（图 2-33）。所致病害有苹果、梨锈病。

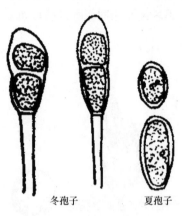

冬孢子　　　夏孢子

图 2-32　柄锈菌属（引自许志刚，2003）

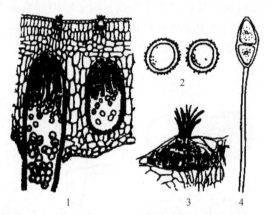

图 2-33　胶锈菌属（引自李清西和钱学聪，2002）
1. 锈孢子器；2. 锈孢子；3. 性孢子器；4. 冬孢子

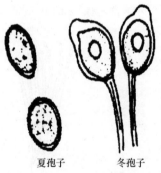

夏孢子　　　冬孢子

图 2-34　单胞锈菌属（引自张随榜，2003）

3）单胞锈菌属（*Uromyces*）：冬孢子单胞，有柄，顶端壁厚呈乳突状。夏孢子堆粉状、褐色，夏孢子单胞、黄褐色、椭圆形、具微刺（图 2-34）。所致病害有蚕豆锈病、菜豆锈病等。

5. 半知菌类　　也称为不完全真菌。营养体为发达的有隔菌丝体，菌丝体也可形成厚垣孢子、菌核和子座等结构，无性繁殖产生大量的各种类型的分生孢子，命名时还没有发现其有性阶段，只发现无性阶段，故称其为半知菌。后来当发现其有性阶段时，大多数属于子囊菌，少数属于担子菌。因此，有的真菌（尤其是子囊菌）有两个学名，一个是有性阶段的学名，一个是无性阶段的学名。例如，小麦赤霉病菌的有性阶段是 *Gibberella zeae*，无性阶段是 *Fusarium graminearum*。应当指出的是，真菌的分类应根据有性型的系统演化，而无性种类的划分是依据实用目的，因此，这一类群的划分没有系统分类意义。

半知菌分生孢子的形状和颜色多种多样，分生孢子着生在由菌丝体分化形成的分生孢子梗上，有的生在分生孢子盘上或分生孢子器内（图 2-35）。此外，还有少数半知菌不产生分生孢子。引起植物病害的主要为丝孢纲和腔孢纲中的病原菌。

（1）丝孢纲　　丝孢纲（Hyphomycetes）绝大多数种类都产生分生孢子，少数种类不产生孢子。分生孢子不产生在分生孢子盘或分生孢子器内，而是着生在分生孢子梗上，分生孢子梗散生、束生或着生在分生孢子座（分生孢子梗与菌丝体相互交织而成的突出于寄主表面的瘤状结构）上。本纲分为丝孢目、束梗孢目、瘤座孢目和无孢目等 4 个目。

丝孢目的主要特征是分生孢子梗散生、丛生。重要的植物病原菌属如下。

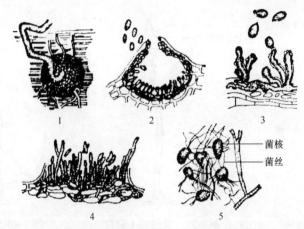

图 2-35　半知菌类的子实体及菌核（引自李怀方和刘凤权，2001）
1. 分生孢子器外形；2. 分生孢子器剖面；3. 分生孢子梗；4. 分生孢子盘；5. 菌丝及菌核

　　1）粉孢属（*Oidium*）：菌丝表生、白色，以吸器伸入寄主表皮细胞吸取营养。分生孢子梗短棒状，不分枝；分生孢子串生，向基性成熟，单胞、椭圆形（图 2-36）。多数是白粉菌目各属的无性阶段，引起各种植物白粉病。

　　2）葡萄孢属（*Botrytis*）：分生孢子梗细长，分枝略垂直，末端膨大呈球形或半球形，对生或不规则。分生孢子圆形或椭圆形，聚生于分枝顶端成葡萄穗状（图 2-37）。所致植物病害有蚕豆赤斑、草莓灰霉病、番茄灰霉病等。

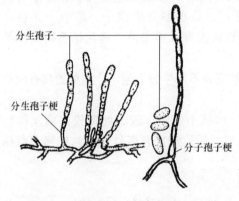

图 2-36　粉孢属（引自许志刚，2003）

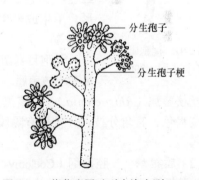

图 2-37　葡萄孢属（引自许志刚，2003）

　　3）轮枝孢属（*Verticillium*）：分生孢子梗轮状分枝，孢子卵圆形、单生（图 2-38）。所致植物病害有茄黄萎病、棉花黄萎病、草莓黄萎病等。

　　4）梨孢属（*Pyricularia*）：分生孢子梗细长，淡褐色，不分枝，顶端以合轴式延伸产生外生芽殖型分生孢子，呈屈膝状；分生孢子梨形到椭圆形，无色或淡橄榄色，多为 3 个细胞（图 2-39）。所致植物病害如稻瘟病。

　　5）链格孢属（*Alternaria*）：分生孢子梗暗褐色不分枝或稀疏分枝，散生或丛生。分生孢子单生或串生，倒棒状，顶端细胞呈喙状，具纵、横隔膜，砖格状（图 2-40）。所致植物病害如马铃薯早疫病、葱紫斑病。

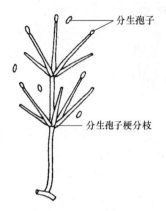

图 2-38　轮枝孢属（引自
许志刚，2003）

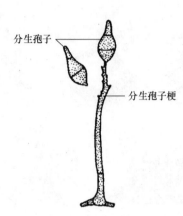

图 2-39　梨孢属（引自
许志刚，2003）

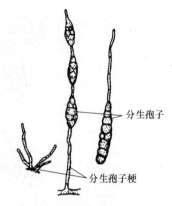

图 2-40　链格孢属（引自
许志刚，2003）

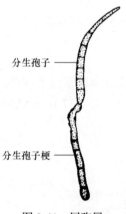

图 2-41　尾孢属
（引自许志刚，2003）

6）尾孢属（*Cercospora*）：分生孢子梗黑褐色，不分枝，顶端着生分生孢子。分生孢子线形，多胞，有多个横隔膜（图 2-41）。所致病害有花生叶斑病、甜菜褐斑病。

瘤座孢目真菌的分生孢子梗着生在分生孢子座上。重要的属如下。

镰孢属（*Fusarium*）：分生孢子梗简单分枝或帚状分枝，短粗；生瓶状小梗，呈轮状排列于分枝上。通常有两种类型的分生孢子：一是大型分生孢子，多胞无色镰刀状，聚集时呈粉红色、紫色、黄色等；二是小型分生孢子，单胞、无色、卵形，单生或聚生。所致病害有水稻恶苗、棉花枯萎病及瓜类枯萎病等。

无孢目真菌重要特征是不产生分生孢子。重要的属有丝核菌属和小核菌属。

丝核菌属（*Rhizoctonia*）：菌核黑褐色，形状不规则，较小而疏松。菌丝体初无色后变褐色，直角分枝，分枝处有隔膜和缢缩。所致病害有多种作物纹枯病和苗期立枯病等。

（2）腔孢纲　腔孢纲（Coelomycetes）真菌的分生孢子产生在分生孢子盘或分生孢子器内。分生孢子产生于分生孢子盘中的为黑盘孢目，产生于分生孢子器中的为球壳孢目。本纲重要属如下。

1）痂圆孢属（*Sphaceloma*）：分生孢子盘半埋于寄主组织内，分生孢子较小，单胞，无色椭圆形，稍弯曲（图 2-42）。所致病害有葡萄黑痘病、柑橘疮痂病。

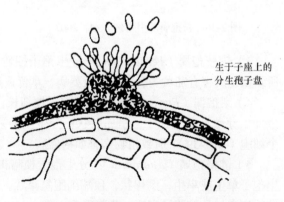

生于子座上的
分生孢子盘

图 2-42　痂圆孢属（引自许志刚，2003）

2）炭疽菌属（*Colletotrichum*）：分生孢子盘四周或混于分生孢子梗间，生有黑褐色刺状刚毛或无刚毛，分生孢子梗短而不分枝。分生孢子无色，单胞，长椭圆形或新月形（图2-43）。引起多种植物的炭疽病，如苹果炭疽病、辣椒炭疽病、草莓炭疽病等。

3）叶点霉属（*Phyllosticta*）：分生孢子器球形、暗色，埋生于寄主组织内，孔口外露。分生孢子单胞、无色、椭圆形（图2-44），小于15μm。所致病害为棉花褐斑病。

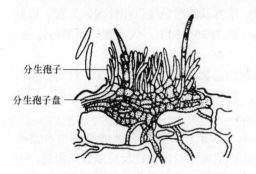

图2-43　炭疽菌属（引自许志刚，2003）　　　图2-44　叶点霉属（引自许志刚，2003）

4）拟茎点霉属（*Phomopsis*）：分生孢子器黑色，球形或圆锥形，顶端有孔口或无，埋生于寄主组织内，部分露出。分生孢子梗短，分枝或不分枝。分生孢子有两种类型，一种为无色单胞，纺锤形；另一种为无色单胞，线形（图2-45）。所致病害有茄子褐纹病。

分生孢子器　　　　　　　　　两种类型的分生孢子

图2-45　拟茎点霉属（引自许志刚，2003）

第二节　植物病原原核生物及其所致病害

原核生物是一类具原核结构的单细胞微生物。其细胞核无核膜包被，无固定形态。原核生物包括细菌、放线菌和无细胞壁的菌原体等。其中有些细菌和植物菌原体可引起多种重要病害，将它们称为植物病原原核生物。

一、植物病原细菌的一般性状

细菌的形态有球状、杆状和螺旋状，植物病原细菌大多为杆状，且具细长的鞭毛。着生在菌体一端或两端的鞭毛称为极鞭，着生在菌体四周的鞭毛称为周鞭（图2-46）。鞭毛的数目和着生位置是细菌各属分类的依据。菌体细胞壁外有黏质层，但一般不形成荚膜，通常也无芽孢产生。细菌以裂殖方式进行繁殖，即当一个细胞长成后，从中间横分

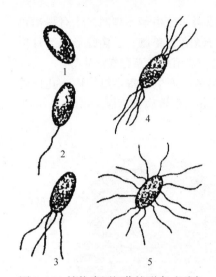

图 2-46　植物病原细菌的形态（引自
张学哲，2005）

1. 无鞭毛；2. 单极鞭毛；3. 单极多鞭毛；
4. 双极多鞭毛；5. 周生鞭毛

裂成两个子细胞。细菌的繁殖很快，在适宜的条件下，每 20min 就可以分裂 1 次。

植物病原细菌都是死体营养生物，对营养要求不严格，可在一般人工培养基上生长，多形成白色、灰白色或黄色的菌落。细菌菌落特征是也是分类鉴定的重要依据。培养基的酸碱度以中性偏碱为宜，培养的适宜温度一般为 26～30℃。大多数病原细菌好氧，少数厌氧。

植物病原细菌都是兼性寄生菌，无专性寄生菌；大多为杆状，个体大小差别很大，大小为（1～3）μm×（0.5～0.8）μm。

此外，革兰氏染色反应对细菌的鉴别也有重要作用，植物病原细菌革兰氏染色反应多数是阴性，少数为阳性。植物病原细菌可引起植物患叶斑病、根癌病、溃疡病等，如桃穿孔病、水稻白叶枯病、水稻细菌性条纹病、马铃薯环腐病等。

二、植物病原原核生物的主要类群

2004 年出版的《伯杰氏系统细菌学手册》中，将以前的原核生物分为古细菌域和细菌域，取消了"界"的分类阶元。古细菌域包括在高盐、高温等极端条件下生活的一类原始细菌。细菌域包括所有真正的细菌，即真细菌，分为 24 门、32 纲，植物病原细菌分属 3 门、7 纲。从实用角度看，上述真细菌可分为 3 个表型类群，即革兰氏阴性菌、革兰氏阳性菌和菌原体，与植物病害有关的主要类群如下。

（一）革兰氏阴性菌

细胞壁较薄，细胞壁中含肽聚糖的量为 8%～10%，革兰氏染色反应为阴性。重要的属如下。

1. 假单胞菌属　　假单胞菌属（*Pseudomonas*）的菌体短杆状或略弯，单生，大小为（0.5～1.0）μm×（1.5～5.0）μm，鞭毛 1～4 根或多根，极生。严格好气性，代谢为呼吸型。无芽孢。营养琼脂上的菌落为圆形、隆起、灰白色，有白色或褐色的荧光反应，有的能产生荧光色素。腐生或寄生。寄生类型引起植物叶斑病或叶枯病，少数种类引起萎蔫、腐烂和肿瘤等症状，如桑疫病、烟草角斑病、甘薯细菌性萎蔫病、大豆细菌性疫病等。

2. 黄单胞菌属　　黄单胞菌属（*Xanthomonas*）的菌体短杆状，多单生，少双生，大小为（0.4～0.6）μm×（1.0～2.9）μm，单鞭毛，极生。严格好气性，代谢为呼吸型。菌落圆形、隆起，蜜黄色，产生非水溶性黄色素。本属绝大多数都为植物病原细菌，引起植物叶斑和叶枯症状，少数种类引起萎蔫、腐烂，如甘蓝黑腐病、水稻白叶枯病、大豆细菌性斑疹病等。

3. 土壤杆菌属　　土壤杆菌属（*Agrobacterium*）为土壤习居菌。菌体短杆状，大小为（0.6～1.0）μm×（1.5～0.3）μm，鞭毛 1～6 根，周生或侧生。严格好气性，代谢为呼吸型。菌落为圆形、隆起、光滑，灰白色至白色，质地黏稠，不产生色素。此属病菌能引起植物组织膨大，形成肿瘤。代表病原菌是根癌土壤杆菌（*A. tumefaciens*），其寄主范围极广，可侵害90多科300多种双子叶植物，尤以蔷薇科植物为主，可引起桃、苹果、葡萄、月季等的根癌病。

4. 欧文氏菌属　欧文氏菌属（*Erwinia*）的菌体短杆状，大小为（0.5～1.0）μm×（1～3）μm，革兰氏阴性。除一个"种"无鞭毛外，都有多根周生鞭毛。菌落圆形，隆起，灰白色。兼性好气性，代谢类型为呼吸型或发酵型，无芽孢。营养琼脂上菌落圆形、隆起、灰白色。此属病菌如大白菜软腐病菌、胡萝卜软腐欧文氏菌和解淀粉欧文氏菌，可引起植物组织腐烂或萎蔫。

（二）革兰氏阳性菌

细胞壁较厚，肽聚糖量高，为50%～80%，革兰氏染色反应为阳性。重要的属有棒形杆菌属（*Clavibacter*），菌体短杆状至不规则杆状，大小为（0.4～0.75）μm×（0.8～2.5）μm，无鞭毛，不产生内生孢子。好气性，呼吸型代谢，营养琼脂上菌落为圆形光滑凸起，不透明，多为灰白色。主要引起萎蔫症状，如马铃薯环腐病。

（三）菌原体

菌体无细胞壁，四周由称为单位膜的原生质膜包围，不含肽聚糖。对四环素敏感，而对青霉素不敏感。与植物病害有关的一般称为植物菌原体。

第三节　植物病毒及其所致病害

病毒是一类比较原始的、结构简单的、严格细胞内寄生的非细胞生物。由核酸和保护性蛋白衣壳组成，因此又称为分子寄生物。寄生在植物上的病毒称为植物病毒，寄生在动物上的病毒称为动物病毒，寄生在细菌上的病毒称为噬菌体。

植物病毒是仅次于植物病原真菌的一类重要的病原物。目前已命名的植物病毒达1000多种，其中许多是农作物上重要的病原物。植物病毒都是专性寄生生物。

植物病毒病害，就其数量及危害性而言，次于真菌，而比细菌严重。从大田作物到蔬菜、果树、园林花卉、林木都会遭受一种甚至多种病毒的侵染，造成严重的经济损失。

一、植物病毒的一般性状

病毒是一类极其细小的非细胞形态的寄生物，通过电子显微镜可以观察到它的形态。一般有杆状、球状和线状3种类型，其大小通常用纳米（nm）表示，1nm等于10^{-3}μm，杆状病毒一般为（130～300）nm×（18～22）nm，球状病毒直径为16～80nm，线状（纤维状）病毒为（480～2000）nm×（10～13）nm。病毒结构简单，其个体由核酸和蛋白质组成。核酸在中间，形成心轴。蛋白质包围在核酸外面，形成一层衣壳，对核酸起保护作用（图2-47）。

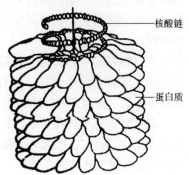

核酸链

蛋白质

图2-47　烟草花叶病毒结构示意图（引自农业部人事劳动司和农业职业技能培训教材编审委员会，2004）

病毒是一种活体寄生物，只能在活的寄主细胞内生活繁殖。当病毒与寄主细胞活的原生质接触后，病毒的核酸与蛋白质衣壳分离，核酸进入寄主细胞内，改变寄主细胞的代谢途径，并利用寄主的营养物质、能量和合成系统，分别合成病毒的核酸和蛋白质衣壳，最后核酸进入蛋白质衣壳内形成新的病毒粒体。病毒的这种独特的"繁殖"方式称为增殖，也称为复制。通常病毒的增殖过程也是病毒的致病过程。

不同的病毒对外界条件的稳定性不同，这种特性可作为鉴定病毒的依据之一。通常用以下 3 个指标加以描述。

1. 失毒温度　也称为致死温度，指病毒病病株组织的榨出液在 10min 内保持其侵染能力的最高温度，即能使病毒病病株汁液失去致病力的最低温度，如烟草花叶病毒的失毒温度为 93℃。

2. 稀释限点　病毒病病株组织的榨出液保持其侵染能力的最大稀释倍数，如烟草花叶病毒的稀释限点为 10^6。

3. 体外存活期　病毒病病株组织的榨出液在 20～22℃室温条件下能保持其侵染能力的最长时间。一般为 3～5d，短的仅数小时，长的达 1 个月以上。

二、植物病毒的传播特点

植物病毒从一个植株转移或扩散到其他植株的过程称为传播，而从植物的一个局部到另一局部的过程称为移动。

病毒本身没有直接侵染的能力，多借外部动力和通过微细伤口入侵，因此病毒的传播与侵染是同时完成的。植物病毒传播可分为非介体传播（包括汁液接触传播、嫁接传播、花粉传播及种子、无性繁殖材料的传播）和介体传播。传毒介体类型多，有昆虫、螨类、线虫、真菌等，以刺吸式口器昆虫，如蚜虫、叶蝉、飞虱等害虫传播最重要。昆虫传毒机能复杂，通常可分 3 种类型。

1. 口针型　为非持久型传毒，即传毒昆虫在病株上吸食几分钟后，马上具备传毒能力，但经数分钟或数小时的吸食传毒，一旦病毒排完，又马上失去传毒作用。此类病毒的传播基本上属于机械性传带，专化性不强，如一些花叶型病毒。

2. 循回型　为半持久型传毒，即传毒介体在病株上吸食较长时间，得毒后不马上传毒，需经过一个循回期后方可传毒。循回期一般数小时至几天。一经传毒且病毒排完后，传毒介体马上失去传毒作用。此类病毒传播有一定专化性，多数引起黄化型或卷叶型症状。

3. 增殖型　为持久型传毒，传毒介体一次饲毒后，由于病毒在其体内可不断增殖，因此多数可终生传播，而且有一部分还能经卵传染给后代。多数引起黄化、矮化、畸形等症状，并通常由叶蝉、飞虱传播。

绝大多数植物病毒为系统侵染，植物感染病毒后，往往全株表现病状而无病征。病状多为花叶、黄化、矮缩、丛枝等，少数为坏死斑点。在田间，一般心叶首先出现症状，然后扩展至植株的其他部分。

类病毒比病毒更小、更简单。在结构上没有蛋白质外壳，只有裸露的核糖核酸碎片。种子带毒率高，可通过种子传毒、无性繁殖材料和汁液接触传染，昆虫也能传播病害。茎尖组织培养无法获得无毒材料，因为类病毒与病毒不同，它能有顺序地扩散到茎尖生长点。引致的病害症状有病株矮化、畸形、黄化、坏死、裂皮等。迄今发现的类病毒引起的病害有马铃薯纺锤块茎病、柑橘裂皮病等 10 余种。

三、重要的植物病毒属及典型种

1. 烟草花叶病毒属　　烟草花叶病毒属（*Tobamovirus*）具有 16 个种和 1 个暂定种，典型种为烟草花叶病毒（TMV）。病毒形态为直杆状，自然传播不需要介体生物，靠植株间的接触（有时为种苗）传播；对外界环境的抵抗力强。TMV 是研究相当深入的植物病毒典型代表，其体外存活期一般在几个月以上，在干燥的叶片中可以存活 50 多年；稀释限点为 $10^4 \sim 10^7$，钝化温度为 $90 \sim 93 ℃$。引起的花叶病是烟草等作物上的十分重要的病害，世界各地发生普通，损失严重。

2. 马铃薯 Y 病毒属　　马铃薯 Y 病毒属（*Potyvirus*）是植物病毒中最大的一个属，有 179 个种和暂定种，隶属于马铃薯 Y 病毒科，为线状病毒。马铃薯 Y 病毒属主要以蚜虫进行非持久性传播，绝大多数可以通过机械传播，个别可以种传。大部分病毒的寄主范围局限于植物特定的科，如马铃薯 Y 病毒（PVY）限于茄科，玉米矮花叶病毒（MDMV）限于禾本科，大豆花叶病毒（SMV）限于豆科等；个别具有较广泛的寄主范围。PVY 是一种分布广泛的病毒，其体外存活期为 $2 \sim 4d$，钝化温度为 $50 \sim 65 ℃$，稀释限点为 $10^2 \sim 10^6$（依株系而变）。该病毒主要侵染茄科作物，如马铃薯、番茄、烟草等。

3. 黄瓜花叶病毒属　　黄瓜花叶病毒属（*Cucumovirus*）有 3 个种，即黄瓜花叶病毒（CMV）、番茄不孕病毒（TAV）和花生矮化病毒（PSV）。典型种是黄瓜花叶病毒，粒体球状。CMV 在自然界主要依赖多种蚜虫传毒，以非持久性方式传播，也可经汁液接触进行机械传播，也有少数报道，其可由土壤带毒传播。CMV 的寄主十分广泛，寄主包括十余科上百种植物。在病组织汁液中病毒粒体的钝化温度为 $55 \sim 70 ℃$，稀释限点为 $10^5 \sim 10^6$，而体外存活期为 $1 \sim 10d$。

第四节　植物病原线虫及其所致病害

线虫又称为蠕虫，是一类低等的无脊椎动物，属线形动物门线虫纲，种类多，分布广。通常生活在土壤、淡水、海水中，其中很多能寄生在人、动物和植物体内，引起病害。危害植物的称为植物病原线虫或植物寄生线虫，或简称植物线虫。产生的病害有水稻干尖线虫病、小麦线虫病、花生根结线虫病、大豆胞囊线虫病。此外，线虫的活动和危害，还能为其他病原物的侵入提供途径，从而加重病害的发生。如许多土壤线虫在棉花根部附近活动能加重枯萎病、黄萎病的发生。

一、植物病原线虫的一般性状

植物病原线虫多数为不分节的乳白色透明线形体，一般长 $0.3 \sim 4.0mm$，宽 $0.015 \sim 0.050mm$。多数为雌雄同形，雌虫较雄虫略肥大；少数为雌雄异形，雄虫线形，雌虫梨形或柠檬形（图 2-48）。线虫结构简单，通常由体壁和体腔所组成。

植物寄生线虫的生活史一般很简单，除少数可孤雌生殖外，绝大多数线虫是经过两

图 2-48　植物病原线虫的形态（引自农业部人事劳动司和农业职业技能培训教材编审委员会，2004）
1. 雄虫；2. 雌虫；3. 胞囊线虫属雌虫；
4. 根结线虫属雌虫；5. 根结线虫属雄虫

性交尾后，雌虫才能排出成熟的卵。线虫的卵一般产在土壤中，也有的产在卵囊中或在植物体内，还有少数留在雌虫母体内；卵孵化为幼虫，幼虫经3～4 次蜕皮后，即发育为成虫。从卵的孵化到雌成虫发育成熟产卵为一代生活史，线虫完成一代生活史所需时间，随各种线虫而长短不一。

线虫虫体通常分为头部、颈部、腹部和尾部。头部位于虫体前端，包括唇、口腔、口针和侧器等器官。唇和侧器都是一种感觉器官。口针位于口腔中央，是吸取营养的器官。颈部是从口针基部球到肠管前端的一段体躯，包括食道、神经环和排泄孔等。腹部是从后食道球到肛门的一段体躯，包括肠和生殖器官。尾部是从肛门后到虫体末端的部分，主要包括尾腺、侧尾腺、肛门。植物线虫的尾腺都不发达，有成对侧尾腺，侧尾腺是重要感觉器官，它的有无也是分类上的依据之一。

线虫体壁最外面是角质层，其下为下皮层，再下是肌肉层。肌肉层主要分布在背腹两侧，而以尾部肌肉最为发达。体壁内为体腔，其中充满无色体腔液。体腔液润湿各个器官，并供给各部位所需的营养物质和氧，可算是一种原始的血液，起着呼吸系统和循环系统的作用。体腔内有消化、生殖、神经和排泄等系统，以消化及生殖系统最显著，几乎占据了整个体腔。神经系统和排泄系统不发达，神经中枢是围绕在食道峡部四周的神经环，排泄系统只有一个排泄孔在神经环附近。

植物病原线虫绝大多数是活体寄生物，其寄生方式可分为外寄生和内寄生两种，虫体全部钻入植物组织内的称为内寄生，仅以口针穿刺到寄主组织内吸食，而虫体留在植物体外的称为外寄生。有些外寄生的线虫，到一定时期可进入组织内寄生。不同种类的线虫寄主范围也不同，有的很专化，只能寄生在少数几种植物上，有的寄主范围较广，可寄生在许多不同的植物上，线虫绝大多数生活在土壤耕作层。适于线虫发育和孵化的温度为 20～30℃，最适宜的土壤条件为砂壤土。

线虫多数引起植物地下部发病，病害是缓慢的衰退症状，很少有急性发病。通常表现为植株生长衰弱、矮小、发育缓慢、叶色变淡，甚至黄萎，类似缺肥营养不良的全株症状和病部产生虫瘿、肿瘤、茎叶畸形、叶尖干枯、须根丛生等畸形的局部症状。

二、植物病原线虫的主要类群

植物病原线虫主要属于线虫门侧尾腺口纲中的垫刃目和滑刃目，其中重要的属如下。

1. 胞囊线虫属　　胞囊线虫属（*Heterodera*）又称为异皮线虫属，垫刃目成员，为植物根和块根的寄生物。雄虫线形，雌虫 2 龄后逐渐膨大呈梨形、柠檬状或球形。卵不排出体外，而是整个雌虫体转变为一个卵袋（称为胞囊），初金黄色后黑褐色并脱落。所致病害如大豆胞囊线虫病。

2. 根结线虫属　根结线虫属（*Meloidogyne*）为垫刃目成员。寄生于植物根系内部，形成根结。雌成虫梨形或球形，卵生于尾端分泌的胶质卵囊内，而不形成胞囊。雌成虫及卵囊均形成于根结内，不脱落。所致病害如花生根结线虫病等。

3. 粒线虫属　粒线虫属（*Anguina*）为垫刃目成员。多数寄生于禾本科植物地上部，在子房、茎叶上形成虫瘿。雌雄虫体均为线形，但雌虫较粗，头部稍钝，尾端尖锐，虫体向腹面卷曲。所致病害如小麦粒线虫病。

4. 茎线虫属　茎线虫属（*Ditylenchus*）为垫刃目成员。雌雄成虫都为线形。主要危害植物地下的球茎、块茎、鳞茎、块根等，所致病害如甘薯茎线虫病。

5. 滑刃线虫属　滑刃线虫属（*Aphelenchoides*）为滑刃目成员。雌雄成虫都为线形，口针较长。主要危害植物的叶、芽，所致病害如水稻干尖线虫病。

第五节　寄生性植物及其所致病害

由于根系或叶片退化，或者缺乏足够的叶绿素，植物不能自养，必须从其他的植物上获取营养物质而营寄生生活，此类植物称为寄生性植物。营寄生生活的植物大多是高等植物中的双子叶植物，能够开花结籽，故称为寄生性高等植物或寄生性种子植物。

一、寄生性种子植物的一般性状

按寄生植物对寄主的依赖程度或获取寄主营养成分的不同可分为全寄生和半寄生两类。全寄生指从寄主植物上获取自身生活需要的全部营养物质，如菟丝子、列当、无根藤等。全寄生的特点是寄生物叶片退化，叶绿素消失，根系蜕变为吸根，吸根中的导管和筛管与寄主的导管和筛管相连，并从中不断吸取各种营养物质。半寄生指寄生植物对寄主的寄生关系主要是对水分的依赖关系，俗称"水寄生"。半寄生的特点是寄生物具有叶绿素，能够进行光合作用合成有机物质，根系缺乏，以吸根的导管与寄主维管束的导管相连，吸取寄主植物的水分和无机盐，如槲寄生、樟寄生、桑寄生等。

按寄生部位不同可分为根寄生与茎（叶）寄生。根寄生如列当、独脚金等寄生在寄主植物的根部，在地上部与寄主彼此分离。茎（叶）寄生如无根藤、菟丝子、槲寄生等寄生在寄主的茎秆、枝条或叶片上。

寄生性种子植物对寄主植物的致病作用主要表现为对营养物质的争夺。一般来说，全寄生致病能力强，主要寄生在一年生植物上，可引起寄主植物黄化、生长衰弱、严重时造成大片死亡，对产量影响极大；半寄生主要寄生在多年生木本植物上，寄生初期对寄主无明显影响，后期群起较大时造成寄主生长不良和早衰，最终也会导致死亡，但树势退败速度较慢。寄生性种子植物除了争夺营养外，还能将病毒从病株传到健株。

寄生性种子植物靠种子繁殖。种子依靠风力、鸟类、种子调运传播，称为被动传播；当果实成熟，吸水开裂，弹射种子称为主动传播。

二、寄生性种子植物的主要类群

1. 菟丝子属　菟丝子为旋花科菟丝子属（*Cuscuta*）植物。寄主范围广，主要危

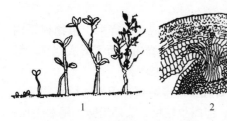

图 2-49　菟丝子（引自蔡银杰等，2006）
1. 侵染大豆寄主；2. 形成吸盘

害豆科、菊科、茄科、百合科、伞形科和蔷薇科等草本和木本植物。菟丝子是一年生攀藤寄生的草本植物，叶退化为鳞片状，茎为黄色丝状物，缠绕在寄主植物的茎和叶部，吸器与寄主的维管束系统联结（图 2-49），不仅吸收寄主的养分和水分，还造成寄主输导组织的机械性障碍。花小，白色、黄色或粉红色，头状花序；果实为球状蒴果，有种子 2～4 枚，种子卵圆形，稍扁，黄褐色至深褐色。

在我国主要有中国菟丝子和日本菟丝子，中国菟丝子主要危害草本植物，日本菟丝子主要危害木本植物。

菟丝子种子成熟后落入土中，或混杂于寄主植物种子内。次年当寄主植物生长后，菟丝子种子便开始萌发，种胚的一端先形成无色或黄白色丝状幼芽，以棍棒状的粗大部分固着在土粒上，种胚的另一端形成丝状体并在空中旋转，碰到寄主就缠绕其上，在接触处形成吸盘伸入寄主。吸盘进入寄主组织后，细胞组织分化为导管和筛管，分别与寄主的导管和筛管相连，从寄主内吸取养分和水分。当寄生关系建立以后，菟丝子就与其地下部分脱离。菟丝子在生长期间蔓延很快，可从一株寄主植物攀援到另一株寄主植物，往往蔓延很远。其断茎也能继续生长，进行营养繁殖。植物受害后表现为黄化和生长不良。因此，田间发生菟丝子危害常造成成片植物枯黄。

田间发生菟丝子危害后，要在开花前彻底割除，或采取深耕的方法将种子深埋，使其不能萌发。近年来用"鲁保一号"防治效果较好。

2. 列当属　　列当为列当科列当属（*Orobanche*）一年生根寄生的草本植物。寄主多为草本，以豆科、菊科、葫芦科植物为主。叶片退化为鳞片，无叶绿素；无真正的根，只有吸盘吸附在寄主的根表，以短须状次生吸器与寄主根部的维管束相连。花两性，穗状花序，花冠筒状，蓝紫色；果为蒴果，通常两裂，间有三裂或四裂。果内含多数小而轻的种子，椭圆形，表面有网状花纹。列当主要寄主植物为向日葵、烟草、番茄等。

第六节　非生物因素及其所致病害

一、非生物性病害的概念及种类

由不适宜的环境因素（非生物性因素）引起的病害统称为非生物性病害（非侵染性病害）。由于这类环境因素指的是缺少营养或不良的物理、化学等因素，所以病株之间是不能传染的。例如，植物由于养分不足引起的缺素症；土壤中盐分过多引起的盐碱害；极端气温造成的冻害和干旱灾害；农药施用不当造成的药害；工业废水和生活污水的污染，以及汽车尾气排放造成的城市空气污染都会导致植物生长不良，表现出不同的非生物性病害症状。

二、非生物性因素所致病害

1. 缺素症　　园林植物缺乏必要的大量元素（碳、氢、氧、氮、磷、钾）和微量元素（硫、钙、铁、镁、锰、锌、铜、硼、钼），都会造成缺素症。由于上述各种营养元素在植物正常生理功能中都占有一定的地位，当缺少了某一种元素时，生理功能就会受到阻碍，在植物外部形态上就显露出各种症状。当缺氮时，植株从下部叶片逐层黄化枯死，新叶淡绿，生长阻滞。缺磷时，叶片呈暗绿或紫红色，生育期延迟，缺铁导致栀子花叶片黄化等。

2. 淹水和旱害　水分是植物进行正常新陈代谢的必要条件，是合成营养物质不可缺少的。但是，土壤水分过多或不足都能使植株表现出症状。

（1）淹水　土壤淹水时，根围缺氧，根系呼吸受阻，会出现烂根、萎蔫。并且在缺氧条件下，厌氧细菌活跃，在根围产生亚硝酸毒害根系，使植株叶片枯黄。

（2）旱害　土壤干燥时，园林植物的失水速率显著超过吸水速率，园林植物的细胞丧失膨压，会出现落叶、萎蔫。土壤水分不足时可以使气孔关闭，光合作用所需的二氧化碳吸收受到严重阻碍，也可以增加有毒离子（锰和硼）的积累，使组织受伤。

3. 冻害及灼伤　温度过低或过高分别会引起园林植物冻害及灼伤。植物对温度的反应，因种类而异，可分成耐高温和耐低温两大类。并且同一园林植物在不同的生育期对温度的敏感程度是有差异的。

由于近些年气候极端变化次数增加，即同一地区，不同年份最低温度差别较明显，植物遭受寒流突袭，有的叶片全部被冻伤。春季晚霜也极易造成植物冻害。

当植物遇到异常高温时，叶部的蒸腾作用增加，如土壤水分供应不足，则出现萎蔫，向阳面出现灼伤，叶片和幼嫩组织出现尖枯，内部的蛋白质变性和凝结，果蔬类中的苹果、番茄、茄子、甜椒的日灼病就属于此例。

4. 土壤碱害　土壤中的钠盐或镁盐浓度过高会造成植物碱害。碱害是由于高浓度的盐类造成土壤溶液渗透压加大，导致植物根系细胞脱水，使植物萎蔫或黄化。当然，氯离子、钠离子、镁离子本身也能毒害植物根系。植物的耐盐碱性能因树种而异。

土壤 pH 过高能使钙、锰、铜、锌等元素的溶解度降低，而使植物根系受害。在石灰含量过多的土壤中，因为把可溶性的铁盐转变为不溶解状态，严重影响了植物对铁的吸收利用，因而出现白化病。在北方地区的果园中，常可以见到心叶白化的缺铁症状。

5. 药害　在植物病虫害防治过程中，杀菌剂、杀虫剂和除草剂施用不当能造成植物药害，药害的发生与喷药的浓度、时间、方法和种类有关。

喷药浓度过高易发生药害，但是由于植物的种类不同，对不同药剂敏感性存在差异，即使喷药浓度不高，如用药不当，同样也会发生药害。

喷药时间与药害发生关系密切。在中午烈日当空下喷药，由于水分蒸发快，易造成药害。夏季的喷药时间应在上午 10 点前或下午 4 点后。

在采用不同农药混用进行病害防治时，必须注意其有效成分的化学结构和化学性质，避免因混用而出现药害，如有些农药品种在酸性条件下易分解，引起药害，就应避免和酸性药剂混用。

6. 大气污染　大气中有工业和生活中排放的氟化氢、二氧化硫、乙烯、氨气、二氧化氮、臭氧等，过多地排放，当大自然无法消化时，就形成了污染。二氧化硫与空气中的水汽结合，形成酸雨，已成为有些地区的重要污染问题。由污染造成植物的非生物性病害与生物性病害是紧密相关的，在病害的诊断和综合治理中常常需要注意这种相关性。因为当一种植物受环境影响（水、肥、温度、光照等）发生非生物性病害时，往往削弱了其对病原生物的抗性，使生物性病害容易发生，有时会造成植物的大片死亡。当植物发生生物性病害后，植株本身的抗逆性也就减弱，容易引起非生物性病害。苹果和梨的一些生物性病害造成早期落叶，枝叶稀疏，从而加重了果实日灼病的发生。

7. 水污染　　地表水和地下水的污染是近些年讨论较多的课题，随着工业化进程的加快，除了大气污染外，水污染也显得非常重要。有色金属矿区和与化工有关的企业，以及人们的生活污水是水污染的主要来源，江河湖泊的水体被污染后，不仅对人类的健康造成危害，导致人类疾病种类增加，而且用污染的水灌溉农田或浇灌植物会使得植物或农作物生长不良，易诱发某些生物性病害的发生。

8. 非侵染性病害的防治　　首先要确定病害的种类及发病原因，然后针对病害进行防治。如缺乏某种元素，采取增补元素的方法，改善土质或进行根外施肥。如是环境受到污染，则可把一些名贵树种采用修枝或移到其他地区加以保护。干旱、水涝也需采取相应的方法。总之，非侵染性病害的鉴别及防治是复杂的，必须进行科学的管理，选择科学的实验分析方法，才能达到预期的目的。

技能操作

植物病原真菌的形态观察

一、目的

通过本实验了解并掌握不同临时玻片的制作方法；了解真菌的营养体及其基本形态，了解真菌的子实体，有性生殖和无性繁殖所产生的各种类型的孢子，了解卵菌门、接合菌门、子囊菌门、担子菌门、半知菌类的形态，为以后真菌病害的病原物鉴定和真菌分类奠定初步基础。

二、准备材料与用具

（一）材料

准备不同植物真菌病害症状的盒装标本、新鲜标本、浸渍标本及相关图片。

主要包括：十字花科蔬菜根肿病、水稻绵腐病、幼苗猝倒病、瓜果腐霉病、番茄晚疫病、小麦或玉米霜霉病、油菜或薤菜白锈病、甘薯软腐病、小麦白粉病、瓜类白粉病、小麦赤霉病、柑橘或茶叶煤污病、小麦散黑穗病、玉米黑粉病、稻粒黑粉病、甜菜或豆类锈病、小麦秆锈病、油菜或花生菌核病、水稻纹枯病、水稻小球菌核病、稻瘟病、玉米大斑病、十字花科蔬菜黑斑病、水稻恶苗病、瓜类枯萎病、辣椒炭疽病、茄褐纹病等病害标本或病菌玻片标本。

（二）用具

显微镜、扩大镜、载玻片、盖玻片、镊子、挑针、小剪刀、刀片、蒸馏水、纱布块等。

三、观察植物真菌病害症状标本或病菌玻片标本

（一）卵菌门主要病原形态及病害症状观察

1）用挑针取少量水稻绵腐菌或瓜果腐霉菌的絮状菌丝体，置载玻片上的蒸馏水滴中

（加1滴，以大豆大小为宜），然后自水滴一侧用挑针或尖头镊子支持，慢慢加盖玻片即成。注意载玻片水滴中过度密集的菌丝，要用两支挑针拨开，以免菌丝、孢子互相重叠，影响观察。加盖玻片时，不宜过猛，以防形成大量气泡或将欲观察的病原物冲溅至盖玻片外。

先用低倍镜观察，然后转至高倍镜下观察，注意观察菌丝的分枝状况，有无分隔，菌丝体与孢囊梗、孢囊梗与孢子囊在形态上有何不同，孢子囊是否从孢囊梗上脱落。

2）选取2～3种霜霉病病叶新鲜标本，挑取病叶背面的白色霜霉状物制片观察，注意比较不同霜霉菌的孢囊梗分枝特点和孢子囊形态。

3）观察油菜或蕹菜白锈病病部组织切片，其孢囊梗呈短棍棒状，在寄主表皮下平行排列，顶端串生孢子囊。

4）观察十字花科蔬菜根肿病、水稻绵腐病、各种植物幼苗猝倒病、霜霉病、疫病、白锈病等病害的新鲜标本或浸渍、干制标本，注意区别它们的症状特点。

（二）接合菌门主要病原形态及病害症状观察

1）用挑针挑取甘薯软腐病菌的绵毛状菌丝体制片或观察示范玻片，注意匍匐菌丝及假根、孢囊梗、孢子囊及孢囊孢子的形态、大小及色泽。

2）观察甘薯软腐病、桃软腐病、棉铃软腐病、花卉球茎软腐病、多种蔬菜花腐病等病害的新鲜标本或浸渍、干制标本，注意区别它们的症状特点。

（三）子囊菌门主要病原形态及病害症状观察

1）挑取瓜类和果树类白粉病的白色粉状物、小麦赤霉病病部的粉红色霉状物制片观察，注意菌丝有无分隔，分生孢子梗形态及分生孢子着生情况。

2）用示范玻片或制片观察小麦白粉或豆类白粉病菌闭囊壳、小麦赤霉病菌和甘薯黑斑病菌子囊壳、油菜菌核病菌子囊盘等，注意这几类子囊果的形状、颜色及子囊、子囊孢子的着生情况。

3）观察各类植物的白粉病、煤污病、菌核病，小麦赤霉病、甘薯黑斑病、梨黑星病等病害的新鲜标本或浸渍、干制标本，注意区别它们的症状特点。

（四）担子菌门主要病原形态及病害症状观察

1）挑取小麦散黑穗病或玉米黑粉病病部的黑粉、锈病病部的锈状物制片，在显微镜下观察黑粉菌冬孢子和锈菌的夏孢子及冬孢子，注意其形态、大小、颜色，表面是否光滑或有无刺状物（黑粉菌），单胞或多胞。

2）观察禾谷类黑穗病、锈病，豆类和果树类锈病，果树紫纹羽病、根朽病等病害的新鲜标本或浸渍、干制标本，注意区别它们的症状特点。

（五）半知菌类主要病原形态及病害症状观察

1）取稻瘟病、玉米大斑病、十字花科蔬菜黑斑病、葡萄褐斑病等病部的霉状物制片，在显微镜下观察分生孢子梗及分生孢子的形状、颜色，分生孢子的着生方式（单生或串生、顶生或侧生）。

2）用示范玻片或制片观察辣椒炭疽病菌分生孢子盘、茄褐纹病菌或棉花黑果病菌分生孢子器，注意其结构、分生孢子梗及分生孢子的形状、排列方式及色泽等特点。

3）观察水稻纹枯病、水稻小球菌核病、稻瘟病、玉米大斑病、马铃薯早疫病、十字花科蔬菜黑斑病、梨黑星病、甜菜或花生褐斑病、辣椒炭疽病等病害的新鲜标本或浸渍、干制标本，注意区别它们的症状特点。

四、记录观察结果

1）绘制白菜霜霉病菌、甘薯软腐病菌、麦类白粉病菌、玉米黑粉病菌、豆类锈病菌、稻瘟病菌、十字花科蔬菜黑斑病菌形态图。

2）列表比较卵菌门、接合菌门、子囊菌门、担子菌门、半知菌类的主要特征及所致病害症状特点。

植物病原细菌、病毒、线虫及寄生性种子植物观察

一、目的

通过学习识别植物病原细菌、病毒、线虫、寄生性种子植物的形态特征及它们所致植物病害的症状特点，为以后植物病原细菌、病毒、线虫、寄生性种子植物的正确诊断打下良好的基础。

二、准备材料与用具

（一）材料

准备不同植物病原细菌、病毒、线虫、寄生性种子植物的盒装标本、新鲜标本、浸渍标本及相关图片。

主要包括：水稻白叶枯病、水稻细菌性条斑病、棉花角斑病、马铃薯环腐病、番茄青枯病、白菜软腐病、桃穿孔病、果树细菌性根癌病、水稻条纹叶枯病、水稻黑条矮缩病、小麦黄矮病、玉米条纹矮缩病、十字花科蔬菜或烟草花叶病、番茄（或马铃薯、大豆、花生）病毒病、小麦粒线虫病乳熟期虫瘿、花生根结线虫病根结、甘薯茎线虫病块根、菟丝子、桑寄生、槲寄生等标本。

（二）用具

显微镜、载玻片、盖玻片、挑针、蒸馏水、滴瓶等用具。

三、观察植物病原细菌、病毒、线虫、寄生性种子植物病害症状标本或病原细菌玻片标本

（一）植物病原细菌形态及病害症状观察

1. 细菌形态的观察 取示范玻片观察细菌的形态（球状、杆状、螺旋状），观察植物病原细菌形态（杆状）、革兰氏阴性菌和革兰氏阳性菌及菌落的形态。

2. 植物细菌性病害的简易诊断法

1）剪取水稻白叶枯病病叶的病健交界处的小块组织，放置在有水滴的载玻片上，在低倍镜下观察从切口处溢出的云雾状菌液。也可剪一段病叶插在保湿的砂堆上，经过几个小时后观察切口处溢出的脓状菌珠。

2）纵剖番茄青枯病病茎，观察变褐色的维管束，用手挤压切口，有浑浊细菌黏液溢出。或剪病茎一小段插入盛有水的瓶子里，几分钟后可观察到接触水的病茎切口有云雾状菌液溢出。

3）腐烂型细菌性病害，可观察到腐烂组织黏滑，有恶臭气味，如白菜软腐病。

3. 细菌引起病害的症状观察　　观察水稻白叶枯病、水稻细菌性条斑病、棉花角斑病、马铃薯环腐病、大豆细菌斑点病、番茄青枯病、白菜软腐病、桃穿孔病、果树细菌性根癌病等病害的新鲜标本或浸渍、干制标本，注意区别它们的症状特点。

（二）植物病毒病害的症状观察

1）观看课件，认识电镜下病毒粒体的形态。

2）观察比较水稻条纹叶枯病、水稻黑条矮缩病、小麦丛矮病、马铃薯病毒病、烟草花叶病、油菜病毒病、大豆花叶病、黄瓜花叶病、辣椒病毒病、番茄蕨叶病等植物病毒病害的症状标本或有关病害症状挂图，注意区别它们的症状特点。

3）观察比较马铃薯纺锤块茎病、柑橘裂皮病、黄瓜白果病、葡萄黄点病、菊花矮化病和菊褪绿斑驳类病毒病等类病毒病害的症状标本或有关病害症状挂图，注意区别它们的症状特点。

（三）植物病原线虫形态及症状观察

1）将患小麦粒线虫病植株的棕褐色虫瘿用水浸泡至发软后切开，挑取其内的白色丝状物制片镜检；或用新鲜的番茄根结线虫，剥开根结，取其中线虫，或刮取患大豆胞囊线虫病植株的根外白色小颗粒状物制片镜检。注意观察雄虫和雌虫在形态上有无区别，头部顶端口腔内有无吻针，能否看到食道球。

2）观察小麦线虫病、水稻干尖线虫病、甘薯茎线虫病、大豆胞囊线虫病、花生或棉花根结线虫病、番茄或柑橘根结线虫病等病害的新鲜标本或浸渍、干制标本，注意区别它们的症状特点。

（四）寄生性种子植物形态观察

观察菟丝子、桑寄生、槲寄生标本的形态，仔细比较哪种仍具有绿色叶片，哪种叶片已完全退化，它们的寄生性有何不同，观察其与寄主接触的特点。在示范镜下观察大豆菟丝子吸根的形态。

四、记录观察结果

1）绘制植物病原细菌喷菌现象示意图、小麦线虫雌成虫图、番茄根结线虫雌成虫图。

2）植物病原细菌性病害的症状有哪些特点？如何进行简易诊断？

3）列表比较所观察的植物病原细菌性病害、病毒病害和线虫病害的症状特点。

植物病害病原物的分离培养

一、目的

了解病原物分离培养的基本原理和基本方法，掌握病原物的分离培养技术，并能对病原物进行初步鉴定。

二、准备材料与用具

（一）材料

新采集的植物病原真菌、细菌、线虫病害的典型症状植株，PDA 培养基、肉汁胨平板培养基等材料。

（二）用具

超净工作台、显微镜、解剖镜、恒温箱、三角瓶、灭菌培养皿、解剖剪、小镊子、移植环、酒精灯、70% 乙醇、95% 乙醇、0.1% 升汞溶液或 7% 漂白粉消毒液、5% 来苏尔、灭菌水、滤纸、记号笔、标签、胶水、火柴、玻璃漏斗（直径 10～15cm）、铁架台、橡皮管、弹簧夹、尖嘴玻璃管、网筛、挑针、竹针、凹穴玻片等。

三、操作步骤

（一）植物病原真菌的分离培养

植物病原真菌的分离培养常采用的是组织分离法，此方法的基本原理是创造一个适合真菌生长的无菌营养环境，诱导染病植物组织中的病原真菌菌丝体向培养基上生长，从而获得病原真菌的纯培养。

1. 分离材料的选择及处理　　选择新鲜的典型症状植株、器官或组织，洗净，晾干，取新鲜病斑病健交界部分，切成 3～5mm^2 见方小块用作分离材料。将分离材料置于灭菌的小容器中，先用 70% 乙醇漂洗 2～3s，迅速倒去，以避免材料表面产生气泡；然后用 0.1% 升汞溶液消毒 3～5min（消毒时间因材料厚度不同而异；消毒剂也可根据不同情况选用漂白粉、次氯酸钠等），再经无菌水漂洗 3～4 次，最后用灭菌的滤纸吸干材料上的水。

2. 工具的消毒、灭菌　　先打开超净工作台通风 20min 以上，用 70% 乙醇擦拭手、台面和工作台出风门进行消毒；分离用的容器和镊子用 95% 乙醇擦洗后经火焰灼烧灭菌。

分离也可在没有尘土而空气相对静止的室内进行，方法是擦净工作台，在台面上铺一块湿毛巾，地面洒水，然后在室内喷洒 5% 来苏尔，熏蒸灭菌 2～3h 即可。

3. 平板 PDA 的制作　　将三角瓶中的 PDA（马铃薯葡萄糖琼脂）培养基置于水浴锅或微波炉中融化，取出摇匀，自然降温至 45℃左右后，在超净工作台上经无菌操作将培养基倒入已灭菌的培养皿中（厚度 2～3mm，从一侧倒入培养基，培养基占培养皿 2/3 即可），并轻轻摇动，静置台面冷却即成。

4. 分离培养　　在无菌操作下用镊子将消毒后的材料剪成 0.5cm^2 的小块，移入平板 PDA 培养基上，按一定距离排列整齐，一般病组织平板培养至少需要 3 个以上的重复，以增加获得致病菌的机会。在培养皿底部标明分离材料、日期等。将培养皿底部向上，置恒温培养箱中，在室温下培养，或置室内阴暗处培养2～5d即可检查结果。

（二）植物病原细菌的分离培养

植物病原细菌一般用稀释分离法。在病原细菌的分离培养中，材料的选择及表面消毒都与病原真菌的分离培养基本相同，但消毒液通常是用1∶14的漂白粉溶液，处理3～5min，然后用无菌水冲洗2～3次。除了PDA培养基外，通常还有NA（肉汁胨）培养基。对于分离细菌的PDA培养基，或PSA（马铃薯蔗糖琼脂）培养基，在制作时将pH调节至6.5，而分离真菌的培养基则不必调节pH。稀释分离主要有以下两种方法。

1. 培养皿稀释分离法

（1）制备细菌悬浮液　取灭菌培养皿3个，每个培养皿中加无菌水0.5ml，切取约4mm^{2}见方的小块病组织，经过表面消毒和无菌水冲洗3次后，移入第1个培养皿的水滴中，用灭菌玻璃棒将病组织研碎，静置10～15min，使组织中的细菌流入水中成悬浮液。

（2）配制不同稀释度的细菌悬浮液　用灭菌移植环从第1个培养皿中移植3环细菌悬浮液到第2个培养皿中，充分混合后再从第2个培养皿移植3环到第3个培养皿中。

（3）倒入培养基　将熔化的琼脂培养基冷却到45℃左右，分别倒入3个培养皿中，摇匀后静置冷却，凝固后在培养皿底部标明分离材料、日期和稀释编号等。

2. 平板划线分离法

（1）制备细菌悬浮液　在灭菌培养皿中滴几滴无菌水，将表面消毒和无菌水冲洗过3次后的病组织块置于水滴中，用灭菌玻璃棒将病组织研碎，静置10～15min，使组织中的细菌流入水中成悬浮液。

（2）划线　用灭菌移植环蘸取以上悬浮液在表面已干的琼脂平板上划线，先在平板的一侧顺序划3～5条线，再将培养皿转90°，将移植环经火焰灼烧灭菌后，从第2条线末端用相同方法再划3～5条线。也有其他划线形式，如四分划线和放射状划线等，其目的都是使细菌分开形成分散的菌落。

（3）作标记　在培养皿底部标明分离材料和日期等。

（4）培养及结果观察　将分离后的培养皿翻转放入塑料袋中，扎紧袋口，置恒温培养箱中适温培养24～48h，可观察结果。若分离成功，琼胶平板上菌落形状和大小比较一致，即使出现几种不同形状的菌落，终有1种是主要的。如果菌落类型很多，且不分主次，很可能未分离到病原细菌，应考虑重新分离。如果不熟悉1种细菌菌落的性状，就应选择几种不同类型的菌落，分别培养以后接种测定其致病性，最终确定病原细菌。

划线分离法的关键是要等到琼脂平板表面的冷凝水完全消失后才能划线，否则细菌将在冷凝水中流动而影响单个分散的菌落的形成。为加快消除冷凝水，可将平板培养基在37℃的温箱中放1～2d，或者在无菌条件下将培养皿的盖子打开，翻转培养皿斜靠在盖上，在50℃的干燥箱中干燥30min。

（三）植物病原线虫的分离

线虫是低等动物，它们的分离方法与植物病原真菌、细菌不同。在植物线虫病害研究中，不仅要采集病变组织作标本，还必须考虑采集病根、根际土壤和大田土样进行分离鉴定。

1. 直接观察分离法 对胞囊线虫、根结线虫等植物根部寄生的线虫，可在解剖镜下用挑针直接挑取虫体观察；对一些个体比较大的如茎线虫等，可在解剖镜下用尖细的竹针或毛针将线虫从病组织中挑出来，放在凹穴玻片上的水滴中进一步观察和鉴定。

2. 漏斗分离法 漏斗分离操作简便，不需复杂设备，适合分离能运动的线虫，是目前从植物材料中分离线虫比较好的方法。其缺点是漏斗内特别是橡皮管道内缺氧，不利于线虫活动和存活，所获线虫悬浮液不干净，分离时间较长。

分离装置是将玻璃漏斗（直径 10~15cm）架在铁架台上，下面接一段（约 10cm）橡皮管，橡皮管上夹一个弹簧夹，其下端橡皮管上再接一段尖嘴玻璃管。

具体分离步骤如下。

1）在漏斗中加满清水，将带有线虫的植物材料剪碎，用单层纱布包裹，置于盛满清水的漏斗中。

2）经过 4~24h，由于趋水性和本身的重量，线虫离开植物组织，并在水中游动，最后都沉降到漏斗底部的橡皮管中。打开弹簧夹，放取底部约 5ml 的水样到小培养皿中，其中就含有寄生在样本中大部分活动的线虫。

3）将培养皿置解剖镜下观察，可挑取线虫制作玻片或作其他处理，如果发现线虫数量少，可以经离心（1500r/min，2~3min）沉降后再检查；也可以在漏斗内衬放一个用细铜纱制成的漏斗状网筛，将植物材料直接放在网筛中。

漏斗分离法也适用于分离土壤中的线虫，方法是在漏斗内的网筛上放上一层细纱布或多孔疏松的纸，上面加一薄层土壤样本，小心加水漫过后静置过夜。

将分离到的线虫挑到凹穴玻片上的水滴中即可进一步观察和鉴定。

四、注意事项

1）选取的材料一定要新鲜，这样可以减少腐生菌的污染。材料已经腐败或污染大量腐生菌时，可采取接种后再分离。

2）消毒时间因分离材料类型而异，硬组织处理时间可长些，软组织处理时间短些。

3）真菌组织分离时，切取的组织块不能太大，太大污染杂菌多；也不能太小，太小易杀死其中的病菌，一般切取边长 4~5mm 的小块病组织。

4）PDA 培养基中加适量抗生素，可排除细菌污染。

五、实验报告

1）在教师指导下，选择 1~3 种农作物病害材料，按实训操作要求进行分离培养和鉴定，并按表 2-1 做好记录。

表 2-1 农作物病害病原物分离培养和鉴定记录表

编号	材料	病原	培养基	分离方法	消毒剂	消毒时间	鉴定结果

2）你在病原物的分离培养过程中出现过哪些问题？是何原因？应如何克服？

植物病原物的接种

一、目的

掌握植物病原物常用的接种方法。

二、准备材料与用具

（一）材料

小麦腥黑穗病菌、辣椒疫病菌、大豆灰斑病菌、白菜软腐病菌、烟草花叶病毒病叶、小麦条锈病病叶，小麦种子、小麦苗、辣椒苗、心叶烟、烟苗、白菜叶等材料。

（二）用具

花盆、三角瓶、试管、卫生喷雾器、塑料布等用具。

三、操作步骤

（一）真菌的接种方法

1. 拌种法　　以小麦腥黑穗病为例，在100g小麦种子中加2g黑粉菌孢子，置拌种器中摇匀后，播种。

2. 土壤接种法　　以辣椒疫病为例。

（1）接种液制备　　辣椒疫病菌斜面→稀释法接种于CA（胡萝卜琼脂培养基：200g胡萝卜、20g葡萄糖、15g琼脂、1000ml水）平板→25℃条件下培养5d，用直径5mm的无菌打孔器在菌落边缘打孔制得菌片→菌片放入含有10ml无菌水的无菌培养皿内，菌丝面朝上→25℃光照条件下保湿培养36~48h，滤去菌丝体与培养基制成浓度为5000个/ml的孢子囊悬浮液→备用。

（2）接种　　取灭菌土（30%~40%含水量）→称重→装入直径9cm的营养钵→加入预先制备的孢子囊悬浮液至每克干土中含有50~80个孢子囊液，滴加等量无菌水为对照→拌均匀→移栽入6片真叶期辣椒苗（1株/盆）→25℃光照培养箱内保湿培养2d→除去保湿罩，仍保持25℃、40%含水量→逐日记录发病情况→直至发病稳定为止。

3. 喷雾法　　以大豆灰斑病为例。斜面上的灰斑病菌→采用稀释接种法转至PDA平板→25℃培养7d→无菌水洗下菌落表面孢子→过滤制备孢子量为$1×10^4$个/ml的孢子悬浮液，喷雾器均匀喷布在真叶期大豆苗叶片上→同时设一不喷菌液而喷无菌水的对照→接种后在保湿箱内保湿48h（25~28℃）→移出保湿箱常规管理，逐日观察记载发病情况及症状特点。

4. 喷雾法　　以小麦条锈病为例，锈菌为专性寄生菌，不能人工培养繁殖，只能从病叶上直接取得接种用病菌。

取小麦条锈病病叶→无菌水洗下锈菌夏孢子→制备孢子含量为$5×10^4$个/ml的孢子

悬浮液→备用。

选取长势一致的小麦苗→手指摩擦叶片以除去表面蜡质→喷已配好的接种液至叶片（以接种液布满叶片又不流淌为好，以喷无菌水为对照）→保湿箱保湿（或扣塑料薄膜保湿）24～48h（22～28℃），5d后观察发病情况→记录发病叶率和严重度。

（二）细菌的伤口接种法

以白菜软腐病为例。取切成适当大小的白菜帮两块→水洗，待水稍干后→以10%漂白粉溶液进行表面消毒→分放在两个灭过菌的、上下铺有吸水纸的培养皿中→用乙醇擦过的玻璃棒顺着白菜帮打3排不穿透的孔穴→用灭过菌的兽用注射器，吸取无菌水滴→菜帮的第一排内孔作为对照→用该注射器吸取培养好的白菜软腐病菌菌悬液滴于第二、第三排孔内，另一培养皿的菜帮以同法处理作重复，盖好皿盖→置于26～28℃的温箱中→24h后检查发病情况。

（三）病毒的机械接种法

取烟草花叶病毒病叶组织1g→加1.5ml磷酸缓冲液在灭菌后冷却的研钵中研成匀浆→用纱布过滤→取汁液备用。

接种时，取少量金刚砂（400～600目）→加在汁液中或撒在接种的叶面上作为磨料→用毛刷蘸取汁液→在烟草叶片上轻轻摩擦→用清水将多余的汁液和磨料轻轻洗去→保持温度20～30℃，逐日观察接种植株，7d后记录病斑数。

四、注意事项

1）人工接种方法因病原物的传播方式和侵入途径的不同而不同，接种方法尽可能地模仿自然侵染情况。

2）细菌接种时，注意无论无菌水，还是菌液都不要滴得过多，以免流出孔穴。

3）病毒接种最好在苗期，植株较大的则接种在新展开的生长旺盛的嫩叶上。定形的老叶接种后可能不表现症状，要经过一定时间，在植株新展开的叶片上才出现症状。

五、实验报告

1）将几种不同类型病害接种的相关知识写入表2-2。

表2-2　不同类型病害接种知识

病害种类	人工接种方法	注意事项
大豆灰斑病		
小麦腥黑穗病		
白菜软腐病		
烟草花叶病		

2）写出用土壤接种法接种辣椒疫病菌的操作程序。

课后思考题

1．真菌无性繁殖和有性繁殖各产生哪些类型的孢子，它们在病害循环中各起什么作用？

2．霜霉菌的分类依据是什么？

3．什么是子囊果？常见类型有哪几种？

4．认识真菌无隔菌丝和有隔菌丝、分生孢子盘、分生孢子器、闭囊壳、子囊壳、子囊盘的形态。

5．掌握腐霉属、疫霉属、霜霉属、白锈属、根霉属、黑粉菌属、柄锈菌属、胶锈菌属的形态特征。

6．列表比较卵菌门、接合菌门、子囊菌门、担子菌门和半知菌类真菌的主要特征及所致病害的症状特点。

7．植物病原细菌性病害有何症状特点？有无异味？

8．植物病原细菌引起的农作物病害有哪些种类？举例说明。

9．植物病毒传播有哪些类型？

10．植物病原线虫危害植物可引起哪些症状？

11．为什么将植物寄生线虫当作病原生物看待？

12．寄生性种子植物和一般种子植物的主要区别有哪些？

13．列表比较植物病原细菌、病毒、线虫、寄生性种子植物等病原物的特点及其所致病害的症状特点。

14．何谓植物非生物性病害？

第三章 / 病原物的致病性和寄主植物的抗病性

【教学目标】 了解病原物和寄主的互作机制，掌握病原物的致病性和寄生性和寄主植物的抗病性特点，掌握病原物的致病机制和寄主植物的抗病机制。

【技能目标】 掌握寄主植物抗病性划分。

第一节 病原物的寄生性和致病性

一、病原物的寄生性

寄生性是指病原物从寄主获得活体营养的能力。按照它们从寄主获得活体营养能力的大小，将病原物分为以下几类。

1. 专性寄生物 它们的寄生能力最强，只能从活的寄主细胞和组织中获得营养，因此又称为活体寄生物。例如，所有的植物病毒、植原体、寄生性种子植物，大部分植物病原线虫和霜霉菌、白粉菌和锈菌等。它们对营养的要求比较复杂，不能在普通的人工培养基上培养。

2. 非专性寄生物 这类寄生物既能在寄主活组织上营寄生生活，又能在死亡的病组织上营腐生生活，也能在人工培养基上生长。非专性寄生物的寄生能力也有强有弱，有的以营寄生生活为主，兼有一定程度的腐生能力，称为强寄生物，如玉米黑粉病菌、水稻白叶枯病菌等。另有一些以腐生为主的寄生物，称为弱寄生物。它主要在死体上营腐生生活，但在适宜的条件下，也能侵入生长衰弱或有伤口的植物体内，如甘薯软腐病菌、水稻烂秧病菌等。

寄生性的强弱与对寄主的破坏能力有关。寄生性越强、对植物的破坏能力越差，反之，寄生性越弱、对植物的破坏能力越强。

3. 专性腐生物 在自然界中还存在着一大类微生物，它们只能利用动植物残体及其他无生命的有机物作为营养，而不能在活体上营寄生生活，称为专性腐生物，如蘑菇、银耳、酵母菌等。

总之，上述微生物寄生能力从大到小的顺序是专性寄生物、强寄生物、弱寄生物、专性腐生物。实际上，在寄生物与寄生物之间，有时也很难划清界限。

二、病原物的致病性

致病性是病原物所具有的破坏寄主后引起病害的能力。

病原物的寄生性并不等于致病性，它们是既有联系又有区别的两个概念，没有相关性。通常寄生性越强，对植物的破坏性越小，如油菜霜霉病菌；相反，有的寄生性弱的病原生物，对植物寄生组织的破坏力往往是较大的，如甘薯软腐病菌。但是有些寄生强的病原物致病菌性也很强，如马铃薯晚疫病菌。

病原物对寄主的破坏作用主要是消耗寄主的养分和水分；分泌各种酶类；消解和破

坏植物组织和细胞；分泌毒素，使植物发生中毒萎蔫；分泌刺激物质，促使植物细胞分裂或抑制细胞生长，改变植物的代谢过程等。

致病性和危害性也是有区别的，对于某种病原物而言，无论其致病性的弱或强，都会有很大的危害性，而危害性的强弱，不仅与致病性有关，更与病原物的繁殖率、传播速度、危害的持久性和病害的发生、发展进程及寄主植物的抗病性和耐病性有着直接的联系。因此，专性寄生的锈菌、白粉菌虽不引起寄主组织死亡，但在品种感病、环境适宜时，仍可造成严重危害。

第二节　寄主植物的抗病性

寄主植物的抗病性是指植物抑制或延缓病原物活动的能力，是植物与病原物在长期共同进化过程中相互适应和选择的结果。这种能力是由植物的遗传特性决定的，不同植物对病原物表现出不同程度的抗病能力。

一、植物的抗病类型

根据植物抗病能力的大小，抗病性可分为免疫、抗病、耐病、感病、避病等几种类型。

1. 免疫　免疫又称为高抗，是植物对病原物侵染后的反应，表现为完全不发病，或观察不到可见的症状。

2. 抗病　寄主植物对病原物侵染后的反应，表现为发病轻。轻度侵染及表现轻度受害的称为高抗，中等程度感染和受害的称为中抗。

3. 耐病　寄主植物受病原物侵染后，虽然表现出典型症状，但对其生长发育、产量和质量没有明显影响。

4. 感病　寄主植物遭受病原物侵染而发生病害，生长发育、产量或品质受到很大的影响，甚至局部或全株死亡。

5. 避病　也称为抗接触，从时间、空间上，病原物的盛发时期和寄主的感病时间错开，而不被病原物感染，从而不发病，并不是植物本身具有的抗病力。

二、抗性

根据作物品种对病原物生理小种的抵抗情况，将品种抗病性分为垂直抗病性和水平抗病性。

1. 垂直抗病性　垂直抗病性是指寄主的某个品种能高度抵抗病原物群体中的某个或某几个特定小种，也称为小种专化抗病性。一旦遇到病原物其他生理小种时，寄主就会变得高度感病。垂直抗病性是由主效基因（单基因）控制的，抗病效能较高，其主要缺点是易因病原物小种组成的变化而"丧失"抗病性。

2. 水平抗病性　水平抗病性属于多基因控制，是指寄主的某个品种能抵抗病原物群体的多数生理小种，一般表现为中度抗病，也称为非小种专化抗病性。由于水平抗病性不存在生理小种对寄主的专化性，所以抗病性不易消失。

3. 植物的抗病性机制　植物的抗病性分为植物本身所具有的被动抗病性和病原物侵染所引发的主动抗病性。二者的抗病机制都包括物理和化学两方面。

植物本身的抗病机制是指植物所具有的物理结构和化学物质在病原物侵染时的结构抗性和化学抗性。如植物的表皮毛不利于形成水滴和真菌孢子接触植物组织；角质层、蜡质层、硅质层厚能阻碍病原物侵入；植物表面气孔的密度、大小、构造及开闭等直接影响病原物的侵入率；植物的分蘖、株形、高矮也会影响病原物的侵染；植物体内的抗生素、植物碱、酚、单宁等都与抗病性有关。

病原物侵入寄主后，寄主植物会从组织、细胞结构和生理生化方面表现出主动的防御反应。如病原物的侵染点周围细胞的木质化和木栓化；植物受到病原物侵染后，刺激产生植物保卫素，其对病原物的毒性强，可抑制病原物的生长；过敏反应为在侵染点周围的少数寄主细胞迅速死亡，抑制专性寄生物的扩展。

第三节　病原物和寄主的互作机制

植物病理学是研究两种生命形式之间关系的科学。所谓寄主和病原物互作，就是在一定条件下，植物发病过程中寄主和病原物相互作用，从而决定发病表型的生理、生化和遗传调控过程。它主要是从寄主和病原物相互关系的角度研究病理过程机制。

一、病原物和寄主的识别

是病原物与寄主接触后短时间发生物质和信息相互作用，激发一系列生理生化及组织反应，从而决定最终感病或抗病后果。两者接触部位包括胞壁和胞壁、质膜与质膜、吸胞与胞质、胞壁与质膜、胞内菌丝与胞质及核酸与胞质（病毒）。识别物质必须是变异潜能很大的信息物质和分子结构上互补或结合，目前认为是蛋白质和多糖，组合有多糖（寄主）—多糖（病原）、多糖—蛋白质、蛋白质—多糖、蛋白质—蛋白质。识别结果为亲和（compatible）或不亲和（incompatible），亲和导致感病，而不亲和导致抗病。识别机制主要有外源凝集素、共同抗原、激发子、抑制子、蛋白质共聚学说等。

二、群体水平上的研究

Flor（1947）采用孟德尔方法研究抗、感品种杂交后代的群体反应，推定寄主和病原物的相互关系，以亚麻锈菌（*Melampsora lini*）的研究为代表。如果寄主中有一个调节（condition）抗病性的基因，那么病原物中也有一个相应的基因调节其致病性。如此类推，寄主中如有 2 个或 3 个基因决定（determine）抗病性，那么病菌中也有 2 个或 3 个相应的决定无毒性的基因。Eningbae（1982）设计了一种双元因子方格表示法说明寄主和病原物互作的各种关系。在这里寄主的抗病基因（R）和病原物的无毒基因（V）是显性的，而寄主的感病基因（r）和病原物的毒性基因（v）是隐性的。基因组合表示寄主的抗病性丧失，需要寄主中决定抗病性的基因和病原物中决定无毒性的基因互作，也就是说寄主的抗病性（不亲和性）是病原物和寄主特异性互作的结果。因而抗病性被认为是主动过程，而感病性是由于寄主缺乏抗病基因或病原物缺乏无毒基因而表现的被动现象。

与此相反，在产生寄主专化性毒素的病害中，寄主与病原物特异性互作导致了它们的亲和性。在这里，病原物基因的产物是毒素，而寄主基因的产物是理论上的受体。这一关系中感病性似乎是主动的，没有主动抗性。但是，如果抗病组织可以降解毒素或抗病植物对毒素的作用具有自我修复机制，上述双元因子方格表示法在这一特殊病例中也可以采用。关于微效基因的作用，也可能存在基因对基因关系，在这种情况下，寄主所表现出来的抗病性是若干微效基因互作效应的叠加。

三、组织和细胞水平的研究

植物病害症状的发生是寄主—病原物亲和性互作的结果，不同类型的症状都有其特殊的组织细胞学基础。植物的抗病性（不亲和互作）也可以在组织和细胞水平上找到证据。早在 1927 年，Molean 就发现不同品种的柑橘溃疡病发病情况与气孔结构有明显关系，中国柑橘由于气孔开口处有明显的角质化，而比美国的葡萄柚抗病。Hildebran（1954）发现有些苹果由于花托紧凑和蜜腺少而小，不利于昆虫传播细菌，而对梨火疫病有抗性。马铃薯对软腐病的抗性与薯块表面皮孔的多少和病菌侵染后木质化程度有关。

病原物的侵染也会使植物在形态上发生不正常的变化，如细菌侵染所引起的维管束侵填体和凝胶的产生，堵塞维管束和导管引起枯萎病；真菌侵染时，在侵染钉产生处细胞壁内加厚呈乳突状。侵填体和凝胶的发生与抗病的关系还需进一步研究，但乳突的发生增加了细胞强度并使木质素沉积，从而使抗病菌的胞壁降解酶作用明显。

过敏性反应（HS）是 Klement（1964）发现的植物病原细菌在非寄主植物，如烟草上引起局部细胞迅速崩溃的一种特殊现象。后来人们认为它是植物抗性反应和防卫机制的重要特征，它可以在抗病品种与不亲和小种互作和病菌与非寄主植物互作时显现。它与一般病理学坏死的主要区别在于发生速度快，坏死组织颜色浅。在接种高浓度细菌时，过敏性反应在组织水平上显现；而在接种低浓度细菌时，在细胞水平显现。过敏性反应的解剖学特征，对细菌来说是繁殖受抑制，细胞被固定；对寄主细胞来说，就是细胞膜被破坏和产生植物保卫素（glyceollin）。HS 发生是一个需要合成蛋白质的过程，以杀瘟素（S）处理能同时抑制 HS 的发生和植保素的合成。另外，以甘草磷处理植物后，莽草酸代谢受阻，但细胞坏死照常发生，说明 HS 中细胞坏死与植保素合成无关。HS 可以看成是植物由不亲和小种引起的症状，这种症状并不是细菌繁殖受阻的原因。

四、分子水平的互作

由于致病过程是一种复杂的生物现象，分子生物学方法最好与细胞生物学方法互补进行，才能更准确地阐明寄主与病原物互作的时间、空间关系，以及受发育、环境和生理状况调节的特征。

1. 亲和性互作的分子　　研究植物病害的症状类型与致病因子的性质有密切联系。一般认为，腐烂与病菌的胞壁降解酶有关；坏死与毒素有关；萎蔫可能与毒素有关，也可能与胞外多糖有关；生长畸形与激素失调有关。国内外学者鉴定了各类与致病有关的基因 50 多个，其中除编码上述有关生化因子的外，还有一些编码未知产物的基因。目前在亲和性分子互作方面，对致病相关基因的研究较多，如软腐细菌的果胶酶作用于果胶类物质分子的化学机制是很清楚的，但对相应基因在植物组织中受调节的情况，以及有关酶与寄主互作特异性的问题尚需深入探讨。有人估计一个病菌可能有 100 个与致病有关的基因，这些基因在致病过程的不同阶段起作用，若找出其中的薄弱环节，对制订防治措施会更加有的放矢。

2. 不亲和性互作植物的抗病机制　　包括预存性被动机制及被病原物侵染后激发产生的主动抗病性。在主动抗病性中有两套基因先后起作用，即抗病基因和防卫基因。抗病基因产物（抗病蛋白）对病原物无毒基因产物有识别作用，能诱导抗病基因表达，产生一系列防卫机制。所以抗病基因产物是一种效应分子，本身无杀死病原物作用，真正起抗病作用的是通过防卫机制产生的植物在形态和生理生化上的许多改变，这些抗病变化包括植保素的合成、细胞壁修饰（愈伤组织、木质素和酚类化合物在壁上沉积）、富含羟脯氨酸糖蛋白的积累、蛋白酶抑制剂和能攻击病原物细胞壁的水解酶（角质酶和葡聚糖酶）的产生。已经鉴定出来的病程相关蛋白即 PR 蛋白，主要是与上述生理生化反应有关的酶类。所以，在植物抗病性反应中包括两个阶段，第一阶段为决定阶段，通过病原物无毒基因产物和寄主抗病基因产物相互识别决定寄主抗病性表达；第二阶段是表达阶段，即上述的一系列防卫反应。

根据在豌豆根腐病中的研究，用病原真菌接种内果皮时，一系列病理现象的出现有一定的时序性。整个抗病性进程在 5h 内完成，而且在植保素合成之前真菌就受到抑制。因此，植保素的作用可能只是对二次侵染发生作用。抗病品种只抗那些对植保素敏感的小种或菌系，能忍耐或分解植保素的小种或菌系，仍能使寄主发病。

在马铃薯晚疫病中，编码苯丙酸代谢酶的基因转录活性是局部活化的，而几丁质酶和 β-1, 3- 葡聚糖酶活性虽然增长较慢，但都是扩散性的，而且在抗病和感病互作中没有差别。属于局部活化的反应有过敏反应、植保素积累、酚类聚合物形成，有时几丁质酶也是这样，而查尔酮合成酶的活化、黄酮类化合物的积累、β-1, 3- 葡聚糖酶和过氧化物酶活性提高则能从侵染点向外扩散。水解酶（几丁质酶和 β-1, 3- 葡聚糖酶）在植物抗病性中的作用，首先是作用于病原物后释放出具有激发子功能的细胞壁片段。其次，这些酶本身还可以分解病菌的细胞壁和阻止菌丝生长物质在顶端沉积。

五、分子互作模式

Kean（1982）把寄主和病原物的相互作用比喻为锁钥关系，钥匙上的缺刻决定亲和性和特异性。Elliogboe（1982）把它具体化为二聚体模式，是根据基因对病例中严格的遗传证据提出的。其认为病原物的无毒基因产物与互补的寄主抗病基因产物有高度亲和性，形成二聚体后对病原物有非特异性抑制作用。然后 Kean 等又相继提出激发子—受体模式。这一模式可以看成是二聚体模式的补充、这一模式认为病原物的特异性激发子是由不亲和小种产生的，其结构由无毒等位基因决定。激发子与互补的抗病基因产物即受体有高度亲和性，这些都与二聚体模式相同。但这种特异性识别还需通过植物有选择地表达和积累植保素后才能抑制病原物的发展。另外，二聚体模式仅主张无毒基因产物和抗病基因产物直接互作，而激发子—受体模式则不排除病菌无毒基因的次生产物也可以作为识别因子。例如，原来认为糖苷酶是无毒基因产物，但它并不直接与互补的抗病基因产物发生作用，而是通过它的作用决定病原物细胞表面独特的碳水化合物结构，这些在结构上千变万化的碳水化合物才是直接与抗病基因产物互作的因子。事实上，目前已经证实的激发子除少数是蛋白质外，大部分是糖蛋白或葡聚糖类化合物。关于寄主—病原物互作分子机制的研究关键是分离和鉴定抗病基因产物——受体。激发子—抑制子—受体模式中激发子和抑制子都是由病原物产生的。马铃薯晚疫病菌产生的抑制子为 β-1, 3-葡聚糖，大雄疫霉大豆变种的抑制子为一种糖蛋白，碳水化合物部分为甘露糖。抑制子的作用主要是与激发子竞争寄主细胞原生质膜上的受体。离子通道模式是无毒基因产物（或次生产物）与膜蛋白上的受体结合时，会使受体蛋白的三级结构发生改变，从而使邻近的离子通道活化，使细胞质内 Ca^{2+} 浓度提高，并引起细胞内进一步生物化学变化。细胞质 Ca^{2+} 浓度通常比细胞外和液泡内的 Ca^{2+} 浓度低 10 000 倍，细胞质中 Ca^{2+} 浓度稍有增加就能迅速引起许多复杂的生理生化反应。这一模式能比较合理地解释许多病理现象。

课后思考题

1. 解释下列名词：专性寄生与兼性寄生　寄生性与致病性　初侵染与再侵染　垂直抗病性与水平抗病性。
2. 病原物的致病机制有哪些？
3. 寄主植物的抗病机制有哪些？

第四章 植物病害的发生和流行

【教学目标】 了解侵染性病害的发生发展规律，为灵活防治病害奠定基础。掌握植物病害侵染循环的各环节与病害防治的关系，理解影响植物病害流行的因素，掌握预测预报的内容及种类。

【技能目标】 掌握植物病害调查和取样的方法，会进行植物病害的调查、记载、计算，能根据调查计算结果，对植物病害发生情况进行综合分析。

植物病害的发生是在一定的环境条件下寄主与病原物相互作用的结果，植物病害的发展是在适宜环境条件下病原物侵染和繁殖，造成植物减产或品质下降的过程。要认识病害的发生发展规律，就必须了解病害发生发展的各个环节，深入分析病原物、寄主植物和环境条件在各环节中的作用。

第一节　病害的病程

侵染过程是指从病原物与寄主感病部位接触开始，到病害症状呈现为止所经过的全过程，简称病程。整个病程是连续进行的，为便于分析各个因素的影响，一般将其分为 4 个时期。

1. 接触期　接触期（contact period）即侵入前期，是指病原物能够引起侵染的部分与寄主植物发生接触的时期。病原物能够引起侵染的部分，称为接触体。真菌接触体是孢子或菌丝体；细菌、植物菌原体的接触体是其整个个体；病毒、类病毒则是粒体；线虫是成虫、幼虫或卵；寄生性种子植物则是其部分组织或种子。这些接触体中，多数病原物不是主动传播，而是借助于气流、雨水、昆虫等动力和介体传到寄主植物上。在传播过程中，绝大部分接触体因落到一些不能侵染的物体上而失去作用。传到寄主植物上的仅是极小部分。接触寄主植物后，一般营养体均可开始侵染。真菌孢子、寄生性种子植物的种子首先必须萌发，萌发需要有适宜的温度、湿度和水分，线虫的卵也要有适宜的温度才能孵化。还有一些病原物从寄主植物的地下部分侵入，接触寄主根系后，往往存在一个十分有利于防治的时期，在此期间，许多防治措施可以减少或避免病原物和寄主接触，将病原物消灭在侵入之前，以争取防治工作的主动。

2. 侵入期　侵入期（infection period）指病原物侵入寄主到建立寄生关系为止的时期。病原物的种类不同，侵入植物的途径也各不相同，大致可归为三类：①自然孔口（气孔、水孔、皮孔等）侵入；②伤口（虫伤、冻伤、机械损伤）侵入；③直接侵入（直接穿透植物的角质层或表皮层）。病毒只能从活细胞的轻微新鲜伤口侵入；细菌可以从自然孔口和伤口侵入；真菌 3 种途径都可侵入；线虫则用口器刺破表皮直接侵入。病原物侵入寄主要有适宜的环境条件，其中影响最大的是湿度和温度。其中湿度最为重要，因为大多数真菌孢子的萌发、游动孢子和细菌的侵入都需要有水分才能进行。所以，大多数病害往往在雨季中发生，多雨的年份病害易流行，潮湿的环境病情严重，这与侵入所需高湿的条件是分不开的。了解病原的侵入时间，能够掌握植物病害防治时机，从而达到预防为主的目的。

3. 潜育期　潜育期（latent period）是指病原物与寄主建立寄生关系后，在寄主体内扩展蔓延至症状开始出现为止的这段时期。病原物在寄主体内扩展的方式有两种，一种是病原物扩展的范围局限于侵染点附近的细胞和组织，即局部侵染，形成的病害称为局部性病害，多数病害属于这一类；另一种是病原物从侵染点沿着筛管、导管或随着生长点的发展扩展到寄主植物的其他部位或全株，引起全株感染，并在一定部位或全株表现症状，即系统侵染，引起的病害称为系统性病害。各种病害潜育期长短不同，这与病原物特性、寄主的抵抗力和环境条件有密切关系。环境条件中以温度影响最大，在适宜温度范围内，温度越高，潜育期越短，发病流行越快。如稻瘟病潜育期在 $9\sim11℃$ 时为 $13\sim18d$，$17\sim18℃$ 时为 8d，$26\sim28$ 时为 $4\sim5d$。但也有少数是由遗传因子决定的，如小麦散黑穗病的潜育期为一年，不受温度的影响。

潜育期的长短还与寄主的生长状况密切相关。凡生长健壮的植物，抗病力强，潜育期相应延长；而营养不良、长势弱或氮肥施用过多、徒长的，潜育期短，发病快。在潜育期采取有利于植物生长的栽培管理措施或使用合适的杀菌剂可减轻病害的发生。

病害流行与潜育期长短密切相关。有重复侵染的病害，潜育期短，重复侵染的次数越多，病害流行的可能性越大。

病原物的侵入并不意味着植物发病。在认识和掌握潜育期中病原物、寄主植物和环境条件间相互关系及其相互制约的客观规律以后，就可以充分运用各种栽培措施，增强寄主植物的抗病力，抑制病原物的繁殖，控制病害的发生。

4. 发病期　发病期（symptom expression period）是从症状出现后，病害进一步发展的时期。在这一时期，寄主作物表现各种病状和病征（菌丝、孢子、子实体）；细菌病害直到产生菌脓，人们才能肉眼看到。病部表面病原物的产生和症状表现受环境条件影响大，如稻瘟病在潮湿情况下形成急性型病斑，病斑上产生大量孢子；在干燥情况下，则形成慢性型病斑，病斑上产生孢子较少。病征的出现一般就是再侵染病原的出现，如果病征产生多，标志着大量病原物存在，病害就有暴发的可能。掌握病害的侵染过程及其规律性，有利于进行病害的预测预报和制订防治措施。

第二节　侵 染 循 环

侵染循环是指一种病害从前一个生长季节（或前一年）开始发生，到下一个生长季节（或下一年）再度发生所经历的全部过程，侵染过程只是整个病害循环中的一环。侵染循环是研究植物病害发生发展规律的基础，植物病害的防治措施主要是根据侵染循环特征拟定的。侵染循环主要包括以下三个环节。

一、病原物的越冬和越夏

当寄主植物收获后或进入休眠阶段，病原物也将越冬或越夏，渡过寄主植物的中断期和休眠期，而成为下一个生长季节的初侵染源。这段时间里，病原物多不活动，是侵染循环中最薄弱的环节。因此，了解病原物越冬和越夏的方式和场所，便可采取有效措施，消灭或减少侵染源，避免或减轻下个生长季节病害的发生。病原物越冬、越夏的方式有休眠、腐生和寄生 3 种，越冬越夏的场所主要有以下几种。

1. 种苗和无性繁殖材料 种苗和无性繁殖器官携带病原物，往往是翌年初侵染最有效的来源。病原物在种苗萌发生长时，也无需经过传播接触而引起侵染。由种苗和无性繁殖材料带菌而引起感染的病株，往往成为田间的发病中心而向四周扩展。

病原物在种苗和无性繁殖材料上越冬、越夏，有多种不同的情况。

1) 病原物各种休眠结构混杂于种子中。例如，小麦粒线虫的虫瘿、大豆菟丝子的种子、油菜菌核病菌的菌核等。

2) 病原物休眠孢子附着于种子表面。例如，小麦腥黑穗病菌、小麦秆黑粉病菌的冬孢子，谷子白发病菌的卵孢子等。

3) 病原物潜伏在种苗及其他繁殖材料内部。例如，大麦散黑穗病菌、小麦散黑穗病菌潜伏在种胚内，甘薯黑斑病菌、甘薯茎线虫在块根中越冬，马铃薯病毒病的病原、马铃薯环腐细菌在块茎中越冬。

4) 病原物既可以繁殖体附着于种子表面，又可以菌丝体潜伏于种子内部。例如，棉花枯萎病菌、棉花黄萎病菌等。

2. 田间病株及其他寄主植物 有些活体营养病原物必须在活的寄主上寄生才能存活。例如，小麦锈菌的越冬、越夏，在我国都要寄生在田间生长的小麦上。有些侵染一年生植物的病毒，当冬季无栽培植物时，就转移到其他栽培或野生寄主上越冬、越夏。例如，油菜花叶病毒、黄瓜花叶病毒等都可以在多年生野生植物上越冬。因此，处理病株、清除野生寄主等都是消灭病原物来源，防止发病的重要措施之一。

3. 病株残体 许多病原真菌和细菌，一般都在病株残体中潜伏存活，或以腐生方式在残体上生活一定的时期。例如，稻瘟病菌、玉米大斑病菌、玉米小斑病菌、水稻白叶枯病菌等，都以病株残体为主要的越冬场所。当寄主残体分解腐烂后，其中的病原物也逐渐死亡。

4. 土壤 土壤是许多病原物重要的越冬、越夏场所。病原物以休眠结构或休眠孢子散落于土壤中，并在土壤中长期存活，如黑粉菌的冬孢子、菟丝子和列当的种子、某些线虫的胞囊或卵囊等。有的病原物的休眠体，先存于病残体内，当残体分解腐烂后，再散于土壤中，如十字花科植物根肿菌的休眠孢子、霜霉菌的卵孢子、植物根结线虫的卵等。还有一些病原物，可以腐生方式在土壤中存活。以土壤作为越冬、越夏场所的病原真菌和细菌，大体可分为土壤寄居菌和土壤习居菌两类。土壤寄居菌只能在土壤中的病株残体上腐生或休眠越冬，当残体分解腐烂后，就不能在土壤中存活。土壤习居菌对土壤适应性强，在土壤中可以长期存活，并且能够繁殖，丝核菌和镰孢菌等真菌都是土壤习居菌的代表。

5. 粪肥 多数情况下，由于人为地将病株残体作积肥而使病原物混入粪肥中，少数病原物则随病残体通过牲畜排泄物而混入粪肥。例如，谷子白发病菌卵孢子和小麦腥黑穗病菌冬孢子，经牲畜肠胃后仍具有生活力，如果粪肥不腐熟而被施到田间，病原物就会引起侵染。

6. 昆虫或其他介体 一些由昆虫传播的病毒可以在昆虫体内增殖并越冬或越夏。例如，水稻黄矮病病毒和普通矮缩病病毒就可以在传毒的黑尾叶蝉体内越冬；小麦土传花叶病毒，在禾谷多黏菌休眠孢子中越夏。

二、病原物的传播

病原物从越冬、越夏场所传到作物上引起病害，又从病部传到健部，从病株传到健株再次发病，都需要经过传播，才能完成病害循环，如中断传播，就能中断病害循环，达到防治病害发生的目的。

各种病原物的传播方式不同，有的病原物能主动向外传播，如有鞭毛的细菌或真菌的游动孢子可以在水里游动，线虫可以在土壤中蠕动，有些真菌孢子可以自行向空中弹射（如小麦赤霉病菌、油菜菌核病菌的子囊孢子），这类能主动传播的病原物传播的距离和范围都是极有限的。绝大多数病原物传播都是依靠外界动力（包括自然因素和人为因素）而被动传播的，具体有以下几种传播方式。

1. 气流传播　许多真菌能产生大量孢子，孢子小而轻，可随气流传播。气流传播速度快、距离远、波及面广。病原物借气流远距离传播的病害，防治方法比较复杂，除注意消灭当地的病原物外，还要防止外地传入的孢子侵染，常需要组织大面积联防，才能获得防治效果。

2. 雨水传播　植物的病原细菌和部分真菌孢子由雨水和流水传播。病原细菌往往随溢脓流出寄主体外，借雨水才能分散开来；有些病原真菌所产生的游动孢子和一些分生孢子盘、分生孢子器内的分生孢子也都靠雨水传播。土壤中的一些病原真菌、细菌能通过雨滴反溅作用被带到底部叶片的背面。田间的灌溉水和雨后流水，可把病原菌传到较广的范围。由于雨水传播的距离一般都比较近，对于这类病害的防治，只要消灭当地的发病来源和管好灌排系统，就能取得一定效果。

3. 昆虫及其他生物传播　许多病毒、植物菌原体等依靠昆虫传播。一些真菌孢子和细菌可由昆虫携带传播，昆虫、线虫危害植物时造成伤口，为病原物打开侵入通道。这类昆虫及其他生物传播的病害需要通过治虫才能达到防治目的。

4. 人为传播　在农产品、种苗运输过程中，可携带病原物作远距离传播，造成病区扩大和新区的形成。各种农事活动如移栽、整枝、打顶、抹杈等都会传播病原物，引起植物病害。因此，选用无病繁殖材料、进行植物检疫、农事活动中注意避免传播等都能有效防治病害。

三、病原物的初侵染和再侵染

经越冬或越夏后的病原物，在植物开始生长后引起第一次侵染，称为初侵染。在同一个生长季节里，由初侵染病株上产生的病原物，继续传播到其他植株侵染为害，称为再侵染。只有初侵染而无再侵染的病害（称为单循环病害），如小麦黑穗病、水稻干尖线虫病等，只要消灭初侵染源，一般就能得到防治。有初侵染，并有多次再侵染的病害（称为多循环病害），如稻瘟病、各种炭疽病等，则既要采取措施减少和消灭初侵染源，还要防止其再侵染。

第三节　植物病害的流行

一、植物病害流行的概念

病害流行是指植物群体发病的现象。植物病理学把病害在较短时间内突然大面积严重发生从而造成重大损失的过程称为病害的流行。而在定量流行学中把植物群体的病害数量在时间和空间中的增长都泛称为流行。

植物病害的预测是依据流行学原理和方法估计病害发生时期和数量，指导病害的治理的。在群体水平上研究植物病害发生规律、病害预测管理的综合性学科则称为植物病害流行学（botanical epidemiology），它是植物病理学的分支学科。

二、植物病害流行的主要因素

植物病害的流行是指植物病害在一定时期和地区内普遍而严重发生，使寄主植物受到很大损害，或产量受到很大损失。传染性病害的流行必须具备三个方面的条件，即有大量的感病寄主存在，有大量致病力强的病原物存在，有对病害发生极为有利的环境。三方面因素相互联系，相互影响。

1. 大量的感病寄主 易于感病的寄主植物大量而集中的存在是病害流行的必要条件。品种布局不合理，大面积种植感病寄主或单一品种，有时会导致病害流行。

2. 大量致病力强的病原物 病害的流行必须有大量的致病力强的病原物存在，并能很快地传播到寄主体上。没有再侵染或再侵染次要的病害，病原物越冬的数量，即初侵染源的多少，对病害流行起决定作用。而再侵染重要的病害，除初侵染源外，侵染次数多，潜育期短，繁殖快，对病害流行常起很大的作用。病原物的寿命长及有效的传播方式，也可加速病害流行。

3. 适宜的发病条件 环境条件影响着寄主的生长发育及其遗传变异，也影响其抗病力，同时还影响病原物的生长发育、传播和生存。气候条件（温度、湿度、光照、风等）、土壤条件、栽培条件（种植密度、肥水管理、品种搭配）与病害流行关系密切。

上述三方面因素是病害流行的必不可少的条件，缺一不可。但由于各种病害发生规律不同，每种病害都有各自的流行主导因素。如苗期猝倒病，品种抗性无明显差异，土壤中存在病原物，只要苗床持续低温高湿就会导致病害流行，低温高湿就是此病害流行的主导因素。

病害流行的主导因素是可变化的。在相同的栽培条件和相同气候条件下，品种的抗病性是主导因素；已采取抗性品种且栽培条件相同的情况下，气候条件就是主导因素；相同品种、相同气候条件下，肥水管理可成为主导因素。防治病害流行，必须找出流行的主导因素，进而采取相应的措施。

三、植物病害流行的类型和变化

1. 病害流行的类型

（1）单年流行病害 一年或一个生长季节内，就能完成病原累积过程，从而引起病害流行，这类病害大都有再侵染，故又称为多循环病害。此类病害多为气传、水传或昆虫传病害，传播效能高。病原物对环境敏感，寿命短，一般引起植株地上部的局部性病害。许多重要植物病害属于此类型，如小麦锈病、稻瘟病、马铃薯晚疫病、黄瓜霜霉病等。

（2）积年流行病害 需经连续多年的病原累积方可造成病害流行，该类病害由于无再侵染，故又称为单循环病害。此类病害多为种传病害或土传病害。病原物休眠体往往是初侵染源，对不良环境的抗性强，寿命也长，常引起全株或系统性病害，包括茎基及根部病害。如水稻恶苗病、小麦腥黑穗病、玉米丝黑穗病、棉花枯萎病等属于此类型。

2. 病害流行的变化

（1）季节变化　　是指病害在一个生长季节中的消长变化。单循环病害季节变化不大，而多循环病害季节变化大。一般来说有始发、盛发和衰退3个阶段，即呈S型流行曲线，如马铃薯晚疫病。还有呈单峰曲线（如白菜白斑病）、双峰曲线（如棉花枯萎病）、多峰曲线（如稻瘟病、小麦纹枯病等），但基本的形式是S型曲线。

（2）年份变化　　指一种病害在不同年份发生程度的变化。单循环病害需要逐年积累病原物才能达到流行的程度，当病原物群体和病害发展到盛期后，由于某些条件的改变，又可以下降。多循环病害在不同年份是否流行和流行的程度，主要取决于气候条件的变化，尤以湿度条件为甚。降雨的时间、雨日和雨量与病害流行密切相关。

第四节　植物病害的预测预报

植物病害的预测预报是在认识病害发生和发展规律的基础上，利用已知规律展望未来的思维活动。在有目的、有计划地对病虫害进行调查后，结合当时的环境条件，参考历史资料，进行分析判断，推测出病害在未来一段时间内的发生期及危害程度，并及时发出情报，使有关部门和农户及时做好准备，抓住有利时机，开展防治工作。

搞好植物病害的预测预报，可以为具体的化学防治和生物防治决策提供依据，为生产单位提前做好准备赢得时间，使化学防治和生物防治能够适时适度地进行，避免无的放矢；有利于节省农本，提高经济效益；保护环境，维护生态平衡。还可以为宏观调控决策提供依据，有利于农药企业的适度发展、农药的适量生产；搞好大面积暴发性病虫的集中防治，减轻灾害；搞好病害的区域性综合防治。

由于植物病害的发生、为害受植物布局、栽培耕作制度、品种特性、病害的流行规律及气候条件等诸多因素的影响，所以病害的预测除具有特定的复杂性外，还具有很强的时效性。植物病害的发生为害动态、测报防治决策及农药、药械的供求信息等必须及时传递，否则就会造成难以挽回的损失。

一、预测预报的类型

按预测内容和预报量的不同可分为流行程度预测、发生期预测和损失预测等。按时效分，预测又可分为长期预测、中期预测和短期预测3类。

1. 长期预测　　是预测一个生长季节或一年，以致几年的病情变化。长期预测通常用于指导防治策略的研究，为制订防治计划、准备物资和技术条件提供依据。

长期预测主要考虑的因素：①过去或当年发病情况是否严重，是否积累了大量的病原物；②植株和病原物的越冬（越夏）情况是否良好；③未来的气象预报是否对发病有利。

2. 中期预测　　是对一个月至一个季度内的病情变化情况进行预测。中期预测一般用于指导具体的防治措施的应用，以提高防治效率。

3. 短期预测 是指在小范围内预测病害在未来几天到十几天内的发生情况，在病害发生前不久预测流行的可能性和程度，以指导防治。短期预测准确性高。

短期预测主要考虑的因素：①田间发病是否已有一定的数量；②气象预报的温湿度条件是否有利于病原物的侵染；③栽培条件是否有利于发病；④病害的潜育期长短。

二、病害预测的依据

病害的预测远不如害虫预测那样完善和准确。病害的发生期和流行程度预测往往结合在一起进行，一般是在对观测圃、系统观察田、大田进行调查的基础上根据品种、发病基数、作物生长状况、气候、栽培条件等因素进行估计。

1. 观测圃及其调查 观测圃设立在有代表性的区域，种植品种可分期播种，给予有利于发病的肥水条件。在观测圃中可以系统调查病情，观察作物生育期。通过调查观察，掌握大田调查和病害开始的发生期，了解病情的发展，指导大田调查和防治。观测圃也可以在已种植的田块中划定，选有代表性的品种及施肥水平高的田块。

2. 田间调查 田间调查在系统观察田和大田中进行。可先进行大田调查（目测普查），发现病株后再进行定田定点的系统调查。但一般在系统调查过程中也要进行若干次大田调查，以了解田间的发病情况。通过田间调查可以了解病情轻重及其发展速度、作物的生长状况、田间小气候等。

3. 依据多种因素进行预测 影响病害流行的因素很多，如作物的品种、生育期和不同长势长相（与肥水条件有关）的感病性或抗病性；病原菌的菌量、秋冬发病基数、发病早期的病情及上升速度；气候条件中的温度、湿度、雨量、雨日数等；栽培条件中的播期、种植方式、肥水管理、群体密度及杂草防除等。依靠单一的因素往往难得出准确的预测结果，一般都要根据两个以上的主要因素进行综合预测。例如，对小麦赤霉病，要根据感病生育期（扬花期）的气候条件（是否温暖高湿）来预测；对稻瘟病，要根据品种、气候条件、施肥情况来预测。选用哪些因素来预测某种病害要通过对病害流行规律的研究来确定。

对于一些可以量化的因子，可以通过对历史资料的统计分析，提出一些经验性指标，供预测时使用。如经相关回归分析，选取了决定赤霉病流行的气象因子，并求出各项指标（表4-1）。另外，还需编制小麦赤霉病流行程度与气象要素编码和相关表（表4-2）。

表 4-1 赤霉病流行的天气指标

流行程度	降雨量 /mm	≥0.1mm 雨日数 /d	日照时数 /h	编码
大流行	≥350	≥29	<170	+1
中度	250~350	23~28	170~200	0
轻度	<250	>23	>200	−1

表 4-2 小麦赤霉病流行程度与气象要素编码和相关表

编码和	发病率 /%	流行程度	编码和	发病率 /%	流行程度
≥2	≥50	重	−1	20~30	中偏轻
1	40~50	中偏重	−2	10~20	轻
0	30~40	中	−3	<10	极轻

在当地,将4月中旬至5月中旬的气象要素预报值或实际值与表4-1、表4-2对照,即可判断赤霉病的流行程度。

三、病害情报发布

病害的预测预报总是服务于一定范围的(一般以县为主要单位),其调查预测结果代表这个范围的大多数情况,但也不可能面面俱到。由于病虫害发生情况的复杂性,有些区域或田块的病虫害发生早迟和发生量大小同上一级测报部门的预测结果可能不同。有时由于环境条件突然改变,也会使预测结果同实际情况有差异。"两查两定"就是在上级测报部门系统调查预测的基础上,在即将防治前的较短时间内,调查病虫害的发生情况,确定具体的防治田块(或某块田是否要防治)和防治时间。对害虫,要查虫口密度或危害程度及作物生长状况,定防治对象田;查发育进度及作物生育期,定防治时间(适期)。对病害,要查普遍率及作物生育期或长势,定防治对象田;查发病程度、作物生育期及天气情况,定防治适期。"两查两定"实际上也是一种短期预测,只不过期限更短。

植物保护部门对植物病害的调查预测结果的及时发布,对有关部门作出相应决策和具体组织实施具有十分重要的作用。

四、病害调查和测报新技术

随着科学技术和经济的发展,病害调查和测报的手段也在不断发展之中。美国等已建立马铃薯晚疫病电算预报系统,用户只要把有关数据(目前的温度、湿度和雨量等)告知预测中心,电脑即可很快计算出预报结果,全过程仅需几分钟。日本某县电算预测中心逐日发布水稻病害情报。国外还有专门的病害预测器,如苹果黑星病预测器可自动探测果园中的各种环境指标,经其内部的电脑计算,可随时显示出计算结果,并给出防治建议。我国也已对一些病害(如甜瓜枯萎病、蔓枯病等)进行研究,建立了预报系统。

第五节　植物病害的田间调查与统计

在防治农作物病害之前,首先应认识病害,掌握其发生规律和防治技术。然后进行认真细致的调查,并对其发生趋势作出预测。

植物病害的发生与周围的环境条件有密切的关系。环境条件的变化会影响病害发生和危害。因此,同一种病害在不同地区、不同地块、不同年份、不同季节,甚至短短几天中都会出现明显差异。只有认真进行调查,掌握病害发生动态,比较准确地预测病害发生趋势,才能及时提出经济、有效的防治对策。

一、调查内容

查清本地区作物上的病原物及其他病害种类,明确主要种类,搞清近似种。调查内容包括以下几种情况。

1. 病害分布　主要了解在本地区发生的植物病害在国内外和本地区的分布,历年的发生情况。

2. 病原生物学特性　　调查植物病害病原的生长发育特性、休眠特性、繁殖特性、扩散规律、侵染特点和病害循环及其与环境的关系。

3. 病原群体结构和特征　　病原群体中致病性变异，毒性、小种的产生、接种体数量、存活率、侵染概率、繁殖速率和病害发生的严重程度和病情指数等。

4. 群体数量变动规律　　调查某种病菌等在不同条件下群体数量变动的规律。

5. 危害程度和损失　　调查本地区植物病害发生和危害的程度，以及其对植物生产所造成的损失。

二、调查类型

根据病害调查的目的和要求，大致可分为三种类型。

1. 普查　　主要了解当地各种作物或某种作物上病害的种类、分布特点、危害程度等，或当年某种病害在各阶段发生的总体情况。可采用访问和田间调查等方法。一般调查面积较大，范围较广，但较粗放。

2. 系统调查　　用于了解某种病害在当地的年生活史，或某种病害在当年一定时期内发生发展的具体过程。一般要选择有代表性的田块，按一定时间间隔进行多次调查，每次都要按规定的项目、方法进行调查和记录。

3. 专题调查　　用于对病害发生发展规律、调查或防治中的某些关键性因子或防治技术进行研究。这类调查要有周密计划，并与田间或室内试验相结合。

三、调查方法

病害调查的方法有访问法、标本采集法、孢子捕捉法、观察圃或系统观察田调查法、田间调查法、实验观察法、人工培养等，下面以田间调查为例进行介绍。

田间调查不可能逐田块、逐株进行，而要先进行抽样，用所得样本代表全局。抽样包括地块选择、时间和次数、田块内的抽样。

1. 地块选择　　调查的地块应有代表性。不同类型田块中病害发生情况往往不同，要加以区分，并分别选取有代表性的田块进行调查。

2. 时间和次数　　调查的时间和次数应根据调查目的和病害发生的特点来决定。如对某种病害当年发生情况的调查进行评价，宜在发病盛期进行；危害程度调查，一般在病害发生的后期进行。

3. 田块内的抽样　　田块内抽样一般要根据调查对象的分布型和作物及病害发生的特点，采用相应的取样方法和取样单位。

（1）病害的田间分布型　　病害的田间分布型是指某一时刻在不同的单位空间内病原物数量的差异及特殊性，它表明该种群选择的内在特性和空间结构的异质性。受病原种群特性和各种生物种群间的相互关系和环境因素的影响，某一种群在空间分布的格局会有所不同。调查病害的田间分布型有助于了解其传播规律。病害的田间分布型又称为"空间分布型"、"空间格局"，是确定取样调查方式的重要依据。

病害的为害株，在田间的水平分布状况常分为均匀分布、随机分布、核心分布和嵌纹分布四种类型（图4-1）。呈均匀分布的个体之间相互排斥，并且相互关系基本一致，空间距离相等，如病害暴发时，多呈均匀分布；随机分布的病害田间分布较均衡而稀疏，如水稻稻瘟病株；呈核心分布的病害，在田间有许多内部密集的小种群群体（核心），并自各种群中心向四周作放射状扩散，群体的分布是随机的，棉花枯萎病株、棉花黄萎病株有时也呈核心分布；嵌纹分布是指病害在田间呈疏密相间的条纹状分布，同一区域内的个体之间保持基本相同的关系，而不同区域内的个体之间的关系则明显不同，如白绢病分布。核心分布和嵌纹分布统称为聚集分布。

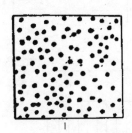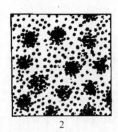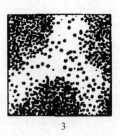

图 4-1　植物病虫害的田间分布型（引自李清西和钱学聪，2002）
1. 随机分布；2. 核心分布；3. 嵌纹分布

形成不同分布型的原因是多方面的，包括病害的增殖方式、传播方式和发生阶段，也与对环境的专一性有关。了解病害本身的生物学特性，有助于初步判断它们的分布格局。如果病害来自田外，传入数量较小，无论是随气流传播，还是种子传播，初始的分布情况都可能是随机分布；而当病原菌经过积累后，传播范围或扩展速度逐渐扩大，围绕初次发生的地点就可形成一些发生中心，就会呈核心分布；其后，特别是随着病原菌的大量繁殖，又会逐步过渡为均匀分布。当病害大量传入时，也可能直接呈现均匀分布。由于肥、水、土壤质地等成片、成条带的差异可能造成植物长势和抗病性的差异，进而引发病原物侵染的差异，也会出现嵌纹分布。

（2）取样方法　选择的取样方法，既要以病害的田间分布型为基础，又要符合统计学的基本要求。田块内的抽样方式常用的有五点式、棋盘式、对角线式（单对角线、双对角线）、分行式、"Z"形式和平行线式等（图 4-2）。对随机分布的病害，可用五点式；对核心分布的病害，一般用平行线式或棋盘式；对嵌纹分布的病害，一般用"Z"形式；对分布型不明的病害，可用对角线式或棋盘式。调查聚集分布的病害，点数要多些，每个点（取样单位）要小些。

（3）取样单位　常用的取样单位形式要有一定面积（行式、区式）、株数和一定的时间段。行式单位适用于密植成行的作物和聚集分布的病害；区式单位适用于散播密植作物；植株（穴）等单位适用于大株（或穴播）作物上的病害，有时较大植株上的病害还要以植株的枝、叶、蕾、花、果等为单位作进一步抽样，以减轻工作量。

四、样点检查

抽样工作完成后，还要对抽得的各单位（样点）进行检查，才能了解病害的具体情况。

检查时间根据作物及病害特点来确定。检查方法通常有直接观察计数（病株、病叶数等），在室内对病原菌进行显微镜检查，以确定病原菌的种类。

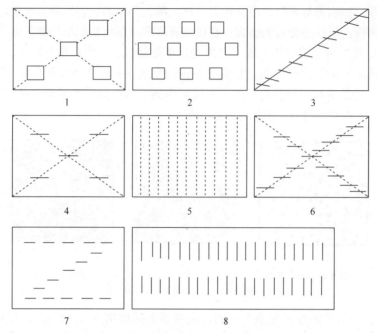

图 4-2 田间调查常用的取样方法（引自韩召军，2012）

1. 五点式（面积）；2. 棋盘式；3. 单对角线式；4. 五点式（长度）；5. 分行式；
6. 双对角线式；7. "Z" 形式；8. 平行线式

五、资料记载和计算

1. 记载表格和记载内容　　对病害的调查结果要及时准确地记载。事先要设计好记载表格，表格要有题目，表中的项目要简单明了，位置恰当。调查记载表格可分两种，一种为原始记载表（表 4-3），另一种为整理表。原始记载表供实地调查时当场填写，用于反映病害发生实况；整理表中填写的数据由原始记载表中数据汇总计算而得，用于反映病害的总体情况。填表时注意上下数据同位对齐；值为零时记 0 或零，未查、数据遗失等情况记 "/"。

表 4-3　病害调查原始记载表

调查时间：　　　　调查地点：　　　　调查地块：　　　　调查人：

样点号	株号							备注
	1	2	3	4	5	6	7 …… 20	
I								
II								
III								
IV								
V								

有的病害资料整理表可以反映不同年份、不同时期或不同防治方法下某种病害的发生情况。这种表可用于分析病害的发生规律，需保存资料。

病害资料具有重要的现实意义和宝贵的历史价值。原始资料和整理资料都要妥善保存，以便查用。

2. 调查资料的常用计算方法

1）被害率表示病害的危害程度：先抽查一定数量的植物个体（株、叶、穗等），然后计算。

$$被害率＝\frac{被害株（秆、叶、花、果）数}{调查总株（秆、叶、花、果）数}×100\%$$

2）普遍率（发病株率、病果率、病叶率等），用于表示发病个体（株、茎、叶、果等）的普遍程度。

$$普遍率＝\frac{发病个体数}{调查总个体数}×100\%$$

3）严重度和病情指数：严重度是指发病个体（叶、秆、穗、株、穴等）的受害程度，用分级法表示。不同病害分级标准不同。例如，麦类赤霉病严重度分为1级、2级、3级、4级，分别代表病小穗占全穗的$\frac{1}{4}$以下、$\frac{1}{4}$～$\frac{1}{2}$、$\frac{1}{2}$～$\frac{3}{4}$、$\frac{3}{4}$以上。

病情指数表示田间总体受害程度。

$$病情指数＝\frac{\sum（各级个体数×病级数）}{调查总个体数×最高级数}×100\%$$

▌技能操作

植物病害的田间调查

一、目的

掌握植物病害调查和取样的方法，会进行植物病害的调查、记载、计算，能根据调查计算结果，对植物病害发生情况进行综合分析。

二、准备材料与用具

自制调查记载表、手持放大镜、笔记本、铅笔、相关图片资料等。

三、操作步骤

（一）调查前准备

准备调查用具，拟订调查方案，确定调查内容，制订调查表格，了解所调查病害的田间分布型，为正确选择调查方法做好准备。

（二）调查取样

选择不同类型的代表田块，根据病害在田间的分布情况及被调查田块的大小，确定取样方法和样点数。

（三）调查内容

病害调查，一般全株性的病害（如病毒病、枯萎病、根腐病或细菌性青枯病等）或被害后损失很大的病害，主要调查其发病率（株）。其他病害除调查发病率以外，还要进行病情分级，调查病情指数。调查时，可从现场采集标本，按病情轻重排列，参照已有分级标准划分等级。

（四）调查记载

记载内容要依据调查的目的和对象来确定，通常要求有调查日期、调查地点、调查对象名称、调查项目等。

（五）调查结果整理与计算

对田间调查所获取的数据资料，根据公式进行整理与计算，病害要算出发病率和病情指数，并填写结果整理的相关表格（表4-4，表4-5）。通过对病害发生的普遍程度和严重程度的比较，并结合相关的气候资料，分析病害的发展趋势。

表4-4　病害田间调查记载表

调查时间：　　　　　调查地点：　　　　　植物名称：　　　　　病害名称：

样点号	株号及病害分级								备注
	1	2	3	4	5	…	19	20	
Ⅰ									
Ⅱ									
Ⅲ									
Ⅳ									
Ⅴ									

表4-5　病害调查结果整理表

调查日期	调查地点	植物名称	病害名称	调查总株数	调查总面积	感病总株数	发病率	严重度分级的各级株数					病情指数
								0级	1级	2级	3级	4级	

四、注意事项

1）调查选点、取样方法要准确，避免误差太大。

2）不论采用何种取样方法，样点在田间的分布要均匀，选点必须"随机"，不可主观挑选样点。

3）避免在田边取样，因为田边环境条件和植株生长情况往往与田中差别较大而缺乏代表性。

五、实验报告

以小组为单位，选择2～3种当地主要农作物上经常发生的主要病害进行田间调查，写一份调查报告（要求有调查地区的概况、调查目的及任务、调查结果及分析）。

课后思考题

1．何谓侵染过程？其可分为哪几个时期？温度、湿度对各时期有何影响？

2．何谓病害的侵染循环？包括哪些环节？

3．何谓植物病害流行？流行因素有哪些？病害流行的类型与特点怎样？

4．掌握预测预报的概念和意义。

5．确定调查的时间和次数的原则是什么？

6．什么是抽样调查？

7．如何降低抽样误差？

8．田块内抽样的格式常用的有哪几种？它们的样点是如何分布的？学画 5 种抽样格式示意图。

9．病害常见的分布型有哪几种？各有何特点？

10．如何根据分布型来确定取样格式？

11．"两查两定"相对于系统调查预测有何特点？

第五章 植物病害的诊断与防治

【教学目标】 掌握植物病害的诊断步骤和要点，以及植物病害防治的原理与方法。

【技能目标】 熟悉植物病害诊断的一般程序，掌握各类植物病害的诊断方法。

第一节 植物病害的诊断

一、诊断步骤

1. 田间观察 观察病害在田间的分布规律，如病害是零星的随机分布，还是普遍发病，有无发病中心等，这些信息常为人们分析病原提供必要的线索。进行田间观察，还需注意调查询问某种植物的发病史，了解病害的发生特点、种植的品种和生态环境。

2. 症状观察 对植物病害标本进行全面的观察和检查，尤其对发病部位、病变部分内外的症状进行详细的观测和记载。应注意对典型病征及不同发病时期的病害症状的观察和描述。从田间采回的病害标本要及时观察和进行症状描述和照相，以免因标本腐烂影响描述结果。对无病征的真菌病害标本，可进行适当的保湿，产生孢子后，再进行病菌的观察。

3. 采样检查 肉眼观察到的仅是病害的外部症状，对病害内部症状的观察需对病害标本进行解剖和镜检。同时，绝大多数病原菌都是微生物，必须借助于显微镜的检查才能鉴别。因此，诊断不熟悉的植物病害时，室内检查鉴定是不可缺少的步骤。采样检查的主要目的，在于识别植物病害的症状；确定病原种类；对真菌病害、细菌病害及线虫所致病害的病原种类作出初步鉴定，进而为病害确诊提供依据。

4. 病原物的分离培养和接种 对新的或罕见的真菌和细菌病害诊断，还需进行病原物的分离、培养和人工接种试验，才能确定真正的致病菌。这一病害诊断步骤，按柯赫氏法则进行，其具体步骤为：①患病植物病部常伴有病原生物存在；②将该生物在培养基上分离和纯培养；③将纯培养生物接种到相同品种的健株，接种植物表现与原来相同的症状；④从接种发病的植物上再进行该生物的分离和纯培养，其特征与原接种的病原生物相同，即可确定接种的病原菌就是该种病害致病菌。

5. 提出诊断结论 最后应根据上述各步骤得出的结果进行综合分析，提出适当的诊断结论，并根据诊断结果提出或制订防治对策。

植物病害的诊断步骤不是一成不变的，具有一定实践经验的专业技术人员，根据病害的某些典型特征，即可鉴别病害，而不需要完全按上述复杂的步骤进行诊断。当然，对于某种新发生的或不熟悉的病害，严格按上述步骤进行诊断是必要的。随着科学技术的不断发展，血清学诊断、分子杂交和 PCR 技术等许多新的分子诊断技术已广泛应用于植物病害的诊断，尤其是植物病毒病害的诊断。

二、诊断要点

1. 非侵染性病害 植物病害的诊断，首先要区分是侵染性病害，还是非侵染性病害。若在患病植物上看不到任何病征，往往大面积同时发生，症状一致，没有逐步传染扩散的现象，则大体上可确定为非侵染性病害。除了植物遗传性疾病之外，非侵染性病害主要是不良的环境因子所引起的。不良的环境因子种类繁多，大体上可从发病范围、病害特点和病史几方面来分析。下列几点有助于诊断其病因：①病害突然大面积同时发生。发病时间短，只有几天。大多是由于大气污染、"三废"污染或气候因子异常，如冻害、干热风、日灼、水灾所致。②灼伤。灼伤多集中在植株某一部位的叶、芽和嫩枝上。大多是由农药或化肥使用不当所致。③缺素症状。由于土壤原因，许多植物会出现不同的缺素症状，多见于老叶或顶部新叶，应根据病害发生的严重程度，补充某种元素，使植物恢复正常生长。

2. 侵染性病害　　侵染性病害常分散发生，有时还可观察到有明显的发病中心及其向周围传播、扩散的趋向，侵染性病害大多有病征（尤其是真菌、细菌病害）。所有的病毒病害，在植物表面无病征，但有明显的症状特点，可作为诊断的依据。

（1）真菌病害　　许多真菌病害，如锈病、黑穗（粉）病、白粉病、霜霉病、灰霉病及白锈病等，常在病部产生典型的病征，依照这些特征或病征上的子实体形态，即可进行病害诊断。对于病部不易产生病征的真菌病害，可以用保湿培养和镜检，以缩短诊断过程。取植物的感病器官，用清水洗净，于保湿器皿内，适温（22～28℃）培养1～2d，促使真菌产生子实体和孢子，然后进行镜检，对病原真菌作出鉴定。有些病原真菌在植物病部的组织内产生子实体（分生孢子器、分生孢子盘、子囊壳），从表面不易观察，需用徒手切片法，切开病部组织，做成临时玻片或石蜡玻片进一步镜检。必要时，则应进行病原的分离、培养及接种试验，才能作出准确的诊断。

（2）细菌病害　　植物被病原细菌侵染后，可产生各种类型的症状，如腐烂、叶斑、萎蔫、溃疡和畸形等；有的在病斑上有菌脓外溢；一些产生局部坏死病斑的植物细菌病害，初期多呈水渍状、半透明病斑。腐烂型的细菌病害，一个重要的特点是腐烂的组织黏滑且有臭味。萎蔫型细菌病害，剖开生病茎干，可见维管束变褐色，或切断生病茎干，用手挤压，可出现混浊的液体。所有这些特征，都有助于细菌病害的诊断。由细菌引起的叶斑病，对着阳光看，病斑周围有晕圈，这是诊断细菌叶斑病的一个重要特征。

植物细菌病害的症状主要有以下几类。

1）叶斑：主要发生在叶片、果实和嫩枝上。由于细菌侵染，引起植物局部组织坏死而形成斑点或叶枯。有的叶斑病后期，病斑中部坏死组织脱落而形成穿孔。

2）腐烂：植物幼嫩、多汁的组织被细菌侵染后，通常表现腐烂症状。这类症状表现为组织解体，流出带有臭味的液汁，主要由欧文氏菌属引起。

3）枯萎：有些病菌侵入寄主植物的维管束组织，在导管内扩展破坏输导系统，引起植株萎蔫。常由青枯病假单胞杆菌引起，棒形杆菌属也能引起枯萎症状。

4）畸形：有些细菌侵入植物后，引起根或枝干局部组织过度生长形成肿瘤；或使新枝、须根丛生；或枝条带化等多种畸形症状。发生普遍而严重的是由土壤杆菌属引起的多种植物的根癌病。假单胞杆菌属也可引起肿瘤。

5）溃疡：主要是指植物枝干局部性皮层坏死，坏死后期因组织失水而稍下陷，有时周围还产生一圈稍隆起的愈合组织。一般由黄单胞杆菌属引起。

切片镜检有无"溢菌现象"是简单易行又可靠的诊断技术，即剪取一小块（4mm²）

新鲜的病健交界处组织，平放在载玻片上，加蒸馏水一滴，盖上盖玻片后，立即在低倍镜下观察。如果是细菌病害，则在切口处可看见大量细菌溢涌出，呈云雾状。在田间，用放大镜或肉眼对光观察夹在玻片中的病组织，也能看到云雾状细菌溢出。此外，革兰氏染色、血清学检验和噬菌体反应等也是细菌病害诊断和鉴定中常用的快速方法。

（3）植原体病害　　植原体病害的特点是植株矮缩、丛枝或扁枝、小叶与黄化，少数出现花变叶或花变绿，无病征，为系统侵染病害，但病状只表现在局部。只有在电镜下才能看到植原体。注射 1 万单位的四环素或土霉素以后，初期病害的症状可以隐退消失或减轻，但对青霉素不敏感。

（4）病毒病害　　病毒病害的特点是有病状，无病征。病状多呈花叶、黄化、丛枝、矮化等。撕取表皮镜检，有时可见内含体。实验室诊断包括：鉴别寄主；传染实验，不同植物病毒属具有不同的传播介体，确定病毒的传播介体可以作为病原鉴定的一个证据，同时也为防治提供依据；在电镜下可见到病毒粒体和内含体。感病植株，多为全株性发病，少数为局部性发病。田间病株多分散，零星发生，无规律性。如果是接触传染或昆虫传播的病毒，病株分布较集中。病毒病症状有些类似于非侵染性病害，诊断时要仔细观察和调查，必要时还需采用汁液摩擦接种、嫁接传染或昆虫传毒等接种试验，以证实其传染性，这是诊断病毒病的常用方法。此外，血清学诊断技术、核酸杂交、病毒的物理化学特性等可快速作出正确的诊断。

（5）线虫病害　　线虫病害表现为虫瘿或根结、胞囊、茎（芽、叶）坏死、植株矮化、黄化或类似缺肥、缺素的病状。鉴定时，可剖切虫瘿或肿瘤部分，看见白色小点，即为线虫。用针挑取线虫制片或用清水浸渍病组织，或做病组织切片镜检。有些植物线虫不产生虫瘿和根结，可通过漏斗分离法或叶片染色法检查，必要时可用虫瘿、病株种子、土壤等进行人工接种。

三、诊断注意事项

1. 症状识别　　植物病害症状在田间的表现十分复杂。病害诊断应注意以下几点：①许多植物病害常产生相似的症状，因此要从各方面的特点去综合判断；②植物常因品种的变化或受害器官的不同，而使症状有一定幅度的变化；③病害的发生发展有一个过程，病害发生在初期和后期症状往往不同；④环境条件对病状和病征有一定的影响，尤其是湿度对病征的产生有显著的作用，加之发病后期病部往往会长出一些腐生菌的繁殖器官。因此，不仅要全面掌握病害的典型症状，还应仔细区别病征的微小的、似同而异的特征，才能正确诊断病害。

2. 识别虫害、螨害和病害　　有些害虫、螨类为害也能诱发植物产生类似于病害的为害状，如变色、皱缩、黑斑等，这也需经仔细鉴别发病的原因，方可正确诊断。

3. 注意并发病害和继发病害　　一种植物发生一种病害的同时，另一种病害伴随发生，这种伴随发生的病害称为并发病害。例如，小麦蜜穗病菌由小麦粒线虫传播，当小麦发生粒线虫病时，有可能伴随发生蜜穗病。继发病害是指植物发生一种病害后，紧接着又发生另一种病害，后发生的病害，以前一种病害为发病条件，后发生的病害称为继发病害。例如，红薯受冻害后，在贮藏时又发生软腐病、黑斑病。这两类病害的正确诊断，有助于分清矛盾的主次，采用合理的防治措施。

第二节　植物病害防治的原理与方法

研究植物病害的最终目的是能经济、安全、有效地控制植物病害，提高农作物的产量和品质。就防治植物病害而言，人们往往首先想到的是用什么农药来控制它。其实，除使用农药外，防治植物病害的方法还有很多，如采用植物检疫措施可以防止病害的入境和扩散；改进栽培技术可以提高农作物对病害的抵抗能力，从而达到减轻病害发生的目的；种植抗病品种更是最经济、最安全、最有效的控制病害的措施。

植物病害的综合防治就是采取各种经济、安全、简便易行的有效措施对植物病害进行科学预防和控制。它力求防治费用最低、经济效益最大、对植物和环境的不良作用最小，既有效地预防或控制病害的发生与发展，达到高产、稳产和增收的目的，又确保对农业生态环境最大程度的保护，为农业生产的可持续发展创造必要条件。

防治植物病害，必须认真贯彻我国"预防为主、综合防治"的植保方针。"预防"就是在病害发生之前或初发阶段采取措施，严格控制病害发生的程度和流行的速度及可能造成的损失。"综合防治"具有两个含义：一是防治对象的综合，即根据当前农业生产的需要，从农业生产全局和生态系统的观点出发，针对多种病害，甚至包括多种其他有害生物（如农业害虫等）进行综合治理；二是防治方法的综合，即根据防治对象的发生规律，充分利用自然界抑制病害和其他有害生物的因素，合理应用各种必要的防治措施，创造不利于病害和其他有害生物发生的条件，控制病害或其他有害生物的危害，以获得最佳的经济、生态和社会效益。

在制订防治策略时，应根据植物病害流行规律和具体防治措施实施的可能性及其效果，因时因地制宜。植物病害综合防治的具体方法可因病害的种类不同而异。植物非侵染性病害的防治方法主要是改善环境条件，促进植物健康生长，如对各种"缺素症"，可通过追肥和根外施肥的方法增加相应元素的供给。植物侵染性病害的防治措施各有不同，如种子处理防治种传病害；对传毒昆虫的防治可控制相关病毒病的危害；对土传病害可采用抗病品种或生物防治措施来控制；轮作可明显降低那些寄主范围窄且在土壤中存活时间较短的病原物数量；由雨水或灌溉水传播的细菌病害可通过改进栽培管理技术来防治；及时采用化学防治，可有效控制气传真菌病害的流行速度和流行程度等；对目前尚未发生或局部发生的危险性病害，应加强检疫工作，控制其蔓延。

植物病害综合治理措施可归纳为以下 6 个方面：植物检疫、农业防治、植物抗病性利用、生物防治、物理防治和化学防治。

一、植物检疫

植物检疫（plant quarantine）是国家或地区政府，为防止危险性有害生物随植物及其产品的人为引入和传播，以法律手段和行政措施强制实施的植物保护措施。危险性有害生物是指国家或地区政府颁布的、在本国或本地区尚未发生或虽有发生但仅局部分布、可通过人为途径传播且有较大危险性的有害生物，包括植物病原物、害虫和杂草等。因此，植物检疫是通过法律、行政和技术等手段来保障本国或本地区农业、林业的安全生产，具有特定的强制性和预防性，而不同于其他植物保护措施。

植物检疫的基本任务：①禁止危险性有害生物随种子、苗木、无性繁殖材料及包装物、运输工具等传入或传出；②将国内局部地区发生的危险性有害生物封锁在一定范围内，防止传入未发生地区；③一旦发现危险性有害生物传入新区，立即采取一切必要措施，予以彻底铲除。

（一）植物检疫法规

植物检疫法规是开展植物检疫工作的法律依据，系指由国家政府或国际权威组织制定或认可、对国家间或国内地区间调运植物、植物产品及其他应检物进行检疫的法律规范，包括相关的法规、条例、实施细则、办法和其他单项规定等。

现行的主要国际植物检疫法规包括《国际植物保护公约》（International Plant Protection Convention，IPPC，1997 年联合国粮农组织第二十九次大会批准）、《实施卫生与植物卫生措施协议》（Agreement on the Application of Sanitary and Phytosanitary Measures，SPS 协议，世界贸易组织成员国于 1994 年 4 月 15 日签署，1995 年 1 月 1 日起实施）和《国际植物检疫措施标准》（International Standards for Phytosanitary Measures，ISPM，1995 年起由联合国粮农组织不定期审定发布）等。

我国最早的植物检疫法规性文件是 1928 年的《农产物检查条例》。1992 年起实施的《中华人民共和国进出境动植物检疫法》为我国对外植物检疫工作提供了明确的法律保障。根据这部法律，自 1997 年起实施由国务院于 1996 年颁布的《中华人民共和国进出境动植物检疫法实施条例》。另外，1992 年，国务院对 1983 年颁布的《植物检疫条例》进行修改，并颁布实施，该条例是我国开展对内植物检疫工作的依据。

（二）植物检疫实施

植物检疫由植物检疫机构实施。对外植物检疫由口岸出入境检验检疫局实施；对内植物检疫由隶属于农业部的县级以上各级地方植物检疫机构实施。

1. 对外植物检疫　由国家设在沿海港口、国际机场及国际交通要道的口岸植物检疫机构实施，以防止本国尚未发生或仅局部发生的危险性病害由人为途径传入或传出国境。其保护范围是对本国、本地区具有经济重要性的植物、植物产品和植物性资源。凡经检疫发现有检疫性病原生物，应作除害、退回或销毁处理。经处理合格的，准予进、出境。需进行隔离检疫的植物种苗，应在符合植物检疫和防疫规定的指定隔离场所施行检疫。同时，对进出境动植物、动植物产品的生产、加工、存放过程，实行检疫监督。对外植物检疫依其不同工作性质可细分为进境检疫、出境检疫、过境检疫、携带物和邮寄物检疫及运输工具检疫等。

我国将具备有效的传播途径，预计进境后存活率高、繁殖力强、适应性广、扩散速度快，对农作物和林木破坏性大，能引起病害流行而导致严重经济损失的生物，确定为禁止进境的检疫性植物病原物。1992 年，我国颁布的进境植物检疫危险性有害生物有两类共 84 种，分别为严格禁止进境的有害生物（A1 类）33 种和严格限制进境的有害生物（A2 类）51 种。另外，潜在的危害植物的危险性有害生物有 368 种。在这些有害生物中，A1 类的植物病原物有小麦矮腥黑穗病菌（*Tilletia controversa*）、玉米细菌性枯萎病菌（*Pantoea stewartii*）、大豆疫病菌（*Phytophthora soja*）、烟霜霉病菌（*Peronospora hyoscyami*）和梨火疫病菌（*Erwinia amylovola*）等22种；A2类的植物病原物有水稻茎线虫（*Ditylenchus angustus*）、棉根腐病菌（*Phymatotrichopsis omnivorum*）、烟草环斑病毒（tobacco ringspot virus）、松材线虫（*Bursaphelenchus xylophilus*）、菟丝子（*Cuscuta* spp.）、列当（*Orobanche* spp.）等。

2. 对内植物检疫 由县级以上各级地方农业和林业行政主管部门所属的植物检疫机构实施。对内植物检疫工作主要包括以下5个方面：①在国家公布的检疫性有害生物名录的基础上，制定本省（区）的补充名单；②根据检疫性有害生物的传播情况及地理、交通条件和封锁、根除的需要划定疫区和保护区；③对运出疫区或运入保护区的应施检疫的植物、植物产品及植物性繁殖材料等实施调运检疫；④有计划地建立无检疫性病原物的种苗繁育基地，并实施产地检疫；⑤对从国外引进的种苗等进行隔离试种，证实不带有检疫性病原物后，准予分散种植。

2006年3月2日，农业部颁布了《全国农业植物检疫性有害生物名单》和《应施检疫的植物及植物产品名单》。在有害生物名单中列有43种国内检疫性有害生物（B类），其中有水稻细菌性条斑病菌（*Xanthomonas oryzae* pv. *oryzicola*）、玉米霜霉病菌（*Peronosclerospora* spp.）、马铃薯癌肿病菌（*Synchytrium endobioticum*）、大豆疫病菌、棉花黄萎病菌（*Verticillium dahliae*）、柑橘黄龙病菌（*Liberobacter asianticum*）、柑橘溃疡病菌（*Xanthomonas citri*）、番茄溃疡病菌（*Clavibacter michiganense* subsp. *michiganense*）、烟草环斑病毒和假高粱（*Sorghum halepense*）等26种植物病原物。

（三）植物检疫程序

植物检疫程序是植物检疫机构的行政执法程序，包括检疫许可、检疫申报、检验和检疫处理和签证等基本环节。

1. 检疫许可 检疫许可（quarantine permit）是指在输入植物或植物产品前，由输入方事先向植物检疫机关提出申请，由检疫机关审查并作出是否批准输入的法定程序。无论国际贸易还是国内贸易，凡涉及植物和植物产品调运的，均需事先取得检疫许可。未取得检疫许可的，不得调运；取得检疫许可的，输入方需根据检疫机关检疫要求中规定的限定性有害生物名单申报检疫。

2. 检疫申报 检疫申报（quarantine declaration），又称报检，是有关检疫物进（出）境或过境时由货主或其代理人向植物检疫机关及时声明并申请检疫的法定程序。应报检的物品到达口岸前或到达口岸时，货主或其代理人必须及时办理检疫申报手续。需进行检疫申报的检疫物包括植物、植物产品、植物性包装物、铺垫材料及来自有害生物疫区的运输工具等。

3. 检验 检验（inspection）是植物检疫机构根据报检的受检材料，进行检疫监管、现场检疫和实验室检测等。检疫监管是检疫机关对进（出）境或调运的植物、植物产品的生产、加工、存放等过程实行监督管理的检疫程序，包括产地检疫、预检、隔离检疫和疫情检测等。现场检疫是指检疫人员在机场、车站、码头等现场对货物所做的直观检查，包括现场检查和现场抽样。现场检验的主要方法有X光机检查、检疫犬检查、肉眼检查、过筛检查等。实验室检测是利用实验室仪器设备对样品中有害生物的检查和鉴定。常用的实验室检测方法有比重法、染色法、洗涤法、保湿萌芽法、分离培养与接种法、噬菌体法、血清学法、指示植物接种法等。分子生物学技术和计算机技术的应用使实验室检测更精准和快速。

4. 检疫处理和签证　对调运的植物、植物产品和其他检疫物，经现场检疫或实验室检测，如发现携带有检疫性有害生物，应针对不同情况对货物采取除害、禁止进（出）口、退回或销毁等处理，即检疫处理（quarantine treatment）。经检验、检测合格或经除害处理后合格的检疫物，由检疫机关签发《植物检疫证书》，予以放行，即签证（certification）。

二、农业防治

农业防治（cultural control measure）是在农田生态系统中，通过改进耕作栽培技术来调节病原物、寄主及环境之间的关系，创造有利于作物抗病、不利于病原物侵染的环境条件，从而控制病害发生与发展的方法。在各种植物病害防治技术中，农业防治是比较经济、安全的，且往往能有效控制一些其他措施难以防治的病害。

（一）使用无病种苗

许多植物病原物可经种苗携带传播扩展。在生产上，利用无病种苗可有效地防治这类病害。一般通过下列途径可获得无病种苗。

1. 建立无病留种田，培育无病种苗　无病留种田或无病繁殖区应与一般生产田隔离，隔离距离因病原物的移动性和传播距离而异。同时应加强无病留种田和无病繁殖区的病害防治和其他田间管理工作，确保提供真正的无病种苗。

2. 种子处理　带病种子需进行种子处理。可采用机械筛选、风选和盐水或泥水漂选等方法汰除种子间混杂的菌核、菌瘿、虫瘿、病植物残体及病、瘪籽粒等。对于表面和内部带菌的种子则需进行热力消毒或杀菌剂处理。

3. 组织培养脱毒　植物病毒是通过营养繁殖器官传播，但通常植物茎尖生长点分生组织不带病毒，利用茎尖脱毒技术，即在无菌条件下切取茎尖进行组织培养，得到无病毒试管苗，再进行扩繁，便获得无毒苗，用于生产，如马铃薯、草莓脱毒苗。

（二）建立合理的耕作制度

合理的耕作制度，既可调节农田生态系统，改善土壤肥力和理化性质，有利于作物生长发育和土壤中有益微生物的繁衍；又能降低病原物的存活，切断病害循环，减轻病害发生。值得注意的是，耕作制度的改变会引起相应的农田生态条件和生物群落组成的变化。这些变化可导致一些病害的减轻和另一些病害的加重。因此，当大面积耕作制度和种植方式发生改变后，要密切注意可能引起的病害变化，并及时进行调整或采取相应的有效措施。

轮作是一项经济、易行、有效的控制土传病害的措施。合理轮作除有调节土壤肥力、有利于作物生长、提高作物抗病力的作用外，还可使有一定寄生专化性的病原物因没有适宜寄主而丧失生活力，或其生长发育因作物根际和根围微生物区系的改变而受抑制。轮作作物必须是病原物的非寄主，轮作年限和轮作方式因病害而异。一般病害轮作 2~3年。如果病原物腐生能力强或能产生抗逆性强的休眠体，在寄主缺乏时也可长期存活，那么只有长期轮作才能控制病害。通常，水旱轮作是最理想的轮作方式，控制病害效果明显，轮作周期可缩短。例如，防治茄子黄萎病和十字花科蔬菜菌核病，需连续种植非寄主作物 5～6 年，但若与水稻轮作，则只需 1 年。

各地自然条件和作物种类不同，种植方式和耕作制度也很复杂，各种耕种措施，如轮作、间作、套作、土地休闲和少耕免耕等对不同病害的影响不尽一致。因此，必须根据当地具体情况，兼顾丰产和防病控病的需要，建立合理的耕作制度。

（三）加强栽培管理

通过调节播种期、优化肥水管理等栽培措施，创造适合于寄主生长发育而不利于病原物侵染、繁殖的条件，减少病害发生。

1. 合理播种　　播种期、播种深度和种植密度均对病害的发生有重要影响。如早稻过早播种，易引起烂秧；冬小麦过迟或过深播种，延长出苗时间，可增加小麦秆黑粉病菌和小麦腥黑穗病菌的侵染机会，加重发病；冬小麦过早播种，又因土壤温度高，而有利于小麦纹枯病菌的侵染和病害在秋苗上的发展蔓延，导致发病加重；水稻过度密植，造成田间过早封行，通风透光不良，湿度高，有利于水稻纹枯病发生。合理调节播种期、播种密度和播种深度，可减轻病害发生。

2. 科学管理肥水　　肥水管理与病害消长关系极为密切。氮肥施用过多，往往会加重稻瘟病和水稻白叶枯病发生，而氮肥过少，则有利于水稻胡麻斑病的发生。水的管理不当，会造成田间湿度过高或过低，有利于病原真菌和细菌的繁殖和侵染，不利于农作物生长，从而诱发多种病害。为减轻病害发生，应做到合理施肥和管水。合理施肥的一般原则：氮肥、磷肥、钾肥配合施用，避免偏施氮肥；增施有机肥，但不施用未充分腐熟的肥料；适量施用微肥；根据作物种类和品种的耐肥能力掌握肥料用量；基肥和种肥足、追肥早。合理灌水的一般原则：水田应做到浅水勤灌，适时排水烤田。旱田应排灌结合，避免大水漫灌，提倡滴灌、喷灌和脉冲等节水灌溉。

水可以调节植物对肥料的利用。因此，在作物整个生育期中，水肥管理应结合进行，充分发挥水、肥的综合调控作用，提高植株抗病力，达到控制病害、提高产量的目的。

3. 调节环境条件　　在温室、塑料棚、日光温室和苗床等保护地栽培条件下，根据不同病害的发生规律，合理调节温度、湿度、光照和气体组成等，创造不利于病原菌侵染和发病的生态条件。例如，采用高温闷棚防治大棚内黄瓜霜霉病的发生，即选择在晴天中午密闭大棚（前一天需浇足水），使棚内温度迅速上升至 45℃，并保持 2h 后放风降温，隔 3～5d 重复一次。

（四）保持田间卫生

通过深耕灭茬、拔除病株、铲除发病中心和清除田间病残体等措施，减少病原物接种体的数量，从而达到减轻或控制病害的目的。例如，在作物生长期间，及早拔除病株，可减少水稻恶苗病菌对穗部的再侵染，从而减少翌年的初侵染菌源。多种植物病毒及其传毒昆虫，在野生寄主上越冬或越夏，铲除田间杂草可减少病毒来源。梨锈菌必须通过其转主寄主桧柏才能完成其生活史，因而梨园周围 5km 以内不种或砍除桧柏，可有效控制梨锈病。

作物收获后彻底清除、集中深埋或烧毁遗留田间的病残体，可减少病菌的越冬或越夏菌源数量。这一措施对多年生作物或连作作物尤为重要。如果树落叶后，应及时清理枯枝落叶，并结合冬季修剪，剪除病枝，摘除病果，刮除病斑。在多茬种植的蔬菜栽培地，病菌来源残存多，应在当茬蔬菜收获后或下茬播种前清除病残体。深耕深翻可将表层病原物休眠体和病残体埋到土壤深处，加速其分解，减少田间有效接种体数量。水稻栽秧前，清除水面混有菌核的浪渣，可减少引起初次侵染的菌核量，减轻纹枯病的发生。此外，沤肥和堆肥等应充分腐熟、杀死其中病原物后方可施于田间。

三、植物抗病性利用

应选择具有水平抗性的植物单株或群体。植物抗病性利用是防治植物病害最经济、最有效和最安全的措施。对许多土传病害和病毒病害而言，选育和利用抗病品种是最有效的控制病害途径。随着遗传学研究和现代农业生物技术研究与发展，抗病品种的选育和利用将具有更广阔的应用前景。

（一）抗病品种选育途径

植物抗病育种的原理、途径及方法与一般植物育种相同，但在育种目标中，除高产、优质和适应性等外，还必须提出有关抗病性的具体要求。

1. 引种 是指从外地或外国引入抗病良种直接利用或经驯化后应用，或引入抗性材料（抗源）用作杂交亲本。引种时应注意：品种引入地的经纬度、环境和土壤条件应与原产地相近；由于原产地和引入地病害种类和病原物小种（菌系或株系）可能不同，原产地的抗病品种引入后可能表现感病，而原产地的感病品种也可能表现抗病。因此，应先引入少量种子，在当地病害流行条件下试种，在确定其抗病性和适应性后，再扩大引进。

2. 系统选育 又称为单株选育法。利用作物品种群体中存在的遗传异质性，从引入品种、杂交品种和栽培品种等群体中选择抗病单株、单穗、单个块根或块茎，以及单个芽变后产生的枝条、茎蔓等，经多年田间种植、抗性鉴定和不断选择，最后形成抗病品种。

3. 杂交育种 这是抗病育种最重要的途径，可通过人工有性杂交，创造抗病新品种。通常综合性状好的当地适应品种为农艺亲本，另一个为抗病亲本。多亲本复交有利于综合各亲本的优良性状，提高杂交后代的遗传多样性，并可能育成抗多种病害或抗多个小种的品种。杂交育种可分为品种间杂交、回交和远缘杂交等。品种间杂交是最常用的杂交育种方法，选择两个或多个品种进行杂交。回交是以一个综合性状优良的品种作为轮回亲本与一个抗病亲本杂交，获得杂种后，再与轮回亲本多次回交，最后获得抗病并具轮回亲本性状的新品种。如果在回交程序中，通过一个适应性强的亲本与几个抗病亲本聚合回交，则可育成综合性状好的多抗品种。远缘杂交是选择抗病的农作物近缘野生种的材料，与栽培种杂交，选育出高抗和多抗品种。

4. 诱变育种 利用各种理化诱变因子（如 X 射线、γ 射线、紫外线、激光、超声波、秋水仙素、环氧乙烷等），单独或综合处理植物种子、花粉或愈伤组织等，可诱导良种产生抗性突变，或诱导抗病材料产生优良农艺性状的突变等。产生的突变体经鉴定、筛选后可作为抗病亲本用于杂交育种，少数综合性状优良、抗病性显著提高的突变体可直接用于生产。

5. 生物技术育种　　随着科学的发展，现代生物技术被广泛应用于抗病育种工作，如单倍体育种、体细胞杂交、体细胞抗病变异体的筛选和利用，以及通过基因工程技术获得转基因抗病品种等。世界上从植物、微生物、病毒及动物分离出可供植物基因工程使用的基因近百个。这些目的基因的表达产物能抵抗病毒、细菌、真菌、害虫、生态逆境、除草剂及化学药品，有些则能提高植物体中的蛋白质或某种氨基酸的含量。随着新技术革命与农业现代化的发展，植物保护学科正在向边缘学科迈进。目前，已获得了马铃薯、烟草、番茄、小麦、水稻和玉米等重要农作物转基因抗病品种，这些品种可以抵抗这些作物上的多种重要病害。

（二）抗病品种的合理利用

合理利用抗病品种可充分发挥其防病效果，延缓其抗病性丧失，延长其使用年限。在种植抗病品种时，应科学栽培管理，确保植株健康生长发育和发挥抗病、防病功能。同时，要做好品种的提纯复壮工作，及时拔除抗病品种群体中因机械混杂、天然杂交、突变和遗传分离等产生的杂株、劣株和病株，选留优良抗病单株，保持种子纯度。

此外，应重视其他类型抗病性的利用。非小种专化抗病性由多基因控制（水平抗性），因而抗病性稳定、持久，不因病原物生理小种的变化而改变。非小种专化抗病性品种受病原物侵染后，往往病害潜育期长，病斑少而小，病菌产孢量低，病害流行速度慢。

四、生物防治

生物防治（biological control）是利用对植物无害或有益的微生物或其代谢产物抑制病原物的生存活动，从而控制植物病害的发生与发展。生物防治具有对环境污染相对较小、对人畜毒性相对较低、对植物的副作用较小等优点，尤其适用于土传病害的防治，但防治效果易受环境因素影响，且不及化学防治显著。

（一）有益微生物类群

有益微生物包括真菌、细菌、放线菌、线虫和病毒，广泛存在于自然界的土壤、植物根围、叶围等自然环境中，包括一些寄生和拮抗菌株。其中，有的微生物与病原物无亲缘关系，如植物附生菌或腐生菌；有的则与病原物有不同程度的亲缘关系，如一些弱毒（无毒）的植物病原真菌、细菌、病毒菌株或株系。

众多细菌菌株被广泛用于生物防治，如放射土壤杆菌（*Agrobacterium radiobacter*）K84、荧光假单胞杆菌（*Pseudomonas fluorescens*）和枯草芽孢杆菌（*Bacillus subtilis*）等。细菌用于生物防治，具有生长繁殖快、使用后易在自然生态条件下占据群体优势，易于工业化发酵生产等优点。大多数细菌的拮抗作用谱较广，可用于防治多种病害。但细菌一般不耐干燥，故其应用范围及有效贮存受到限制。同时，细菌易发生变异，影响其防病效果。

放线菌广泛分布于土壤中，大多数种类可产生抗菌物质和降解病原物细胞壁的酶，对丝核菌（*Rhizoctonia* spp.）、镰孢菌（*Fusarium* spp.）和腐霉菌（*Pythium* spp.）等抑制效果较好。例如，我国广泛使用的防治水稻纹枯病的井冈霉素就是由吸水链霉菌井冈变种（*Streptomyces hygroscopicus* var. *jingangensis*）产生的。放线菌及其产生的抗生素耐干、耐热，便于商品化生产，但放线菌生长速度慢、营养条件复杂，生产成本较高，难以进行大面积推广。

木霉属真菌已成功用于植物病害的防治，特别是哈兹木霉（*Trichoderma harzianum*），是在全世界应用于生物防治最成功的例子，该菌已广泛用于多种作物土传病害的防治。许多外生菌根，如牛肝菌（*Boletus* spp.）可用于油松幼苗猝倒病的防治。

此外，植物病毒弱毒株系可用于防治强毒株系的侵染。

（二）生物防治原理

植物病害的生物防治主要是通过有益微生物对病原物造成各种不利影响来实现的，其基本原理主要包括抗菌作用、竞争作用、重寄生作用和交叉保护作用等。

1. 抗菌作用　抗菌作用（antibiosis）指一种生物通过产生代谢产物来抑制另一种生物生长发育的现象。这种代谢产物包括多糖类抗生素和抗菌蛋白。抗菌作用在自然界普遍发生，真菌、细菌和放线菌等均可产生抗生素或抗菌蛋白。例如，吸水链霉井冈变种产生的井冈霉素是一种葡萄糖苷类抗生素；芽孢杆菌通常是分泌抗菌蛋白进行抗菌。

2. 竞争作用　竞争作用（competition）指两个或两个以上的微生物之间争夺空间、营养、氧气和水分的现象。其中，以空间竞争和营养竞争最重要。空间竞争是指有益微生物对植物表面空间，尤其是对病原物侵入位点的争夺和占领，使病原物难以侵入。例如，枯草芽孢杆菌对大白菜软腐病菌（*Erwinia carotovora* subsp. *carotovora*）侵入位点的占领属于空间竞争。营养竞争指有益微生物与病原物对植物分泌物和植物残体的争夺，使病原物因得不到足够的营养物质而生长繁殖受到抑制。例如，草生欧文氏菌（*E. herbicola*）对梨火疫病菌（*E. amylovora*）的抑制作用主要是营养竞争。

3. 重寄生作用　重寄生作用（hyperparasitism）是指植物病原物被其他微生物寄生的现象。在自然界，白粉菌和锈菌的重寄生现象普遍，可以很好地利用。植物病原真菌被病毒寄生后，致病能力会下降。被寄生的病原物可以是病原真菌、细菌和线虫等。例如，哈兹木霉可以寄生在立枯丝核菌（*Rhizoctonian solani* Sacc.）中。

4. 交互保护作用　交互保护作用（cross protection）是指一种弱致病力微生物接种后能诱导植物不感染或少感染强致病力病原物的现象，这种现象实际上属于诱导抗病作用。交叉保护作用可发生在同种真菌、细菌和病毒的不同菌株间，也可发生在不同种，甚至不同类的病原物之间。例如，番茄花叶病毒（tomato mosaic virus）弱毒株系接种可防治其强毒株系的侵染。

此外，溶菌作用（lysis）和捕食作用（predation）等也可用于生物防治。溶菌作用是指植物病原真菌芽管细胞或细菌菌体细胞被消解的现象，有自溶性溶菌和非自溶性溶菌之分。捕食作用是指土壤中的一些原生动物、线虫和真菌捕食另一种真菌的菌丝和孢子、细菌或线虫的现象。迄今为止，已在耕作土壤中发现了百余种捕食线虫的真菌，有些捕食性真菌已商品化生产，用于防治番茄根结线虫等。

（三）有益微生物的应用

有益微生物应用于植物病害的生物防治，可通过利用自然界中已有的有益微生物和人工引入有益微生物两个途径来实现。

1. 利用已有的有益微生物 根据植物、病原物和有益微生物生长发育所需的环境条件和营养差异，采取适当的栽培措施，改变土壤的营养状况和理化性状，使之有利于植物和有益微生物而不利于病原物的生长，从而提高自然界中有益微生物的数量和质量，达到减轻病害发生的目的。

在自然条件下，对病原物生长发育不利，或有病原物存在时，病害发生很轻或不发生的土壤称为抑病土（disease suppressive soil）。将抑病土与病土混合可使病土获得抑病能力。例如，小麦感病品种连作3～5年后，可诱发病田土壤变成抑病土，因而小麦全蚀病逐渐减轻。

2. 人工引入有益微生物 从植物体内外或土壤中分离得到的，或经人工诱变，或遗传工程改造获得的有益微生物，经工业化大量发酵培养，制成生防菌剂后施用于植物，以获得防病效果。生防菌剂因植物或病害的不同可有多种使用方法。例如，将细菌生防菌剂以一定方式均匀分布于植物种子和苗木等繁殖材料表面的方法称为种子细菌化；用生防菌剂处理土壤，可防治土传病害；将生防菌剂喷雾在地上部，可防治植物地上部病害。生防菌剂还可与杀菌剂、肥料混用，以提高生防效果。例如，将木霉制剂与堆肥混用，可防治多种土传病害。哈兹木霉与甲霜灵共同施用可防治辣椒疫病和豌豆根腐病等。

此外，利用有益微生物对病原物有抑制作用的代谢产物，也是生物防治的一个重要方面，如农用链霉素和井冈霉素等。

五、物理防治

物理防治（physical control measures）是指通过利用物理方法清除、抑制、钝化或杀死病原物来控制植物病害发生发展的方法。物理处理的方法很多，主要有汰除、热力处理、辐射、嫌气处理、拒避等。

（一）汰除

汰除法是清除混杂于种子中病原物的方法。根据不同病害，可采用筛选和风选方法除去病原物，也可用清水、盐水或泥水等漂除病原物。汰除法能去除小麦粒线虫虫瘿、小麦腥黑穗病菌菌瘿、小麦赤霉病菌病粒、油菜菌核病菌菌核和大豆菟丝子种子等，还能同时清除种子中的大量秕粒，有利于防病增产。

（二）热力处理

热力处理是利用寄主和病原物耐热能力的差异，采用一定温度处理植物材料，以钝化或杀死病原物，或防止病原物的侵入。

1. 温汤浸种 用温度适当的热水处理种子和无性繁殖材料，能有效地杀死病原物而不损害植物。通常需通过预备试验选择适宜的温度和处理时间。浸种前先将种子在冷水中预浸数小时，以提高种子在温汤浸种时的传热能力，从而提高杀菌效果。例如，用55℃的温汤浸种30min，对水稻恶苗病有较好的防治效果。有时温汤浸种需结合药剂处理才能确保杀菌效果。例如，用55～60℃的402抗菌剂2000倍液浸闷棉籽30min，可有效防治棉花枯萎病。

2. 蒸汽消毒处理 用 80～90℃的热蒸汽处理温室和苗床的土壤 30～60min，可杀死绝大多数病原物，只有少数耐高温的病原物仍可继续存活。

3. 热力治疗 热力治疗感染病毒的植株或无性繁殖材料是获得无毒植物的重要方法。可采用热水或热空气处理，以热空气处理效果较好，对植物的伤害较小。种子、接穗、苗木、块茎和块根等各种繁殖材料均可用热力治疗。休眠期的植物繁殖材料可用较高的温度（35～54℃）处理。例如，将感染马铃薯卷叶病毒的薯块在 37℃下处理 25d，可生产出无病毒感染的植株。

4. 高温愈伤 块根和块茎等收获后采用高温愈伤处理，可促进伤口愈合，以阻止部分病原物或一些腐生物的侵染与危害。例如，甘薯薯块用 34～37℃处理 4d，可有效地防止甘薯黑斑病菌的侵染。

（三）辐射

辐射在一定安全剂量范围内有灭菌作用，一般用于处理贮藏期的农产品和食品，达到防腐保鲜的目的。常用的核辐射是 ^{60}Co-γ 射线，其穿透力强，成本低。例如，以 1250 伦琴的 ^{60}Co-γ 射线照射玉米种子，可杀死玉米种子中的细菌性枯萎病菌。

（四）嫌气处理

嫌气处理是针对大多数植物病原菌的好氧特点，采用一定方法使病原物得不到生长发育所必需的氧气而死亡的一种有效的控病措施。例如，石灰水浸种防治麦类作物黑穗病，就是利用生石灰在水中吸收空气中的二氧化碳后，产生的碳酸钙在水面形成一层白色薄膜，隔绝空气，窒息种子内外携带的病原物。

（五）拒避

拒避是利用具有特殊颜色或特殊物理性质的材料来拒避传毒介体昆虫，减轻某些病毒病的发生。例如，用银灰色或白色薄膜覆盖西瓜田拒避蚜虫，可减少田间传毒蚜虫的数量，减轻西瓜病毒病的发生。

六、化学防治

化学防治（chemical control）是利用化学药剂（化学农药）控制植物病害发生发展的方法。农药处理植物后，可减少病原物的侵染源，或抑制病原物的侵入和扩展，改变植物代谢过程，以提高植株抗病力，从而达到预防或治疗植物病害的目的。化学防治具有快速、高效等优点，但使用不当会杀伤有益生物，导致病原物产生抗药性，造成环境污染，引起人、畜中毒。因此，使用化学防治的同时，应最大限度地降低对环境的不良影响，保护有益生物。

（一）植物病害化学防治原理

植物病害化学防治的基本原理有保护作用、治疗作用和免疫作用。

1. 保护作用 这类药剂需在病原物侵染植物前，或病害发生之前使用，把药剂喷洒于植物表面，当病原菌的孢子到达植物表面，在适合的条件下萌发时，将其杀死或阻止其侵入，使植物免受侵染。

2. 治疗作用　在病原物侵染植物后，或病害发生后对植株施药，它能有效抑制病原物生长繁殖，或改变寄主代谢，控制病害扩展和危害。化学治疗分为以下三种。

（1）**局部治疗**　将药剂施用于植物发病部位，以抑制病菌、减轻病害。例如，冬季刮除苹果树干上的腐烂病疤后，涂抹石硫合剂及其他的杀菌剂进行治疗。

（2）**表面治疗**　用药剂处理植物表面，以杀死在表面生长的病原物。例如，将硫磺粉喷施在植株表面能有效抑制白粉病病斑发展，直接杀死表生的菌丝和孢子。

（3）**内部治疗**　又称为内吸治疗，属于内吸剂类农药，当药剂喷洒到植物表面时，通过渗透进入植物体内，随着植物水分和养分的运输，传导到远离施药点的部位，抑制寄主组织内部的病原物。例如，吡氯灵（pyroxychlor）喷洒烟草叶片后，向基部转运，可控制茎基部黑胫病的发展。

3. 免疫作用　使用药剂后，可诱导寄主植物细胞内抗病基因的表达，产生对病原物的抗性。例如，噻瘟唑（prebenozole）本身对稻瘟病菌无抑制作用，但进入植物体内后可诱导植株产生 β- 羟基 - 顺 9, 反 -11, 顺 -15- 十八碳三烯亚麻酸等植物保卫素，使水稻抵抗稻瘟病菌的侵染。

（二）防治植物病害的主要农药种类

防治植物病害的农药种类很多，根据防治的病原物的类型不同，可分为杀真菌剂、杀细菌剂、杀线虫剂、病毒抑制剂；根据防病原理，可分为保护剂、治疗剂、铲除剂、诱抗剂；根据使用途径，可分为种子处理剂、土壤处理剂、叶面喷洒剂和熏蒸剂等；根据是否被植物吸收和在植物体内转运，可分为内吸性药剂和非内吸性药剂。另外，农药可加工成水剂（AS）、粉剂（D）、可湿性粉剂（WP）、悬浮剂（SC）、乳油（EC）、颗粒剂（G）、水分散粒剂（WG）和烟剂（FU）等各种剂型。

水剂是利用某些原药能溶解于水中而又不分解的特性，直接用水配制而成。其优点是加工方便，成本较低，但不易在植物体表湿润展布，黏着性差，长期贮存易分解失效。使用时应加少量湿润剂以提高防效。

粉剂是用原药加入一定量的惰性粉，如黏土、高岭土、滑石粉等，经机械加工成为粉末状物，粉粒直径在 100μm 以下。粉剂不易被水湿润，不能兑水喷雾用，一般高浓度的粉剂用于拌种，制作毒饵或土壤处理用，低浓度的粉剂用作喷粉。

可湿性粉剂是在原药中加入一定量的湿润剂（如皂角、拉开粉等）和填充剂，经机械加工成的粉末状物，粉粒直径在 70μm 以下。可湿性粉剂可兑水喷雾用，一般不用作喷粉。

悬浮剂又称为胶悬剂，是农药原药和载体及分散剂混合，在水或油中进行超微粉碎而成的黏稠可流动的悬浮体，加水稀释即成稳定的悬浮液。悬浮剂兼有可湿性粉剂和乳油的优点。

乳油是由原药、有机溶剂和乳化剂等按一定比例混溶调制而成的半透明油状液体。乳油加水稀释后即成为稳定的乳浊液，适用于喷雾、涂茎、拌种和配制毒土等。在正常条件下贮存具有一定的稳定性，长期存放会有沉淀或分层。乳油的优点是使用方便，有效成分含量高，喷洒时展着性好，持效期较长，防效优于同种药剂的其他常规剂型。其缺点是污染环境，易造成植物药害和人、畜中毒。

颗粒剂是由农药原药、载体（陶土、细砂等）和助剂制成的颗粒状制剂。颗粒剂长期贮存，颗粒会破碎，黏附在载体上的药剂会脱落。颗粒剂的优点是使用时飘移性小，不污染环境，可控制农药释放速度，持效期长，使用方便。而且能使高毒农药低毒化，对施药人员较安全。

水分散粒剂由固体农药原药、湿润剂、分散剂、增稠剂等助剂和填料加工造粒而成，遇水能很快崩解分散成悬浊液。该剂型的特点是流动性能好，使用方便，无粉尘飞扬，而且贮存稳定性好，具有可湿性粉剂和胶悬剂的优点。

烟剂是由农药原药与助燃剂和氧化剂配制而成的细粉状或块状物，用火点燃后可燃烧发烟。其优点是使用方便、节省劳力。适用于防治林地、仓库和温室大棚的病虫害。

常用的杀菌剂和杀线虫剂简介如下。

1. 无机杀菌剂

（1）石灰硫磺合剂 石灰硫磺合剂（lime sulfur）是石灰、硫磺粉与水加热熬制而成的保护性杀菌剂。原液枣红色，主要成分为多硫化钙和硫代硫酸钙。根据作物种类和生育期，以及季节不同而调整对水稀释比例，主要用于防治作物锈病和白粉病。在果园里，果树萌芽前，可喷洒 5° Bé 的石硫合剂，杀死残留在果树表面、树缝内越冬的病菌。

（2）波尔多液 波尔多液（Bordeaux mixture）由硫酸铜、生石灰和水配制而成的保护性杀菌剂。当三者比例为 1∶1∶100 时，称为等量式波尔多液；三者比例为 0.5∶1∶100 时，称为倍量式波尔多液；三者比例为 1∶0.5∶100 时，称为半量式波尔多液。根据作物种类和病害类型不同，选择使用适当配制比例的波尔多液。配成的波尔多液为天蓝色胶状悬液，主要成分为硫式硫酸铜，在植物上黏着性好，耐雨水冲刷，杀菌谱广，保护作用可持续 1～2 周。可防治大田作物、蔬菜、果树和花卉等植物的多种病害，如霜霉病和炭疽病等。有些植物对波尔多液较敏感，如在潮湿多雨时，对铜敏感的李、桃、白菜和小麦等作物易产生药害；在高温干燥时，对石灰敏感的葡萄、茄科植物及黄瓜、西瓜等葫芦科植物易产生药害。应该注意的是波尔多液要现配现用，不能保存；不能用铁器配制，否则会发生化学反应。

2. 有机硫杀菌剂

（1）福美双 福美双（thiram）为广谱保护性杀菌剂。可作种子和土壤处理，也可用于叶面喷雾。可单独使用，也可与其他药剂混配制成混剂使用。例如，拌种双含 20% 福美双和 20% 拌种灵（噻唑类内吸性杀菌剂）。此类杀菌剂可防治多种作物幼苗立枯病和猝倒病、麦类黑穗病、大麦条纹病、瓜类霜霉病、草莓灰霉病、梨黑星病、葡萄炭疽病和白腐病等多种作物病害。对植物安全，对人畜低毒，但对皮肤、黏膜有刺激作用。

（2）代森锰锌 代森锰锌（mancozeb）为广谱保护性杀菌剂。对人、畜低毒，但对皮肤和黏膜有一定刺激作用，对鱼类有毒。遇酸、碱、高温或受潮易分解。可与内吸性杀菌剂混配使用，不能与铜制剂和碱性药剂混用。主要用于防治果树、蔬菜等作物的霜霉病、白粉病、早疫病、炭疽病及由尾孢菌（*Cercospora* spp.）引起的叶斑病等病害。间隔 7～10d 用药 1 次。拌棉种可防治棉花苗期炭疽病和立枯病。

（3）乙蒜素 乙蒜素又名抗菌剂 402，为广谱保护性杀菌剂。主要作种苗处理（浸种或闷种），也可土壤浇灌或叶面喷洒。防治棉花苗期病害、枯萎病和黄萎病、甘薯黑斑病、水稻恶苗病及大麦条纹病等。有刺激植物生长的作用，处理过的种子出苗快，幼苗生长健壮，但不能与碱性物质混用。

3. 有机磷杀菌剂

（1）乙膦铝 乙膦铝（phosethyl-Al）又名疫霜灵，为内吸性杀菌剂，在植物体内可双向传导，具有保护和治疗作用。对病菌的直接杀菌毒力不大，防病作用主要是通过诱导植物体内产生多酚物质和倍半萜类物质，增强植株的抗病能力。可单独使用，也可与灭菌丹或代森锰锌等混配使用。主要用于防治卵菌引起的作物霜霉病、疫病等，但防治马铃薯晚疫病效果不好。应密封、干燥保存，遇潮结块，但一般不影响药效。

（2）异稻瘟净 异稻瘟净（kitazim-p）为内吸性杀菌剂，主要防治稻瘟病，对水稻小球菌核病和纹枯病也有较好的防效。可作叶面喷洒，也可于发病前7～10d直接将颗粒剂撒施于田水中，间隔10～14d，再施一次。长期单一使用会使病菌产生抗药性。

（3）丙线磷 丙线磷（ethoprophos）又名益收宝、益舒宝和灭克磷，为有机磷酸酯类广谱触杀性杀线虫剂。作土表处理，并通过松土或注水使药剂渗入土中，可防治根结线虫、短体线虫、刺线虫、矮化线虫、穿孔线虫、茎线虫、螺旋线虫、轮线虫、剑线虫和毛刺线虫等多种线虫，对鳞翅目、鞘翅目和双翅目地下害虫的幼虫，以及直翅目和膜翅目的有些种类也有良好防效。宜在作物播种前或移栽前使用，也可在播种时或作物生长期使用，但应避免与种子直接接触，否则易产生药害。对鱼、鸟和蜜蜂等高毒，对人、畜毒性大，易经皮肤进入人体，使用时应注意防护。有效解毒剂有阿托品和解磷毒等。

4. 取代苯类杀菌剂

（1）甲基硫菌灵 甲基硫菌灵（thiophanate-methyl）又名甲基托布津，为广谱内吸性杀菌剂，具有保护和治疗作用。其水溶液在长期贮存后或在植物体内均能被分解为多菌灵，故其抗菌谱和对病菌的作用方式均同于多菌灵。

（2）甲霜灵 甲霜灵（metalaxyl）又名瑞毒霉、雷多米尔和甲霜胺，为选择性内吸杀菌剂。有较强的被植物吸收和在植株体内双向传导的能力，兼具保护和治疗作用，残效期长。对腐霉、疫霉和霜霉等卵菌引起的植物病害有特效。可与其他保护剂如代森锰锌、灭菌丹和硫酸铜等混用。对鱼和蜜蜂有一定毒性。

5. 有机杂环类杀菌剂

（1）菌核净 菌核净（dimetachlone）为保护性杀菌剂，不能被植物吸收和输导。主要用于防治油菜菌核病和烟草赤星病，对蔬菜灰霉病、早疫病和水稻纹枯病等也有较好防效。应与其他类型杀菌剂混用或轮用，贮运和使用时避免遇碱和强光照射。

（2）异菌脲 异菌脲（iprodione）又名扑海因、休菌清和咪唑霉，为广谱保护性杀菌剂。对葡萄孢、丛梗孢和小核菌等有特效，对交链孢、丝核菌、镰刀菌和茎点霉属等也有效。喷雾可防治番茄早疫病、白菜黑斑病、梨黑斑病、苹果早期落叶病、油菜菌核病和多种作物灰霉病等。种子处理可防治小麦腥黑穗病。异菌脲长期使用易使病菌产生抗药性。

（3）腐霉利 腐霉利（procymidone）又名速克灵、菌核酮、二甲菌核利、环丙胺酮、杀霉利，是保护性杀菌剂。渗透性强，具有局部治疗作用。对葡萄孢菌和核盘菌有特效，主要用于防治蔬菜、果树和花卉等的灰霉病和菌核病等。对人、畜低毒，对植物安全。

（4）多菌灵　　多菌灵（carbendazim）为广谱内吸性杀菌剂，具保护和治疗作用。可作种子处理和叶面喷洒，防治多种子囊菌、半知菌和担子菌引起的植物病害，如麦类赤霉病、白粉病、黑穗病、油菜菌核病、棉花苗期病害、蔬菜灰霉病、果树黑星病、甘薯黑斑病、花生黑斑病及大豆灰斑病等，但对交链孢和鞭毛菌引起的病害效果较差。多菌灵对病原菌作用位点单一，长期使用易致病菌产生抗药性。

（5）咪鲜胺　　咪鲜胺（prochloraz）又名施宝克、施百克，为广谱、内吸、传导、高效、低毒杀菌剂，兼具保护和治疗作用。喷雾可防治麦类作物白粉病和锈病；拌种可控制麦类作物黑穗病和根腐病；浸种可防治水稻恶苗病；浸渍水果和蔬菜可防治贮藏期病害。

（6）萎锈灵　　萎锈灵（carboxin）为选择性内吸杀菌剂。宜作拌种或浸种，不作叶面喷洒，对丝核菌、黑粉菌、锈菌等担子菌，以及轮枝菌引起的植物病害有效。与福美双等混用可扩大防治范围，有促进种子萌芽和生长的作用。

（7）三环唑　　三环唑（tricyclazole）又名比艳和克瘟唑，为选择性内吸杀菌剂。很易被植株吸收并在其体内转运。可拌种、蘸根或叶面喷洒。主要用作保护剂，防治稻瘟病。

（8）三唑酮　　三唑酮（triadimefon）又名粉锈宁、粉锈灵和百理通，为高效、内吸杀菌剂，持效期长。在植物体内和敏感真菌体内可转化为三唑醇。可作种子处理或叶面喷洒，对黑粉菌、锈菌和白粉菌等引起的植物病害有很好的防效。也可用于防治水稻生长后期的叶部病害，使用浓度偏高会抑制作物出苗和生长。

（9）烯唑醇　　烯唑醇（diniconazole）又名速保利和壮麦灵，为广谱内吸性杀菌剂。对子囊菌、担子菌和半知菌特别有效。可作种子处理或叶面喷洒，防治禾谷类作物白粉病、黑穗病、锈病及果树白粉病、黑星病等。不可与碱性药剂混用。

（10）戊唑醇　　戊唑醇（tebuconazole）又名立克秀，为内吸、低毒杀菌剂。种子处理可防治麦类黑穗病及其他种传病害，叶面喷洒可防治禾谷类作物白粉病、锈病、赤霉病及由喙孢属、核腔菌属、壳针孢属真菌引起的云纹病、网斑病和叶枯病等多种病害。

6. 其他杀菌剂　　嘧菌酯（azoxystrobin），又名阿米西达，为 B - 甲氧基丙烯酸脂类杀菌剂。杀菌谱广，兼具保护、治疗和铲除三重功效，通过抑制病菌的呼吸作用来破坏病菌的能量合成而使其丧失生命力。叶面喷雾可防治多种作物的霜霉病、早疫病、炭疽病和叶斑病。

（三）植物病害化学防治方法

植物病害化学防治的方法因药剂种类和病害发生特点而异，主要有以下几类。

1. 种苗处理　　用药剂处理可能携带病原物的种子、苗木或其他繁殖材料，以减少初侵染源。种苗处理具有用药量少、处理材料较耐高浓度药剂、环境影响小等优点。对种苗带菌传播，且只有初侵染的病害防治效果尤为明显，但对有再侵染的病害，仅采用种苗处理尚不能达到控制病害流行的目的。最常用的种苗处理方法有浸种法、拌种法、闷种法和种衣法。

（1）浸种法　　将种子浸在一定浓度的药液中，并维持一定时间。该法具有药剂用量少、保苗效果好等优点，但种子处理后多需晾干或催芽后方可播种。

（2）拌种法　　以一定量的药剂与种子均匀混拌。拌过药剂的种子可保藏较长时间。拌种法应用方便，但药剂用量较大，药剂渗透力不及浸种法。

（3）闷种法　　将少量药液均匀喷洒于种子表面，后覆盖堆闷一定时间后再播种。闷种法对杀死种子内外部的病原物有较好效果，但闷种后必须立即播种，同时，闷种法对播后的幼苗不起保护作用。

（4）种衣法　　先用极少量的水将所用药粉调成糊状，然后均匀拌种，使种子表面包上一层药浆；或用干药粉与潮湿的种子相拌。种子上所附的药剂能在种子萌发时进入植物体，因而可维持较长时间的药效。已开发的种衣剂可直接对种子进行包衣，其药效可维持更长时间。

2. 土壤处理　　药剂施于作物根区土壤，直接杀灭或抑制土壤中存在的病原物，或保护作物不受病原物的侵染。土壤施药方法有浇灌、穴施、沟施和翻混。杀线虫剂和某些易挥发、具有熏蒸作用的杀菌剂，一般采用点施和翻混的方法。将药剂施到10~15cm深的土层内，药剂便在土壤中扩散，并与病原物接触，达到杀菌目的。这类药剂处理土壤后，需要间隔15~30d后方可播种，否则易产生药害。对于挥发性小的杀菌剂，如五氯硝基苯、克菌丹、敌克松等，多采用穴施、沟施、拌种或于作物生长期灌浇于作物根部的方法施药。还可采用撒毒土法，即按每公顷所需的药剂与250~300kg通过10号筛的细土拌匀制成毒土，撒施于植株根部周围。制毒土时，粉剂可直接拌细土，液剂需先加5倍水稀释后再拌细土。由于剂型的发展，毒土渐为颗粒剂取代。土壤施药具有工效高、残效期长等优点，但土壤处理用药量大、成本高。

3. 植株喷药　　将加水稀释后的药剂均匀喷于植株地上部分，对植株起保护和治疗作用。植株施药有喷粉、泼浇和喷雾等方法，目前以喷雾法应用较多。

喷粉法工效高，但不受水源限制，适用于大面积防治，但耗药量大，药粉易受风力影响、散布不易均匀，在植株表面的附着性差，同时，喷出的粉尘污染空气和环境，对施药人员也有毒害作用，现已很少使用。

泼浇法是将药剂加入较大量的水后泼浇到作物上，工效高，主要用于水稻田茎基部病害的防治。药剂因毛细作用可随茎秆上升一定高度，抑制茎秆上部病原物。

喷雾法要求雾滴细、能均匀覆盖植株表面。为提高药剂防效，有时加入一些助剂，可增加药剂的展布性和黏着性。喷雾法根据喷出的雾滴大小和药液用量的多少分为大容量喷雾、低容量喷雾和超低容量喷雾。

4. 熏蒸　　利用烟剂或雾剂杀灭有限空间内空气中的病原物来防治植物病害。将高温下易受热蒸发的烟剂与易燃的物质混合并燃烧，此时药剂挥发，随即冷凝成直径只有0.2~2.0μm的细小颗粒。雾剂使用时，药剂气化成雾状小液滴。这些小颗粒或小液滴长时间飘浮于空气中，接触病原物概率高，防病效果好。该法适用于温室和大棚等保护地蔬菜病害的防治及仓库的消毒。

5. 果品贮藏期处理　　用药剂防治果品贮藏期病害，可采用浸渍、喷雾、喷淋和涂抹等方法直接处理果品，也可处理果品包装纸等。采用药剂处理果品，应严格控制果品上的残毒，以确保消费者的健康，必须选用低毒的农药。

（四）化学农药的合理使用

科学合理地使用农药就是在确保人、畜和环境安全的前提下，以最少的农药用量取得最佳的防治效果，并避免或延缓病原物抗药性的产生。

1. 农药的科学使用

（1）对症下药　　根据药剂的防治范围与作用机制，以及防治对象的种类及其发生规律和危害部位等，选用合适的药剂种类与剂型，选择适当的施药方法和时间。药剂选用或使用方法不当，不仅防病效果差，而且可能对植物造成药害。

（2）按需施药　　根据药剂和病害种类、作物种类及其生育期、土壤条件和气候因素等，科学地确定施药量、施药时期、施药次数和多次施药间的间隔时间是保证防治效果的关键技术。不可随意增加用药量和用药次数。

（3）轮换用药　　目的是防止病原物产生抗药性。病原物对某种药剂产生抗性后，往往对同类型其他药剂也产生抗性，这种现象称为正交互抗性；病原物对一种药剂产生抗性后，但对其他类型药剂仍敏感，这种现象称为负交互抗性。为避免病原物产生抗药性，应注意不同类型药剂或有负交互抗性的药剂轮换使用，在同一地区，或同一大田内避免长期使用同一种或同一类型的药剂。

2. 农药的合理混用　　两种或两种以上的农药混合使用，可扩大防治对象谱，提高防效，降低劳动强度，增加经济效益。农药混用有现混现用和加工成混剂使用两种方式。与新农药开发相比，农药混用具有投入少、周期短、见效快、延缓病原物抗药性产生等优点。

合理混用农药应遵循下列原则：混用农药之间不因化学反应和酸碱中和等而失效或减效；现混现用的农药混合后不能产生分层、沉淀等不良性状；混用的农药应有不同的作用方式、作用位点或靶标，混用后具有明显增效，或扩大杀菌谱，或延缓病原物抗药性产生等作用；农药混用后应不提高对人、畜、禽和鱼类的毒性及对其他有益生物和天敌的危害；农药混用应能降低农药使用成本。

3. 农药的安全使用　　农药对人、畜都有不同程度的毒性。在接触农药过程中，农药可经口、鼻和皮肤进入人体，引起各种急性、慢性中毒。因此，施药人员要严格遵守安全使用农药的有关规定，穿戴必要的防护用具，如长袖衣裤、口罩或防毒面具，避免药剂与人体皮肤的直接接触；不在农药烟、雾中呼吸，防止吸入农药；施药时禁止进食、饮水或抽烟；施药后，应充分洗手，防止"药"从口入。妥善处理残留药液，不使用剧毒和高残留农药。严格执行农药允许残留标准和有关安全使用间隔期（允许的最后一次施药距作物收获期的间隔天数）的规定，防止农产品中残留农药对人、畜的危害。

综上所述，防治植物病害，必须贯彻"预防为主、综合防治"的植保方针。防治植物病害的措施可归纳为植物检疫、农业防治、抗病性利用、生物防治、物理防治和化学防治等。对植物病害进行化学防治，具有高效、速效、方便等优点，但应注意科学、安全、合理地使用农药。

■ 技能操作

植物病害的田间诊断

一、目的

熟悉植物病害诊断的一般程序，掌握各类植物病害的诊断方法。

二、准备材料与用具

显微镜、扩大镜、载玻片、盖玻片、镊子、挑针、小剪刀、刀片、蒸馏水、纱布块、记录本等用具。

三、操作步骤

（一）非侵染性病害的诊断

对当地已发病的农作物进行观察，若在病植物上看不到任何病征，也分离不到病原物，且往往大面积同时发生同一症状，没有逐步传染扩散的现象，可初步判断为非侵染性病害。若病害只限于某一品种发生，且多为生长不良或有系统性的症状一致的表现，则多为遗传性障碍所致；若有明显的枯斑或灼伤，且枯斑或灼伤多集中在植株某一部位的叶或芽上，无既往病史，则大多是由于农药或化肥使用不当所致。明显的缺素症状则多见于老叶或顶部新叶。

（二）侵染性病害的诊断

侵染性病害常分散发生，有时还可观察到发病中心及其向周围传播、扩散的趋向，侵染性病害大多有病征（尤其是真菌、细菌病害）。有些真菌和细菌病害及所有的病毒病害，在植物表面无病征，但有一些明显的症状特点，可作为诊断的依据。

1. 真菌病害的诊断　　观察发病植株是否具有病征，根据病征进行诊断。对于病部不易产生病征的真菌病害，可以用保湿培养镜检法缩短诊断过程。即摘取植物的病器官，用清水洗净，于保湿器皿内，适温（22～28℃）培养1～2d，促使真菌产生子实体，然后进行镜检，对病原真菌作出鉴定。有些病原真菌在植物病部的组织内产生子实体，从表面不易观察，需用徒手切片法，切下病部组织作镜检。必要时，则应进行病原的分离、培养及接种试验，才能作出准确的诊断。

2. 细菌病害的诊断　　观察发病植株症状，观察有无溢菌，有的在病斑上有菌脓外溢；一些产生局部坏死病斑的植物细菌病害，初期多呈水渍状、半透明病斑。腐烂型的细菌病害，一个重要的特点是腐烂的组织黏滑且有臭味。萎蔫型细菌病害，剖开病茎，可见维管束变褐色，或切断病茎，用手挤压，可出现混浊的液体。所有这些特征，都有助于细菌病害的诊断。但切片镜检有无"溢菌现象"是简单易行又可靠的诊断技术。此外，革兰氏染色、血清学检验和噬菌体反应等也是细菌病害诊断和鉴定中常用的快速方法。

3. 植原体病害的诊断　　植原体病害的特点是植株矮缩、丛枝或扁枝、小叶与黄化，少数出现花变叶或花变绿。只有在电镜下才能看到植原体。注射四环素以后，初期病害的症状可以隐退消失或减轻，但对青霉素不敏感。

4. 病毒病害的诊断　　病毒病的诊断主要依据病状特点，无病征，血清学诊断技术等可快速作出正确的诊断。

5. 线虫病害的诊断　　线虫病害表现为虫瘿或根结、胞囊、茎（芽、叶）坏死、植株矮化、黄化或类似缺肥的病状。鉴定时，可剖切虫瘿或肿瘤部分，用针挑取线虫制片或用清水浸渍病组织，或做病组织切片镜检。有些植物线虫不产生虫瘿和根结，可通过漏斗分离法或叶片染色法检查。必要时可用虫瘿、病株种子、病田土壤等进行人工接种。

四、注意事项

1）实训前需做大量准备工作，选择好适宜的田间现场。

2）实训中仔细观察农作物田块的地形、土质、施肥、耕作、灌溉和其他特殊环境条件，对比真菌、细菌、病毒及线虫病害的症状区别，并注意病害的"同源异症"和"异源同症"现象。

五、实验报告

撰写短文一篇，阐述植物病害田间诊断结果，包括病害类别（非侵染性、真菌、细菌、病毒、线虫等）、症状表现、诊断依据等。

课后思考题

1. 怎样判断植物细菌病害和真菌病害？
2. 植物病害的诊断步骤有哪些？诊断中应注意哪些问题？
3. 怎样简便、有效地区别田间的病毒病害和非侵染性病害？
4. 根据所学知识诊断2～3种病害，初步判断病原物类别，并写出相关的诊断过程。
5. 如何根据病害发生规律和发生特点设计病害防治策略？
6. 植物病害的防治措施有哪些？各类防治措施有何优缺点？
7. 利用抗病品种控制植物病害应注意什么？
8. 何谓植物病害生物防治？它作用原理和具体方法各有哪些？
9. 如何科学使用化学药剂防治植物病害？

第二篇　农作物病害与管理篇

第六章 水稻病害与管理

【教学目标】 掌握水稻常见病害的症状及病害的发生发展规律，能够识别各种常见病害，并进行病害管理。

【技能目标】 掌握水稻常见病害的症状及病原的观察技术，准确诊断水稻主要病害。

水稻是我国主要粮食作物之一，全国有 65% 以上的人口以大米为主食，其种植面积在全国居于第一位，占全国耕地面积的 1/4，年产量占全国粮食总产量的 1/2。针对我国目前粮食市场供给不足的状况，各级政府高度重视粮食生产，如何确保粮食安全是当前保障我国社会稳定的首要任务。水稻系高产稳产作物，但是，水稻在生产过程中要遭受各种自然灾害和有害生物因素的危害，造成水稻植株正常生长发育受阻，导致水稻减产、品质下降。人类在几千年种植水稻的生产实践中，对水稻病害逐渐加深了认识。尽管人们一直在积极探讨各种方法对水稻病害进行防治，每年减产仍高达 200 亿 kg。因此，防治水稻病害对我国的农业可持续发展、农村稳定和农民生活水平的提高都具有极其重要的战略意义。

我国最早系统研究水稻病害的专家魏景超先生所著的《水稻病原手册》第二版记载了 200 种病原物对水稻的侵染。戴芳澜的《中国真菌总汇》记载了我国水稻病原真菌 79 种，其中，危害较大的有 20 多种。目前，从全国来看，稻瘟病、水稻纹枯病和水稻白叶枯病仍然是水稻的三大病害，发生面积大，流行性强，危害严重。其中，流行范围广、潜在威胁大的是稻瘟病；危害频率高、影响高产的主要病害是水稻纹枯病；区域性流行成灾的是水稻白叶枯病。主要由种子传播的是水稻恶苗病、水稻干尖线虫病。此外还有由于杂交稻推广种植以后上升的稻曲病、水稻粒黑粉病、水稻叶尖枯病及 60 年代以来间歇流行危害的水稻病毒病等。这些病害的发生流行常造成我国水稻产量年减产达 5% 以上，是影响高产稳产的一大主要问题。长期以来，我国对三大病害的防治始终坚持以种植抗病品种为主，同时加强肥水管理和进行药剂防治，许多稻区基本控制了危害。但由于病原菌变异频繁、发生规律复杂、地区间差异很大，尤其是生产中的品种频频丧失抗性，新的抗源匮乏、布局不当、药剂防治效果不佳，加之单一使用某些药剂产生的抗药性问题日趋突出，给这些病害的防治带来了极大的困难。因此，三大病害的防治一直被列入国家攻关课题，是水稻育种和生产中的重点研究内容。

近年来，稻曲病发生日趋严重，某些地区已成为第一大病害。该病害不仅影响产量，对品质影响也很大，威胁着人类健康。水稻胡麻斑病是一种常发病，在各稻区普遍发生。水稻条纹叶枯病近几年在一些省份稻区暴发，损失较大。水稻细菌性条斑病目前仍然是国内检疫对象，随着品种的调运和一些新品种、新杂交种的推广种植，发病面积不断扩大，已蔓延到长江以北各水稻产区，必须抓紧防治。水稻细菌性基腐病是一种新病害，20 世纪 80 年代初首先发现于浙江，后来不断扩大，目前在江浙一带稻区危害严重，应引起高度重视。

水稻病毒病是由多种病毒和植原体引起的一类水稻病害，且种类还在不断增多，至今我国已发现 10 多种，其中水稻黄矮病、水稻普通矮缩病、水稻黑条矮缩病、水稻条纹叶枯病等曾在我国南方稻区严重发生，20 世纪六七十年代在江苏浙江稻区多次流行成灾，损失极大。近 20 年来，病毒病虽然发生不重，但由于对发生规律还了解不清，某些稻区某些年份还在流行危害。今后应该加强研究和预测，防止突发性大面积发生。

水稻恶苗病、水稻干尖线虫病等在 20 世纪 50 年代曾发生严重，60 年代得到控制，近年又有所回升。70 年代以来，杂交稻大面积推广，制种田中的不育系粒黑粉病发生严重，后期的叶尖枯病、云形病等也日趋严重。此外，由于肥水条件的改良，全球气候的变迁，耕作制度的改变，病害种类和危害程度在不断发生变化。

第一节 稻 瘟 病

稻瘟病是世界性分布、危害最重的病害之一，尤其在东南亚、日本、韩国、印度和我国发生特别严重。早在 1637 年，宋应星著的《天工开物》中，已把它称为"发炎火"，用文字记载下来。日本在 1704 年也记录了这一病害。

稻瘟病又名稻热病，俗称"火烧瘟"、"吊头瘟"、"掐颈瘟"等，是世界性的重要稻病，在我国同水稻纹枯病、水稻白叶枯病并列为水稻三大病害。该病为通过气流传播的流行病，在自然条件下，稻瘟菌只侵染水稻，对水稻生产威胁极大，危害程度因品种、栽培技术及气候条件不同有差别，一般减产 10%～20%，重的达 40%～50%，局部田块绝收。其危害普遍，常造成惨重损失，甚至颗粒无收。该病典型案例为 2011 年 7～10 月，广东龙川、肇庆、阳江等地遭受不同程度的侵害，江西宜春、浙江等"高产抗病"的品种也大面积发病。

一、诊断病害

（一）病害的症状

整个水稻生育期都有发生，主要危害叶片、茎秆、穗部。根据受害时期和部位不同，可分为苗瘟、叶瘟、节瘟、谷粒瘟、穗瘟、穗颈瘟和枝梗瘟。

1. 苗瘟 发生在 3 叶期以前，由种子带菌所致。初期在芽和芽鞘上出现水渍状斑点，随后病苗基部变黑褐色，上部呈黄褐色或淡红色，严重时病苗枯死。潮湿时，病部可长出灰绿色霉层，即病原菌分生孢子梗和分生孢子。在整个生育期都能发生。

2. 叶瘟 发生在 3 叶期以后，分蘖至拔节期危害较重。随水稻品种抗病性和天气条件的不同，病斑分为白点型、急性型、慢性型和褐点型等 4 种症状类型：①白点型。感病的嫩叶发病后，产生白色小斑，多为圆形，不产生分生孢子。气候条件利于其扩展时，可转为急性型病斑。②急性型。在感病品种上形成暗绿色病斑，多数近圆形，针头至绿豆大小，后逐渐发展为纺锤形。正、反两面密生灰绿色霉层。条件不适应发病时转变为慢性型病斑。③慢性型。典型的慢性型病斑呈纺锤型，最外层黄色，内圈褐色，中央灰白色；病斑两端有向外延伸的褐色坏死线。病斑背面也产生灰绿色霉层。慢性型病斑自外向内可分为中毒部、坏死部和崩溃部。④褐点型。病斑为褐色小点，多局限于叶脉间，中央为褐色坏死部，外围为黄色中毒部，无分生孢子，常发生在抗病品种或稻株下部老叶上。该病在叶舌、叶耳、叶枕等部位也可发病。

3. 节瘟　　常在抽穗后发生，主要发生在穗颈下第一、二节上，初在稻节上产生褐色小点，后渐绕节扩展。潮湿时，使穗颈、穗轴和枝梗及向上下扩展。病部因品种不同呈黄白色、褐色或黑色。穗颈发病早的多形成白穗，发病晚的造成秕谷。枝梗或穗轴受害造成小穗不实。

4. 谷粒瘟　　发生在谷壳和护颖上。发病早的谷壳上，病斑大而呈椭圆形，中部灰白色，以后可延及整个谷粒，造成暗灰色或灰白色的瘪谷。发病迟的则为椭圆形或不规则形的褐色斑点。严重时，谷粒不饱满，米粒变黑。有的颖壳无症状，护颖受害变褐，使种子带菌。病斑具明显褐色边缘，中央灰白色，遇潮湿条件，病部产生灰绿色霉状物。

（二）病害的病原

稻瘟病病原称为灰梨孢，有性态为灰色大角间座壳（*Magnaporthe grisea*），属子囊菌门大角间座壳属。无性态为稻梨孢（*Pyricularia oryzae*），属半知菌类梨孢霉属。自然条件下尚未发现。

分生孢子梗不分枝，3～5根丛生，从寄主表皮或气孔伸出，大小为（80～160）μm×（4～6）μm，具2～8个隔膜，基部稍膨大，淡褐色，向上色淡。分生孢子梗顶端屈曲处，有分生孢子脱落的疤痕，上生分生孢子（图6-1）。分生孢子无色，洋梨形或棍棒形，初无隔膜，成熟时通常有1～3个隔膜，大小为（14～40）μm×（6～14）μm，基部有脚胞，萌发时两端细胞立生芽管，芽管顶端产生附着胞，近球形，深褐色，紧贴附于寄主，产生侵入丝侵入寄主组织内。分生孢子密集时呈灰绿色。有性态少见。

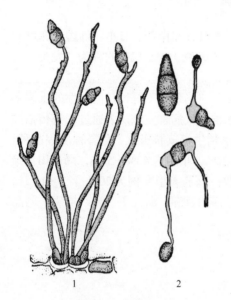

图6-1　稻瘟病菌
（引自浙江农业大学，1980）
1. 分生孢子梗及着生情况；2. 分生孢子

长范围为290～410nm的近紫外光能诱发孢子大量形成，但直射阳光或光线则抑制孢子形成。菌丝体发育适温为26～28℃，分生孢子形成温度适温为25～28℃。孢子萌发温度与孢子形成相同，附着胞形成适温24℃，28℃以上不能形成。病菌侵入适温为24～30℃，适温下，孢子附在植株表面16～20h便可完成侵入。

分生孢子在适宜温度、湿度下，经6～8h就可以形成，其中饱和空气湿度最适；相对湿度降至90%以下，形成率大大降低（10%）且不能萌芽；在80%以下时，几乎不能形成。相对湿度96%以上且有水滴存在时，孢子才能良好萌发；光暗交替有利于分生孢子形成、孢子萌发、芽管及菌丝生长。

稻瘟病菌菌株有不同的生理小种或类型。该菌可分做7群，128个生理小种，我国目前鉴定出43个小种。来源于水稻上的稻瘟病菌除侵染水稻外，还可侵染小麦、大麦、玉米、狗尾草、稗、早熟禾、珍珠粟、李氏禾和雀稗等23属38种植物；来源于21种禾本科植物上的病菌也可侵染水稻。

二、掌握病害的发生发展规律

（一）病程与侵染循环

病菌以分生孢子和菌丝体在稻草和稻谷上越冬。因此，病稻草和病稻谷是翌年病害的主要初侵染源。未腐熟的粪肥及散落在地上的病稻草、病稻谷也可成为初侵染源。在草堆、草房等处越冬的病菌，当第二年气温回升到20℃左右时，遇降雨不断产生分生孢子。孢子主要借风雨传播，昆虫也可传播。孢子接触稻株后，遇适宜温度、湿度，萌发并直接侵入表皮。病菌萌发侵入寄主向邻近细胞扩展发病，形成中心病株。病菌以表皮上的机动细胞为主要侵染点，也从伤口侵入，但不从气孔侵入。病组织上产生大量分生孢子，可引起多次再侵染。播种带菌种子可引起苗瘟。

（二）影响发病的条件

1. 寄主抗性　水稻生长发育过程中，4叶期至分蘖盛期和抽穗初期最易发病。就组织的龄期而言，叶片从40%展开到完全展开后的2d内最容易发病。穗颈以始穗期最容易发病。品种的抗性因生育期而异，一般成株期抗性高于苗期。一般籼稻较粳稻抗病，耐肥力强的品种其抗病性也强。同一生育期叶片抗病性也随出叶后日数的增加而增强。出叶当天最感病，5d后抗病性迅速增强，13d后就很少感病。

寄主表皮细胞的硅质化和细胞的膨压程度与抗侵入、抗扩展的能力呈正相关。另外，过敏性坏死反应是抗扩展的一种机制。水稻品种之间对稻瘟病菌的抗性差异极大，'谷梅2号'、'谷梅3号'、'谷梅4号'、'红脚占'、'青谷矮3号'、'中国31'、'IR4547-5-3-6'、'IR64'等是较好的抗源。一般株型紧凑，叶片水滴易滚落，可相对降低病菌的附着量，减少侵染机会。

2. 环境因素　温度、湿度、降雨、雾露、光照等对稻瘟菌的繁殖和稻株的抗病性都有很大影响。在气候因素中温度和湿度对发病影响最大，适温高湿，有雨、雾、露存在条件下有利于发病。

当气温在20～30℃，尤其是在24～28℃，且阴雨天多，相对湿度达90%以上时，有利于稻瘟病发生。在24～28℃时，湿度越高发病越重。北方地区，6月下旬平均气温如达20℃以上，稻瘟病的流行就取决于降雨的迟早和降雨量。天气时晴时雨，或早晚常有雾、露时，最有利于病菌的生长繁殖。此时不但孢子数量大，发芽快，侵入率高，潜育期短，而且稻株同化作用慢，碳水化合物含量低，组织柔软，抗病力弱，病害容易流行。

低温和干旱也有利于发病，尤其抽穗期忽遇低温，水稻的生活力削弱，抽穗期延长，感病机会增加，穗颈瘟较重。阳光和风与发病关系也很密切。光照不足时，稻株光合作用缓慢，淀粉与氨态氮的比例低，硅化细胞数量少，植株柔软，抗病性下降，会加重病害的发生和蔓延。

3. 栽培因素

1）长期深灌的稻田、冷浸田及地下水位高、土质黏重的黄黏土田，根系不能良好生长，稻根甚至会变黑腐烂，从而减弱根系呼吸作用和吸收养分的能力，影响稻株的氮、碳代谢，降低蒸腾作用和稻株体内碳水化合物含量，使可溶性氮素增加，硅酸的吸收与运输减少，减弱叶片表皮细胞的硅质化，致使水稻抗病力降低。且田间水分不足（如旱秧田、漏水田）也影响稻株的正常发育，蒸腾作用减弱，同时也减少了对硅酸盐的吸收和运转，稻株组织的机械抗病能力下降，也易诱发稻瘟病的发生。随着旱育秧面积扩大，苗期稻瘟发病率有成倍增长的趋势，由于旱秧覆盖薄膜后，提高了苗床的温度和湿度，有利于稻瘟病的滋生和蔓延。

2）如果大面积种植发病品种，且气候适宜，病害就会流行。'汕优2号'、'D优63'的大面积单一种植，严重丧失了抗性，会造成病害流行。不同品种间隔种植可减轻病害发生。

3）水稻偏施氮肥会造成稻株体内碳氮比降低，游离态氮和酰胺态氮含量增加，硅化程度减弱，外渗物中铵含量增加，引起植株徒长、组织柔软、叶披垂、含水量增加、色浓绿、无效分蘖增多，使株间郁闭，湿度增加，有利于病菌的生长、繁殖和侵入。同时，氮肥施用不当，易引起稻株早衰，至幼穗形成期，往往发生根系腐烂现象，降低稻株生活力，增加感病机会，加重发病程度。增施钾肥、硅肥可提高抗病性。

4）山区地势高，因光照少、水温低、气流强、云雾多、结露时间长，水稻生活力减弱，往往发病重于平原稻区。

三、管理病害

（一）制订病害管理策略

防治稻瘟病应采取以消灭越冬菌源为前提，以农业栽培技术为基础，种植高产抗病品种，关键时期药剂防治为主的综合防治策略。

（二）病害管理措施

1. 消灭越冬菌源　一是处理病稻草。收获时，对病田的稻草和谷物应尽量分别堆放，秧田期以前彻底处理田间及周边的病稻草，不能用病区的稻草作盖种、催芽、保温的覆盖物，减少病原菌。如病草还田，应犁翻于水和泥土中沤烂。用作堆肥和垫栏的病草，应在腐熟后施用。二是不用带病种子。三是带菌种子消毒：1% 石灰水浸种，15～20℃浸 3d 或 25℃浸 2d，并保持水层深 20cm 左右且不搅动水层，以便病菌在水层和石灰形成膜层下窒息而死；或用 80% 抗菌剂 402 浸种 2～3d。

2. 选用抗病良种　种植抗病品种是防治稻瘟病最经济有效的措施，但要注意品种的多元化种植，同时要观察抗性品种的抗性退化。由于病菌群体易发生变异，因此要做到：①抗病品种定期轮换；②抗病品种合理布局；③应用多主效抗病基因品种和微效抗病基因品种。

稻区生态条件、耕作制度和品种类型颇有不同，而且稻瘟病菌小种组成又因地而异因时而变，因此，选用抗瘟良种必须因地因时制宜。目前，抗性较好的材料有 '红脚占'、'谷梅2号'、'谷梅3号'、'湘资3150'、'三黄占'、'天津野生稻' 等。杂交稻 '冈优22'、'汕优22'、'寻杂36'；常规稻 '吉粳57'、'吉粳60'、'京引127'、'普黏7号'、'藤系137'、'龙粳8号' 等品种可推广使用。

3. 改进栽培方式，加强水肥管理　　抗感间作：朱有勇等（2003）利用与抗病品种生育期相当但高度感病的品种与抗病品种间隔一定距离种植，使高产、优质的感病品种病害减轻80%～90%。

合理施肥灌水，既可改善环境条件，控制病菌的繁殖和侵染，又可促使水稻生长健壮，提高抗病性，从而达到高产稳产。一般应当注意不偏施和过多施用氮肥，保证氮、磷、钾三要素的配合施用，以及有机肥与化肥配合使用，适当施用含硅酸的肥料（如草木灰、矿渣、窑灰钾肥等），做到施足基肥，早施追肥，中后期看苗、看天、看田酌情施肥。灌水方面应以深水返青、浅水分蘖、晒田拔节和后期浅水为原则，同时必须与施肥密切配合。做到开设明沟暗渠，降低地下水位，合理排灌，以水调肥，促控结合，掌握水稻黄黑变化规律，满足水稻各生育期的需要。

4. 药剂防治　　根据预测和田间调查，特别注意喷药保护高感品种和处于易感期的稻田，在叶瘟发生初期应及早施药控制发病中心，并对周围稻株或稻田施药保护，以后根据病情发展及天气变化决定继续施药次数。一般可隔3～5d施用一次，共施1～2次。

防治苗瘟一般在秧苗3～4叶期或移栽前5d施药；施药重点应放在预防危害性大的穗颈瘟上，而通常穗期发病的菌源主要来自叶瘟，所以应在控制叶瘟大流行的基础上，于孕穗末期、始穗期及齐穗期各施药一次。如果天气继续有利发病，可在灌浆期再喷一次。三环唑专用杀菌剂，内吸性强，具预防保护作用，在叶瘟初期或始穗期叶面喷雾，防治苗瘟可用药液处理秧苗根部，即将洗净的秧苗根部浸泡在药液中10min，取出沥干后即可栽插，可预防早期叶瘟发生。其他有效药剂有富士一号（稻瘟灵）、多菌灵、春雷霉素、40%克瘟散、嘧菌胺等。

发病时喷施：30%克瘟散乳油500倍液、50%消菌灵水溶性粉剂500倍液、40%克百菌悬浮剂500倍液、25%咪鲜胺乳油1500倍液、40%稻瘟灵可湿性粉剂400倍液、50%四氯苯酞可湿性粉剂400倍液、50%多菌灵可湿性粉剂500～600倍液、70%甲基托布津可湿性粉剂1000倍液、75%三环唑可湿性粉剂2000倍液、20%稻曲克敌可湿性粉剂1500倍液、20%毒菌锡胶悬剂400倍液、绿帮98水稻专用型600倍液、50%稻瘟肽可湿性粉剂1000倍液、40%克瘟散乳剂1000倍液、50%异稻瘟净乳剂500～800倍液、5%菌毒清水剂500倍液。在以上药液中加入2%春雷霉素水剂500～700倍液或展着剂效果更好。叶瘟要连防2～3次，穗瘟要着重在抽穗期进行保护，特别是在孕穗期（破肚期）和齐穗期为防治适期。

第二节　水稻纹枯病

水稻纹枯病属世界性病害，广泛分布于亚洲、欧洲、非洲和美洲，尤以亚洲各稻区危害严重。我国在20世纪50年代才逐渐对此病重视起来。20世纪50年代末，随着矮秆多蘖品种、杂交稻组合及密植增肥等高产栽培措施的推广，纹枯病的危害急剧上升，日趋严重。到20世纪80年代，我国除宁夏和新疆两自治区未见报道外，其余各地均有发生，尤以高产稻区的危害更为突出，已居水稻三大病害之首。发病后叶片枯死，结实率下降，千粒重减轻，秕谷增多，一般减产10%～30%，严重时达50%以上。若水稻生长前期严重受害，会造成"倒塘"或"串顶"，可能会颗粒无收。据不完全统计，1982年全国水稻因纹枯病的危害减产约5000万kg。

水稻纹枯病的危害一般早稻重于晚稻，单季晚稻重于双季晚稻，早稻中又以早熟、中熟品种受害最大。水稻纹枯病对水稻产量的影响主要表现在秕谷率增加和千粒重降低。病斑仅局限于稻株基部的则对产量影响极微，若病斑上升到倒四叶以上时，对产量的影响则随病斑上升的高度而递增，当病斑上升到剑叶叶尖时减产将达三成左右。

一、诊断病害

（一）病害的症状

水稻纹枯病又名云纹病、花脚杆。水稻从秧苗至抽穗结实的各个生育期中都可发生，一般以分蘖盛期到穗期受害最重，尤以抽穗期前后危害更重。主要危害基部叶鞘，也可危害叶片。严重时，可深入茎秆内部引起植株倒伏。在抽穗前若严重发生，可造成植株不能正常抽穗而出现"胎里死"；当菌丝蔓延至穗顶，可造成瘪谷，有时形成白穗，甚至引起植株枯死。

叶鞘染病时，先在近水面处产生暗绿色水浸状边缘模糊小斑，后渐扩大呈椭圆形或云纹形，中部呈灰绿或灰褐色，湿度低时中部呈淡黄或灰白色，中部组织破坏呈半透明状，边缘暗褐色。发病严重时数个病斑融合形成大病斑，呈不规则状云纹斑，常致叶片发黄枯死。叶片染病与叶鞘相似，病斑也呈云纹状，边缘褪黄。当环境条件很适宜于病情发展时，病斑呈污绿色，似开水烫伤，叶片很快青枯或腐烂。茎秆上一般很少见到病斑，但在发病严重时，症状似叶片，可见茎秆组织呈黄褐色坏死斑块，后期呈黄褐色，常诱使稻株折倒。穗颈部受害，初为污绿色，后变灰褐。抽穗的秕谷较多，千粒重下降。阴雨高湿时，病部会长出白色网状菌丝体，匍匐于病组织表面或攀援于邻近的稻株之间。随后菌丝体汇聚成白色绒球状菌丝团，最后形成暗褐色菌核，易脱落。高温条件下，在病斑表面及其附近还可产生一层白色粉状物，即为病菌的担子和担孢子构成的子实层。

（二）病害的病原

水稻纹枯病菌有性时期为 *Thanatephorus cucumeris*（Frank）Donk，称为瓜亡革菌，隶属于担子菌门层菌纲胶膜菌目亡革菌属。无性时期为 *Rhizoctonia solani* Kühn，称为立枯丝核菌，隶属于半知菌类无孢菌目丝革菌属。自从1912年日本泽田证实白井1906年定名的樟苗白绢病菌就是水稻纹枯病菌以后，1912年Palo又认为水稻纹枯病菌的无性时期是 *Rhizoctonia solani* Kühn。1954年我国魏景超在研究华南稻区的水稻纹枯病时，确认此病菌亦属 *Rhizoctonia solani* Kühn。此后，水稻纹枯病菌的无性时期虽然也出现过可能的同物异名10余个之多，但均认为是丝核菌属（*Rhizoctonia*），而且始终以立枯丝核菌（*R. solani*）为主。有性时期的异名更多达10余种，而且不经常发生，分类地位上各学者的见解又不同。因此，直至1965年，塔尔伯塔认为其应为亡革菌属（*Thanatephorus*），并将其种名定为瓜亡革菌（*T. cucumeris*），沿用至今。

菌丝体初期无色，老熟时变成淡褐色，直径为8~12μm，分枝与主枝成锐角，分枝处显著缢缩，距分枝不远处有分隔。气生菌丝集结形成菌核时，细胞中间膨大，两隔膜间距离缩短，分隔处明显缢缩，使菌丝呈藕节状。菌丝能在寄主组织内生长，也可蔓延于植株的病部表面。病组织表面的气生菌丝体可结成菌核。

菌核单个呈扁球形似萝卜籽状，多个联结在一起呈不规则形，附在病部的一面略凹陷，大小为 1.5～3.5mm；菌核借少量菌丝联系于病斑表面，很易脱落。菌核表面粗糙具有较多的圆形小孔，菌核在形成过程中，由孔洞向外排出分泌物，在萌芽时也由此伸出菌丝，故又称为萌发孔。老熟菌核有内、外层之分，虽然色泽一致，但外层的厚薄决定菌核在水中的浮沉。在自然条件下形成的菌核，一般浮核多于沉核，浮核率达 59.8%～98.4%，沉核率达 1.6%～40.1%。

病斑表面的网白色粉状物为病菌的子实层，是由粗菌丝和聚伞状排列的担子组成（图6-2）。担子无色，倒卵形或棍棒形，单胞，大小为（8～13）μm×（6～9）μm，顶端生 2～4 个小梗，其上分别着生一个担孢子。担孢子单胞，无色，卵圆形或椭圆形，基部稍尖，大小为（6～10）μm×（5～7）μm。

菌丝生长的温度为 10～38℃，适温为 30℃左右，致死温度为 53℃（5min）。病菌侵入寄主的温度为 23～35℃，适温为 28～32℃。在适温下，如有水分，病菌经 18～24h 即可完成侵入。菌核在 12～15℃时开始形成，以 30～32℃为最多，超过 40℃就不能形成。

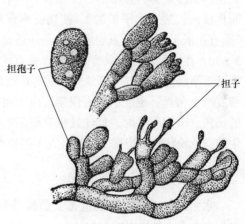

图 6-2　水稻纹枯病菌
（引自浙江农业大学，1980）

致病的主要菌丝融合群是 AG-1，占 95% 以上，其次是 AG-4 和双核线核菌（AG-Bb）。从菌丝生长速度和菌核开始产生时间来看，AG-1 和 *R. solani* AG-4 较快，而 AG-Bb 较慢。在 PDA 培养基上 23℃条件下，AG-1 形成菌核需 3d，菌核深褐色圆形或不规则形，较紧密，菌落色泽浅褐至深褐色；AG-4 菌落浅灰褐色，菌核形成需 3～4d，褐色，不规则形，较扁平，疏松，相互聚集；AG-Bb 菌落灰褐色，菌核形成需 3～4d，灰褐色，圆形或近圆形，大小较一致，一般生于气生菌丝丛中。

病菌的寄主范围极为广泛，在自然情况下可侵染 21 科植物，包括多种禾本科作物及杂草；在人工接种条件下可侵染 54 科的 210 种植物。

二、掌握病害的发生发展规律

（一）病程与侵染循环

病菌主要以菌核在土壤中越冬，也能以菌丝和菌核在病稻草、其他寄主和田边杂草上越冬。水稻收割时大量菌核落入田间，成为次年或下季的主要初侵染源。据有关单位调查，水稻收割后遗留田间的菌核数量，一般病田每公顷平均 150 万粒左右，重病田达 800 万～1200 万粒，最重病田可高达 3000 万粒左右。菌核的生活力极强，在室内水层下保存32个月的菌核萌发率仍达50%，在室内干燥条件下保存11年之久的浪渣菌核，仍有27.5%的萌发率。

灌溉水是田间菌核传播的动力。春耕灌水后，越冬菌核飘浮于水面，栽秧后随水漂流附着在稻株基部叶鞘上，在适温、高湿条件下，萌发长出菌丝，在叶鞘上延伸并从叶鞘缝隙处进入叶鞘内侧，先形成附着胞，通过气孔或直接穿破表皮侵入。菌核萌发伸出的菌丝，也可侵染稻株水下及水面上的叶鞘。菌丝侵入后，少则1~2d、多则3~5d便出现病斑。

病菌侵入后，在稻株组织中不断扩展，并向外长出气生菌丝，在病组织附近继续蔓延至附近叶鞘、叶片，并通过接触或攀援，对邻近的稻株进行再侵染，扩大危害。密植的稻丛是菌丝体再侵染的必要条件。一般在分蘖盛期至孕穗初期，主要在株间或丛间不断作横向扩展（水平扩展），使病株率或病丛率增加，随后病部由下位向上位叶鞘发展（垂直扩展），导致严重度增加。条件适宜时，在高秆品种上发病部位每上升一个叶位需3~5d，在矮秆品种上只需2~3d。垂直扩展的速度以孕穗末期至抽穗灌浆期最快，乳熟期又逐渐缓慢。除气生菌丝外，病部形成的菌核脱落后，可随水流飘浮附着在稻株基部，萌发产生菌丝，也能引起再侵染。由于菌核随水传播，受季候风的影响多集中在下风向的田角，田面不平时，低洼处也有较多的菌核，因而这些地方最易发现病株。病部所产生的白色粉状物的担孢子，虽经人工接种可引起发病，但田间观察，其传病作用不大。

（二）影响发病的条件

水稻纹枯病的发生和危害受菌源基数、气候条件、栽培管理、品种抗性及生育期、稻田生态等多种因素的影响。

1. 菌源基数　田间越冬菌核残留量的多少与稻田初期发病轻重呈正相关。上季或上年轻病田，打捞菌核彻底的田块和新垦田，一般发病轻；反之，历年重病田区，上季或上年重病田，越冬菌核残留量多，初期发病也较多。但后来病情的继续发展，由于受田间管理、稻苗长势等因素的影响，与原来菌核残留量的关系往往不显著。

2. 气候条件　水稻纹枯病属高温高湿型病害。在品种和栽培条件变化不大的情况下，不同年份病害发生轻重主要受温度、湿度的综合影响。温度，主要影响每年病害在早稻上初发期和晚稻上终止期的出现迟早。当温度达到适宜范围以后，则湿度对病情发展起着主导作用。在适宜侵染发病的温度范围内，湿度越大，发病越重。如降雨频繁、田间郁闭、株间湿度越高，病害发展越快。田间小气候湿度为80%时，病害受到抑制；71%以下时病害停止发展。

一般平均气温稳定在22℃以上，水稻处于秧苗期或分蘖期即可发病。华北稻区在分蘖盛期，决定水稻纹枯病流行的关键生态因素是降雨和湿度，其中以降雨量、雨日、湿度（雾、露）最为重要。雨日多，相对湿度大，发病重；反之，发病轻。当日平均温度达22℃又有雨湿时，病情开始零星发病；在23~35℃并伴有相当雨湿的情况下，有利于病情扩展；特别是在28~32℃和97%以上的相对湿度时最有利于病害的蔓延。

高温、高湿、多雨、田间郁闭等条件与水稻易感的生育阶段孕穗期至抽穗期相吻合，病害流行程度就更严重。

3. 栽培管理　水肥管理是决定发病轻重的主要因素之一。灌溉状况对纹枯病的发生发展影响较大。凡长期积水或深水灌溉的田块，稻丛间湿度加大，有利于病害的发展和蔓延，特别是孕穗期至灌浆期保持深灌，病害更重。湿润灌溉和搁田，可以增强土壤氧化能力，消除土壤还原性有毒物质，有利于根系发育；促使稻秆基部的两个伸长节的节间短而粗壮，秆壁增厚，组织紧密，增强抗病和抗倒能力；并可促进早发，控制无效分蘖，减少丛间密集程度，提高光合作用效能，增加稻株碳水化合物的积累等，从而抑制或减轻危害。当稻田相对湿度在 95%～100% 时，病害发展迅速；86% 以下时病害发展缓慢。

肥料对水稻纹枯病的影响，一般与稻瘟病、水稻白叶枯病相似。密植程度与水稻纹枯病的发生也有相当关系。一般来说，当密植达到一定程度以后，每亩[①]栽插丛数和每丛插秧本数越多，丛间和株间湿度越大，越适于病菌的气生菌丝生长和蔓延。而且光照差，光合效能低，不利于稻株积累足够的碳水化合物，抑菌能力就差。故若施氮肥过多、过迟，则稻株长势过旺，叶片浓绿披垂，过早封行又封顶，田间郁闭，湿度增大，并且稻体碳氮比下降，纤维素、木质素减少，茎秆软弱，抗病力明显下降，因而很有利于病菌滋生、侵入和蔓延，而且易引起倒伏，致使病害发生更重。重施基肥，注意氮、磷、钾三要素的配合，对抑制水稻纹枯病菌有重要作用。

4. 品种抗性及生育期 水稻的不同类型和品种对水稻纹枯病的抗病性有一定差异，但不显著，也不很稳定。一般来说，矮秆阔叶型比高秆窄叶型感病；稻作类型中，粳稻比籼稻感病，糯稻最感病；在相同条件下，杂交稻比常规品种病重；一般生育期较短的品种比生育期长而迟熟的品种发病重；植株矮、分蘖能力强的发病重。

水稻生育期和组织的老嫩与发病程度有一定关系，水稻孕穗期至抽穗期较幼苗及分蘖期易感病。除晚稻在秧苗就有发病外，一般都在分蘖盛期发病，孕穗期至抽穗期为发病高峰，乳熟期后病势开始下降，蜡熟期基本停止。分蘖盛期稻株叶片开始交错，田间初步形成郁闭环境，逐渐形成有利于发病的条件。进入圆秆拔节期，叶鞘开始松散，进一步有利于菌丝侵染，使丛、株发病率增加。孕穗期至抽穗期，水稻叶面积达到最大值，叶片重，群体密闭，株间形成高湿条件，而且此时根系生长发育达最高点，根系呼吸作用强，需氧量大，容易出现缺氧和还原物质中毒现象，加上此时稻体内养分大量转运到穗部，集中于生殖生长，因而稻株抗病力锐减。至乳熟后，下部老叶逐步枯死，株间湿度下降，病情发展趋向缓慢。蜡熟期后，病害就基本停止。

从稻株组织老嫩来看，一般 2～3 周龄的叶鞘、叶片比 5～6 周龄的耐病。抽穗以前，上部的叶鞘、叶片比下部的抗病；抽穗以后，上部叶鞘、叶片的抗病性随着株龄的增加而减退。抽穗以后，病情严重度迅速上升。纹枯病在各品种上垂直扩散的速度顺序是早熟＞中熟＞晚熟。这种抗性差异与叶鞘内淀粉和氮素的含量有关。早熟品种叶鞘中的淀粉含量较少，并随稻株生长而迅速下降，故而垂直扩散速度快，发病较重；晚熟品种叶鞘淀粉含量较多且保持平稳，故而垂直扩散速度慢，发病较轻。

三、管理病害

（一）制订病害管理策略

防治纹枯病的策略是加强栽培管理，适时施用化学农药和生防制剂。

---

① 1 亩≈666.7m^2

（二）采用病害管理措施

1. 打捞菌核，减少菌源　　在秧田或本田翻耕灌水耙平时，大多数菌核浮在水面，混杂在浪渣内，被风吹集到田角和田边，要及时用细砂网或簸箕等工具打捞，并带出田外烧毁或深埋。还应注意铲除田边杂草，及时清除田中稗草，不直接用病稻草和未腐熟的病草还田。

2. 湿润灌溉，适时搁田　　根据水稻生长发育和气候条件，在多肥密植的情况下，分蘖末期以前应以浅水勤灌，结合适时排水露田为宜；分蘖末期需及时搁田，做到肥田、泥田或冷水田重搁，瘦田、砂性田轻搁，稻苗生长过旺的田还宜分次搁田；孕穗期至抽穗灌浆阶段，宜以浅水勤灌，反复落水露田；乳熟后仍应干干湿湿，以湿为主。

3. 加强栽培管理，合理施肥，增强抗病力　　加强栽培管理，施足基肥，追肥早施，不可偏施氮肥，增施磷肥、钾肥，采用配方施肥技术，使水稻前期不披叶，中期不徒长，后期不贪青。灌水做到分蘖浅水、够苗露田、晒田促根、肥田重晒、瘦田轻晒、长穗湿润、不早断水、防止早衰，要掌握"前浅、中晒、后湿润"的原则。

4. 合理密植　　水稻纹枯病发生的程度与水稻群体的大小关系密切；群体越大，发病越重。因此，适当稀植可降低田间群体密度、提高植株间的通透性、降低田间湿度，从而达到有效减轻病害发生及防止倒伏的目的。

5. 种植抗病品种　　尽管目前尚未发现高抗和免疫的品种，但品种间抗性存在差异，在病情特别严重的地区可以种植一些中抗品种。'羽禾'、'冬秋布'、'咸运'、'S-1092'、'华南15'、'IR64'等品种抗病性较好。

6. 药剂防治　　在水稻分蘖末期，丛发病率达5%或拔节至孕穗期丛发病率为10%～15%的田块，需要及时进行药剂防治。水稻封行后至抽穗期间，或病情盛发初期，喷施20%井冈霉素可湿性粉剂，每公顷用药1125g，间隔10～15d，针对稻株中部、下部兑水喷雾或泼浇施药1～3次。或用担菌胺120～150g/hm²，75%纹枯灵450～600g/hm²。在发病初期喷施芽孢生防菌株B908，7.5kg/hm²，可取得明显效果。此外，井冈霉素与枯草芽孢杆菌或蜡质芽孢杆菌的复配剂如纹曲宁等药剂，持效期比井冈霉素长，可以选用。丙环唑、烯唑醇、己唑醇等部分唑类杀菌剂对纹枯病防治效果好，持效期较长。丙环唑、烯唑醇等唑类杀菌剂对水稻体内的赤霉素形成有影响，能抑制水稻茎节拔长。但这些杀菌农药在水稻上部3个拔长节间拔长期使用，特别是超量使用，可能影响这些节间的拔长，严重的可造成水稻抽穗不良，出现包颈现象，其中烯唑醇等药制的抑制作用更为明显。高科恶霉灵或苯醚甲环唑与丙环唑或腈菌唑等三唑类的复配剂在水稻抽穗前后可以使用。

第三节　水稻苗期病害

水稻苗期病害——烂秧，是水稻苗期多种生理性病害和侵染性病害的总称。生理性烂秧常见的有烂种、漂秧、黑根等。烂种是播种后不发芽而腐烂，或幼芽陷入秧板泥层中腐烂而死。漂秧是出芽后长久不能扎根，稻芽漂浮倾倒，最后腐烂而死。以上两种是由于种子质量差，催芽过程中稻种受热或受寒或秧田整地播种质量欠佳，蓄水过深，缺氧窒息等所致，严格说不属病害范围之内。"黑根"是一种中毒现象。当施用未腐熟的绿肥或大量施用有机肥和硫铵苗肥后，又蓄水过深，土壤还原态过强，土壤中广泛存在的硫酸根还原细菌迅速繁殖，产生大量硫化氢、硫化铁等还原性物质，毒害稻苗，使稻根变黑腐烂，叶片逐渐枯死。周围土壤也变黑，有强烈臭气。侵染性烂秧主要包括绵腐病和立枯病。

一、诊断病害

（一）病害的症状

绵腐病：播种后 5～6d 即可发生。初期从种壳裂口处或幼芽基部先出现少量乳白色胶状物，逐渐向四周长出白色絮状菌丝，呈放射状，后常因氧化铁沉淀或藻类、泥土黏附而呈铁锈色、绿褐色或泥土色。受侵稻种内部腐烂不能萌发，或病苗基部腐烂而枯死。初发病时秧田中零星点片出现，如持续低温复水，可迅速蔓延，全田枯死。

立枯病：早期受害，植株枯萎，茎基软弱，易拔断，较晚受害时，心叶萎垂卷缩，茎基软腐，全株黄褐枯死，病部长出白色、粉红色或黑色霉层。

（二）病害的病原

绵腐病病原菌有多种，都是卵菌门，属藻状菌中的卵菌，其中，水霉菌科的绵霉属绵霉菌最为常见，其次是腐霉菌属的腐霉菌：①主要由绵霉属 *Achlya* spp. 真菌引起，包括层出绵霉 *A. prolifera*（Nees）de Bary；②腐霉菌 *Pynium* spp. 与绵腐菌相似，能引起烂秧。

立枯病的病原菌为丝核菌属立枯丝核菌（*Rhizoctonia solani Kühn*），属半知菌类。菌丝有隔膜，初期无色，老熟时浅褐色至黄褐色，分枝处成直角，基部稍缢缩。病菌生长后期，由老熟菌丝交织在一起形成菌核。菌核暗褐色，不定形，质地疏松，表面粗糙。有性阶段为瓜亡革菌 [*Thanatephorus cucumeris*（Frank）Donk]，属担子菌门。自然条件下不常见，仅在酷暑高温条件下产生。担子及担孢子形态与水稻纹枯病菌相同。

二、掌握病害的发生发展规律

绵腐病多发生在 3 叶期前长期淹水的湿润秧田。播种后遇低于 10℃ 以下的低温，秧苗根系活力减退，吸水吸肥能力下降，引起根系生长缓慢，秧苗抗性下降，病菌便乘虚而入，浸染秧苗，造成烂秧。秧苗 3 叶期前后，气温愈低，持续的时间愈长，烂秧就愈严重。稻苗幼芽长到 1.5cm 时最易发生此病。发病时先在秧苗幼芽部位出现少量乳白色胶状物，以后长出白色绵絮状物，并向四周呈放射状扩散，直至布满整粒种子，后期病粒上的绵絮状物因附着了其他藻类而变成绿色或因沉积铁质而呈铁锈色。

立枯病菌以菌丝和菌核在土壤或寄主病残体上越冬，腐生性较强，可在土壤中存活 2～3 年。混有病残体的未腐熟的堆肥，以及在其他寄主植物上越冬的菌丝体和菌核，均可成为病菌的初侵染源。病菌通过雨水、流水、沾有带菌土壤的农具及带菌的堆肥传播，从幼苗茎基部或根部伤口侵入，也可穿透寄主表皮直接侵入。病菌生长适温为 17～28℃，12℃ 以下或 30℃ 以上病菌生长受到抑制，故苗床温度较高，幼苗徒长时发病重。土壤湿度偏高，土质黏重及排水不良的低洼地发病重。光照不足，光合作用差，植株抗病能力弱，也易发病。病菌以菌丝体和菌核在土壤中或病组织上越冬，腐生性较强，一般可在土壤中存活 2～3 年。通过雨水、流水、带菌的堆肥及农具等传播。病菌发育适温为 20～24℃。刚出土的幼苗及大苗均能受害，一般多在育苗中后期发生。阴雨多湿、土壤过黏、重茬发病重。播种过密、间苗不及时、温度过高易诱发本病。

三、管理病害

（一）制订病害管理策略

烂秧的防治应以提高育秧技术，改善环境条件，增强稻苗抗病力为主，必要时适时进行药剂防治。

（二）采用病害管理措施

1. 加强通透性　增加田间通透性，播种前除去板面杂草和稻根。

2. 精选谷种　谷种要做到纯、净、健壮。在浸种前认真做好晒种工作，以提高种子的生活力和发芽率。晒种后，进行风选、盐（泥）水选种，对种子浸种消毒后再行催芽。

3. 提高浸种催芽技术　浸种催芽应掌握在温度基本稳定在 10℃以上，催芽时掌握好温度和水分。

4. 掌握短期播种，注意播种质量　早春寒流频繁，天气多变，南方稻区要在当地日平均气温 12℃以上时，方可大批播种露地秧；北方稻区一般采用水床或改良水床育秧，气温要稳定在 10℃时播种。播种量要适当，落谷要均匀，塌（埋）谷不见谷。覆盖物要因地制宜地采用暖性又有肥效的草木灰等，播种后让其自然落干和晒秧板。增温通气消除土壤中的还原性毒物，利于扎根出苗，使秧苗得以齐、全、匀、壮。

5. 科学管水、合理施肥　在管水上要做到既能控制水分，又能灌水保暖护苗。一般保持寸水育苗。施肥要掌握稳、轻、重的原则，使秧苗"得氮增糖"，增强抗寒力。

6. 药剂防治　在水稻 3 叶期，每平方米浇洒 65%～70% 敌克松 1000 倍液或 5.5% 浸种灵Ⅱ号 3000～5000 倍液 2～3kg，对秧苗青枯、黄枯防效显著；5.5% 浸种灵Ⅱ号乳油 5000 倍液浸种，对立枯病有显著防效；对苗床土壤进行调酸处理和恶霉灵处理，也能有效防治水稻秧田立枯病、青枯病。

第四节　水稻白叶枯病

水稻白叶枯病俗称"茅草瘟"、"白叶瘟"等，是水稻上的重要病害之一。水稻因受水稻白叶枯病的危害所致的损失，一般约为 10%，发病重的可达 50%～60%，甚至 90% 以上。发病的轻重和对水稻影响的大小与发病的迟早有关。抽穗前发病，顶叶枯死，往往造成瘪粒、同时青米粒也增加、千粒重降低，对产量影响很大；灌浆后发病，则损失较小。

水稻白叶枯病最早于 1884 年在日本福冈发现。20 世纪 50 年代以来，发病范围扩大，目前已遍及世界各水稻产区，而以日本、印度、我国发生较重。在我国，1950 年首先发现于南京郊区，后随带病种子的调运，病区不断扩大。目前除新疆外，各省（直辖市、自治区）均有发生，以华东、华中和华南稻区发生普遍，危害较重。流行年份稻叶焦枯，造成严重减产，甚至颗粒无收。

水稻白叶枯病一般在沿海、沿湖、丘陵和低洼易涝地区发生较为频繁，籼稻发病重于粳稻、糯稻，双季晚稻发病重于双季早稻，单季中稻重于单季晚稻。多发生在孕穗至抽穗阶段，如提前发病，可使抽穗延迟，穗形变小，粒数减少。孕穗后发病，粒重减轻，不实率增加。病株结实差，青粒多，米质松脆，出米率低，发芽率也低，如在分蘖期出现凋萎型白叶枯，造成稻株大量枯死，损失更大。

一、诊断病害

（一）病害的症状

水稻白叶枯病主要危害叶片，严重时也可侵害叶鞘。整个生育期均可受害，苗期、分蘖期受害最重，各个器官均可染病，叶片最易染病。其症状因病菌侵入部位、品种抗病性、环境条件不同而有较大差异。

1．苗期症状　　由带病种子育成的秧苗，以及病菌自幼芽、胚根的伤口或从苗叶的水孔侵染的秧苗，在早、中稻秧田中，由于温度低，菌量少，病情发展缓慢，一般并不表现症状。这种已感染而未表现症状的秧苗称为"带菌苗"。把带菌苗移栽到本田后，遇到适宜条件就出现明显的症状，成为本田的发病中心。在双季晚稻秧田中则常可直接看到病苗，病斑多发生于中部、下部叶片的尖端和边缘，初呈狭小短条状，黄褐色，后扩展成长条斑，与成株期症状相似。

2．成株期的症状　　由于品种、环境和病菌侵染方式的不同，病害症状有以下几种类型。

（1）普通型　　即典型的叶枯型症状。苗期很少出现，一般在分蘖期后才较明显。发病多从叶尖或叶缘开始，初为针头大小的黄绿色或暗绿色水渍状侵染点，在侵染点周围迅速形成淡黄白色短侵染线，继续扩展，沿叶脉从叶缘或中脉迅速向下加长加宽而扩展成黄褐色长条斑，最后呈枯白色病斑，可达叶片基部和整个叶片。病健组织交界明显，呈波纹状（粳稻品种）或直线状（籼稻品种）。病斑症状常因品种而异。籼稻上的病斑多为橙黄色或黄褐色，粳稻上的病斑多为灰白色。在抗病品种上病斑边缘呈不规则波纹状。感病品种上病叶灰绿色，失水快，内卷呈青枯状，多表现在叶片上部。有时病斑前端还有鲜嫩的黄绿色断续条状晕斑。湿度大时，病部易见蜜黄色珠状菌脓。此病的诊断要点是病斑沿叶缘坏死，呈倒"V"字形斑，病部有黄色菌脓溢出，干燥时形成菌胶。另外，在病健交界处或病斑的前端还有黄绿相间的断续条斑，也有在分界处显示暗绿色的变色部分。这些特征都与机械损伤或生理因素造成的叶端枯白有区别。

（2）急性型　　常见的症状类型。主要发生于多肥栽培，环境条件适宜或感病品种有利于病害发展时。病叶先产生暗绿色病斑，几天内迅速扩展使全叶呈青灰色或灰绿色，并向内侧卷曲，迅速失水呈青枯状。在种植感病品种、高肥水平或温湿度适宜的情况下病害容易发生，多见于上部的叶片，不蔓延到全株。病部也有蜜黄色珠状菌脓。此种症状的出现标志着病害正在急剧发展。部分省份将此作为预测指标之一。

（3）凋萎型　又称为枯心型，一般不常见，多见于杂交水稻及一些高感品种，常在秧田后期至拔节期或本田分蘖期发生，与菌量大或根茎部受伤有关。病株最明显的症状是心叶迅速失水、内卷、青枯而死，很似螟害造成的枯心苗；有的病株随着病势的进展，可使主茎及分蘖的其余叶片相继凋萎。一丛内有时主茎或者2个以上分蘖同时发病，病株心叶或心叶下1～2叶先呈现失水、青枯，随后其他叶片相继青枯；也有仅心叶枯死，其他叶片仍能正常生长；也有先从下部叶片开始发病，再向上部叶片扩展。病轻时仅1～2个分蘖青枯死亡；病重时整株整丛枯死。如折断病株茎基部并用手挤压，有大量黄色菌脓溢出；剥开刚刚青卷的枯心叶，也常见叶面有珠状黄色菌脓。这些特点及病株基部无虫蛀孔，可与螟虫引起的枯心相区别。严重田块的生育后期，除有凋萎枯心外，还可出现因茎节受害或剑叶枯死而引起的与螟害近似的"枯孕稻"或"白穗"。

（4）中脉型　水稻自分蘖期或孕穗期起，在剑叶或其下1～3叶中脉中部开始表现为淡黄色症状。病叶两侧有时相互折叠。病斑沿中脉逐渐向上下延伸，可上达叶尖，下至叶鞘，并向全株扩展成为发病中心，这类症状是系统侵染的结果，且在抽穗前便枯死。

（5）黄化型　症状不多见，早期心叶不枯死，可以平展或部分平展，上有不规则褪绿斑，后发展为枯黄的小块或大块斑，病叶基部偶有水浸状断续小条斑，可检测到病菌。

天气潮湿或晨露未干时，上述各类病叶的叶缘或新病斑表面均可排出蜜黄色带黏性的小露珠，即为乳白色菌脓，干后结成鱼子状的黄色小胶粒，很易脱落在田间，并溶散于水中，随水流传播而侵害健苗。

（二）病害的病原

水稻白叶枯病原 *Xanthomonas oryzae* 称为水稻黄单胞菌，水稻白叶枯病菌（图6-3）菌体短杆状，大小为（1.0～2.7）μm×（0.5～1.0）μm，单生，单鞭毛，极生或亚极生，长约8.7μm，直径30nm，两端钝圆，不形成芽孢和荚膜，但在菌体表面有一层胶质分泌物，使菌体互相黏连成团。革兰氏染色为阴性。病菌生长比较缓慢，一般培养2～3d甚至5～7d后才逐渐形成菌落。在肉汁胨琼脂

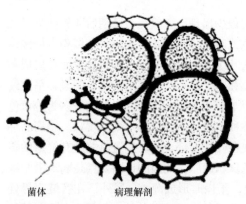

菌体　　　　病理解剖

图6-3　水稻白叶枯病菌（引自董金皋，2010）

培养基上的菌落为蜜黄色，能产生非水溶性的黄色素。菌落圆形，周边整齐，质地均匀，表面隆起，光滑发亮，无荧光。

生理生化特性：病菌好气性，呼吸型代谢，能利用多种醇、糖等碳水化合物而产酸；最适合的碳源是蔗糖；谷氨酸是最适合利用的氮源；不能利用淀粉、果糖和糊精等；能轻度液化明胶，产生硫化氢和氨；不产生吲哚；不能利用硝酸盐，石蕊牛乳变红色。病菌生长温度为17～33℃，适宜温度为25～30℃，最低为5℃，最高为40℃。致死温度在无胶膜保护下（潮湿状态）为53℃（10min）；在有胶膜保护下（干燥状态）为

57℃（10min）。病菌生长适宜的氨离子浓度为中度偏酸（pH6.5～7.0）。

在血清学上，已从水稻白叶枯病菌的种群中鉴别出三个血清型：Ⅰ型是优势型，分布全国；Ⅱ型、Ⅲ型仅存在于南方个别稻区。

病原菌生理分化：水稻白叶枯病菌不同菌株间致病力存在差异。自然条件下，病菌主要侵染水稻，可侵染杂草，但杂草上发病不普遍。人工接种时还能侵染雀稗、马唐、狗尾草、芦苇等禾本科杂草。国内外根据病菌对不同水稻品种的致病力不同，将其分为不同的生理小种。根据在'IR26'、'Java14'、'南粳15'、'Tetep'、'金刚30'等5个鉴别品种上的反应特征，可将我国的菌株分为7个致病型（Ⅰ～Ⅶ）；菲律宾和日本均分成6个生理小种；但用国际水稻所（IRRI）和日本两套鉴别品种时，亚洲9个国家的水稻白叶枯病菌菌株可分成27个小种。

二、掌握病害的发生发展规律

（一）病程与侵染循环

病害的发生循环过程如图6-4所示。

1. 越冬及初冬侵染源　病菌主要潜伏于稻种表面、胚和胚乳表面，随病稻种越冬或随病稻草、稻桩越冬，作为翌年发病的初侵染源。病菌也能在马唐等多种杂草和茭白及紫云英上越冬；此外，病田长出的再生稻和落粒自生稻病株，也可成为初侵染源。带菌稻种调运是远距离传播的主要途径，也是新病区的主要初侵染源。老病区则以病稻草为主要侵染源。

病种来源：一是来源于系统侵染，病菌通过稻株维管束输导至种子内；二是在水稻抽穗开花时，病菌借风雨露滴飞溅，沾染稻穗，渗进谷粒，寄藏在颖壳组织内或胚和胚乳表面越夏越冬。在干燥贮存条

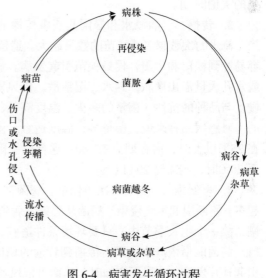

图6-4　病害发生循环过程
（引自董金皋，2007）

件下，据测定可存活8～10个月，直至翌年播种季节。不过在贮存期，病菌会逐渐死亡，到播种时种子带菌率很低。但由于播种量大，仍有足够的菌源。除此之外，特别是高度感病的品种或杂交稻，在田间残留的稻桩内潜存大量病菌，冬后形成干结菌脓，用少许灭菌水稀释，针刺接到稻苗上即可发病。在冬季气温较高的南方稻区，稻桩上的病菌能过渡到再生稻苗上，成为传病来源。病菌还可在玉米等植物的叶面或根周围存活或增殖，但不一定侵入寄主，也不产生症状，成为带菌植物，在流行学上可以成为侵染源。

综上所述，白叶枯病的初侵染源，老病区以有病稻草和残留的稻桩为主，新病区以稻种为主。

2. 侵入与发病　在稻草、稻种上的病菌，到翌年播种期间，一遇雨水，便随流水

传播，病菌从叶片的水孔和伤口、茎基和根部的伤口及芽鞘或叶鞘基部的变态气孔侵入。病菌从叶片的水孔侵入到达维管束或直接从叶片伤口进入维管束后，在导管内大量增殖，一般引起典型症状。病菌从茎基或根部的伤口侵入后，通过在维管束中增殖再扩展到其他部位，引起系统性侵染，使稻株出现枯心或凋萎型症状。有时秧苗虽被感染但不显症，在叶、叶鞘、茎穗等部位均有细菌存在，成为带菌秧苗。还有部分病菌侵入植物组织内，但到不了维管束的，就在组织内繁殖，并泌出体外进行再侵染。在早期进入稻体内的病菌，在维管束内繁殖转移过程中，当被局限于一处时，所表现的症状是局部的，如常见的叶部病斑，形成局部侵染。不管局部侵染还是系统侵染，这些病菌移栽后，条件适宜时即可成为大田的发病中心。

在病区，田间传病来源很广，除了病种子外，还有病稻草等。如用病稻草裹秧包、覆盖或下垫催芽堆、搓秧绳、扎秧把、堵涵洞、水口或还田作肥料等，都有机会与水接触，病菌随之大量释放出来。据测定，水中的细菌在28℃水温下可活4d，21℃活10d以上。由此可知，水孔和伤口等是入侵的主要途径，秧苗期是初次建立侵染的关键时期。

3. 传播 灌溉水和暴雨是病害传播的重要媒介。秧田期淹水，会加重秧苗的感染，淹水的次数越多，病苗的数量越大。遗留在田间、沟旁病稻草上的病菌，遇到雨水，容易冲到秧田和本田，侵染秧苗引起发病。病菌在病株的维管束中大量繁殖后，从叶面或水孔大量溢出菌脓，遇水、湿溶散，借风雨、露滴或流水传播，进行再侵染。发病快慢，与品种的抗性、菌量的多少、温度高低、湿度大小有关。其中，品种的抗性是主要的。对感病品种来说，菌量多，温度适宜，湿度大，病害潜育期就短。日平均温度稳定在25℃以上时，潜育期为7~8d；遇台风暴雨，可缩短至5d；在23℃左右时约14d；低至20℃时，则需要20d以上。

4. 再侵染 具有多次再侵染。病菌在大田发展后，病叶从组织内泌出的菌脓越来越多，不断引起重复侵染。病菌从感染发病到排菌再传染的周期约10d，发病具骤发性高潮，故一个生长季节中，只要环境条件适宜，再侵染不断发生，致使病害传播蔓延和流行。病菌能借灌溉水、风雨传播到较远的稻田。低洼积水，大雨涝淹及串灌漫灌，往往引起连片发病。在风雨交加时，病菌可依风速强度和风向传播，传播直径为60~100m；晨露未干时，进出病田操作或沿田边行走，都能带菌，助长病害扩散。

（二）影响发病的条件

白叶枯病发生的先决条件是有足够的菌源。至于病害流行与否和流行程度，则主要取决于品种的抗性、气候条件、栽培措施等。

1. 品种抗性 在目前栽培的品种中，品种间的抗性有着明显的差别。现已研究表明，品种抗性表现与生育期有关，一类是全生育期抗性，即苗期到穗期的各期都有抗性，如'IR$_{26}$'等；另一类是成株期抗性，即苗期无抗病性，要到第十片叶左右时，才表现出抗性，如'南粳15'等。因此，利用品种抗性的特点，选栽抗性品种和合理安排抗病品种布局，就可达到控制或明显减轻发病的目的。一般糯稻抗病性最强，粳稻次之，籼稻最弱，籼稻品种间抗性也有明显差异。常规粳稻品种对白叶枯病的抗性较好，主要抗病基因为 *Xa-3*，多年来在粳稻产区基本上控制了白叶枯病的流行。此外，病害流行取决于病菌的增殖能力和致病力强弱。日本和我国北方稻区以Ⅰ、Ⅱ或J1、J2为稳定的优势小种；江淮稻区原以Ⅱ、Ⅳ为主要菌系，但近年来Ⅳ小种逐渐上升为优势小种（占47.8%）。

2. 气候条件　此病的发生一般在气温25～30℃、相对湿度85%以上，多雨、日照不足、风速大的气候条件下最盛，20℃以下和33℃以上，发病就会受抑制。天气干燥，相对湿度低于80%，则不利于病菌的繁殖。高温条件对病菌的繁殖很重要。早稻前期、中期，晚稻中期、后期，如遇长期阴雨，叶面保持潮湿时间长，气温虽低到20～22℃，病害仍可流行。特别是台风、暴雨或洪涝有利于病菌的传播和侵入，更易引起病害暴发流行。地势低洼、排水不良或沿江河一带稻区发病也重。

3. 栽培措施　稻株的幼穗分化期和孕穗期是两个比较容易感病的生育期。在此期间，若氮肥施用过多或过迟，或绿肥埋青过多，均可导致秧苗生长过旺、浓绿披叶，则易严重发病。其原因与植株本身的新陈代谢受到干扰有关，表现为细胞内部生理生化的改变，蛋白质等氮化合物大量降解，游离氨基酸尤其是酰胺类化合物和胱氨酸含量增加，可溶性糖含量增加，助长和加速了病菌的繁殖，使植株抗病力减弱。同时，也由于这两个生育期分蘖的骤增，茎叶的成长，造成郁闭高湿适于发病的小气候，加重发病。绿肥压青量多还容易引起根部窒息中毒，削弱稻株的抵抗力。

水的关系同样重要。水是白叶枯病菌侵入稻体和传播蔓延的重要媒介。深水灌溉或稻株受淹，既有利于病菌的传播和侵入，也会因植株体内呼吸基质大量消耗，分解作用大于合成作用，可溶性氮含量增加而降低抗病性，加重发病。大水漫灌、串灌同时促成土壤还原性强，有毒物质不断累积，以致生理上受影响而造成根衰、黑根多，活力相对下降，减弱稻株抗病力，使其易于感病，促使病害扩展与蔓延。浅水勤灌，结合干田，增强稻株抗逆力，可减轻受害。

三、管理病害

（一）制订病害管理策略

白叶枯病发生的特点是病菌来源广，传播途径多，侵染时间长，情况比较复杂，因而依靠单一的防治方法不易取得成功，必须因地制宜，在控制菌源的前提下，以种植抗病品种为基础，秧苗防治（无病壮秧）为关键，狠抓肥、水（防淹、防串灌）管理，辅以药剂防治（控制发病中心）。

（二）采用病害管理措施

1. 杜绝种子传病　无病区要防止带菌种子传入，保证不从病区引种，确需从病区调种时，要严格做好种子消毒工作。种子消毒方法：①80%402抗菌剂2000倍液浸种48～72h；②20%叶青双500～600倍液浸种24～48h；③中生菌素100kg/mg浸种48h。

2. 种植抗病品种及合理布局　利用品种抗病性控制白叶枯病是经济有效、切实可行的办法。目前各地都有抗病丰产性能较好的品种如'郑梗754'、'豫梗6号'、'新90-261较抗'，但抗病品种不是一劳永逸的，为了延缓抗性的退化，需要做到如下几点。

一要注重品种的合理布局，不断更新品种。长江中下游及东南沿海台风登陆频繁地区，尽可能压缩感病或抗病基因单一的品种，种植高产和抗病性较稳定的常规稻品种。如近年推出的高产、优质并具有中度抗病性的'武育粳2号'和'武育粳3号'等。同时还要考虑与兼抗其他稻病的品种合理搭配。

二要扩大利用其他抗性基因，不断发掘和利用新的抗性基因，以提高品种纯度和保持其原有特性。在现有广谱抗白叶枯病基因中，$Xa-3$、$Xa-4$、$Xa-7$ 和 $Xa-21$ 均已导入具有育性恢复基因的强恢复系中，如'IR24'、'明恢63'和'6078'等。根据亚洲各国有关品种的抗性基因和菌系分析，未来在东南亚、南亚及我国南方稻区推广的品种应具有 $Xa-4$、$Xa-7$ 或 $Xa-21$ 等 1~2 个抗病基因；在江淮流域推广的品种应具有 $Xa-3$ 和 $Xa-4$ 基因，如'武育粳'和'扬稻2号'及改良的'汕优63'；在北方稻区推广的品种应具有 $Xa-3$ 抗病基因。

三要利用基因工程进行白叶枯病持久性抗病育种，发掘和利用新的抗病基因。水稻抗白叶枯病基因 $Xa-21$ 和 $Xa-1$ 的克隆开辟了白叶枯病抗病基因工程育种新领域。人们已利用基因枪轰击法和农杆菌介导法等将 $Xa-21$ 直接转入常规稻和杂交稻品种中，已获得了高抗、广谱水稻新品种。我国有丰富的稻资源和野生稻种质资源，许多单位已作了大量抗病性评价工作，在水稻品种'扎昌龙'中发现一个新的广谱抗病基因（$Xa-22$），在曲须根野生稻中也发现一个新的抗病基因，暂定名为 $Xa-23$。

另外，将抗病基因累加至栽培品种中可能是扩大基因抗谱，保持抗病性相对持久的有效方法之一。有人采用经典育种方法辅以分子标记获得了白叶枯病抗病基因累加系。对这些用 $Xa-4$、$Xa-5$、$Xa-13$ 和 $Xa-21$ 构建的双基因累加系、3 基因累加系和 4 基因累加系对多个国家的白叶枯病抗性进行了评价，它们不但表现出抗病性强度的增加，而且也表现出抗谱的增加，如 $Xa-4$ 和 $Xa-13$ 均不抗小种 4，但二者的基因累加系却对小种 4 具有抗性。抗性基因克隆及导入也为抗病基因快速累加提供了工具。但转基因材料最终必须通过田间种植评估，才能推广应用。品种布局是否适当与病害流行有密切关系。因此，要合理安排品种布局，改变病区面貌。

3. 清除病菌来源　一要严格执行检疫制度，防带菌种子传入无病区。必须引种时，应先进行小面积种植，证明无病后再扩大。同时，要坚持选种和种子消毒，可用 1% 石灰水浸种 2d（易于晚稻），或用 80% 抗菌剂 402 乳油 2000 倍液浸种 2d，也可用福尔马林 50 倍液浸 3h 或闷种处理，洗净再催芽。同时可兼治由种子携带的其他病害。二要妥善处理病稻草。不让病菌有接触种、芽、苗等机会。重病田稻草和打场的残体、秕谷等应先处理。如作肥料，宜采用高温堆肥或草塘沤制，促使充分腐熟。应避免直接还田，以免病菌扩散。病区还应强调不用病草扎秧把；不用病草作草套围秧畦；不用病草作浸种催芽覆盖物；不用病草堵塞水口和涵洞；不用病草铺垫拖拉机道路等。打谷场及村庄附近应开截水沟，防止菌水流入进水渠，污染秧田和大田。

4. 培育无病壮秧，控制压低菌源　选用无病种子，选择地势较高且远离村庄、草堆、场地的上年未发病的田块育秧，避免用病草催芽、盖秧、扎秧把；中晚稻秧田应尽量分片集中，不与早稻病田插花，以防传染。整平秧田，湿润育秧，严防深水淹苗；采用通气、湿润或旱育秧方式，用绿肥或草木灰等盖种，做好防寒保温工作。秧苗 3 叶期和移栽前 3～5d 各喷药 1 次（药剂种类及用法同大田期防治），消灭初侵染源，保护秧苗不带病到大田；肥、水管理应做到排灌分开，浅水勤灌。适时适度进行烤田，这对抑制病害尤其重要。烤田标准：田边有裂，新根露白，叶色褪淡，脚踩不陷。若晒田过度，会加重病情，造成减产。管水要求：浅水（前期）、湿润（后期）与晒田（中期）相结合，采取返青养苗水（2～4cm），分蘖润泥水，苗足放干水（晒田），孕穗扬花不断水，穗期跑马水的科学管水方法。严防深灌、串灌、漫灌，真正做到"田外排水沟，田内丰产沟，灌排顺沟流"。

根据叶色变化，科学施用肥料。总的来说要施足基肥，早施追肥，避免氮肥施用过猛、过量。

5. 药剂防治　　根据病情测报，及时喷药防治，控制病害发展蔓延。当田间病害进入点发阶段，或根据预测，病害即将发生而气候条件又适于发病时，特别是在台风暴雨发生后，应发动群众进行全面普查，并立即组织喷药防治。喷药前，首先要排水搁田，并暂停追肥，以改善稻株生育环境，增强稻株抗病力，并防止病菌随水流窜，助长传播；其次是带药下田侦察，及时喷药封锁发病中心，但需在露水干后进行，防止人为传播病菌。目前常用的杀菌剂有 20% 叶青双（噻枯唑）、20% 龙克菌（叶青双铜络合物）、25% 叶枯灵及 10% 叶枯净（5-氧吩嗪）等。秧田期可用中生菌素浸种（用量 100mg/kg），大田期可用中生菌素喷雾（用量 15mg/kg）。发现中心病株后，开始喷洒 20% 叶枯宁（叶青双）可湿性粉剂，每亩用药 100g，对水 50L，用叶枯宁防效上不去时，可在施用叶枯宁的同时混入硫酸链霉素或农用链霉素 4000 倍液或强氯精 2500 倍液，防效明显提高。此外，每亩还可选用 10% 氯霉素 100g 或 70% 叶枯净（杀枯净）胶悬剂 100～150g、25% 叶枯灵（渝 -7802）可湿性粉剂 175～200g，对水 50～60L 喷洒。也可在 5 叶期和水稻移栽前 5d，各喷中生菌素 500 倍液 1 次或用 50% 氯溴异氰尿酸水溶性粉剂（消菌灵），每亩用量为 25～50g，兑水 50kg 喷雾。

6. 生物防治　　人们正在尝试用水稻白叶枯病菌毒性基因缺失突变株及其他生物防治菌株防治水稻白叶枯病。如突变株 Du728 喷雾处理水稻幼苗再接种水稻白叶枯病菌，防治效果达 50% 左右。生防菌株 *Bacillus* spp. 及 *Enterobacter cloaccae* B8 等也在温室内进行了防治试验。然而，还没有这类制剂直接应用于大田的成功实例。

第五节　稻　曲　病

稻曲病菌由库克（1878）首次加以描述并定名为 *Ustilaginoidea virens*，现在稻曲病在大多数水稻主要产区都有发生。在国内，该病又称为假黑穗病、绿黑穗病、青粉病、谷花病、丰收病等，过去很少发生，而且多发生在水稻长势好的年份，群众认为该病的发生是丰年的象征，故俗称为"丰产果"。我国早在明朝李时珍的《本草纲目》中便有指稻曲病菌子实体为"粳谷奴"的记载。该病在亚洲、美洲和非洲的 30 多个国家及我国各稻区都有不同程度的发生。近年来，由于杂交粳稻和单季大穗密穗品种的推广，国内主要稻区相继出现稻曲病的危害。如北方稻区的辽宁、河北；南方稻区的浙江、江苏、安徽、湖南、广东、广西、福建、台湾等地发病普遍且严重。一般穗发病率为 4%～6%，严重达 50% 以上，粒发病率为 0.2%～0.4%，高的可达 5% 以上。它不仅使秕谷率、青米率、碎米率增加，局部田块减产 20%～30%，而且病粒对人畜有毒，0.5% 含量即可造成腹泻、流产、早产等中毒现象，因此越来越被引起重视。

一、诊断病害

（一）病害的症状

该病只发生于穗部，危害单个谷粒，少则 1～2 粒，多至十余粒。仅在水稻开花以后至乳熟期的穗部发生，且主要分布在稻穗的中下部。病菌侵入谷粒后，在颖壳内形成菌丝块，破坏病粒内的组织。菌丝块逐渐增大，颖壳合缝处微开，露出淡黄色块状的孢子座。孢子座逐渐膨大，最后包裹颖壳，形成比健粒大 3～4 倍表面光滑的近球形体，其为黄色并有薄膜包被，随子实体生长，薄膜破裂，转为黄绿或墨绿色粉状物（厚垣孢子），一穗中仅几个或十几个颖壳变为稻曲病粒。病粒中心为菌丝组织密集构成的白色肉质块，其外围因产生厚垣孢子的菌丝成熟度不同，可分为 3 层：外层最早成熟，呈墨绿色或橄榄色；第二层为橙黄色；第三层为黄色。

此病诊断要点是一穗中仅几粒或十几粒颖壳变成稻曲病粒，比健粒大 3～4 倍，黄绿色或墨绿色，状似黑粉病粒。

（二）病害的病原

有性态为 *Claviceps orvzae-sativae* Hashioka，属子囊菌门麦角菌属；无性态为 *Ustilaginozdea virens*（Cooke）Takahashi，异名为 *U. oryzae*（Patou.）Bref.。厚垣孢子墨绿色，球形或椭圆形，直径为 4～7μm，表面有疣状突起，由菌丝渐变粗短、原生质浓缩、胞壁加厚形成。发芽后产生短小而上细下粗、单生或分枝、有分隔的菌丝，在其顶端生几个椭圆形或倒鸭梨形的分生孢子，直径 4.5μm，分生孢子梗直径为 2～2.5μm。菌核扁平、长椭圆形，初为白色，老熟后变黑色，长可达 2～20mm。通常一病粒内生菌核 2～4粒，以 2 粒着生于病谷两侧包住谷颖为最常见，成熟时容易脱落。翌年落在土中的菌核产生肉质子座数个。子座具有长约 1cm 的柄和一球形或帽状的顶部。子囊壳球形，埋生于子座顶部表层，孔口外露，使子座顶部表面呈疣状突起。子囊长筒形，无色，内并列着生 8 个无色丝状的子囊孢子（图 6-5）。

厚垣孢子在 3～4℃ 干燥条件下可存活 8～14 个月，但在 28℃ 以上高温高湿条件下，2 个月便丧失萌发力。厚垣孢子中，黄色的能萌发，黑色的不能萌发。厚垣孢子萌发温度为 12～36℃，适温为 25～28℃，30℃ 虽也可部分萌发，但产生分生孢子数很少，40℃ 时不能萌发，50℃ 时致死；pH 在 2.77～9.05 都能萌发，但适宜 pH 为 5.0～7.0；此外，萌发需要水滴。葡萄糖、蔗糖、果糖、甘露糖、麦芽糖、棉籽糖及淘米水也有利于厚垣孢子萌发，并可促进分生孢子的产生，而菊糖、尿素、硫酸铵、氯化钾及水稻幼苗的根、芽榨出液和根分泌物则抑制孢子萌发；日光、荧光灯和紫外线对萌发无作用。大米粒、大米煎汁、马铃薯煎汁和燕麦培养基及米饭培养基有利于菌丝生长和厚垣孢子的产生，但随着继代次数的增加，菌丝生长减慢，厚垣孢子数减少。菌丝体在 pH 为 3.5～8.5 时能生长，适宜 pH 为 6.5～7.5。病菌能产生毒素，即稻曲菌素 A、B、C、D、E、F，它们对水

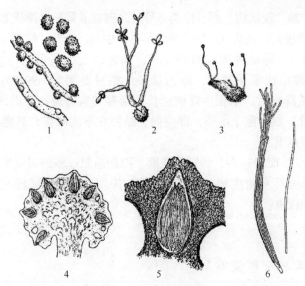

图 6-5　稻曲病菌（引自浙江农业大学，1980）

1. 厚垣孢子及其着生在菌丝上的状态；2. 厚垣孢子的萌发；3. 菌核萌发出于子座；
4. 子座顶部纵削面；5. 子座内的子囊壳纵剖面；6. 子囊（左）及子囊孢子（右）

稻胚芽有明显抑制作用，能抗水稻的有丝分裂。

二、掌握病害的发生发展规律

（一）病程与侵染循环

病菌以落入土中菌核或附于种子上的厚垣孢子越冬。翌年 7～8 月开始抽生子座，上生子囊壳，其中产生大量子囊孢子。厚垣孢子也可在被害的谷粒内及健谷颖壳上越冬，随时可萌发产生分生孢子且可维持 6 个月的发芽力。这些都是主要的初侵染源。子囊孢子和分生孢子都可借气流传播，侵害花器和幼颖。在北方稻区一年只发生一次，在南方稻区则以早稻上的厚垣孢子为再次侵染源侵染晚稻，或早抽穗的水稻上的厚垣孢子可能成为迟抽穗水稻的侵染源。气温 24～32℃病菌发育良好，26～28℃较适宜，低于 12℃或高于 36℃不能生长，有的学者认为稻曲病侵染的时期主要在水稻孕穗期至开花期，有的认为厚垣孢子萌发侵入幼芽，随植株生长侵入花器，造成谷粒发病形成稻曲。一般来讲，病菌在孕穗期侵害子房、花柱及柱头；后期则侵入幼嫩颖果的外表和果皮，蔓延到胚乳中，然后大量增殖，并形成孢子座。病粒则在水稻扬花末期至灌浆初期出现。抽穗扬花期遇雨及低温则发病重，抽穗早的品种发病较轻，施氮过量或穗肥过重会加重病害发生，连作地块发病重。

（二）影响发病的条件

病害的发生与品种、气候条件及肥水管理等关系密切。

1. 品种　目前栽培品种中尚未见能免受感染的品种，但不同水稻品种间的抗性存在较明显差异。矮秆、叶片宽、角度小、穗大、枝梗数多的密穗型品种、晚播晚栽、晚熟品种较感病，反之则较抗病。如 '水晶稻'、'汕窄 8 号'、'原丰早'、'桂武糯'、'菲一'、

'珍汕 97'、'威优 29' 较抗病，而 '桂朝 2 号'、'荆糯 6 号'、'津优 83-176'、'桂朝选'、'丰良黏 1 号' 高度感病。抗病性一般表现为早熟＞中熟＞晚熟，糯稻＞籼稻＞粳稻。

2. 气候条件　　除品种固有的特性外，病害的发生还可能与感病期的气候条件有关。一般从幼穗形成至孕穗期，降雨量多，相对湿度大（90%），开花期间遇低温（20℃），又有适量降雨时，水稻生育期延长，则有利病害流行。山区由于雾大、露重、日照少，气温偏低，发病重于平原，即使同一品种在不同海拔，其感病程度也不同，一般海拔越高，发病越重。

3. 肥水管理　　肥料过多，特别是花期、穗期追肥过多的田块发病较重；高密度和多栽苗的田块发病重于低密度和少栽苗的田块。施用硅酸钙可减轻发病。灌溉方面，一般长期深灌的发病较重。

三、管理病害

（一）制订病害管理策略

应采取以抗病育种为主，化学防治为辅，注意适期用药，合理调节农业栽培措施。

（二）采用病害管理措施

1. 选育和利用抗病品种　　种植 '辽盐 2 号'、'双糯 4 号'、'威优 29'，减少 '桂朝 2 号'、'香粳 4 号'、'辽粳 5 号' 等品种。

2. 加强栽培管理　　注意晒田，发病田块收割后要深翻；选用不带病种子，建立无病留种田，播种前及时清除病残体；合理施用氮肥、磷肥、钾肥，施足基肥、巧施穗肥、施适量硅肥；合理密植，适时移栽，勤灌浅灌。

3. 种子处理　　可选用 40% 多菌灵胶悬剂，1% 石灰水浸种 48h 以上，可以减少部分侵染源。可用 50% 苯菌灵可湿性粉剂 500～800 倍液浸种，早稻浸 72h，晚稻浸 48h，浸种后不需水洗可直接播种。这些处理可兼防稻苗瘟、稻恶苗病和绵腐病。

4. 药剂防治　　在进行化学防治时要采取"预防为主"的方针，即在稻曲病菌侵入前期或刚侵入时施药，保护花器不受侵染；在田间发现有稻曲病病粒时才施药对稻曲病的防治是没有任何效果的。因此，对稻曲病的防治，确定施药时期非常重要。稻曲病防治适期为水稻破口（顶小穗抽出剑叶鞘即为破口，破口率达 5% 为破口期）前 5～7d，此时用药效果最为明显。如需防治第二次，则在水稻破口期（水稻破口 50% 左右）施药。齐穗期防治效果较差。有效药剂有井冈霉素、18% 绞曲清（井冈霉素＋烯唑醇）、50% 稻后安（氧化亚铜＋三唑酮）、络氨铜、胶氨铜、可杀得、多菌铜等，在破口抽穗前 5～7d 喷雾，但应注意在穗期用药对稻穗的安全性。也可使用 20% 毒菌锡和 40% 薯瘟锡等药剂，但应注意有机锡的残留与药害。

第六节　水稻胡麻斑病

水稻胡麻斑病是水稻病害中分布最广的一种病害，分布遍及世界各产稻区，我国各稻区发生普遍，新中国成立前被视为国内水稻三大病害之一。一般因缺肥、缺水等原因，引起水稻生长不良时发病严重,主要引起苗枯、叶片早衰、千粒重降低,影响产量和米质。近年来随着水稻生产管理及施肥水平的提高,该病危害已逐年减轻,但晚稻秧龄过长时,发病仍然较多,是引起晚稻后期穗枯的主要病害之一,尤其是在在贫困山区及施肥水平较低的地区,发生仍较严重。

一、诊断病害

(一)病害的症状

从秧苗期到收获期的各生育期都可发生该病,稻株地上部分均能受害,尤其以叶片发病最普遍,其次是谷粒、穗颈和枝梗。种子发芽不久,芽鞘受害变褐。严重的甚至不带鞘叶抽出,随即枯死。幼苗受害,在秧苗叶片或叶鞘上产生褐色圆形或椭圆形病斑,病斑多而严重时,引起死苗。如遇潮湿条件,死苗上会生出黑色绒状的霉层,即病菌的分生孢子。成株叶片发病,初现褐色小点,逐渐扩大成椭圆形或长圆形褐色至暗褐色病斑,因大小似芝麻粒,故称为胡麻斑病。病斑边缘明显,外围常有黄色晕圈。用扩大镜观察时,因变褐程度不同病斑上有轮纹,后期病斑边缘仍为褐色,中央呈灰黄或灰白色。严重时,叶片上很多病斑相互联合,形成不规则大斑(这在感病品种上最易出现),使叶片干枯。此病在田间分布均匀,由下部叶向上部叶片发展。严重时,叶尖变黄逐渐枯死。缺氮的植株病斑较小,缺钾的较大,且病斑上的轮纹更加明显。受害严重的稻株,生长受到抑制,分蘖少,抽穗迟。叶鞘上的症状与叶片症状基本相似,其上初形成的病斑,椭圆形或长方形,暗褐色,边缘淡褐色,水渍状,以后变为中心部呈灰褐色至暗褐色,面积稍大,形状多变(不规则形、圆筒形或短条形),边缘不清晰的大病斑。

穗颈、枝梗受害变暗褐色,与水稻穗颈瘟(稻瘟病的一种)相似。但水稻穗颈瘟病病部色泽深,为黑褐色,以后成为灰褐色,变色部较短,而胡麻斑病穗引起的,穗部色泽浅,为棕褐色,变色部长。此外,发生期也有所不同。穗颈瘟发生较早,多出现在水稻乳熟期,而胡麻斑病引起的穗枯,大多出现在后期。如两病混淆不清时,可取病部保湿培养,镜检孢子,加以区别。湿度大时,胡麻斑病引起的病部会产生大量黑色绒毛状霉,比稻瘟病的霉层较黑较长。

谷粒受害迟的,病斑形状、色泽与叶片相似,但较小,边缘不明显,病斑多时可互相愈合;受害早的,病斑灰黑色,可扩展至全粒,造成秕谷。空气潮湿时,在内外颖合缝处及其附近,甚至全粒表面,产生大量黑色绒状的霉层。

(二)病害的病原

无性态为 *Bipolaris oryzae*(Breda de Haan)Shoean. et Jain,异名为 *Helminthosporium oryzae* Breda de Haan,属半知菌类平脐蠕孢属真菌。在自然情况下,通常所见的都是其无性世代。有性态为 *Cochliobolus miyabeanus*(Ito et Kurib.)Drechsl.,属子囊菌门旋孢腔菌属,自然条件下不产生。

分生孢子梗常2~5根成束从气孔伸出,基部膨大,暗褐色,越往上渐细,色渐淡,大小为(99~345)μm×(368~377)μm,不分枝,顶端屈膝状,着生孢子处尤为明显,有2~25个隔膜。孢子散落后，顶端尚有屈曲的孢子着生痕。分生孢子倒棍棒形或圆筒形，弯曲或不弯曲，两端钝圆，大小为（24~122）μm×（7~23）μm，有3~11个隔膜，多为7~8个隔膜。隔膜处不缢缩，两端细胞壁较薄，一般从两端萌发。在人工培养基上产生的分生孢子，其形态较病斑上的短，分隔较少，只有2~7个隔膜。有时可产生串生孢子，单胞或双胞，大小为（9.5~32）μm×（4~5.5）μm，多为长圆形或卵形，淡褐色或无色。

有性世代仅在人工培养基上发现。子囊壳球形或扁球形，大小为（500~950）μm×（368~377）μm，内有多个子囊。子囊圆筒形或长纺锤形，大小为（142~235）μm×（21~36）μm，内含4~6个子囊孢子，子囊孢子线条状，卷曲，无色或淡橄榄色，大小为（250~469）μm×（6~9）μm，6~15个隔膜。

病原菌需要的氮源以蛋白胨、碳源以麦芽糖为优，酸碱度反应以微碱性为宜。在培养基中，加入米粒浸出液能刺激病原菌的生长。人工培养基上的菌丝体经12h近紫外线照射和12h暗处理，能促进大量分生孢子的形成。菌丝生长温度为5~35℃，最适温度在28℃左右，分生孢子形成温度为8~33℃，适宜温度在30℃左右，萌发的温度为2~40℃，以24~30℃较适。孢子萌发要求水滴或水层，同时相对湿度要在92%以上。如无水滴或水层，在相对湿度96%以下，尚不能完全发芽。在饱和湿度下，20℃时，完成侵入寄主组织需8h，在25~28℃时需4h。分生孢子致死温度为50~51℃（10min）而病组织内的菌丝致死温度为70℃（10min）或75℃（5min）。

自然寄主有水稻、看麦娘、黍、稗和糁等，人工接种可侵染玉米、高粱、小麦、粟、甘蔗等十余种禾本科杂草。病菌有生理分化现象，不同菌系对寄主的致病力有差异。

二、掌握病害的发生发展规律

（一）病程与侵染循环

病菌以分生孢子附着于稻种或病稻草上或以菌丝体潜伏于病稻草组织内越冬，成为初侵染源。在干燥情况下，组织和稻种上的分生孢子可存活2~3年，潜伏于组织内的菌丝体可存活3~4年，但翻埋土中的病菌经一个冬季便失去生活力。遗落在土面的病草，其中一部分菌丝体有越冬能力。

播种病种后，潜伏的菌丝可直接侵染幼苗。稻草上越冬和由越冬菌丝产生的大量分生孢子随风或气流传播，引起秧田或本田初侵染；病菌产生的分生孢子可进行再侵染。飞散到稻株上的分生孢子，传到寄主表面后，遇适宜条件，1h即可萌发产生芽管，其顶端膨大形成附着胞，附着于寄主表面，然后伸出侵入丝，穿过表皮细胞或从气孔侵入。侵入后，在适宜条件下，经一昼夜即可表现症状，并形成分生孢子。潜育期长短与温度、光照强度有关，在高温和遮阳条件下，潜育气短，在低温和强光下潜育期延长。25~30℃时仅需24h左右即可产生病斑，分生孢子进行再侵染。在适宜温、湿度条件下，病害在一周内就可大量发生。

（二）影响发病的条件

该病的发生与肥力、土质和耕翻、品种和生育期关系密切，受气候影响较小。

1．肥力 土壤瘠薄缺肥时发病重，特别是缺乏钾肥时更易发病。双季晚稻由于秧龄期长，常以少施肥料控制秧苗的生长，最易诱发此病。大田绿肥翻耕过迟，或过量施用石灰，也会增加发病机会。

2．土质和耕翻 一般酸性、保水保肥力差的砂质田和通透性不良呈酸性的泥炭土、腐殖质土等易发病。在土壤缺水或积水田内，发病也重。生产实践证明，适当深翻的稻田发病轻。

3．品种和生育期 品种间的抗病性有差异。通常籼稻较粳稻、糯稻品种抗病，早稻较晚稻抗病。同一品种的不同生育期，其抗病性也不一样。一般苗期易感病，分蘖期抗病性增强，但分蘖末期以后，抗病性又减弱，此时因叶片内积蓄的养分迅速向穗部转运，叶片随之衰老而易感病。穗颈和枝梗以抽穗期至齐穗期抗病性最强，随着灌浆成熟，抗病性逐渐降低。谷粒则以抽穗期至齐穗期最易感病，随后抗病性逐渐增强。

三、管理病害

（一）制订病害管理策略

防治水稻胡麻斑病应以农业防治为主，特别是要加强深耕改土和肥水管理，辅以药剂防治。

（二）采用病害管理措施

由于水稻胡麻斑病的侵染循环与稻瘟病基本相似，所以种子消毒、病草处理及药剂防治等方法也与稻瘟病相同。应该注意的是，预防该病着重于增施有机肥，用腐熟堆肥作基肥，改善砂质土的团粒结构，以增加土壤保水保肥力；适量施用生石灰促进有机质正常分解。在施足基肥的同时要注意及时追肥，并做到氮肥、磷肥、钾肥配合使用。无论秧田和本田，当氮肥不足，稻叶发黄而引起普通型病斑大量发生时，应立即适量施用硫酸铵、尿素等速效氮肥。出现大斑型病斑时，病田施用钾肥，有较好的防病效果。在灌溉方面，结合水稻各生育期的特点，科学用水，既要避免田中长期积水，又要避免过分缺水而造成土壤干裂，影响根系吸收。土壤通气不良，以实行浅水勤灌最好。另外，穗期药剂防治时期，应略迟于稻瘟病的防治。

第七节 水稻细菌性条斑病

水稻细菌性条斑病又称为细条病、条斑病，主要分布在亚洲的亚热带地区，是水稻生产中的一个重要病害，属全国农业植物检疫性对象。1918 年菲律宾首次报道，目前在东南亚各国和非洲中部都有发生。此病于 20 世纪 50 年代初期在广东首次发现并命名报道。50 年代后期至 60 年代初期曾流行于广东、广西及福建等地，且以广东珠江三角洲受害最重。60 年代末，我国南方采用无"病"种子、消灭菌源和选栽抗病品种等措施，基本上控制了此病的危害。但 70 年代后期至 80 年代初，随着推广感病的杂交稻组合，种子的南繁北调，此病随着"病"稻种而远距离传播，不但在海南等南方稻区死灰复燃，而且迅速蔓延至江西、湖南等省。水稻细菌性条斑病对籼稻的危害性最大，20 世纪 90 年代以来，已上升为华南、中南稻区的主要细菌病害，其危害程度已超过水稻白叶枯病，减产达 5%～25%，重病田减产 20%～30%，特重病田可达 60% 以上。

一、诊断病害

（一）病害的症状

主要危害水稻叶片，在秧苗期即可出现典型的条斑型症状。即在叶片上形成一条条暗绿色至黄褐色条斑。病斑初为深绿色水渍状半透明小点，很快在叶脉之间伸展，形成宽 0.25～0.30mm，长 1～4mm 的条斑，对光观看呈半透明状。这些条斑可继续沿叶脉扩展形成淡黄色狭条斑，长约 1cm，宽约 1mm。此后转为黄褐色，但两端仍呈浸润型绿色。病斑上常溢出大量串珠状黄色菌脓。大田发病时，感病品种上的病斑纵向扩展，长达 4～6cm。病斑两端菌脓很多，呈鱼子状，干燥后呈琥珀状附于病叶表面而不易脱落。条斑也可在叶鞘上发生。严重发病时，后期症状为条斑增多，多个病斑可相互连成枯斑，局部呈现不规则的黄褐色至枯白色斑块，但对光观察时，仍可隐约见到这些斑块由许多半透明的条斑融合而成。以后病斑不断扩展，病株有时矮缩，整叶卷曲，变为红褐色，阳光猛烈照射时，病叶卷曲更明显，晨间远眺病田一片橙红褐色，叶片枯死后，呈现一片黄白色；抗病品种上病斑较短，病斑长度不到 1cm，且病斑少，菌脓也少。

此病的诊断要点是沿叶脉扩展形成淡黄色狭条斑，形成鱼子状菌脓。

（二）病害的病原

病原为稻生黄单胞杆菌 *Xanthomonas oryzae* pv. *oryzicola*（Fang）Swings et al，水稻条斑病菌属于原核微生物界（Procaryotes）薄壁细菌门（Gracilicutes）黄单胞菌科黄单胞菌属（*Xanthomonas*）。菌体杆状，大小为（1～2）μm×（0.3～0.5）μm，单生，少数成对，但不成链状，不形成芽孢和荚膜，单极鞭毛。革兰氏染色反应为阴性，在 NA 培养基上菌落呈蜜黄色，圆形，边缘整齐，光滑发亮，黏稠，好气。适宜生长温度为 25～28℃，生理生化反应与白叶枯病菌基本相似，不同之处为该菌能使明胶液化，使牛乳胨化，使阿拉伯糖产酸，对青霉素、葡萄糖反应钝感，它可产生 3- 羧基丁酮，以 L- 丙氨酸为唯一碳源，在 0.2% 无维生素酪蛋白水解物上生长，并对 0.001% 的硝酸铜有抗性。该菌主要侵染水稻、陆稻、野生稻，也可侵染李氏禾等禾本科植物。

水稻细条病菌有明显的致病力分化。根据病菌在 'IR26'、'南粳 15'、'rFetep'、'南京 11' 等 4 个鉴别品种上的致病力差异，可将来自广东、江西、福建、海南、浙江等省约 150 个菌株分为强、中、弱 3 个毒力型，其中强毒力型菌株占 58%，且致病力与蛋白酶活性呈正相关，而与淀粉酶活性呈负相关。还有科学家根据菌株在 15 个已知基因品种上的反应特性，将 20 个菌株分为 12 个致病型，经聚类分析可归入 6 个组。水稻细条病菌株与品种间的反应表现为弱互作关系，但部分菌株与个别品种间存在一定的特异互作关系，可以认为存在不同的小种。水稻细菌性条斑病菌与水稻白叶枯病菌的致病性和表现性状虽有很大不同，但其遗传性状及生理生化性状又有很大相似性，故该菌应作为水稻白叶枯病菌种内的一个变种。

二、掌握病害的发生发展规律

（一）病程与侵染循环

细条病菌的越冬场所和存活力与白叶枯病菌较为相似。病菌在稻种上的存活期最长达9个月，在干燥病草上最长可达12个月。病菌在土壤中只能存活7周，因此，土壤不可能成为越冬菌源。其主要在病稻谷和病稻草上越冬，成为来年的初侵染源。病菌侵染种子，借种子调运而作远距离传播。病粒播种后，病菌侵害幼苗的芽鞘和叶梢，插秧时又将病秧带入本田。病菌主要通过灌溉水、雨水接触秧苗，从气孔和伤口侵入，侵入后在气孔下繁殖扩展到薄壁组织细胞间隙并纵向扩展，形成条斑。在夜间潮湿条件下，田间病株病斑上溢出的菌脓，干燥后形成小的黄色珠状物，主要通过风雨和水传播，进行再侵染，引起病害扩展蔓延，农事操作也起病害传播作用。

水稻细菌性条斑病在我国南方双季作籼稻的早稻上发生，始发于秧田期，于幼穗分化至抽穗期暴发流行。每年7月、8月、9月暴风雨频繁及稻田受淹，或偏施过量氮肥常是此病流行的诱因。此病的发病条件与传播方式与白叶枯病基本相似，对白叶枯病抗性好的品种大多也抗条斑病。粳稻通常较抗病，而籼稻品种大多感病，受害严重。一般籼型杂交稻（如'南优2号'、'汕优63号'）比常规稻感病，矮秆品种比高秆品种感病。

（二）影响发病的条件

此病的发生流行程度主要取决于水稻品种、施肥和气候等。

1. 水稻品种　尽管目前尚未发现免疫品种，但水稻品种间对细条病菌的抗性有明显差异。一般常规稻较杂交稻抗病，粳稻、糯稻比籼稻抗病。叶片气孔密度和大小与品种的抗性具有一定的相关性。一般叶片气孔密度较小且气孔开展度较低的品种抗病性较强。最近研究表明，同一品种对细条病和白叶枯病的抗性存在差异，且水稻品种对这两种细菌病害的抗病基因型不同。水稻品种对细条病和白叶枯病存在双抗、抗细条病感白叶枯、抗白叶枯病感细条病和双感4种反应型。双抗类型的品种有'DV85'、'IR26'、'IRBB5'、'IRBB17'等；抗白叶枯病感细条病的有'抗79'、'抗恢63'和'IRBB21'等；高抗细条病感白叶枯病的有'农垦57'等，双感品种有'金刚30'、'协优63'和'东农363'等。抗病性基因由主效显性和隐性基因分别控制。水稻品种'BJ1'、'IR36'、'南粳15'、'BG35-2'受1～2对主效基因控制，其中'BJ1'含1对显性抗病基因，'IR36'含有两对主效隐性抗病基因，'南粳15'含有1对隐性抗病基因，'BG35-2'含有2对有重叠作用的隐性抗病基因。分蘖期至孕穗期的植株往往发病较重，嫩叶比老叶感病；幼苗期，病叶率虽然很高，但严重度较轻。

2. 施肥　有机肥、氮肥施用水平高，或迟施氮肥，均易造成稻株徒长，发病加重。氮肥、磷肥、钾肥合理配合施用能增强植株的抗病性，减轻发病。一般深灌、串灌、偏施和迟施氮肥，均有利于此病的发生与危害。

3. 气候　　在具有足够菌量和一定面积的感病品种时，此病的发病程度主要取决于温度和雨水。该病的发病适温为30℃；暴风雨，尤其是夏季台风的侵袭，可造成叶片产生大量伤口，有利于病菌的侵入和传播，易引起病害流行。该病菌主要从气孔侵入，温度越高，稻叶气孔开启就越多，时间也越长，就越有利于病菌的侵入。湿度越大越有利于发病。在发病温度范围内，气温主要影响病害潜育期的长短和病斑的扩展速度，与显症率关系不大；而湿度与发病显症率有关，即湿度主要影响病叶率及其病斑数。

水稻细条病在国内的发生流行可分为三个区域：①华南流行区，即浙江、江西、湖南以南的籼稻区；②江淮流域适生偶发区，即江苏、安徽、湖北等沿江与淮河之间的单季籼稻区，尚未普发，只是在个别县零星发生；③北方未见病区，主要指黄河以北的单季粳稻区，至今未见有病害发生的报道。长江下游地区一般6月中旬至9月中旬最易流行。不同年份间流行程度的差异主要取决于此期的雨湿条件。

三、管理病害

（一）制订病害管理策略

防治细菌性条斑病必须加强检疫，杜绝病菌传播，选用抗病品种，培育无病壮秧，加强肥水管理和及时用药控制。细条病的不同流行区域应采用不同的治理策略。

（二）采用病害管理措施

1. 实施检疫　　为了防止此病继续通过调运带病种子向外传播，扩大传染，检疫部门已将其列入国内检疫对象。严格实行检疫无病区不要到病区调运稻种和繁种，以防传入；确需引种时必须严格实行产地检疫，严格封锁带病种子。对于病害偶发区，要封锁病区，种子、稻草不要外运。

2. 综合防治

（1）选育抗（耐）病品种及杂交稻组合　　种植抗病品种是控制和扑灭细条病最经济有效的措施。病害发生区应因地制宜地选育和换栽抗（耐）病品种。籼稻品种中，高抗的有'BJ1'、'IR26'、'DV85'等，中抗的有'JV14'、'特青2号'、'协优49'、'秀恢1号'等；粳稻品种中，表现高抗或中抗的有'武育粳2号'、'武育粳3号'、'武复粳'、'R917'、'农垦57'、'六优1号'、'泗稻4271'和'双睛'等。

（2）配方施肥，合理灌溉　　培育无病壮秧，加强肥水管理具体措施与白叶枯病相同。提倡配方施肥，避免偏施、迟施氮肥；灌溉用水做到浅水勤灌，避免漫灌、串灌，适时晒田。

（3）药剂防治　　应抓好种子消毒和加强秧田保护工作，大田需及时用药：①种子消毒。对带菌或可疑带菌的种子，应于播种前结合浸种进行种子处理，方法为用0.1%盐酸水溶液浸种。与带稻瘟病菌的种子处理相同。②秧田和本田的药剂防治。秧苗在3叶期时统一用药，保护苗期不受侵染。大田孕穗期间喷药1～2次，对抑制和扑灭病害有重要作用。目前常用的杀菌剂有20%叶青双（川化018）、10%叶枯净、中生菌素、农用链霉素等。始病期用药，防治效果可达80%左右。施药间隔期7d左右，视病情发展决定施药次数。施药后如遇雨，应补施。

第八节 水稻条纹叶枯病

水稻条纹叶枯病广泛分布于我国华东、华北、东北、西南和中南等10余省（自治区、直辖市）。1964年曾在江苏南部、浙江北部和上海市郊普遍发生；20世纪70年代在北京郊区和辽宁盘锦地区发病较重；80年代初期在苏南、滇中和滇西，中期在鲁西南，后期在滇中和滇西又先后流行。水稻条纹叶枯病是由灰飞虱为媒介传播的病毒病，俗称水稻上的癌症。病株常不能抽穗，提早枯死，后期拔节后发病，发病株虽能抽穗，在剑叶下部出现黄绿色条纹，各类型稻均不枯心，但抽穗畸形，结实很少。

一、诊断病害

（一）病害的症状

水稻条纹叶枯病发病之初在病株心叶沿叶脉处出现断续的黄绿色或黄白色短条斑，以后病斑增大合并，病叶一半或大半变成黄白色，但在其边缘部分仍呈现褪绿短条斑。病株矮化不明显，但一般分蘖减少。高秆品种发病后，心叶细长、柔软，并卷曲成纸捻状，弯曲下垂而成"假枯心"。矮秆品种发病后，新叶展开较正常。发病早的植株枯死，发病迟的在健叶或叶鞘上有褪色斑，但抽穗不良或畸形不实，形成"假白穗"。不同品种表现不一，糯稻、粳稻和高秆籼稻心叶黄白、柔软、卷曲下垂、成枯心状。矮秆籼稻不呈枯心状，出现黄绿相间条纹，分蘖减少，病株提早枯死。病株常枯孕穗或穗小畸形不实。拔节后发病，在剑叶下部出现黄绿色条纹，各类型稻均不枯心，但抽穗畸形，所以结实很少。

水稻苗期发病先在心叶基部出现褪绿黄白斑，后黄白斑向上扩展，形成黄绿相间与叶脉平行的条纹。而大麦和小麦苗期发病先在心叶基部出现褪绿黄白斑，以后整叶黄化或卷曲枯死，不分蘖或很少分蘖，多早期枯死。拔节后发病仅在上部叶片或心叶基部出现褪绿黄白斑，后扩展成不规则的条纹，一般能抽穗结实，也有形成枯孕穗或畸形穗。

（二）病害的病原

病原为水稻条纹叶枯病毒（rice stripe virus, RSV），属水稻条纹病毒组（柔丝病毒组）病毒。提纯病毒粒子为丝状，大小约为400nm×8nm，分散于细胞质、液泡和核内，或呈颗粒状、砂状等不定形集块，即内含体，似有许多丝状体纠缠而成团。稀释限点：带毒虫汁液为$10^4 \sim 10^5$，病叶汁液为$10^3 \sim 10^4$。钝化温度为50～55℃（5min）。体外保毒期：虫汁液4d（4℃）和病稻8～12个月（-12℃），提纯液1～2个月（-20℃）。

光学显微镜下，可观察到病表皮或叶肉细胞内有环状、"8"字形和杆状的内含体。在感染细胞内结晶状特异蛋白，分子质量约为21kDa，等电点为5.4。内含体常含很多颗粒，也有无颗粒和类似结晶的内含体。内含体可能为无结构的蛋白质，与衣壳蛋白无血清学关系。在症状严重的植物感染细胞内充满内含体，但在耐病或抗病品种的感染细胞内很少或没有。

在病植物细胞内，用电镜亦较难观察到病毒粒子，在细胞质内能观察到颗粒状集块有时被膜包住，该颗粒状集块可能由病毒集合而成。用荧光抗体染色，在感病小麦叶片的韧皮部和叶肉组织内检测到病毒粒子的抗原。30℃时，病毒粒子在韧皮部向下移动的速度为25~30cm/h，病毒在幼嫩组织内增殖。

该病毒与玉米条纹叶枯病病毒有血清学关系，与水稻矮缩病毒有较远的血清学关系。

二、掌握病害的发生发展规律

（一）病程与侵染循环

本病毒仅靠介体昆虫传染，其他途径不传病。介体昆虫主要为灰飞虱，一旦水稻条纹叶枯病病株获毒即终身带毒，并可经卵传毒。灰飞虱在已染病稻株上一般需吸食15min以上才能获毒，最短吸毒时间为10min。吸毒一天的许多虫带毒率有一定提高，达10%以上，若再延长时间，吸毒虫率几乎不增加。吸毒虫率和田间自然带毒虫率都是雌虫高于雄虫。灰飞虱获毒不能马上传毒，需要经过一段循回期才能传毒。在平均温度为28.7℃时，病毒在灰飞虱体内循回期为4~23d，平均温度19.6℃时，循回期一般为10~15d。通过循回期后，带毒灰飞虱可连续传毒30~40d，但也有间歇传毒现象。一般在循回期后1~2周内传毒能力最强，接近老龄时，传毒力明显下降。病毒在虫体内增殖，还可经卵传递。

水稻条纹叶枯病毒在水稻体内有一定的潜伏期，潜伏期长短与温度和水稻生育期密切相关。如果温度较高，水稻处于分蘗期之前，则潜伏期短。一般情况下，其潜伏期为13~17d。水稻条纹叶枯病一年内一般有3个发病高峰。第一个发病高峰出现在6月中旬至7月初，由一代灰飞虱成虫集中传毒所致。第二个发病高峰出现在7月中下旬，由二代灰飞虱若虫和成虫在田间传毒所致。第三个发病高峰出现在8月中下旬，由三代灰飞虱若虫、成虫传毒所致。

病毒侵染禾本科的水稻、小麦、大麦、燕麦、玉米、粟、黍、看麦娘、狗尾草等50多种植物。但除水稻外，其他寄主在侵染循环中作用不大。病毒在带毒灰飞虱体内越冬，成为主要初侵染源。在大麦、小麦田越冬的若虫，羽化后在原麦田繁殖，然后迁飞至早稻秧田或本田传毒为害并繁殖，早稻收获后，再迁飞至晚稻上为害，晚稻收获后，迁回冬麦上越冬。水稻在苗期到分蘗期易感病。叶龄长潜育期也较长，抗性逐渐增强。

（二）影响发病的条件

稻田耕作制度、灰飞虱发生量与带毒虫率、水稻品种及气候条件等决定病害是否流行和流行程度。

1. 稻田耕作制度　稻田耕作制度和作物布局是灰飞虱发生量和病害流行与否的决定因子。稻、麦两熟区发病重，大麦、双季稻区病害轻。我国几个条纹叶枯病的流行区都是小麦单季稻区。因小麦成熟期迟，第一代灰飞虱成虫绝大多数能迁飞至稻田，而大麦成熟收割早，在成虫羽化前因收割翻耕而被消灭。大麦田灰飞虱成虫迁出率约为0，而小麦田高达60%~82%。小麦田面积扩大，即虫源田面积增加，水稻发病率提高。通过改良品种布局，适度缩短这些地区水稻的生长期，在水稻收获后对农田进行晾晒、耕翻，可以恶化灰飞虱生存环境，有效压低灰飞虱种群数量，减轻或避免条纹叶枯病的危害。

2. 灰飞虱发生量与带毒虫率　　灰飞虱发生量和发病率没有显著相关性，但带毒虫率则与发病率有直接关系。灰飞虱的带毒虫率与虫量的乘积（即带毒虫量）与发病率极显著地相关。

3. 水稻品种　　水稻条纹叶枯病发生程度在不同水稻品种之间的差异较大，一般糯稻发病重于晚粳，晚粳重于中粳，籼稻发病最轻；籼稻中一般矮秆品种发病重于高秆品种，迟熟品种重于早熟品种。目前生产上对水稻条纹叶枯病比较抗病的水稻品种有'杂交籼稻'、'常优粳1号'、'扬粳9538'、'徐稻3号'等。比较感病的品种有'武育粳3号'、'武粳'等系列品种。

4. 气候条件　　早春气温对越冬代和第一代虫口的影响关系密切。若1～3月低温或冬春连续大雪，灰飞虱越冬死亡较多，且发生期延迟；若1～3月春季气温偏高，无特殊低温和连续大雪，则有利于灰飞虱越冬，越冬死亡率下降，加速了其发育和提早羽化，有利于病毒增殖和感染。4～5月气温偏高，降雨偏少，有利于第一代发育，虫口密度增加，发育提早，迁入稻田的成虫数增加，使迁入期提前，传毒期延长，因而发病趋重。

三、管理病害

（一）制订病害管理策略

防治此病的策略应坚持"预防为主，综合防治"的植保方针，采取"切断毒源，治虫防病"的防治策略，狠治灰飞虱，控制条纹叶枯病。

（二）采用病害管理措施

1. 调整稻田耕作制度和作物布局　　成片种植，防止灰飞虱在不同季节、不同熟期和早、晚季作物间迁移传病。忌种插花田，秧田不要与麦田相间。

2. 种植抗（耐）病品种　　因地制宜地选用'中国91'、'徐稻2号'、'宿辐2号'、'盐粳20'、'铁桂丰'等。

3. 调整播期　　移栽期避开灰飞虱迁飞期。收割麦子和早稻要背向秧田和大田稻苗，减少灰飞虱迁飞。加强管理促进分蘖。

4. 治虫防病　　结合小麦穗期蚜虫防治，开展灰飞虱防治，清除田边、地头、沟旁杂草，减少初始传毒媒介。开展药剂拌种：用48%毒死蜱长效缓释剂、20%毒·辛，按种子量的0.1%拌种，防效可达50%以上。重点抓好秧苗期灰飞虱防治：小麦、油菜收割期秧田普治灰飞虱，每亩选用48%毒死蜱长效缓释剂1500倍液，或20%毒·辛1000倍液，或2%天达阿维菌3000倍液，或锐劲特30～40ml，兑水30kg均匀喷雾，移栽前3～5d再补治1次。关键控制大田危害：在水稻返青分蘖期每亩用48%毒死蜱长效缓释剂1500倍液，或20%毒·辛1000倍液，或2%天达阿维菌素3000倍液，或锐劲特30～40ml，兑水45kg均匀喷雾，防治大田灰飞虱。水稻分蘖期大田病株率0.5%的田块，每亩用50g天达2116＋天达裕丰（菌毒速杀）30g，兑水30kg，均匀喷雾防病，1周后再补治1次，效果良好。

第九节　水稻干尖线虫病

水稻干尖线虫病又称为水稻白尖病、线虫枯死病。本病最初由各田（Kakuta）于1915年在日本九州发现，以后杜德（E.H.Todd）和安提金斯（J. G.Atkins）于1935年在美国也注意到。稻干尖线虫病分布很广，几乎遍及全世界各稻区，其危害程度各地不一。本病在1940年由日本先传入天津市郊，至20世纪50年代，查明分布在我国18个省（自治区、直辖市）的各稻区。此后紧随着温汤浸种防治技术的大力推广，水稻干尖线虫的发生危害基本得到控制。但近些年来，在某些稻区的发病又有回升趋势。

一、诊断病害

（一）病害的症状

水稻整个生育期都会受害，主要被害部位是叶片和穗部。苗期症状一般不明显，偶在4～5片真叶时，叶尖2～4cm处变灰白或淡褐色，以后干枯卷缩、扭曲，这种干尖常在移栽或遇风雨时脱落。分蘖期病株的心叶刚抽出尚未展开时，叶尖部即呈淡黄色或黄白色，随后变成淡褐色干尖。严重时，有些病株在茎节间还会出现褐色斑纹。

病株孕穗后干尖更严重，症状最明显。一般在剑叶或其下2～3叶尖端1～8cm处渐枯黄，半透明，扭曲干尖，变为灰白或淡褐色。病健部界限明显，形成一条不规则弯曲的深褐色界纹，但有些品种的病叶也不现此界纹，类似自然枯黄。成株期病叶的干尖不易折断脱落。受害严重的稻株，茎秆节间有些会出现暗色斑纹，最突出的是病株剑叶比健株剑叶显著变短、变窄，且枯死的干尖可达到叶片全长的2/3以上，甚至全叶枯死，因而严重影响抽穗和结实。病原线虫在幼穗形成进程中，线虫陆续集中于幼穗危害，因而颖壳扭歪不整，颖壳表面出现红褐色斑点，或整粒颖壳全面暗褐不实。一般病穗短小，秕粒增多，千粒重降低。湿度大有雾露存在时，干尖叶片展平呈半透明水渍状，随风飘动，露干后又复卷曲。有的病株不显症，但稻穗带有线虫，大多数植株能正常抽穗，但植株矮小，病穗较小，秕粒多，多不孕，穗直立。

（二）病害的病原

病原学名为 *Aphelenchoides besseyi* Christie，称为贝西滑刃线虫（水稻干尖线虫），隶属线形动物门垫刃线虫目滑刃线虫科滑刃线虫属。雌雄虫体都为细长蠕虫形，体长620～880μm，头尾钝尖、半透明。体表环纹细，侧区有4条侧线。雌虫比雄虫稍大。唇区扩张，缢缩明显，口针较细弱，约10μm，茎部球中等大小。中食道球长卵圆形，峡部细。食道腺覆盖肠，覆盖长为体宽的5～6倍。排泄孔距虫体前端58～83μm处。阴门位于虫体后部，阴门唇稍突起。卵巢1个，前伸，较短，常延伸到虫体中部稍前方。卵母细胞2～4行排列。受精囊长圆形，充满圆形精子。雄虫尾向腹部弯曲。交合刺强大，呈玫瑰刺状。尾末端有星状尾尖突。

水稻干尖线虫能耐寒冷，不耐高温，活动适温为20～25℃，在54℃高温下5min即致死。线虫在干燥的稻种谷内可存活3年左右。在土壤中不能营腐生生活。对汞和氰的抵抗力很强，在 0.2% 的升汞和氢氰酸溶液中浸种 8h 还不能杀死颖壳内侧的线虫，但其对硝酸银很敏感，在 0.05% 的溶液中浸种 3h 就可死亡。

水稻干尖线虫据记载可寄生于 30 多属的 40 余种高等植物中。在国内除危害水稻外，还能侵害粟、狗尾草、三棱草、草莓等。

二、掌握病害的发生发展规律

水稻干尖线虫以幼虫或成虫潜伏在谷壳内侧休眠越冬。线虫在干燥的谷粒内可存活 3 年左右，水稻感病种子是初侵染源。线虫不侵入到稻米粒内。当浸种催芽时，种子内的线虫开始活动，随种子播后游离于水中，遇到幼芽、幼苗，即从芽鞘缝隙侵入，附于生长点、叶芽及新生幼叶的细胞外部，以吻针刺吸组织汁液，营细胞外寄生。线虫侵入，被刺吸的幼叶伸展后，水稻叶尖形成特有的白化，即"干尖"症状。随后坏死，旗叶卷曲变形，包围花序。花序变小，谷粒减少。线虫在稻株内生长发育、交配繁殖，随着稻株的生长，渐渐向上部移动，数量也渐增。在孕穗以前，愈在稻株上部几节叶鞘内侧，虫数愈多。至孕穗时，大量线虫集中于幼穗颖壳内外，危害幼穗穗粒。

病谷内的线虫，大多集中在饱满的谷粒中，其比例为总带虫数的 83%～88%，秕粒中仅 12%～17%。谷粒中的线虫 65%～85% 潜伏在颖壳内侧，只有 15%～35% 附在米粒表面。雌虫在水稻整个生育期间，繁殖 1～2 代，但雌虫较雄虫多 5 倍，所以繁殖力很强。秧田期及大田初期，线虫可借助灌溉水，通过病叶、健叶接触传播，扩大危害。土壤很难传病。远距离传播主要靠稻种的调运，如将带虫谷壳作商品运输的包装填充物时，也有可能将线虫传到别的地区。

三、管理病害

（一）制订病害管理策略

建立无病留种田，病种子用温汤或药液浸种，均为有效的防治措施。

（二）采用病害管理措施

1. 选用无病种子　加强检疫，严格禁止从病区调运种子。该病仅在局部地区零星危害，实施检疫是防治该病的主要环节。为防止病区扩大，在调种时必须严格检疫。

2. 建立无病种子田　应有计划地建立无病种子田，繁殖无病良种，尽快缩小病区。

3. 温汤浸种　先将稻种预浸于冷水中 24h，然后放在 45～47℃ 温水中 5min 提温，再放入 52～54℃ 温水中浸 10min，取出立即冷却，晾干催芽，防效达 90%。或用 0.5% 盐酸溶液浸种 72h，浸种后用清水冲洗种子 5 次。

4. 药液浸种　40% 杀线酯（醋酸乙酯）乳油 500 倍液，浸种 50kg，浸泡 24h，再用清水冲洗。或用 15g 线菌清加水 8kg，浸 6kg 种子，浸种 60h，然后用清水冲洗再催芽。或用 80% 敌敌畏乳油 0.5kg 加水 500kg，浸种 48h，浸后冲洗催芽。用温汤或药剂浸种时，发芽势有降低的趋势，如直播易引致烂种或烂秧，故需催好芽。

5. 管好水田　不串灌、漫灌，减少线虫随水流近距离传播。

第十节 水稻其他病害

一、稻叶鞘腐败病

稻叶鞘腐败病是由泽田（1922）在中国台湾首先描述的，为水稻常见病害之一，我国以长江流域及其以南稻区发生较多。一般年份危害不重，但有的年份，早稻、杂交稻和杂交稻制种田的母本稻发生普遍，受害重，减产率可达 20% 以上。

（一）诊断病害

1. 病害的症状 本病因品种、侵入方式、菌株等不同，其症状可分成两个类型。

（1）叶鞘腐败型 多在孕穗期，剑叶叶鞘上产生暗褐色虎纹状病斑，逐渐扩大呈虎斑状大型斑纹，边缘暗褐色或黑褐色，中间色较淡，严重时病斑可蔓延到整个叶鞘。幼穗全部或部分腐烂，形成半枯穗或枯穗。抽不出穗而呈包穗，剥开穗苞，在颖壳及叶鞘内壁，有时在穗苞外部产生淡红色霉，即病原的菌丝体、分生孢子梗和分生孢子。

（2）紫鞘型 水稻抽穗后，在剑叶叶鞘上发生，初为密集的、针尖状的紫色小点，后渐扩大至叶鞘的大部分或全变紫褐色，叶鞘的外壁症状明显，严重时常引起剑叶提早 7～10d 枯死，不过叶片不枯死。在高湿下，病部常长出一层白粉状霉，即分生孢子和分生孢子梗。病菌也可侵染谷粒，造成褐斑，影响结实或降低千粒重。

2. 病害的病原 病原为 *Sarocladium oryzae* (Sawada) W. Gams. et Webster，称为稻帚枝霉，属半知菌类真菌。病部产生的分生孢子梗圆柱状，有 1～2 个分枝，每次分枝 3～4 根，在分枝顶端着生分生孢子。分生孢子单胞无色，圆柱形至椭圆形。病菌生长温度为 10～35℃，菌丝生长和产生孢子适温为 25～30℃，适宜 pH 为 3～9，其中 pH5.5 最适。光照对病菌的生长发育、产生孢子有抑制作用，黑暗时产孢多。

（二）掌握病害的发生发展规律

1. 病程与侵染循环 病菌在病草、病谷上越冬。病菌可在种子上存续到翌年的 8～9 月。病叶上都带病菌。室内保存的稻草，病菌存续力达 397d 以上；早春散落在场地的，存续 137d；浸泡在田水中的存续 38d。此外，从病株上采集的褐稻虱、蚜虫、螨，它们的体躯上都可测到病菌。一般种子带菌，病菌在种子发芽后，侵入生长点，随稻苗生长而生长，有系统侵染性质；病草上或虫体上带的菌可通过虫伤口、产卵的瘢痕或者水孔等自然孔口侵入。氮肥过多或缺乏，氮肥、磷肥、钾肥比例失调，穗期螟害重，均加重发病。

2. 影响发病的条件 品种不同，发病程度不同。紫鞘型一般以杂交稻、国际稻及多数的早稻发病较重，叶鞘腐败型以杂交稻制种田母本易感病。抽穗不齐整的中稻、晚稻品种发病也多，至于一般的晚稻发病则较轻。偏施氮肥，或后期脱肥引起早衰的都会加重发病。在砂质土壤中增施钾肥；或在制种田及时喷洒赤霉素，出穗齐整，能减轻危害。长期积水不搁田和荫蔽的田病情也重。病菌侵染剑叶的适宜温度为 24～25℃，还需要较高湿度。凡水稻始穗前 10d 中有 4 个以上雨日的，有利发病。

（三）管理病害

1. 制订病害管理策略　利用抗病品种；加强田间管理；药剂防治。

2. 采用病害管理措施

（1）种植抗病品种　选栽早熟、穗颈长、抗倒、抗耐避病品种，淘汰感病品种。

（2）控制传染源　及时处理带病稻草，铲除田边水沟边杂草，压低病害的传染源。

（3）合理用肥　加强健身栽培，提高植株抗病力，不偏施氮肥，注意分期施肥，预防后期脱肥、早衰。砂土田要适当增施钾肥。杂交稻制种田的母本要及时喷赤霉素，防包颈穗，促抽穗。

（4）做好排灌工作　积水田要开深沟，防止积水，一般田要浅水勤灌，适时搁田，使水稻生育健壮，提高抗病能力。

（5）药剂防治　具体防治方法可参见稻瘟病。

二、稻暂黄病毒病

本病又称为黄矮病。分布于越南、老挝和我国的华东、华北、西南和中南部分省市。该病常与普通矮缩病并发，造成严重损失。

（一）诊断病害

1. 病害的症状　黄、矮、枯是其主要特征。最初顶叶或其下一叶的叶尖褪色黄化。病叶呈明显黄绿相间的条纹，最后病叶黄化枯卷，以后病株新出叶片陆续呈现这种症状。病株株形松散，叶片平伸，分蘖停止，根系发育不良。苗期发病常很早就枯死，分蘖期发病的不能抽穗或结实不良，后期发病的往往只在剑叶上表现症状，抽穗较正常产量损失较小。

2. 病害的病原　病原为水稻暂黄病毒（rice transitory yellow Nucle-orhabdo virus，RTYV），属细胞核弹状病毒属。病毒粒体弹状，大小为（88～100）nm×（120～180）nm。钝化温度为55.5～57.5℃（10min）；体外存活期0～2℃时为11～12h，28～33℃时为36～48h。由黑尾叶蝉、大斑黑尾叶蝉和二点黑尾叶蝉传播，获毒介体可终生传毒，有间歇传毒现象。不能经卵传毒。除水稻外，目前尚未发现其他寄主。

（二）掌握病害的发生发展规律

1. 病程与侵染循环　初侵染源主要是获毒的越冬黑尾叶蝉3龄、4龄若虫。在早稻、中稻上繁殖的第二、三代获毒成虫，随着早稻、中稻的成熟和收割，大量迁向晚稻而成为晚稻发病的重要侵染源。黑尾叶蝉在晚稻田大量发生危害并传染，使此病不断扩展蔓延。到晚稻收割后，获毒若虫在绿肥（如紫云英等）田中的看麦娘上及在田边、沟边和春收作物田中取食越冬，其中以绿肥田中的虫口最多。

2. 影响发病的条件　由于该病的初侵染源和传毒介体都是黑尾叶蝉，所以任何影响黑尾叶蝉越冬和生长繁殖的因素也都影响病害的发生流行程度，其中以气候条件和耕作制度最为重要。品种方面，矮秆比高秆长势茂盛，叶色浓绿，植株柔嫩，易受叶蝉危害，发病重。

（三）管理病害

1. 制订病害管理策略　　应以抓住黑尾叶蝉迁飞高峰期和水稻主要感病期的治虫防病为中心，加强农业防治措施，如此可收到良好的防治效果。

2. 采用病害管理措施　　重点做好黑尾叶蝉的两个迁飞高峰期的防治。防治黑尾叶蝉常用药剂有马拉松、叶蝉散、乐果等。选种和选育抗（耐）病品种，如农革等；秧田尽量远离重病田，集中育苗管理、减少受病机会；生育期相同或相近的品种应连片种植，减少黑尾叶蝉往返迁移传病的机会，并有利于治虫防病工作的开展；在早期发现病情后，及时治虫，并加强肥水管理，促进健苗早发；早稻收割时，有计划地分片集中收割，从四周向中央收剖，然后进行药杀，减少黑尾叶蝉栖息藏匿场所。

三、水稻赤枯病

水稻赤枯病俗称"铁锈稻"、"坐棵"、"僵苗"、"泥头瘟"等，是一种生理性病害。早稻和晚稻上均可发生，以矮秆品种受害严重。病株常并发胡麻斑病而加重危害。水稻受害后，叶片枯死，生育期延迟，一般减产 10%～20%，严重时出现坐棵死苗，减产达 30% 以上。

（一）诊断病害

1. 病害的症状　　赤枯病在田间发病较均一，无发病中心。分蘖前期开始出现，分蘖盛期达到发病高峰，分蘖末期更明显。受害植株生长缓慢、矮小，分蘖少，老叶下垂黄化而心叶窄挺，茎秆纤弱。初期叶片略呈暗绿色或深绿色，随后基部老叶尖端先出现褐色小点或短条斑。病斑边缘不明显，渐变为大小不等的不规则形铁锈状斑点，以后斑点逐渐增多、扩大，叶片多由叶尖向基部逐渐变赤褐色枯死，由下叶向上叶蔓延，严重时仅少数新叶保持绿色，远望似火烧状。叶鞘发病和叶片相似，产生赤褐色至污褐色小斑点，以后枯死。病株根部老化、赤褐色，有的变黑腐烂，有刺鼻的臭味，白根极少。有时近地面处续生新根，形成双重根节。轻者虽可抽穗，但穗小多不实，产量锐减。

2. 病害的病因　　赤枯病是由多种因素综合造成的生理性病害，一般认为它是由缺钾、缺锌和土壤环境不良等引起。

（二）掌握病害的发生发展规律

钾是水稻生长发育不可缺少的营养元素之一。植株缺钾可因土壤本身缺钾或土温、气温偏低而不能充分吸收利用土壤中的低浓度钾而引起，也可因土中存在大量的还原性物质，如亚铁离子、硫离子、沼气等引起中毒而对钾的吸收受阻。土质黏重、低洼积水、长期深灌的稻田往往发病重。由于土壤缺氧，加上大量施用未腐熟的有机肥和绿肥、厩肥和堆肥等，容易产生大量有毒物质，降低土壤氧化还原电位，造成稻根的窒息和中毒，影响植株对氮、磷、硅等，特别是钾的吸收。另外，有效钾易流失的浅薄砂土田，漏水田和红、黄壤水田及有机肥用量低、氮素化肥用量偏高的稻田，赤枯病发生也重。水稻栽插后遇到长期低温阴雨天气，或山区冷浸田、深泥田，因土温低，根系发育不良，吸收钾等营养元素的能力降低，也易发生赤枯病。大量施用硫酸铵等含有硫酸根的化肥，在深水缺氧的情况下，硫酸根还原为有毒气体硫化氢，毒害稻根，均能加重赤枯病的发生和危害。此外，有毒的气体陆续从土壤中散发出来而产生气泡，使土层浮而不实，稻苗扎根困难，以后又随着浮泥沉实，稻苗愈陷愈深，根部的生理机能越发受到影响，加剧了中毒程度。

缺锌也是引致赤枯病的主要因子之一。锌的抗病性可能与其对根部生物膜的保护作用有关，缺锌时植株根际碳水化合物和游离氨基酸渗出增加，蛋白质合成减少。土壤中有效锌的含量越低发病越重。土壤酸碱度显著影响有效锌的含量。一般酸性土壤有效锌比较多，而石灰性土壤中的锌往往被固定，因为锌在土壤 pH 为 6.5 时即开始形成氢氧化锌沉淀而无效化，并且随着酸碱度的递增有效锌含量下降。此外，土壤透气性不好，产生有毒物质等，也可影响根对锌的吸收而导致缺锌。

缺锌与缺钾引致的赤枯病的主要区别：①缺锌时病叶先由中脉失绿黄化，随后出现红褐色斑点，最后变红褐色焦枯。这种病状由叶片基部渐向叶尖、由叶片中部渐向叶缘发展；而缺钾时症状正相反，是由叶尖向下，由叶缘向内侧发展。②缺锌老叶发脆，缺钾则不明显。③一般在土壤 pH 为 6.5 时缺锌容易出现，缺钾则不受此限制。

（三）管理病害

防治赤枯病的根本措施是改良土壤结构和根据土壤情况增施钾肥或锌肥。

1. 改良土壤结构　通过加深耕作层，砂田掺泥或泥田掺砂，改造砂土田、漏水田、黏土田和烂泥田，增施有机肥等措施，促进土壤团粒结构形成，或采取冬耕晒垡、水旱轮作等措施，提高土壤通透性，增加土壤中钾和锌的有效性。

2. 增施钾肥或锌肥　对缺钾的土壤，宜以基肥形式增施氯化钾、硫酸钾、钾钙镁磷肥或草木灰等，使分蘖期稻株体内的钾氮比值在 0.5 以上。但沙土田因钾离子易流失，宜分次追施。对缺锌的土壤，可用硫酸锌 $15\sim22.5kg/hm^2$ 作基肥，也可用 0.5% 硫酸锌液在移栽时蘸秧根。

3. 加强栽培管理　适当提早翻沤绿肥，酌施石灰，加速绿肥腐烂，并中和土壤酸度和消除有毒物质，施用腐熟的堆肥、厩肥等有机肥。水稻栽插后要浅水勤灌，气温高时尽可能做到日灌夜排，并结合中耕追施速效性肥料，促进稻株健壮早发。

4. 及早控制发病　对发病稻田，应尽快根据土壤情况和症状表现对病情作出确切诊断，以便采取相应的补救措施。

技能操作

水稻病害的识别与诊断

一、目的

通过本实验，认识水稻常见病害的症状特点及病原物形态特征，学会独立诊断稻瘟病、水稻白叶枯病、水稻纹枯病、水稻胡麻叶斑病、稻曲病等病害，掌握一些水稻病害的简易鉴别方法，为病害诊断、调查和防治奠定基础。

二、准备材料与用具

（一）材料

稻瘟病、水稻纹枯病、稻曲病、水稻胡麻叶斑病、水稻白叶枯病、水稻干尖线虫病、水稻细菌性条斑病、水稻条纹叶枯病等水稻标本、新鲜病组织材料、病原物玻片标本或培养物、挂图、多媒体教学课件等。

（二）用具

显微镜、接种环、载玻片、盖玻片、解剖针、解剖刀、酒精灯、滴瓶、培养皿、吸管、记载用具等。

三、识别与诊断水稻病害

（一）观察症状

用放大镜或直接观察水稻主要病害盒装症状标本及浸渍标本的病状及病征特点，并记录。

观察稻瘟病病害标本或取新鲜稻瘟病株，观察稻瘟病病部病斑呈何形状。病斑中心及病斑周围是什么颜色？病斑上有无霉层？观察急性型和慢性型病害症状有何不同。

观察水稻白叶枯病病害标本，观察病斑发生的部位，病斑的大小、性状和颜色，属于哪种类型的白叶枯病。

观察水稻纹枯病病害标本，取稻株观察稻株发病部位及病斑的形状、颜色；病部是否附有菌丝团和菌核。

观察稻曲病病害标本，取病穗观察病粒形状、大小、颜色。包在谷粒外的块状物和墨绿色粉末为何物？

观察水稻胡麻斑病病害标本，观察病害症状，注意病斑发生的部位，病斑的大小、形状、颜色等形态特点，与稻瘟病有何区别。

（二）鉴定病原

显微镜下观察病原切片标本、病原培养物或保湿病原物，记录比较不同病原物的形态特征。

镜检稻瘟病菌玻片标本，也可挑取保湿病原物或培养物制片观察，观察分生孢子梗着生、颜色和顶端曲折状特点，分生孢子的形状分隔等特征（图6-6）。

镜检水稻白叶枯病病原玻片标本，也可挑取保湿病原物或培养物制片观察，在显微镜下通过油镜观察病菌菌体形态特征（图6-7）。

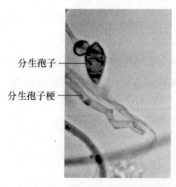
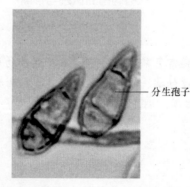
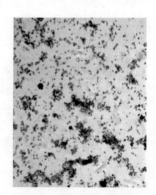

分生孢子

分生孢子梗

分生孢子

图6-6　稻瘟病菌　　　　　　　　　　　图6-7　水稻白叶枯病菌

　　镜检水稻纹枯病菌玻片标本，也可挑取保湿病原物或培养物制片观察，镜检病原菌菌丝体，观察病原菌菌丝体形态、颜色、分枝和分隔特点（图6-8）。

　　镜检稻曲病病原玻片标本，也可挑取保湿病原物或培养物制片观察，镜检病原玻片标本，注意观察子囊壳和子囊孢子的形状；也可取病粒表面墨绿色的粉状物制片镜检，观察厚垣孢子的颜色、形状、表面有无疣状突起（图6-9），再取病菌的菌核观察其形状、颜色和大小。

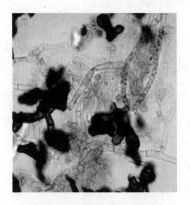 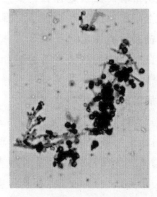

图6-8　水稻纹枯病菌菌丝　　　　图6-9　稻曲病菌的厚垣孢子

　　镜检水稻胡麻斑病病原玻片标本，也可挑取保湿病原物或培养物制片观察，观察水稻胡麻斑病病原菌形态特征（图6-10），重点观察分生孢子形状、颜色和脐点特征。

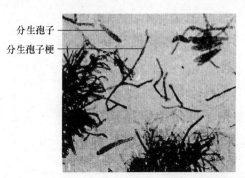 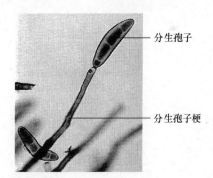

分生孢子

分生孢子梗

分生孢子

分生孢子梗

图6-10　水稻胡麻斑病菌（引自侯明生等，2014）

　　镜检水稻恶苗病病原玻片标本，也可挑取保湿病原物或培养物制片观察，刮取少量淡红色粉状物，制片镜检，观察病菌无性时期大、小孢子的形态，有无分隔，大型孢子基部有无足胞。

　　水稻其他病害：稻叶鞘腐败病和紫鞘病、稻暂黄病毒病、水稻赤枯病、水稻干尖线虫病、水稻细菌性条斑病、水稻条纹叶枯病等病害标本及病原物观察。

四、记录观察结果

　　1）绘制水稻主要病害病病菌形态图。

　　2）描述水稻主要病害症状特点。

课后思考题

1．稻瘟病的症状有哪些？

2．稻瘟病的病原菌是如何进行侵染循环的？

3．影响稻瘟病病害发病的环境条件有哪些？

4．水稻纹枯病的症状是什么？其病害管理措施有哪些？

5．影响水稻纹枯病的环境因素有哪些？

6．水稻苗期病害的症状及管理措施有哪些？

7．水稻白叶枯病的症状有哪些？如何进行病害管理？

8．简述稻曲病的症状及其侵染过程。

9．稻曲病的管理措施有哪些？

10．水稻胡麻斑病发生的环境条件有哪些？

11．水稻细菌性条斑病的症状及管理措施有哪些？

12．水稻条纹叶枯病的症状及其病害管理措施有哪些？

13．水稻干尖线虫病的症状及其病害管理措施有哪些？

第七章

麦类病害与管理

【教学目标】 掌握麦类作物常见病害的症状及病害的发生发展规律，能够识别各种常见病害并进行病害管理。

【技能目标】 掌握小麦常见病害的症状及病原的观察技术，准确诊断小麦主要病害。

麦类作物主要包括小麦、大麦、燕麦和黑麦。我国以小麦为主，播种面积和产量仅次于玉米和水稻，居第三位。由于小麦在我国分布很广，华北、西北、东北和长江流域均有种植，各地病害种类有所不同。病害是小麦生产最重要的限制因素之一。全世界记载的小麦病害已达 200 多种，我国常见的有 20 多种，如条锈病、纹枯病、白粉病和赤霉病等。

第一节　小麦条锈病

条锈病是世界范围的小麦病害，在西欧和北美太平洋沿岸麦区广泛发生。在我国是小麦三种锈病中发生最广、危害最重的病害，主要发生于西北、西南、黄淮海等冬麦区和西北春麦区，流行年份可造成巨大损失。1950 年、1964 年、1990 年和 2002 年发生的 4 次大流行，分别使我国小麦减产 60 亿 kg、36 亿 kg、25 亿 kg 和 14 亿 kg。小麦条锈病在流行年份可减产 20%～30%，严重田块甚至绝收。

一、诊断病害

（一）识别症状

条锈病主要危害叶片，也可危害叶鞘、茎秆及穗部。小麦受害后，叶片表面出现褪绿斑，以后产生黄色疱状夏孢子堆，后期产生黑色的疱状冬孢子堆。条锈病夏孢子堆小，长椭圆形，在成株上沿叶脉排列成行，呈虚线状，幼苗期则不排列成行。

小麦上三种锈病的症状有时容易混淆。田间诊断时，可根据"条锈成行叶锈乱，秆锈是个大红斑"加以区分。在幼苗叶片上夏孢子堆密集时，叶锈病与条锈病有时亦难以区分，但因条锈病有系统侵染，其孢子堆有多重轮生现象（图 7-1）。

（二）鉴定病原

条形柄锈菌（*Puccinia striiformis* West. f. sp. *tritici* Eriks.），属担子菌门柄锈菌属。

夏孢子堆长椭圆形，大小为（0.3～0.5）mm×（0.5～1）mm，裸露后呈粉状，橙黄色。夏孢子单胞、球形，表面有细刺，鲜黄色，大小为（32～40）μm×（22～29）μm，孢子壁无色，壁厚 1～2μm，内含物为黄色，具 6～16 个发芽孔，排列不规则。冬孢子堆多生于叶背，长期埋生于寄主表皮下，灰黑色。冬孢子双胞，棍棒形，顶部扁平或斜切；分隔处稍缢缩；大小为（36～68）μm×（12～20）μm，顶端壁厚 3～5μm；褐色，上浓下淡，柄短，有色。小麦条锈菌迄今尚未发现有性态，故锈孢子和性孢子不详。

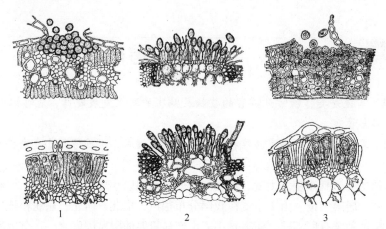

图 7-1 3 种小麦锈菌的夏孢子堆（上）和冬孢子堆（下）（引自董金皋，2010）
1. 小麦条锈菌；2. 小麦秆锈菌；3. 小麦叶锈菌

小麦条锈菌生长发育所要求的温度较低。菌丝生长和夏孢子形成的适温为10～15℃；夏孢子萌发的最低温度为2℃，最高温度为26℃，适宜温度为7～10℃；侵入适温为9～12℃。夏孢子萌发不需光照，但侵入后需光照。光照充足时，病菌在植物上能正常生长和发育；光照不足时，生长发育受抑制。夏孢子的萌发和入侵需饱和湿度或叶面具水滴（水膜）。条锈菌夏孢子不耐高温，在36℃下经2d即失去生活力。

小麦条锈菌主要寄生于小麦上，有些小种同时可侵染大麦和黑麦，另外还有多种禾草寄主，如山羊草属、鹅冠草属、冰草属、雀麦属、披碱草属、大麦属、黑麦属和小麦属等。迄今为止，尚未发现该菌的转主寄主。

条锈菌有明显的生理分化现象。通过鉴别寄主可以把条锈菌划分为不同的生理小种。由于各国生产上所用主栽品种不同，且不断更换，鉴别寄主也在不断充实和调整。我国从20世纪50年代起，先后鉴定出条中1～33号共33个小种和40多个致病类型。各个时期都出现了相应的优势小种。20世纪80年代中期，条中25号出现频率最高；1988年起，条中29号居于首位；1993～1995年新命名的条中30号和条中31号小种出现频率不断上升，至1996年，条中31号已跃居首位，此后，条中32号和条中33号相继成为优势致病类型。目前，条锈菌已进入以条中33号为代表的 Hybrid 46 和 v26 致病类型占优势的新时期。

二、掌握病害的发生发展规律

（一）病程与侵染循环

1. 侵染过程　可分为3个时期。

（1）侵入期　生活力良好的夏孢子随气流传到感病植株的侵染部位后，遇适宜的温度（7～10℃）和湿度（有水膜或100% 相对湿度），2～3h 即可萌发长出芽管。芽管沿叶表生长，遇气孔后，形成顶端略膨大的附着胞。附着胞下方长出侵入丝，在气孔下腔内形成泡囊，再长出侵染菌丝，在叶肉细胞间隙蔓延生长，以球形、囊状或分枝状吸器伸入寄主细胞内，夺取寄主的营养。电镜观察表明，在侵染菌丝形成吸器的过程中，始终未刺破寄主细胞质膜，仅使寄主细胞质膜在吸器侵入部位产生凹陷。田间影响侵入的决定性因素是湿度和水膜，因锈病盛发季节温度常处于适温范围，降雨和夜露便成为制约锈菌侵入的重要条件。侵入除受温度、湿度影响外，小麦气孔数目和开闭习性，以及叶表的理化性质，也是重要的制约因素，这是品种间抗侵入特性不同的主要原因。

（2）扩展期 锈菌侵入感病品种后，遇适宜条件，菌丝体经 4～5d 即可形成圆形或长圆形菌落，菌落经叶片整体透明染色即可镜检到。之后便在寄主表皮下集结形成夏孢子堆，夏孢子堆成熟后突破表皮散出夏孢子。条锈菌具有系统侵染特性，菌丝可在寄主组织内不断扩展蔓延，当侵入点形成首批孢子堆后，可由外缘菌丝继续向四周扩展，形成新的孢子堆。在幼苗叶上，孢子堆排列成轮状；在成株叶片中，由于受维管束限制，菌落只能沿叶脉之间上下蔓延，这样孢子堆就呈虚线状排列，这是条锈病症状的主要特点。一个侵染点在寄主状况和环境条件适宜时，其蔓延可上至叶尖，下到叶鞘。在扩展期间影响最大的环境因素是温度。适温下，潜育期最短；温度过高或过低，潜育期均延长。光照时间长、强度大，潜育期短、产孢量大；偏施氮肥可降低植株抗性，有利于锈菌的发育，潜育期也会缩短；增施磷肥可增强植株抗性，延长潜育期。在抗病品种组织内的扩展状况视品种抗病程度而定。在免疫或近免疫品种组织内，锈菌受到强烈抑制，完全不能发育。在高抗品种组织内，锈菌发育严重受抑。在中抗品种组织内，锈菌发育受到一定程度的限制。

（3）发病期 锈菌是严格寄生菌，致病特点是先不杀死寄主细胞，而是利用其代谢产物，最终导致其死亡。因此在感病品种上，首先在病部产生孢子堆，到发病后期，病组织才由绿变黄变枯；在免疫品种上，不出现任何肉眼可见症状；在近免疫品种上，仅形成微小枯斑；在抗病品种上，产生小而少的孢子堆，有的孢子堆不破裂，同时迅速形成枯黄斑，限制病斑发展。在发病期的显著特征是病菌持续大量产生夏孢子。在感病品种正常生长条件下，条锈菌每个孢子堆日产孢 1800 个左右，持续 8～10d，叶面日产孢量可达 25 000 个 /cm^2，这就是小麦锈病暴发流行的内在原因。

影响锈菌孢子堆形成和产孢的环境因素主要是温度、湿度、光照和营养条件。在适温、高湿、光照正常和偏施氮肥情况下有利于孢子产生，尤其以湿度最为重要，小麦条锈菌产孢期所需相对湿度为 50% 以上。随着相对湿度的增加，单位时间的产孢数呈指数增长。温度、光照和湿度也影响产孢速度和持续时间。由此可以看出，各发病阶段对环境条件的要求不同。侵入阶段的关键影响因素是湿度，潜育阶段主要是温度，发病阶段产孢和孢子形成的关键因素是湿度。了解各发病阶段的影响因素，对于控制病害具有重要意义。

2. 病害循环

（1）越夏 小麦条锈病是一种低温病害，不耐高温，因此越夏便成为条锈病菌侵染循环中的关键环节。据测定，旬平均气温低至 2℃ 时，侵入的菌丝体仍可缓慢扩展，旬平均气温超过 22℃ 时，侵染便完全停止，受侵叶片也不能正常发病。夏孢子在相对湿度为 40% 时，0℃ 下可存活 433d，5℃ 时可存活 179d，15℃ 可存活 47～89d，25℃ 只存活 10 余天，36℃ 时仅可存活 2d。在相对湿度 80% 以上时，其存活寿命变短。夏季最热一旬均温超过 22℃，条锈菌便不能越夏，这可作为条锈菌越夏的温度上限。条锈菌以连续侵染的方式在夏季冷凉山区和高原地区的晚熟小麦、自生麦苗和其他越夏寄主（如黑麦和禾本科杂草等）上越夏，并以前两种为主。我国东部平原麦收后高温高湿，气温远超过其越夏温度上限，且小麦收获至秋苗出土的时间间隔长达数月，夏孢子显然不能在此越夏。甘肃、青海、四川、云南等高寒地区，海拔高、气温低，条锈菌可在晚熟冬麦、春麦及自生麦苗上越夏。其中西北和川西北越夏区是东部广大麦区秋苗感病的主要菌源基地，陇南和陇东是引起我国小麦条锈病流行的关键地区。云南、新疆越夏菌源的作用主要仅限于该地区。华北地区的越夏菌源很少。

（2）秋苗发病　　越夏后的病菌，秋季随气流从越夏区逐步向冬麦区传播蔓延，侵染秋苗。距越夏区越近，播种越早，秋苗发病越重。陇东、陇南早播麦田9月上旬播种，9月底至10月初就出现病叶。因各年越夏区菌量不等，各年田间病叶率变动也较大。一般年份要先形成发病中心，最终才能导致全田发病；重病年份该地区发病田块一开始便出现多数单片病叶，不经发病中心阶段便可引致全田发病。距越夏区越远、播期越迟，秋苗发病就越轻。关中东部和黄河以北麦区多在10～11月才出现病叶，江淮麦区要到11月以后才出现病叶，而且概率极低。

（3）越冬　　冬季当气温降至1～2℃时，条锈病便停止发展。病菌以侵入叶组织的菌丝体休止越冬。只要受侵叶片未被冻死，病菌即可渡过寒冬。条锈菌越冬的临界温度为最冷月平均气温-7～-6℃，但麦田若有积雪覆盖，即使气温低于-10℃仍能安全越冬。以常年气候而言，我国条锈菌越冬的地理北限为：东起山东德州，经河北石家庄、山西介休，西至陕西黄陵一线。该线以北，越冬率很低，以南则每年均可越冬，且越冬率较高。在条锈菌越冬区北部如华北、关中等地区，秋苗发病程度与其越冬率有显著的相关性。单片病叶不能越冬，只有秋苗期形成的发病中心才能顺利越冬。华北平原南部及其以南各地，冬季温暖湿润，小麦仍呈缓慢生长状态，条锈菌可在冬季正常侵染，不存在越冬问题。在江淮、江汉和四川盆地等麦区，条锈菌可在冬季持续侵染蔓延，成为来年侵染北方麦田的菌源基地，这些地区也称为"冬繁区"。

（4）春季流行　　小麦条锈菌越冬之后，早春旬平均温度上升到2～3℃，旬最高气温上升到2～9℃时，越冬病叶中的菌丝体开始复苏产孢。此时若遇春雨和结露，越冬病叶产生的孢子就能侵染返青后的新生叶片，使症状向上部和周围叶片扩展，引起春季流行。因各越冬区生态条件和菌源不同，条锈病的春季流行也表现出不同的特点。春季流行程度取决于当地的雨湿条件。在华北北部地区一般3月下旬越冬病叶开始产孢，若春雨及时，整个春季可繁殖4～5代。在陕西关中，则2月上中旬越冬病叶开始显症产孢，春季可繁殖7～8代。条件适宜，条锈菌在整个春季流行中，有效繁殖倍数高达百万倍以上。条锈病在田间的发病过程与菌源的来源密切相关。以当地越冬菌源为主的地区，春季流行要经过单片病叶、发病中心、全田发病三个阶段。但在越冬菌量大、冬季温暖潮湿和条锈病能持续发展的条件下，可直接造成全田发病。春季流行可划分为几个连续的、具有不同流行特点的时期，即始发期、点片期、普发期和严重期。始发期是指由越冬病叶到新病叶出现的时期，这时温湿度条件刚进入病菌侵染所需的下限，病菌开始复苏并缓慢增殖，但病菌绝对增殖量不大，复苏时间早晚视各地的温度而定。点片期指新病叶出现到形成发病中心的时期，此时的温湿度条件和植株发育有利于病害发展，病叶发展速度呈百倍上升。条件不适或极度干旱时，增长速度减慢或停止，甚至死亡。普发期指由点片到全田普遍发病的时期，此时的特点是田间病叶率激增。严重期也称为暴发期，指普遍率达100%，严重度达25%以上的时期，此期主要特点是严重度急剧上升，其来临愈早，流行程度愈重，减产幅度愈大。在以外来菌源为主的地区，田间发病的特点是大面积突发，病情发展速度远远超过当地气候条件所确定的最大值。田间病叶分布均匀，发病部位多在旗叶和下一叶，找不到或很难找到基部病叶向上部和四周叶片蔓延的中心。一般锈病以本地菌源危害较大，若外来菌源来得早且数量大时，亦可引起严重危害。如华北地区发生的 3 次大流行就是如此。春季是小麦条锈病危害的主要时期。在大面积种植感病品种的前提下，在我国多数麦区，决定春季流行的关键因素是越冬菌量和春季降雨量。越冬菌量大，春季降雨量多，容易引起条锈病流行。

3. 流行区系　　小麦锈菌夏孢子能随气流远距离传播，使小麦锈病的流行范围涵盖不同自然生态地理区、不同国家甚至不同大陆。在相当大的地域内，锈病流行过程是一个不可分割的整体，故将其称为"大区流行"。锈菌在特定区域内越夏和越冬，菌源进行有规律的交流而辗转完成其周年循环。这些各有特点而又相互联系的地区，组成了病害流行的地区系统，称为"流行区系"。我国已初步确定小麦条锈病有三个流行区系。

（1）中东部流行区系　　这是我国小麦条锈病最大的流行区系。该区系在青藏高原东缘、四川盆地西北部和黄土高原西南部交汇处的广大地区形成一个大范围的越夏基地。条锈菌在该地越夏后，分几条路线向东北、东南部广大麦区传播，引致秋苗发病。其传播方式可逐级扩大传播，亦可远距离传播。该区系波及的流行范围东至海岸线，北迄内蒙古、辽南，南到湖北、安徽、河南和四川盆地，包括若干个流行区。其中关中、晋南、豫东南、汉中、川西盆地和甘肃泾渭流域等地为常发区，淮北、豫中平原、冀中南、晋中等地为易发区，冀中东、陇东中部高原等地为偶发区。

（2）云南流行区系　　条锈菌可在滇中、滇西、滇西北和滇西南高海拔地区越夏，其菌源作用仅限于在该地区危害。

（3）新疆流行区系　　本区小麦条锈病主要在伊犁、阿克苏、喀什等地流行危害，组成一个与内地隔离的独立区系。条锈菌可在本区越冬和越夏，春季前期气温回升快，后期气温偏低，均有利于条锈病流行。关键时期的雨量制约流行强度。

另外，在陇南、云南部分地区，条锈菌可越冬和越夏，构成周年循环。西藏也可以形成自身的流行区系。

条锈病的传播距离可达 1000km 以上，孢子对高空环境（如温度和射线）有较强的抗耐力。因此，只要有充足的菌量，适当的上升气流、水平风力、下沉气流或降雨等天气因素，沉降区种植有大面积感病品种和适宜发病的生态条件，病菌远距离传播就会成功。

（二）影响发病的条件

小麦条锈病的发生和流行主要取决于条锈菌生理小种的变化、品种抗锈性及环境条件等。

1. 条锈菌生理小种的变化　　条锈菌生理小种群体结构的重大变化是导致大批抗病品种抗锈性丧失和锈病流行的主要原因。20 世纪 50 年代，条中 1 号上升为优势小种，导致'碧蚂 1 号'小麦品种丧失抗锈性；20 世纪 60 年代，条中 8 号和条中 10 号使'碧玉麦'、'陕农系统'、'甘肃 96'、'西北 612'等品种丧失抗性；条中 13 号和条中 16 号小种导致'南大 2419'等丧失抗性；20 世纪 70 年代，条中 17 号、条中 18 号和条中 19 号上升为优势小种，导致早洋系统品种如'北京 8 号'、'济南 2 号'、'阿勃'及'阿勃'系统的品种丧失抗性；条中 21 号和条中 25 号成为优势小种，导致'丰产 3 号'、'泰山 1

号'和'尤皮2号'等一大批抗源丧失抗性。20世纪八九十年代，条中28号和条中29号成为优势小种，导致'洛夫林10'、'洛夫林13'及其他洛类品种丧失抗性。1991年以来，条中32号和条中33号逐年上升，使'水源'系统和'川麦'系统品种染病，可能将导致我国大范围内一批具有上述血统的品种丧失抗锈性。

小麦条锈菌产生新毒性小种的途径主要是基因突变和异核重组。锈菌群体中毒性小种组成数量变化主要受各小种本身适合度、品种筛选作用和环境条件等的制约。一个小种能否成为优势小种，首先取决于自身适合度的高低。适合度包括该小种在其相匹配的品种上侵染、繁殖和存活的能力，以及与其他小种的竞争能力等，适合度高者易成为优势小种。若新的毒性小种遇到与其毒性相匹配的品种大面积单一化种植，通过定向选择作用，就会发展成为优势小种。如20世纪50年代'碧蚂1号'大面积单一化种植，使条中1号成为当时的优势小种。在同一流行区系的越冬和越夏区单一种植同一抗病基因的品种，会促成新小种流行，尤其是在既能越冬又能越夏，且在小范围内可完成周年循环的地区，会使其成为新小种流行的发源地。此外，2010年后，我国陆续发现小麦条锈病菌的转主寄主小檗，说明有性生殖也是我国小麦条锈病菌产生新小种的重要途径。另外，气候因素也可影响小种数量的变化。可见适合度、品种筛选作用、有性生殖和环境条件对小种组成数量变化具有强大的调控作用。

条锈病的发生和流行与菌量密切相关。秋季，当广大冬麦区陆续播种出苗后，夏孢子借西北高空气流由西向东、向北传播，侵染小麦幼苗，并在当地越冬。在冬季温暖的地区，条锈菌可不断繁殖，为春季条锈病的流行提供了大量菌源。春季4月前后，大量的锈菌夏孢子可自南向北传播至黄淮海等广大麦区，造成侵染。

2. 品种抗锈性　　大面积种植感病品种或者大面积栽培的抗病品种丧失抗锈性，是锈病流行的基本条件。抗锈性是小麦与锈菌在长期协同演化过程中形成的复杂性状，它有多种类型，主要包括低反应型抗锈性、数量性状抗锈性和耐锈性等三大类型。其表现形式、强度和机制多样。

（1）低反应型抗锈性　　低反应型抗锈性的抗锈强度可由免疫到中度抗病，特点是在锈菌侵入后迅速发生过敏性坏死反应，侵染点及周围的寄主细胞迅速坏死，抑制病菌扩展，形成较低的反应型。它是由少数主效抗病基因控制的，对锈菌生理小种有高度的专化性，品种的抗病性是针对特定的生理小种，在流行学上的作用是减少初始菌量，推迟病害流行。这是小麦抗锈育种所利用的主要抗锈性类型。抗锈品种不易随环境改变而发生变异，但可因锈菌新小种出现而丧失抗病性。

（2）数量性状抗锈性　　数量性状抗锈性的抗病因素很复杂，品种间抗病性的差异表现为数量差异，包括侵染率、潜育期、孢子堆数目和孢子堆大小等，难以用定性的方法鉴别。此种抗病性也称为一般抗病性、部分抗病性等，由多数微效基因控制。在流行学上表现为流行速率降低，这种性状也称为慢锈性或迟锈性。数量性状抗病性的表现可因环境条件不同而有较大差异，一般不会因小种区系的变化而改变，是一种较持久的抗病性。

（3）耐锈性　　指某些品种发病程度与感病品种相当，但其产量损失显著低于感病品种的现象。耐锈品种可能具有较强的生理补偿作用，如根系发达、吸收能力强、光合效率高、灌浆速度快等，足以抵消因锈病造成的部分损失。在锈病流行时，耐锈品种具有明显的保产作用。

除以上三种类型的抗锈性以外，还有一些品种具有避病性，在发病盛期到来时已处于生育阶段晚期，损失相对较少。此种避病性不是真正的抗病性，在锈病发生比常年提早的大流行年份，也可遭受严重损失。

我国主要抗病品种和抗源材料具有 $Yr1$、$Yr2$、$Yr3$、$Yr6$、$Yr7$、$Yr9$、$Yr10$、SD、SU、A 等 10 个抗条锈主效基因。基因鉴定工作非常重要，因为不同名称的抗源材料可能带有同一抗病基因，而育成的不同品种就可能携带同一抗病基因。种植这些品种就可能加速对该抗病基因有毒性小种的发展并由此导致抗病性"丧失"。

3. 环境条件　影响条锈病发生和流行的环境条件主要是雨水和结露。夏秋多雨，有利于越夏菌源繁殖和秋苗发病；冬季多雪，有利于保护菌源越冬；3～5 月，尤其是 3～4 月雨水多、结露时间长，有利于病菌的侵染、发展和蔓延。在早春无雨情况下，病叶死亡快，不利于条锈病流行。

4. 栽培管理　如耕作、播期、密度、水肥管理和收获方式等对麦田小气候、植株抗病性和锈病发生也有很大的影响。冬灌有利于锈菌越冬；麦田管理不当，追施氮肥过多过晚，使麦株贪青晚熟，加重锈病发生；大水漫灌能提高小气候湿度，有利于锈菌侵染。

三、管理病害

（一）制订病害管理策略

小麦条锈病的防治策略应采取以种植抗病品种为主，栽培和药剂防治为辅，实施分区治理的综合防治措施。

（二）采用病害管理措施

1. 种植抗病品种　种植抗病品种是防治小麦条锈病最经济有效的措施，现在已有 50 多个抗条锈基因完成了染色体定位，还有一批抗条锈基因已经命名，但尚未定位。在控制小麦群体基因结构的过程中，要重视基因多样性这一抗锈关键因素，避免小麦抗锈品种抗源单一化，实施小麦不同抗锈基因品种的合理布局。另外，还可以培育和利用聚合品种（将多个抗病基因聚合在一个品种中）、多系品种（抗不同生理小种的多个品系的组合）或多抗品种（抗多个小种，或兼抗其他病害的品种）。

此外，要充分利用外源基因来丰富小麦的抗锈基因。例如，长穗偃麦草、簇毛麦和华山新麦草等与普通小麦的杂交后代，具有对条中 29 号、条中 30 号、条中 31 号等小种极高价值的抗锈基因，此类基因有较强的传递性能，可在小麦遗传背景下有效表达。将长穗偃麦草的抗锈基因导入普通小麦育成的著名品种'小偃 6 号'，在我国小麦生产中发挥了巨大作用。将中间偃麦草抗病基因导入普通小麦育成的'中 4'和'中 5'等品种，可抗我国迄今为止发现的所有条锈菌生理小种和致病类型，同时兼抗黄矮病，成为我国小麦条锈菌生理小种的鉴别寄主和重要抗源。

2. 实行抗锈基因合理布局　在小麦锈病的越夏区和越冬区分别种植不同抗源类型的小麦品种，可切断锈菌的周年循环，减少锈菌优势小种形成的机会，减缓小麦品种抗锈基因失效的速度；同一地区应实行抗源多样化。我国由于实施了小麦抗锈基因合理布局，有效遏制了锈病的发展。例如，在江汉平原、汉中盆地和四川盆地部署'绵阳'系统品种，甘肃天水地区部署'天选'和'清农'系统，关中部署'小偃'系统，陇东和渭北部署'水源'系统，河南发展'豫麦'系统，山东发展'鲁麦'系统，抗锈基因的这种部局基本上是不同流行区具不同抗源，对遏制条锈病的灾变势头发挥了重要作用。在品种的合理利用方面，实行多品种分区布局，另外，还要注意应用具有避病性（早熟）、慢病性、耐病性和高温抗病性等特点的品种。

3. 栽培防治　　适期播种，避免早播，减轻秋苗发病，减少秋季菌源。越夏区要消灭自生麦苗，减少越夏菌源的积累和传播；在土壤缺乏磷肥、钾肥的地区，应增施磷肥、钾肥，增强植株抗病性，减少锈病发生；合理灌溉，将病害的发生和产量损失减轻到最低程度。

4. 药剂防治　　在锈病暴发流行的情况下，药剂防治是大面积控制锈病流行的主要应急措施。药剂拌种是在小麦条锈病常发易变区控制菌量必不可少的重要手段。要推广种子包衣技术，其不但可以克服由于药剂拌种技术掌握不当影响出苗的问题，也可通过种子包衣兼治多种病虫害。20世纪70年代以前用于防治锈病的药剂主要有敌锈钠、敌锈酸、氟制剂、代森锌等。目前可用粉锈宁、速保利等三唑类杀菌剂拌种或成株期喷雾。粉锈宁可按麦种重量0.03%拌种，速保利可按种子量0.01%拌种，持效期可达50d以上。成株期田间病叶率达2%～4%时，应进行叶面喷雾，每公顷用粉锈宁75～135g，用速保利45～60g，一次施药即可控制成株期危害。

第二节　小麦叶锈病

叶锈病是禾谷类锈病中分布最广、发生最普遍的一种小麦病害，全世界小麦种植区，包括北美、欧洲、亚洲、澳洲、非洲等的许多国家都有发生。中国小麦叶锈病以西南和长江流域一带发生较重，华北和东北部分麦区也较重。华北冬麦区1969年、1973年、1975年和1979年叶锈病大流行，东北春麦区1971年、1973年、1975年和1980年中度流行，均造成相当大的经济损失。1990年由于气候条件适宜，叶锈病普遍严重发生。目前由于小麦抗叶锈品种较少，因此部分地区的叶锈病仍有加重的趋势和流行的可能。

一、诊断病害

（一）识别症状

主要危害小麦叶片，有时也危害叶鞘和茎。叶片受害，产生许多散乱的、不规则排列的圆形至长椭圆形的橘红色夏孢子堆，表皮破裂后，散出黄褐色夏孢子粉。夏孢子堆较秆锈菌小而比条锈病菌大，多发生在叶片正面。偶尔叶锈菌也可穿透叶片，在叶片正反两面同时形成夏孢子堆，但叶背面的孢子堆比正面的要小。后期在叶背面散生椭圆形黑色冬孢子堆。

（二）鉴定病原

小麦柄锈菌小麦专化型（*Puccinia triticina* Roberge ex Desmaz f. sp. *tritici* Erikss &

Henn.），属担子菌门柄锈菌属。

叶锈菌是全孢型转主寄生锈菌，在小麦上形成夏孢子和冬孢子，冬孢子萌发后产生担孢子。在国外，唐松草和小乌头是叶锈菌的转主寄主，叶锈菌在其上形成性孢子和锈孢子。在我国，叶锈菌的转主寄生现象和转主寄主均未得到证实。虽然唐松草在内蒙古及东北地区分布广泛，叶片上常可见大量锈孢子堆，小乌头在东北也有分布，但在自然条件下，这些寄主上的叶锈菌与小麦叶锈病的关系至今尚未查明。夏孢子单胞，球形或近球形，黄褐色，表面有微刺，大小为（18～29）μm×（17～22）μm，有6～8个散生的发芽孔。冬孢子双胞，棍棒状，上宽下窄，顶部平截或稍倾斜，暗褐色，大小为（39～57）μm×（15～18）μm。性孢子器橙黄色，球形或扁球形，直径为80～145μm，高80～130μm，埋生于转主寄主叶片的表皮下，有孔口。性孢子产生于性孢子器，椭圆形。锈孢子器生于性孢子器相对应的叶背病斑上，杯形或短圆筒状，直径为0.2～0.6mm，高0.5mm，内生锈孢子。锈孢子链生于锈子器内，球形或椭圆形，大小为（16～26）μm×（16～20）μm。锈孢子侵染小麦产生夏孢子，完成生活史循环。

小麦叶锈菌对温度的适应范围较广，既耐低温，又耐高温。夏孢子萌发温度为2～31℃，适宜温度为15～20℃，在有水膜时即可萌发。冬孢子、锈孢子的萌发适温分别为14～19℃和20～22℃。

该菌是专性寄生菌，一般只危害小麦，但在一定条件下也可侵染冰草属（*Agropyron*）和山羊草属（*Aegilops*）的一些种。据报道，除唐松草和小乌头外，牛舌草属（*Anchusa* L.）和兰蓟属（*Echium*）植物也是小麦叶锈菌的转主寄主。叶锈菌存在明显的生理分化现象。至1986年，我国利用8个通用鉴别寄主，共命名叶中系列小种44个，其中优势小种为叶中1号、叶中2号、叶中3号、叶中4号和叶中34号等。叶中4号等对'洛夫林10'有毒力的小种统称为"洛10小种类群"，它们近年来的发生频率很高，对中国抗叶锈品种的利用存在着严重威胁。

然而经测定，这8个通用鉴别寄主所携带的主效基因比较单一，多具有 *Lr1* 基因，鉴别力较差；有的品种为多基因组合，由于基因间的互作，专化反应难以区分。20世纪80年代末，我国引进和利用国际上已知抗病基因的小麦近等基因系（near-isogenic lines）或单基因系作为鉴别寄主来分析叶锈菌的毒性基因，进而筛选出具有不同毒性基因组合的成套标准菌系。利用这些品系，可直接鉴定和监测锈菌毒性基因及其变异，并对未知基因品种进行抗病基因的推导归类。

二、掌握病害的发生发展规律

（一）病程与侵染循环

1. 侵染过程　叶锈菌夏孢子萌发后长出芽管，沿叶表生长，遇到气孔后，芽管顶端膨大形成附着胞。附着胞下方长出侵入丝，在气孔下腔内形成泡囊，再长出侵染菌丝，在叶肉细胞间隙蔓延生长，以吸器伸入寄主细胞内，夺取寄主的营养。叶锈菌除典型的从气孔侵入外，还可以直接侵入寄主细胞。芽管在叶表面延伸，顶端稍膨大形成附着胞，直接侵入寄主组织。病菌侵入后形成夏孢子堆和夏孢子，进行再侵染。叶锈菌侵入叶组织后，经6d左右，可在叶面上产生夏孢子堆和夏孢子，进行重复侵染。在扩展期间影响最大的环境因子是温度。适温条件下，潜育期最短。温度过高或过低，潜育期均延长。潜育期在 5.5~8.6℃时为 22~30d，10℃为 19d，15℃为 11d，20℃为 8d，25℃为 5d。叶锈菌有时可在先前形成的夏孢子堆周围又生出几个小的次生孢子堆，所以叶锈菌在叶片组织内为局部定殖。在感病品种正常生长的条件下，叶锈菌每个孢子堆可日产 2000 个左右夏孢子，持续两周，可繁殖大量菌源。

2. 侵染循环　小麦叶锈菌以夏孢子世代完成侵染循环，其越夏和越冬的地区均较广。在我国大部分麦区，小麦收获后病菌转移到自生麦苗上越夏；个别地区（如四川）可在春小麦上越夏。冬麦秋播出土后，病菌又从自生麦苗上转移到秋苗上危害、越冬。病菌在晚播小麦的秋苗上侵入较迟，以菌丝体潜伏在叶组织内越冬。在冬季温暖、湿润的西南及长江中下游冬麦区，叶锈菌不仅可以越冬，而且在一定程度上还有所扩展，为翌年的流行提供大量菌源。在春麦区，由于病菌在当地不能越冬，病害发生系外来菌源所致。叶锈菌在华北、西北、西南、中南等地自生麦苗上都有发生，越夏后成为当地秋苗感病的主要病菌来源。冬小麦播种越早，秋苗发病也越早、越重。一般 9 月 5~20 日播种的发病较重，此后播种的发病较轻。冬季气温高、雪层覆盖厚、覆雪时间长、土壤湿度大，对病菌越冬有利，越冬菌源多。小麦叶锈菌越冬后，当早春旬平均气温上升到 5℃时，潜育病叶开始复苏显症，产生夏孢子，进行再侵染，但此时叶锈菌发展很慢。当旬平均温度稳定在 10℃以上时，才能较顺利地侵染新生叶片，普遍率明显上升，进入春季流行的盛发期。

（二）影响发病的条件

小麦叶锈病的发生和流行主要取决于叶锈菌生理小种群体结构、小麦品种的抗锈性及环境因素等。

1. 叶锈菌生理小种群体结构　20 世纪 70 年代，自我国叶锈菌生理小种叶中 4 号发现以来，出现频率逐年上升，1986 年跃居为优势小种，在我国广大麦区均有分布。其次是叶中 34 号、叶中 3 号、叶中 44 号、叶中 19 号、叶中 5 号和未定类型。其中叶中 4 号毒力最强，毒性谱最宽。1986 年以来，我国利用 Lr 单基因系作为鉴别寄主，发现现有菌株对 $Lr2c$、$Lr14a$、$Lr14b$、$Lr16$、$Lr21$ 等基因都表现为高感反应，毒力频率值都在 90% 以上，表明我国小麦叶锈菌的群体毒性很强。另外，群体毒性基因结构也存在着明显的空间格局。云南、贵州等地的叶锈菌株毒性最强，毒性基因谱最宽，它们与山东、河南、北京和苏北等地的叶锈菌至少存在 1 个毒性基因的差异，与四川的叶锈菌近乎存在 2 个毒性基因的差异。我国小麦叶锈菌群体与美洲的加拿大和墨西哥等国明显不同，二者至少存在有 4~5 个毒性基因的差异。叶锈菌毒性的复杂性还表现在小种的变异性上，同一小种的不同菌株，其毒性不完全相同。

叶锈菌毒性基因的产生和发展与特定的生态条件密切相关。云南、贵州等地叶锈菌群体的毒性强，明显高于其他地区，并且复杂毒性基因组合占优势地位，可能与该地区属叶锈病常发区，气候冬暖夏凉，雨露充沛，适于叶锈病的发生和流行有关。此外，小麦品种携带的抗锈基因数目及其分布对叶锈菌群体的毒性基因结构具有重要的筛选作用。有关叶锈菌的变异原因，迄今尚未见有该菌在转主寄主上通过有性重组发生致病性变异的报道。

叶锈病的发生和流行取决于越冬菌源的有无和数量。冬小麦播种越早，秋苗发病也越早、越重。冬季气温高，积雪时间长，土壤湿度大，对病菌越冬有利，越冬菌源就多。

2. 小麦品种的抗锈性　目前，国际上已正式命名了70多个抗叶锈病基因（Lr基因），包括$Lr2a$、$Lr2b$、$Lr2c$、$Lr3a$、$Lr3ka$、$Lr3bg$、$Lr14a$、$Lr14b$、$Lr14ab$、$Lr22a$、$Lr22b$等11个复等位基因。其中大多数都已通过非整倍体技术在染色体上进行了定位，并对各个基因的抗病性特点、显隐性及连锁遗传关系等进行了深入研究，许多重要基因已在小麦抗锈育种中得到广泛应用。在70多个抗叶锈基因中，$Lr12$、$Lr13$、$Lr22a$、$Lr22b$、$Lr34$等基因表现为成株抗病性，$Lr13$、$Lr34$及其基因组合具有明显的持久抗病特点，其余基因均表现为全生育期抗病性。我国现有菌株对$Lr2a$、$Lr9$、$Lrl5$、$Lrl9$、$Lr24$、$Lr28$和$Lr29$的毒力频率较低，一般不超过30%。这些基因在中国为有效抗性基因。其中除$Lr2a$和$Lr15$来自普通小麦外，大都来自小麦近缘属，目前在生产上尚未大量利用；$Lr2b$、$Lr3ka$、$Lr3bg$、$Lr25$和$Lr27$相对应的毒性基因频率在30%～60%，在抗锈育种上具有一定的利用价值。目前我国大面积种植的小麦品种和重要抗源大都不抗叶锈菌优势小种，急需大力挖掘叶锈抗源，以丰富小麦的抗叶锈基因，确保小麦生产的安全。随着现代生物学的发展，分子生物学技术和方法也逐渐在小麦抗叶锈病遗传研究中得到应用，开展抗病基因的分子标记工作，取得了明显的进展。上述研究结果应用在小麦抗病育种中，可对抗病基因进行快速、准确的追踪，加速抗病育种进程。

3. 环境因素　在存在感病品种和强毒性基因群体的前提下，影响叶锈病流行的主要因素是春季的雨量和温度回升的早晚。云南、贵州等叶锈病常发区冬暖夏凉，雨露充沛，适于叶锈病的发生和流行。在华北平原冬麦区，秋苗病情与翌年春季叶锈病的流行程度并无明显的相关性。如果秋苗发病重，翌年叶锈病发生程度不一定就重。其主要原因是叶锈菌经过冬季低温后大部分死亡，残存病菌数量很少。在冬季温暖、越冬率很高的地区，则秋苗病情与翌年春季流行程度呈现正相关。温度回升早晚和雨量多少是叶锈病本地菌源能否引起流行的决定性因素。温度回升早且有雨露配合，叶锈病就可能提早发展，发病较重。小麦生长中后期，湿度对病害的影响较大。小麦抽穗前后，如降雨次数多，病害就可能流行。同时，由于叶锈菌夏孢子可以不在水滴中而在相对湿度高于95%的条件下萌芽，因此，在即使雨水较少但田间小气候湿度较高的情况下，病害仍有可能流行。此外，除了本地菌源可引起病害流行外，如有大量外来菌源，病害也可能流行。

4. 栽培管理措施　如耕作、播期、密度、水肥管理和收获方式等对麦田小气候、植株抗性和锈病发生有很大的影响。冬灌有利于锈菌越冬；麦田管理不当，追施氮肥过多过晚，使麦株贪青晚熟，加重锈病发生；大水漫灌能提高小气候湿度，有利于锈菌侵染。

三、管理病害

（一）制订病害管理策略

采取以种植抗病品种为主，栽培防病和药剂防治为辅的综合防治措施。

（二）采用病害管理措施

1. 选育推广抗（耐）病良种　近年来，在黄淮海等冬麦区推广的抗病品种有'陕农 7859'、'冀 5418'、'鲁麦 1 号'、'徐州 21' 等。在品种选育和推广中应重视抗锈基因的多样化和品种的合理布局，防止品种单一种植。针对东北春麦区、华北冬麦区和江淮半冬麦区小麦主要生产品种、后备品种和亲本材料所携带的抗叶锈病基因状况及各区小麦叶锈菌的毒性基因组成特点，东北春麦区应减少含单个无效抗病性基因的品种（系）的种植面积，适当控制携带 *Lr3ka*、*Lr15*、*Lr17*、*Lr20* 和 *Lr30* 的品种（系）等，增加'沈免'系统和'小冰麦'系统的种植面积。华北冬麦区减少含单个 *Lr26* 基因的种植面积，增加含 *Lr14a*、*Lr14ab*、*Lr15* 抗病基因品种的种植面积。江淮半冬麦区适当减少具有 *Lrbg*、*Lr26*、*Lr26* 等含单个无效抗病基因的品种，适当增加携带 *Lr2b*、*Lr3ka* 和 *Lr30* 基因品种的种植面积。另外，要注意应用具有避病性（早熟）、慢病性、耐病性等的品种。

2. 加强栽培防病措施　精耕细耙，消灭杂草和自生麦苗，控制越夏菌源；在秋苗易发生叶锈病的地区，避免过早播种，可显著减轻秋苗发病，减少越冬菌源；合理密植和适量适时追肥，避免过多过迟施用氮肥。锈病发生时，南方多雨麦区要开沟排水；北方干旱麦区要及时灌水，可补充因锈菌破坏叶面而蒸腾掉的大量水分，减轻产量损失。

3. 药剂防治　用粉锈宁拌种，控制秋苗发病，减少越冬菌源数量，推迟春季叶锈病流行。春季防治，可在抽穗前后，田间普遍率达 5%～10% 时开始喷药（参照条锈病）。

第三节　小麦秆锈病

小麦秆锈病是世界范围的小麦病害，在种植小麦的国家和地区均有发生，主要分布于北美、澳洲及非洲等地。我国主要在华东沿海、长江流域和福建、广东、广西的冬麦区及东北、内蒙古、西北等春麦区发生流行，给小麦生产造成严重损失。1949～1966年的 17 年间，福建就有 6 次暴发，重者损失 40%～50%。1956 年江苏的流行，造成减产 50%～80%，个别田块甚至绝收。近 30 年来，由于越冬基地的综合治理，基本控制了该病的流行和危害。但在一些流行区，感病品种仍占相当大的面积，流行具有潜在的可能。

一、病害诊断

（一）识别症状

主要危害茎秆和叶鞘，也可危害叶片和穗部。夏孢子堆长椭圆形，在三种锈病中最大，隆起高，褐黄色，不规则散生。秆锈菌孢子堆穿透叶片的能力较强，导致同一侵染点叶正反面均出现孢子堆，且背面孢子堆比正面大。成熟后表皮大片开裂并向外翻起如唇状，散出锈褐色夏孢子粉。后期产生黑色冬孢子堆，破裂散出黑色冬孢子粉。

（二）鉴定病原

禾柄锈菌（*Puccinia graminis* Pers. var. *tritici* Eriks et Henn），属担子菌门柄锈菌属。

秆锈菌是全孢型转主寄生菌。在小麦上产生夏孢子和冬孢子，冬孢子萌发产生担孢子，担孢子侵染转主寄主小檗（*Berberis* spp.）和十大功劳（*Mahonia* spp.），在其叶片上产生性孢子器和锈孢子器，其中的锈孢子只侵染小麦，经发育后形成夏孢子堆并产生夏孢子。夏孢子堆椭圆形至狭长形，一般大小为3mm×10mm。夏孢子单胞，暗黄色，长圆形，大小为（21~42）μm×（13~24）μm，中部有4个发芽孔，表面有细刺。冬孢子有柄，双胞，椭圆形或长棒形，浓褐色，表面光滑，横隔处稍缢缩，大小为（35~64）μm×（13~24）μm，顶端壁厚5~11μm，圆形或略尖，有孢子柄，每个孢子有发芽孔10个。性孢子器小，烧瓶形，橙黄色，埋生在叶片表皮下，孔口外露，成熟后产生大量无色丝状的受精丝及椭圆形的性孢子。通过受精丝与性孢子的受精作用，在性孢子器相对应的叶背产生锈孢子器。锈孢子器初埋生于表皮下，后突破表皮呈杯状，成簇聚生。锈孢子球形至六角形，橘黄色，表面光滑，链生在锈孢子器内。

秆锈菌要求较高的温度，菌丝生长和夏孢子形成的适宜温度为20~25℃，最低温度为15℃。夏孢子萌发的最低温度为3℃，最高温度为31℃，适宜温度为18~22℃。冬孢子萌发和担孢子形成的最适温度均为20℃。在小檗上，锈孢子形成的适宜温度为20~32℃，而萌发适温为16~18℃。夏孢子的萌发和入侵需在叶表面具水滴（或水膜）或100%的大气湿度下进行。病菌只有在充足光照条件下才能在植物上正常生长和发育，否则其生长和发育就会受到抑制。

小麦秆锈菌在转主寄主小檗和十大功劳属植物上产生有性态，可以通过有性杂交发生变异。在美洲，小檗曾经是小麦秆锈病流行的重要菌源植物；但在我国，经过多年研究证实，秆锈菌仅以夏孢子世代完成周年循环，转主寄主在小麦秆锈病流行中的作用并不大。小麦秆锈菌除危害小麦外，还可侵染大麦、燕麦、黑麦和一些禾本科杂草，特别是野生大麦和山羊草。秆锈菌有明显的生理分化现象。我国采用复合鉴别寄主体系，包括国际鉴别寄主、辅助鉴别寄主及对小麦生产有一定代表性的抗锈品种的单基因系，已鉴定出我国有17、19、21、21C1、21C2、21C3、34、34C1、34C2、34C3、34C4、34C5、116、40、194和207等重要小麦秆锈小种和致病类型，其中21小种群为优势小种群，其次为34小种群，21C3为优势小种。小种34C2、116、40和34C4的毒力较强，但出现频率一直很低。我国对4个辅助鉴别寄主品种'Orofen'、'Rulofen'、'Minn2761'和'免字52'进行抗秆锈性基因的单体分析，表明这4个辅助鉴别寄主含有$Sr5$、$Sr6$、$Sr17$、$Sr30$和国际上尚未命名的$SrMz$、$SrMn$（暂定名）等6个抗病基因。这些基因对在我国流行的小麦秆锈菌具有明显的鉴别作用。$Sr5$是区分生理小种21类群和34类群的主要鉴别基因，$Sr6$、$Sr30$、$Sr17$、$SrMn$、$SrMz$对生理小种34类群有进一步的区分作用，$Sr17$和$SrMz$对生理小种21类群有进一步的区分作用。

二、掌握病害的发生发展规律

（一）病程与侵染循环

1. 侵染过程　小麦秆锈菌夏孢子随气流传播到感病植株上，在环境条件适宜时，夏孢子萌发产生芽管沿叶片生长，遇气孔后顶端膨大，形成明显的附着胞，后长出侵入丝，钻入气孔并形成泡囊，再长出侵染菌丝，在寄主叶肉细胞间隙蔓延，以吸器伸入寄主细胞内吸取营养。条件适宜，侵入的菌丝经过5~6d即可形成夏孢子堆。小麦秆锈菌有时可在先前形成的夏孢子堆周围又生出几个小的次生孢子堆，所以，秆锈菌在叶片组织内为局部定殖。夏孢子必须在有水滴或水膜时才能萌发。在适温条件下，夏孢子与水膜接触 3～4h 即可萌发侵入。夏孢子萌发需要黑暗，当光照达 1000lx 时就停止萌发；但在侵入末期，光照有利于夏孢子的侵入。冬孢子需经干湿、冻暖过程才能后熟发芽。南方由于冬季温度高，冬孢子不能充分后熟，一般不能发芽产生担孢子，因此冬孢子实际上不起作用。担孢子对湿度要求低，没有水膜也能萌发。影响病菌扩展的主要因素是温度。最适温度下，潜育期最短。不同温度下秆锈菌的潜育期：0℃为 85d，5～9℃为 22～24d，10～13℃为 13～21d，14～17℃为 11～12d，18～21℃为 7～8d，22～24℃为 5～6d。在感病品种正常生长条件下，秆锈菌每个孢子堆可日产夏孢子 5 万以上，持续 10 多天，可繁殖大量菌源。

2. 侵染循环　　由于我国现有的转主寄主在自然条件下都不起作用，所以秆锈菌只能以夏孢子世代在小麦上完成侵染循环。研究表明，我国小麦秆锈菌是以夏孢子世代在南方危害秋苗并越冬，在北方春麦区引起春夏流行，通过菌源的远距离传播，构成周年侵染循环。

秆锈菌夏孢子不耐寒冷，在我国北方广大麦区不能安全越冬。据考察，秆锈菌的越冬区域比较小，主要越冬区在福建、广东等东南沿海地区和西南局部地区，次要越冬区主要分布于长江中下游各省。这些地区冬季最冷月的月均温可达 10℃左右，小麦可持续生长，秆锈菌可持续不断侵染危害。在山东半岛和辽东半岛，虽然秋苗发病普遍，但受害叶片大多不能存活到翌年春季，因此病菌越冬率极低，仅可为当地局部麦田提供少量菌源，对全国范围的秆锈病流行作用很小。

翌年春季、夏季，越冬区菌源自南向北、向西逐步传播，经由长江流域、华北平原到东北、西北及内蒙古等地的春麦区，造成全国大范围的春、夏季流行。由于大多数地区没有或极少有本地菌源，春、夏季广大麦区秆锈病的流行几乎都是外来菌源所致，所以田间发病都是以大面积同时发病为特征，没有真正的发病中心。但在外来菌源数量较少、时期较短的情况下，在本地繁殖 1～2 代后，田间可能会出现一些"次生发病中心"。

我国小麦秆锈菌的越夏区域较广，在西北、西南、东北和华北冷凉地区晚熟冬春麦和自生麦苗上均可越夏并不断繁殖蔓延。至秋季，西部高原越夏秆锈菌夏孢子随高空气流由西向东传播至东南沿海的福建、广东等地，或由北往南向云南、贵州等越冬区传播，引起秋苗发病，并不断发展蔓延。由于气流主要是由西向东活动，因此，病菌由北往南的传播所起作用可能较小。云、贵、川西部高山区地形复杂，海拔高度相差悬殊，不同播期和收获期的麦田交错并存，秆锈菌在该地区既可越夏，又可越冬，完成周年循环，但它在全国流行中的作用尚需进一步研究。

（二）影响发病的条件

小麦秆锈病的发生和流行主要取决于锈菌生理小种的变化、小麦品种抗锈性和环境条件等。

1. 秆锈菌生理小种的变化　　秆锈菌新的毒性小种可以通过在转主寄主上的有性杂交、突变和异核重组等途径产生。在我国，秆锈菌的转主寄主不起作用，所以毒性小种的变化可能以后两种途径为主。毒性较弱的优势小种 21C3 自发现以来，长期稳定占据优势，而毒性很强的生理小种 40、116、34C2、34C4 出现频率一直很低；1989 年又发现新的小种 34C5，还发现了对秆锈菌抗性基因 *Sr11* 等有毒力的多个 21C3 致病类型，值得密切注意。小种混合接种试验表明，毒力较弱的小种 21C3 的相对生存能力明显高于毒力强的那些小种。因此，在田间，毒力强而相对生存能力较弱的小种就难以发展起来，从而稳定了中国小麦秆锈菌种群。

2. 小麦品种的抗锈性　　大面积种植感病品种或者大面积栽培的抗病品种丧失了抗锈性，是锈病流行的基本条件。抗秆锈病品种大多低反应型抗性，表现为过敏性坏死反应。迄今已发现了 60 多个小麦抗秆锈基因，已把 40 多个抗病基因定位在染色体上。绝大多数报道的抗秆锈基因都是小种专化性的，除来自小麦属各种之外，还来自小麦的近缘属。多数抗秆锈基因在全生育期表达，但少数为成株期抗病基因或苗期抗病基因。某些抗病基因是温敏基因，如 $Sr6$、$Sr15$、$Sr17$ 等。$Sr6$ 在低温下抗病，而在高温下变为感病。

我国小麦秆锈菌群体对 $Sr9e$、$Sr11$、$Sr22$、$Sr26$、$Sr29$、$Sr30$、$Sr31$、$Sr32$、$Sr33$、$Sr38$、$SrGt$ 和 $SrTmp$ 等 12 个基因的毒性频率较低（小于 30%），这些基因除 $Sr26$、$Sr31$、$Sr33$ 和 $Sr38$ 等分别来自长穗冰草、黑麦、方穗山羊草和偏凸山羊草外，大多来自普通小麦，说明小麦属内存在有大量有效抗病基因。来自小麦近缘属的抗病基因，如 $Sr24$、$Sr25$、$Sr26$、$Sr27$、$Sr31$、$Sr32$、$Sr33$ 等，对我国小麦秆锈菌也大都表现很好的抗性。另外，由黑麦染色体代换（或易位）来的 $Sr31$ 基因广泛存在于我国小麦生产品种中，可能对控制我国小麦秆锈病多年来不流行发挥了重要作用。从不同地区小麦品种中所携带的抗病基因来分析，黄淮冬麦区和北方冬麦区的多数品种具有抗病基因 $Sr5$ 和 $Sr31$，少数品种具有 $Sr11$、$Sr21$、$Sr29$ 等基因。东北春麦区的抗病品种主要含有 $Sr5$、$Sr6$、$Sr8a$、$Sr9b$、$Sr9e$、$Sr11$、$Sr21$、$Sr27$、$Sr30$、$Sr31$、$Sr34$、$Sr36$ 等基因。这说明，东北地区小麦品种的抗秆锈基因比其他地区更为丰富。

低反应型抗锈性在遗传上是由少数主效基因控制的。对个别抗病基因来说，可因出现具有相匹配毒性基因的小种而失效，但是若小麦品种具有多个抗病基因，能抗多数生理小种，其抗锈性就能维持长久。不同类型的抗病品种遏制锈病流行的机制不同。低反应型抗病品种主要是减低初始菌量；数量性状抗病性则降低流行速度，减慢菌量积累，从而推迟病害流行。另外，耐病品种、避病品种都有一定的防病保产作用。

3. 环境条件　　气候因素可以影响锈菌的存活、生长发育和繁殖，影响小麦品种的抗锈性，还可以影响锈病的侵染过程和大区流行。20 世纪 30 年代，秆锈菌 56 号小种在北美流行，与当时气温高有利于该小种发展有很大关系。一般来说，小麦抽穗期的气温可满足秆锈菌夏孢子萌发和侵染的要求，决定病害是否流行的主要因素是湿度。对东北和内蒙古春麦区来说，如华北地区发病重，夏孢子数量大，而本地 5~6 月气温偏低，小麦发育迟缓，同时 6~7 月降雨日数较多，就有可能大流行。

4. 栽培管理措施　　播期、密度、水肥管理等对麦田小气候、植株抗病性及锈病的发生有很大的影响。北部麦区播种过晚，秆锈病发生重；麦田管理不善，追施氮肥过多过晚，则加重秆锈病发生。

三、管理病害

（一）制订病害管理策略

防治小麦秆锈病应以种植抗病品种为主，农业栽培措施和药剂防治相结合。

（二）采用病害管理措施

1. 种植抗病品种 30多年来，我国加强秆锈菌小种动态监测和抗源筛选，选育、引进、推广大量的抗秆锈良种，使东北、西北春麦区和江淮、山东沿海冬麦区、福建等地冬播春麦区的秆锈病得到有效控制，没有出现大流行。目前小麦品种（基因）布局有利于秆锈菌小种种群稳定，这些基因还将在生产中继续发挥其有效抗病作用。

在推广抗病良种时应注意品种（或抗性基因）的合理布局，尤其是在秆锈菌越夏、越冬区及东北常发区实行抗源合理布局，分别种植不同抗锈类型品种，以减少菌源，切断锈菌的周年循环，从而有效地控制秆锈病流行。另外，要注意应用具有避病性、数量性状抗病性及耐病性的品种。

2. 加强栽培管理 福建、广东等越冬区，适期晚播可减少初始菌源；在北部麦区适时早播，可提早小麦成熟，减轻后期危害。合理施肥，氮肥应早施，不要过迟过多；增施磷肥、钾肥促进小麦生长发育；合理密植可以改善麦田小气候，造成不利于病菌活动的生态条件，这些都可减轻病害的发生程度。发病严重时灌水可以补偿病株失水，从而减轻损失。

自生麦苗是秆锈菌的主要越夏寄主，可以结合田间管理，伏耕保墒除草，消灭自生麦苗，减少越夏菌源。

3. 药剂防治 在越夏越冬区采用0.03%粉锈宁拌种，可减少秋苗发病和越冬菌源数量；在小麦扬花灌浆期，病秆率达1%～5%时开始喷药；如病菌菌源量大，春季气温回升早，雨量适宜，则需提前到病秆率0.5%～1%时开始喷药。也可使用速保利等药剂。

第四节 小麦赤霉病

小麦赤霉病在全世界普遍发生，主要分布于潮湿和半潮湿区域，尤其气候湿润多雨的温带地区受害严重。在我国，该病过去主要发生于小麦穗期湿润多雨的长江流域和沿海麦区，20世纪70年代以后逐渐向北方麦区蔓延。1985年，小麦赤霉病在河南大流行，发病面积达150多万公顷，减产8.85亿kg。小麦赤霉病不仅影响小麦产量，而且降低小麦品质，使蛋白质和面筋含量减少，出粉率降低，加工性能受到明显影响。同时感病麦粒内含有多种毒素如脱氧雪腐镰刀菌烯醇（deoxynivalenol）和玉米赤霉烯酮（zearalenon）等，可引起人、畜中毒，发生呕吐、腹痛、头昏等现象。严重感染此病的小麦不能食用。

一、诊断病害

（一）识别症状

赤霉病在小麦各生育期均能发生。苗期形成苗枯，成株期形成茎基腐烂和穗枯，以穗枯危害最重。常是1～2个小穗被害，有时很多小穗或整穗受害。被害小穗最初在基部变水渍状，后渐失绿褪色而呈褐色病斑，然后颖壳的合缝处生出一层明显的粉红色霉层（分生孢子）。一个小穗发病后，不但可以向上、下蔓延，危害相邻的小穗，并可伸入穗轴内部，使穗轴变褐坏死，使上部没有发病的小穗因得不到水分而变黄枯死。后期病部出现紫黑色粗糙颗粒（子囊壳）。籽粒发病后皱缩干瘪，变为苍白色或紫红色，有时籽粒表面有粉红色霉层。种子带菌引起苗枯症状，使根鞘及芽鞘呈黄褐色水浸状腐烂，地上部叶色发黄，重者幼苗未出土即死亡。茎基腐则主要发生于茎的基部，使其变褐腐烂，严重时整株枯死。

（二）鉴定病原

有性态为玉蜀黍赤霉 [*Gibberella zeae* (Schw.) Petch.]，属于子囊菌门球壳菌目赤霉属；无性态为禾谷镰刀菌（*Fusarium graminearum* Schw.）。此外，黄色镰刀菌（*F. culmorum*）和燕麦镰刀菌（*F. auenaceum*）等多种镰刀菌也可以引起赤霉病。

禾谷镰刀菌大型分生孢子（图 7-2）多为镰刀形，稍弯曲，顶端钝，基部有明显足胞。一般有 3~5 个隔膜，大小为（25~61）μm×（3~5）μm，单个孢子无色，聚集成堆时呈粉红色。一般不产生小型分生孢子和厚垣孢子。有性态产生子囊壳，散生或聚生于感病组织表面，卵圆形或圆锥形，深蓝至紫黑色，表面光滑，顶端有瘤状突起为孔口，大小为（100~250）μm×（150~300）μm。子囊无色，棍棒状，两端稍细，大小为（60~85）μm×（8~11）μm，内生 8 个子囊孢子，呈螺旋状排列。子囊孢子无色，弯纺缍形，多有 3 个隔膜，大小为（18~25）μm×（3~5）μm。

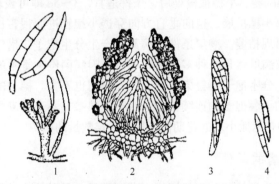

图 7-2　小麦赤霉病菌（引自董金皋，2010）

1. 分生孢子梗及分生孢子；2. 子囊壳；3. 子囊；4. 子囊孢子

禾谷镰刀菌对温度的适应范围很广，菌丝生长的适宜温度为 22~28℃；分生孢子产生的适宜温度为 24~28℃，分生孢子萌发的最适温度为 28℃，低于 4℃萌发缓慢，高于 37℃则不能萌发。子囊壳形成的适宜温度为 15~20℃，子囊和子囊孢子形成的适宜温度为 25~28℃；子囊孢子萌发的适宜温度为 25~30℃。基物湿润是子囊壳形成和发育的基本条件，在温度满足的前提下，田间表土湿度达 70%~80%，处于湿润状态的病残体能很快产生子囊壳和子囊孢子。子囊壳的形成需要一定的光照和通气条件，而子囊孢子形成则不受光照的影响。较高的相对湿度对于孢子萌发是十分重要的。分生孢子的萌发要求 96% 以上的相对湿度，子囊孢子释放则要求相对湿度达到 99% 以上，低于 95% 很少释放。水滴存在对病菌孢子的萌发和释放比较有利。

小麦赤霉菌有一定的生理分化现象，菌株间致病力有所不同，但不够稳定，不足以区分出明显的生理小种。除危害小麦外，禾谷镰刀菌尚可侵染大麦、燕麦、水稻、玉米等多种禾本科作物及鹅冠草等禾本科杂草，此外，还可侵染大豆、棉花、红薯等作物。

二、掌握病害的发生发展规律

（一）侵染循环

小麦赤霉病菌腐生能力强，在北方地区麦收后可继续在麦秸、玉米秆、豆秸、稻桩、稗草等植物残体上存活，并以子囊壳、菌丝体和分生孢子在各种寄主植物的残体上越冬。土壤和带病种子也是重要的越冬场所。病残体上的子囊壳和分生孢子及带病种子是下一个生长季节的主要初侵染源。种子带菌是造成苗枯的主要原因，而土壤中如有较多的病菌则有利于产生茎基腐症状。

小麦抽穗后至扬花末期最易受病菌侵染（此时正遇病残体上子囊孢子产生的高峰期），乳熟期以后，除非遇上特别适宜的阴雨天气，一般很少侵染。由于花药中含有对病菌生长具有刺激作用的胆碱（choline）和甜菜碱（betaine），而且残留于颖片表面的花粉粒和花药可以作为病菌孢子发芽后的营养基质，因此病菌主要通过凋萎的花药侵入小穗（少数可以从张开的颖缝处直接侵入）。子囊孢子借气流和风雨传播，孢子落在麦穗上萌发产生菌丝，先在颖壳外侧蔓延后经颖片缝隙进入小穗内并侵入花药。侵入小穗内的菌丝往往靠花药残骸或花粉粒作为营养并不断生长繁殖，进而侵害颖片两侧薄壁细胞以至胚和胚乳，引起小穗凋萎。小穗被侵染后，条件适宜，3~5d 即可表现症状。而后菌丝逐渐向水平方向的相邻小穗扩展，也向垂直方向穿透小穗轴进而侵害穗轴输导组织，导致侵染点以上的病穗出现枯萎。潮湿条件下病部可产生分生孢子，借气流和雨水传播，进行再侵染。小麦赤霉病虽然是一种多循环病害，但因病菌侵染寄主的方式和侵染时期比较严格，穗期靠产生分生孢子再侵染次数有限，作用也不大。穗枯的发生程度主要取决于花期的初侵染量和子囊孢子的连续侵染。对于成熟参差不齐的麦区，早熟品种的病穗有可能为中晚熟品种和迟播小麦的花期侵染提供一定数量的菌源。

（二）影响发病的条件

小麦赤霉病的发生和流行与气候因素、菌源数量、品种抗病性和生育时期、栽培条件等因素有密切关系。充足的菌源，适宜的气候条件，以及和小麦扬花期相吻合，就会造成赤霉病流行。

1. 气候因素　气候因素对小麦赤霉病的影响，在前期主要是影响基物上接种体的产生，后期则主要影响病原菌的侵入、扩展和发病。经各地多年统计分析发现，气温不是决定病害流行强度变化的主要因素，而小麦抽穗扬花期的降雨量、降雨日数和相对湿度才是病害流行的主导因素，其次是日照时数。小麦抽穗期以后降雨次数多，降雨量大，相对湿度高，日照时数少是造成穗腐烂的主要原因，尤其开花到乳熟期多雨、高温，穗腐严重。此外，穗期多雾、多露也可促进病害发生。

2. 菌源数量　越冬菌源量和孢子释放时间与田间病害发生程度的关系十分密切。地面菌源有一定的中心效应，菌源量大，病害加重，因此有充足菌源的重茬地块和距离菌源近的麦田发病严重。进行空中孢子捕捉结果表明，空中孢子出现早于地面发病10~20d。一般孢子出现期在小麦抽穗期以前，为穗期侵染提供了菌源条件。一般在病害大流行年份，空中孢子出现早，数量也相对多。另外，影响苗期发病的主要因素是种子带菌量，种子带菌量大，或种子不进行消毒处理，病苗和烂种率高。土壤带菌量则与茎基腐发生轻重有一定关系。在我国北方麦区，菌源量较多，一般不是流行的限制因素。

3. 品种抗病性和生育时期　据各地鉴定，小麦品种对赤霉病抗病性存在有一定差异，但尚未发现免疫和高抗品种，特别是目前生产上大面积推广的主栽品种对赤霉病抗病性均较差。我国育种工作者在抗小麦赤霉病育种方面作了大量工作，曾选育出'苏麦3号'、'扬麦4号'、'华麦6号'、'宁7840'、'万年2号'等抗病品种。从机制来看，抗病品种主要是抗扩展能力较强，发病后往往局限在受侵染小穗及其周围，扩展较慢，严重度较低；而感病品种则扩展较快，发病后常造成多个小穗或全穗枯死。从生育期来看，小麦整个穗期均可受害，但以开花期感病率最高，开花以前和落花以后则不易感染，说明病菌的侵入时期受到寄主生育期的严格限制。

4. 栽培条件　地势低洼，排水不良，或开花期灌水过多，造成田间湿度较大，有利于发病；麦田施氮肥较多，植株群体大，通风透光不良或造成贪青晚熟，也能加重病情。作物收获后不能及时翻地，或翻地质量差，田间遗留大量病残体和菌源，来年发病重。

此外，小麦成熟后因雨不能及时收割，赤霉病仍可继续发生；或收割后如遇多雨年份不能及时脱粒，病害可继续在垛内蔓延，以致造成霉垛；或收割时短期内大量籽粒进入晒场，常因雨不能及时晒干出场，籽粒在晒场内发热而引起霉堆。

三、管理病害

（一）制订病害管理策略

防治小麦赤霉病应采取以农业防治和减少初侵染源为基础，充分利用抗病品种，及时喷洒杀菌剂相结合的综合防治措施。

（二）采用病害管理措施

1. 选育和推广抗病品种　虽然国内外育种工作者对此作了大量工作，选育出了一批比较抗病的品种，如'苏麦3号'、'扬麦4号'、'华麦6号'、'宁7840'、'万年2号'等，并且在生产上也发挥了一定作用，但总的来说其抗病性和丰产性还不够理想。目前可利用一些中抗和耐病品种。东北地区，'新克旱9号'、'辽春4号'、'龙麦12'、'龙麦13'等品种发病较轻。

2. 加强农业防治，消灭或减少菌源数量　播种时要精选种子，减少种子带菌率。播种量不宜过大，以免造成植株群体过于密集和通风透光不良；要控制氮肥施用量，实行按需合理施肥，氮肥作追肥时也不能太晚；小麦扬花期应少灌水，更不能大水漫灌，多雨地区要注意排水降湿。采取必要措施消灭或减少初侵染菌源，小麦扬花前要尽可能处理完麦秸、玉米秸等植株残体；上茬作物收获后应及时翻耕灭茬，促使植株残体腐烂，减少田间菌源数量。小麦成熟后要及时收割，尽快脱粒晒干，减少霉垛和霉堆造成的损失。

3. 药剂防治　在当前品种普遍抗性较差的情况下，药剂防治仍是小麦赤霉病防治的关键和有效措施：①种子处理是防治芽腐和苗枯的有效措施。可用50%多菌灵，每100kg种子用药100~200g湿拌。②喷雾防治是防治穗腐的关键措施。各地应根据菌源情况和气候条件，适时作出病情预测预报，并及时进行喷药防治。防治穗腐的最适施药时期是小麦齐穗期至盛花期，施药应宁早勿晚。比较有效的药剂是多菌灵和甲基硫菌灵等内吸杀菌剂，每公顷用药 450～600g 兑水喷雾。

第五节　小麦白粉病

小麦白粉病是一种世界性病害，在各主要产麦国均有分布。在我国，1927 年首先发现于江苏，后逐渐在西南各省（自治区、直辖市）和部分沿海地区发生，20 世纪 70 年代以后，随着矮秆小麦品种的推广和水肥条件的改善，发病面积和范围不断扩大，并向北方麦区蔓延。目前全国已有 20 个省市发生白粉病，以西南各省和河南、山东、湖北、江苏、安徽等省发生较重，而且西北、东北麦区也有日益严重趋势。1981 年和 1989 年该病在我国大范围流行，被害麦田一般减产 10% 左右，严重地块损失高达 20%～30%，个别地块甚至达到 50% 以上。1990 年，河南省白粉病发病面积达 260 多万公顷，占麦播面积的一半左右，估计损失近 4 亿 kg 小麦。

一、诊断病害

（一）识别症状

小麦白粉病在苗期至成株期均可危害。该病主要危害叶片，严重时也可危害叶鞘、茎秆和穗部。病部初产生黄色小点，而后逐渐扩大为圆形或椭圆形的病斑，表面生一层白粉状霉层（分生孢子），霉层以后逐渐变为灰白色，最后变为浅褐色，其上生有许多黑色小点（闭囊壳）。一般叶片正面病斑比反面多，下部叶片多于上部叶片。病斑多时可愈合成片，并导致叶片发黄枯死。发病严重时植株矮小细弱，穗小粒少，千粒重明显下降，对产量影响很大。

（二）鉴定病原

有性态为禾本科布氏白粉菌 ［*Blumeria graminis*（DC.）Speer. f. sp. *tritici* Marchal］，异名为 *Erysiphe graminis* DC. f. sp. *tritici* Marchal，属子囊菌门布氏白粉菌属；无性态为串珠状粉孢菌（*Oidium monilioides*）。

病菌为表面寄生菌，菌丝生于寄主体表，无色，仅以吸器伸入寄主表皮细胞。菌丝上垂直生成分生孢子梗（图 7-3），基部膨大成球形，梗上生有成串的分生孢子，一般可

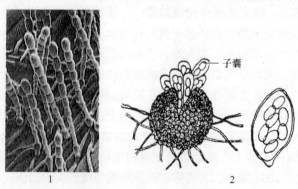

图 7-3　小麦白粉病菌（引自董金皋等，2010）
1. 分生孢子和分生孢子梗；2. 闭囊壳（左）及子囊（右）

有 6～7 个乃至 10 多个。分生孢子卵圆形，单胞，无色，大小为（25～30）μm×（8～10）μm。分生孢子寿命较短，其侵染力只能保持 3～4d。病斑霉层内的黑色小颗粒为病菌的闭囊壳。闭囊壳为球形，黑色，直径为 135～280μm，外有发育不全的丝状附属丝。闭囊壳内含有子囊 9～30 个。子囊为长椭圆形，内含子囊孢子 8 个或 4 个。子囊孢子椭圆形，单胞，无色，大小为（20～23）μm×（10～13）μm。

白粉病菌对湿度和温度的适应范围很广，在相对湿度 0～100% 时，分生孢子均可萌发，一般湿度越大，萌发率越高，但在水滴中反而萌发率下降。分生孢子在 0.5～30℃ 均可萌发，以 10～17℃ 适宜。直射阳光对分生孢子萌发有抑制作用，因此在植株郁闭、通风透光不良或阴天时发生较重。分生孢子不耐高温，夏季寿命很短，一般只有 4d 左右。在温度为 10～20℃ 时，子囊孢子形成、萌发和侵入都比较适宜。

病菌属于专性寄生菌，只能在活的寄主组织上生长发育。小麦白粉病菌主要危害小麦，有时可侵染黑麦和燕麦，但不侵染大麦。大麦白粉病菌（*Blumeria graminis* f. sp. *hordei*）也不侵染小麦。据报道，在温室人工接种条件下，小麦白粉病菌可侵染鹅冠草属（*Roegneria*）、披碱草属（*Elymus*）和冰草属（*Agropyrum*）的一些种。小麦白粉病菌内生理分化现象十分明显，国内选用 9 个鉴别寄主并采用 8 进制编码命名生理小种，已鉴定出生理小种 70 多个。

二、掌握病害的发生发展规律

（一）侵染循环

1. 病原菌的越夏和越冬　　小麦白粉病菌的越夏方式目前认为有两种：一种是以分生孢子在夏季气温较低的地区（最热一旬的平均气温不超过 24℃）的自生麦苗上或夏播小麦植株上越夏，也可在海拔较高的山区如贵州的贵阳地区、四川的雅安和川北的阿坝州、湖北的鄂西北及鄂西山区、河南的豫北和南阳山区、陕西关中秦岭北麓及渭北山区、甘肃天水地区等越夏，1981 年在河南豫北辉县山区自生麦苗上白粉病病株率高达 80%。而在广大的平原麦区，由于夏季气温较高，病原菌难以存活，加上大多数自生麦苗到麦播前已经死亡，因此小麦白粉病菌不能在这些地区越夏。小麦白粉病菌另一种越夏方式是以病残体上的闭囊壳在低温干燥的条件下越夏。河南、江苏等地闭囊壳混杂于小麦种子内非常普遍，而且存活率高，是当地秋苗发病的主要初侵染源。在新疆、内蒙古、宁夏、吉林、黑龙江等地存放的闭囊壳 10 月下旬仍具有活力，可能成为秋苗发病的初侵染源。但多数情况下，闭囊壳很难越夏。病菌越夏后侵染秋苗，导致秋苗发病。在冬季病菌以菌丝体潜伏在植株下部叶片或叶鞘内越冬。影响病菌越冬存活率高低的主要因素是冬季气温和湿度，如冬季温暖，雨雪较多或土壤湿度大，则有利于病菌的越冬。小麦白粉病菌可以在东北南部大连冬麦区，以菌丝垫形态在冬麦基部叶片和叶鞘上越冬，但越冬菌源量很小。东北地区春小麦白粉病初次侵染菌源主要来自胶东半岛冬麦区，孢子云从烟台传至沈阳只需 9.5h。

2. 传播和侵入　　病菌的分生孢子和子囊孢子借助于气流传播，而且病菌可借助高空气流进行远距离传播。东北春麦区的病菌主要来自胶东半岛冬麦区，当地小麦白粉菌的分生孢子随偏南气流传播到东北麦区，随降雨沉落到小麦叶片上，并侵染小麦而引起发病。病菌的孢子随气流传到感病品种的植株上后，遇到合适的条件即可萌发产生芽管，芽管的顶端膨大形成附着胞，附着胞上再产生侵入丝直接穿透寄主表面的角质层，侵入寄主表皮细胞，并在表皮细胞内产生吸器，吸取寄主营养。适宜条件下（10～20℃，较高的相对湿度），病原菌 1d 即可完成侵入过程。

3. 再侵染 病菌完成侵染并建立寄生关系后，菌丝即可在寄主组织表面不断蔓延生长，随后在菌丝中分化形成分生孢子梗并产生大量的分生孢子，分生孢子成熟后脱落，由气流向周围传播引起多次再侵染。白粉病潜育期很短，21～25℃时只有 3d，整个生育期中再侵染十分频繁。该病一般先在植株下部呈水平方向扩展，以后逐步向上部蔓延。发病早期，病田中有明显发病中心，由此向四周传播蔓延引起流行。河南春季一般拔节期开始发病，抽穗至灌浆期达到高峰，乳熟期停止发展，病情发展流行呈典型的 S 型曲线。

（二）影响发病的条件

此病的发生和流行取决于品种抗性、气候因素、栽培条件和菌源数量等。

1. 品种抗性 不同的小麦品种对白粉病菌的抗病性差异很大，表现为从免疫、高抗到高感等多种类型。根据抗病性表现，又可把小麦品种对白粉病菌的抗性分为低反应型抗病性、数量性状抗病性和耐病性等：①低反应型抗病性，又称为小种专化抗病性。由少数主效基因控制，在白粉病菌侵入时迅速发生过敏性坏死反应，表现为反应型级别低，如'白兔 3 号'、'肯贵阿 1 号'、'郑州 831'等。目前国外已经明确的抗白粉病基因有 20 多个（$Pm1$～$Pm17$、$Pm3b$、$Pm3c$、$Pm4b$、Mld、Mli、Mlk 和 M/pbl 四个尚未正式命名的抗病基因），我国引进的抗白粉病基因中，目前 $Pm2$、$Pm2x$、$Pm4$、$Pm2+6$ 抗病性表现较好，而 $Pm9$ 以后的抗病基因尚未引进。②数量性状抗病性，又称为非小种专化抗病性或慢病性。由多数微效基因控制，表现为侵染率低，潜育期长，孢子堆小，产孢量少，病情增长较慢等，如'望水白'、'阿勃'、'豫麦 2 号'、'豫麦 15 号'、'小偃 6号'等。③耐病性。由于植株根系发达，吸水能力强，光合作用效率高，灌浆速度快等，具有较强的补偿作用，在植株感病后产量损失较小。

2. 气候因素 气候因素对小麦白粉病的发生和流行影响十分明显，其中又以温度和湿度影响最大。温度对春季小麦白粉病的影响包括 3 个方面：一是始发期的早晚，二是潜育期的长短和病情发展速度的快慢，三是病害终止期的迟早。若冬季和早春气温偏高，始发期就较早。小麦白粉病在温度 0～25℃时均可发生，15～20℃为发病适宜温度，10℃以下发生缓慢，25℃以上病情发展受到抑制。病害潜育期 4～6℃时为 15～20d，8～11℃时为 8～13d，14～17℃时为 5～7d，19～25℃时仅为 4～5d。湿度和降雨对病害的影响比较复杂，一般来说，干旱少雨不利于病害发生，在一定范围内，随着相对湿度增加，病害会逐渐加重。虽空气湿度较高有利于病菌孢子的形成和侵入，但湿度过大、降雨过多则不利于分生孢子的形成和传播，对病害发展反而不利。

3. 栽培条件 栽培条件如施肥、灌水、播种量和植株群体密度等对小麦白粉病的发生也有重要影响。氮肥施用过多，灌水量大，往往导致田间通风透光不良，有利于病原菌的繁殖和侵染；同时植株生长过于茂密，贪青徒长，叶片幼嫩，而且易于倒伏，植株抗病性差，白粉病发生较重。因此，肥水条件好的高产地块易于发病。但是，若田间水肥不足，土壤干旱，植株生长衰弱，细胞缺水失去膨压，抗病性下降，也会引起病害严重发生。若适期适量播种，氮肥、磷肥、钾肥配合使用，进行合理灌溉，控制适宜的群体密度，则能够减轻病害的发生。

4. 菌源数量　　在陕西关中和甘肃天水等地，秋苗发病轻重与越夏地的菌源数量有密切关系。而春季白粉病的病情与病菌越冬存活率有一定关系。新疆地区，越冬病叶率对白粉病发生影响很大。在东北春小麦种植地区，病菌不能在当地越夏和越冬，白粉病发生的菌源来自于胶东半岛冬麦区，因此，胶东半岛春季小麦白粉病的发生程度及菌源数量对东北地区春小麦白粉病的发生影响很大。

三、管理病害

（一）制订病害管理策略

应采取以推广抗病品种为主，辅之以减少菌源、栽培防治和化学药剂防治的综合防治措施。

（二）采用病害管理措施

1. 选用抗病品种　　目前生产上推广的小麦品种多数是感病的，如遇到适宜条件，白粉病很容易造成流行。我国在小麦抗白粉病品种的引进、选育、筛选和鉴定方面作了大量工作。据不完全统计，各地共鉴定了近万份小麦材料，选育出了一大批抗病品种（系），其中抗病性表现较好的有'白兔3号'、'肯贵阿1号'、'苏肯1号'、'阿勃'、'小黑小'、'黔花4号'、'郑州831'、'花培28'、'豫麦17号'、'鲁麦14号'、'冀麦5418'、'宁7840'、'抗锈784'、'抗锈791'等。需要注意的是由于小麦白粉病菌是专性寄生菌，病菌变异速度快，经常导致品种抗病性丧失，如目前含有来自黑麦系统的 *Pm8* 基因抗性已被克服，致使抗病性退化。在抗白粉病育种时要不断开发利用新的抗源，特别是从小麦近缘属种材料中寻找抗源。除了利用低反应型抗病性外，还要充分利用小麦对白粉病的慢病性和耐病性，各地发现的对白粉病具有慢病性的品种有'望水白'、'豫麦2号'、'豫麦15号'、'小偃6号'等。

2. 减少初侵染源　　由于自生麦苗上的分生孢子是小麦秋苗的主要初侵染菌源，因此在小麦白粉病的越夏区，在麦播前要尽可能消灭自生麦苗，以减少菌源，降低秋苗发病率。在病原菌闭囊壳能够越夏的地区，麦播前要妥善处理带病麦秸。

3. 加强栽培管理　　主要措施：①适期适量播种，控制田间群体密度。在白粉病菌越夏区或秋苗发病重的地区可适当晚播以减少秋苗发病率，但过晚播种则会造成冬前苗弱，春季分蘖猛增，麦叶幼嫩，抵抗力差，发病程度较重。要根据品种特性和播种期控制播量，避免播量过高，造成田间群体密度过大，通风透光不良，相对湿度增加，植株生长弱，易倒伏，发病加重。②合理施肥。应根据土壤肥力状况，控制氮肥用量，增加磷肥、钾肥特别是磷肥施用量，可显著降低病情，要坚决避免偏施氮肥。③合理灌水，降低田间湿度。北方麦区应根据土壤墒情进行冬灌，减少春灌次数，降低发病高峰期的田间湿度。但发生干旱时也应及时灌水，促进植株生长，提高抗病能力。

4. 药剂防治　　在目前抗病品种相对缺乏的情况下，药剂防治仍是小麦白粉病防治的关键措施。药剂防治包括播种期拌种和春季喷药防治：①播种期拌种。在秋苗发病较重的地区，可采用三唑酮（粉锈宁）拌种进行防治，用药量为种子量的0.03%，用药量切忌过大，否则会影响出苗。三唑酮拌种能有效控制苗期白粉病和锈病的发生，而且残效期可达 60d 以上，还能兼防根部病害。也可用烯唑醇按种子量 0.02% 进行拌种，对防治小麦苗期白粉病、锈病和根病也有较好效果。②春季喷药防治。小麦白粉病流行性很强，在春季发病初期（病叶率达到 10% 或病情指数达到 1 以上）要及时进行喷药防治。常用药剂有 15% 三唑酮、20% 三唑酮、12.5% 烯唑醇等。一般喷洒一次即可基本控制白粉病危害。其他杀菌剂如 25% 敌力脱（氧环宁、丙环唑）、50% 硫磺、40% 多 - 硫、十三吗啉、庆丰霉素、70% 甲基硫菌灵、50% 退菌特等对小麦白粉病都有较好的防治效果，但这些药剂残效期较短，一般需要喷洒 2~3 次。

第六节　小麦纹枯病

小麦纹枯病是一种世界性病害，发生非常普遍。我国早有纹枯病的记载，20 世纪 70 年代前在我国小麦上属次要病害。80 年代以来，由于小麦品种更换、农业栽培制度的改变及肥水条件的改善，纹枯病在长江中下游和黄淮平原麦区逐年加重。小麦纹枯病对产量影响极大，一般使小麦减产 10%~20%，严重地块减产 50% 左右，个别地块甚至绝收。

一、诊断病害

（一）识别症状

小麦各生育期均可受害，造成烂芽、病苗死苗、花秆烂茎、倒伏、枯孕穗等多种症状：①烂芽。种子发芽后，芽鞘受侵染变褐，继而烂芽枯死，不能出苗。②病苗死苗。主要在小麦 3~4 叶期发生，在第一叶鞘上呈现中央灰白、边缘褐色的病斑，严重时因抽不出新叶而造成死苗。③花秆烂茎。返青拔节后，病斑最早出现在下部叶鞘上，产生中部灰白色、边缘浅褐色的云纹状病斑，多个病斑相连接，形成云纹状的花秆。条件适宜时，病斑向上扩展，并向内扩展到小麦的茎秆，在茎秆上出现近椭圆形的"眼斑"，病斑中部灰褐色，边缘深褐色，两端稍尖。田间湿度大时，病叶鞘内侧及茎秆上可见蛛丝状白色的菌丝体，以及由菌丝纠缠形成的黄褐色的菌核。小麦茎秆上的云纹状病斑及菌核是纹枯病诊断识别的典型症状。④倒伏。由于茎部腐烂，后期极易造成倒伏。⑤枯孕穗。发病严重的主茎和大分蘖常抽不出穗，形成"枯孕穗"，有的虽能够抽穗，但结实减少，籽粒秕瘦，形成"枯白穗"。枯白穗在小麦灌浆乳熟期最为明显，发病严重时田间出现成片的枯死。此时若田间湿度较大，病植株下部可见病菌产生的菌核，菌核近似油菜籽状，极易脱落到地面上。

（二）鉴定病原

禾谷丝核菌（*Rizoctonia cerealis* Vander Hoeven），属于半知菌类丝核菌属。有性态为担子菌门角担菌属（*Cenatobasidium*），自然情况下不常见。立枯丝核菌（*Rizoctonia solani*）也能侵染小麦引起纹枯病。

病菌以菌丝和菌核的形式存在，不产生任何类型的分生孢子。在 PDA 培养基上，丝核菌菌落初为白色，后颜色加重变褐色，菌丝体絮状至蛛丝状。初生菌丝无色较细，有复式隔膜，菌丝分枝呈锐角，分枝处大多缢缩变细，分枝附近常产生横隔膜。菌丝以后变褐色，分枝和隔膜增多，分枝与母枝之间几乎呈直角。部分菌丝膨大成念珠状，以后菌丝相互纠结，在平板上形成菌核。菌核初为白色，后变成不同程度的褐色，表面粗糙，不规则，大小如油菜籽，菌核之间有菌丝连接。禾谷丝核菌菌丝细胞双核，菌核较小，色泽较浅，菌丝生长速度慢，较细（直径 2.9～5.5μm）；立枯丝核菌菌丝细胞多核（3～25 个，多数 4～8 个核），菌核色泽较深，菌丝生长较快，较粗（5～12μm）。

菌丝生长的适温为 22～25℃，13℃以下、35℃以上生长受抑制。病菌生长 10～11h 开始形成菌核。菌核萌发无休眠期，适温下 4d 即可萌发。菌丝体在湿热条件下致死温度为 49℃（10min），菌核及病组织内的菌丝体致死温度为 50℃（10min）；干热条件下，菌丝体致死温度为 75℃（1h）。菌核抗干热能力强，80℃以下处理 3h 仍能萌发。病菌生长的 pH 为 4～9，以 pH6 最适宜。病菌对营养要求不严格，在水洋菜培养基上也能生长。病菌生长的最佳碳源为麦芽糖和蔗糖，最佳氮源为硝态氮和亚硝态氮。病菌生长对光线的要求是散射光或黑暗条件。

小麦纹枯病菌种下根据菌丝融合划分为不同的菌丝融合群（anastomosis group，AG）。我国小麦纹枯病菌的优势菌群是禾谷丝核菌的 CAG-1 群，约占 90%；立枯丝核菌 AG-5 群数量较少。

用小麦纹枯病菌优势菌群 CAG-1 及 AG-5 接种‘扬麦 6 号’，发现 CAG-1 除有较强的致病力外，且表现典型的纹枯病症状，AG-5 也有一定的致病力，但较 CAG-1 弱，同时病害扩展较慢。病菌同一融合群内不同的菌株致病力有时也不完全相同。小麦纹枯病菌除侵染小麦外，对大麦也表现强致病力；还能侵染玉米、水稻，但致病力不及对小麦强，对大豆和棉花不致病。关于小麦纹枯病菌的致病机制尚未深入研究。

二、掌握病害的发生发展规律

（一）侵染循环

1. 初侵染　　病菌以菌核和病残体中的菌丝体在田间越夏越冬，作为第二年的初侵染源，其中菌核的作用更为重要。试验表明，菌核在干燥条件下保存 6 年仍可以萌发。埋入田间持水量 55% 的土壤中，6 个月后 80% 仍具有活力，而且萌发势好。菌核萌发后长出的菌丝遇干燥条件而又找不到寄主，48h 后自行死亡。以后菌核若再遇到适于萌发的条件，还可以再度萌发长出菌丝且致病力不降低。菌核这种每次只有几个细胞萌发而保持多次萌发的特性是一种自我保护机制，可延长自身存活时间。病残体中菌丝的作用远不及菌核。虽然丝核菌是一种典型的土壤习居菌，但人工接种表明，用培养的病菌接种自然土壤后 2 周，大部分病残体中的病菌已失去活力，有少量处于存活状态，菌丝作为初侵染源，仍起一定作用。

2. 传播　　此病是典型的土传病害，带菌土壤可以传播病害，混有病残体和病土而未腐熟的有机肥也可以传病。此外，农事操作也可传播。

3. 侵染与发病　　土壤中的菌核和病残体长出的菌丝接触寄主后，形成附着胞或侵染垫产生侵入丝直接侵入寄主，或从根部伤口侵入。

冬麦区小麦纹枯病在田间的发生过程可分为以下 5 个时期。

（1）冬前发病期　　土壤中越夏后的病菌侵染麦苗，在3叶期前后始见病斑，整个冬前分蘖期内，病株率一般在10%以下，早播田块有些可达10%～20%。侵染以接触土壤的叶鞘为主，冬前这部分病株是后期形成白穗的主要来源。

（2）越冬静止期　　麦苗进入越冬阶段，病情停止发展，冬前发病株可以带菌越冬，并成为春季早期发病的重要侵染来源之一。

（3）病情回升期　　本期以病株率的增加为主要特点，时间一般在2月下旬至4月上旬。随着气温逐渐回升，病菌开始大量侵染麦株，病株率明显增加，激增期在分蘖末期至拔节期，此时病情严重度不高，多为1～2级。

（4）发病高峰期　　一般发生在4月上中旬至5月上旬。随着植株拔节与病菌的蔓延发展，病菌向上发展，严重度增加。发病高峰期在拔节后期至孕穗期。

（5）病情稳定期　　抽穗以后，茎秆变硬，气温也升高，阻止了病菌继续扩展。一般在5月上中旬，病斑高度与侵染茎数都基本稳定，病株上产生菌核而后落入土壤，重病株因失水枯死，田间出现枯孕穗和枯白穗。

4. 再侵染　　小麦纹枯病靠病部产生的菌丝向周围蔓延扩展引起再侵染。田间发病有两个侵染高峰，第一个是在冬前秋苗期；第二个则是在春季小麦的返表拔节期。

（二）影响发病的条件

影响小麦纹枯病发生流行的因素包括品种抗性、耕作与栽培措施、气候条件和土壤条件等。

1. 品种抗性　　20世纪60年代以前我国北方麦区小麦品种以当地的农家品种为主，品种遗传上存在异质性。20世纪70年代以来各地在品种推广上趋于单一化，大量推广矮秆品种。河南、山东、江苏等省对各地推广的品种进行抗纹枯病鉴定的结果表明，目前生产上推广的品种绝大多数为感病品种，只有极少数表现耐病或中抗，缺乏免疫和高抗品种。感病品种的大面积推广，是当前小麦纹枯病严重发生的原因之一。

2. 耕作与栽培措施　　20世纪60年代以前我国北方麦区一般是二年三作，随着生产集约化的发展和复种指数的提高，20世纪70年代后，北方麦区逐渐形成了有利于病害发展的小麦、玉米一年二作的栽培制度。小麦地连作年限长、土壤中菌核数量多，有利于菌源积累，发病重。另外，小麦早播气温较高，纹枯病发病重，适期迟播纹枯病发生轻。灌溉条件的改善，播种密度的增高，化肥特别是速效氮肥施用量的增加有利于纹枯病发生流行。20世纪70年代以来我国农业灌溉条件得到改善，水浇麦田面积增加，化肥施用量增加，播种密度也加大，一些地区氮肥施用量达到了270kg/亩，造成植株生长嫩绿，田间郁闭，相对湿度增加，纹枯病加重。高产田块纹枯病重于一般田块。

3. 气候条件　　不同发病阶段对气象因子的反应有显著差异。一般冬前高温多雨有利于发病，春季气温已基本满足纹枯病发生的要求，湿度成为发病的主导因子。3～5月上旬的雨量与发病程度密切相关。河南1997年、1998年和1999年连续三年纹枯病大流行就与当年春季多雨有关；而2000年冬春季干旱，直到4月上旬调查小麦纹枯病，仅在下部叶鞘危害，尚未扩展到茎秆，当年小麦纹枯病为轻发生年。

4. 土壤条件　　小麦纹枯病发生与土壤类型也有一定关系。砂壤土地区纹枯病重于黏土地区，黏土地区纹枯病重于盐碱土地区。中性偏酸性土壤发病较重。

三、管理病害

（一）制订病害管理策略

小麦纹枯病的发生与农田生态状况关系密切，在病害控制上提出以改善农田生态条件为基础，结合药剂防治的策略。

（二）采用病害管理措施

1. 种植抗（耐）病品种 目前生产上缺乏高抗纹枯病品种，重病地块选用耐病品种明显减轻病害造成的损失。研究表明，选用当地丰产性能好、耐性强或轻度感病品种，在同等条件下可降低病情20%～30%。山东在20世纪90年代初期大面积推广有一定抗性的小麦品种'鲁麦4号'，在生产中起到了一定效果。另外，各地也鉴定出了一批耐病品种如'豫麦13'、'河北农大215'、'临汾5064'、'温麦4号'、'豫麦14'等，均可考虑选种。

2. 加强栽培管理 高产田块应适当增施有机肥，有机底肥的施用量达到$37\,500kg/hm^2$左右，使土壤有机质含量在1%以上。平衡施用氮肥、磷肥、钾肥，避免大量施用氮肥，小麦返青期追肥不宜过重。重病地块适期晚播，控制播量，做到合理密植。田边地头设置排水沟以防止麦田积水，灌溉时忌大水漫灌。及时防除杂草，改善田间生态环境。

3. 药剂防治 合理施用化学药剂对小麦纹枯病能起到一定的控制作用。过去多使用甲基硫菌灵、多菌灵、井冈霉素等药剂，后来发现三唑类内吸性杀菌剂效果更好。如可用15%三唑酮（粉锈宁）可湿性粉剂或12%的三唑醇、12.5%的烯唑醇、2%立克锈等拌种，药剂用量一般为种子量的0.02%～0.03%。5.5%浸种灵Ⅱ号EC，每100kg种子用药1g湿拌；或23%宝穗水乳剂，每100kg种子用药20g湿拌，对小麦纹枯病的防治有很好的防治效果。2.5%适乐时悬浮种衣剂对小麦纹枯病菌室内平板毒力及田间防效试验效果均较高。由于春季是病害的发生高峰期，仅靠种子处理很难控制春季病害流行，在小麦返青拔节期应根据病情发展及时进行喷雾防治。喷雾可使用23%宝穗水乳剂、15%三唑酮、12.5%的烯唑醇等，还可兼治小麦白粉病和锈病。

4. 生物防治 目前，人们正在积极探讨一些生物方法防治小麦纹枯病。麦丰宁B_3在江苏等地试验效果达70%左右。从小麦植株上分离筛选出Rb_2、Rb_{26}等芽孢杆菌，室内抑菌测定及苗期盆栽试验中对小麦纹枯病有一定的作用。利用丝核菌弱致病株系也有一定的控制效果。

第七节 小麦叶枯病

小麦叶枯病是引起小麦叶斑和叶枯类病害的总称，世界上报道的叶枯病的病原菌达20多种，我国目前以雪霉叶枯病、根腐叶枯病、链格孢叶枯病（叶疫病）、壳针孢类叶枯病等在各产麦区危害较大，这些病害已成为我国小麦生产上的重要病害，多雨年份和潮湿地区发生尤其严重。小麦感染叶枯病后，常造成叶片早枯，影响籽粒灌浆，造成穗粒数减少，千粒重下降，有些叶枯病的病原菌还可引起籽粒的黑胚病，降低小麦商品粮等级。

一、诊断病害

（一）识别症状

几种叶枯病都以危害小麦叶片为主，在叶片上产生各种类型的病斑，严重时造成叶片干枯死亡。其主要区别如表 7-1 所示。

表 7-1　小麦几种叶枯病发生时期、危害部位和症状特点比较

病害种类	雪霉叶枯病	根腐叶枯病	链格孢叶枯病	壳针孢类叶枯病
发生时期	幼苗期~灌浆期	苗期~收获期	小麦生长中后期	小麦生长中后期
危害部位和症状类型	危害幼芽、叶片、叶鞘和穗部，造成芽腐、叶枯、鞘腐和穗腐等症状，以叶枯为主	危害叶片、根部、茎基部、穗部和籽粒，造成苗腐、叶枯、根腐、穗腐和黑胚	主要危害叶片和穗部，造成叶枯和黑胚症状	主要危害叶片和穗部，造成叶枯和穗腐
叶片病斑特点	病斑初为水浸状，后扩大为近圆形或椭圆形大斑，直径 1~4cm，边缘灰绿色，中央污褐色，多有数层不明显轮纹。叶片上病斑较大或较多时即可造成叶枯	早期在叶片上形成褐色近圆形或椭圆形较小病斑。成株期形成典型的淡褐色梭形叶斑，周围常有黄色晕圈。病斑相互愈合形成大斑，使叶片干枯	初期在叶片上形成较小的黄色褪绿斑，后扩展为中央呈灰褐色、边缘黄褐色长圆形病斑。病斑在适宜条件下可愈合形成不规则大斑，造成叶枯	初形成淡褐色卵圆形小斑，扩大后形成浅褐色近圆形或长条形，也可互相联结成不规则形较大病斑。一般下部叶片先发病，逐渐向上发展，重病叶常早枯
病征	病斑表面常形成砖红色霉层，潮湿时病斑边缘有白色菌丝薄层，有时产生黑色小粒点（子囊壳）	潮湿时病斑上可产生黑色霉层	潮湿时病斑上可产生灰黑色霉层	病斑上密生小黑点，为病菌的分生孢子器

（二）鉴定病原

1. 雪霉叶枯病菌　　有性态为 *Monographella nivalis*（Schaffn.）Mull.。子囊壳埋生，球形或卵形，大小为（90~100）μm×（160~250）μm，顶端乳头状，有孔口，内有侧丝。子囊棍棒状或圆柱状，大小为（47~70）μm×（3.5~6.5）μm，内有 6~8 个子囊孢子。子囊孢子纺锤形至椭圆形，无色，1~3 个隔膜，大小为（10~18）μm×（3.5~4.5）μm。无性态为 *Microdochium nivale*（Fr.）Samuels & Hallett，异名为 *Gerlachia nivalis*（Ces. ex Sacc.）Gams and Mull. 和 *Fusarium nivale*（Fr.）Ces.。病菌分生孢子无色，镰刀形，两端尖细，无脚胞，多为 1 个或 3 个隔膜。1 个隔膜的分生孢子大小为（13.7~22.5）μm×（2.8~3.0）μm，3 个隔膜的分生孢子大小为（20~35）μm×（3.5~6.0）μm。分生孢子梗短而直，棍棒状，无隔，产孢细胞瓶状或倒梨形，有环痕。

2. 根腐叶枯病菌　　有性态为禾旋孢腔菌［*Cochliobolus sativus*（Ito et Kurib.）Drechsl.］，属子囊菌门格孢腔菌目旋孢腔菌属。无性态为 *Bipolaris sorokiniana*（Sacc.）Shoem.，属半知菌类离蠕孢属。病菌形态和生物学特性见小麦根腐病。

3. 链格孢叶枯病菌　　为小麦链格孢（*Alternaria triticina* Prasada & Prabhu），属半知菌类链格孢属。病部霉层为病原菌的分生孢子梗和分生孢子。分生孢子梗单生或丛生，直立，黄褐色，从气孔伸出，大小为（17~27）μm×（3~6）μm。分生孢子单生或 2~4 个串生，褐色，卵圆形或椭圆形，喙较短，大小为（15~89）μm×（7~30）μm，1~10

个横膈膜，0～5 个纵隔膜。

4. 壳针孢类叶枯病菌　　为小麦壳针孢（*Septoria tritici* Roberge & Deamaz.）和颖枯壳多孢［*Stagonospora nodorum*（Berk.）Castellani & Germano］，分别属于半知菌类壳针孢属和壳多孢属。二者引起的病害曾分别称为"小麦叶枯病"与"小麦颖枯病"。实际上，两者都能引起严重的叶枯和穗腐。病斑上黑色小点即为病原菌的分生孢子器。小麦壳针孢分生孢子器生于寄主表皮下，黑褐色，球形，端有孔口，孔口小，微突出，直径为 100～1500μm。大型分生孢子无色，细长，微弯曲，两端圆，有 3～5 个隔膜，大小为（39～85）μm×（1.5～3.3）μm，数量多；小型分生孢子单胞，微弯，细短，无色，大小为 5.9μm×（1～1.3）μm，数量少。颖枯壳多孢分生孢子器球形，黑褐色，直径为 160～210μm，顶端具孔口，分生孢子圆筒形或长椭圆形，无色，1～3 个隔膜，分隔处稍缢缩，大小为（15～32）μm×（2～4）μm。

二、掌握病害的发生发展规律

（一）侵染循环

几种叶枯病菌多以菌丝体潜伏于种子内或以孢子附着于种子表面，或以菌丝、分生孢子器、子囊壳在病残体中越夏或越冬。种子和田间病残体上的病菌为苗期的主要初侵染源。一般感病较重的种子，常常不能出土就腐烂而死。病轻者可出苗，但生长衰弱。病组织及残体所产生的分生孢子或子囊孢子借风雨传播，直接侵入或由伤口和气孔侵入寄主。若温度和湿度条件适宜，发病后不久病斑上便又产生分生孢子或子囊孢子，进行多次再侵染，致使叶片上产生大量病斑，干枯死亡。尽管多数叶枯病菌在整个生育期均可危害，但以抽穗后灌浆期发生较重，是主要危害时期。

（二）影响发病的条件

小麦叶枯病的发病程度与气候因素、栽培条件、菌源数量和品种抗性等因素有关。

1. 气候因素　　潮湿多雨和比较冷凉的气候条件有利于小麦雪霉叶枯病的发生。14～18℃适宜于菌丝生长、分生孢子和子囊孢子的产生，18～22℃则有利于病菌侵染和发病。4 月下旬至 5 月上旬降雨量对病害发展影响很大，如此期降雨量超过 70mm 发病严重，40mm 以下则发病较轻。苗期受冻，幼苗抗逆力弱，叶枯病往往发生较重。小麦开花期到乳熟期潮湿（RH＞80%）并配合有较高的温度（18～25℃）有利于各种叶枯病的发展和流行。

2. 栽培条件　　氮肥施用过多，冬麦播种偏早或播量偏大，造成植株群体过大，田间郁闭，发病重；东北地区报道春小麦过迟播种，幼苗根腐叶枯病也重。麦田灌水过多，或生长后期大水漫灌，或地势低洼排水不良，有利于病害发生。此外，麦田杂草多，倒伏严重，土地耕翻粗糙，病害均有加重趋势。

3. 菌源数量　　种子感病程度重，带菌率高，播种后幼苗感病率和病情指数也高。东北地区研究报道种子感病程度与根腐叶枯病病苗率和病情指数之间呈高度正相关。

4. 品种抗性　　国内外对小麦品种对各种叶枯病的抗性研究发现，没有免疫品种。虽品种间抗性存在一定差异，但目前生产上大面积推广的品种多数不抗病。矮秆品种雪霉叶枯病发生较重；软粒小麦一般高感链格孢叶枯病，而硬粒小麦则抗病性较强。据报道，成株期蚜虫危害重的小麦田，叶枯病发生也往往较重。

三、管理病害

（一）制订病害管理策略

小麦叶枯病的防治以农业防治和药剂防治为主，使用无病种子和较抗（耐）病品种。

（二）采用病害管理措施

1. 使用无病种子和种子消毒　由于多种叶枯病都可以种子带菌，使用健康无病种子，减少菌源量，可减轻病害发生。做好种子田的防治，降低种子带菌率；尽可能不去重病区调种。对带菌种子可用 2.5% 适乐时种衣剂 1：500（药：种）包衣，或 20% 克福种衣剂 1：50 包衣，或用种子重量 0.5% 的 50% 福美双，或用种子量 0.03% 的三唑酮拌种。

2. 农业防治　播前精细整地，并注意根据当地气候条件和品种特性，进行适期适量播种；施足基肥，氮磷钾配合使用，避免过量过晚施用氮肥，以控制田间群体密度，改善通风透光条件，促使小麦健壮生长。控制灌水，特别是小麦生长后期不能大水漫灌，雨后还要及时排水。麦收后要翻耕，加速病残体腐烂，以减少菌源。

3. 选用抗病和耐病品种　在东北地区发现'温州和尚'、'华东3号'、'九三'系列品系对小麦根腐叶枯病抗病性较好；在河南发现'冀5418'，叶枯病发生较轻。但总的来说，这方面的工作还远远不够，需大力加强抗耐品种的选育和推广工作。

4. 药剂防治　在发病初期应及时喷洒杀菌剂进行防治。防治雪霉叶枯病可使用 15% 三唑酮、12.5% 烯唑醇、50% 甲基硫菌灵和 50% 多菌灵；防治其他叶枯病可用 20% 敌力脱、75% 代森锰锌或 75% 百菌清等药剂。一般第一次喷药后根据病情发展，间隔 10～15d 再喷药一次。由于小麦叶枯病病原菌比较复杂，不同杀菌剂复配使用效果更好。

第八节　小麦全蚀病

小麦全蚀病是一种典型的根部病害，广泛分布于世界各地。1884 年英国最早记载，我国于 1931 年前后在浙江发现，以后在部分省（自治区、直辖市）零星发生。20 世纪 70 年代初小麦全蚀病在山东烟台严重发生，而今已扩展到西北、华北、华东等地，19 个省（自治区、直辖市）全蚀病是小麦上的毁灭性病害，引起植株成簇或大片枯死，降低有效穗数、穗粒数及千粒重，造成严重的产量损失。

一、诊断病害

（一）识别症状

小麦苗期和成株期均可发病，以近成熟时病株症状最为明显。幼苗期病原菌主要侵染种子根、地下茎，使之变黑腐烂，部分次生根也受害。病苗基部叶片黄化，心叶内卷，分蘖减少，生长衰弱，严重时死亡。病苗返青推迟，矮小稀疏，根部变黑加重。拔节后茎基部 1～2 节叶鞘内侧和茎秆表面在潮湿条件下形成肉眼可见的黑褐色菌丝层，称为"黑脚"，这是全蚀病区别于其他根腐病的典型症状。重病株地上部明显矮化，发病晚的植株矮化不明显。由于茎基部发病，植株早枯形成"白穗"。田间病株成簇或点片状分布，严重时全田植株枯死。在潮湿情况下，小麦近成熟时在病株基部叶鞘内侧生有黑色颗粒状突起，即病原菌的子囊壳。但在干旱条件下，病株基部"黑脚"症状不明显，也不产生子囊壳。

（二）鉴定病原

禾顶囊壳［*Gaeumannomyces gramims*（Sacc.）Arx et Olivier］，属子囊菌门顶囊壳属；异名为 *Ophiobolus graminis* Sacc.。自然条件下仅产生有性态，但在培养基中还发现属于根瓶霉属（*Phialophora*）的无性孢子。

病菌的匍匐菌丝粗壮，栗褐色，有隔。老化菌丝多呈锐角分枝，分枝处主枝与侧枝各形成一隔膜，呈现"∧"形。匍匐菌丝3～4根聚集在一起，在寄主根茎和叶鞘表面形成网纹，在根部多与根轴平行生长。分枝菌丝淡褐色，形成两类附着枝：一类裂瓣状，褐色，顶生于侧枝上；另一类简单，圆筒状，淡褐色，顶生或间生。附着枝端部产生侵入丝，侵入寄主。多数简单附着枝聚生，形成菌核状菌丝垫，直径20μm以上。子囊壳黑色，球形或梨形，顶部有一稍弯的颈。子囊无色，棍棒状，其大小为（70～100）μm×（10～15）μm（不包括子囊柄）。子囊内有8个平行排列的子囊孢子，子囊孢子无色，线状稍弯曲，大小为（60～90）μm×（3～5）μm，有3～8个模隔膜（图7-4）。

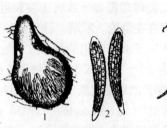

图7-4　小麦全蚀病菌（引自董金皋，2010）
1. 子囊壳；2. 子囊；3. 子囊孢子

在PDA培养基上，菌落初白色，后变灰色和黑色，气生菌丝灰色，短而密集。菌落边缘的菌丝有反卷现象，菌落中有疏密不等的菌丝束。病菌在培养中可产生无色单胞的瓶梗孢子，有两种类型：一类弯曲呈新月形，不能发芽；另一类卵形至圆柱形，直或稍弯，可以发芽。某些菌株在培养中还产生念珠状的细胞、厚垣孢子和微菌核。

病菌生长温度为3～33℃。子囊形成适温在20℃左右，14℃以下不利于子囊壳和子囊孢子产生。子囊孢子萌发的适宜温度为20～25℃。病菌侵染的适宜温度为12～18℃，土壤温度在6～8℃仍能侵染。病菌生长发育要求较高的空气和土壤相对湿度，相对湿度80%～90%为适宜条件，低于50%则生长减慢，也不易产生子囊壳。病菌对pH的适应范围较广，以pH5.5～8.5较适宜。子囊壳的形成需要光照，以室内散射光较好，光照过强不利于子囊壳产生。

Walker（1975）根据病菌附着枝的形态及病原菌的致病性将禾顶囊壳划分为3个变种，即小麦变种（*G. graminis* var. *tritici* Walker）、禾谷变种（*G. graminis* var. *graminis* Arx et Oliver）和燕麦变种［*G. graminis* var. *avenae*（E.M.Turner）Dennis］。在我国，小麦全蚀病菌主要为小麦变种，禾谷变种只在湖北标样上发现，尚未发现燕麦变种。在辽宁、山东先后发现全蚀病菌有玉米变种（*G.* var. *maydis* Yao Wang et Zhu.）。禾顶囊壳小麦变种具有简单的指状附着枝，禾谷变种则具有深裂状褐色附着枝，玉米变种具有球形或偏球形浅褐色附着枝。

病菌除危害小麦外，还能危害大麦、黑麦、玉米、谷子、燕麦等禾本科作物及禾本科杂草。3个变种的寄生范围有一定区别，小麦变种寄主范围较广，不侵染燕麦，能侵染高粱根但不造成发病；燕麦变种主要侵染燕麦属、小麦属和大麦属，对禾本科杂草的致病性较小麦变种和禾谷变种强；禾谷变种主要侵染稻属、狼尾草属及其他禾本科杂草，致病性较弱。

二、掌握病害的发生发展规律

（一）侵染循环

1. 初侵染　　病菌主要以菌丝体随病残体在土壤中越夏或越冬，成为翌年的初侵染源。存活于未熟腐有机肥中的病残体也可作为初侵染源。以寄生方式在自生麦苗、杂草或其他作物上的全蚀病菌也可以传染下一季作物。上述各类初侵染源中以病残体上的菌丝作用最大。子囊孢子落入土壤后，萌发和侵染受到抑制，虽能导致一定发病，但其作用远不如病残体中的菌丝重要。小麦全蚀病菌为土壤寄居菌，病原在土壤中存活年限因试验条件和方法不同其结果也不一致，1～5 年不等，一年轮作可使病害减轻。

2. 传播　　此病是一种土传病害，施用带有病残体的未腐熟的粪肥也可传播病害。田间浇水、翻耕犁耙等导致病菌在较近距离的扩散。关于种子传病及新病区发病的初传染源，一直存在争论。所谓"种子传病"，一般是指种子间混杂的病残体的传病作用。将病残体混入种子或将收集的种子夹杂物混入土壤能够引起发病。但生产用种子中混杂的病残体数量很少，以病区生产用种作传病试验并没成功。无病区禁止从病区调运种子。

3. 病害自然衰退现象　　小麦全蚀病是迄今为止明显产生自然衰退的病害。所谓"全蚀病自然衰退"（take-all decline，TAD）即指全蚀病田连作小麦或大麦，当病害发展到高峰后，在不采取任何防治措施情况下，病害自然减少的现象。国内外均发现了全蚀病的自然衰退现象。20 世纪 70 年代中后期，小麦全蚀病危害严重的山东烟台地区、武威地区均出现大面积的病害自然衰退。小麦全蚀病产生自然衰退的先决条件有两个：一是连作，二是危害达到高峰，二者缺一不可。病害达到高峰的标志是白穗率在 60% 以上，且病田出现明显矮化早死中心。经研究调查发现，小麦连作区全蚀病从田间零星发病到全田块严重危害一般经 3～4 年，若土壤肥力高则病害发展缓慢，一般需 6～7 年达到高峰。严重危害时间 1～3 年不等。此后病害趋于下降稳定。如果在病害高峰出现后中断感病寄主连作或进行土壤消毒，那么 TAD 就不会出现。关于全蚀病自然衰退的原因，有不同的假说。一般认为与土壤中的拮抗微生物有关，荧光假单胞菌（*Pseudomonas fluoresens*）是重要类群，自然界中假单胞杆菌存在于土壤有机质中或含营养丰富的根系表面，在根系损伤部位生长繁殖，其分泌的抗生素（吩嗪 -1- 羟酸）可抑制全蚀病菌。出现 TAD 的土壤有明显的抑菌作用，如果将抑菌土经热力或杀菌剂处理后，其抑菌作用消失，间接证明了病害衰退机制与生物因素有关。

（二）影响发病的条件

1. 耕作措施　　小麦—玉米—小麦连作有利于土壤中病原菌积累，病害逐年加重，合理耕作能减轻发病，但轮作不当则不一定减轻发病。实施免耕或少耕，降低土壤的通气性，能减轻发病。早播较适期迟播发病重。

2. 营养条件　　主要营养要素缺乏有利于全蚀病发生，但营养元素对全蚀病发生的影响较为复杂，一般认为土壤缺氮引起全蚀病严重发生，施用氮肥后全蚀病严重度降低。也有报道称施用铵态氮（NH_4-N）能减轻小麦发病，加重春大麦发病；施用硝态氮（NO_3-N）能增加全蚀病菌的侵染，降低产量。增施有机肥，提高土壤中有机质含量能明显减轻发病是非常明确的。土壤中严重缺磷或氮磷比例失调是全蚀病危害加重的重要原因之一。施用磷肥能促进植物根系发育，减轻发病，减少白穗，保产作用明显。钙等其他营养元素对病害也有一定的影响。

3. 土壤性质及温湿度　　砂土保肥水能力差，利于发病。黏重土壤，病害较轻。偏碱性土壤发病重于中性或偏酸土壤。冬麦区冬季温暖、晚秋早春多雨发病重。水浇地比旱地发病重。夏季高温多雨有利于田间病残体的腐熟，降低菌量，能减轻冬麦发病。

4. 品种抗性　　目前国内外均缺乏抗全蚀病的品种，小麦属和大麦属也缺乏可利用的抗源，仅在感病程度上有差异。

三、管理病害

（一）制订病害管理策略

小麦全蚀病的防治应以农业措施为基础，充分利用生物、化学的防治手段达到保护无病区，控制初发病区，治理老病区的目的。

（二）采用病害管理措施

1. 保护无病区　　无病区严禁从病区调运种子，不用病区麦秸作包装材料外运。从病区调进种子要严格检验，播前用 0.1% 甲基硫菌灵浸种 10min，杀死种子表面的病原菌。

2. 合理轮作　　重病区轮作倒茬可控制全蚀病危害，零星病区轮作可延缓病害扩展蔓延。轮作应因地制宜，坚持 1~2 年与非寄主作物轮作一次，如花生、烟草、番茄、甜菜、蓖麻、绿肥等。

3. 平衡施肥　　增施有机底肥，提高土壤有机质含量。无机肥施用应注意氮肥、磷肥、钾肥的配比，土壤速效磷达 0.06%、全氮含量 0.07%、有机质含量 1% 以上，全蚀病发展缓慢；速效磷含量低于 0.01% 发病重。

4. 生物防治　　对全蚀病衰退的麦田或即将衰退的麦田，要推行小麦两作或小麦玉米一年两熟制，以维持土壤拮抗菌的防病作用。荧光假单胞菌、木霉菌等对小麦全蚀病有一定防效。

5. 药剂防治　　用 12% 三唑醇可湿性粉剂按种子重量 0.02%~0.03% 拌种，防病效果均好。2.5% 适乐时种衣剂按 1∶1000 包衣处理，对小麦全蚀病有一定防效。

第九节　小麦根腐病

小麦根腐病分布很广，尤其是多雨年份和潮湿地区发生更重。小麦感染根腐病后，常造成叶片早枯，影响籽粒灌浆，降低千粒重。穗部感病后，可造成枯白穗，对产量和品质影响更大。种子带病率高，可降低发芽率，引起幼根腐烂，严重影响小麦的出苗和幼苗生长。

一、诊断病害

（一）识别症状

小麦各生育期均能发生。苗期形成苗枯，成株期形成茎基枯死、叶枯和穗枯。由于小麦受害时期、部位和症状的不同，因此有斑点病、黑胚病、青死病等名称。症状表现常因气候条件而不同，在干旱或半干旱地区，多产生根腐症状。在潮湿地区，除根腐症状外，还可发生叶斑、茎枯和穗颈枯死等症状。

幼苗：严重的病种子不能发芽，有的发芽后未及出土，芽鞘即变褐腐烂。轻者幼苗虽可出土，但茎基部、叶鞘及根部产生褐色病斑，幼苗瘦弱，叶色黄绿，生长不良。

叶片：幼嫩叶片或田间干旱或发病初期常产生外缘黑褐色、中部色浅的梭形小斑；老熟叶片、田间湿度大及发病后期，病斑常呈长纺缍形或不规则形黄褐色大斑，上生黑色霉状物（分生孢子梗及分生孢子），严重时叶片提早枯死。叶鞘上为黄褐色，边缘有不明显的云状斑块，其中掺杂有褐色和银白色斑点，湿度大，病部也生黑色霉状物。

穗部：从灌浆期开始出现症状，在颖壳上形成褐色不规则形病斑，穗轴及小穗梗亦变色，潮湿情况下长出一层黑色霉状物（分生孢子梗及分生孢子）。重者整个小穗枯死，不结粒，或结干瘪皱缩的病粒。一般枯死小穗上黑色霉层明显。

籽粒：被害籽粒在种皮上形成不定形病斑，尤其边缘黑褐色、中部浅褐色的长条形或梭形病斑较多。发生严重时胚部变黑，故有"黑胚病"之称。

（二）鉴定病原

病原为禾旋孢腔菌［*Cochliobolus sativus*（Ito et Kurib.）Drechsl.］，属子囊菌门旋孢腔菌属。子囊壳生于病残体上，凸出，球形，有喙和孔口，大小为（370～530）μm×（340～470）μm；子囊无色，大小为（110～230）μm×（32～45）μm，内有4～8个子囊孢子，作螺旋状排列。子囊孢子线形，淡黄褐色，有6～13个隔膜，大小为（160～360）μm×（6～9）μm。无性态为 *Bipolaris sorokiniana*（Sacc.）Shoem.，异名为 *Helminthosporium sativum* Pam. et al.，属半知菌类丝孢目真菌。病部黑霉即为病菌的分生孢子梗及分生孢子。根腐病菌在 PDA 培养基上菌落深橄榄褐色，气生菌丝白色，生长繁茂。菌丝体发育温度为0～39℃，适宜温度为24～28℃。分生孢子萌发从顶细胞伸出芽管，萌发温度为6～39℃，以24℃最适宜。分生孢子在中性或偏碱性萌发较佳。光对菌丝生长发育及分生孢子的萌发无明显的刺激或抑制作用。分生孢子在水滴中或在空气相对湿度98%以上时，只要温度适宜即可萌发侵染。根腐病菌寄主范围很广，除危害小麦外，尚能危害大麦、燕麦、黑麦等禾本科作物和野稗、野黍、猫尾草、狗尾草等30多种禾本科杂草，由于寄主范围广，对病害传播有利，给防治带来较多困难。此病菌有生理分化现象，小种间除对不同种及品种的致病力不同外，有的小种对幼苗危害较重，有的小种则危害成株较重。

二、掌握病害的发生发展规律

（一）侵染循环

病菌以菌丝体潜伏于种子内外及病株残体上越冬，若病残体腐烂，体内的菌丝体随之死亡；分生孢子亦能在病株残体上越冬，分生孢子的存活力随土壤湿度的提高而下降。种子和田间病残体上的病菌均为苗期侵染来源，尤其种子内部带菌更为主要。一般感病较重的种子，常常不能出土就腐烂而死。病轻者可出苗，但生长衰弱。当气温回升到16℃左右时，受病组织及残体所产生的分生孢子借风雨传播，在温度和湿度适合条件下，病菌直接穿透侵入或由伤口和气孔侵入。直接穿透侵入时，芽管与叶面接触后顶端膨大，形成球形附着胞，穿透叶角质层侵入叶片内；由伤口和气孔侵入时，芽管不形成附着胞直接侵入。在25℃下病害潜育期为5d。气候潮湿和温度适合，发病后不久病斑上便产生分生孢子，进行多次再侵染。病菌侵入叶组织后，菌丝体在寄主组织间蔓延，并分泌毒素，破坏寄主组织，使病斑扩大，病斑周围变黄，被害叶片呼吸增强；发病初期叶面水分蒸腾增强，后期叶片丧失活力，造成植株缺水，叶片枯死。小麦抽穗后，分生孢子从小穗颖壳基部侵入而造成颖壳变褐枯死。颖片上的菌丝可以蔓延侵染种子，种子上产生病斑或形成黑胚粒。

（二）影响发病的条件

小麦根腐病幼苗期发病程度主要与耕作制度、种子带菌率、土壤环境、播期和播深等因素有关；而成株期发病程度取决于耕作制度、种子带菌率、土壤环境等条件。

1. 耕作制度　小麦多年连作，土壤内积累大量病菌，不仅苗期发病重，后期病害也重。1983～1984年，在黑龙江八五四农场调查结果表明，小麦连作田间菌源量大，病苗率比轮作地增加16%，病情指数增加30%。

2. 种子带菌率　种子带菌率越高，幼苗发病率和病情指数就越大。

3. 土壤环境　土壤湿度过高过低都不利于种子发芽与幼苗生长，危害严重。土壤过于干旱，幼苗失水抗病力下降；过湿时土壤内氧气不足，幼苗生长衰弱，抗病力也下降，从而出苗率减少，苗腐病加重。土壤湿度适宜，虽也发病，但病情明显轻。5cm土层的地温高低对苗腐有影响，温度高病情重。温度10℃以下平均病苗率为44.2%，病情指数为17.1%；15～20℃时病苗率为74.2%，病情指数为34.5%。土壤黏重或地势低洼，也会使病情加重。

4. 播期与播深　小麦过迟播种不仅产量低，幼苗根腐病也重。适期早播不仅产量增高，而且苗腐病明显减轻。幼苗根腐病的发生程度随着播种深度的加深而增加，小麦播种适宜深度为3～4cm，超过5cm时对幼苗出土与长势不利，病情明显加重。

5. 气候条件　苗期低温受冻，幼苗抗逆力弱，病害重。小麦叶部根腐病情增长与气温的关系比较大，旬平均气温达到18℃时病情急剧上升，这一温度指标来临的时间早，病情剧增期略有提前；小麦开花期到乳熟期旬平均相对湿度80%以上并配合有较高的温度有利于病势进一步发展，但干旱少雨造成根系生长衰弱也会加重病情。穗期多雨、多雾而温暖易引起枯白穗和黑胚粒，使种子带病率高。

6. 品种抗性　目前尚未发现对小麦根腐病免疫的品种，但品种（系）间抗性有极显著差异。小麦对根腐病的抗性与小麦的形态结构关系密切。叶表面单位面积茸毛多、气孔少的品种比较抗病，反之，较感病。迄今生产上推广的品种大多是感病的或抗病性较差。

此外，田间杂草多，耕翻粗糙，土壤瘠薄，小麦倒伏严重，病害均有加重趋势。

三、管理病害

（一）制订病害管理策略

可采取种子消毒、栽培防病、利用抗病品种和喷药防治等措施。

（二）采用病害管理措施

1. 种子消毒处理　播种前可用种子重量0.3%的50%福美双或15%三唑酮按种子量的0.03%，或用50%退菌特及80%代森锰锌1%溶液浸种24h，均能有效地减轻苗期根腐病的发生。用2.5%适乐时悬浮种衣剂按1∶500（药∶种）比例进行包衣，对苗期小麦根腐病防效达 75% 以上。

2. 栽培防病　　主要包括：①合理轮作。与非寄主作物轮作 1～2 年，可有效地减少土壤菌量。②减少越冬菌源。麦收后翻耕，加速病残体腐烂，以减少菌源。③加强田间管理。播前精细整地，施足基肥，适时播种，覆土不可过厚，干旱及时灌水，涝时及时排水等，均可提高植株抗病性，以减轻危害。

3. 选用抗病品种　　品种间苗期抗病与成株期抗性无相关性，穗部抗病与叶部抗病无相关性，这在鉴定和选用抗病品种时应当注意。幼苗高抗根腐病材料有'弗朗坦那'、'九三 112'、'九三 82'、'九三 104' 和 '九三 144'；叶部高抗根腐病材料有'温州和尚'、'华东 3 号'、'九三'系列大部分品系、'望水白'和'Vpm×Meisan'；籽粒高抗根腐病材料有'原 463'、'原 436'、'M13'、'东农 78-5104'、'小丸 5 号'、'旱红 3-4-1'、'南农 77-3578' 和 '九三'系列部分品系。

4. 药剂防治　　应根据病情预测预报，在发病初期及时喷药进行防治。效果较好的药剂：① 50% 扑海因或 50% 菌核净，用药量 500～750g/hm^2 喷雾；② 15% 三唑酮或 25% 敌力脱，用药量为 100～150g/hm^2 喷雾；③ 50% 福美双或 75% 代森锰锌，用药量为 750～1000g/hm^2 喷雾。以上药剂中，三唑酮和敌力脱只需喷一次即可，其他保护性杀菌剂则需喷 2～3 次。

第十节　小麦黑穗病

小麦黑穗病是小麦上的重要病害，包括散黑穗病、腥黑穗病和秆黑粉病。

小麦散黑穗病俗称"黑疸"、"灰包"、"火烟包"、"乌麦"等，是病理学上的一个典型性病害，普遍发生于各国产麦区。一般发病比较轻，发病率在 1%～5%，个别发生较重的地区，如在南亚和拉丁美洲，发病率在 10% 以上。

小麦腥黑穗病在世界各国麦区均有发生。我国主要是光腥黑穗病和网腥黑穗病。其中光腥黑穗病主要分布在华北和西北各省（自治区、直辖市），网腥黑穗病主要分布在东北、华中和西南各省（自治区、直辖市），矮腥黑穗病和印度腥黑穗病在我国尚未发生，是重要的进境植物检疫对象。新中国成立前和新中国成立初期，腥黑穗病是全国各产麦区的主要病害，一般减产达 10%～20%。新中国成立后，大力开展防治工作，20 世纪 60 年代后大部分地区已基本消灭此病危害。但近年来一些省（自治区、直辖市）的局部地区，病情有所回升。此病不仅使小麦减产，而且还降低面粉品质。病菌孢子因含有毒物质三甲胺，使面粉不能食用。如将混有大量菌瘿和孢子的麦粒作饲料，会引起家禽和牲畜中毒。

小麦秆黑粉病又称为"铁条麦"，过去在我国曾普遍发生于黄淮海冬麦区，以河南、山东等省发生较重。新中国成立后经大力防治，已基本上控制了该病的危害。但 20 世纪 70 年代后，在一些地区又有所回升。

一、诊断病害

（一）识别症状

1. 小麦散黑穗病　　系统性侵染病害，病株在抽穗前症状不明显，一般病株较矮而直立，抽穗早。起初，穗外面包一层灰色薄膜，里面充满黑粉。抽穗后不久，薄膜破裂，黑粉飞散，剩下穗轴。一般病株比健株提早几天抽穗。

2. 小麦腥黑穗病 主要在穗部表现症状。病株一般较健株稍矮，分蘖增多，矮化程度及分蘖情况依品种而异。病穗短直，颜色较健穗深，初为灰绿色，后变灰黄色，病粒较健粒短而胖，因而颖片略开裂。露出部分的病粒称为菌瘿，初为暗绿色，后变灰黑色，如用手指微压，则易破裂，内有黑色粉末，即病菌的冬孢子。菌瘿因含有挥发性三甲胺，有鱼腥气味，所以称为"腥黑穗病"。

3. 小麦秆黑粉病 主要危害麦秆、叶和叶鞘，拔节期以后症状最明显。主要症状：病斑初淡灰色条纹，逐渐隆起，后转深灰色，最后寄主表皮破裂，露出黑粉（冬孢子）。病株显著矮小，分蘖增多，病叶卷曲，病穗很难抽出，多不结实，甚至全株枯死。

（二）鉴定病原

1. 小麦散黑穗病菌 有性态为散黑粉菌［*Ustilago nuda*（Jens）Rostr.］，属于担子菌门黑粉菌属。麦穗上黑粉为冬孢子，冬孢子呈球形或近球形，浅黄色至茶褐色，半边颜色较淡，表面生有微细突起，直径为5～9μm。冬孢子萌发后产生先菌丝，先菌丝四个细胞可分别长出单核分枝菌丝，但不产生担孢子。

2. 小麦腥黑穗病菌 病原主要有两种，即网腥黑粉菌［*Tilletia caries*（DC）Tul］、光腥黑粉菌［*Tilletia foetida*（Wajjr）Liro］。网腥黑粉菌的冬孢子多为球形或近球形，褐色至深褐色，孢子表面有网纹。光腥黑粉菌的冬孢子圆形、卵圆形和椭圆形，淡褐色至青褐色，孢子表面光滑，无网纹。小麦光腥黑粉菌、小麦网腥黑粉菌冬孢子萌发的温度为5～29℃，适宜温度为16～20℃。光照有利于孢子萌发。冬孢子能在水中萌发，但在含有某些营养物质，如在0.5%硝酸钾溶液中更易萌发。据研究，冬孢子经性畜消化道并不死亡，而猪粪、马粪、牛粪的浸出液能促进冬孢子萌发。冬孢子萌发时，先产生不分隔的管状担子，其顶端产生成束的长柱形担孢子，通常4～12个，单核。不同性别（＋或－）的担孢子在担子上常结合成"H"形，然后萌发为较细的双核侵入丝。有时从侵入丝上再产生肾脏形次生担孢子。小麦腥黑粉菌有生理分化现象。病菌经常通过不同性别的担孢子的结合而产生新的生理小种。已知我国小麦网腥黑粉菌有4个生理小种，小麦光腥黑粉菌有6个生理小种。小麦网腥黑粉菌和小麦光腥黑粉菌的寄主有小麦、黑麦和多种禾草。

3. 小麦秆黑粉病菌 病菌以1～4个冬孢子为核心，外围以若干不孕细胞组成孢子团。孢子团圆形或长椭圆形，大小为（18～35）μm×（35～40）μm。冬孢子单胞，球形，深褐色。冬孢子萌发产生圆柱状先菌丝，经由不孕细胞伸出孢子团外。先菌丝无色透明，长30～110μm，顶端轮生出担孢子3～4个。担孢子长棒状，顶端尖削，微弯，长25～27μm。冬孢子完成后熟以后，需在30～34℃高温和灯光处理36h的情况下，才能打破休眠，并需要一定时间的预浸才能萌发。土壤浸液和植物浸液能刺激冬孢子萌发。冬孢子萌发的适宜温度为19～21℃。冬孢子在干燥的土壤中可存活3～5年。

二、掌握病害的发生发展规律

（一）侵染循环

1. 小麦散黑穗病 散黑穗病菌属花器侵染类型，一年只有一次侵染。病穗散出冬孢子时期，恰值小麦开花期，冬孢子借风力传送到健花柱头上，当柱头刚刚开裂并有湿润分泌物时，孢子发芽产生先菌丝和单核分枝菌丝，亲和性单核分枝菌丝结合后产生双核侵染菌丝，多在子房下部或籽粒的顶端冠基部穿透子房壁表皮直接侵入，并穿透果皮和珠被，进入珠心，潜伏于胚部细胞间隙。当籽粒成熟时，菌丝体变为厚壁休眠菌丝，以菌丝状态潜伏于种子胚里。这种内部带病种子播种后，胚里的菌丝随着麦苗生长，直到生长点，以后并随着植株生长而伸展，形成系统侵染。在孕穗期到达穗部，在小穗内继续生长发育，到一定时期，菌丝变成冬孢子，成熟后散出，被风传到健穗的花器上萌发侵入，以菌丝状态潜伏于种子胚内越冬，造成下一年发病。

2. 小麦腥黑穗病　　腥黑穗病是一种单循环系统侵染的病害，其侵染源有 3 个方面：①种子带菌。小麦在脱粒时，碾碎了病粒，使冬孢子附着在种子表面，或菌瘿及菌瘿的碎片混入种子间，均可成为种子传病的来源。②粪肥带菌。打麦场上的麦糠、碎麦秸及尘土混入肥料，或用带菌麦草饲喂牲畜及带菌种子饲喂家禽，通过消化道后，冬孢子没有死亡，而使粪肥成为侵染源。③土壤带菌。病粒落入田间，或靠近打麦场的麦田，在打场时，由风吹入冬孢子，而造成土壤传染。上述 3 种情况，一般以种子带菌为主。种子带菌也是病害远距离传播的主要途径。粪肥和土壤传病是次要的，但在某些局部地区也可能起主要作用。如山东及吉林的扶余县等地区，习惯上用土壤和麦种同时播种，粪肥传病则是主要的。在麦收后寒冷而干燥的地区，如内蒙古春麦区，病菌冬孢子在土壤中存活的时间较长，土壤传病的作用较大。播种带菌的小麦种子，当种子发芽时，冬孢子也随即萌发，由芽鞘侵入幼苗，并到达生长点，菌丝随小麦生长而发展，到小麦孕穗期，病菌侵入幼穗的子房，破坏花器，形成黑粉，使整个花器变成菌瘿。

3. 小麦秆黑粉病　　秆黑粉病菌以土壤传播为主，种子和粪肥也能传播。土壤中越冬的冬孢子，萌发后从幼苗芽鞘侵入，并进入生长点。为系统侵染病害，一年只能侵染一次。

（二）影响发病的条件

1. 小麦散黑穗病　　散黑穗病一年发生一次。当年发病率高低，与上一年病菌侵入率有直接关系，上一年开花期的气候条件与病菌数量对下一年的发病影响很大。小麦开花期遇有细雨和多雾、温度高的环境，有利冬孢子萌发和侵入，种子带菌率就高；相反，如开花期干旱，孢子难以发芽，种子带菌率就低。此外，开花期遇有暴风雨，可将冬孢子淋于地下，不利于传播，发病也少。品种抗病性对病害也有很大影响，抗病性强的品种发病轻，一般颖片开张大的品种较感病。

2. 小麦腥黑穗病　　腥黑穗病属幼苗侵入系统侵染的病害。凡是影响小麦幼苗出土快慢的因素，如土温、墒情、通气条件、播种质量、种子发芽势等均影响此病发生的轻重。但最主要的是地温和墒情。病菌侵入小麦幼苗的适宜温度为 9～12℃，最低为 5℃，最高为 20℃。春小麦发育的适温为 16～20℃，冬小麦发育的适温则为 12～16℃。温度低不利于种子萌芽和幼苗生长，延长了幼苗出土时间，增加了病菌侵染的机会，因而发病重。病菌孢子萌发需要水分，也需要氧气。土壤过于干燥，由于水分不足而影响孢子的萌发。土壤过湿，由于供氧不足，也不利于孢子萌发。一般含水量 40% 以下的土壤，适于孢子萌发，有利于病菌侵染。此病发生的严重程度与地势、播种期及播种深度有密切关系。高山发病重（平均发病率 19.7%），浅山丘陵次之（平均 16.8%），川道最轻（平均 10%）；阴坡发病重（平均 16.8%），阳坡发病轻（平均 11.5%）。冬小麦晚播或春小麦早播发病都较重，主要是因为温度低，幼芽出土缓慢，延长了病菌侵染的时期。播种过深、覆土过厚，麦苗不易出土，也增加病菌侵染的机会，加重病害的发生。

3. 小麦秆黑粉病　　发芽期土壤温度对小麦秆黑粉病的发生有较大影响，土壤温度为 9~26℃时，病菌都可以发生侵染，以 14~21℃较为适宜。土壤干旱，小麦出苗慢，有利于病菌侵染。病田连作，施用带菌肥料都有利于病害发生。

三、管理病害

（一）制订病害管理策略

小麦黑穗病的防治应采用以加强检疫和种子处理为主，农业防治和抗病品种为辅的综合防治措施。

（二）采用病害管理措施

1. 加强检疫工作　　小麦矮腥黑穗和印度腥黑穗病是我国的进境检疫对象，应加强检疫工作，防止病害随种子或商品粮传入我国。

2. 药剂拌种和土壤处理　　药剂拌种是防治小麦黑穗病最经济有效的措施。目前发现对多种黑穗病效果较好的药剂有：① 12% 三唑醇或 12.5% 烯唑醇，每 100kg 种子用药 20~30g 拌种；② 2% 立克锈，每 100kg 种子用药 20g 拌种；③ 3% 敌畏丹悬浮种衣剂按 1∶1000（药∶种）进行种子包衣；④ 50% 多菌灵或 75% 五氯硝基苯（PCNB），每 100kg 种子用药 200~300g 拌种；⑤ 5.5% 浸种灵Ⅱ号，每 100kg 种子用药 1g 拌种，对散黑穗病和腥黑穗病的防效可达 90% 以上。

3. 建立无病留种田，繁育和使用无病种子　　繁殖无病种子是消灭小麦黑穗病的有效方法。留种田要与生产田隔离 200m 以上，播种的种子要在精选后严格进行消毒，田间管理时应注意施用无病肥，及时拔除病株等。

4. 栽培防病　　播种前要做好整地和保墒工作，适期播种，冬春播种不宜过迟，春麦播种不宜过早，播种不宜过深，可促进幼苗早出土，减少病菌侵染的机会而减少发病。播种时用硫铵 225kg/hm² 等速效肥作种肥，掺 5 倍细土，混匀后与麦一起播下，也可获得良好的防病效果。以土壤和粪肥传播为主的病害，可采用与非寄主作物实行 1~2 年轮作，或 1 年水旱轮作，并要施无病肥。

5. 选育和推广抗病良种　　国内外在选育抗小麦黑穗病品种方面都取得了一定成绩。如我国吉林扶余县曾推广'合作 1 号'，控制了腥黑穗病的危害。美国太平洋沿岸地区，1959 年育成'Burt'、'Omar'和'Gaines'等冬麦品种，能抗三种腥黑穗病，而'P.L.178383'具有三个高抗腥黑穗病的 *Bt* 基因，可用来作杂交亲本。

第十一节　小麦病毒病

病毒病是小麦生产上的一类重要病害，近年来有逐年加重趋势。国外报道的能够侵染小麦的病毒达数十种之多，我国已发现的小麦病毒病也有 10 多种，发生普遍的是小麦黄矮病、小麦丛矮病、小麦土传花叶病、小麦黄花叶病、小麦梭条花叶病和小麦条纹花叶病等。小麦病毒病在某些年份特定地块的发生可能不是太明显，但一旦遇到适宜的条件，病毒病会严重发生，并造成巨大的损失。在此主要介绍小麦黄矮病、小麦丛矮病和小麦土传花叶病。

一、小麦黄矮病

小麦黄矮病也称为黄叶病、嵌边黄，国际上将其称为大麦黄矮病（barley yellow dwarf disease）。1950 年在美国加利福尼亚州的大麦上首先发现。我国于 1960 年在陕西、甘肃的小麦上发现，目前主要分布在西北、华北、东北、华中、西南及华东等冬麦区、春麦区及冬春麦混种区。从 1966 年到 1984 年曾先后有 6 次大的流行。受害小麦，一般减产 5%～10%，严重的可达 40% 以上，个别地块可造成绝产。

（一）诊断病害

1. 识别症状　　秋苗期和春季返青后均可发病。典型症状是新叶从叶尖开始发黄，植株变矮。叶片颜色为金黄色到鲜黄色，黄化部分占全叶的 1/3～1/2。秋苗期感病的植株矮化明显，分蘖减少，一般不能安全越冬。即使能越冬存活，一般也不能抽穗。穗期感病的植株一般只旗叶发黄，呈鲜黄色，植株矮化不明显，能抽穗，千粒重减低。

2. 鉴定病原　　由黄症病毒属（*Luteovirus*）中的大麦黄矮病毒（barley yellow dwarf virus，BYDV）引起。病毒粒体为等轴对称的正二十面体，直径为 26～30nm。病毒致死温度为 70℃，稀释限点为 10^3，BYDV 主要侵染小麦、大麦等禾本科作物及野燕麦、鹅冠草等 100 多种禾本科杂草。BYDV 不能由土壤、病株种子、汁液等传播，只能由蚜虫传播。主要传毒蚜虫有麦二叉蚜、麦长管蚜、禾谷缢管蚜、麦无网长管蚜及玉米蚜等。一头麦二叉蚜在病叶上吸食 30min 即能获得病毒。一头带毒的麦二叉蚜在健苗上吸食 5～10min 即能使健苗感病。一般获毒后的 3～8d 传毒概率较高，以后逐渐减弱，传毒 20d 左右。不同种类的蚜虫传播 BYDV 的能力不同。根据蚜虫传毒能力的差异，已明确我国 BYDV 有 GPV、GAV、PAGV、RMV 等株系，其中 GPV 株系为我国特有的株系类型，也是造成我国小麦黄矮病流行危害的主要株系。

（二）掌握病害的发生发展规律

1. 侵染循环　　此病的侵染循环在冬麦区和冬春麦混种区是有差异的。5 月中下旬，冬麦区各地小麦渐进入黄熟期，麦蚜因植株老化而营养不良，产生大量有翅蚜向越夏寄主（次生麦苗、野燕麦、虎尾草等）迁移，在越夏寄主上取食、繁殖和传播病毒。秋季小麦出苗后，麦蚜又迁回麦地，特别是在田边的小麦上取食、繁殖和传播病毒，并以有翅成蚜、无翅成若蚜在麦苗基部越冬，有些地区也产卵越冬。冬前感病的小麦是第二年早春的发病中心。

5 月上旬，在冬春麦混种区如甘肃河西走廊一带，麦蚜逐渐产生有翅蚜，向春小麦、大麦、玉米、糜子、高粱及禾本科杂草上迁移。晚熟春麦、糜子和自生麦苗是麦蚜和 BYDV 的主要越夏场所。9 月下旬，冬小麦出苗后，麦蚜又迁回麦田，在冬小麦上产卵越冬，BYDV 也随之传到冬小麦麦苗上，并在小麦根部和分蘖节里越冬。

2. 影响发病的环境条件　　小麦黄矮病在田间的发病规律一般是早播重，适期迟播轻（冬麦）；点播稀植重，条播密植轻；阳坡地重，阴坡地轻；旱地重，水浇地轻；路边地头重，精耕细作，小麦长势好的轻；缺肥、缺水、盐碱瘠薄地重。上述发病轻重的差异，主要是由麦蚜虫口密度决定的，与气候因素、耕作栽培条件和毒源等也有一定关系。在16～20℃时，病毒的潜育期为15～20d。温度降低，潜育期延长。25℃以上逐渐潜隐，30℃以上不易显症。上一年10月平均气温和降雨量及当年1月、2月两个月的平均气温与麦蚜及小麦黄矮病发生程度有密切关系。温度和雨量影响蚜虫尤其是麦二叉蚜的发生早晚和数量，间接影响黄矮病发生早晚和程度。如头年10月的平均气温高，降雨量小，当年1月、2月的平均气温高，则对麦蚜取食繁殖、传播病毒、安全越冬及早春提早活动等均较有利，这样就容易导致麦蚜与小麦黄矮病的暴发和流行。小麦在拔节孕穗期遇低温，倒春寒，生长发育受影响，抗病性、耐病性减弱，也容易发生黄矮病。

（三）管理病害

1. 制订病害管理策略 防治策略应以鉴定、选育抗（耐）病丰产良种为主，从治蚜防病入手，改进栽培技术，以达到防病增产的目的。

2. 采用病害管理措施

（1）选用抗病丰产品种 小麦品种之间抗病性的差异比较明显，尤其是耐病性较强的品种较多，应注意选用。

（2）栽培防病 重病区应着重改造麦田蚜虫的适生环境，清除田间杂草，减少毒源寄主。增施有机肥，扩大浇水面积，创造不利于蚜虫繁殖、而有利于小麦生长发育的生态环境，以减轻危害。适期播种，避免早播。

（3）药剂治蚜防病 常使用两种方法：①药剂拌种。75%甲拌灵（3911）按种子量的0.3%进行拌种，堆闷3～5h播种。②药剂喷雾。秋苗期喷雾重点防治未拌种的早播麦田，春季喷雾重点防治发病中心麦田及蚜虫早发麦田，可喷施40%氧化乐果。

二、小麦丛矮病

小麦丛矮病在有些地区也称为芦渣病、小蘖病，在我国分布较广。20世纪60年代曾在我国西北各省、河北和山东等省的部分地区流行。小麦感病越早，产量损失越大。轻病田减产10%～20%，重病田减产50%以上，甚至绝收。

（一）诊断病害

1. 识别症状 此病的典型症状是上部叶片有黄绿相间的条纹，分蘖显著增多，植株矮缩，形成明显的丛矮状。秋苗期感病，在新生叶上有黄白色断续的虚线条，以后发展成为不均匀的黄绿条纹，分蘖明显增多。冬前感病的植株大部分不能越冬而死亡，轻病株返青后分蘖继续增多，表现细弱，叶部仍有明显黄绿相间的条纹，病株严重矮化，一般早期枯死或不能拔节抽穗。拔节以后感病的植株只上部叶片显条纹，能抽穗，但穗很小，籽粒秕，千粒重下降。

2. 鉴定病原 病原为北方禾谷花叶病毒（northern cereal mosaic virus，NCMV）。弹状病毒，大小为（50～54）nm×（320～400）nm；病毒由核衣壳及外膜组成。病毒颗粒主要分布在细胞质内，稀释限点为10∶100，体外存活期为2～3d。病毒可危害小麦、大麦、黑麦、粟（谷子）、燕麦、高粱及狗尾草、画眉草、马唐等24属65种作物及杂草。

（二）掌握病害的发生发展规律

1. 侵染循环　　小麦丛矮病毒不经土壤、汁液及种子传播。灰飞虱是主要的传毒介体。

冬麦区灰飞虱秋季从病毒的越夏寄主上大量迁入麦田危害，造成早播麦田秋苗发病的高峰。越冬代若虫主要在麦田、杂草上及其根际土缝中越冬。病毒也随之在越冬寄主和灰飞虱体内度过冬季，成为第二年的毒源。春季随气温的升高，秋季感病晚的植株陆续显病，形成早春病情的一次小峰。此时越冬代灰飞虱也逐渐发育并继续危害小麦、大麦，传播病毒，造成病情的高峰。第一代灰飞虱主要在麦田生活，待小麦、大麦进入黄熟阶段，第一代成虫迁出麦田，到水稻秧田、杂草等禾本科植物上生活。夏季灰飞虱世代重叠，在生长茂盛的秋作物田间杂草上或荫蔽的水沟边杂草丛中越夏。自生麦苗、谷子、狗尾草、画眉草等是病毒的主要越夏寄主，小麦、大麦等是病毒的主要越冬寄主。

2. 影响发病的环境条件　　凡对介体昆虫繁殖和保存病毒有利的种植制度、栽培管理措施及气候条件，对小麦丛矮病的发生也有利。病害多发生在地头地边或靠近沟渠及晚秋作物等，主要是这些地方杂草丛生，易于灰飞虱栖息，且有些杂草又是病毒的寄主。间作套种的麦田发病重，精细耕翻的麦田发病轻。秋作物收获后不耕地，田间杂草多，或者直接在秋作物行间套种小麦，这样的地块灰飞虱数量大，小麦出苗后受其取食和传毒，发病往往很重。早播麦田发病重，适期播种的发病轻。早播麦田出苗早，正是越冬前虫害集中活动危害期，感病机会多，同时温度高，有利于病毒增殖、积累，发病重而且毒源充足，这种情况下冬前发病重，冬后发病也重。临近灰飞虱栖息场所的麦田病重。夏秋多雨、冬暖春寒的年份病重。夏秋多雨年份，气候潮湿，杂草大量滋生，有利于灰飞虱繁殖越夏；冬暖春寒有利于灰飞虱越冬，不利于麦苗的生长发育，降低抗病力。

（三）管理病害

1. 制订病害管理策略　　应采用以农业防治为主、化学药剂治虫为辅的综合控制策略。

2. 采用病害管理措施

（1）农业防治　　合理安排种植制度，尽量避免棉麦间套作。所有大秋作物收获后及时耕翻灭茬，解决杂草虫害问题。秋播前及时清除麦田周边的杂草。适期播种，避免早播。

（2）药剂治虫防病　　关键抓苗前苗后治虫：①药剂拌种。75%甲拌灵（3911）150g，或40%氧化乐果150g，兑水3～4kg，喷拌麦种50kg，堆闷3～5h即可播种。②喷雾治虫。播种后、出苗前喷药1次，重点是麦田四周5m的杂草及向麦田内5m的麦苗和杂草。返青期，重点喷洒靠近路边、沟边、场边、村边的麦田，以阻止和消灭侵入麦田的飞虱。小麦出苗后和返青至孕穗期普遍喷药防治控制田间传播。可用药剂有40%氧化乐果、35%亚胺硫磷等。

三、小麦土传花叶病

小麦土传花叶病是一类病害的总称，包括土传花叶病、黄花叶病和梭条斑花叶病，在世界主要产麦国如美国、加拿大、巴西、阿根廷、意大利、日本、埃及等国均有分布。

我国分布也比较广泛，以河南、山东、四川等省受害较重。在山东常年发病面积达 2 万 hm²，发病田块减产 30%～70%。除危害小麦外，此病还可以危害大麦、黑麦等作物。

（一）诊断病害

1. 识别症状　小麦土传花叶病一般在秋苗上不表现症状或症状不明显，春季植株返青后逐渐显症。受害植株心叶上产生褪绿斑块或不规则的黄色短条斑，返青后叶片上形成黄色斑块，拔节后下部叶片多变黄枯死，中部叶片上产生大量黄色斑驳或条纹。病田植株发黄，似缺肥状。病株常矮化，分蘖枯死，成穗少，穗小粒秕，千粒重明显下降。

2. 鉴定病原　小麦土传花叶病的病原有 3 种。

（1）小麦土传花叶病毒　小麦土传花叶病毒（wheat soil-borne mosaic virus, WSBMV），病毒粒体为短棒状，国外报道粒体长度有两种类型：一种大小为（110～160）nm×20nm，另一种为 300nm×20nm。我国则发现病毒粒体长度为 50～70nm、100～160nm 和 250～300nm 不等。病毒致死温度为 60～65℃，稀释限点为 10^2～10^3，在干燥病叶中病毒能存活达 11 年之久。在感病植株细胞内，病毒可形成结晶体状、类晶体状和不定形状内含体。此病毒只能由禾谷多黏菌传播。寄主除危害小麦、大麦、黑麦、燕麦等禾谷类作物外，尚可侵染早雀麦、藜等杂草。

（2）小麦黄花叶病毒　小麦黄花叶病毒（wheat yellow mosaic virus, WYMV），病毒粒体为线状，国外报道粒体大小有两种类型，一种为（275～300）nm×（13～14）nm，另一种为（575～600）nm×（13～14）nm。国内则报道为（100～300）nm×（10～13）nm 和（350～650）nm×（10～13）nm。病毒致死温度为 55～60℃，稀释限点为 10^3。在感病植株细胞内，病毒可形成风轮状内含体。此病毒可由禾谷多黏菌传播，也可汁液摩擦传播。目前发现只危害小麦。

（3）小麦梭条斑花叶病毒　小麦梭条斑花叶病毒（wheat spindle spot mosaic virus, WSSMV），病毒粒体为线状，粒体大小为（100～2000）nm×13nm。病毒致死温度为 50℃，稀释限点不详。在感病植株细胞内，病毒可形成风轮状内含体。病毒可由禾谷多黏菌传播，汁液摩擦也可传播。目前发现只危害小麦。

（二）掌握病害的发生发展规律

1. 侵染循环　小麦土传花叶病毒的自然传播介体为禾谷多黏菌（*Polymyxa graminis*）。另据报道，病株汁液摩擦也可传病，但是对发病影响不大。禾谷多黏菌是禾谷类植物根部表皮细胞内的一种严格寄生菌，病毒在其休眠孢子囊越夏，秋播后随孢子囊萌发传至游动孢子。当游动孢子侵入小麦根部表皮细胞时，病毒即进入小麦体内。禾谷多黏菌在小麦根部细胞内可发育成变形体并产生游动孢子进行再侵染。小麦近成熟时禾谷多黏菌在小麦根内形成休眠孢子囊，随病根残留在土壤中存活。在干燥条件下，休眠孢子囊在土壤中可存活 3 年以上。土壤中的休眠孢子囊可随耕作、流水等方式扩大危害范围。

2. 影响发病的条件　此病的发生与土壤温度和湿度、质地、栽培条件和品种抗病性等因素有关。土壤低温高湿有利于病害发生，5～15℃是病害发生的温度范围，8～12℃适于病害发生。春季多雨低温，地势低洼，重茬连作，土质砂壤，播种偏早等条件均会使病情加重。不同小麦品种对各种土传花叶病毒的抗病性存在较大差异，如'阿夫'和

'泰山1号'高感土传花叶病毒,'博爱74-22'、'信阳751'、'繁6'、'陕早1号'等则比较抗病;'鄂恩1号'、'7023'、'郑引1号'等对小麦梭条斑花叶病毒高感,而'济南13号'、'秦麦1号'、'小偃6号'则比较抗病。

(三)管理病害

1. 制订病害管理策略 应采用以抗病品种为主,同时结合栽培防病和土壤处理的措施。

2. 采用病害管理措施

(1)选育推广抗病品种 各地对品种的抗病性鉴定结果表明,小麦品种中存在着丰富的抗病资源,并筛选出了一批抗病品种,在生产上使用后取得了良好的防病效果。今后在病区应进一步加强这方面的工作。

(2)栽培防病 主要包括4种途径:①轮作倒茬。与非禾本科作物轮作3～5年,可明显减轻危害。②适当迟播。根据当地气候,适当晚播,避开病毒侵染的最适时期,减轻病情。③增施肥料。在施足基肥的基础上,发病初期及时追施速效氮肥和磷肥,促进植株生长,减少危害和损失。④田间卫生。麦收后应尽可能清除病残体,避免通过病残体和耕作措施传播蔓延。

(3)土壤处理 在小面积发病时,可用溴甲烷、二溴乙烷处理土壤,用量为60～90ml/m^2。

■ 技能操作

麦类作物病害的识别与诊断

一、目的

通过本实验学习了解小麦三种锈病、赤霉病、白粉病、全蚀病等病害症状及病原物形态特征,学习小麦条锈病菌、叶锈病菌夏孢子的鉴别方法,要求对麦类作物重要病害能独立诊断鉴定。

二、材料与用具

(一)材料

小麦条锈病、小麦叶锈病、小麦秆锈病、小麦散黑穗病、小麦秆黑粉病、小麦腥黑穗病、小麦光腥黑穗病、小麦全蚀病、小麦纹枯病、小麦白粉病、小麦赤霉病、小麦叶枯病、小麦根腐病、小麦丛矮病、小麦黄矮病等病害及病原标本。

(二)用具

显微镜、放大镜、载玻片、盖玻片、解剖针、解剖刀、酒精灯、滴瓶、培养皿、吸管、记载用具等。

(三)试剂

结晶紫染液、1%草酸铵溶液、10%的正磷酸。

三、实验内容与方法

（一）小麦锈病

小麦锈病分为条锈病、叶锈病和秆锈病三种。

1. 观察症状　　三种锈病区别可用"条锈成行叶锈乱，秆锈是个大红斑"来概括。

（1）小麦条锈病　　主要危害叶片，严重时也可危害叶鞘、茎秆及穗部。病叶表面出现褪绿斑，后产生黄色疱状小夏孢子堆，长椭圆形，在成株上沿叶脉排列成行，呈虚线状。后期在发病部位产生黑色的短线条状冬孢子堆。

（2）小麦叶锈病　　一般只发生在叶片上，有时也危害叶鞘。病叶产生圆形或近圆形橘红色夏孢子堆，表皮破裂，散发出黄褐色粉末，为夏孢子，后期在叶背产生暗褐色、椭圆形的冬孢子堆，散生或排列成条状。

（3）小麦秆锈病　　主要危害叶鞘、茎秆及叶片，严重时麦穗的颖片和芒上也有发生。受害部位产生的夏孢子堆较大，长椭圆形，深褐色或褐黄色，排列不规则，散生，常连接成大斑，成熟后表皮易破裂，表皮大片开裂且向外翻成唇状，散出大量锈褐色夏孢子。小麦成熟前，在夏孢子堆或其附近出现黑色椭圆形或长条形冬孢子堆，后期表皮破裂，散出黑色冬孢子堆。

2. 鉴定病原

（1）小麦条锈病　　病原为 *Puccinia striiformis* West. f. sp. *tritici* Eriks，是担子菌门柄锈菌属条形柄锈菌小麦专化型。夏孢子单胞球形或卵圆形，淡黄色，表面有细刺，有发芽孔 $6\sim12$ 个。冬孢子棍棒形，双胞，顶部扁平或斜切，分隔处略缢缩，柄短。

（2）小麦叶锈病　　病原为 *Puccinia triticina* Roberge ex Desmaz f. sp. *tritici* Eriks & Henn.，是担子菌门柄锈菌属隐匿柄锈菌小麦专化型。夏孢子单细胞，圆形或近圆形，黄褐色，有 $6\sim8$ 个散生的发芽孔，表面有微刺。冬孢子椭圆至棍棒型，双胞，上宽下窄，顶端通常平截或倾斜，暗褐色。

（3）小麦秆锈病　　病原菌为 *P.graminis* Pers. var. *tritici* Eriks et Henn，是担子菌门柄锈菌属禾柄锈菌小麦专化型。夏孢子卵圆形或长椭圆形，红褐色，单胞，中腰部有 4 个芽孔，胞壁上有明显的刺状突起。冬孢子椭圆形或棍棒形，黑褐色，双细胞，横隔处稍缢缩，表面光滑，柄较长，上端黄褐色，下端近无色。

三种锈菌夏孢子的简易快速识别：在小麦锈病的预测预报的工作中，对空中夏孢子的捕捉或早春田间调查时，秆锈病菌的夏孢子的形态特殊，易于鉴定，但条锈菌与叶锈菌的夏孢子镜检时，较难区分，可用以下方法鉴定。

1）正磷酸盐鉴别法。在载玻片的中部涂上一层凡士林，撒上稀疏的夏孢子，然后取 10% 的正磷酸滴于有夏孢子的部位，静置 $1\sim2$min，倾去多余的酸液后镜检，叶锈菌夏孢子原生质向中心缩成一个圆球，而条锈菌夏孢子原生质收缩成多个圆球或小团。

2）结晶紫染色鉴定方法。将 70% 盐酸溶液滴在玻片上处理 0.5min。用水洗去盐酸后，加结晶紫染色液，染色 2min。再用水洗去染色液后镜检。条锈菌夏孢子呈蓝紫色至深蓝色，不透光，近圆形，边缘微刺明显。叶锈病夏孢子呈黄褐色，可透光，近圆形至不规则形，其表面微刺不明显。

观察小麦三种锈病的病害标本，注意观察比较三种锈病的夏孢子堆和冬孢子堆发生部位、形状、大小、色泽、排列等方面的异同。镜检三种锈病的病原玻片标本，或用解剖针分别挑取三种锈病的夏孢子和冬孢子少许，制片镜检，观察三种锈病病菌的夏孢子及冬孢子的形状、大小、颜色有何异同（图 7-5）。

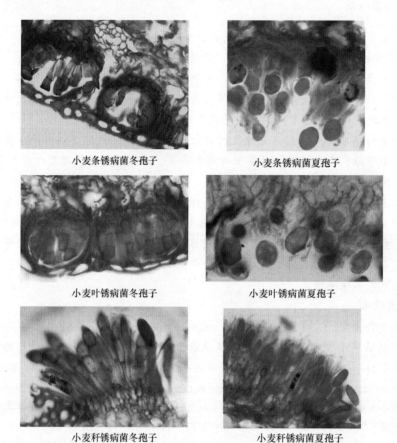

<table>
<tr><td>小麦条锈病菌冬孢子</td><td>小麦条锈病菌夏孢子</td></tr>
<tr><td>小麦叶锈病菌冬孢子</td><td>小麦叶锈病菌夏孢子</td></tr>
<tr><td>小麦秆锈病菌冬孢子</td><td>小麦秆锈病菌夏孢子</td></tr>
</table>

图 7-5　小麦锈病菌

（二）小麦黑穗（粉）病

小麦黑穗（粉）病是小麦生产上的一大类重要病害，广泛发生于世界各国产麦区。我国小麦黑穗病主要有小麦腥黑穗病、小麦散黑穗病和小麦秆黑粉病等，在全国各主产麦区都有不同程度的发生。

1. 观察症状

（1）小麦散黑穗病　俗称"黑疸"、"灰包"等，主要危害穗部，少数情况下茎及叶等部位也可发生。穗部受害形成一包黑粉，薄膜破裂后黑粉散出，残留穗轴。

（2）小麦腥黑穗病　有两种情况。

1）小麦普通黑穗病：包括小麦腥黑穗病和小麦矮腥黑穗病，又称为腥乌麦、黑麦、黑疸。二者症状基本一致，病株较健株矮化，病穗颜色比健株深，最初灰绿色，后期灰白色。病穗后期颖片张开，露出灰黑色或灰白色菌瘿，破裂后散出黑色粉末状冬孢子。

2）小麦矮腥黑穗病：染病植株产生较多分蘖，一般比健株多一倍以上，拔节后，病株茎秆明显矮化，仅为健株的 1/4～2/3。病穗有鱼腥味，各小花都成为黑褐色菌瘿，接近球形，坚硬，破碎后呈块状，内部充满黑粉，即冬孢子。

（3）小麦秆黑粉病　主要发生在叶片、叶鞘、茎秆上，发病部位纵向产生银灰色、灰白色条纹，逐渐隆起，转深灰色。条纹是一层薄膜，常隆起，表皮破裂后，散出黑色粉末，即冬孢子。病株矮小，分蘖增多，病叶卷曲，很难抽穗，严重时全株枯死。

2. 鉴定病原

（1）小麦散黑穗病　病原为 *Ustilago nuda*（Jens.）Rostr. 和 *Ustilago tritici*（Pers.）Jens，均属担子菌门黑粉菌属真菌。厚垣孢子球形，褐色，表面布满细刺，厚垣孢子萌发，只产生 4 个细胞的担子，不产生担孢子。

（2）小麦腥黑穗病　分为两类。

1）小麦普通腥黑穗病：病原为网腥黑穗病菌［*Tilletia caries*（DC）Tul］即网腥黑粉菌和光腥黑穗病菌［*Tilletia foetida*（Wajjr.）Liro］即光腥黑粉菌，均属担子菌门腥黑粉菌属真菌。

2）小麦矮星黑穗病：病原为 *Tilletia controversa* kuhn（TCK），属担子菌门腥黑粉菌属真菌。冬孢子球形或近球形，黄褐色至暗棕褐色。外孢壁有多角形网眼状饰纹。

（3）小麦秆黑粉病　病原为 *Urocystis agropyri*（Preuss）schroet，属担子菌门秆黑粉菌属真菌。

观察小麦散黑穗病、小麦秆黑粉病，小麦腥黑穗病标本。注意观察比较几种黑穗（粉）病的发生部位、危害特点、是否形成菌瘿、黑粉是否散发、病穗有无腥味等。镜检病原玻片，或用解剖针分别挑取少量黑粉制片镜检，观察比较冬孢子形态、表面结构（如有无刺、网状突起、不孕细胞等）（图 7-6）并进行小麦 3 种黑穗（粉）病菌形态特征比较（表 7-2）。取光腥病菌、网腥病菌冬孢子萌发的玻片标本，观察两种病菌的担子、担孢子形态等。

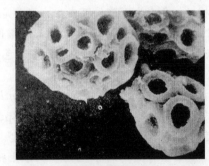

小麦散黑穗病菌　　　　　　小麦秆黑粉病菌

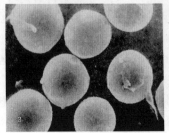
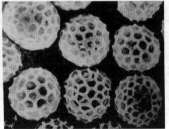

小麦光腥黑粉菌　　　　　　小麦网腥黑粉菌

图 7-6　小麦黑穗病菌冬孢子（引自侯明生，2014）

表 7-2 小麦 3 种黑穗（粉）病菌形态特征比较

项目	腥黑穗病菌		散黑穗病菌	秆黑粉病菌
	光腥	网腥		
冬孢子形状	近球形	球形或近球形	球形至卵形	扁球形
冬孢子表面	光滑	网纹	有微刺	成团着生，1~4 个，外有不孕细胞
冬孢子萌发	生担子，担子顶端生 8~16 个长柱形单核单孢子，担孢子之间 "H" 形结合		生 4 个细胞的担子，不产生担孢子，之间生双核侵入丝	生担子，担子顶端生小孢子，棒状

（三）小麦全蚀病

1. 观察症状 病菌仅侵害小麦根部和茎基部 1~2 节，病根变成褐色至灰黑色，俗称"黑脚"，病株地上部矮化，变黄，重者枯死，造成白穗。

2. 鉴定病原 病原属子囊菌门顶囊壳属禾顶囊壳小麦变种。病菌菌丝体初无色，后变成栗褐色，多呈锐角分枝，近平行伸展，形成带状体或菌索，菌丝分枝处，常在主枝、侧枝上各生一横隔，连接成"A"形。子囊壳黑色，梨形或烧瓶状，有颈和孔口，表面覆有栗褐色毛茸状菌丝，子囊细长，圆柱形至棍棒形，每个子囊内含 8 个子囊孢子，子囊孢子线状，稍弯曲，两端较细。

观察小麦全蚀病标本，注意观察发病部位、病部颜色，叶鞘内侧是否有黑色颗粒状突起（子囊壳）等。镜检病原玻片标本或用解剖针从叶鞘内侧挑取黑色颗粒状物制片镜检，观察子囊壳、子囊、子囊孢子的形态特征。

（四）小麦白粉病

1. 观察症状 各个生育期均可发生，主要危害叶片和叶鞘，通常叶面病斑多于叶背，病部开始时出现黄色小点，后扩大为圆形或椭圆形病斑，上面生有一层白粉状霉层，后期霉层变为灰白色或灰褐色，其中生有许多黑色小点，即闭囊壳。病斑多时可愈合成片，导致叶片发黄枯死。

2. 鉴定病原 病原无性态为 *Oidium monilioides*，是无性孢子类粉孢属串珠状粉孢菌；有性态为 *Blumeria graminis*（DC.）Speer. f. sp. *tritici* Marchal，属子囊菌亚门布氏白粉菌属禾本科布氏白粉菌小麦专化型。菌丝上垂直生成分生孢子梗，梗基部膨大成球形，梗上生有成串的分生孢子。分生孢子卵圆形，单胞，无色。闭囊壳球形至扁球形，黑色，外有发育不全的短丝状附属丝，闭囊壳内含有子囊多为 12~20 个。子囊卵形至长椭圆形，有明显的柄，内含子囊孢子 8 个。子囊孢子椭圆形，单胞，无色。

观察病害标本，注意病部表面是否可见白粉状霉斑；霉斑的颜色是否一致；霉斑中是否散生有黑色小粒点；病叶上的病斑分布如何。用镊子撕取病叶表皮，观察病菌分生孢子梗特点，分生孢子着生方式及其特征；镜检病原玻片标本，也可挑取病部小黑点制片镜检，注意闭囊壳形状、颜色、附属丝特征。用挑针轻压盖片，观察闭囊壳破裂后有几个子囊散出，子囊和子囊孢子特点如何（图 7-7）。

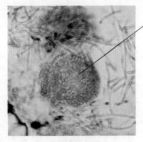
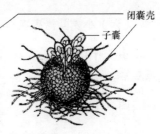

图 7-7　小麦白粉病菌

（五）小麦赤霉病

1. 症状观察　小麦苗期至穗期均可发生，引起穗腐、苗枯、茎基腐和秆腐，其中危害最严重的是穗腐。在幼苗的芽鞘和根鞘上呈黄褐色水渍状腐烂，轻者病苗黄瘦，严重时全苗枯死，枯死麦苗在湿度大时可产生粉红色霉层。穗腐初在小穗和颖片上产生水渍状浅褐色斑，然后扩展到整个小穗，湿度大时，发病小穗颖缝处产生粉红色胶状霉层，为分生孢子座及分生孢子；后期病部产生蓝黑色小颗粒，为子囊壳。苗枯先是芽鞘变褐腐烂，其后根冠随之腐烂，病苗黄瘦至枯死。茎基腐又称为脚腐，茎基部受害先变为褐色，后期变软腐烂。秆腐多发生在穗下第一节和第二节，初在叶鞘上出现水渍状褪绿斑，后扩展为淡褐色至红褐色不规则形斑或向茎内扩展。

2. 病原鉴定　病原菌无性阶段为 *Fusarium graminearum* Schw.，是无性孢子类镰孢属禾谷镰刀菌；有性阶段为 *Gibberella zeae*（Schw.）Petch.，是子囊菌门赤霉属玉蜀黍赤霉。大型分生孢子多为镰刀形，稍弯曲，顶端钝，基部有明显足胞。一般有3～5个隔膜，单个孢子无色、聚集成堆时呈粉红色、一般不产生小型分生孢子和厚垣孢子。子囊壳烧瓶状，深蓝至紫黑色，表面光滑，顶端有瘤状突起为孔口。子囊棍棒状，无色，内生8个子囊孢子，呈螺旋状排列。子囊孢子无色，弯纺锤形，多有3个隔膜。

观察病害标本，注意受害病穗特点，籽粒与健粒有何区别；病部有无粉红色霉层和黑色颗粒状物产生。镜检病原玻片标本，可取病穗上的粉红色胶黏状物镜检，观察分生孢子的形状色泽和分隔数目，也可切取病穗或稻桩上的黑色小点制片镜检，观察子囊壳和子囊孢子的形态（图7-8）。

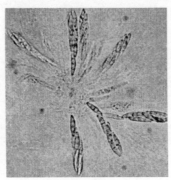

图 7-8　小麦赤霉病菌（引自侯明生等，2014）

（六）小麦其他病害

小麦叶枯病、小麦纹枯病、小麦根腐病、小麦丛矮病、小麦黄矮病等病害症状及病原观察。

四、作业

1）绘制小麦条锈病菌、小麦秆锈病菌、小麦叶锈病菌的夏孢子和冬孢子图。
2）绘制小麦赤霉病菌子囊壳、子囊、子囊孢子及大型、小型分生孢子图。
3）绘制小麦白粉病菌形态图。

课后思考题

1．我国目前小麦病害发生情况如何？

2．我国小麦条锈病为什么可以划分为不同的流行区系？各有哪些特点？对病害防治有什么指导意义？

3．小麦叶锈病和小麦秆锈病的发生规律与小麦条锈病有哪些异同？

4．小麦赤霉病的病原物与小麦条锈病菌有哪些不同？小麦赤霉病菌的发病条件与小麦条锈病菌有哪些不同？各对病害防治有什么影响？

5．小麦白粉病为什么由次要病害逐渐上升为主要病害？

6．小麦纹枯病的发生规律与小麦条锈病、小麦赤霉病有哪些异同？

7．小麦叶枯病的种类有哪些？如何区分？

8．小麦全蚀病的自然衰退现象是如何形成的？对病害防治有什么指导意义？

9．如何防治小麦根腐病？

10．我国目前发生比较严重的小麦黑穗病有哪些？如何防治？

11．我国目前发生比较严重的小麦病毒病有哪些？如何防治？

12．根据所学知识，制订出小麦病害的综合防治措施。

| 第八章 | 玉米病害与管理 |

【教学目标】 掌握玉米常见病害的症状及病害的发生发展规律，能够识别各种常见病害并进行病害管理。

【技能目标】 掌握玉米常见病害的症状及病原的观察技术，准确诊断玉米主要病害。

玉米是我国的主要粮食作物，种植面积和总产量仅次于小麦和水稻而居第三位。玉米除被食用外，还是发展畜牧业的优良饲料和轻工、医药工业的重要原料。病害是影响玉米生产的主要灾害，常年损失 6%～10%。近年来，由于全球气候的变化、栽培制度的改变、抗病品种的更换，过去许多发生严重的病害逐渐减轻，而又有一些原来很轻或未发生的病害逐年加重，防治玉米病害已成为玉米可持续发展的关键环节。

全世界玉米病害 90 多种，我国 30 多种，其中叶部病害 10 多种，根茎部病害 6 种，穗部病害 3 种，系统性侵染病害 9 种。目前发生普遍而又严重的玉米病害有大斑病、小斑病、锈病、茎基腐病、丝黑穗病、弯孢霉叶斑病等，有些地区霜霉病、黑粉病等发生严重，以上病害常常造成严重的经济损失。

第一节　玉米大斑病

玉米大斑病是玉米上的重要叶部病害。1876 年在意大利首次报道，20 世纪初期已遍及美洲、欧洲、亚洲、非洲和大洋洲等玉米产区。1899 年中国最早记载大斑病的发生，后遍及全国，以东北、华北北部、西北和南方山区的冷凉玉米产区发病较重。1971～1975 年，吉林就有 3 年暴发，感病品种减产 50% 左右。20 世纪 80 年代，随着抗病杂交种的推广应用，大斑病基本得到控制。但到 20 世纪 80 年代末期，由于病原菌小种的演变，大斑病再度严重发生，生产上推广的骨干自交系 '8112' 和 '5003' 等高度感染，带有 *Ht* 基因的 'M017' 上也出现萎蔫斑，引起人们的极大关注。

一、诊断病害

（一）识别症状

玉米在整个生育期均可感染大斑病。在自然条件下由于存在阶段抗病性，苗期很少发病，到玉米生长后期，尤其是在抽雄后发病逐渐加重。

病菌主要危害叶片，严重时也可危害叶鞘、苞叶和籽粒。叶片发病后，发病部位先出现水渍状（室内）或灰绿色（田间）小斑点，随后沿叶脉方向迅速扩大，形成黄褐色或灰褐色梭形大斑。病斑中间颜色较浅，边缘较深。病斑长 5～10cm，宽 1～2cm，有时可长达 20cm 以上，宽可超过 3cm。严重发病时，多个病斑相互汇合连片，致使植株过早枯死。枯死株根部腐烂，果穗松软而倒挂，籽粒干瘪细小。田间湿度较大或大雨过后或有露时，病斑表面常密生一层灰黑色的霉状物（病菌的分生孢子梗和分生孢子）。叶鞘、苞叶和籽粒发病，病斑也多呈梭形，灰褐色或黄褐色。

此外，叶片病斑类型因玉米材料（自交系或杂交种或品种）上所带抗病基因的不同可分为两大类：①褪绿斑。在带有 *Ht* 基因的材料上，病斑很小，椭圆形，病斑沿叶脉扩展，常形成褐色的坏死条纹，周围黄褐色或淡褐色。②萎蔫斑。在不带 *Ht* 基因的感病材料上，病斑初期为椭圆形、黄色或青灰色的水渍状小斑点，后来逐渐沿叶脉扩大，形成长梭形，大小不等的萎蔫斑。这些特点在室内抗病性鉴定时尤为常见。

玉米大斑病在田间的发病往往是从下部叶片开始，逐渐向上扩展。该病在田间诊断要点有二：一是看叶片上是否出现梭形大斑（长度为 10cm 左右），二是看病部有无灰黑色的霉状物出现。生产中玉米大斑病常与生理性大斑病混淆，前者病斑梭形，患部病组织极易破碎，保湿后出现大量的分生孢子；后者病斑一般不呈梭形，患部病组织不易破碎，保湿后不出现大斑菌的分生孢子。

（二）鉴定病原

无性态为玉米大斑凸脐蠕孢菌 ［*Exserohilum turcicum*（Pass.）Leonard & Suggs］，属半知菌类凸脐蠕孢属。异名：*Helminthosporium turcicum* Passerini，*H. inconspicum* Cook & ElLis，*Drechslera turcicum* Ito，*Bipolaris turcicum* Shoemaker。

有性态为大斑刚毛座腔菌 ［*Setosphaeria turcica*（Luttrell）Leonard et Suggs］，属子囊菌门座囊菌目，异名：*Trichometas phaeria turcica* Luttrell，*Keissleriella turcica* VonArx。

分生孢子梗

分生孢子

图 8-1 玉米大斑病菌

病原菌分生孢子梗多从气孔抽出，单生或 2～6 根丛生，一般不分枝，橄榄色，圆筒形，直立或上部膝状弯曲。分生孢子 2～8 个隔膜，以 4～7 个隔膜为多数，大小为（57.7～140.6）μm×（15.1～22.9）μm，着生在分生孢子梗顶端或弯曲处。分生孢子直，梭形，灰橄榄色，中间宽，两端渐细，顶端细胞钝圆或呈长椭圆形，基部细胞尖锥形；孢子的脐点明显且突出于基细胞之外，萌发时由两端产生芽管，越冬期间往往形成厚壁孢子（图 8-1）。自然界中很少发现玉米大斑菌的有性态，但人工培养可以产生子囊壳。子囊壳黑色，椭圆形或近球形。子囊圆筒形或棍棒状，在子囊壳中平行排列。子囊内大多含 2～4 个子囊孢子，成熟的子囊孢子无色透明，纺锤形，一般较直，具 3 个隔膜，且隔膜处缢缩。

病原菌菌丝生长温度为 10～35℃，最适温度为 28℃；pH 为 2.6～10.9，最适 pH 为 8.7。分生孢子形成的温度为 15～33℃，适宜温度为 23～25℃；分生孢子萌发的温度为 5～42℃，适宜的温度为 26～32℃。不同小种菌丝生长、孢子形成和萌发的温度不同。分生孢子形成和萌发都需要较高的湿度，但孢子形成后抗干燥能力很强，在玉米种子上可存活 1 年以上。

病菌为异宗配合真菌。自然条件下，子囊壳产生于枯死的病组织中，干燥或过湿都不利于子囊壳的形成。子囊壳形成适温为 26～33℃，成熟期 1 个月，成熟后接触水分 2h，顶端破裂释放子囊孢子。

　　病菌除了危害玉米外，也可侵染高粱、苏丹草、约翰逊草、稗草和野生玉米等禾本科植物。根据致病力不同分为两个专化型，即玉米专化型和高粱专化型。前者只侵染玉米，而后者可侵染玉米、高粱、苏丹草和约翰逊草。在玉米专化型中，根据对玉米中含有的显性单基因 *Ht1*、*Ht2*、*Ht3* 和 *HtN* 的致病能力的不同，又分为 5 个生理小种（表 8-1）。1 号小种对具有 *Ht1*、*Ht2*、*Ht3*、*HtN* 显性单基因玉米无毒力，只引致褪绿斑，不形成孢子，在广大玉米种植区普遍存在，且为绝大多数地区的优势小种。2 号小种对具有 *Ht1* 显性单基因玉米有毒力，引致萎蔫斑，并产生大量的分生孢子，但对具有 *Ht2*、*Ht3*、*HtN* 的玉米无毒力；2 号小种首次在 1974 年发现于美国的夏威夷，中国的辽宁在 1983 年也发现了 2 号小种，并到 1986 年上升为优势小种严重威胁带 *Ht1* 基因的玉米的推广应用。此后美国的佛罗里达州、伊利诺斯州和印第安纳州等 7 个州和中国的吉林、河北、台湾等地区都报道了 2 号小种。3 号小种对带 *Ht2*、*Ht3* 基因的玉米有毒力，但对带 *Ht1*、*HtN* 基因的玉米无毒力，该小种首次于 1980 年发现于美国的伊利诺斯州和南卡罗来纳州，之后中国的云南和台湾也有报道。最近在美国的夏威夷还发现了 4 号小种和 5 号小种。了解玉米大斑病菌的生理分化对指导玉米生产具有重大意义。此外，通过研究人们还发现了上述小种以外的致病类群，说明菌株的变异日趋频繁，小种的划分更加复杂。

表 8-1　玉米大斑病菌的生理分化

小种名称	新命名法 * 小种名称	玉米基因型				毒力公式 （有效抗性基因 / 无效寄主基因）
		Ht1	*Ht2*	*Ht3*	*HtN*	
1	0	R	R	R	R	*Ht1 Ht2 Ht3 HtN*/0
2	1	S	R	R	R	*Ht2 Ht3 HtN*/ *Ht1*
3	23	R	S	S	R	*Ht1 HtN* / *Ht2 Ht3*
4	23N	R	S	S	S	*Ht1* / *Ht2 Ht3 HtN*
5	2N	R	S	R	S	*Ht1 Ht3* / *Ht2 HtN*

注：* 为按照 Leonard（1989）的小种命名方法；"S" 为萎蔫斑，"R" 为褪绿斑

　　玉米大斑病菌对玉米的致病性主要是产生致病毒素和一些酶类。早在 1975 年，Yoka 等就曾报道病原菌在活体外（*in vitro*）可以产生果胶甲酯酶、纤维素酶等酶类物质和对热稳定的毒素，毒素明显抑制感病幼苗叶绿素的生物合成且活性与致病能力呈正相关。经氯仿提取毒素滤液可获得一种低分子质量的带—OH 的化合物，可诱导玉米产生典型的大斑病症状。迄今为止，人们已从大斑病菌的培养物滤液中分离到了 monocerln、三肽和 5-羟甲基 -2- 呋喃甲醛等毒性化合物；而且明确了大斑病菌不同小种的毒性成分也不相同，2 号小种可以产生一种对 *Ht1* 基因玉米特异性的致病因子。这种特异性的致病因子对 *Ht1* 基因玉米膜的透性、与活性氧和抗病性有关的酶类活性同样具有专化性的影响。此外，国内外在利用玉米大斑病菌进行品种抗病性鉴定、生理小种鉴定和进行抗病诱变育种等方面都有不少的报道，但有关毒素的作用位点、毒素产生的分子遗传、毒素的钝化及机制、大斑病菌与玉米互作后的信号转导等问题尚需研究明确。

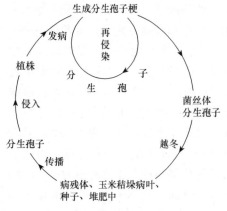

图 8-2　玉米大斑病病害循环

二、掌握病害的发生发展规律

（一）病程与侵染循环

玉米大斑病病害循环如图 8-2 所示。

1. 初侵染　此病的初侵染源非常广泛，主要以菌丝体或分生孢子在发病的组织（病残体）中越冬；种子上和堆肥中尚未腐烂的病菌也能越冬，成为来年的初侵染源。越冬期间的分生孢子，往往细胞壁加厚，原生质浓缩，而成为厚壁孢子。一个分生孢子可以形成 2～3 个厚壁孢子，厚壁孢子的抗逆性较强。

2. 传播　病菌越冬后产生的分生孢子，主要借风雨和气流传播，一旦条件适宜，2h 即可萌发。芽管大多从孢子顶端细胞中长出，孢子基部细胞甚至中间细胞也可长出芽管。

3. 侵入与发病　分生孢子萌发产生芽管，芽管顶端首先产生附着胞，附着胞上再产生侵入丝。侵入丝大多从玉米表皮细胞或表皮细胞中间直接侵入，少数也可从气孔侵入，而且叶片两面都可以成功侵入，如果温度条件适宜，整个侵入过程 6～12h 即可完成。侵入丝侵入玉米后产生泡囊组织，再从泡囊产生次生菌丝向四周扩展蔓延。菌丝在叶片细胞中的扩展很慢，一旦侵入到木质部导管和管胞后则扩展加快。病菌从侵入到发病需要 7～10d，不同的品种其潜育期长短不一。

4. 再侵染　病菌侵入 10～14d 以后，在潮湿的条件下，分生孢子梗从气孔伸出，并产生大量分生孢子，又可随风雨传播进行再侵染。在玉米整个生长期内可进行多次再侵染。特别是在春、夏玉米混作区，由于前者为后者提供了大量菌源，再侵染频繁。

（二）影响发病的条件

此病的发生流行主要取决于玉米品种的抗性、气候条件、耕作与栽培措施等。

1. 玉米品种抗性　目前尚未发现有免疫的玉米品种，但玉米品种间对大斑病菌的抗性有明显差异，种植感病品种是病害大流行的主要原因。20 世纪 40 年代，世界玉米产区大面积种植的多为感病品种，致使该病流行成灾。20 世纪 60 年代选育和推广具有抗病基因的玉米品种后，该病未能在大范围内流行。

玉米品种对大斑病的抗性分为数量抗病性、褪绿斑抗病性、褪绿点抗病性和无病斑抗病性等 4 种类型：①数量抗病性。多数属于这种类型，它是由多基因控制的水平抗病性（非专化性抗病性）。具这类抗病性的抗病材料病斑数量少，面积小，产孢量少，病叶枯死较慢；感病材料上病斑大、数量多、产孢量大、病斑枯死速度快，病斑反应型属萎蔫斑。②褪绿斑抗病性。由显性单基因控制的垂直抗病性（专化性抗病性）。凡具有 *Ht1*、*Ht2* 或 *Ht3* 单基因的玉米，在苗期或成株期叶片上的病斑通常较小，周围具有褪绿晕圈，中间有小的坏死斑，组织坏死迟缓，不产生孢子或产生量很少。③褪绿点抗病性。Hilu 和 Hooker 于 1965 年在玉米苗期发现了一种特有褪绿点症状，但到成株期则不表现，认为其是一种褪绿点抗病性。我国也发现在单基因鉴别寄主或多基因鉴别寄主的幼苗叶片上接种 2～3d 就出现很多的褪绿点。④无病斑抗病性。Gevers 于 1975 年从罗得西亚的一个墨西哥玉米品系 'Pepitilla' 衍生出来的一个新的由 *HtN* 基因控制的抗病性类型，它们与 *Ht1*、*Ht2* 或 *Ht3* 单基因控制的褪绿点抗病性症状不同的是，具有 *HtN* 基因的植株叶片上通常无病斑。不同品种玉米对大斑病的抗病性程度与其体内的丁布（抗大斑病的化学物质基础）含量有关。丁布的含量以苗期较高，随着玉米的发育，含量逐渐下降。

2. 气候条件　　在具有足够菌量和一定面积的感病品种时，大斑病的发病程度主要取决于温度和雨水。该病的发病适温为 20～25℃，超过 28℃对病害有抑制作用；适宜发病的相对湿度在 90% 以上，这对孢子的形成、萌发和侵入都有利。因此，7～8 月，如果温度偏低，多雨高湿，日照不足，均有利于大斑病的发生和流行。中国北方各玉米产区，6～8 月气温大多适于发病，这样降雨就成为大斑病发病轻重的决定因素。

3. 耕作与栽培措施　　玉米连作地病重，轮作地病轻；单作地病重，间套作地病轻。合理的间套作和适时轮作，可改变田间小气候，利于通风透光，减低田间湿度，减少田间菌源，从而减轻病害的发生和危害。无论春玉米还是夏玉米，晚播都比早播的病重，原因是玉米生长后期抗病性降低，又赶上雨季，利于发病。此外，栽培过密的玉米地块要比栽培较稀的地块病重；远离村边或玉米秸秆的玉米地块病轻，地势低洼的地块病重。凡田间病斑出现较晚的年份，不管后期气候条件如何，大斑病的发生都不会太严重；而田间病斑出现较早的年份，除非玉米抽雄后相当长的一段时间遇上严重干旱的年份，一般发病都较严重。

三、管理病害

（一）制订病害管理策略

管理策略以推广和利用抗病品种为主，加强栽培管理，及时辅以必要的药剂防治。

（二）采用病害管理措施

1. 种植抗病品种　　种植抗病品种是防治玉米大斑病主要而最经济有效的措施。20 世纪 40～60 年代，许多国家利用的玉米品系大多属多基因控制的水平抗病性。这些品系可减少萎蔫病斑的数量和大小，在控制玉米大斑病的发生和流行方面起到了重要作用。我国 20 世纪 70 年代后期至 80 年代初期所推广的大多数品系也属于这些类型，如 '吉单 101' 等。这些抗大斑病材料在多年来流行性强、流行过程长的东北玉米产区发挥了积极作用。80 年代末期，各国纷纷将一些单基因（*Ht1*、*Ht2*、*Ht3* 和 *HtN*）转移到农艺性状优良的自交系中，如我国在 80 年代中后期推广的 '丹玉 13' 就曾在生产上发挥过重要作用。目前，我国推广的抗大斑病的自交系、杂交种或品种各地差别较大，主要有 'Mo17'、'吉单 101'、'吉单 111'、'中单 2'、'郑单 2'、'吉 713'、'四单 12'、'四单 16'、'掖 107'、'沈试 29' 及 '掖单' 系列品种（如 '掖单 13' 等）、'登海' 系列品种等。

在选育和推广抗病品种时必须注意：①充分利用我国丰富的抗大斑病资源。目前，我国已筛选出一批重要的抗大斑病种质资源，高抗的有 '白鹤黏'、'吉 770'，属自交系的抗病材料有'唐四平头'、'百黄混'、'赤403'、'铁205'、'铁222'、'78-6M01'、'吉818'、'大风71'、'罗吉'、'F544'和'L105'等。②密切注视大斑病菌生理小种的分布和消长动态；合理地利用单基因的抗病品种。由于单基因抗病程度较高，对环境的反应较稳定，在育种时容易转育。③必须与优良的栽培管理措施相结合，使抗病性得以充分发挥。④利用亲本抗病性时，应首先考虑水平抗病性或一般抗病性类型。⑤注重抗源基因的合理布局，避免抗病基因的大面积推广。⑥注重抗病基因的定期轮换，防止强毒力小种的出现。

2. 加强栽培管理，及时清除菌源　　玉米大斑病菌属于弱寄生菌，当植株从营养生长过渡到生殖生长时最易受到病菌的侵染，因此增施粪肥可提高寄主的抗病能力，如施足基肥，适时追肥，氮肥、磷肥、钾肥合理配合。由于该病存在阶段抗病性问题，可适当早播以避免病害的发生和流行。此外，应注意合理密植，以降低田间湿度，一般来讲，高产地块掌握在45 000株/hm²，中等肥力地块在35 000株/hm²，低肥力地块在30 000株/hm²。

在病残体中越冬的病菌是第二年的初侵染源，因此搞好田间卫生，及时清除病株（叶），效果较好，如深埋病残体，及时打除底叶等。

3. 药剂防治　　在抗病品种大面积丧失抗性的极端情况下及在发病初期，使用化学药剂防治玉米大斑病仍不失为一种补救措施。防治大斑病的有效药剂有10%世高、70%代森锰锌、70%可杀得、50%扑海因、50%菌核净、新星等，过去如50%多菌灵、50%退菌特、75%百菌清、70%甲基硫菌灵等老品种药剂都曾发挥过较好的作用。

第二节　玉米小斑病

玉米小斑病是温暖潮湿玉米产区的重要叶部病害。在1925年定名前后，世界各国就有不同程度的发生。1970年，小斑病在美国大流行，减产165亿kg，占美国玉米总产量的15%，损失产值约10亿美元，因超过1840年欧洲马铃薯晚疫病大流行造成的损失而震动全球。中国江苏在20世纪20年代就有小斑病的发生，但过去只发生在多雨年份且多在后期流行，很少造成严重损失。60年代后，由于大面积推广感病杂交种，小斑病的危害日趋严重，成为玉米上的重要叶部病害。60年代中期，河北石家庄和湖北宜昌由于小斑病的严重发生，一般地块减产20%以上，重病田减产高达80%，甚至毁种绝收。70年代后，随着抗病品种的推广，小斑病的发生和危害基本得到控制，但由于抗病品种的大面积单一化种植和全球气候的变暖，我国某些玉米产区小斑病仍时有严重发生，损失很大。

一、诊断病害

（一）识别症状

从苗期到成株期均可发生，但苗期发病较轻，玉米抽雄后发病逐渐加重。病菌主要危害叶片，严重时也可危害叶鞘、苞叶、果穗和籽粒。

叶片发病常从下部叶片开始，逐渐向上蔓延。病斑初为水渍状小点，随后病斑渐变黄褐色或红褐色，边缘颜色较深。根据不同品种对小斑菌不同小种的反应，常将病斑分成3种类型：①病斑椭圆形或长椭圆形，黄褐色，边缘颜色较深，病斑的扩展受叶脉限制；②病斑椭圆形或纺锤形，灰色或黄色，无明显边缘，病斑扩展不受叶脉限制；③病斑为坏死小斑点，黄褐色，周围具黄褐色晕圈，病斑一般不扩展。前两种为感病型病斑，后一种为抗病型病斑。感病型病斑常相互联合致使整个叶片萎蔫，严重株会提早枯死。天气潮湿或多雨季节，病斑上出现大量灰黑色霉层（分生孢子梗和分生孢子）。

该病的田间诊断要点有二：一是看叶片上是否有黄色（颜色或深或浅）的小病斑（一般长度不超过2cm），二是看病部有无灰黑色的霉层。生产中，小斑病常与病毒引起的花叶病和褐斑病混淆。小斑病初为水渍状小点，之后形成坏死斑，保湿可见病菌的分生孢子；花叶病初虽为水渍状小点，但不扩展成坏死斑，保湿不产生分生孢子；褐斑病开始也为水渍状小点，之后形成坏死病斑，但病斑中央有橘黄色小病斑。

（二）鉴定病原

无性态为玉蜀黍平脐蠕孢 [*Bipolaris maydis*（Nisikado et Miyake）Shoem.]，属半知菌类平脐蠕孢属。异名有 *Helminthosporium maydis* Nisikado、*Drechslera maydis* Subram&Jain；有性态为异旋孢腔菌（*Cochliobolus heterostrophus* Drechsl.），属于子囊菌门旋孢腔菌属。异名为 *Ophiobolus heterostrophus* Drechs.。

病原菌分生孢子梗（图8-3）2～3根束生，从叶片气孔中伸出，直立或屈膝状弯曲，褐色，具3～15个隔膜，不分枝，基部细胞稍膨大，上端有明显孢痕。分生孢子在分生孢子梗顶端或侧方长出，长椭圆形，褐色，两端钝圆，多向一端弯曲，中间粗两端细，具3～13个隔膜，大小为（30～115）μm×（10～17）μm，脐点凹陷于基细胞之内。分生孢子多从两端细胞萌发长出芽管，有时中间细胞也可萌发。子囊壳可通过人工诱导产生，偶尔也可在枯死的病组织中发现。子囊壳黑色，球形，喙部明显，常埋在寄主病组织中，表面可长出菌丝体和分生孢子梗；内部着生近圆桶状的子囊。子囊顶端钝圆，基部具柄；子囊内大多有4个线状无色透明具5～9个隔膜的子囊孢子，大小为（147～327）μm×（6～9）μm。子囊孢子在子囊内相互缠绕成螺旋状，萌发时每个细胞均可长出芽管。

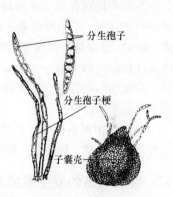

图8-3　玉米小斑病菌（引自天津市农林局技术推广站，1974）

病原菌菌丝发育温度为10～35℃，适宜温度为28～30℃；菌丝发育pH为2.6～10.9，pH8.7最适。分生孢子形成的温度为15～33℃，适宜温度为23～25℃；萌发的温度为5～42℃，适宜温度为26～32℃；分生孢子的形成和萌发均需要高湿条件。分生孢子的抗干燥能力很强，在玉米种子上可存活1年。子囊壳形成适宜温度为26～33℃，低于17℃不能形成子囊壳。子囊壳从形成到成熟大约需要1个月，成熟的子囊壳接触水分后，顶端破裂，释放出子囊和子囊孢子。

玉米小斑菌有明显的生理分化现象。早在20世纪50年代末期，菲律宾就曾报道过含有T型雄性不育细胞质（T-cms）的玉米严重感染小斑病。1970年，美国小斑病大流行后，Smith 等用'Twf9'和'wf9'作为鉴别寄主首次提出玉米小斑菌群体中存在 T、O 两个生理小种。T 小种的特性：①对 T-cms 玉米具有专化致病能力，对 S-cms、C-cms 和正常细胞质玉米致病力很弱；②在活体内（*in vivo*）和活体外（*in vitro*）都能产生大量的致病毒素，毒素对 T-cms 玉米也高度专化，毒素抑制感病玉米种子根的伸长、花粉的萌发和根冠细胞的死亡，对感病玉米细胞内的诸多生理生化过程具有明显影响，并造成幼苗病叶迅速萎蔫和田间病叶枯死；③除了侵染玉米的叶片、叶鞘、苞叶外，突出特点是它可侵染果穗和籽粒；④在感病 T-cms 玉米植株上病菌可迅速大量繁殖；⑤最适生长温度较低，一般发生在较冷凉玉米产区。而 O 小种的特性：①对所有细胞质玉米的专化性很小或无专化性；②在活体内和活体外只产生极少量毒素，且对不同细胞质玉米也无专化性；③主要侵染玉米叶片，病斑扩展受叶脉限制；④在感病玉米植株上病菌繁殖的速度比 T 小种要慢得多；⑤最适温度比 T 小种稍高，多发生在较温暖的玉米产区。

中国对玉米小斑病菌生理分化的研究始于 20 世纪 70 年代中后期。由于中国的玉米种质资源和小斑菌群体比较复杂，单用 T-cms 来划分中国的小斑菌生理小种不切实际。在 1981 年提出中国玉米小斑菌中应包括中 T、中 C、中 S、中 N、中 O、中 TC、中 TS、中 TN、中 CS、中 CN、中 SN、中 TCS、中 TCN、中 TSN、中 CSN、中 TCSN 等在内的 16 个生理小种。1988 年证实了 C 小种在中国的存在。

玉米小斑菌在寄主体内和体外都可产生致病毒素，毒素与病菌一样在玉米上引起典型的病害症状。T 小种毒素（HMT-毒素）是美国 1970 年玉米小斑病菌大流行的决定性因素。HMT-毒素是一线状聚乙酮醇类化合物，感病玉米的线粒体是毒素作用的原初位点，即在线粒体内膜上有一 13kDa 的多肽与 HMT-毒素特异性结合。毒素对感病玉米根的伸长、根冠细胞的存活、玉米的呼吸作用、光合作用、吸收作用和一些酶类的活性变化都有不同程度的影响。

病菌在田间条件下，还可侵染高粱，人工接种也能危害大麦、小麦、燕麦、水稻、苏丹草、虎尾草、黑麦草、狗尾草、白茅、纤毛鹅观草、稗和马唐等禾本科植物。

二、掌握病害的发生发展规律

（一）病程与侵染循环

1. 初侵染　　此病主要以菌丝体在病残体内越冬，分生孢子也可越冬，但存活率很低。因此小斑菌的初侵染源主要是上年玉米收获后遗留在田间、地头和玉米秸垛中尚未腐解的病残体。种子中的病菌一般对病害的传播不起作用，但有时 T 小种可由种子传播。越冬病菌的存活数量与越冬环境有关。地面上的病菌至少能存活 1 年以上，而埋在土壤中的病残体一旦腐烂，病菌即死亡。

2. 传播与发病　　在病残体中越冬的病菌在翌年玉米生长季节，遇到适宜的环境条件（温度和水分）便可产生分生孢子。分生孢子通过气流传播到玉米植株上，在叶面具有水膜时可萌发产生芽管，芽管从气孔或通过叶片表皮细胞直接侵入。在适温下，病害的潜育期为 24h，5~7d 可形成典型的病斑。

3. 再侵染　　典型的小斑病病斑一旦遇到潮湿条件就产生大量分生孢子，这些孢子又借助气流传播进行再侵染。条件适宜，在一个生长季节小斑病有多次再侵染。在田间，小斑病最初是在植株的下部叶片发病，随后向四周做水平扩展，再向上做垂直扩展。春、夏玉米混播区，春玉米收获后遗留在田间病残体上的分生孢子可以继续向夏玉米田传播。因此，春、夏玉米混播区，夏玉米往往比春玉米发病重。

（二）影响发病的条件

此病的发生和流行与品种抗性、气候条件和栽培管理等有密切关系。

1. 品种抗性　玉米品种之间对小斑病的抗性存在着明显差异，但目前尚未发现免疫品种。大面积推广和种植感病品种或杂交种是导致该病暴发和流行的主要原因。剖析美国 1970 年小斑病大流行的原因，就是在 20 世纪 60 年代中后期为了制种方便，80% 以上的玉米产区推广 T-cms 玉米，遗传单一的结果使 T 小种上升为优势小种导致抗病性的丧失。相反，中国在 20 世纪 50 年代以前甚至目前在某些山区一直种植农家种，这种遗传种质的多样化使小斑病发生很轻。生产中出现的这些经验和教训很值得人们重视。

目前发现隐性单基因 *rhm* 控制的褪绿斑抗性属于质量抗性类型，在抗病的幼苗和在田间成株上的病斑都表现为褪绿斑，其孢子形成数量极少；而在感病植株的病斑上，孢子形成数量很多。玉米对不同小种的抗病性受不同基因的控制，对小斑病菌 O 小种的抗性主要受核基因控制，而对 T 小种的抗性主要受细胞质基因的影响。所有 O 小种的菌株都对 T 小种菌株具有高度的交互保护作用，在 O 小种占优势的地区，延缓 T 小种群体增长是一个有效的因素。

在同一植株的不同生育期或不同叶位对小斑病的抗病性也存在差异。一般新叶生长旺盛，抗病性强，老叶和苞叶抗病性差；玉米生长前期抗病性强，后期抗病性差。因此，玉米存在着阶段抗病性问题，即玉米在拔节前期，发病多局限于下部叶片，当抽雄后营养生长停止，叶片老化，抗病性衰退，病情迅速扩展，常导致病害流行。

2. 气候条件　在大面积种植感病品种和有足够菌源存在的前提下，限制小斑病发生和流行的关键是温湿度和降雨量。特别是在 7~8 月，如果月平均温度在 25℃以上，雨日、雨量、露日、露量多的年份和地区，小斑病发生重；6 月的雨量和气温也起很大作用，因为此时的气温和雨量利于菌源的积累。由于不同小种对温度的要求不同，在进行预测预报时必须掌握病菌小种的动态变化。

3. 栽培管理　凡是田间湿度增大、植株生长不良的各种栽培措施都利于小斑病的发生。小斑菌对氮肥敏感，如果拔节期肥力低，则植株生长不良，发病早且重，相反若肥料充足，则发病迟且轻。增施磷肥、钾肥，适时追肥可提高植株的抗病能力。地势低洼、排水不良、土壤潮湿、土质黏重及田间湿度大通风透光差的地块发病都重，而实施窄行种植或与矮秆作物间套种均可减轻病害的发生。此外，由于菌量的逐渐积累，一般夏玉米比春玉米发病重，夏玉米中的晚播田比早播田发病重，因此生产中实施轮作和适期早播都会减轻病害的发生。

三、管理病害

（一）制订病害管理策略

防治策略应以种植抗病品种为基础，加强栽培管理措施减少菌源，适时进行药剂防治。

（二）采用病害管理措施

1. 选育和种植抗病良种　利用抗病、优质和高产的玉米品种或杂交种是保证玉米稳产增收的重要措施。杂交种对小斑病的反应主要取决于亲本的抗病性，因此对亲本进行抗病性鉴定至关重要。目前用抗病自交系'M017'、'330'、'E28'、'黄早四'等培育的杂交种，如'丹玉13'、'中单2'、'豫玉11号'、'烟单14'和'掖单4'等也都抗小斑病。为防止品种抗病性退化和丧失，必须密切监测小斑菌生理小种的变化与消长，品种的推广必须做到合理布局、定期轮换，尽可能地利用水平抗性品种和与优良的栽培管理措施相配合，关于利用品种抗病性可参照玉米大斑病。

选育抗病品种应做到：①应选择多种抗 T 小种的不育系的共同保持系，然后进行回交，育成同一基因背景的不同细胞质的不育系，并用各种细胞质不育系的共同恢复系作父本来配制杂交种；②将抗病核基因集中到所需要的自交系或杂交种中，先选出适应于当地的自交系或杂交种，然后进行系间选择取得抗病系再组合加以测定，几个抗病自交系互相杂交配成各种组合，形成一个原始群体，再筛选出最抗病的单株互相杂交，从中选出抗病单株；③利用具有增殖和分化能力的玉米单倍体胚性细胞无性系为材料，通过理化诱变处理，用正选择法，并以小斑菌产生的致病毒素为选择剂，在短期内诱发和筛选出抗小斑病的突变体；④必须注意兼抗大斑病、病毒病、丝黑穗病等。

抗玉米小斑病的杂交种在不同的年代变化很大，如 20 世纪 80 年代中后期推广的主要有'吉单101'、'吉双147'、'四单八丹'、'玉6'、'中单2'、'成单3'、'新单7'、'京杂6'等。20 世纪 90 年代中期主要有'鲁玉11'、'沈单7'、'掖单2'、'鲁玉13'、'石玉2'、'C8605'、'7922'、'M017'、'黄早'、'四丹'等。近年来推广的有'郑单14'、'冀单29'、'西九3'等。

2. 加强栽培管理　在施足基肥的基础上，及时进行追肥，氮肥、磷肥、钾肥合理配合施用，尤其是避免拔节期和抽穗期脱肥，促使植株生长健壮，提高抗病性。适期早播，合理间作套种或实施宽窄行种植，如与大豆、花生、小麦、棉花间作效果较好，此外还应合理密植。另外，注意低洼地及时排水，降低田间湿度，加强土壤通透性，并做好中耕、除草等管理工作。

3. 搞好田间卫生，减少菌源　严重发生小斑病的地块要及时打除底叶，玉米收获后要及时消灭遗留在田间的病残体，秸秆不要留在田间地头，秸秆堆肥时要彻底进行高温发酵，加速腐解等，这些措施均可减轻病害的发生。

4. 药剂防治　药剂防治玉米小斑病是大流行年份的一种补救措施，有些药剂具有防病和健苗作用，20 世纪 80 年代用于防治小斑病的有效药剂有克瘟散、敌菌灵、百菌清、代森锌、福美肿、退菌特等。目前用于防治小斑病的主要药剂有世高、扑海因、菌核净、敌菌灵、粉锈宁、可杀得、代森锰锌、速保利和大生等。从心叶末期到抽雄期，每 7d 喷 1 次，连续喷药 2~3 次。

第三节　玉米锈病

玉米锈病包括普通锈病、南方锈病、热带锈病和秆锈病 4 种，我国目前只有前两种锈病。普通锈病的发现报道较早，1891 年在美国首次报道，1937～1939 年，戴芳澜、王云章等在陕西、贵州等地报道了此病。1980 年以来，吉林、辽宁、河北、山西、山东、云南、贵州、四川和广西等地均发现此病危害。南方锈病在我国发现较晚，1972 年在海南发现。20 世纪 70 年代以来，南方锈病主要发生于我国台湾、海南等一些高温潮湿地区。然而，由于气候变化，近年该病在我国北方地区大面积发生。1998 年首次在江苏、河北、河南、山东和山西等省区暴发流行，产量损失严重，近年在黄淮海夏玉米区呈较快蔓延之势。2004 年和 2007 年在黄淮中南部严重发生，2004 年河南发生面积为 1000 万亩，2007 年河南发生面积占玉米面积的 50%，造成黄河以南玉米过早死亡，损失严重。2008 年秋季调查，南方锈病发生，对安徽北部、河南南部、山东大部分地区的夏玉米生产产生了严重影响，例如，安徽的'郑单 958'由于严重发生锈病，叶片提前干枯，一些地块至少因此减产 10%。南方锈病是一种毁灭性病害，对产量影响较大。

一、诊断病害

（一）识别症状

玉米锈病主要危害叶片，也可侵染叶鞘、苞叶和雄穗。其中，普通锈病在叶片上常产生长条状、略突出叶片表面的孢子堆，叶片表皮破裂后，散出褐色的粉末。南方锈病发病初期仅在叶片两面散生浅黄色褐色小斑点，病斑逐渐隆起呈圆形或椭圆形，后破裂散出铁锈色粉状物，即病菌夏孢子。植株生长后期，两种锈病都会在病斑上逐渐形成黑色近圆形或长圆形突起，破裂后散出黑褐色粉状物，即病菌冬孢子。玉米锈病发生造成植株叶片褪绿、不能正常进行光合作用。严重时，叶片上布满孢子堆，叶片干枯，植株提早衰老死亡。

（二）鉴定病原

普通锈病病原 *Puccinia sorghi* Schw.，称为玉米柄锈菌，属担子菌门冬孢菌纲锈菌目真菌。夏孢子堆黄褐色。夏孢子浅褐色，椭圆形至亚球状，表面具细刺，大小为（24～32）μm×（20～28）μm，壁厚 1.5～2.0μm，赤道附近具 4 个发芽孔。冬孢子裸露时黑褐色，椭圆形至棍棒形，大小为（28～53）μm×（13～25）μm，端圆，分隔处稍缢缩，柄浅褐色，与孢子等长或略长。性孢子器生在叶两面。锈孢子器生在叶背，杯形。锈孢子椭圆形至亚球形，大小为（18～26）μm×（13～19）μm，具细瘤，寄生在酢浆草上。据报道 *Puccinia Polysora* Unedrw. 称为多堆柄锈菌，引起南方锈病，主要在中国台湾和海南发生。此外，*Physopella zeae*（Mams）Cuminins Ramachar 能引起热带型玉米锈病。

二、掌握病害的发生发展规律

（一）病程与侵染循环

在我国，玉米普通锈病越冬和初次侵染源问题尚未完全明确。在广西、云南、贵州等南方各省（自治区），由于冬季气温较高，夏孢子可以在当地越冬，并成为当地第二年的初侵染菌源。北方则较复杂，在甘肃、陕西、河北、山东等北方省份，由于冬季寒冷，夏孢子和冬孢子能否安全越冬尚存在争议，且也未发现酢浆草与玉米锈病的初侵染存在联系。据国外报道，玉米普通锈病在其转主寄主植物——酢浆草属植物上产生性孢子器和锈孢子器，但在我国还未见报道。总之，在北方，玉米锈病菌源来自病残体，成为该病初侵染源。除本地菌源外，北方玉米锈病的初侵染菌源还来自南方通过高空随季风和气流远距离传播的夏孢子。发病后，病部产生的夏孢子作为再侵染接种体，进行重复侵染，蔓延扩大。玉米柄锈菌存在生理分化现象。

普遍锈病在气温相对较低（16~23℃）和经常降雨、相对湿度较高（100%）的条件下，易于发生和流行。在我国西南山区玉米锈病正是在这样的条件下普遍发生的。据国外报道，玉米普通锈病的夏孢子堆和冬孢子堆阶段也可发生于大刍草上。

（二）影响发病的条件

不同玉米品种和品系对玉米锈病存在明显的抗性差异，马齿型较抗病，甜玉米则抗病性较差，生育期短的早熟品种发病较重。'烟台14号'、'农大60号'、'黄早四'、'5003'不抗病。

玉米锈病主要在7月、8月、9月雨季发病。高温多湿、多雨、多雾季节常易引起病害流行；种植密度大，通风透光差，地势低洼地，偏施、多施氮肥的田块发病严重。由于玉米育种上大量引进携带感病基因的热带血缘，缺乏抗性品种。

三、管理病害

（一）制订病害管理策略

玉米锈病是一种气流传播的大区域发生和流行的病害，应采用以抗病品种为主、以栽培防病和药剂防治为辅的综合防治措施。

（二）采用病害管理措施

由于锈病是气传病害，后期发病，喷雾防治效果不理想，应注重及早防治。

1. 选育和利用抗病或中等抗病的品种　目前夏玉米区多数与'掖478'有亲缘关系的品种感南方锈病，'郑单958'、'浚单20'、'中科11'、'先玉335'和'鲁单9006'属于感病品种；自交系'齐319'抗南方锈病，组配的'鲁单981'、'鲁单50'抗性较好；'农大108'、'中科4号'、'登海3号'、'蠡玉16'和'金海5号'等有一定的抗性。

2. 加强栽培管理　加强田间管理，清除田间病残体，集中深埋或烧毁，以减少侵染源；适度用水，雨后注意排渍降湿。施用酵素菌沤制的堆肥，增施磷肥、钾肥，避免偏施、过施氮肥，提高寄主抗病力。

3. 药剂防治　在感病品种连片种植且阴雨连绵的情况下，要密切注意观察病害发生情况，早防早治，力求在零星病叶期及时防治。在发病初期喷施25%三唑酮可湿性粉剂，或25%丙环唑乳油、12.5%速保利（R-烯唑醇）可湿性粉剂，隔10d左右1次，连续防治2~3次，控制病害扩展。

第四节 玉米茎基腐病

玉米茎基腐病又称为茎腐病或青枯病，世界玉米产区都有发生，其中美国发生普遍，危害严重。我国在20世纪20年代即有发生，60年代后由于主推的多数自交系和杂交种对茎基腐病抗性不强，因此此病很快成为玉米上亟待解决的重要病害问题。目前在我国广西、浙江、湖北、陕西、河北、山东、辽宁等18省（自治区）均有发生，一般年份发病率为10%～20%，严重年份达20%～30%，个别地区高达50%～60%，减产25%，重者甚至绝收。

一、诊断病害

（一）识别症状

茎基腐病是由多种病原菌单独或复合侵染造成根系和茎基腐烂的一类病害的总称。一般在玉米灌浆期开始发病，乳熟末期至蜡熟期为显症高峰。我国茎基腐病的症状主要是由腐霉菌和镰刀菌引起的青枯和黄枯两种类型。

茎部症状：开始在茎基节间产生纵向扩展的不规则状褐色病斑，随后缢缩，变软或变硬，后部空松。剖茎检视，组织腐烂，维管束呈丝状游离，可见白色或粉红色菌丝，茎秆腐烂自茎基第一节开始向上扩展，可达第二、三节，甚至第四节，极易倒折。

叶片症状：主要有3种类型，青枯、黄枯和青黄枯，以前两种为主。青枯型也称为急性型，发病后叶片自下而上迅速枯死，呈灰绿色，水烫状或霜打状。黄枯型也称为慢性型，发病后叶片自下而上逐渐黄枯。

青枯、黄枯、茎基腐症状都由根部受害引起。研究表明，在整个生育期中病菌可陆续侵染植株根系造成根腐，致使根腐烂变短，根表皮松脱，髓部变为空腔，须根和根毛减少，使地上部供水不足，出现青枯或黄枯症状。茎基腐病发生后期，果穗苞叶青干，呈松散状，穗柄柔韧，果穗下垂，不易掰离，穗轴柔软，籽粒干瘦，脱粒困难。

（二）鉴定病原

茎基腐病主要由腐霉菌和镰孢菌侵染引起。

腐霉菌主要种类有瓜果腐霉［*Pythium aphanidermatum*（Eds.）Fitzp］、肿囊腐霉（*P. inflatum* Matth.）和禾生腐霉（*P. gramineacola* Subram），均属卵菌门腐霉属。

镰孢菌主要种类有禾谷镰孢（*Fusarium graminearum* Schawbe）和串珠镰孢 *F. moniliforme* Sheldon、*F. verticilioides*（Sacc.）Nirenb.，属半知菌类镰孢属。禾谷镰孢的有性态为玉蜀黍赤霉菌［*Gibberella zeae*（Schw.）Petch.］；串珠镰孢的有性态为串珠赤霉（*Gibberella moniliformis* Wineland）。

病原形态：禾谷镰孢在高粱粒或麦粒上培养易产生大型分生孢子，分生孢子多有3～5个隔膜，大小为（18.2～44.2）μm×（3.4～4.7）μm，不产生小型分生孢子和厚垣孢子。在麦粒上可产生黑色球形的子囊壳，子囊棍棒形，大小为（57.2～85.8）μm×（6.5～11.7）μm，子囊孢子纺锤形，双列斜向排列，1～3个隔膜。串珠镰孢分生孢子一般呈串珠状，菌落呈桔梗紫色或粉红色。

瓜果腐霉菌丝发达，白色棉絮状，游动孢子囊丝状，不规则膨大，小裂瓣状，孢子囊可萌发产生泄管，泄管顶端着生一泡囊，泡囊破裂释放出游动孢子。藏卵器平滑，顶生或间生，每一个藏卵器与一个雄器相结合，卵孢子壁平滑不满器。

肿囊腐霉菌丝纤细，游动孢子囊呈裂瓣状膨大，形成不规则球形突起，孢子囊大小为（34～74）μm×（7～30）μm。藏卵器球形，光滑，顶生或间生，雄器异生，每个藏卵器上有2～3个雄器。卵孢子球形，光滑，满器或近满器。

禾生腐霉菌菌丝不规则分枝。游动孢子囊由菌丝状膨大产生，形状不规则，顶生或间生。藏卵器球形，光滑，顶生或间生，大小为19～38μm。雄器棍棒形、卵形、亚球形或桶形，通常雌雄同丝，偶见异丝。每个藏卵器上有1～6个雄器，卵孢子球形，光滑。

病原生物学：串珠镰孢、禾谷镰孢在8～38℃均可生长，适宜温度为25～26℃；分生孢子在10℃时即能萌发，适宜温度为20～26℃。腐霉菌在23～25℃生长最好。腐霉菌在土壤内生长要求的湿度条件比镰孢高，因此多雨地区往往以腐霉菌型茎基腐病为主，而在干旱地区以镰孢菌型茎基腐病为主。

病原菌致病性：茎基腐病菌对玉米的致病性主要依靠产生细胞壁降解酶和毒素。腐霉菌和镰孢菌可产生糖蛋白类毒素，此外镰孢菌还可产生脱氧雪腐镰孢烯醇（DON）等毒素，造成质壁分离，细胞电解质外渗，线粒体空胞化，从而抑制种子根生长，导致叶片萎蔫。茎基腐病菌还能够产生一系列细胞壁降解酶（CWDE），即果胶甲基酯酶（PE）、多聚半乳糖醛酸酶（PG）、果胶甲基半乳糖醛酸酶（PMG）、多聚半乳糖醛酸反式消除酶（PGTE）、果胶甲基反式消除酶（PMTE）和纤维素酶（Cx）等。镰孢菌产生的CWDE活性明显高于腐霉菌。病菌在活体内外产生的CWDE活性明显不同。

二、掌握病害的发生发展规律

（一）病程与侵染循环

1. 初侵染　玉米茎基腐病属于土传病害。禾谷镰孢以菌丝和分生孢子，腐霉菌以卵孢子在病株残体组织内外、土壤中存活越冬，成为翌年的主要侵染源。种子可携带串珠镰孢分生孢子。

2. 传播　带有镰孢菌的植株残体可以产生子囊壳，翌年3月中旬以后释放出子囊孢子，借气流传播进行初侵染。种子带菌也是田间初侵染来源，种子表皮带菌率可高达34%～72%，而种子内带菌仅有6%。分生孢子和菌丝体借风雨、灌溉、机械和昆虫进行传播，在温暖潮湿条件下进行再侵染。

3. 侵入与发病　病菌自伤口或直接侵入根颈、中胚轴和根，使根腐烂。地上部叶片和茎基由于得不到水分的补充而发生萎蔫，最终导致叶片呈现黄枯或青枯、茎基缢缩、果穗倒挂、整株枯死。玉米茎基腐病是以苗期侵染为主，全生育期均可侵染的病害。从侵染过程来看，品种间对两种病菌侵入时间无显著差异，而对同一品种，镰孢菌和腐霉菌侵入所需的时间不同，并受温度、湿度条件制约。一般低温低湿条件有利于禾谷镰孢侵染，而高湿有利于腐霉菌侵染。

（二）影响发病的条件

此病的发生与品种抗性、气候条件、耕作与栽培措施有着密切关系。

1. 品种抗性 品种间对茎基腐病抗病性差异显著，但同一品种对腐霉菌和镰孢菌的抗病性无显著差异，即抗腐霉菌的品种也抗镰孢菌。

关于抗病机制，国内早期研究主要集中于茎秆机械强度、糖分和钾、硅元素等方面。已明确玉米植株各部位钾、硅含量与品种抗病性强弱密切相关。茎皮中钾和硅的含量及根部内钾的含量与病株率相关显著，茎髓钾的含量与病情指数相关显著，所以土壤供钾充足时有利于纤维素合成，细胞壁加厚，茎秆硅化程度高，表现抗病和抗倒伏。茎秆和根系含糖量高，抗病性相对较强。

2. 气候条件 春玉米茎基腐病发生于8月中旬，夏玉米则发生于9月上、中旬，麦田套种玉米的发病时间介于两者之间。这一发病规律与降雨关系密切，一般认为玉米散粉期至乳熟初期遇大雨，雨后暴晴发病重，久雨乍晴，气温回升快，青枯症状出现较多。在夏玉米生长前期干旱，中期多雨，后期温度偏高年份发病较重。

3. 耕作与栽培措施 连作年限越长，土壤中累积的病菌越多，发病越重；而生茬地菌量少，发病轻。一般早播和早熟品种发病重，适期晚播或种植中晚熟品种可延缓和减轻发病。一般平地发病轻，岗地和洼地发病重。土壤肥沃、有机质丰富、排灌条件良好、玉米生长健壮的发病轻；而砂土地、土质瘠薄、排灌条件差、玉米生长弱的发病重。

三、管理病害

（一）制订病害管理策略

应采用以选育和应用抗病品种为主，实施系列保护栽培措施为辅的综合防治措施。

（二）采用病害管理措施

1. 选育和种植抗病品种 选育和种植抗病、耐病优良品种是防治茎基腐病的经济有效的措施。近几年来我国选育和鉴定出的抗病品种有'丹玉39'、'东单60'、'华单208'、'铁单10'、'铁单18'、'铁单19'、'龙单13'、'沈单10'、'鲁单50'、'鲁单981'、'吉单209'、'雅玉12'、'成单22'、'户单2000'、'三北6号'、'先玉335'等。

2. 加强田间管理、增施肥料 搞好田间卫生，在玉米收获后彻底清除田间病残体，集中烧毁或高温沤肥，减少侵染源。在施足基肥的基础上，于玉米拔节期或孕穗期增施钾肥或氮、磷、钾配合施用，防病效果好。严重缺钾地块，一般施硫酸钾 $100\sim150kg/hm^2$；缺钾地块可施硫酸钾 $75\sim105kg/hm^2$。大田试验表明，用硫酸锌 $18\sim30kg/hm^2$ 做种肥，防效可达90%以上。

3. 轮作换茬，适期晚播 实行玉米与其他非寄主作物轮作，防止土壤病原菌积累。发病重的地块可与水稻、甘薯、马铃薯、大豆等作物实行2~3年轮作。北方春玉米区，如吉林、辽宁、河北北部一带，4月下旬至5月上旬播种能防止茎基腐病的发生，比早播的发病率低 11.3%～67.5%；增产 12.6%～32.3%；套种玉米 5 月下旬至 6 月上旬播种发病轻。夏玉米 6 月 15 日左右播种发病也轻，各地应因地制宜地选用适宜的播种期。

4. 种子处理，提倡生物防治 播种前可用粉锈宁拌种，同时兼治丝黑穗病和全蚀病。试验发现，对茎基腐病有防效的生防菌有哈次木霉（*Trichoderma harzianum*）、鞍形小球壳菌（*Sphaerodermella helvellae*）、粉红黏帚霉菌（*Gliocladium roseum*）、粉红单端孢菌（*Trichothecium roseum*）、简单节葡孢菌（*Gonatobotrys simplex*）、棘腐霉菌（*Pythium acanthicum*）、外担菌（*Exobasidium* sp.）和绿色木霉（*Trichoderma viride*）等。玉米生物型种衣剂（ZSB）（1∶40）拌种或施木霉菌肥对茎基腐病都有一定的防效。

第五节　玉米丝黑穗病

玉米丝黑穗病是玉米产区的重要穗部病害，国内外的玉米产区均有发生。1919 年中国东北首次报道，现已遍及全国，由过去的次要病害又上升为主要病害。尤其以东北、西北、华北和南方冷凉山区的连作玉米田块发病较重，发病率为 2%～8%，个别重病地块发病率高达 60%～70%，造成严重的经济损失。

一、诊断病害

（一）识别症状

此病是苗期的一种系统性侵染病害。虽然有些品种或自交系在 6～7 叶期就开始表现症状，如病苗矮化，节间缩短，叶片密集，叶色浓绿，株形弯曲，第 5 叶以上开始出现与叶脉平行的黄条斑等。但大多品种或自交系苗期症状并不明显，到穗期才出现典型症状，如病株雌穗短小，基部大而顶端小，不吐花丝，除苞叶外整个果穗变成一个大黑粉苞。苞叶通常不易破裂，黑粉不外漏，后期有些苞叶破裂散出黑粉（病菌冬孢子）。黑粉一般黏结成块，不易飞散，内部夹杂丝状寄主维管束组织。丝状物在黑粉飞散后才显露，故称为丝黑穗病。雄穗受害多数仍保持原来的穗形，仅个别小穗变成黑粉苞；也有以主梗为基础膨大成黑粉苞，外包白膜，当膜破裂后，才露出黑粉，黑粉常黏结成块，不易分散。花器变形，不能形成雄蕊，颖片长、大而多，呈小叶状。

一般在穗期表现典型症状，主要危害雌穗和雄穗，一旦发病，往往不能结实。受害严重的植株苗期可表现症状，分蘖增多呈丛生型，植株明显矮化，节间缩短，叶色暗绿挺直，有的品种叶片上则出现与叶脉平行的褪绿黄白色条斑，有的幼苗心叶紧紧卷在一起扭曲呈鞭状。成株期病穗分两种类型：①黑穗型。受害果穗较短，基部粗顶端尖，不吐花丝，除苞叶外整个果穗变成黑粉包，其内混有丝状寄主维管束组织。②畸形变态型。雄穗花器变形，不形成雄蕊，颖片呈多叶状；雌穗颖片也可过度生长成管状长刺，呈"刺猬头"状，整个果穗畸形。田间病株多为雌雄穗同时受害，玉米收获时黑粉落入土中越冬，丝黑穗病无再侵染。

（二）鉴定病原

病原为孢堆黑粉菌［*Sporisorium reilianum*（Kühn）Langdon & Full］，属担子菌门孢

堆黑粉菌属，异名为 *Sphacelotheca reiliana*（Kühn）
Clinton，病组织中散出的黑粉为冬孢子（图8-4），
冬孢子黄褐色至暗紫色，球形或近球形，直径为
9～14μm，表面有细刺。冬孢子间混杂有球形或近
球形的不育细胞，直径为7～16μm，表面光滑近无
色。冬孢子在成熟前常集合成孢子球并由菌丝组成
的薄膜所包围，成熟后分散。成熟的冬孢子遇适宜
条件萌发产生有分隔的担子，侧生担孢子。担孢子
无色，单孢，椭圆形，直径为7～15μm。担孢子以
芽殖方式可反复产生次生担孢子。冬孢子萌发温度

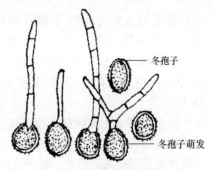

图8-4 玉米丝黑穗病菌
（引自董金皋，2001）

为25～30℃，适温在25℃左右，低于17℃或高于32.5℃不能萌发；缺氧时不易萌发。病
菌发育温度为23～36℃，最适温度为28℃。冬孢子萌发适宜 pH 为4.0～6.0，中性或偏
酸性环境利于冬孢子萌发，但偏碱性环境抑制萌发。丝黑穗病菌有明显的生理分化现象。
侵染玉米的丝黑穗病菌，不能侵染高粱；侵染高粱的丝黑穗病菌虽能侵染玉米，但侵染
力很低，这是两个不同的专化型。

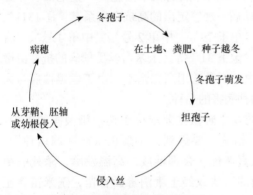

图8-5 玉米丝黑穗病病害循环

二、掌握病害的发生发展规律

（一）病程与侵染循环

玉米丝黑穗病病害循环如图8-5所示。

病菌以散落在土中、混入粪肥或黏附于
种子表面的冬孢子越冬，成为翌年的初侵染
源，其中土壤带菌在侵染循环中最为重要。
冬孢子在土壤中能存活2～3年，结块的冬
孢子比分散的存活时间更长。冬孢子通过牲
畜的消化道或病株残体沤粪而未经腐熟，仍
能保持活力，施用这些带菌的粪肥可引起田

间发病。带菌种子是远距离传播的重要途径，但由于种子自然带菌量小，田间传病作用
显著低于土壤和粪肥。

此病属芽期侵入、系统侵染性病害。土壤、粪肥中或种子上越冬的冬孢子经性结
合产生侵入丝，从玉米幼苗的芽鞘、胚轴或幼根侵入。玉米3叶期以前是病菌的主要
侵染时期，7叶期后病菌不再侵染玉米。侵入玉米的病菌很快蔓延到玉米的生长锥，
以菌丝随玉米生育而扩展，玉米雌雄穗分化时，病菌进入花芽和原始穗造成系统侵
染。病菌菌丝在雌雄穗内形成大量的黑粉（冬孢子）。

（二）影响发病的条件

丝黑穗病无再侵染，发病程度主要取决于品种抗性、菌源数量及土壤环境等。

玉米不同品种对丝黑穗病的抗性有明显差异。相同环境条件下，抗病品种很少发病。
抗病性表现为胚根受侵染时间短，且有抵抗菌丝入侵的能力。此外，当病菌侵入胚根后，
抗病品种体内能分泌某些抗病物质，抑制菌丝体的扩展。

连作地发病重，轮作地发病轻，原因是连作时土壤菌量迅速增加。有人报道，如以病株率来反映菌量，每年可增长 10 倍。使用未腐熟的厩肥，种子带菌未经消毒，病株残体未被妥善处理等都会使土壤菌量增加，导致该病的严重发生。施猪粪的田块发病率为 0.1%，而沟施带菌牛粪的高达 17.4%～23%，铺施牛粪的为 10.6%～11.1%。

玉米播种至出苗间的土壤温度、湿度与发病关系最为密切。土壤温度在 15～30℃时利于病菌侵入，以 25℃最为适宜。土壤湿度过高或过低都不利于病菌侵入，以 20% 的湿度条件发病率最高。另外，播种过深、种子生活力过弱时病重。

三、管理病害

（一）制订病害管理策略

应以种子处理为主，采用种植抗病品种，及时消灭菌源的综合防治措施。

（二）采用病害管理措施

1. 种植抗病品种　　利用抗病品种是防治丝黑穗病的根本措施。一些老品种，如'野鸡红'、'辽东白'、'金皇后'等较抗丝黑穗病。现鉴定出的高抗自交系有'辽 1311'、'Mo17'、'吉 63'等，杂交种有'丹玉 13'、'单玉 79'、'中单 2 号'、'中单 4 号'、'吉单 101'、'辽单 16'、'辽单 18'、'良玉 22'、'豫玉 31'等。玉米对丝黑穗病的抗性由微效基因控制，属数量性状遗传。在杂交育种中，不要选用高感亲本。由于丝黑穗病与大斑病的发生和流行区一致，故要选用兼抗这两种病害的品种。

2. 杜绝和减少初侵菌源　　丝黑穗病的发生轻重主要取决于初侵染菌源的多少。因此，减少田间菌源数量是控制该病的有效措施，要做到：①禁止从病区调运种子。②进行高温堆肥，杜绝生肥下地；厩肥要认真调配，合理堆放，高温发酵，杀死病菌后再用，以切断病菌传播途径。③选不带菌的田块或经土壤消毒后育苗，玉米苗育至3～4 叶后再移栽于大田，可有效避免丝黑穗病原的侵染，防治效果明显。④及时拔除发病幼苗和及早拔除病株、摘除病瘤，发现病株、病瘤，及早拔除，要做到早拔、彻底拔，并带出田外深埋，都能减少土壤中越冬病菌的数量。切忌将病株散放或喂养牲畜、垫圈等。

3. 种子处理　　在选择抗病良种的前提下，播前要晒种，并精选籽粒饱满、品种纯正、发芽率高、发芽势强的种子，再用药剂进行种子处理。拌种的药剂有 12.5% 的特谱唑（速保利、烯唑醇），每 100kg 种子用药量为 11.5～16.5g；50% 多菌灵或 50% 萎锈灵，每 100kg 种子用药量为 250～350g；5.5% 浸丰Ⅱ号，每 100kg 种子用药量为 1g。种子拌药后，不可闷种或贮藏后播种，否则易发生药害。生产中应注意含烯唑醇类种衣剂低温药害问题。

4. 加强栽培管理　　具体措施：①调整播期。要求播种时气温稳定在 12℃以上。地膜覆盖时虽可提早播种，但也不可盲目早播。②提高播种质量。做好整地保墒，根据土壤墒情适当浅播，点水播种或趁墒抢种。春旱地区应抢墒适期播种或坐水浅播，冷凉地区可结合催芽适当迟播或采用塑料薄膜育苗移栽，促使幼苗快速出土，达到避病目的。

③合理轮作。一般实行 1～3 年的轮作，配合种植高抗品种，可有效控制丝黑穗病的发生和危害。

第六节　玉米瘤黑粉病

玉米瘤黑粉病是玉米上的重要病害之一，一般北方比南方、山区比平原发生普遍而严重。减产程度因发病时期、病瘤大小及发病部位而异，发生早，病瘤大，在植株中部及果穗发病时减产较大。近年来，该病在北方的某些杂交种上发生严重，减产高达 15% 以上。

一、诊断病害

（一）识别症状

此病为局部侵染性病害，在玉米整个生育期，任何地上部的幼嫩组织都可受害。一般苗期发病较少，抽雄后迅速增加。病苗茎叶扭曲畸形，矮缩不长，茎基部产生小病瘤，苗 33cm 左右时症状更明显，严重时早枯。拔节前后，叶片或叶鞘上可出现病瘤。叶片上的病瘤较小，多如豆粒或花生米大小，常成串密生，内部很少形成黑粉。叶片在未出现病瘤之前，先形成褪绿斑，病斑部的叶肉细胞皱缩，失去其特有形态。茎或气生根上的病瘤大小不等，一般如拳头大小。雄花大部分或个别小花感病形成长囊状或角状的病瘤。雌穗被侵染后多在果穗上半部或个别籽粒上形成病瘤，严重的全穗形成大的畸形病瘤。病瘤是被侵染的组织因病菌代谢产物的刺激而肿大形成的菌瘿，外被由寄主表皮组织形成的薄膜。病瘤初期白色，有光泽，肉质多汁，以后迅速膨大，表面暗褐色，内部变黑。病瘤成熟后，外膜破裂，散出大量黑粉（冬孢子）。

（二）鉴定病原

病原为玉米瘤黑粉菌［*Ustilago maydis*（de Candolle）Corda］，属担子菌门黑粉菌属。异名为 *U. zeae*（Beckm.）Unger。冬孢子（图 8-6）球形或椭圆形，暗褐色，壁厚，表面有细刺状突起，直径为 8～12μm。冬孢子萌发时，产生有 4 个细胞的担子，担子顶端或分隔处侧生 4 个梭形、无色的担孢子。担孢子还能以芽殖的方式形成次生担孢子。担孢子和次生担孢子均可萌发。

冬孢子无休眠期，在水中和相对湿度为 98%～100% 条件下均可萌发，在干燥条件下经过 4 年仍有 24% 的萌发率。萌发的温度为 5～38℃，适温为 26～30℃。自然条件下，分散的冬孢子不能长期存活，但集结成块的冬孢子，无论在地表或土内存活期都较长。担孢子和次生担孢子的萌发适温为 20～26℃，侵入适温为 26～35℃。担孢子和次生担孢子对不良环境忍耐力很强，干燥条件下 5 周才死亡，这对病害的传播和再侵染起着重要作用。玉米瘤黑粉

冬孢子及其萌发

图 8-6　玉米瘤黑粉病菌（引自《中国农作物病虫图谱》编绘组，1992）

菌有生理分化现象，除玉米外还能侵染两种大刍草。

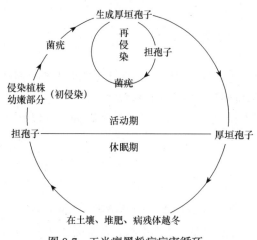

图 8-7 玉米瘤黑粉病病害循环

二、掌握病害的发生发展规律

（一）病程与侵染循环

玉米瘤黑粉病病害循环如图 8-7 所示。病菌主要以冬孢子在土壤、病残体上越冬，也可混在粪肥或黏附于种子表面越冬。越冬的冬孢子在适宜条件下萌发产生担孢子和次生担孢子，随风雨传播，直接穿透寄主表皮或从伤口侵入叶片、茎秆、节部、腋芽和雌雄穗等幼嫩的分生组织。冬孢子萌发也可直接产生侵入丝侵入玉米组织，特别是在水分和湿度不够时，这种侵染方式可能很普遍。侵入的菌丝只能在侵染点附近扩展，在生长繁殖过程中分泌类似生长素的物质刺激寄主的局部组织增生、膨大，形成病瘤。最后病瘤内部产生大量黑粉状冬孢子，随风雨传播，进行再侵染。玉米抽穗前后为发病盛期。在春夏玉米混作区，春玉米病株为夏玉米提供更多的病菌，所以夏玉米发病重于春玉米。玉米瘤黑粉病菌菌丝在叶片和茎秆组织内可以蔓延一定距离，在叶片上可形成成串的病瘤。

（二）影响发病的条件

玉米瘤黑粉病的发生程度与品种抗性、菌源数量、环境条件等因素密切相关。

1. 品种抗性　目前尚未发现免疫品种。品种间抗病性存在差异，自交系间的差异更为显著。一般杂交种较抗，硬粒玉米抗病性较强，马齿型次之，甜玉米较感病。果穗的苞叶厚长而紧密的较抗病。早熟品种比晚熟品种病轻。耐旱品种比不耐旱品种抗病力强。

2. 菌源数量　多年连作或玉米收获后不能及时将秸秆运出田外处理，田间会积累大量冬孢子使发病严重。较干旱少雨的地区，在缺乏有机质的砂性土壤中，残留在田间的冬孢子易于保存其生活力，来年的初侵染源量大，所以发病常较重。相反在多雨的地区，在潮湿且富含有机质的土壤中。冬孢子易萌发或易受其他微生物作用而死亡，所以该病发生较轻。

3. 环境条件　高温、潮湿、多雨地区，土壤中的冬孢子易萌发后死亡，所以发病较轻。低温、干旱、少雨地区，土壤中的冬孢子存活率高，发病严重。玉米抽雄前后对水分特别敏感，是最易感病的时期。此时遇干旱，抗病力下降，极易感染瘤黑粉病。前期干旱，后期多雨，或旱湿交替出现，都会延长玉米的感病期，有利于病害发生。此外，暴风雨、冰雹、人工作业及螟害均可造成大量损伤，也有利于病害发生。

三、管理病害

（一）制订病害管理策略

应采取以减少菌源、种植抗病品种为主的综合防治措施。

（二）采用病害管理措施

1. 减少菌源 彻底清除田间病残体，秸秆用作肥料时要充分腐熟。重病田实行2～3年轮作。玉米生长期结合田间管理，在病瘤未变色时及早割除，并带出田外处理。

2. 选用抗病品种 积极培育和因地制宜地利用抗病品种。目前，'农大60'、'科单102'、'嫩单3号'、'辽原1号'和'海玉8号'等均为抗病品种，其中'海玉8号'为高抗品种。农家品种中'野鸡红'、'小青棵'、'金顶子'等也较抗病。

3. 加强栽培管理 合理密植，避免偏施、过施氮肥，适时增施磷肥、钾肥。灌溉要及时，特别是抽雄前后要保证水分供应充足。及时防治玉米螟，尽量减少耕作时的机械损伤。

4. 药剂防治 主要有两种方式：①种子处理。可用于种子处理的药剂很多，如用401抗菌剂、菲醌粉剂、粉锈宁等。②药剂防治。玉米未出苗前可用50%克菌丹200倍液，或15%三唑酮750～1000倍液，1500kg/hm² 进行土表喷雾，消灭初侵染源。在病瘤未出现前喷1%的波尔多液、15%三唑酮、12.5%烯唑醇可降低发病率。

第七节 玉米纹枯病

玉米纹枯病在全国玉米产区均有不同程度的发生，一般年份损失减产5%～10%。20世纪80年代后，纹枯病已成为许多玉米产区的主要病害。1983年，四川江津市纹枯病大面积暴发流行，平均损失产量20%以上；1990年，河北涿州市200hm²夏玉米上普遍发生纹枯病，损失惨重。

一、诊断病害

（一）识别症状

纹枯病从苗期至成株期均可发生。主要危害叶鞘、叶片、果穗及茎秆。最初多由近地面的叶鞘发病，由下而上逐渐发展，病斑开始时呈水渍状，椭圆形或不规则形，中间灰白色，边缘浅褐色，随后病斑扩大或多个病斑融合形成云纹状大斑，包围整个叶鞘，致使叶鞘腐败、叶片早枯，严重时侵入茎秆。茎秆被害，病斑褐色，不规则，后期茎秆质地松软，组织解体，露出纤维束，病株极易倒伏。果穗受害，苞叶上也产生云纹状大斑，严重时果穗干缩、霉变、穗轴腐败。病害发生后期，在潮湿情况下，病斑上可见白色菌丝体并陆续产生初为乳白色，后变淡褐色，最后为深褐色的菌核。菌核形状、大小不一，极易从病组织中脱落，遗留于土壤中。

（二）鉴定病原

有性态为瓜亡革菌［*Thanatephorus cucumeris*（Frank）Donk］，属担子菌门亡革菌属，自然条件下很少见，在侵染循环中作用不大。无性态为立枯丝核菌（*Rhizoctonia solani* Kühn）。

纹枯病菌（图8-8）在PDA培养基上培养生长很快，2d后菌落可布满全皿。菌丝初无色，较细，分隔距离较长。随着菌龄增长，菌丝渐变粗短，颜色变为棕紫色至褐色。

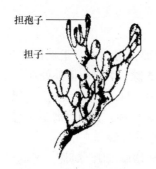

担孢子

担子

图 8-8　玉米纹枯病菌
（引自《中国农作物病虫图谱》
编绘组，1992）

菌丝呈直角、近直角或锐角分枝，分枝处缢缩且有一横隔膜。培养 2～3d 后，在培养皿的周围可产生菌核，菌核初白色，后变黑褐色，不规则形，较紧密，表面粗糙，大小为（0.5～6.4）μm×（0.5～4.0）μm。纹枯病菌生长温度为 7～39℃，适温为 26～30℃。菌核形成温度为 11～37℃，适温为 22℃。

玉米纹枯病菌对玉米的致病力最强，大豆和水稻纹枯病菌次之，但它们均能产生典型的纹枯病症状；棉花立枯病菌、大麦纹枯病菌和小麦纹枯病菌对玉米致病性弱，且病斑小，不表现典型症状。玉米纹枯病菌的寄主范围很广，除侵染玉米外，还可侵染水稻、小麦、谷子、高粱、大豆和棉花等。在人工接种的条件下，不同作物上的立枯丝核菌对玉米均有一定的侵染力，这说明玉米纹枯病的病原极其复杂。

二、掌握病害的发生发展规律

（一）病程与侵染循环

病菌主要以遗落在田间的菌核越冬，玉米田土表和浅土层菌核是玉米纹枯病的主要初侵染源。当翌年或下季的温度、湿度条件适宜时，越冬菌核萌发长出菌丝。玉米种子萌发后，菌丝从玉米基部叶鞘缝隙侵入叶鞘内侧，引起发病。立枯丝核菌对玉米的侵染过程包括菌丝体在玉米表面产生侵入结构（侵染垫和附着胞）、侵入、在玉米组织内扩展等 3 个阶段。病部长出的气生菌丝向病组织附近继续扩展或通过病健叶片接触向邻近植株扩展蔓延，进行再侵染。病部形成的菌核落入土中，通过雨水反溅也可进行再侵染。一般拔节期开始发病，抽穗期后发病加重，乳熟期减轻，灌浆中期病情基本稳定。玉米收获后菌核落入土中，成为翌年的初侵染源。

在春玉米上，纹枯病一般始于 6 月上旬，盛发于 6 月下旬至 7 月上旬，7 月 20 日后进入衰退期；夏玉米纹枯病始发于 7 月中旬至下旬，8 月中旬至下旬为盛发期，9 月上旬进入衰退期。纹枯病主要危害玉米籽粒形成期至灌浆期。

（二）影响发病的条件

影响玉米纹枯病发生和流行的因素有气候条件、品种抗性及耕作与栽培方式等。

1. 气候条件　　纹枯病发生的轻重与雨水的多少、湿度高低密切相关，尤其与 6 月下旬至 7 月上旬的湿度关系更为密切。6 月下旬雨日多、湿度大时，发生严重。常年病害的始盛期在 6 月下旬；当 6 月中旬相对湿度达到 80% 以上时，始盛期提前到 6 月中旬。

2. 品种抗性　　玉米品种间对纹枯病的抗性存在差异，一般生育期长的品种比生育期短的品种发病重。玉米在营养生长的拔节期，上位叶鞘的抗病性明显较强，在抽雄抽丝期，上位叶鞘的感病性增加；而下位叶鞘无论在营养生长期或生殖生长期，它们的抗病性都很弱。可见，玉米的生育阶段和叶鞘位置与对纹枯病的抗性有密切关系。

3. 耕作与栽培方式　　连作重茬田病情明显加重，单作田重于间作田，连茬田重于轮茬田。田间郁闭，湿度增大，病害发生严重；稀植田块发病轻，密植田块发病重。氮肥施用量大，玉米茎叶徒长，生长幼嫩，可使植株的抗病性减弱；而钾肥对玉米纹枯病有明显的控制作用。在适量范围内随着钾肥的增加，可减轻该病的危害，原因是钾肥可促进玉米的营养生长，致使茎秆粗壮，输导组织发育良好，叶面积增大，光合产物积累增多，同时也促使细胞壁增厚，茎秆坚固，病菌不易侵入；钾肥还能促进低分子化合物转变为高分子化合物（氨基酸转化为蛋白质，单糖转化为纤维素、淀粉等），可减少可溶性养分，抑制病菌的滋生，从而控制玉米纹枯病的扩展蔓延。土壤湿度对玉米纹枯病也影响很大，据调查，靠近水稻田及常积水田块病株率最高；不积水、灌过水的田块病株率较高；不积水、不灌水的田块病株率较低；地势偏高且远离稻田的田块病株率最低。

三、管理病害

（一）制订病害管理策略

应以抗病品种为基础，加强水肥管理，适当轮作并搞好田间卫生，辅助必要的药剂防治。

（二）采用病害管理措施

1. 种植抗病品种　　同一品种在不同地区和年份发病轻重不同，晚熟品种因感病期长往往重于早熟品种。目前较为抗病的品种有'农大 108'、'丹玉 13'、'掖单 2'、'虎单 5 号'、'东单 1 号'和'掖单 14'等。

2. 提早播期　　早播可以提高玉米对纹枯病的抗病能力。春播以 4 月下旬为宜；夏玉米、麦垄套种以麦收前 5～7d 为宜，回茬夏玉米则应以 6 月中旬为宜。

3. 搞好田间卫生　　应做到：①及时消灭菌源。纹枯病菌主要以菌核在土壤中越冬，也可以菌丝在病残体内或田间地头的杂草上越冬，田间地头病残体及带菌杂草的多少与发病程度密切相关。因此，玉米田耕翻时要及时清除田间和地头的病残体、杂草，以减少侵染源。②及时摘除病叶。纹枯病由玉米基部最下的叶片开始发病，逐渐向上蔓延。在心叶期，两次摘除病叶，并带出田间烧毁，切断纹枯病的再侵染，可控制玉米的后期危害。

4. 水肥管理　　施氯化钾 12.5kg/hm^2 控病增产效果最好，纹枯病发生较轻。开沟排水，降低地下水位；中耕培土；创造不利于纹枯病发生的条件，促进气生根提早形成；促进玉米健壮生长，提高植株的抗病能力，均可减轻纹枯病的发生。

5. 间作、轮作与合理密植　　在低洼地块实行玉米与大豆、小麦、马铃薯等矮棵作物间作，增加田间通风透光及土壤蒸发量，降低植株下部湿度，可减轻纹枯病的危害。玉米与非寄主作物轮作发病轻。实行宽窄行种植、间作、轮作和合理密植对减轻病害都有明显效果。

6. 药剂防治　　防治纹枯病应以保护穗位节叶及相邻上下两片叶即"棒三叶"为主要目标。有效药剂仍以井冈霉素为主，使用 5% 井冈霉素 3L/hm^2，防治效果可达 71.86%，防治的最佳时期为病害发生初期，施药时间提前或滞后，防效均显著下降。如果第一次用药后，未控制住病害，隔 7～10d 可再用第二遍药。其他较好的药剂还有 23% 宝穗水乳剂、50% 多菌灵、50% 甲基硫菌灵、50% 粉锈宁、退菌特等。在茎基部喷雾，防效较好。

第八节 玉米弯孢霉叶斑病

玉米弯孢霉叶斑病又称为黄斑病、拟眼斑病、黑霉病，过去一直危害很轻。20 世纪 80 年代中后期，以'黄早 4'为亲本玉米杂交种的扩大种植，该病日趋严重。目前已成为河北、河南、山东、山西、辽宁、吉林、北京、天津等玉米主产区的重要叶部病害。1994 年，北京种植'西玉 3 号'，发生弯孢霉叶斑病，减产 20%～30%；1996 年辽宁绥中县，1.8 万 hm² 玉米发生弯孢霉叶斑病，粮食减产 800 万 kg。弯孢霉叶斑病在玉米抽雄后扩展蔓延迅速，严重的植株，叶片布满病斑，甚至干枯，对产量影响很大。

一、诊断病害

（一）识别症状

主要危害玉米叶片，也可危害叶鞘和苞叶。病斑初为水渍状或淡黄色半透明小点，之后扩大为圆形、椭圆形、梭形或长条形病斑。病斑形状和大小因品种抗性不同可分为 3 类：①抗病型病斑（R）。病斑小，1～2mm，圆形、椭圆形或不规则形，中央苍白色或淡褐色，边缘无褐色环带或环带很细，最外围具狭细的半透明晕圈，以'唐玉 5'为典型代表。②中间型病斑（M）。病斑小，1～2mm，圆形、椭圆形、长条形或不规则形，中央苍白色或淡褐色，边缘有较明显的褐色环带，最外围具明显的褪绿晕圈，以'E28'为典型代表。③感病型病斑（S）。病斑较大，长 2～5mm，宽 1～2mm，圆形、椭圆形、长条形或不规则形，中央苍白色或黄褐色有较宽的褐色环带，最外围具较宽的半透明黄色晕圈，有时多个斑点可沿叶脉纵向汇合而形成大斑，最大的可达 10mm，甚至整叶枯死。潮湿条件下，病斑正反两面均可产生灰黑色霉状物，即病原菌的分生孢子梗和分生孢子。

玉米弯孢霉叶斑病有时极易与玉米灰斑病混淆。前者病斑黄色，多为圆形或椭圆形，病斑扩展常受叶脉限制；后者病斑灰色，多为长条状，病斑扩展一般不受叶脉限制。

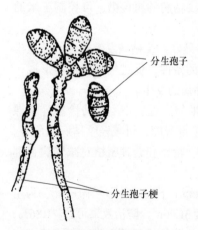

图 8-9 玉米弯孢霉叶斑病菌
（引自董金皋，2001）

（二）鉴定病原

病原为新月弯孢霉［*Curvularia lunata*（Wakker）Boed.］和不等弯孢霉（*C. inaeguacis*），属半知菌类弯孢霉属。分生孢子梗单生或数根丛生，暗褐色，不分枝，有隔，顶部多呈屈膝状，大小为（70～270）μm×（2～4）μm，顶端和侧面着生分生孢子。分生孢子淡褐色、灰褐色，棍棒形或椭圆形，少数呈"Y"型，向一端弯曲，多数分生孢子为 3 个隔膜 4 个细胞结构，中间两个细胞膨大，暗褐色，从基部向上数第三个细胞最大，两端细胞较小，大小为（19～30）μm×（8～19）μm，淡褐色（图 8-9）。

病菌生长适温为 28～32℃，对 pH 适应范围广。

图中标注：分生孢子、分生孢子梗

其分生孢子适宜萌发温度为30～32℃，最适的湿度为饱和湿度，相对湿度低于90%则很少萌发或不萌发。病菌在活体外可以产生致病毒素，毒素在离体玉米叶片上可产生典型病害症状，毒素还可抑制玉米种子根的伸长，是一种对热稳定的化合物。

二、掌握病害的发生发展规律

（一）病程与侵染循环

病菌以菌丝体潜伏于病残体组织中越冬，也能以分生孢子状态越冬。靠近村头或秸秆垛的玉米植株首先发病，且发生严重，说明玉米秸秆所带病原菌是翌年玉米田间发病的主要初侵染源；病菌也可危害水稻、高粱及禾本科杂草等，田间带菌杂草也是病害发生的初侵染源之一。病残体上越冬的菌丝体可产生分生孢子，借气流和雨水传播到田间玉米叶片上，在有水膜的情况下，分生孢子萌发侵入，经7～10d即可表现症状，并产生分生孢子进行再侵染。

（二）影响发病的条件

玉米弯孢霉叶斑病对温度的要求类似于玉米小斑病，为喜高温高湿的病害。玉米拔节期和抽雄期正值7月上旬雨季，高温多雨的天气有利于该病发生。该病又属成株期病害，品种抗病性随植株生长而减弱，表现在苗期抗性较强，13叶期最感病。在华北地区，田间发病始于7月底至8月初，发病高峰期在玉米抽雄后，即8月中下旬至9月上旬。由于该病潜育期短（2～3d），7～10d即可完成一次侵染循环，短期内侵染源急剧增加，如遇高温、高湿，则在8月下旬导致田间病害流行。此外，低洼积水田和连作田发病较重。

三、管理病害

（一）制订病害管理策略

此病的防治应采取以抗病品种为主的综合防治措施。

（二）采用病害管理措施

1. 选育和种植抗病品种　经过抗病性鉴定，目前在田间发病较轻的自交系和杂交种有'农大108'、'郑单14'、'高油115'、'CN95'，'CN165'、'亲试04'、'农大951'、'京垦109'、'中玉4号'、'中玉5号'、'中单120'、'京育2'、'中原单32'、'掖单12'、'新黄单85-1'、'丹玉13号'、'掖单2'、'新单15号'、'郑单7号'、'商单3号'、'沈试29'、'沈试30'、'丹418'、'丹3034'、'锦试2号'；发病较重的有'掖单13'、'齐101'、'黄早4号'、'西玉3号'、'怀玉1号'、'丹玉20'、'沈单7号'、'鲁单8号'、'京早10'、'试1243'、'京育3号'和'京单12'等。此外，应广泛收集抗病种质资源，积极培育抗病品种。

2. 加强栽培管理，减少越冬菌源　加强玉米田间管理，合理轮作和间作套种，合理密植，前期施足底肥，后期适时追肥，防止脱肥，提高植株抗病力。玉米收获后及时清理病株和落叶，集中处理或深耕深埋，减少初侵染源。

3. 药剂防治　　目前缺少抗病品种，发生弯孢霉叶斑病后要及时喷药防治。有效药剂有 45% 大生、25% 敌力脱、75% 百菌清、50% 多菌灵、50% 甲基硫菌灵、80% 炭疽福美、40% 新星、70% 代森锰锌、50% 福美双、50% 退菌特等。喷药时期一般在田间发病率 10% 时，防治效果明显。在玉米制种田或高产试验田采取药剂防治十分必要。

第九节　玉米褐斑病

玉米褐斑病是玉米上常见的一种真菌病害，在我国和世界各玉米产区普遍发生，一般危害不重。但有时在温暖、潮湿的南方玉米产区及某些年份在玉米制种田突发流行，重者可引起毁种。

一、诊断病害

（一）识别症状

褐斑病是玉米的中后期病害，一般从喇叭口末期开始发病，抽穗期至乳熟期为发病高峰。该病主要危害果穗以下的叶鞘和叶片，也可危害茎节和苞叶，但以叶鞘和叶片连接处发病最重，病斑常密集成行。病斑多从叶鞘开始发生，随后向叶片基部蔓延，病初为白色到黄色的小斑，圆形、椭圆形或线形，直径 1mm 左右，发生在中脉上的较大，可达 3～5mm。之后病斑逐渐变为褐色或紫褐色，隆起成疱状，严重时相互结合成不规则大斑，叶片局部枯死，病斑附近的叶组织常呈粉红色。后期病斑表面破裂，散出黄褐色粉状物（休眠孢子）。病叶局部散裂，叶脉和维管束残存如丝状。茎部感染常发生在节下，易因风吹而在病节处倒折。

（二）鉴定病原

病原为玉蜀黍节壶菌（*Physoderma maydis* Miyabe），属壶菌门节壶菌属。该菌是玉米上的一种专性寄生菌，在寄主的薄壁细胞内寄生。营养体为有丝状体相连的膨大的单细胞。无性繁殖时丝状体消解，膨大的营养体细胞发育成休眠孢子囊。休眠孢子囊壁厚，近圆形至卵圆形或球形，大小为（20～30）μm×（18～24）μm，黄褐色，一般略扁平，有囊盖。萌发时从囊盖开口处释放出 20～30 个单鞭毛的游动孢子。游动孢子大小为（5～7）μm×（3～4）μm，鞭毛长为孢子的 3～4 倍。有性生殖为同型游动孢子接合成双倍体的接合子侵入寄主，在寄主细胞内扩展形成膨大的营养体细胞，以后细胞壁加厚，转变为休眠孢子囊。休眠孢子囊的生活力很强，在干燥的土壤和寄主组织中可存活 3 年，休眠孢子囊萌发需较高温度，萌发适温为 23～30℃。游动孢子的侵染一般发生在白天，其保持侵染能力的时间很短，释放出来后的几个小时即失去侵染能力。

二、掌握病害的发生发展规律

（一）病程与侵染循环

病菌以休眠孢子囊在土壤或病残体中越冬。翌年玉米生长季节休眠孢子囊借助风雨传播到玉米上，遇合适条件萌发产生大量的游动孢子。游动孢子在玉米叶表面水滴中游动，并形成侵入丝，常在喇叭口内侵染玉米的幼嫩组织。在侵染后的16～20d，进入叶肉组织或薄壁组织细胞内的菌丝形成膨大的营养体细胞，进而形成休眠孢子囊越冬。叶和叶鞘交接处易积水也有利于发病。

（二）影响发病的条件

玉米褐斑病的发生与菌源数量及环境条件关系密切。玉米地多年连作或玉米收获后不能及时将秸秆运出田外处理，田间会积累大量休眠孢子囊，该病会严重发生。

在玉米生长的中后期（7～8月），温度较高（23～30℃）、湿度较大（相对湿度在85%以上）且阴雨日较多时有利于该病的发生和流行。地势低洼、潮湿的田块发病较重。

三、管理病害

（一）制订病害管理策略

应采取以减少菌源为主，加强栽培管理的综合防治措施。

（二）采用病害管理措施

1. 减少菌源　彻底清除田间病残体，深耕深埋，减少病菌初侵染源；不用病株作饲料或沤肥，或者在病株充分腐熟后再施入田间。重病田应与其他作物实行2～3年轮作。生长期若发现病株应及时拔除，并带出田外处理。

2. 加强栽培管理　合理密植，合理排灌，降低田间湿度，创造不利于病害发生的环境条件；施足基肥，少施氮肥，适时追肥，提高植株抗病能力。

3. 药剂防治　有效药剂有苯来特、氧化萎锈灵等。

4. 选种抗病品种　目前生产上比较抗玉米褐斑病的品种有'唐抗5'（'冀单28'）、'鲁原92'、'吉853'等。但有些品种如'唐抗5'在北京地区夏播时发病也很重。

第十节　玉米灰斑病

灰斑病又称为尾孢叶斑病，是一种世界玉米产区普遍发生的叶部病害。该病于1924年在美国伊利诺斯州首次被发现，此后在秘鲁、墨西哥和南非等地严重流行危害。我国于1991年首次在丹东地区报道，近10多年来已在华北、东北南部玉米产区和云南省普遍发生。目前已蔓延到全国各玉米产区，沿海地区发生更重，减产50%以上。

一、诊断病害

（一）识别症状

主要发生在玉米成株期的叶片上，主要危害叶片，条件适宜时也侵染叶鞘和苞叶。发病初期坏死斑很小，为水渍状淡褐色斑点，具褪色晕圈，以后逐渐扩展为浅褐色条纹或不规则的灰色至褐色长条斑，这些条斑与叶脉平行延伸，病斑中间灰色，边缘有褐色线。病斑大小为（0.5～30）mm×（0.5～4）mm，病斑不透明，到中后期多数病斑结合后叶片变黄枯死。病斑后期在叶片两面（尤其在背面）均可产生病菌分生孢子梗和分生孢子形成的灰黑色霉层。

（二）鉴定病原

无性态为玉蜀黍尾孢菌（*Cercospora zeae-maydis* Tehon et Daniels.），属于半知菌类尾孢属。有性态为子囊菌门球腔菌属（*Mycosphaerella*），很少见，在病害循环中作用不大。菌落铺散状，菌丝体多埋生，常生小型子座。分生孢子梗 3～10 根丛生，暗褐色，1～4 个隔膜，直或稍弯，着生分生孢子处孢痕明显，大小为（50～140）μm×（4～6.5）μm。分生孢子倒棍棒形，细长，直或稍弯，无色，具 1～8 个隔膜，基部倒圆锥形，脐点明显，顶端渐细，稍钝，大小为（30～135）μm×（6～9.9）μm。病菌在不同培养基上产生不同类型的菌落。人工培养可形成有性态。在 25～28℃，V8 汁培养基上能大量形成分生孢子，光暗交替有利于分生孢子的形成。在 25℃条件下，分生孢子萌发需要 90% 以上的湿度。玉蜀黍尾孢菌至少有两个近似种，高粱尾孢玉米变种也可引起灰斑病。

二、掌握病害的发生发展规律

（一）病程与侵染循环

此病以菌丝体、子座在病株残体上越冬，成为翌年田间的初侵染源。该菌在地表病残体上可存活 7 个月，但埋在土壤中的病残体上的病菌则很快丧失生命力。翌年春季，从子座组织上产生分生孢子，借风雨传播，进行再侵染。分生孢子着落在叶表后萌发产生芽管，芽管在气孔表面形成附着胞，然后通过侵染钉进入气孔。一般在叶背接种 4～5d 后，在气孔上形成很多附着胞，6～7d 侵入，9d 后可见褪绿斑点，12d 后出现褐色的长条病斑。该病主要在玉米抽雄后侵染植株叶片。玉米幼苗叶片也能侵染发病，3～4d 后病斑上产生分生孢子（比成株叶片早）。目前尚没有直接侵入的报道。温暖湿润条件下，接种 16～21d 后病斑上可形成大量分生孢子引起再侵染。

（二）影响发病的条件

玉米灰斑病的发生与品种抗性、耕作与栽培措施及气候条件关系密切。

1. 品种抗性　抗灰斑的自交系通常表现水平抗性；杂交种中抗病品种较少。

2. 耕作与栽培措施　国外免耕或少耕的田块发病重，主要由于田间地表残留的病残体是该病的主要初侵染源。耕作后若残留的病残体超过 35% 可引起该病的大流行。

3. 气候条件　气候条件对该病的流行有明显的影响，其中湿度是关键，相对湿度大于 90% 维持 12～13h，叶片表面湿度在 11～13h 有利于病害的发生和发展，所以该病多在温暖、湿润的山区和沿海地带发生。植株叶片的生理年龄也影响此病的发展，发病初期在抽雄的下部叶片，继而发展到中部和上部叶片。

三、管理病害

（一）制订病害管理策略

应采取以抗病品种为主加强栽培管理的综合防治措施。

（二）采用病害管理措施

1. 选用抗病品种　　目前较抗病品种有'农大 108'、'东单 60'、'辽 613'、'濮单 6'、'郑单 958'、'豫玉 22'、'沈单 10'、'沈单 16'、'铁单 18'、'铁单 19' 等，'掖单 13' 比较感病。

2. 农业防治　　玉米收获后，及时深翻或轮作，减少越冬菌源数量。播种时施足底肥，及时追肥，防止后期脱肥。搞好轮作倒茬，实行间作套种，改善田间小气候。

3. 药剂防治　　灰斑病发生偏重的制种田或试验田可采用百菌清、菌霜（菌核净＋福美双）、多菌灵等药剂进行喷药防治，有较好的防治效果。

第十一节　玉米病毒病

世界上已经报道的危害玉米的病毒有 40 多种，在我国发生较广、危害较重的是玉米粗缩病和矮花叶病。

玉米粗缩病俗称"坐坡"、"万年青"，发病后，植株矮化，叶色浓绿，节间缩短，基本上不能抽穗，因此发病率几乎等于损失率，许多地块绝产失收，尤其春玉米和制种田发病最重，甚至导致玉米种子的短缺，危害相当严重。

一、玉米粗缩病

（一）诊断病害

1. 病害的症状　　玉米整个生育期都可感染发病，以苗期受害最重。玉米出苗后即可感病，5～6 叶期开始表现症状，开始时在心叶中脉两侧的叶片上出现透明的断断续续的褪绿小斑点，以后逐渐扩展至全叶呈细线条状；叶背面主脉及侧脉上出现长短不等的白色蜡状突起，又称为脉突；整株叶片浓绿，基部短粗，节间缩短，有的叶片僵直，宽而肥厚。重病株严重矮化，高度仅有正常植株的 1/2，多不能抽穗，发病晚或病轻的仅在雌穗以上叶片浓绿，顶部节间缩短，基本不能抽雄穗，即使抽出也无花粉，抽穗的雌穗基本不能结实。

2. 病害的病原　　玉米粗缩病由玉米粗缩病毒（maize rough dwarf virus，MRDV）引起。粒体球形，直径为 60～70nm。基因组为 12 条双链 RNA。MRDV 寄主范围广泛，除玉米外，还可侵染 57 种禾本科植物。病毒主要由灰飞虱传播。

（二）掌握病害的发生发展规律

1. 病程与侵染循环　　玉米粗缩病毒主要在小麦和杂草上越冬，也可在传毒昆虫体内越冬。当玉米出苗后，小麦和杂草上的灰飞虱即带毒迁飞至玉米上取食传毒，引起玉米发病。在玉米生长后期，病毒再由灰飞虱携带向高粱、谷子等晚秋禾本科作物及马唐等禾本科杂草传播，秋后再传向小麦或直接在杂草上越冬，构成发病循环。

2. 影响发病的环境条件　　粗缩病的发生与灰飞虱的种群数量及田间的活动有密切的关系。玉米苗期与灰飞虱活动高峰越吻合，粗缩病发病越重。播种越早，发病越重，适当推迟玉米播种期，玉米苗期躲过了灰飞虱发生盛期，发病轻。一般春玉米发病重于夏玉米。夏玉米套种发病重于纯作玉米，干旱高温，有利于灰飞虱活动传毒，所以发病重。玉米靠近树林、蔬菜或耕作粗放、杂草丛生时，一般发病都重，主要是因为这些环境有利于灰飞虱的栖息活动，而且许多杂草本身就是玉米粗缩病毒的寄主。另外，种植感病品种也是病毒病流行的原因之一，如'掖单13'等不抗粗缩病。

（三）管理病害

1. 制订病害管理策略　　应采取选种抗耐病品种和加强栽培管理、配合药剂防治的综合措施。

2. 采用病害管理措施

（1）选用抗耐病品种　　目前没有发现对粗缩病免疫的品种，抗病品种也少，生产上有较耐病的品种，可选择使用。如'鲁单50'、'农大108'、'山农3号'对粗缩病抗性较强。中度抗病的有'掖单12'、'烟单14'、'中单2号'、'沈单7号'、'鲁玉2号'和'鲁玉16'等。'掖单13'、'掖单19'、'掖单20'、'西玉3号'为高度感病，应避免使用。

（2）加强和改进栽培管理　　调整播期，适期播种，避开5月中下旬灰飞虱传毒高峰。山东玉米应在4月中旬以前播完，夏玉米应在5月底到6月上旬播种，尽量在麦收后抢茬播种，或麦收前5～7d播种。同时避免抗病品种的大面积单一种植，避免与蔬菜、棉花等插花种植。对早播玉米发病重的，应尽快拔除改种，发病轻的地块应结合间苗拔除病苗，并加大肥水，使苗生长健壮，增强抗病性，减轻发病。

（3）预防措施　　改套种为纯作，并在播种前深耕灭茬，彻底清除杂草（包括地头、地边），减少侵染源。用呋喃丹种衣剂进行包衣防治苗期害虫。对早播玉米，于出苗前和出苗后分别2次喷洒杀虫剂，如抗蚜威、扑虱灵、氧化乐果等。另外，还可喷洒植病灵、抗毒1号、菌毒清等药剂。

二、玉米矮花叶病

玉米矮花叶病又名花叶条纹病、黄绿条纹病等，是国内玉米上发生范围广、危害性大的重要病害。目前在甘肃、山西、河北、北京等地发生严重。轻病田减产10%～20%，重病田减产30%～50%，部分地块甚至绝产。一般发病早的植株结穗率减少，千粒重下降。

（一）诊断病害

1. 病害的症状　　玉米整个生长期都可发病，以苗期受害最重，抽穗后发病的受害较轻。玉米3叶期即可出现症状，病苗最初在心叶基部叶脉间出现许多椭圆形褪绿小点或斑驳，沿叶脉排列成断续的长短不一的条点。随着病情发展，症状逐渐扩展至全叶，在粗脉之间形成几条长短不一颜色深浅不同的褪绿条纹。叶脉间叶肉失绿变黄，叶脉仍保持绿色，因而形成黄绿相间的条纹症状，尤以心叶最明显（故称为花叶条纹病）。随着玉米的生长，病情逐渐加重，叶绿素减少，叶片变黄，组织变硬，质脆易折，叶尖叶缘开始逐渐出现淡红色条纹，最后干枯。病株黄弱瘦小，生长缓慢，株高常不足健株的1/2。病株多不能抽穗而提早枯死；少数病株能抽穗结籽，但穗小籽粒少而秕。有些病株不形成明显的条纹，而呈花叶斑驳，并伴有不同程度的矮化，因此称为矮花叶病。

2. 病害的病原　　玉米矮花叶病由马铃薯 Y 病毒属（*Potyvirus*）的甘蔗花叶病毒（maize dwarf mosaic virus，MDMV）引起。病毒粒体线状，大小为 750nm×（12～15）nm。MDMV 主要由玉米蚜、麦二叉蚜、棉蚜、桃蚜等以非持久方式传播，也可由种子传播。主要侵染玉米、高粱、谷子等禾本科作物及虎尾草、狗尾草、马唐、白草等禾本科杂草。

（二）掌握病害的发生发展规律

1. 病程与侵染循环　　引起玉米矮花叶病的病毒主要在田间多年生禾本科杂草寄主上越冬，作为主要初侵染源。条件适宜时，蚜虫从越冬寄主植物上获毒，迁飞至玉米上取食传毒，发病后的植物作为毒源中心，随着蚜虫的取食活动将病毒传向全田，并在春玉米、夏玉米和杂草上传播危害，玉米收获后蚜虫又将病毒传至杂草上越冬。

2. 影响发病的条件　　此病的发生与流行程度与品种抗性、种子带毒率、越冬毒源基数、蚜虫数量和气候条件有关。玉米自交系和品种间对 MDMV 的抗病性差异明显。玉米种子可以传带 MDMV，种子带毒率越高，田间发病率也越高。'掖单 2' 种子带毒率可达 3.09%，自交系 'M017' 的带毒率可达 2.35%。一般越冬杂草寄主数量多，毒源基数高，蚜虫密度大，春季传毒概率高，春玉米发病重，夏玉米发病也重。夏玉米发病还直接受田间寄主植物及杂草上病毒的影响，尤其夏玉米苗期正是麦田蚜虫迁飞的高峰，各种寄主植物上病毒毒原数量已经增多，所以夏玉米比春玉米受害重。气候条件主要影响传毒蚜虫的活动。山东 6～7 月，正值蚜虫迁飞活动高峰，此阶段若天气干旱，则有利于蚜虫迁飞和传毒，病害发生重。若此阶段雨水较多，则抑制了蚜虫迁飞传毒，同时，玉米生长发育健壮，植株抗病力增强，病害发生轻。在 28℃以上，症状减轻或隐症。16℃以下症状不明显或不表现症状。此外，春玉米、夏玉米早播病轻，晚播病重；土质肥沃，保水力强的地块病轻，砂质土、保水力差的瘠薄地病重；田间管理好、杂草少的病轻，管理粗放的病重；套种田比亩播田病轻。

（三）管理病害

1. 制订病害管理策略　　应采取以选种抗病品种为主，结合栽培管理的综合防治措施。

2. 采用病害管理措施

（1）选种抗病品种　　这是防治玉米矮花叶病最有效的途径。目前证明较抗病的品种有 '吉单 321'、'农大 108'、'京玉 7 号'、'四单 19'、'中单 2 号'、'鲁单 46'、'鲁单 052'、'沈单 7' 等；抗病自交系有 '黄早四' 等。

（2）栽培防病　　春、夏玉米早播是一项增产防病措施，尤其夏玉米要提倡早播。山东套种夏玉米应在麦收前 7～10d 播完，使苗期提前，减少蚜虫传毒的有效时间。中耕除草，清除毒源寄主。一般应清除玉米田边的杂草或喷药处理，结合中耕等清除田间杂草及病苗病株，以减少毒源，减轻病害。

（3）及时治蚜防病　　在蚜虫向苗期玉米田迁飞盛期，及时喷药保苗防病。可用氧化乐果或马拉硫磷等药剂喷雾防治。

第十二节　玉米其他病害

一、玉米圆斑病

玉米圆斑病在我国局部地区发生，如吉林、辽宁、云南、河北、北京等地。

（一）诊断病害

1. 识别症状　　玉米圆斑病危害叶片、苞叶、果穗和叶鞘。叶片上病斑散生，初为水浸状、淡绿色或淡黄色小斑点，以后扩大为圆形或卵圆形，有同心轮纹，病斑中部淡褐色，边缘褐色，并有黄绿色晕圈，大小为（3～13）mm×（3～5）mm。有时出现长条状线形斑，大小为（10～30）mm×（1～3）mm。病斑表面也生黑色霉层。苞叶上病斑初为褐色斑点，后扩大为圆形大斑，也具有同心轮纹，表面密生黑色霉层。危害果穗时先在果穗顶部或穗基部苞叶上发病，逐渐向果穗内部蔓延扩展，可深达穗轴。病部变黑凹陷，使果穗变形弯曲。籽粒变黑、干秕、失去生活力。后期在籽粒表面和苞叶上长满黑色霉层，即病原菌的分生孢子梗和分生孢子。叶鞘上的症状与苞叶相似，但形状不规则，表面也产生黑色霉层。

2. 鉴定病原　　病原为炭色长蠕孢（*Bipolaris carbonum* Wilson），属半知菌类真菌。异名：*B. zeicola*（Stout.）Shoem.、*Helminthosporium carbonum*（Ullstrup）Shoem。有性态为 *Cochliobolus carbonum* Nelson。分生孢子梗（图 8-10）暗褐色，顶端色浅，单生或 2～6 根丛生，正直或有膝状弯曲，两端钝圆，基部细胞膨大，有隔膜 3～5 个，大小为（64.4～99）μm×（7.3～9.9）μm。分生孢子深橄榄色，长椭圆形，中央宽，两端渐窄，孢壁较厚，顶细胞和基细胞钝圆形，多数正直，脐点小，不明显，具隔膜 4～10 个，多为 5～7 个，大小为（33～105）μm×（12～17）μm。该菌有小种分化。

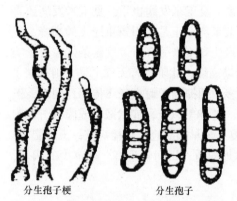

分生孢子梗　　　　分生孢子

图 8-10　玉米圆斑病菌（引自中国农科院植物保护研究所，1996）

（二）病害的发生发展规律

1. 病程与侵染循环　　玉米圆斑病传播途径与大、小斑病相似。由于穗部发病重，病菌可在果穗上潜伏越冬。翌年带菌种子的传病作用很大，有些染病的种子不能发芽而腐烂在土壤中，引起幼苗发病或枯死。此外，遗落在田间或秸秆垛上残留的病株残体，也可成为翌年的初侵染源。条件适宜时，越冬病菌孢子传播到玉米植株上，经 1～2d 潜育萌发侵入。病斑上又产生分生孢子，借风雨传播，引起叶斑或穗腐，进行多次再侵染。玉米吐丝期至灌浆期，是该病侵入的关键时期。

我国发现玉米圆斑病主要危害'吉 63'自交系。果穗染病从果穗尖端向下侵染，果穗籽粒呈煤污状，籽粒表面和籽粒间长有黑色霉层，即病原菌的分生孢子梗和分生孢子。病粒呈干腐状，用手捻动籽粒即成粉状。圆斑病穗腐病侵染自交系'478'时，果穗尖端黑腐的长度为 5.3～9.3cm，占果穗长的 2/5～3/5，果穗基部则不被侵染。在'吉 63'自交系果穗上的症状与玉米小斑病菌 T 小种侵染 T 型不育系果穗上的症状相似，应注意区别。玉米圆斑病在自交系'478'及'吉 63'上症状不同，可能是不同的反应型。

2. 影响发病的条件　病害的发生与耕作制度、品种抗性及气候条件等因素关系密切。

一般在玉米抽雄前后开始发病，7～8 月低温高湿条件利于病害的流行扩展。若 6 月气温较低、阴雨多、湿度大，玉米幼苗也能发病。田间相对湿度 85% 以上时，数天内就可在叶片上产生病斑。8 月叶片和苞叶病斑上产生大量分生孢子，随气流传播，重复侵染。

（三）病害的管理

1. 病害管理策略　应采取以选育和使用抗病品种为主，加强栽培管理及药剂防治相结合的综合措施。

2. 病害管理措施

（1）选用抗病品种　目前生产上抗圆斑病的自交系和杂交种有'二黄'、'铁丹 8号'、'英 55'、'辽 1311'、'吉 69'、'武 105'、'武 206'、'齐 31'、'获白'、'H84'、'017'、'吉单 107'、'春单 34'等。严禁从病区调种。

（2）清洁田园，加强栽培管理　清除病残体，烧毁或深埋，减少初侵染源；增施有机肥，合理密植，注意排涝，降低田间湿度，提高植株抗病能力。

（3）药剂防治　对感病品种，也可在播种前用种子重量 0.3% 的三唑酮可湿性粉剂拌种。在玉米吐丝盛期（50%～80% 果穗已吐丝），向果穗上喷洒粉锈宁可湿性粉剂或多菌灵、代森锰锌可湿性粉剂，隔 7～10d 1 次，连续防治两次。

二、玉米顶腐病

玉米顶腐病是我国的一种新病害，主要由土壤中的轮枝镰孢菌亚黏团变种引起。该病在辽宁、吉林、黑龙江、河北和山东等省发生，并有加重流行趋势。2005 年在沈阳及辽北地区发生严重，平均发病率达 10% 左右。2006 年在吉林梅河口地区发生严重，平均发病率达 30% 左右，河北邯郸也较大面积发生。2007 年在辽宁新民、辽中等地严重发病地块发病率高达 40%，流行趋势呈上升趋势，损失重，潜在危险性较高。

（一）诊断病害

1. 识别症状　可在玉米整个生长期侵染发病。其中苗期表现症状，主要为植株生长缓慢，叶片边缘失绿、出现黄色条斑，叶片皱缩、扭曲，重病苗也可见茎基部变灰、变褐、变黑而形成枯死苗。而成株表现症状，为成株期病株多矮小，但也有矮化不明显的，其他症状更呈多样化：①感病叶片的基部或边缘出现"刀切状"缺刻，叶缘和顶部褪绿呈亮黄色，严重时 1 个叶片的半边或者全叶脱落，只留下叶片中脉及中脉上残留的少量叶肉组织；②叶片基部边缘褐色腐烂，叶片有时呈"撕裂状"或"断叶状"，严重时顶部 4～5 叶的叶尖或全叶枯死；③顶部叶片卷缩成直立"长鞭状"，有的在形成鞭状时被其他叶片包裹不能伸展形成"弓状"，有的顶部几个叶片扭曲缠结不能伸展，缠结的叶片常呈"撕裂状"、"皱缩状"；④穗位节的叶片基部变褐色腐烂的病株，常常在叶鞘和茎秆髓部也出现腐烂，叶鞘内侧和紧靠的茎秆皮层呈"铁锈色"腐烂，剖开茎部，可见内部维管束和茎节出现褐色病点或短条状变色，有的出现空洞，内生白色或粉红色霉状物，刮风时容易折倒；⑤穗位节叶基和茎部发病发黄，叶鞘茎秆组织软化，植株顶端向一侧倾斜；⑥有的品种感病后顶端叶片丛生、直立；⑦感病轻的植株可抽穗结实，但果穗小、结籽少；严重的雌穗、雄穗败育、畸形而不能抽穗或形成空秆。

2. 鉴定病原　　病原为 *Fusarium monilifoeme* var. *subglutinans*。

（二）病害的发生发展规律

1. 病程与侵染循环　　病原菌在土壤、病残体和带菌种子中越冬，成为下一季玉米发病的初侵染源。种子带菌还可远距离传播病害，使发病区域不断扩大。顶腐病具有某些系统侵染的特征，病株产生的病原菌分生孢子还可以随风雨传播，进行再侵染。

2. 影响发病的条件　　玉米顶腐病的发生与品种抗性、栽培管理及气候条件等因素关系密切。

不同品种感病程度不同，一般杂交种的抗性强于自交系。不同栽培条件下的发病程度存在差异，一般来说，低洼地块、土壤黏重地块发病重，特别是水田改旱田的地块发病更重；而山坡地和高岗地块发病轻；种子在土壤中滞留时间长，幼苗长势弱，发病重；在水肥条件较好、栽培密度过大、超量施氮、多年连茬种植的地块，以及播种过早过深的地块发病重；杂草丛生、管理粗放的田块发病较重；高温、高湿、降雨天气有利于其发生及流行。

（三）病害的管理

1. 病害管理策略　　应采取以农业防治为基础，药剂防治为中心的综合防治措施。

2. 病害管理措施　　措施有 3 项：①加强田间管理。及时中耕排湿提温，消灭杂草，防止田间积水，提高幼苗质量，增强抗病能力。对发病较重地块更要做好及早追肥工作，合理施用化肥，要对叶面喷施锌肥和生长调节剂，促苗早发，补充养分，提高植株抗逆能力。②剪除病叶。对玉米心叶已扭曲腐烂的较重病株，可用剪刀剪去包裹雄穗以上的叶片，以利于雄穗的正常吐穗，并将剪下的病叶带出田外深埋处理。对严重发病难以挽救的地块，要及时毁种。③药剂防治。用种子重量的 0.2%～0.3% 百菌清可湿性粉剂、多菌灵可湿性粉剂或三唑酮可湿性粉剂等广谱内吸性强的杀菌剂拌种。发病初期可选甲霜灵锰锌、扑克拉锰、百菌清加硫酸锌肥喷施，以促进植株生长发育，恢复生长和增加产量。

三、玉米全蚀病

玉米全蚀病是近年辽宁、山东等省新发现的玉米根部土传病害。

（一）诊断病害

1. 识别症状　　苗期染病地上部症状不明显，间苗时可见种子根上出现长椭圆形栗褐色病斑，抽穗灌浆期地上部开始显症，初叶尖、叶缘变黄，逐渐向叶基和中脉扩展，后叶片自下而上变为黄褐色枯死。严重时茎秆松软，根系呈栗褐色腐烂，须根和根毛明显减少，易折断倒伏。7月、8月土壤湿度大根系易腐烂，病株早衰20多天。影响灌浆，千粒重下降，严重威胁玉米生产。收获后菌丝在根组织内继续扩展，致根皮变黑发亮，并向根基延伸，呈黑脚或黑膏药状，剥开茎基，表皮内侧有小黑点，即病菌子囊壳。

2. 鉴定病原 原菌为禾顶囊壳玉米变种（*Gaeumannomyces graminis* var. *maydis*）和禾顶囊壳菌水稻变种玉米生理小种（*Gaeumannomyces graminis* var. *graminis*），均属子囊菌门真菌。病组织在PDA培养基上，生出灰白色绒毛状纤细菌丝，沿基底生长，后渐变成灰褐色至灰黑色，经诱发可产生简单的附着枝，似菌丝状，无色透明；另一种为扁球形，似球拍状，有柄，浅褐色，表面略具皱纹。玉米全蚀病菌玉米变种在自然条件下于茎基节内侧产生大量子囊壳。子囊壳黑褐色梨形，直径为200～450μm，子囊棍棒状，内含8个子囊孢子，呈束状排列。子囊孢子线形，无色。在PDA培养基上25℃培养，菌丝白色绒毛状，菌落灰白色至灰黑色，后期形成黑色菌丝束和菌丝结。菌丝有两种，一种无色，较纤细，是侵染菌丝；另一种暗褐色，较粗壮，在寄主组织表皮上匍匐生长，称为匍匐菌丝。菌丝呈锐角状分枝，分枝处主枝和侧枝各生1隔膜，联结成"A"字形。苗期接种对玉米致病力最强；也能侵染高粱、谷子、小麦、大麦、水稻等，不侵染大豆和花生。该菌在5～30℃均能生长，最适温为25℃，最适pH为6。

（二）病害的发生发展规律

1. 病程与侵染循环 该菌是较严格的土壤寄居菌，只能在病根茬组织内以菌丝在土壤中越冬。患病根茬是主要初侵染源，病菌从苗期种子根系侵入，后病菌向次生根蔓延，致根皮变色坏死或腐烂，危害整个生育期。

2. 影响发病的条件 病害的发生与耕作制度、品种抗性、栽培管理及气候条件等因素关系密切。

病地连作，土壤中菌量连年积累，发病逐年加重。染病根茬上的病菌卵孢子在土壤中至少可存活3年，所以连作地病重，轮作地病轻。玉米不同品种对全蚀病抗病性差异明显，'丹玉13号'、'鲁玉10号'、自交系'M017'较感病。该菌在根系上活动受土壤湿度影响，5月、6月病菌扩展不快，7～8月气温升高雨量增加，病情迅速扩展。砂壤土发病重于壤土，洼地重于平地，平地重于坡地。施用有机肥多的发病轻。

（三）病害的管理

1. 病害管理策略 应以抗病品种为基础，加强栽培管理，适当轮作并搞好田间卫生，辅助必要的药剂防治。

2. 病害管理措施 措施有3项：①选用抗病品种。适合当地的抗病品种，例如，辽宁的'沈单7号'、'丹玉14'、'旅丰1号'、'铁单8号'、'复单2号'，山东的'掖单2'、'掖单4'、'掖单13'均较抗病。②农业防治。收获后及时翻耕灭茬，发病地区或田块的根茬要及时烧毁，减少菌源。提倡施用酵素菌沤制的堆肥或增施有机肥，改良土壤，并合理追施氮肥、磷肥、钾肥。适期播种，提高播种质量。与豆类、薯类、棉花、花生等非禾本科作物实行大面积轮作。③药剂防治。一是种衣剂包衣，含多菌灵、呋喃丹的玉米种衣剂 1：50 包衣，对该病有一定防效，且对幼苗有刺激生长作用；二是发病初期用 96% 恶霉灵 6000 倍液或 20% 的乙酸铜喷施玉米基部，顺根入土，效果明显，或穴施 3% 三唑酮或三唑醇复方颗粒剂。

四、玉米疯顶病

玉米疯顶病又称为丛顶病，是一种毁灭性玉米病害。该病于 1902 年在意大利首次报道，1974 年在我国山东省首次发现，近年该病发展迅速，在全国各地 18 个省（自治区、直辖市）已有发生。

（一）诊断病害

1. 识别症状　玉米全生育期都可发病，症状因品种因发病阶段不同而有差异。是玉米的全株性病害，病株雌穗、雄穗增生畸形，结实减少，严重的颗粒无收。早期病株叶色较浅，叶片卷曲或带有黄色条纹。病株变矮并分蘖增多，有的株高甚至不到 1m，不及健株的一半，分蘖多者可达 6～10 个。抽雄以后症状明显，类型复杂多样：①雄穗畸形。全部雄穗异常增生，畸形生长，小花转变为变态小叶，小叶叶柄较长，簇生，使雄穗呈刺头状。②雄穗部分畸形。雄穗上部正常，下部大量增生呈团状绣球，不能产生正常雄花。③果穗变异。果穗受侵染后发育不良，不抽花丝，苞叶尖变态为小叶并呈 45°簇生，严重发病的雌穗内部全为苞叶；果穗分化为多个小穗，但均不结实；穗轴呈多节茎状，不结实；发病较轻的雌穗结实极少且子粒瘪小。④叶片畸形。上部叶和心叶共同扭曲成不规则团状或牛尾巴状，植株不抽雄；但是心叶卷曲成牛尾状，还可由其他原因引起，应注意鉴别。在田间还经常看到疯顶病菌与瘤黑粉病菌复合侵染，病株既表现疯顶病的畸形特征，又出现瘤黑粉病的肿瘤。⑤植株轻度或严重矮化，上部叶似簇生，叶鞘呈柄状，叶片变窄。⑥植株超高生长，有的病株疯长，植株高度超过正常高度 1m，头重脚轻，易折断。

2. 鉴定病原　病原为大孢指疫霉（*Sclerophthora macrospora*）。

（二）病害的发生发展规律

1. 病程与侵染循环　该病属土传、种传系统侵染性病害，病菌在苗期侵染植株，并随植株生长点的生长而到达果穗与雄穗，玉米播后到苗期是主要感病期。病原菌主要以卵孢子在病残体或土壤中越冬。玉米播种后，在饱和湿度的土壤中，卵孢子萌发，相继产生孢子囊和游动孢子，游动孢子萌发后侵入寄主。高温高湿时，孢子囊萌发直接产生芽管而侵入。玉米幼芽期是适宜的侵染时期，病原菌通过玉米幼芽鞘侵入，在植株体内系统扩展而发病。受疯顶病侵染的玉米一般不能结实，少数轻病株（5% 左右）也能正常结实形成种子，因此带病种子也是传病的一个重要途径。病株种子带菌，可以远距离传病，成为新病区的初侵染源。严重发病的植株结实很少，其籽粒的种皮、胚乳等部位都可能带有卵孢子和菌丝。有研究人员发现在疯顶病病田中，外观正常植株所结出的籽粒带菌率很高，传病的危险性更大。发病地区所制玉米种子，完全有可能混有多数带菌种子。病菌在淹水条件下萌发产生游动孢子侵入寄主，多雨年份及低洼积水田块较易发病，低温也利于病害发生。一些病株同时伴有玉米瘤黑粉病发生。

病原菌侵染 140 余种禾本科植物，包括玉米、高粱、谷子、水稻、小麦、大麦、黑麦、燕麦、珍珠稷、甘蔗等作物及多数禾草。田间多年生杂草病株也是疯顶病的初侵染源之一。张中义等（1990）发现侵染玉米、水稻和小麦的大孢指疫霉形态、症状与致病性不同，可区分为 3 个变种，即玉蜀黍变种、水稻变种和小麦变种。

2. 影响发病的条件　　病害的发生与耕作制度、品种抗性及气候条件等因素关系密切。

玉米播种后到 5 叶期前，田间长期积水是疯顶病发病的重要条件。玉米发芽期田间淹水，尤其适于病原菌侵染和发病。春季降水多或田块低洼，土壤含水量高，发病加重。小麦和玉米带状套种也有利于发病。玉米自交系和杂交种之间，抗病性差异明显。不同品种抗性有差异，其中 ‘SC704’、‘掖单 12’、‘掖单 13’ 和 ‘农大 60’ 感病，‘中单 2号’ 基本不发病。大面积种植感病杂交种，是疯顶病多发的重要原因。

（三）病害的管理

1. 病害管理策略　　防治疯顶病应采取以选育和使用抗病品种为主，加强栽培管理及药剂防治相结合的综合措施。

2. 病害管理措施　　措施有 4 项：①选育和种植抗病品种。据各地调查，发病率低或不发病的有 ‘沈单 7 号’、‘中单 2 号’、‘掖单 19’ 和 ‘掖单 4’ 等。‘掖单 13’ 和 ‘太合 1 号’ 较为感病。加强种子检疫，避免从病区调种，杜绝病原传入。不在发病地区、发病地块制种。不使用病田种子，不从发病地区调种。发现病株后，要及时拔除。②加强栽培管理。在玉米收获后及时清除病田中病株残体和杂草，集中销毁，并深翻土壤，促进土壤中病残体腐烂分解，或实行玉米与非寄主作物如棉花或豆类轮作。③平整土地防积水。整治排灌系统，提高田间排水能力，防止苗期田间积水。玉米苗期严格控制浇水量，防止大水漫灌，及时排除田间积水，降低土壤湿度。④药剂防治。播前选用杀菌剂进行拌种，如甲霜灵、甲霜灵·锰锌、杀毒矾等。发病初期用 53% 金雷多米尔锰锌水分散粒剂均匀喷雾。

▌技能操作

玉米病害的识别与诊断

一、目的

通过本实验认识和掌握玉米主要病害的症状和病原菌形态特点，能独立诊断鉴定玉米小斑病、玉米大斑病、玉米瘤黑粉病、玉米丝黑穗病等玉米病害。

二、准备材料与用具

（一）材料

玉米大斑病、玉米小斑病、玉米瘤黑粉病、玉米丝黑穗病、玉米锈病、玉米弯胞霉叶斑病、玉米灰斑病、玉米茎基腐病、玉米纹枯病、玉米粗缩病、玉米矮花叶病等病害标本或新鲜材料及病原物标本。

（二）用具

显微镜、载玻片、盖玻片、解剖针、解剖刀、镊子、滴瓶、吸管、记载用具等。

三、识别与诊断杂粮作物病害

（一）观察症状

用放大镜或直接观察杂粮主要病害盒装症状标本及浸渍标本的病状及病征特点，并记录。

观察玉米大斑病、小斑病、弯孢霉叶斑病的病害标本或新鲜病株的病斑大小、形态、颜色，比较不同病害的症状异同点。

观察玉米瘤黑粉病和玉米丝黑穗病的病害标本，注意发病的部位和病瘤的色泽、形状、质地等。玉米瘤黑粉病雌穗发病，果穗是否较短；有无黑色丝状物。玉米丝黑穗病病穗雄穗是否基部膨大；部分或整个花器是否变形。比较二者症状，如何区别两种病害。

观察玉米茎基腐病病害标本或取新鲜玉米茎基腐病株，注意观察病斑发生的部位，是否造成茎基腐烂；果穗是否下垂；植株是否表现青枯症状；病株微管束呈何状态。

各种玉米常见病害的症状如图 8-11 所示。

玉米小斑病　　玉米大斑病　　　　　　玉米弯孢霉叶斑病

玉米丝黑穗病　　　　玉米瘤黑粉病　　　玉米疯顶病

玉米锈病　　　　　　　玉米茎基腐病

玉米全蚀病　　　　　　　　　　玉米粗缩病

玉米顶腐病　　玉米圆斑病

图 8-11　玉米常见病害症状

（二）鉴定病原

显微镜下观察病原切片标本、病原培养物或保湿病原物，记录比较不同病原物的形态特征。

观察玉米小斑病病原玻片标本或从病部挑取病原物制片镜检，观察分生孢子形状、分隔情况、分生孢子颜色及相对分生孢子梗的着生部位（图 8-12）。

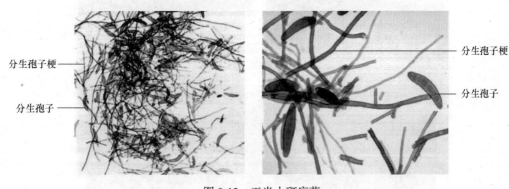

图 8-12　玉米小斑病菌

观察玉米大斑病病原玻片标本或从玉米大斑病病部挑取黑色霉层制片、镜检，观察分生孢子及分生孢子梗的形态（图 8-13），对比玉米小斑病病菌，有何不同之处。

取玉米弯孢霉叶斑病病原玻片标本，或取经保湿培养后的病叶制片，镜检观察分生孢子梗和分生孢子的形状、色泽及分枝特点，分生孢子的分隔情况（图 8-14）。

镜检玉米瘤黑粉病病原标本，也可用挑针从病瘤上挑取少量黑色粉末物制片镜检，

分生孢子梗 ——

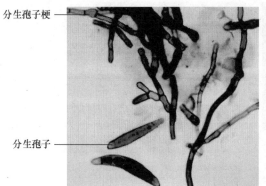

分生孢子 ——

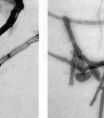

—— 分生孢子

—— 分生孢子梗

图 8-13　玉米大斑病菌　　　　　　　　　图 8-14　玉米弯孢霉叶斑病菌

注意观察冬孢子的形状、颜色，表面是否有褐色微刺（图 8-15）。

　　镜检玉米丝黑穗病病原玻片标本，或从病穗上挑取少量黑粉状物，制片镜检，注意冬孢子的形状、颜色、表面是否有网纹等形态特征（图 8-16）。

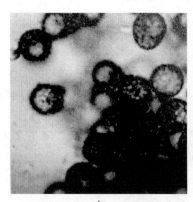

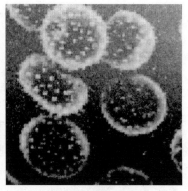

1　　　　　　　　　　　　　　　2

图 8-15　玉米瘤黑粉病菌冬孢子（引自侯明生，2014）

1. 光学显微镜下的形态；2. 电子显微镜下的形态

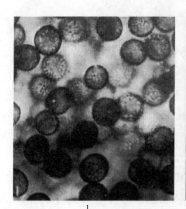

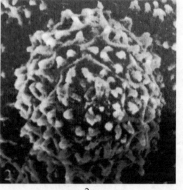

1　　　　　　　　　　　　　　　2

图 8-16　玉米丝黑穗病菌冬孢子（引自侯明生，2014）

1. 光学显微镜下的形态；2. 电子显微镜下的形态

观察玉米茎腐病病原玻片标本，或取病组织保湿培养菌丝制片，观察菌丝的形态、色泽、分隔及分生孢子的形状、大小、色泽，确定为哪种病菌所致（图8-17）。

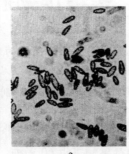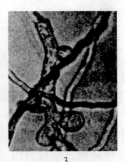

图8-17　玉米茎腐病菌（引自侯明生等，2014）

1. 禾谷镰刀菌分生孢子；2. 串珠镰刀菌分生孢子；3. 瓜果腐霉菌孢子囊

观察玉米灰斑病、玉米锈病、玉米纹枯病、玉米粗缩病、玉米矮花叶病等玉米其他病害症状，掌握其症状特点，通过观察了解病原物的形态特征。

四、记录观察结果

1）绘制玉米主要病害病病原物形态图。

2）描述玉米主要病害症状特点。

课后思考题

1. 我国目前玉米病害发生情况如何？

2. 玉米大斑病菌有哪些生理分化？各有哪些特点？对病害防治有什么指导意义？

3. 玉米品种对大斑病的抗病性分几种类型？各有哪些特点？

4. 玉米小斑病的症状表现？田间诊断要点有哪些？

5. 玉米弯孢霉叶斑病与玉米灰斑病的症状如何区别？

6. 玉米丝黑穗病与玉米瘤黑粉病的症状如何区别？发病规律及其病害管理措施有哪些？

7. 玉米茎基腐病的病原物有哪些？田间症状表现有哪些？如何区分？

8. 我国目前发生比较严重的玉米病毒病有哪些？如何防治？

9. 根据所学知识，制订出玉米病害的综合防治措施。

10. 我国目前发生比较严重的玉米新病害有哪些？症状表现有何区别？如何防治？

第九章 杂粮作物病害与管理

【教学目标】 掌握杂粮作物常见病害的症状及病害的发生发展规律，能够识别各种常见病害并进行病害管理。

【技能目标】 掌握杂粮作物常见病害的症状及病害的识别诊断技术，能够制订病害管理措施。

杂粮作物主要包括玉米、高粱、谷子、糜子、荞麦及豆类等，其中以前三种为主，全国各地广泛种植。全世界报道高粱病害近 60 多种，中国约 30 种，如炭疽病、黑穗病等危害较重；谷子病害 50 多种，发生普遍而严重的有白发病、锈病、谷瘟病、纹枯病、红叶病和线虫病等。

第一节 谷子白发病

谷子白发病是谷子上发生的重要病害之一。世界各产谷国家都有报道，我国各地普遍有发生，谷子主产区的山东、冀北、晋北、陕北、内蒙古、辽宁等地发生最重。一般发病率为 5%～10%，个别地块发病率可达 50%，对产量影响较大。

一、诊断病害

（一）识别症状

苗期至成熟期均可发生。谷子自种芽或幼蘖受侵染后在各个生育阶段和不同器官上陆续显露出不同的症状，因而获得不同的症状名称：芽腐、灰背、白尖、枪杆、白发和看谷老（刺猬头）。此外，局部侵染还可引致叶斑。

1. 芽腐 也称为芽死，土壤菌量大、品种高度感病、环境条件极有利时，刚萌芽的种子即大量被侵染，幼芽弯曲，加上腐生菌的二次侵染，致使出土前完全腐烂，造成缺苗。

2. 灰背 受侵幼苗高 6～10cm，3～4 片叶时开始出现症状。发病叶片略肥厚，叶片正面出现污黄色、黄白色不规则形条斑，潮湿时叶片背面密生灰白色霜霉状物（孢囊梗和孢子囊）。重病苗叶片卷曲可逐渐变褐枯死，但一般灰背病菌仍能陆续抽出新叶，并依次表现灰背症状，直到抽穗前。

3. 白尖 轻病苗继续生长，株高 60cm 左右，病株新叶正面出现与叶脉平行的黄白色条纹，多条时常汇成条斑，背面生白色霜霉状物，以后的新叶不能展开，全叶呈白色，卷筒直立向上，十分注目，称为白尖，白尖不久逐渐变褐枯干，直立于田间，成为枪杆。

4. 白发 枪杆心叶组织薄壁细胞逐渐被破坏而散出大量黄色粉末（卵孢子），仅留一把细丝（维管束组织），以后丝状物变白、略卷曲，称为白发，病株不能抽穗。

5. 看谷老 部分病株由于病势发展较慢，旗叶呈严重灰背但未表现白尖，能抽穗或抽半穗，穗畸形，内外颖受刺激便形成小叶状而卷曲呈筒状或角状，丛生，向四外伸长，全穗蓬松，短而直立，呈刺猬状，称为刺猬头，不结粒或部分结粒。病穗呈绿色或带红晕，以后逐渐变褐干枯，组织破裂散出黄色粉末（卵孢子）。

除以上典型症状外，有些病株还表现节间缩短，植株矮缩，侧芽增多，叶片丛生或在穗上产生丛生叶状侧枝等症状。

6. 局部叶斑 灰背叶片上产生的大量孢子囊传播到其他叶片上，适宜条件下萌发侵入而形成局部叶斑。初在嫩叶上出现不规则形块斑，黄色，以后变黄褐色或紫褐色，病斑背面密生白色霜霉状物。老熟叶片受侵后仅形成黄褐色坏死圆斑，霉状物不明显。

（二）鉴定病原

病原为禾生指梗霉［*Sclerospora graminicola*（Sacc.）Schrot.］，属卵菌门。

病菌为活体营养生物，菌丝体无色透明，无分隔，有分枝，仅在寄主细胞间隙生长，侧生圆形吸器伸入寄主细胞内吸取营养。孢囊梗（图9-1）从寄主气孔伸出，无隔膜，梗基部较窄细，越向顶端越宽粗，顶部分枝2~3°，分枝顶端生2~5个小梗，每个小梗顶生一个孢子囊。孢子囊椭圆或倒卵圆形，无色透明，顶端有乳突，胞壁平滑，大小为（13.3~24.7）μm×（11.4~17.2）μm；条件适宜时孢子囊萌发形成游动孢子，每个孢子囊产生3~7个游动孢子。游动孢子呈不规则肾脏形，无色透明，单胞，从中间沟中生有一长一短两根鞭毛。游动孢子结束游动收缩鞭毛变成球形称为静止孢。静止孢短期休眠后萌发芽管，侵入寄主。

在不适宜条件下，孢子囊可直接萌发生长芽管侵入寄主。卵孢子球形，直径为29.7~41.9μm；外壁光滑，黄褐色，与残留的藏卵器相连。卵孢子需经生理后熟期方可萌发。孢子囊萌发适宜温度为15~16℃，形成的适宜温度为21~25℃，卵孢子萌发适温为18~20℃，最低10℃，最高35℃。

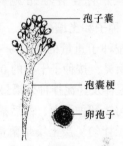

图9-1 谷子白发病菌
（引自天津市农林局技术推广站，1974）

自然情况下病菌除侵染谷子外还能侵染玉米、黍、狗尾草、大狗尾草等。

二、病害的发生发展规律

（一）病程与侵染循环

病菌以卵孢子越冬、在自然条件下初侵染源有三种情况：一是田间病组织破裂时卵孢子散落于土壤中使土壤带菌；二是用病株喂牲口或沤肥使粪肥带菌；三是病健株一起脱粒时谷粒表面沾染卵孢子使种子表面带菌。其中土壤带菌是病害的主要初侵染源。

初侵染发生于幼苗期。当谷种发芽时，土壤、粪肥和种子表面的卵孢子同时萌发产生芽管，从幼芽、胚芽鞘、幼根表皮侵入，在胚芽鞘处产生大量菌丝并进入生长点组织中，随生长点的分化而不断扩展蔓延，逐步形成灰背、白尖、枪杆、白发、看谷老等系统症状。谷芽长度2cm以下时最易受侵染。再侵染发生于成株期，有两种情况：一是灰背上产生的孢子囊经风雨气流传播侵入叶片造成局部枯斑，病斑内一般不形成卵孢子；另一种情况是孢子囊随雨水从叶旋进入植株分生组织表现系统侵染症状，多发生在分蘖性强的品种上。总体而言，再侵染在病害循环中不起主要作用。

（二）影响发病的条件

病害的发生与耕作制度、品种抗性、播种期及气候条件等因素关系密切。病地连作，土壤中菌量连年积累，发病逐年加重。一般卵孢子在土壤中存活两年以上，所以连作地病重，轮作地病轻。

不同品种对白发病抗性差异明显，虽然在栽培品种中很难找到免疫品种，但在人工接种条件下，感病品种发病率达 70% 以上，而抗病品种发病率不到 1%。播种早而深，发病重，适当晚播浅播、发病轻。一切不利于幼苗出土的因素均有利于病害的发生。此外，温暖潮湿再侵染引起的发病就重。

三、病害的管理

（一）病害管理策略

应采取种子和土壤处理为主，农业防治为辅，并结合选用抗病品种的综合防治措施。

（二）病害管理措施

1. 种子和土壤处理　防治谷子白发病的有效药剂较多，如 25% 瑞毒霉或 25% 霜霉威，按种子重量的 0.07%～0.1% 拌种；40% 敌克松、50% 萎锈灵、10% 多菌灵、70% 甲基硫菌灵，按种子干重的 0.5% 拌种均有很好防效。处理方法有干拌、湿拌或药泥拌种等，以湿拌及药泥拌种效果最好。湿拌时先用种子重量的 1% 的水拌湿种子，然后将所需药剂均匀拌到种子上，然后播种。药泥拌种时先将药剂用种子重量的 1% 的水拌成药泥，再和种子拌匀。当土壤带菌量很大时，可改用沟施药土方法以更好地防治病害。每公顷用 3.75kg 的 40% 敌克松兑细土 15～20kg，撒种后沟施盖种，防效优于拌种。

2. 农业防治　合理轮作是防治白发病的有效措施之一，轻病区两年轮作即可见效，重病地块则应实行三年轮作。应与非寄主作物如小麦、豆类、薯类等轮作，大面积轮作效果较好。同时注意施用无菌肥料和进行种子处理。注意保墒，适期播种，适当浅播，以促进苗早、苗壮，减少侵染机会。此外，拔除灰背、白尖病株可有效防治翌年白发病的发生，要及时拔、连续拔、整株拔、连年拔，方能奏效，一定要在病株卵孢子散落前拔除，拔除病株要带出田外集中烧毁，不能用以喂牲畜或沤肥。

第二节　高粱炭疽病

高粱炭疽病在国内外高粱产区均有发生，20 世纪 80 年代以来，此病发生有日趋严重的趋势；严重发生时损失可达 30%，该病是高粱重要病害。

一、诊断病害

（一）识别症状

主要危害叶片、叶鞘和穗，也可侵染茎部和茎基部。苗期染病危害叶片，多从叶片顶端开始发生，病斑大小为（2～4）mm×（1～2）mm，严重的造成叶片局部或大部枯死，导致高粱死苗。叶片和叶鞘受害，初生紫褐色小斑，后扩大为圆形或梭形病斑，长约 1cm，中央深褐色逐渐褪为黄褐色，边缘紫红色，表面密生黑色刺毛状小点，即病菌分生孢子盘。病斑可连成大片或全叶干枯，叶片提早枯死。高粱抽穗后，病菌可侵染幼嫩的小穗枝梗、穗颈或主轴，造成籽粒灌浆不良甚至颗粒无收。病菌还可侵染成株茎部，致使穗部和维管束严重破坏，形成茎腐病，易造成病穗倒折。

（二）鉴定病原

无性态为禾生炭疽菌［*Colletotrichum graminicola*（Ces.）Wilson］，属半知菌类炭疽菌属。有性态为 *Glomerella graminicola* Politis，自然界少见。如图 9-2 所示，病部黑色刺毛状小点为病菌分生孢子盘。分生孢子盘椭圆形，周生褐色刚毛，散生或聚生在病斑的两面，直径为 30～200μm。刚毛直或略弯混生，褐色或黑色，顶端较尖，具 3～7 个隔膜，大小为（64～128）μm×（4～6）μm，分散或成行排列在分生孢子盘中。分生孢子梗单胞无色，圆柱形，大小为（10～14）μm×（4～5）μm。分生孢子新月形，无色，大小为（18～26）μm×（3～4）μm，还有一类大型孢子，大小为（28～38）μm×（5.7～8.8）μm。分生孢子一般具一油球。菌丝体生长适温为 30℃，分生孢子萌发温度为 10～40℃，30℃最适。除高粱外，炭疽病菌还可侵染约翰逊草、苏丹草等多种杂草。玉米和高粱上的炭疽病菌可以交互侵染，但高粱上的炭疽病菌还可侵染麦类，玉米上的则不能。

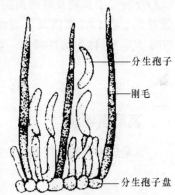

图 9-2　高粱炭疽病菌
（引自《中国农作物病虫图谱》编绘组，1992）

分生孢子
刚毛
分生孢子盘

二、病害的发生发展规律

（一）病程与侵染循环

病菌以菌丝在病残体内或其他寄主上越冬，也可以菌丝和分生孢子在种子上越冬。初侵染菌态为分生孢子，翌年越冬菌源产生的分生孢子随风雨传播至寄主叶片，在有水滴的条件下萌发产生芽管和附着胞，直接从表皮或气孔侵入，引起发病。可多次再侵染。多雨年份和低洼地块发生普遍，致使叶片提早干枯死亡。

（二）影响发病的条件

田间病害严重程度取决于品种的抗病性、气候条件及栽培管理情况。不同品种间抗病性差异明显，中国北方高粱产区炭疽病发生早，7～8 月气温偏低、多雨的年份或低洼高湿田块普遍发生，导致大片高粱提早干枯死亡。

三、病害的管理

（一）病害管理策略

应采取以种植抗病品种为基础，加强栽培管理措施减少菌源，适时进行药剂防治的综合防治措施。

（二）病害管理措施

1. 选用抗病品种　品种抗病性差异比较明显，应选用和推广适合当地的抗病品种，淘汰感病品种。一般黄壳品种比褐壳品种抗病；叶片硅质含量高的抗病性较强。

2. 农业防治　生长期间，摘除病黄脚叶，提倡氮、磷、钾合理配合使用，在砂土地增施钼酸铵可以减轻病害提高产量。收获后妥善处理秸秆及病残体，进行深翻，把病残体翻入土壤深层，以减少初侵染源。提倡实行轮作防病。

3. 化学防治　药剂拌种可用福美双、多菌灵，每 100kg 种子用药 100～300g。在流行年份于生长期及时施药防治是保产的重要措施，从孕穗期开始喷洒 36% 甲基硫菌灵悬浮剂、或 50% 多菌灵可湿性粉剂、50% 苯菌灵可湿性粉剂、25% 炭特灵可湿性粉剂、80% 大生 M-45 可湿性粉剂、70% 代森锰锌，间隔 7～10d 喷 1 次，连喷 2～3 次。

第三节　杂粮作物其他病害

一、高粱黑穗病

高粱黑穗病发生普遍、危害较重，有高粱丝黑穗病、高粱散黑穗病和高粱坚黑穗病。

（一）诊断病害

1. 识别症状

（1）高粱丝黑穗病　病株一般较矮，色泽稍深，在抽穗前，病株穗的下部较为膨大，苞叶紧实，有的穗略歪向一面，剥去苞叶，穗部成为白色的棒状物，此即"乌米"。病穗外部有一层白色的膜，抽穗后外膜破裂，散出大量黑色粉末，此即冬孢子。病穗散出冬孢子后，里面有一成束的黑色丝状物，即残存的花絮维管束组织，病穗有的仅顶端一部分或一侧露出，但也有黑穗全部露出的。叶片染病，在叶片上形成红褐色条状斑，扩展后呈长梭形条斑，后期条斑中部破裂，病斑上产生黑色孢子堆，但孢子量不大，维管束组织不受破坏。病株侧芽或分蘖也常被侵染，形成"二茬乌米"。有时有几种黑穗病可并发于同一株高粱上，如主蘖或主穗为丝黑穗病，分蘖或侧穗为散黑穗病，或者相反，甚至 3 种黑穗病并发于同一分蘖上，但不常见。该病在辽宁、吉林、山西发生普遍且严重。

（2）高粱散黑穗病　多数品种病株稍矮，茎较细，叶片稍窄，抽穗较早，分蘖有不同程度的增加，但较细小。被害植株的花器多被破坏，子房内形成黑粉，即病原菌的冬孢子，但也有少数籽粒未遭破坏，能正常结实。病粒破裂前有一层灰白色薄膜，系由疏松连接的菌丝细胞所组成，孢子成熟后，膜即破裂，黑粉散出，露出长而稍弯曲的黑色中柱，为寄主维管束残余组织，是高粱散黑穗病症状特点之一。

（3）高粱坚黑穗病　病株不矮化，内外颖很少受害，只侵染子房，形成一个坚实的冬孢子堆。一般全穗都变成卵形的灰包，外膜较坚硬不破裂或仅顶端破裂，内部充满黑粉。病粒受压后散出黑色的粉状物即病菌的冬孢子，中间留有一短且直的中轴。病粒椭圆形至圆锥形，护颖较健粒稍短。我国高粱产区均有发生。

2. 鉴定病原

（1）高粱丝黑穗病　病原为孢堆黑粉菌〔*Sporisorium reilianum*（Kühn）Langdon & Full〕，属担子菌门孢堆黑粉菌属。冬孢子（图9-3）能结集成冬孢子球，球形或不规则形，直径为50~70μm，孢子球内的冬孢子，集结，但较为分散，成熟后各自分散。冬孢子球形至卵圆形，暗褐色，大小为（10~15）μm×（9~13）μm，外壁厚约2μm，表面有细刺，有时混生不孕细胞，不孕细胞无色透明，表面光滑。冬孢子需经生理后熟才能萌发。孢子萌发温度为15~36℃，适温为28~30℃。冬孢子萌发产生先菌丝，担孢子侧生。担孢子还能以芽生方式产生次生担孢子。有时冬孢子萌发直接产生分枝菌丝。病菌能在人工培养基上生长，其具有高粱、玉米两个寄主专化型。高粱专化型主要侵染高粱，虽能侵染玉米但发病率不高。玉米专化型能侵染玉米，不能侵染高粱。

（2）高粱散黑穗病　病原为高粱轴黑粉菌〔*Sporisorium cruentum*（Kühn）Pott.〕。冬孢子堆有由菌丝体组成的灰白色被膜。冬孢子（图9-4）球形至卵圆形，暗褐色，5~10μm，表面隐约有网纹。冬孢子在水和营养液中均可萌发，在麦芽汁营养液中能产生很多的担孢子；在蒸馏水中和高温下不产生担孢子，只形成分枝菌丝。病菌具有生理分化和异宗配合现象，病菌除侵染高粱外，还能侵染苏丹草和扫帚高粱。

（3）高粱坚黑穗病　病原为高粱坚黑穗病菌〔*Sporisorium sorghi*（Link）Clinton〕，冬孢子堆生在子房内，圆筒形或圆锥形，长3~7μm，先包有坚实灰白色的一层被膜，后破裂暴露。冬孢子堆深红褐色，中心具短中轴。冬孢子（图9-5）球形至卵形，呈黄褐色至褐色，直径为4.7~9.0μm。在油镜下观察表面有极小的微刺，近于光滑。冬孢子萌发时产生先菌丝和担孢子，有时直接发生分枝菌丝，萌发温度为16~37℃，适温为20~23℃。病菌有生理分化现象，我国已发现8个生理小种，但只侵染高粱属植物。

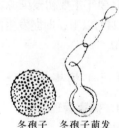

图9-3　高粱丝黑穗病菌（引自天津市农林局技术推广站，1974）

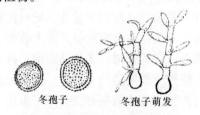

图9-4　高粱散黑穗病菌（引自天津市农林局技术推广站，1974）

图9-5　高粱坚黑穗病菌（引自天津市农林局技术推广站，1974）

（二）病害的发生发展规律

病程与侵染循环有3种形式。

（1）高粱丝黑穗病　病菌以冬孢子在土壤和粪肥中越冬，也可混在种子中间或附在种子表面，但不是主要的初侵染源。冬孢子抵抗不良环境条件能力非常强。落于干土中的冬孢子，能存活3年之久。该病为幼苗侵染系统性发病的病害。病菌冬孢子萌发后以双核侵入丝侵入幼芽，从种子萌发至芽长1.5cm为最适宜的侵染时期。侵入的菌丝初在生长锥下部组织中，40d 后进入内部，60d 后进入分化的花芽中。土温 28℃、土壤含水量 15% 发病率高。春播时，土壤温度偏低或覆土过厚，幼苗出土缓慢易发病。连作地发病重。病害发生与连作和土壤温湿度有关。

（2）高粱散黑穗病　　高粱散黑穗病为一种芽期侵入系统性侵染的病害。病菌以种子传播为主，借冬孢子附着在种子表面来传播，孢子在室内可存活 3～4 年，散落土内的冬孢子只能存活 1 年，且存活率较低，所以土壤中的冬孢子不是主要的初侵染源。当高粱种子在土内萌发的同时，附在种子表面的冬孢子也同时萌发，产生先菌丝和担孢子，形成双核侵入丝，侵染幼苗，以后侵入生长点，随同植株生长发育，进入穗部组织，在子房内形成冬孢子，此外，还有报道病菌能进行气流传播的局部侵染。如果最先发病的散出冬孢子，被风吹落到抽穗晚的植株或分蘖上，也能萌发侵染幼苗，诱致大部分或部分小花发病，此种再侵染常发生在多穗高粱和生育参差不齐的地块。高粱散黑穗病菌对环境条件有广泛的适应力。冬孢子在 12～36℃ 均能萌发，而以 25℃ 为最适，侵染适温为 25℃。生产上播种过早、土温较低时高粱出土较慢，致使发病概率增加，病害较重。

（3）高粱坚黑穗病　　坚黑穗病的侵染循环与散黑穗病相似，也是幼苗系统侵染病害。冬孢子在干燥情况下，能存活 13 年之久。在脱粒时，冬孢子堆粉碎，黏附健粒表面的冬孢子，是翌年主要初侵染源。土壤的传播作用极小，冬孢子侵染的土温略低于萌发温度，一般在 24℃ 以下，即能发生侵染，土温超过 24℃ 时侵染即受到抑制。侵入方式与高粱散黑穗病相似。

（三）病害的管理

1. 病害管理策略　　防治各类黑穗病应以种子处理为主，同时种植抗病品种和配合农业防治。

2. 病害管理措施　　措施有 3 项：①选用抗病良种。目前生产上抗丝黑穗病的杂交种有'黑杂 34'、'黑杂 46'、'齐杂 1 号'、'晋杂 5 号'、'忻杂 5 号'、'忻杂 7 号'、'冀杂 1 号'、'辽杂 4 号'、'辽饲杂 2 号'等。抗病亲本有'黑龙 14A'、'黑龙 7152A'、'吉农 105A'。②农业防治。大面积轮作与非寄主作物施行 3 年以上轮作，同时注意使用净肥；适期播种，提高播种质量；早期拔除病株，尤其是在出现灰包并尚未破裂之前进行，集中深埋或烧毁处理，对控制病害的发生都有一定的效果。③化学防治。种子处理常用方法有温汤浸种，用温水浸种后接着闷种，待种子萌发后马上播种，既可保苗又可降低发病率；药剂拌种，使用内吸性杀菌剂进行拌种，有效药剂有三唑酮、多菌灵、甲基硫菌灵、菲醌、敌克松、萎锈灵等，还可用药土覆种。

二、谷子线虫病

谷子线虫病又称为倒青，是近年来北方谷子产区发生的一种毁灭性病害，目前以山东发生较重。受害较重的地块，发病率可达 90% 以上，病穗小花受害不能结实使子粒秕瘦，病重的减产幅度可达 50%～80%。

（一）诊断病害

1. 识别症状　　根、茎、叶、叶鞘、花、穗及籽粒均可受害，主要症状表现在穗部。开花前症状不明显，自开花期，病株小花呈暗绿色，逐渐变为黄褐色，最后呈暗褐色。有时小花不发育，不能开花，或开花后子房、花柱、花丝萎缩不能结实，颖片多张开，形成有光泽的尖形秕粒。穗形瘦小，直立而不下垂。感病较晚的植株发病较轻，通常无明显症状，需要根据病粒的颖片是否变色来做诊断。谷子不同品种所表现的症状不同，紫秆或红秆品种的病穗向阳面的护颖变成紫色或红色，尤其在灌浆期和乳熟期最为明显，因而又称为紫穗病，以后颜色渐变为黄褐色。青秆品种病穗的护颖一般不呈紫色或红色，直到成熟期均保持黄褐色。此外，病株一般较健株稍矮，上部节间和穗茎稍短，叶片暗绿色较脆。

2. 鉴定病原　　病原为谷滑刃线虫（*Aphelechoides besseyi* Christie.），该线虫与水稻干尖线虫病的病原线虫同种，但交互接种，侵染性有较大差异，可能为不同的生理型。

雌虫和雄虫（图9-6）同型，均为蠕虫型，体细长透明，前端稍细，尾渐细小，末端钝，头外突，与身体分界明显。口器呈突出状，吻强大，基部膨大呈节球状，中食道球发达，椭圆形，食道与肠的界限不明显，排泄孔不常见。雄虫大小为（477.1～675.6）μm×（11.4～20.5）μm，比雌虫稍短，交和刺镰形成对，尾部呈镰型弯曲；雌虫体长（602.1～960.0）μm×（12.5～24.6）μm，阴门位于身体后段1/4处，稍突起呈圆唇状。卵椭圆形，在雌虫体内陆续形成、排出。

雄虫　雌虫

图9-6　谷子病原线虫（引自中国农科院植保所，1996）

（二）病害的发生发展规律

1. 病程与侵染循环　　病原线虫以成虫、幼虫潜伏在秕粒及谷壳内休眠越冬，成为翌年的初侵染源。翌年种子播种萌芽后线虫从幼芽及胚根侵入，分蘖以前，线虫主要在种壳、根部及周围土壤中活动繁殖，拔节以后逐渐转移至嫩叶鞘内侧，营外寄生生活。幼穗形成后，聚集在穗部迅速繁殖，至开花末期繁殖数量达到高峰，乳熟期后又在谷壳内休眠，故种子是病害发生的最主要的初侵染源。秕粒脱落在田间土壤内或混入粪肥中，线虫也可经土壤及粪肥传病。在植株生育后期，线虫大量集中于穗部时，经雨水冲溅和植株相互摩擦接触，都可传播进行再侵染。

2. 影响发病的条件　　谷子线虫病的发生与土壤温度、湿度及降雨等气候条件关系密切。凡有利于线虫活动的气候条件均有利于病害的发生。播种越早，病害越轻，播种越晚，病害越重；孕穗开花期雨水多、湿度大有利于线虫向上部转移和侵染穗部繁殖危害，苗期及孕穗期高温高湿条件是晚播夏谷线虫病发生流行的重要因素。平原地、黏质土壤较山岭地、砂质土壤发病重；连作地发病重，轮作地发病轻。

（三）病害的管理

1. 病害管理策略　　应采取种子检验为主的综合防治措施。

2. 病害管理措施　　措施有4项：①严格种子检验，杜绝传病。该病害目前仍属局部发生，而且病种是病害传播的主要途径，因此要严格种子检验，禁止从病区调拨种子，防止病害扩散蔓延。②使用无病种子及种子处理。在病区要建立无病留种田，以培养无病种子。种子处理一般采用温汤浸种，方法是用 55～57℃温水浸种 10min，浸种后立即换冷水并搅拌 2～3min，晾干后再播种。③轮作。有条件地区最好施行 3 年以上轮作。注意农家肥使用，不用病秕谷和谷场土沤肥。禁止使用病谷草和谷糠牲畜，防止污染粪肥。④选用抗病品种。品质之间抗病性有差异，'小黄谷'、'三变丑'等品种较抗病。

三、杂粮其他病害

杂粮其他病害，如表 9-1 所示。

表 9-1　杂粮其他病害

病害名称	诊断要点	发病规律	防治要点
高粱紫斑病	危害叶片、叶鞘，病斑圆形，紫红色有时略生轮纹	分生孢子座或菌丝团在病残体内越冬；分生孢子直接或气孔侵入；风雨传播，有再侵染	减少初侵染源；加强栽培管理；药剂防治
高粱粗斑病	危害叶片，病斑椭圆形，灰褐色，边缘红褐色，病斑上密生小黑点（分生孢子器），手摸有粗糙感	以分生孢子器在病残体上越冬	种植抗病品种；摘除病叶；增施肥料提高植株的抗病性
高粱大斑病	危害叶片、叶鞘，病斑长梭形，较长，黄褐色，边缘深褐色或紫红色，表生灰黑色霉层，严重时病斑连片，叶片枯死	以菌丝体在病残组织上越冬	种植抗病品种；加强栽培管理
高粱轮斑病	危害叶片，病斑初水渍状红褐色，后期不规则，有的有轮纹，老病叶内产生菌核	以菌丝团或菌核在病残体内越冬；风雨传播；直接或气孔侵入	选用抗病品种；及时摘除病叶；增施肥料
高粱纹枯病	危害中下部叶片、叶鞘，病斑椭圆形或不规则形，中央黄褐色，边缘红褐色，病斑汇合成云纹状大斑。叶鞘上生白色菌丝和菌核	以菌核、菌丝在土壤中越冬	深耕灭茬；选用抗病品种；加强栽培管理，增强寄主抗病性
高粱细菌性条纹病	危害叶片，沿脉间生红色条纹，病斑汇合，叶片变红色，并逐渐干枯，潮湿时病斑表面产生菌脓	细菌随病残体越冬；风雨传播；伤口或自然孔口侵入；高湿利于发病	及时清除病残体；药剂防治
高粱细菌性条斑病	危害叶片，初水浸状，窄细长条斑，红褐色，典型病斑长卵圆形，中央黄褐色，边缘红色，潮湿时有菌脓	细菌随病残体越冬；风雨传播；伤口或自然孔口侵入；高湿利于发病	及时清除病残体；药剂防治
高粱长粒黑穗病	侵染部分小穗。子房增长，灰白色冬孢子团突出于护颖之外，外包浅黄色膜，破裂后散出黑粉，仅残留维管束	以冬孢子在土壤中或黏附在种子表面越冬；田间没有再侵染	抗病品种；药剂拌种；轮作防病
谷子瘟病	危害叶片，病斑青褐色，梭形至纺锤形，湿度大时表生灰色霉层，可形成叶枯、穗枯	以菌丝和分生孢子在种子及谷草上越冬；风雨传播	选用抗病品种；清除病残体；种子处理；药剂防治

续表

病害名称	诊断要点	发病规律	防治要点
谷子粒黑穗病	病穗短小，直立不下垂，受害谷粒膨大，颖片白色，外有灰白色薄膜包被，破裂后散出黑粉	以冬孢子黏附在种子表面越冬或在土壤中越冬；芽鞘侵入，没有再侵染	种植抗病品种；繁育无病丰产良种；控制发病中心
谷子锈病	危害叶片、叶鞘，叶片上产生黄褐色、椭圆形隆起疱状小斑点，后散出黄色粉末；后期病部及其背面生黑色疱状小点，散出黑色粉末	华北地区夏粟区以夏孢子越冬越夏，成为初侵染源；气流传播；雨多病重	抗病品种；适期播种；药剂防治
谷子胡麻斑病	危害叶片、叶鞘、茎秆和穗部。病斑椭圆形，暗褐色，外有黄晕，病斑连片，组织枯死，病斑上密生黑色霉层	以菌丝和分生孢子在病种和病组织上越冬	清除病残体；种子处理；加强栽培管理
谷子叶斑病	叶片病斑椭圆形，大小2~3mm，中部灰褐色，边缘褐至红褐色。后期病斑上生黑色小粒点，为分生孢子器	以分生孢子器在病残体上越冬；风雨传播，有多次再侵染；雨多病重，缺肥病重	施足有机肥，提高植株抗病力；化学防治
谷子纹枯病	危害叶片叶鞘，病斑椭圆形，中央灰白色，边缘暗褐色，汇合后呈云纹状，潮湿时叶鞘内生白色菌丝及菌核	以菌核在土壤中越冬	深耕灭茬；加强栽培管理；选用抗病品种
谷子丛矮病	心叶沿叶脉形成褪绿条点，发展成坏死条纹，植株矮化，叶片丛生，不结穗或穗小	自然条件下由灰飞虱传播	选用抗耐病品种；药剂治虫防病

▌技能操作

杂粮作物病害的识别与诊断

一、目的

通过本实验认识和掌握杂粮主要病害的症状和病原物形态特点。能独立诊断鉴定玉米小斑病、玉米大斑病、玉米瘤黑粉病、玉米丝黑穗病、高粱散黑穗病、高粱炭疽病等杂粮病害。

二、准备材料与用具

（一）材料

谷子白发病、高粱散黑穗病、高粱炭疽病、高粱丝黑穗病、高粱坚黑穗病等病害标本或新鲜材料及病原物标本。

（二）用具

显微镜、载玻片、盖玻片、解剖针、解剖刀、镊子、滴瓶、吸管、记载用具等。

三、识别与诊断杂粮作物病害

（一）观察症状

用放大镜或直接观察杂粮主要病害盒装症状标本及浸渍标本的病状及病征特点，并记录。

观察高粱散黑穗病病害标本或取新鲜高粱散黑穗病株，注意病穗的形态特征，黑粉内是否夹杂有丝状物。

观察高粱炭疽病病害标本或取新鲜高粱炭疽病株，注意观察病斑发生的部位、病斑的形状、色泽，病斑中央与周围的颜色有何区别，发病初期和后期有无不同。

观察谷子白发病病害标本或取新鲜谷子白发病株，注意观察不同时期的症状特点，发病的部位、色泽，白发状丝状物为何物，病株呈何状态。

（二）鉴定病原

显微镜下观察病原切片标本、病原培养物或保湿病原物，记录比较不同病原物的形态特征。

镜检高粱散黑穗病病原玻片标本，或从病穗上挑取少量黑粉状物，制片镜检，注意冬孢子的形状、颜色、表面是否有网纹等形态特征（图9-7）。

镜检病原玻片标本，或用挑针从有病组织上挑取小颗粒状物制片镜检，观察分生孢子盘及分生孢子梗的形态，分生孢子的形状、大小、色泽，分生孢子盘上有无刚毛，刚毛的形状、色泽、分隔情况如何。

观察谷子白发病病原玻片标本或用挑针在病组织材料上挑取少量黄色的粉末物制片镜检，观察卵孢子的大小、形状和颜色等特点（图9-8）。

观察高粱丝黑穗病、高粱坚黑穗病、谷瘟病等病害症状及病原，掌握其症状特点，了解病原物的形态特征。

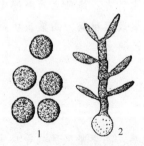

图9-7　高粱散黑穗病菌
1. 厚垣孢子；2. 厚垣孢子萌发

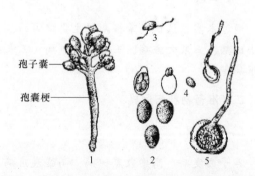

图9-8　谷子白发病菌（引自浙江农业大学，1982）
1. 孢子囊和孢囊梗；2. 孢子囊；3. 游动孢子；
4. 休眠孢子；5. 卵孢子萌发

四、记录观察结果

1）绘制杂粮主要病害病菌形态图。

2）描述杂粮主要病害症状特点。

课后思考题

1．谷子白发病的田间症状有哪些？发病规律及病害管理措施有哪些？

2．谷子线虫病的症状及管理措施有哪些？

3．高粱炭疽病的症状及病害管措施有哪些？

4．我国目前发生比较严重的高粱黑穗病有哪些？症状表现有何区别？如何防治？

5．我国目前发生杂粮新病害有哪些种类？病害管措施有哪些？

第十章 薯类病害与管理

【教学目标】 掌握薯类作物常见病害的症状及病害的发生发展规律，能够识别各种常见病害并进行病害管理。

【技能目标】 掌握薯类常见病害的症状及病原的观察技术，准确诊断薯类主要病害。

薯类作物包括甘薯和马铃薯。全世界已报道甘薯病害 50 多种，我国已发现近 30 种。发生普遍而危害较重的有甘薯黑斑病、甘薯瘟、甘薯根腐病、甘薯茎线虫病和甘薯软腐病等。甘薯黑斑病于 1937 年从日本传入我国东北后，逐渐自北向南蔓延，在甘薯生产上造成巨大损失。甘薯瘟于 1940 年在我国广东信宜县首次发现，随后在我国南方的一些省（自治区、直辖市）传播危害。甘薯根腐病是我国在 20 世纪 70 年代新发现的一种毁灭性病害，曾在黄淮海、长江中下游一些地区猖獗危害。到 20 世纪 80 年代甘薯瘟、甘薯根腐病通过利用抗病品种、轮作倒茬和加强检疫的综合措施有效地减轻了损失。近年来，某些甘薯产区，甘薯茎线虫病猖獗危害，多数地区濒临绝产。

我国甘薯产区按自然区域划分为 5 个薯区，各区病害发生不太一致。北方春薯区以黑斑病、茎线虫病和软腐病为主，蔓割病和皱缩花叶病也有发生。黄淮流域春、夏薯区以黑斑病、根腐病、茎线虫病和软腐病发生危害较重，根结线虫病、蔓割病、紫纹羽病、镰刀菌干腐病、皱缩花叶病毒病等在局部地区也有发生。长江流域夏薯区以黑斑病、干腐病为主，甘薯瘟、蔓割病、紫纹羽病、镰刀菌干腐病、皱缩花叶病毒病在局部地区有所发生。南方夏、秋薯区以甘薯瘟、疮痂病和黑斑病为主，蔓割病、丛枝病、根结线虫病、皱缩花叶病毒病、紫纹羽病等在局部地区发生。南方秋、冬薯区以甘薯瘟危害最重，疮痂病、丛枝病、紫纹羽病、黑斑病等病害也有发生。

全世界已报道的马铃薯病害有近百种，在我国危害较重，造成损失较大的有 15 种。我国马铃薯种植区大致可分为 4 类，各种植区病害的种类和分布有所不同。

一季作区。包括东北、华北北部和西北，主要病害有晚疫病、花叶病毒病、卷叶病毒病、黑胫病、环腐病和丝核菌病等。

四季作区。包括黄河、长江中下游地区，主要病害有花叶病毒病、细菌性青枯病、疮痂病、早疫病等。

冬作区。包括华南诸省，主要病害有花叶病毒病、细菌性青枯病，晚疫病偶有发生。

多种种植区。包括四川、云南、贵州、湖北等西南诸省，主要病害为晚疫病、病毒病、青枯病、癌肿病和粉痂病等。我国由于马铃薯病害的危害，一般减产 10%～30%，严重的可达 70% 以上。

第一节　甘薯黑斑病

甘薯黑斑病又称为甘薯黑疤病，世界各甘薯产区均有发生。1890 年首先发现于美国，1905 年传入日本，1937 年由日本鹿儿岛传入我国辽宁盖县。随后，该病逐渐由北向南蔓延危害，已成为我国甘薯产区危害普遍而严重的病害之一。据统计，我国每年由该病造成的产量损失为 5%～10%，此外，病薯中可产生甘薯黑疤霉酮等物质，家畜食用后，可引起中毒，严重者死亡。用病薯块作发酵原料时，能毒害酵母菌和糖化酶菌，延缓发酵过程，降低酒精产量和质量。

一、诊断病害

（一）识别症状

苗期、生长期及贮藏期均可发生。主要危害薯苗、薯块，不危害绿色部分。

1. 苗期症状　受侵染的幼芽基部产生凹陷的圆形或梭形小黑斑，后逐渐纵向扩大至 3～5mm，重时则环绕苗基部形成黑脚状。地上部病苗衰弱、矮小，叶片发黄，重病苗死亡。湿度大时，病部可产生灰色霉状物（菌丝体和分生孢子），后期病斑丛生黑色刺毛状物及粉状物（子囊壳和厚垣孢子）。

2. 生长期症状　病苗移栽到大田后，病重的不能扎根而枯死，病轻的在接近土面处长出少数侧根，但生长衰弱，叶片发黄脱落，遇干旱易枯死，造成缺苗断垄。即使成活，结薯也少。薯蔓上的病斑可蔓延到新结的薯块上，多在伤口处产生黑色斑块，圆形或不规则形，中央稍凹陷，生有黑色刺毛状物及粉状物。病斑下层组织墨绿色，病薯变苦。

3. 贮藏期症状　贮藏期薯块上的病斑多发生在伤口和根眼上，初为黑色小点，逐渐扩大成圆形、椭圆形或不规则形膏药状病斑，稍凹陷，直径 1～5cm 不等，轮廓清晰。病部组织坚硬，可深入薯肉 2～3mm，薯肉呈黑绿色，味苦。温度、湿度适宜时病斑上可产生灰色霉状物或散生黑色刺状物（病菌子囊壳的颈），顶端常附有黄白色蜡状小点（病菌的子囊孢子）。贮藏后期常与其他真菌、细菌病害并发，引起腐烂。

（二）鉴定病原

病原为薯长喙壳（*Ceratocystis fimbriata* Ellis et Halsted），属子囊菌门长喙壳属真菌，异名有 *Ceratostomella fimbriatum*（Ell.& Halst.）Elliott、*Ophiostoma fimbriatum*（Ell. & Halst.）Nannf.。

菌丝体初无色透明，老熟后深褐色或黑褐色，寄生于寄主细胞间或偶有分枝伸入细胞内，直径为 3～5μm。无性繁殖产生内生分生孢子和内生厚垣孢子。分生孢子无色，单胞，圆筒形或棍棒形，大小为（9.3～50.6）μm×（2.8～5.6）μm。孢子可随时萌发生出芽管，芽管顶端再串生次生内生孢子，可连续产生 2～3 次，然后生成菌丝，也可在萌发后形成内生厚垣孢子。厚垣孢子暗褐色，球形或椭圆形，具厚壁，大小为（10.3～18.9）μm×（6.7～10.3）μm。大量产生于病薯皮下，有较强的抵抗逆境的能力，需经一段时间休眠后才可萌发。有性生殖产生子囊壳，子囊壳呈长颈烧瓶状，基部球形，直径为105～140μm；颈部极长，称为壳喙，长度为 350～800μm。子囊梨形或卵圆形，内含 8个子囊孢子。子囊壁薄，成熟后自溶，子囊孢子散生在子囊壳内，潮湿时，子囊壳吸水产生膨压，将子囊孢子排出孔口，聚集成黄白色蜡状物。子囊孢子无色，单胞，钢盔形，大小为（5.6～7.9）μm×（3.4～5.6）μm，见图 10-1。子囊孢子形成后不经休眠即可萌发，在病害的传播中起重要作用。

图 10-1　甘薯黑斑病菌

1. 分生孢子；2. 厚垣孢子；

3. 子囊和子囊孢子；4. 子囊壳

病菌在培养基上生长的温度范围为 9～36℃，适温为 25～30℃。3 种孢子的形成对温度要求不同，分生孢子在较低的温度下（10℃，30d）形成，厚垣孢子在较高的温度下（15℃，8d）形成，子囊孢子的形成要求更高的温度（15℃，15d；20℃，4.5d）。病菌的致死温度为 51～53℃。生长的 pH 为 3.7～9.2，最适 pH 为 6.6。3 种孢子在薯汁、薯苗茎汁、1% 蔗糖溶液中或薯块伤口处很易萌发，但在水中萌发率很低。

甘薯黑斑病菌为同宗结合，易产生有性态。种内包括很多株系，形态相似但有高度寄生专化性。在自然情况下，主要侵染甘薯，人工接种能侵染月光花、牵牛花、绿豆、红豆、四季豆、大豆、橡胶树、椰子、可可、菠萝、李子、扁桃等植物。

二、掌握病害的发生发展规律

（一）侵染循环

病菌以子囊孢子、厚垣孢子和菌丝体在薯块或土壤中病残体上越冬。在田间 7～9cm 深处的土壤内，病菌能存活 2 年以上。带菌种薯和秧苗是主要的初侵染源，其次是带有病残组织的土壤和肥料。病菌附着于种薯表面或潜伏在种薯皮层组织内，育苗时，在病部产生大量孢子，传播并侵染附近的种薯和秧苗，发病轻则减少拔苗茬数，重则造成烂炕。带病薯苗插秧后，污染土壤导致大田发病，重病苗在短期内死亡，轻病苗生根后，在近土表的蔓上病斑，易形成愈伤组织，病情有所缓解。大田土壤带菌传病率较低，病菌一般是由薯蔓蔓延到新结薯块上，形成病薯。鼠害、地下害虫、收获和运输过程中人的操作、农机具、种薯接触有利于病菌的传播和侵染。入窖前，如果已造成大量创伤，入窖后温度、湿度适宜病菌侵入，可造成大量潜伏侵染，春季出窖病薯率明显增加。贮藏期一般只有一次侵染。黑斑病菌寄生性不强，主要由伤口侵染。甘薯收刨、装卸、运输、挤压及虫兽伤害造成的伤口是病菌侵染的重要途径，也可从根眼、皮孔等自然孔口及其他自然裂口侵入。分生孢子和子囊孢子在田间主要靠种薯、种苗、土壤、肥料和人畜携带传播；收获期、贮藏期，病菌可借人、畜、昆虫、田鼠和农具等媒介传播。

（二）影响发病的条件

1. 品种的抗性　甘薯品种之间抗病性存在着差异，其抗病性与皮层薄厚、薯块质地、含水量多少、伤口木栓层形成快慢等特性有关。薯块易发生裂口的或薯皮较薄易破裂、伤口愈合速度较慢的品种发病较重。目前，尚未发现甘薯对黑斑病免疫的品种。任何甘薯品种被病菌侵入后，都会引起免疫反应产生植物保卫素，如甘薯酮（ipomeamarone）、莨菪素（scopoletin）、氯原酸（chlorogenic acid）、异氯原酸（isochlorogenic acid）、香豆素（coumarin）等酚类化合物，其产生量与寄主抗病性呈正相关，感病品种的产生速度和产生量不能阻止病菌的扩展和发病，因而病重。植株不同部位感病差异明显。秧苗地下部的白色部分组织幼嫩，易于病菌侵入，因此，较地上部的绿色部位感病。

2. 温度和湿度　温度影响着寄主木栓层的形成和植物保卫素的产生，从而影响寄主的抗病性，在20~38℃时，温度越高，寄主抗病性越强。黑斑病的发病温度与病菌的发育温度一致，土温在15~30℃均能发病，最适温度为25℃，低于8℃或高于35℃，病害即停止发展。甘薯贮藏期间，15℃以上利于发病，适宜发病的温度为23~27℃，10~14℃较轻，35℃抑制发病。

田间发病与土壤含水量有关。在适温范围内，土壤含水量在14%~60%时，病害随湿度的增高而加重，超过60%，又随湿度的增加而递减。多雨年份，地势低洼，土壤黏重的地块发病重；地势高燥，土质疏松的发病轻。

3. 伤口　伤口是病原菌侵入的主要途径。薯块裂口多或虫鼠危害重，有伤口的薯块，病害也相应加重。在收获、运输和贮藏过程中造成大量伤口，附着在薯块表面的病菌乘机侵入，加之此时薯块呼吸强度大，散发水分多，病害蔓延较快。

三、管理病害

（一）制订病害管理策略

应采取无病种薯为基础，培育无病壮苗为中心，安全贮藏为保证，药剂防治为辅助的综合防治措施。

（二）采用病害管理措施

1. 严格执行检疫制度　严禁从病区调运种薯、种苗。

2. 选用无病种薯　可采用以下几种途径和方法得到无病种薯。

（1）无病留种田　要求秧苗、土壤、粪肥不带菌，并注意防止农事操作传入病菌。因此必须做到：①采用高剪苗，结合药剂浸苗，或在春薯蔓上剪蔓插植夏薯；②留种地要选3年未栽种甘薯的生地；③留种地收获的种薯，要单收、单运、单藏，收获运输工具及贮藏窖物应不带菌，必要时可用药剂消毒；④注意粪肥不要带菌。

（2）精选种薯　种薯出窖后，育苗前要严格剔除有病、有伤口、受冻害的薯块。

（3）种薯消毒　实行种薯消毒，清除所带病原菌，方法有：①温汤浸种。薯块在40~50℃温水中预浸1~2min后，移入50~54℃温水中浸种10min，水温和处理时间要严格掌握，注意上下水温应一致，对新品种处理后应进行发芽试验。浸种后要立即上床排种，且苗床温度不能低于20℃。②药剂浸种。可采用45%代森铵水剂、50%多菌灵可湿性粉剂、70%甲基硫菌灵可湿性粉剂、88%乙蒜素EC（402抗菌剂）等对种薯进行药剂处理。

3. 培育无病壮苗　尽量用新苗床育苗。用旧苗床时应将旧土全部清除，并喷药消毒。施用无菌肥料。育苗初期，可用高温处理种薯，促进愈伤组织木栓化的形成，阻止病菌从伤口侵入。高温处理是在种薯上床育苗后，保持温床34~38℃，以后降至30℃左右，出芽后降至25~28℃。也可采用间歇高温（顿水顿火）育苗法，即种薯上床前，一次浇足水。种薯上床后，将温度迅速上升到34~38℃，保持4d，以后炕温保持28~30℃。拔苗前，降温至20~22℃。以后每拔一次苗浇足一次水，并将温度升到28~30℃。实行高剪苗，获得不带菌或带菌少的薯苗。苗床（炕）上的春薯苗，要求距地面 3～6cm 处剪苗栽插。将剪取的苗再密植于水肥条件好的地方，加强肥水管理，然后再在距地面 10～15cm 处高剪，栽插大田，此为二次高剪苗。有的地方从春薯田中剪取薯秧栽夏薯，也是一种高剪苗的防病措施。育苗过程中，可用药剂喷床法和药剂浸苗法防治黑斑病。药剂有 50% 多菌灵可湿性粉剂、70% 或 50% 甲基硫菌灵可湿性粉剂。浸苗时，要求药液浸至秧苗基部 10cm 左右。

4. 安全贮藏　留种薯块应适时收获、严防冻伤，精选入窖，避免损伤。种薯入窖后进行高温处理，35～37℃，4d，相对湿度保持 90%，以促进伤口愈合，防止病菌感染。

5. 选用抗病品种　抗病品种有'济薯 7 号'、'南京 92'、'华东 51'、'夹沟大紫'、'烟薯 6 号'。

6. 加强栽培管理　实行轮作换茬，增施不带病残体的有机肥，及时防治地下害虫。

第二节　甘薯茎线虫病

甘薯茎线虫病又称为糠心病、空心病、空梆、糠裂皮等，是一种毁灭性病害。以山东、河北、河南、北京和天津等省（直辖市）发病较重。该病不仅在田间危害薯块和茎蔓，还引起贮藏期烂窖，育苗期烂炕，减产可达 10%～50%，严重时绝收。该病害已被列为国内检疫对象。

一、诊断病害

（一）识别症状

可危害薯块、薯蔓及须根，以薯块和近地面的秧蔓受害最重。

苗期受害出苗率低、矮小、发黄。纵剖茎基部，内有褐色空隙，剪断后不流乳液或很少。严重苗内部糠心可达秧蔓顶部。大田期受害，主蔓茎部表现褐色龟裂斑块，内部呈褐色糠心，病株蔓短、叶黄、生长缓慢，甚至枯死。薯块受害症状有 3 种类型：①糠皮型。薯皮皮层呈青色至暗紫色，病部稍凹陷或龟裂。②糠心型。薯块皮层完好，内部糠心，呈褐、白相间的干腐。③混合型。生长后期发病严重时，糠皮和糠心两种症状同时发生呈混合型。

（二）鉴定病原

病原为腐烂茎线虫（*Ditylenchus destructor* Thorue），属于线虫纲垫刃目茎线虫属。据报道，绒草茎线虫［*Ditylenchus dipsaci*（kühn）Filipjev］在我国也存在，并能引起甘薯茎线虫病。腐烂茎线虫为迁移型内寄生线虫，一生中有卵、幼虫、成虫 3 个时期。雌雄虫均呈线形，虫体细长，两端略尖，雌虫大小为（0.90～1.86）mm×（0.04～0.06）mm，较雄虫略粗大；雄虫大小为（0.90～1.60）mm×（0.03～0.04）mm。表面角质膜上有细的环纹，侧带区刻线 6 条。唇区低平，稍缢缩。口针粗大如钉，长 11～13μm。食道属垫刃型。尾圆锥状，稍向腹面弯，尾端钝尖。雄虫具交合伞一对，交合伞不包到尾端，约达尾长的 3/4。据报道，腐烂茎线虫的寄主植物达 70 多种。除危害甘薯外，还可危害小麦、蚕豆、荞麦、马铃薯、山药、胡萝卜、萝卜、薄荷、大蒜和当归等。

二、掌握病害的发生发展规律

（一）侵染循环

腐烂茎线虫以卵、幼虫和成虫在土壤和粪肥中越冬，也可随收获的病薯块在窖内越冬，成为翌年的初侵染源。病薯和病苗是进行近、远距离传播的主要途径，轻病薯外观无病变，易混入种薯外调及用于育苗。用病薯育苗，线虫从薯苗茎部附着点侵入，沿皮层下及髓向上活动，营内寄生生活。病秧栽入大田，线虫主要在蔓内寄生，也可以进入土壤。结薯期，线虫由蔓进入新薯块顶端，并向薯块纵深发展，形成典型糠心型病薯。病土和肥料中的病原线虫也可从秧苗根部的伤口侵入、或从新形成的小薯块表面通过口针直接侵入，多在块根上形成糠皮症状。线虫侵入寄主，每头雌虫每次产卵 1～3 粒，一生可产 100～200 粒，20～30d 完成一代。危害的盛期在薯块生长阶段的最后一个月，这时单块病薯内的线虫数量可以高达 30 万～50 万条，近地面 33cm 左右的茎内一般也有数千条线虫。虫态不整齐，卵、幼虫、成虫可同时存在。腐烂茎线虫抗干燥能力强，薯干中也含有比率相当高的活线虫，因此薯干也可成为线虫的传播媒介。此外，流水、农具及耕畜的携带都可传播线虫。

（二）影响发病的条件

腐烂茎线虫耐低温而不耐高温。-2℃处理一个月全部存活，-25℃下 7h 才死亡；43℃干热处理 1h 或 49℃热水浸 10min，则全部死亡。2℃开始活动，7℃以上能产卵和孵化，生长适宜温度为 25℃左右。该线虫耐干、耐湿，病薯含水量 12% 时，成虫死亡率第一年仅 24%，第二年 48%，第三年达 98%。遇到干旱呈休眠状态，有雨时即恢复活动。幼虫浸在水中半个月仍能存活。在自然条件下，线虫多集居在干湿交界（10～15cm）的土层内。甘薯的栽培方式对病害发生影响很大，种薯直栽地发病重于秧栽春薯地。春薯生长期长，线虫繁殖代数多，发病重于夏薯。连作地土壤中虫量积累多，发病重。甘薯适当提前收获，可缩短线虫侵染时期，减轻危害。湿润、疏松、通气及排水好的砂质土发病较重；黏土地、有机质多的地块，极端潮湿和过分干燥的土壤发病较轻。品种间抗病性差异很大，腐烂茎线虫严重发生往往与大面积长期种植高感品种有关。

三、管理病害

（一）制订病害管理策略

腐烂茎线虫抗逆力强，传播途径广，在土壤中存活年限长，一经传入较难控制。在综合防治中要加强植物检疫，保护无病区；病区应建立无病留种地，选用抗病品种。

（二）采用病害管理措施

1. 严格种薯种苗检疫　在甘薯生长期、收获期及入窖、出窖、育苗阶段进行查苗、查薯，严禁病区的病薯、病苗向外调运，或不经消毒直接用于生产。对病区薯干外调也应实行检疫。

2. 选用抗病品种　目前尚未发现免疫品种，但品种间抗性差异显著。可根据不同地区选用'农青2号'、'美国红'、'79-6-1'、'32-16'、'鲁薯3号'、'鲁薯7号'、'济薯10号'、'济薯11号'、'北京553'等抗病品种，也可选用'鲁薯5号'、'济薯2号'、'济73135'、'济78268'、'烟3'、'烟6'、'海发5号'、'短蔓红心王'等耐病品种。

3. 建立无病留种地，繁殖无病种薯　选5年以上未种甘薯地作为无病留种地，严格选种、选苗，并用50%辛硫磷浸苗0.5h。取无病蔓栽植，防止农事操作传入茎线虫。无病种薯单收且用新窖单藏。

4. 实行轮作　重病地应与玉米、小麦、高粱、谷子、棉花、花生、芝麻等实施5年以上轮作，水旱3～4年轮作效果更佳。

5. 消除病残体　病薯、病苗和病蔓是主要侵染源，在春季育苗、夏季移栽和甘薯收获入窖贮藏三个阶段严格清除病薯残屑、病苗、病蔓，集中烧毁或深埋。

6. 药剂防治

（1）药剂浸种薯　用甲基异柳磷浸种薯24h，有一定防效。

（2）药剂浸薯苗　辛硫磷浸薯苗15min。

（3）土壤处理　10%益舒宝颗粒剂用药1500～2000g/hm²，在移栽苗前条施于垄中，或用滴滴混剂和80%二溴乙烷熏杀土壤内线虫，或用5%涕灭威颗粒剂土施效果也很好。其他药剂如甲基异柳磷、三唑磷、呋喃丹、茎线灵颗粒剂等也都有不同程度的防治效果。

第三节　马铃薯晚疫病

马铃薯晚疫病又称为疫病、马铃薯瘟，是一种导致马铃薯茎叶死亡和块茎腐烂的毁灭性病害。凡是种植马铃薯的地区都有发生，在我国中部和北部大部分地区发生较普遍。其损失程度视当年当地的气候条件而异。在多雨、冷凉、适于晚疫病流行的地区和年份，植株提前枯死，损失20%～40%。19世纪40年代，马铃薯晚疫病在爱尔兰的流行和危害举世震惊，仅800万人口的爱尔兰就有约100万人因饥饿而死亡，约150万人逃荒海外。近年来由于推广了一些抗病品种，危害大为减轻，但个别流行年份造成的损失仍然很大。

一、诊断病害

（一）识别症状

本病主要危害叶片、叶柄、茎和块茎。田间发病最早症状出现在下部叶片。叶片发病，病斑多在叶尖和叶缘处，初为水浸状褪绿斑，后扩大为圆形暗绿色斑，病斑边缘界限不明显。在空气湿度大时，病斑扩展迅速，可扩及叶的大半及全叶。边缘有一环白色稀疏的霉轮，在叶背或雨后清晨尤为明显。病斑可扩展到叶柄或叶脉形成褐色条斑，叶片萎蔫下垂，最后全株焦黑，呈湿腐状。天气干燥时，病斑干燥成褐色，不产生霉轮，质地易裂，扩展慢。

茎部受害，可形成长短不一的褐色斑。潮湿时，也产生白霉，但较稀疏。受害部位组织坏死、软化甚至崩解，造成病斑以上叶片和茎叶死亡。

块茎发病，初为褐色或紫褐色不规则的病斑，稍凹陷。病斑下的薯肉不同深度地变

褐坏死，与健康薯肉没有整齐的界限，病部易受其他病
菌侵染而腐烂。土壤干燥时，病部发硬，呈干腐状。薯
块可在田间发病后烂在地里或在贮藏期发病烂在窖里。

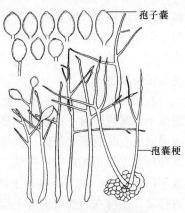

（二）鉴定病原

致病疫霉 [*Phytophthora infestans*（Mont.）de Bary]，
属卵菌门疫霉属真菌。

图 10-2 马铃薯晚疫病菌

菌丝无色，无隔膜，在寄主细胞间隙生长，以纽扣
状吸胞伸入寄主细胞吸取养分。在病叶上出现的白色霉
状物是病菌的孢囊梗和孢子囊（图 10-2），孢囊梗 2～3
丛从寄主的气孔伸出，纤细，无色，1～4 个分枝，每个
分枝的顶端膨大产生孢子囊。孢子囊无色，单胞，卵圆
形，大小为（22～23）μm×（16～24）μm，顶部有乳状突起，基部有明显的脚胞。孢囊梗
顶端形成一个孢子囊后，可继续生长，而将孢子囊推向一边，顶端又形成孢子囊，最后孢
囊梗成为节状，各节基部膨大而顶端尖细。在自然条件下，马铃薯晚疫病菌在世界大多地
区都不产生有性态，只有在原产地墨西哥一带，病叶中经常产生大量卵孢子。两种不同的
交配型（A1，A2）在人工培养基上交配可以产生卵孢子。卵孢子圆形，直径为 24～56μm。
卵孢子萌发产生芽管，在芽管的顶端产生孢子囊。此外，马铃薯晚疫病菌还能在菌丝内部
形成休眠的褐色厚垣孢子。目前，许多国家相继发现 A2 交配型，引起了人们的极大关注。

孢子囊和游动孢子需要在水中才能萌发，孢子囊产生游动孢子的温度为 10～13℃，
孢子囊直接萌发为芽管的温度为 4～30℃，多在 15℃以上形成。菌丝生长温度为
13～30℃，适宜温度为 20～23℃。孢子囊形成的温度为 7～25℃。当相对湿度达到 85%
以上时，病菌从气孔向外伸出孢囊梗。孢子囊需要达到 95%～97% 的湿度才能大量形成。
孢子囊在低湿高温的条件下很快失去生活力，游动孢子寿命更短，但在土壤中的孢子囊，
在夏季条件下可以维持生活力达 2 个月。马铃薯晚疫病菌是一种寄生专化性很强的真菌，
一般在活的植株或薯块上才能生存，但在特定的培养基上也可以生长，如在煮麦片、菜
豆粉和 V8 等培养基上生长并形成孢子囊。

早在 1919 年就发现了马铃薯晚疫病菌存在生理分化现象。其有许多生理小种，目
前采取“致病疫霉生理小种国际命名方案”（Black，1953）命名。此方案用 16 个抗病型
品种作鉴别寄主，它们由 4 个基因型 *R1*、*R2*、*R3*、*R4* 组合而成。相应的马铃薯晚疫病
菌有（0）、（1）、（2）……（12）、（13）……（1234）等 16 个生理小种。各小种都能侵
染不具任何抗性基因的品种；其他具有抗性基因的品种，只能被相对应的小种侵染，如
1 号小种能侵染 *R1* 基因品种，2 号小种能侵染 *R2* 基因品种，依次类推。20 世纪 60 年代
以后，在茄属的很多种上又发现了新的抗病基因型 *R5*、*R6*、*R7*、*R8*、*R9*、*R10*、*R11* 及
Rx、*Ry*、*Rz* 等；利用这些基因的各种组合，又可区别出晚疫病菌的许多生理小种。

二、掌握病害的发生发展规律

（一）侵染循环

1. 初侵染　我国马铃薯主产区，病菌主要以菌丝体在病薯中越冬，也可以卵孢子

越冬，但病株茎、叶上的菌丝体及孢子囊都不能在田间越冬。在双季作薯区，前一季遗留土中的病残组织和发病的自生苗也可成为当年下一季的初侵染源。番茄也可能是初侵染源之一或成为病菌的中间寄主植物。播种前淘汰的病块茎，任意弃置室外，也可能成为初侵染源之一。

2. 传播　　病菌的孢子囊借助气流进行传播。病薯播种后，多数病芽失去发芽力或出土前腐烂，另一些病芽尚能出土形成病苗。病菌从幼苗茎基部沿皮层向上发展，形成通向地上部的茎上条斑，病苗与病菌长期共存，温度、湿度适宜时，病部产生孢子囊，这种病苗成为田间的中心病株。以这种方式形成的中心病株数量较少，在大田出现率一般不超过 0.1%。此外，病薯上产生的病菌，能借助土壤水分的扩散作用而被动地在土壤内移动，还可在病薯与健薯上繁殖。土壤内的病菌可通过起垄、耕地等农业操作传至地表，被风雨传到附近植株下部的叶片上侵染底部叶片。

3. 侵入与发病　　低温高湿条件时，孢子囊吸水后间接萌发，内含物分裂形成 6～12 个双鞭毛的游动孢子，在水中游动片刻后，便收缩鞭毛，长出被膜，成球形，随即长出芽管。当温度高于 15℃时，孢子囊可直接萌发成芽管。形成的芽管都可以从气孔侵入，也可以直接从角质层侵入叶片；通过伤口、皮孔或芽眼外面的鳞片侵入薯块；侵染靠近地面的块茎，则主要借助于由雨水渗入土中的孢子囊或游动孢子。

4. 再侵染　　中心病株上的孢子囊借助气流传播，萌发后从气孔或表皮直接侵入周围植株，经过多次重复感染引起大面积发病。病株上的孢子囊也可随雨水或灌溉水进入土中，从伤口、芽眼及皮孔等处侵入块茎、形成新病薯，尤以地面下 5cm 以内为多。

（二）影响发病的条件

1. 气候条件　　此病是一种典型的流行性病害，气候条件对病害的发生和流行有极为密切的关系。当条件适于发病时，病害可迅速暴发，从开始发病到田间枯死，最快不到半个月。此病在多雨年份容易流行成灾，忽冷忽暖，多露、多雾或阴雨有利于发病。病菌孢囊梗的形成要求空气相对湿度不低于 85%，孢子囊的形成要求相对湿度在 90% 以上，而以饱和湿度为最适。因此，孢囊梗常在夜间大量形成。叶片上必须有水滴或水膜，孢子囊才能萌发侵入。孢子囊萌发的方式和速度与温度有关，温度为 10～13℃时，孢子囊萌发产生游动孢子，3～5h 即可侵入；温度高于 15℃时则直接萌发产生芽管，速度较慢，需 5～10h 才能侵入。病菌侵入寄主体内后，20～23℃时菌丝在寄主体内蔓延最快，潜育期最短。因此，夜间较冷凉，气温在 10℃左右，重雾或有雨，可促进菌丝产生大量的孢子囊；白天较温和，16～24℃，伴有高湿，则促进孢子囊迅速萌发、侵入及菌丝的生长发育，病害极易流行。反之，若雨水少，温度高，病害发生轻。我国大部分马铃薯种植区生长期的温度均适合于该病发生，所以病害的发生轻重主要取决于湿度。华北、西北和东北地区，马铃薯是春播秋收，7 月、8 月的降雨量对病害发生影响很大。雨季早、雨量多的年份，病害发生早而重。长江流域各省一年两季，前季正遇梅雨季节，病害常严重发生。

2. 品种抗性　　马铃薯的不同品种对晚疫病的抗性有很大差异。'克新 1 号'、'克新 2 号'、'克新 3 号'、'跃进'、'克疫' 等较抗病，'男爵'、'白头翁' 等高度感病。马铃薯对晚疫病菌的抗病性有两种类型：一种是寡基因遗传的小种专化性抗病性，其表现形式为过敏性坏死反应，由来自 *S. demissum* 的 *R* 基因控制，这种抗病性容易利用，但不持久，因为它只能抗非匹配的小种。这种抗病性较易因病原菌突变或有性重组而被克服。另一种类型是非小种专化性的、多基因遗传的部分抗病性或田间抗病性，是持久的，它与某些环境组分如日长度、温度、光强度等互作，在某一环境下表现具有足够抗性水平的品种在另一环境下变得感病。

3. 耕作与栽培措施 地势低洼、排水不良的地块发病重，平地较垄地重。密度大或株形大可使小气候湿度增加，也利于发病。施肥与发病有关，偏施氮肥引起植株徒长，土壤瘠薄、缺氮或黏土等使植株生长衰弱，有利于病害发生。增施钾肥可减轻危害。

三、管理病害

（一）制订病害管理策略

应选用抗病品种，种植无病种薯，消灭中心病株，结合病情预报全面喷药保护。

（二）采用病害管理措施

1. 选用抗病品种 我国已育出了上百个抗病品种，大大减轻了晚疫病的威胁。目前培育的抗病良种主要有'冀张薯 8 号'、'庄薯 3 号'、'陇薯 3 号'、'陇薯 7 号'和'青薯 9 号'等。另外，一些老的抗晚疫病品种种植也比较广泛，如'克新号'、'高原号'、'克疫'、'坝薯 10 号'和'米拉'等。这些品种在晚疫病流行年份，受害比较轻，各地应因地制宜地选用。晚疫病菌容易发生变异，常由于出现新的小种而使一些抗病品种丧失抗病性。因此，在推广寡基因抗病品种时要注意品种搭配，避免品种单一化，要根据当地生理小种的分布、组合和消长规律，合理利用抗病品种，进行品种轮换。多基因抗病性品种，抗病性比较稳定，马铃薯晚疫病流行年份受害比较轻。如四川武隆山区的滑石板洋芋种植长达 50 年，虽然长期受病害侵袭，无论在什么条件下，病情上升总是很慢，枯死面积不到 50%。因此应进一步开发和利用具有保产、稳产、稳定小种组成的多基因抗病品种。马铃薯对晚疫病多基因抗病性的主要表现是潜育期长、侵染率低、病斑面积小、扩展慢、孢子形成的数量少。

2. 建立无病留种地，选用无病种薯 由于带病种薯是主要的初侵染源，严格选用无病种薯对晚疫病起着重要作用。建立无病种薯田，无病留种田应与大田相距 2.5km 以上，以减少病菌传播侵染的机会，并严格实施各种防治措施。在收获时应进行严格挑选，选取表面光滑、无病斑和无损伤的薯块留种用，晾晒数日后单收、单藏等。在播种催芽和切块时还应仔细检查，彻底清除遗漏的病薯，剔除的病薯要集中处理。

3. 加强栽培管理 选择高燥、砂性较强的或排水好的地块种植马铃薯。适时早播，不宜过密。合理使用氮肥，增施钾肥，保持植株健壮，增强植株的抗病力。合理灌溉，结薯后增加培土成高垄，减少薯块受侵染。及时清理中心病株或栽除病叶，及时深埋或烧毁。

4. 药剂防治 做好病情测报工作，及时发现中心病株，喷药保护全田。封锁和消灭中心病株是大田防治的关键。发现中心病株后立即喷药，尤其是在中心病株的附近。防治晚疫病的有效药剂有 47% 加瑞农、72% 克露、72% 霜脲锰锌、72.2% 普立克、50% 敌菌灵、50% 退菌特、58% 甲霜灵锰锌、64% 杀毒矾等。为防止抗药性的产生，建议几种药剂轮换使用，或将内吸性和保护性制剂混合使用。

第四节 马铃薯病毒病

马铃薯病毒病是马铃薯的主要病害。在我国大部分地区发生均十分严重，一般使马铃薯减产 20%～50%，严重的达 80% 以上。过去错误地把这种现象称作种性"退化"。其实，退化现象由病毒引起，温度只是病毒病发生条件之一。感染病毒的马铃薯通过块茎无性繁殖进行世代积累和传递，致使块茎种性变劣，产量不断下降，甚至失去利用价值，不能留种再生产。

根据症状表现常常将马铃薯病毒病分为马铃薯花叶病和马铃薯卷叶病两大类。马铃薯花叶病（potato mosaic virus，PMV）是由多种病毒单独或复合侵染的一类病害。普遍分布于世界马铃薯种植区，在我国也广泛分布，但由于高温降低植株对花叶病毒病的抵抗力，因此以南方发生较为严重。不同病毒单独侵染或复合侵染在不同品种上可引起不同的症状和产量损失。马铃薯卷叶病是一种马铃薯种性退化的主要病害，也是最早发现的马铃薯病毒病，在我国广泛分布，尤其是东北、西北等北方地区，其造成马铃薯产量损失一般为 30%～40%，严重时可达 80%～90%。

马铃薯纺锤块茎病由类病毒（PSTV）引起。1967 年，由 Dienner 和 Raymer 发现并证实。据报道，马铃薯纺锤块茎病在美国、加拿大、前苏联的马铃薯种植区均有发生；在南非，该类病毒也引起番茄病害。轻型株多于重型株，其比例约为 10 : 1。轻型株引起严重损失（15%～25%）；重型株引起严重症状，造成产量损失可达 65%。

一、诊断病害

（一）识别症状

不同病毒单独或复合侵染在不同品种上可引起不同症状。

1. 普通花叶病　植株感病后，生长正常，叶片平展，但叶脉间轻花叶，表现为叶肉色泽深浅不一。在某些品种上，高温和低温下都可隐症，受害的块茎不表现症状。但随着马铃薯品种、环境条件及病毒株系的不同而有一定的差异，毒性强的株系也可引起皱缩、条纹、坏死等。

2. 重花叶病　发病初期，顶部叶片产生斑驳花叶或枯斑，以后叶片两面都可形成明显的黑色坏死斑，并可由叶脉坏死蔓延到叶柄、主茎，形成褐色条斑，使叶片坏死干枯，植株萎蔫。不同品种反应不同，若植株矮小，节间缩短，叶片呈普通花叶状，叶、茎变脆。带毒种薯长出的植株可严重矮化皱缩或出现条纹花叶状，也可隐症。病株薯块变小。

3. 皱缩花叶病　病株矮化，叶片小而严重皱缩，花叶症严重，叶尖向下弯曲，叶脉和叶柄及茎上有黑褐色坏死斑，病组织变脆。危害严重时，叶片严重皱缩，自下而上枯死，顶部叶片可见斑驳。病株的薯块较小，也可有坏死斑。

4. 卷叶病　典型的症状是叶缘向上弯曲，病重时呈圆筒状。初期表现在植株顶部的幼嫩叶片上，先是褪绿，继而沿中脉向上卷曲，扩展到老叶。叶片小，厚而脆，叶脉硬，叶色淡，叶背面可呈红色或紫红色。病株不同程度地矮化，因韧皮部被破坏，在茎的横切面可见黑点，茎基部和节部更为明显。块茎组织表现导管区的网状坏死斑纹。

5. 纺锤块茎病　受害植株分枝少而直立，叶片上举，小而脆，常卷曲。靠近茎部，节间缩短，现蕾时明显看出植株生长迟缓，叶色浅，有时发黄，重病株矮化。块茎变小变长，两端渐尖呈纺锤形。芽眼数增多而突出，周围呈褐色，表皮光滑。

（二）鉴定病原

马铃薯病毒病由多种病毒侵染引起，国际上已报道 20 多种病毒能侵染马铃薯。国内主要流行病毒经鉴定与国际上一致，在主要栽培品种上均有相当高的发病率，并普遍存在着病毒复合侵染现象。在我国，马铃薯病毒病的毒源种类有以下几种：马铃薯 X 病毒（PVX）、马铃薯 Y 病毒（PVY）、马铃薯卷叶病毒（PLRV）、马铃薯潜隐花叶病毒（PVS）、马铃薯皱缩花叶病毒（PVM）、马铃薯纺锤块茎病毒（PSTV）、马铃薯 A 病毒（PVA）、马铃薯古巴花叶病毒（PAMV）等。马铃薯黄矮病毒（PYDV）为我国对外检疫对象。

1. 普通花叶病 potato virus X（PVX）属马铃薯 X 病毒组。PVX 为单链 RNA，线状粒体，大小为 515nm×12nm，钝化温度为 68～74℃，稀释限点为 10^5～10^6，体外存活期为几周至数月，接触摩擦传毒；贮藏期间通过幼芽接触也可传毒，还可以借助马铃薯癌肿病菌的游动孢子传播，但后者在生产中并不重要；种传也是 PVX 传播的一种方式。尚未发现传毒昆虫介体。根据是否含基因 Nx、Nb 马铃薯品种的反应，可将 PVX 分为 4 个株系。PVX 的寄主植物很广，除马铃薯外，还可侵染番茄、辣椒、茄子、曼陀罗、龙葵等。在指示植物毛曼陀罗、白花刺果曼陀罗上引起花叶；在千日红、指尖椒上引起枯斑；在苋色藜上引起坏死；致病力强的株系在普通烟上引起系统坏死。

2. 重花叶病 potato virus Y（PVY）属马铃薯 Y 病毒组。PVY 为单链 RNA，粒体线状，大小为 795nm×12nm，钝化温度为 52～62℃，稀释限点为 10^4～10^5，在室温下存活两周。现已知至少有 3 个株系：Y^C 株系在田间并不广泛，蚜虫不能传；Y^O 株系为普通株系；Y^N（Y^R）株系为烟草坏死株系。Y^N 株系能引起马铃薯植株产生明显斑点，不能引起典型垂叶和条纹花叶，有时能看到叶脉坏死，严重时看到明显的花叶。桃蚜是 Y^N 株系最有效的传毒介体，Y^N 也可接触传毒。PVY 可以侵染马铃薯、番茄、烟草、酸浆、矮牵牛、龙葵等，可隐存于芜菁、甘蓝、红苜蓿及豌豆等植物上。在指示植物普通烟上引起明脉，在洋酸浆、枸杞、苋色藜引起枯斑症状。

3. 皱缩花叶病 由 PVX 和 PVY 复合侵染。在我国发生的马铃薯退化，主要是由 PVX 和 PVY 复合侵染引起的。

4. 卷叶病 potato leaf roll virus（PLRV）属黄矮病毒组。PLRV 为单链 RNA，无包膜，球状粒体，直径 24nm，钝化温度为 70～80℃，稀释限点为 10^5，体外存活期为 3～5d。PLRV 已鉴定有几个株系，但它们在马铃薯和其他寄主上症状类型是相同的，只是严重程度不同。寄主植物有马铃薯、番茄、千日红等多种植物。在指示植物洋酸浆上引起系统失绿；在白花刺果曼陀罗上引起系统卷叶。

5. 纺锤块茎病 potato spindle tuber viroid（PSTV）属类病毒。PSTV 只有核酸，无衣壳蛋白，有病原性的 RNA，呈环状，其钝化温度为 70～80℃，在酚处理液中为 90～100℃，稀释限点为 10^2～10^3，体外存活期为 3～5d。在番茄上引起相似的症状，重型株可以在番茄上引起心叶皱缩、叶脉坏死和严重束顶；轻病株对后接种的重病株有交叉保护作用。莨菪可以作为鉴别寄主，首先出现坏死斑，两周后系统坏死。茄科大多数属的植物为无症侵染。其也可侵染苋科、沙参科、石竹科、菊科、旋花科、无患子科、玄参科和缬草属等植物。

二、掌握病害的发生发展规律

1. 普通花叶病　　初侵染源主要是带毒种薯，其次是田间自生苗和其他寄主植物；种子带毒和传病的很少。在田间主要通过病株、带毒农具、人手、衣服等与健株接触摩擦及蝗虫取食等扩大再侵染。马铃薯生长季节，尤其当结薯期遇上高温时容易发病。高温干燥有利于传毒介体昆虫的大量繁殖，发病加重。

2. 重花叶病　　初侵染源主要是带毒种薯，其次是其他寄主植物。可借汁液摩擦传染，在自然界主要是由桃蚜等多种蚜虫传染。当年感染的植株块茎30%～70%带毒，其后代的块茎则100%带毒。干旱温暖年份，蚜虫发生量大，有利于病害发生；在海拔较高的地区，由于多雾、高湿、风大，不利于蚜虫繁殖，病害发生轻。

3. 皱缩花叶病　　初侵染源主要是带毒种薯，其次是其他寄主植物。种薯一般都带PVX，调运到长城以南各地种植区后，若再感染上PVY，则当年此病发病率高达30%～50%。若在生长后期才感染上PVY，病株不一定表现症状，其所结薯块只能感染PVX；若在其生育前期感染上PVY，病株表现此症状，所结薯块多数同时带有两种病毒，该薯块翌年作种薯，就会100%表现症状。高海拔、低温、昼夜温差大的生态环境对病毒的繁殖有抑制作用。

4. 卷叶病　　由种薯传带作为初侵染源。蚜虫传染，汁液接触不能传染，传毒介体有桃蚜、棉蚜、马铃薯蚜，但后两者侵染率不高。蚜虫取毒饲育2h，接毒饲育15min即可侵染，但期间有数小时的潜育期，带毒蚜虫可持久传毒，甚至可以终生传毒，但不能传给下一代。蚜虫传毒的范围不远，一般是在病株附近3～4行的马铃薯最易感染。除蚜虫外，二十八星瓢虫及田蟋象也可传毒。天气干旱、高温有利于蚜虫生长繁殖，发病则重。在气温低、温度高而多雨的地区，对于蚜虫的繁殖不利，发病就轻。在海拔高的山区，由于夜间温度低、湿度大，不利于蚜虫生长繁殖，发病轻。

5. 纺锤块茎病　　主要是机械传播，可经切刀和嫁接传染；咀嚼式口器昆虫如马铃薯甲虫也可传毒；刺吸式口器昆虫传播还未被证实。

三、管理病害

（一）制订病害管理策略

应采取以采用无毒种薯为主，结合选用抗病品种及治虫防病等综合防治措施。

（二）采用病害管理措施

1. 生产和采用无毒种薯　　种薯是否带毒可采用下列3种方法检查：①色检查法。取茎基与块茎相连处做切片，在缓冲性的（pH为4.5）1∶20 000的品红溶液内染色1～2min，再在磷酸缓冲液（pH为4.5）中冲洗5～6min，若坏死的筛管组织染成红色即说明薯块带毒。②紫外线检查法。把薯块切开，将剖面在紫外光下照射，若病薯内含有莨菪素则发生荧光，说明含有病毒。③血清检查法。植物病毒的血清学鉴定发展很快，几乎所有的马铃薯病毒都可以制成抗血清，并用来检测，乳胶凝集、酶联免疫吸附法也属血清学方法，不但可以定性，而且可以定量，还可以在肉眼看不到症状、含病毒很低的植株和种子中检测出来病毒。PSTV目前广泛应用聚丙烯酰胺凝胶电泳法、酶联免疫吸附法和免疫吸附电镜诊断。

一般采用单株混合选择、株系选择和实生苗留种等方法选取及培育无病毒种薯。实生苗留种时马铃薯种子不带病毒，近年来利用抗病的杂交组合种子播种的实生苗所结的块茎作为翌年的种薯，有好的防病效果。但田间应注意防蚜，避免植株当年感染病毒。近年来，利用茎尖组织培养法的生物技术，获得健康种薯，已成为一个重要手段。鉴于马铃薯生长点尖端 1mm 以内没有或有很少量的病毒，可利用此生长点进行组织培养，以清除薯块内的病毒，培养出无病毒植株，结出无病毒薯块。应专门选择一块远离生长田的留种田栽培，以繁殖无病种薯供生产使用。首先利用茎尖组织培养出脱毒核心材料（试管苗），作为原始种源。其次脱毒试管苗扩繁，采用单节茎切段培养基扦插法，得到的块茎即为脱毒原原种。再用脱毒原原种在隔离条件下，田间继续繁殖为一代脱毒种薯，即一级脱毒原种，以后逐级繁育至三级脱毒原种和一级、二级良种大面积生产应用。

2. 选用抗病良种 马铃薯病毒病种类很多，且一种病毒往往有几个株系，各株系在马铃薯各品种上反应不同，因而抗病毒育种十分复杂，很难得到兼抗多种病毒的品种。因此，要针对当地主要病毒选育品种。目前种植广泛的抗病毒品种有'克新 1 号'、'冀张薯 8 号'等。其他老品种'东农 303'、'白头翁'、'丰收白'、'疫不加'、'克新号'均抗花叶病；'马尔卓'、'燕子'、'阿奎拉'、'渭会 4 号'、'抗疫 1 号'等抗卷叶病。

3. 夏播和两季作留种 这是防止种薯退化，解决就地留种的有效方法。在无霜期短的北方一季区，可将正常的春播推迟到夏播留种（6 月下旬至 7 月上中旬播种）；在无霜期长的南方两季作地区，一年种两茬马铃薯，即春秋两季播种，以秋播马铃薯作种用。这样南北两地的种薯形成期都在低温季节，既有利于马铃薯生长健壮，又可以控制病毒增殖扩展的速度。

4. 化学防治 在留种地及时防蚜对减轻退化有显著效果，尤其对卷叶病毒效果明显。也可选用病毒钝化剂，如 20% 毒病毒等。

5. 加强栽培管理 目的是促早熟，保证增产，并避免在高温下结薯。因此，需因地制宜适时播种，高畦栽培，合理用肥，拔除病株，勤中耕培土，注意改良土壤理化性状。

6. 热处理 种薯经 35℃处理 56d 或 36℃处理 39d，可除卷叶病毒。芽眼切块后变温处理（每天 40℃，4h 或 16～20℃，20h，共处理 56d）也可以除去卷叶病毒。

第五节 马铃薯环腐病

马铃薯环腐病又称为轮腐病，俗称"转圈烂"、"黄眼圈"。1906 年首先发现于德国，目前在欧洲、北美、南美及亚洲的部分国家均有发生，是一种世界性的由细菌引起的维管束病害。在我国，此病于 20 世纪 50 年代在黑龙江最先发现，60 年代在青海、北京等地发生。目前已遍及全国各马铃薯产区，其中以 70 年代前期危害最为猖獗。1972 年对内蒙古 22 个旗县的调查发现，病株率一般在 20%，重病地块减产达 60% 以上。此病不仅影响产量，还造成贮藏时的烂窖，影响块茎质量。

一、诊断病害

（一）识别症状

田间发病一般在开花期以后，初期症状为叶脉间褪绿，呈斑驳状，以后叶片边缘或全叶黄枯，并向上卷曲，发病先从植株下部叶片开始，而后逐渐向上发展至全株。由于环境条件和品种抗病性的不同，植株症状也有很大差别，它可引起地上部茎叶枯斑和萎蔫，地下部块茎维管束发生环状腐烂。茎叶枯斑：多在植株基部复叶的顶上先发病，叶尖和叶缘呈绿色，叶肉为黄绿色或灰绿色，具明显斑驳，叶尖变褐枯干，叶片向内纵卷，病茎部维管束变褐色。茎叶萎蔫：从现蕾时发生，叶片自下而上萎蔫枯死，叶缘向叶面纵卷，呈失水状萎蔫，茎基部维管束变淡黄色或黄褐色，植株提前枯死。

块茎轻度感病时外部无明显症状，随着病势发展，皮色变暗，芽眼发黑枯死，也有表面龟裂，切开后可见维管束呈乳白色或黄褐色的环状部分，轻者用手挤压，流出乳黄色细菌黏液，重病薯块病部变黑褐色，生环状空洞，用手挤压薯皮与薯心易分离，常伴有腐生菌侵入。

马铃薯青枯病和马铃薯黑胫病也是细菌病害，与本病有相似之处。马铃薯青枯病多发生在南方，病叶无黄色斑驳，不上卷，迅速萎蔫死亡，病部维管束变褐明显，病薯的皮层和髓部不分离。马铃薯黑胫病虽然在北方也有发生，但病薯无明显的维管束环状变褐，也无空环状空洞。此外，两种病的病原都是革兰氏阴性菌。

（二）鉴定病原

马铃薯环腐病的病原为密执安棒形杆菌环腐亚种［*Clavibater michiganense* subsp. *sepedonicum*（Spieckermann & Kotthoff）Davis et al.］，异名为 *Corynebacterium sepedonicum*（Spieck.& Kotth.）Skapt.&Burkh.。菌体短杆状，有的近圆球形或棒状，大小为（0.4～0.6）μm×（0.8～1.2）μm；无鞭毛，不能游动；无芽孢和荚膜，好气；革兰氏染色阳性。生长温度为1～33℃，适温为20～23℃，致死温度为56℃，生长适宜pH为7.0～8.4。在液体培养液中，有时成双或4个联生；在培养基上菌落白色，表面光滑，薄而半透明，有光泽；在PDA培养基及牛肉汁蛋白胨培养基上，生长缓慢，5～7d才长成针头大小的菌落；若以新鲜培养物制片，在显微镜下观察到相连的呈V形、L形、Y形菌体；在酵母蛋白胨葡萄糖培养基上生长较快。

该病菌不还原硝酸盐也不产生吲哚、氨和硫化氢，可利用葡萄糖、乳糖、果糖、蔗糖、麦芽糖、糊精、阿拉伯糖、木糖、甘露醇、甘油、半乳糖醇等，但不能利用鼠李糖，淀粉水解少。病菌在自然条件下只侵染马铃薯，人工接种可侵染30余种茄科植物。

二、掌握病害的发生发展规律

（一）侵染循环

环腐病菌在种薯中越冬，成为翌年初侵染源。该病菌也可以在盛放种薯的容器上长期成活，成为薯块感染的一个来源。其主要靠切刀传播，据试验切一刀病薯可传染24～28个健薯。其经伤口侵入，不能从气孔、皮孔、水孔侵入，受到损伤的健薯只有在维管束部分接触到病菌才能感染。昆虫、水流在病害传播作用不大。病薯播种后，病菌在块茎组织内繁殖到一定的数量后，部分芽眼腐烂不能发芽。出土的病芽中，病菌沿维管束上下扩展，引起地上部植株发病。马铃薯生长后期，病菌可沿茎部维管束经由匍匐茎侵入新生的块茎，感病块茎作种薯时又成为下一季或下一年的侵染源。

（二）影响发病的条件

环腐病菌在土壤中存活时间很短，但在土壤中残留的病薯或病残体内可存活很长时间，甚至可以越冬。但是翌年或下一季在扩大其再侵染方面的作用不大。收获期是此病的重要传播时期，病薯和健薯可以接触传染。在收获、运输和入窖过程中有很多传染机会。影响此病流行的主要环境因素是温度，病害发展适宜的土壤温度为19～23℃，超过31℃病害发展受到抑制，低于16℃症状出现推迟。一般来说，温暖干燥的天气有利于病害发展。贮藏期温度对病害也有影响，在20℃左右贮藏比低温（1～3℃）贮藏发病率高得多。播种早发病重，收获早则病薯率低。病害的轻重还取决于生育期的长短，夏播和两季作一般病轻。

三、管理病害

（一）制订病害管理策略

应采取以加强检疫、杜绝菌源为中心的综合防治措施。

（二）采用病害管理措施

1. 严格执行检疫制度　环腐病的侵染源主要是带菌种薯，只要不用病薯作种，病区会逐渐缩小，危害会逐渐减轻。调种时应进行产地调查，种薯检验，确定无病后方可调运。

2. 建立无病留种基地　繁育无病种薯可与脱毒生产体系相结合，从无病试管苗和原种繁育到各级种薯的生产，每一环节都要控制环腐病菌的侵染，以确保种薯无病。

3. 选用健薯，汰除病薯　播种前把种薯先放在室内堆放5～6d，进行晾种，不断剔除烂薯，使田间环腐病大为减少。此外，用50μg/kg硫酸铜浸泡种薯10min有较好效果。提倡小种薯作种，避免切刀传染，若用切块播种，应进行切刀消毒。

4. 培育和选用抗病品种　利用'波友1'、'波友2号'、'东农303'、'郑薯4号'、'克新1号'、'高原3号'、'长薯4号'、'长薯5号'等抗病品种。

5. 栽培管理　施用磷酸钙作种肥，在开花后期，加强田间检查，拔除病株及时处理，防治田间地下害虫，减少传染机会。

▌技能操作

薯类作物病害的识别与诊断

一、目的

通过实验，使学生能识别常见薯类作物病害的症状特点，了解薯类病害的病原形态，学习薯类病害的诊断方法，为在生产上正确诊断病害和进行防治工作打好基础。

二、材料与用具

（一）材料

甘薯黑斑病、甘薯软腐病、甘薯茎线虫病、甘薯病毒病，马铃薯主要病害如马铃薯晚疫病、马铃薯青枯病、马铃薯早疫病、马铃薯环腐病、马铃薯病毒病等病害的标本、新鲜材料、挂图、病原菌玻片、瓶装浸渍标本。

（二）用具

显微镜、载玻片、盖玻片、挑针、纱布、蒸馏水、滴瓶、刀片、计算机及多媒体教学设备等。

三、实验内容与方法

（一）甘薯黑斑病

1. 观察症状　取新鲜或浸渍标本，观察病薯内外部及病苗茎基部的病斑形状、大小、颜色、气味等。

2. 鉴定病原　属于子囊菌门长喙壳属真菌。取制好的切片或从病薯上挑取病菌制片观察：病斑上突出的黑色毛刺状物是什么？其顶端黄白色的小颗粒是什么？子囊壳的形态如何？有没有观察到子囊？子囊孢子形态如何？

（二）甘薯软腐病

1. 观察症状　薯块表面有棉絮状灰白色菌丝体，上有黑色小点，切开病薯块，可见薯内呈淡褐色，维管束褐色较深、可流出汁水，有芳香酒味。观察新鲜的软腐病标本，是否有酒香味。

2. 鉴定病原　属接合菌门根霉属真菌。病菌孢囊梗直立，丛生于匍匐丝上，下端生有假根。孢子囊球形，内有半圆形的囊轴及大量的孢囊孢子。孢囊孢子单孢、褐色、椭圆形、表面有条纹。有性生殖可产生黑褐色近球形的接合孢子，表面有刺状物。挑新鲜的病薯上的白色霉层，制片观察病菌的孢囊梗和孢子囊，注意有无假根。取已制成的切片观察接合孢子的形态。

（三）甘薯茎线虫病

1. 观察症状　观察浸渍标本或新鲜病薯，薯块表面颜色变暗呈猪肝色，切开病薯，其内呈褐白相间的糠心型症状，病薯很轻。若线虫从薯块表面侵入，则病薯表面呈龟裂状，病部由外向内扩展，呈糠皮型症状。观察病薯特征，注意与健薯有何区别。

2. 鉴定病原　属于线形动物门垫刃目垫刃线虫科茎线虫属线虫。其雌雄虫均为无色，线状。从病薯糠心部分别挑取少许病组织用蒸馏水制成临时玻片，观察病原线虫形态，注意雌虫阴门的位置和雄虫交合伞及交合刺的形状。

（四）甘薯病毒病

1. 观察症状　观察甘薯羽状斑驳病毒病症状或照片，注意叶片症状特点。

2. 鉴定病原　为甘薯羽状斑驳病毒（sweet potato feathery mottle virus，SPFMV），属马铃薯 Y 病毒属（*Potyvirus*），病毒粒子为弯曲杆状，长度一般为 830～850nm。观察病毒粒体的电子显微镜照片，注意病毒粒体形态。

（五）马铃薯晚疫病

1. 观察症状 观察症状标本或新鲜材料，叶片上病斑暗绿色，边缘不明显。在潮湿条件下，病部与健组织的交界处有一圈白色霉层。块茎上的病斑褐色，剖面可见褐色坏死斑，病健界限不明显。

2. 鉴定病原 取病菌切片观察孢囊梗和孢子囊形态，注意孢囊梗分枝情况。

（六）马铃薯青枯病

1. 观察 观察浸渍标本，植株茎基部维管束为黄色或黄褐色，发病块茎芽眼变浅褐色，可溢出菌脓，病块茎剖面维管束呈黄色或褐色，重者呈环状腐烂，与甘薯瘟症状比较，总结归纳出这类细菌病害的症状特点。

2. 鉴定病原 观察培养基平板上的青枯劳尔氏菌的菌落特征，注意野生型和变异型的菌落大小和颜色的差异。取染色的切片在油镜下观察病菌的形态。

（七）马铃薯环腐病

1. 观察症状 观察病害标本，病块茎剖面维管束变黄或褐色，呈环状腐烂，用手挤压有污白色菌浓溢出。注意与马铃薯青枯病的异同点。

2. 鉴定 观察营养培养基平板上菌落的形状和颜色，并与马铃薯青枯病菌相比较。在示范镜下观察病原菌形态。

（八）马铃薯病毒病

1. 观察症状 观察病株特点，或从图片或多媒体光盘资料中观察相关的症状特征，比较各种病毒病症状差异。

2. 鉴定病原 观看有关病毒的电镜照片或多媒体光盘资料，比较其形态差异。

四、作业

1）绘制甘薯黑斑病菌、甘薯根腐病菌和甘薯软腐病菌形态图。
2）列表比较甘薯薯块上的几种主要病害的症状。
3）归纳比较马铃薯上几种病害的症状区别。
4）绘制马铃薯晚疫病菌胞囊梗、孢子囊及卵孢子图。

课后思考题

1. 薯类病害的发生规律有什么特殊性？
2. 如何防治甘薯黑斑病？
3. 甘薯茎线虫病的发生规律如何？怎样防治？
4. 马铃薯晚疫病的发生规律如何？怎样防治？
5. 病毒病对马铃薯的影响有哪些？怎样防治？
6. 马铃薯环腐病的发生规律与马铃薯晚疫病、马铃薯病毒病有哪些异同点？

第十一章 油料作物病害与管理

【教学目标】 掌握油料作物常见病害的症状及病害的发生发展规律，能够识别各种常见油料作物病害并进行病害管理。

【技能目标】 掌握大豆、油菜、花生、向日葵、芝麻等的常见病害的症状及病原的观察技术，准确诊断几种油料作物的主要病害。

我国的油料作物主要有大豆、油菜、花生、芝麻和向日葵等，其中大豆、油菜和花生种植面积大，是我国三大重要的油料作物。大豆和花生南北各地均有种植；油菜和芝麻盛产于长江流域各地；东北地区是大豆的主要产地；向日葵的主产区在西北地区。

由于大豆病害的危害，导致大豆减产严重。目前世界上已经报道的病害有120多种，其中真菌病害60多种，病毒病害28种，线虫病害20种，细菌病害10种，植原体病害3种，高等寄生植物2种。我国已报道的大豆病害有52种。其中，比较重要的有大豆胞囊线虫病、大豆花叶病、大豆霜霉病、大豆疫霉菌根腐病和一些叶斑类病害。

据报道油菜病害有108种，我国已发现34种，其中真菌病害22种，病毒病害4种，细菌病害4种，线虫病害2种和生理性病害2种。主要有油菜菌核病、油菜白锈病、油菜病毒病、油菜萎缩不实病和油菜霜霉病等，每年因病害造成严重损失。

已报道花生病害有50多种，我国发现30余种，危害严重的主要有花生褐斑病、花生黑斑病、花生网斑病和花生茎腐病等。我国报道的向日葵病害有30多种，主要有向日葵菌核病、向日葵列当等。我国已报道的芝麻病害有20多种，危害严重的有芝麻枯萎病和芝麻茎点枯病等。

第一节 大豆根腐病

大豆根腐病是大豆根及茎基部病害的统称，包括由多种病原菌侵染引起不同症状的数种病害。该病在国内外大豆产区普遍发生，我国以黑龙江东部发生最重。由于大豆根部腐烂，侧根减少，根瘤数量明显减少，导致植株高度下降，大幅度减产，重病田几近绝产。

一、诊断病害

（一）观察病害的症状

由于大豆根腐病由不同病原菌侵染引起，出现的症状各有不同，主要有以下4种。

1. 镰孢菌根腐病 在大豆根部产生黑褐色病斑，多为长条形病斑，不凹陷，两端有延伸坏死线（图11-1）。

2. 丝核菌根腐病 在大豆根部出现病斑，褐色至红褐色，形状不规则，凹陷，常连片。

3. 腐霉菌根腐病 产生无色或褐色的湿润病斑，呈椭圆形，略凹陷。

4. 疫霉菌根腐病 造成烂种、幼苗猝倒及幼苗和成株的根腐、茎腐，植株矮化，甚至凋萎死亡。根、下胚轴及3叶期的主根被侵染时呈棕褐色，并延伸至茎部，病部变褐缢缩，叶片变黄，整株失绿，枯萎死亡。3叶期至成熟前，在感病品种上，叶片变黄不脱落，茎基部最易感病，有菱形棕褐色溃疡斑。病斑向下延伸，导致根部变褐腐烂；向上蔓延至叶柄，甚至可达生长点。维管束变褐，整株枯死。抗病品种上仅茎部出现长而凹陷的褐色条斑，植株一般不枯死。

图 11-1 大豆镰孢菌根腐病的症状
（引自邱强，2013）

（二）鉴定病害的病原

1. 镰孢菌根腐病 病原主要有芬芳镰孢（*Fusarium redolens* Wollenweber）、禾谷镰孢（*F. graminearum* Schw.）、燕麦镰孢［*F. avenaceum*（Fr.）Sacc.］、腐皮镰孢［*F. solani*（Martius）Appel & Wollenweber: Snyder & Hansen］，属半知菌类镰孢属（图11-2）。

（1）芬芳镰孢 在PDA培养基上，菌落正面为白色，背面为紫色。气生菌丝及分生孢子无色，大型分生孢子，镰刀形，弯曲度较小，两端狭小，中部较宽，基部足胞明显，有的呈乳头状，多具3～5个隔。小型分生孢子，卵圆形或椭圆形，单胞或双胞。厚垣孢子圆形，淡褐色，间生或顶生。

（2）禾谷镰孢 在PDA培养基上，气生菌丝淡红色，背面红色略带黄色，菌丝棉絮状至蛛网状。大型分生孢子，镰刀型，较细长微弯，两端尖削，顶端亚锥形，基部有足细胞。小型分生孢子椭圆形，单胞或双胞。

（3）燕麦镰孢 在PDA培养基上，菌落为白色，背面为粉红色。气生菌丝生长旺盛。大型分生孢子，镰刀形，两端较尖，足胞明显，孢子弯曲度较大，无色。小型分生孢子多单胞或双胞。厚垣孢子，圆形，浅褐色，间生或顶生。

（4）腐皮镰孢 在PDA培养基上，菌落浅灰色。大型分生孢子纺锤形，稍弯曲，两端圆，稍具足胞，有3～5个隔膜。小型分生孢子卵圆形，单胞。厚垣孢子顶生或间生，球形或洋梨形。

芬芳镰孢的适宜温度为20～30℃。其他镰孢菌为25℃；芬芳镰孢喜偏碱环境，其他镰孢菌适

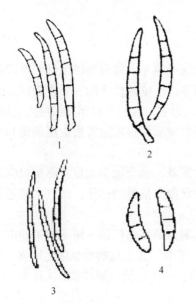

图 11-2 大豆镰孢菌根腐病菌（引自侯明生和黄俊斌，2006）
1. 芬芳镰孢大型分生孢子；2. 禾谷镰孢大型分生孢子；3. 燕麦镰孢大型分生孢子；4. 腐皮镰孢大型分生孢子

宜 pH 为 5.0～7.0。

2. 丝核菌根腐病　　病原为立枯丝核菌（*Rhizoctonia solani* Kühn），属半知菌类丝核菌属。菌丝直角分枝，分枝处缢缩，不产生孢子，菌丝体为淡褐色，蛛网状，适宜温度为 25℃。菌丝生长后期产生菌核，菌核形状不规则，褐色，直径为 1～3mm。可在厌氧条件下生存，在 10～15cm 深的耕层内菌丝密度最高。

3. 腐霉菌根腐病　　病原为终极腐霉（*Pythium ultimum* Trow），属卵菌门腐霉属。在 PDA 培养基上，菌落白色，气生菌丝生长旺盛，菌丝无色透明，无隔膜，纤细。在水中产生圆形游动孢子囊，在固体培养基上长期培养产生大量圆形分生孢子。适宜温度为 20℃，在缺氧条件下不能生长。终极腐霉菌以卵孢子在土壤中可存活 5 年以上。

4. 疫霉菌根腐病　　病原为大豆疫霉（*Phytophthora sojae* M. J. Kaufman & Gerdemann），属卵菌门疫霉属。菌丝较宽，菌丝膨大体常见。孢囊梗单生，无限生长，多数不分枝，顶生单个卵形、无色、单胞无乳突的孢子囊。孢子囊萌发可产生游动孢子，也可直接形成芽管。游动孢子是主要侵染源。有性态产生卵孢子。卵孢子球形，壁厚而光滑。卵孢子在不良条件下可长期存活，条件适宜时可萌发形成芽管，发育成菌丝或孢子囊。菌丝生长的适宜温度为 24～28℃。孢子囊直接萌发的最适温度为 25℃，间接萌发最适温度为 14℃。卵孢子形成和萌发最适温度为 24℃。在 PDA 培养基上生长缓慢，在利马豆培养基和自来水中可形成大量孢子囊。土壤、根部分泌液及低营养水平均有助于卵孢子萌发。光照和换水有利于游动孢子产生和萌发。

大豆疫霉菌寄生专化性很强，生理小种分化十分明显。除危害大豆外，也可侵害羽扁豆属、菜豆、豌豆。

二、掌握病害的发生发展规律

（一）病程与侵染循环

病菌以不同方式在残留的大豆病根、病残体和土壤中越冬。镰孢菌以菌丝和厚垣孢子越冬；腐霉菌以卵孢子越冬；大豆疫霉以卵孢子越冬。土壤是此病的主要侵染源。大豆萌发后，在子叶期病菌就可以侵入幼根，以伤口侵入为主，自然孔口和直接侵入为辅。病菌侵染大豆的根部后，菌丝不断伸长扩展，并分泌大量酶和毒素危害根皮层细胞和导管组织。

灌溉实验表明，无论是刚播种以后或植株较大时灌溉，都会加重大豆疫霉菌根腐病的发生。这是因为土壤水分饱和，不仅有利于孢子囊释放大量游动孢子，而且水流还可直接传播。

在大豆生长期内可进行多次再侵染。但寄主以苗期为最易感病，一切不利于幼苗生长的条件，均有利于大豆根腐病的发生。随着植株生长发育，寄主抗病性也随之增强。

在我国黑龙江，大豆胚根 2～3cm 时显症，6 月中、下旬病情发展较快，7 月中、下旬达到高峰，8 月以后病情趋于稳定。

（二）影响发病的条件

1. 品种抗性　　据报道，黑龙江 100 多个品种与品系中未发现一个免疫或高抗品种，仅'黑河三号'、'红丰三号'等早熟、中熟品种发病较轻。

2. 气候条件 大豆种子发芽与幼苗生长的适宜温度为 20～25℃，若春季气温低，则易于发病。低洼潮湿地，土壤含水量大，大豆幼苗长势弱，易遭侵染，发病重。长期干旱后，突然连续降雨，大豆幼苗生长迅速，根和茎基部易形成纵裂伤口，也有利于发病。

3. 土壤性状 质地疏松、透气良好的土壤发病轻，如砂壤土、黑土发病轻，土壤黏重、通透性差的白浆土发病重。土壤肥沃较瘠薄地块发病轻。

4. 耕作栽培措施 耕作栽培措施会影响土壤含水量和排水，影响通风透光，直接影响发病。及时耕地、排水，发病轻；少耕和免耕板结地发病重。连作比迎茬发病重，迎茬比重茬发病重。春季土温低的地区，播种过深过早，幼苗出土、生长缓慢，抗病能力低，易遭病菌侵染。

三、管理病害

（一）制订病害管理策略

由于大豆根腐病的病原多为土壤习居菌，防治此病应重点搞好土壤环境条件，选用抗病和耐病品种的无病种子以提高播种质量，加强耕作栽培措施，合理施药等。

（二）采用病害管理措施

1. 利用健全种子 选择发病轻的高产、优质品种，汰除有伤口的籽粒，选用饱满的高质量种子。

2. 农业防治 早播、少耕、免耕、窄行、除草剂使用增加、连作和一切降低土壤排水性、通透性的措施都将加重大豆根腐病的发生和危害。合理轮作，实行与禾本科作物 3 年以上轮作。适期播种，保证播种质量，合理密植，宽行种植，及时中耕，减少田间积水是防治病害发生的关键措施。大豆根腐病主要是根的外表皮完全腐烂，影响吸收养分和水分，因此，及时培土到子叶节能使子叶下部长出新根，使新根迅速吸收水分和养分，从而缓解病情，这是防治大豆根腐病的一项有效措施。

3. 药剂防治 近年来，各地陆续研制出含多种杀虫剂和杀菌剂的大豆种衣剂，如黑龙江的 35% 多克福、50% 大豆微复药肥 1 号和 30% 呋多福等。还可施用大豆根保菌颗粒剂，每公顷用 30kg 与种肥混施。

4. 加强检疫 因为大豆疫霉根腐病在我国仅局部地区发生，大豆疫霉在我国被列为检疫性有害生物，病菌可随种子远距离传播，各地要做好种子调运的检疫工作。

第二节 大豆霜霉病

大豆霜霉病广泛分布于我国各大豆产区，以东北和华北发生较普遍。大豆生育期气候凉爽的地区发病较重，但多数危害性不大，严重时引起早期落叶，叶片凋枯，种粒霉烂，大豆产量和品质下降，减产达 30%～50%。

一、诊断病害

（一）观察病害的症状

大豆整个生育期都能受害，幼苗、成株叶片、荚和籽粒均表现症状。

图 11-3　大豆霜霉病的症状
（引自邱强，2013）

带菌种子长出的幼苗，可系统发病，病苗子叶无症状，第一对真叶和第一、二片复叶陆续显出症状。初在叶片基部出现褪绿斑块，沿主脉及支脉蔓延，直至全叶褪绿。以后全株的叶片均可显症（图 11-3）。天气潮湿时，病斑背面密生灰色霉层（病菌的孢囊梗和孢子囊），病叶转黄变褐而干枯。受害重的叶片干枯，早期脱落，整株枯死。

叶片被再侵染，出现褪绿小斑点，后变为褐色小点，背面也生霉层。豆荚被害，外部无明显症状，但荚内常现黄色霉层（病菌的卵孢子）。被害籽粒发白无光泽，表面附一层白色霉层（病菌的卵孢子和菌丝体）。

（二）鉴定病害的病原

病原为东北霜霉［*Peronospora manschurica*（Naum.）Syd.］，属鞭毛菌门霜霉属。卵孢子球状，黄褐色，厚壁，表面光滑或有突起物。孢囊梗从气孔伸出，单生或丛生，无色或灰色，二叉状分枝 3～4 次，小枝末端尖锐，其上着生一个孢子囊。孢子囊无色，椭圆形或卵形（图 11-4）。病菌有生理分化现象。美国鉴定出 32 个生理小种，中国已鉴定出 3 个小种。适宜发病温度为 20～22℃，10℃以下或 30℃以上不能形成孢子囊，卵孢子形成的适宜温度 15～20℃。病菌除危害大豆外，还危害野生大豆。

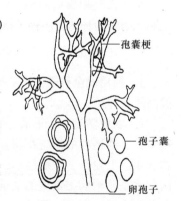

孢囊梗

孢子囊

卵孢子

图 11-4　大豆霜霉病菌
（引自徐秉良和曹克强，2012）

二、掌握病害的发生发展规律

（一）病程与侵染循环

病菌以卵孢子在种子、病荚和病叶内越冬。初侵染源主要是菌种子，其次是病残体。卵孢子可随大豆萌芽而萌发，形成孢子囊和游动孢子，侵入大豆胚轴，进入生长点，蔓延全株引起幼苗发病。病苗、病叶上长出大量孢子囊，成为再次侵染的菌源，借风雨传播，落到大豆叶片上，若条件适合，可在 12h 内萌发出芽管，从气孔或表皮侵入大豆组织，一般 7～10d 表现症状。结荚后，病株内的菌丝经过茎和果柄扩展到荚内，并在种子表面形成卵孢子。

（二）影响发病的条件

1. 气候条件　　大豆霜霉病的发生与温度、湿度关系密切。在大豆生长季节，气候冷凉高湿有利于此病的发生流行，高温干旱则不利于发病。东北和华北地区，大豆播种出苗季节气温较低，若田间湿度大，带菌种子可引起系统感病的幼苗，发病重。南方大豆播种季节温度一般偏高，不适于病菌系统侵染幼苗，发病轻。因此，东北、华北春大豆发病重于长江流域及其以南的夏大豆。

2. 品种抗性 品种不抗病是大豆霜霉病流行的重要因素，不同品种之间抗病性存在着显著差异。高抗品种种子不带菌，而感病品种种子带菌率可达 40% 以上。感病品种，环境适宜，病斑大，病害发展迅速，危害大。抗病品种病斑小，发展慢，危害轻。

3. 种子带菌率 种子带菌率的高低、田间菌源多少关系到病害能否发生。种子带菌率高，发病早，传播快，危害大。否则，发病晚，危害轻，甚至不发病。另外，大豆连作，导致土壤中病菌数量增加，病害发生重。

三、管理病害

（一）制订病害管理策略

该病的防治应采取以选用抗病、耐病品种为中心，控制菌源为前提，进行适时药剂防治的综合防治策略。

（二）采用病害管理措施

1. 选用抗病品种 在相同的环境条件下，不同品种的发病程度不同。根据各地病菌的优势生理小种选育和推广抗病良种，如'早丰 5 号'、'合丰 25 号'、'东农 36 号'、'黑农 21 号'、'九农 2 号'和'九农 9 号'等。

2. 种子处理 在无病田或轻病田留种的基础上，精选种子，剔除病粒再用药剂拌种。常用的药剂种类及用量：按种子重量 0.3% 的 80% 克霉灵拌种；按种子重量的 0.5% 的 50% 福美双可湿性粉剂拌种；按种子重量 0.1%～0.3% 的 35% 瑞毒霉拌种。其他如多菌灵、敌磺钠也可用于拌种。

3. 农业防治 合理轮作，与禾本科作物轮作 3 年以上。大豆收获后进行深翻，清除田间病叶残体，减少菌源。适时晚播，合理密植，增施磷肥、钾肥。增加中耕次数，促进植株生长健壮，提高抗病力。结合铲地及时除去病苗，减少初侵染源。

4. 药剂防治 发病初期开始及时喷药防治，可有效地控制病害的扩展蔓延。如大豆霜霉病发病初期，喷洒 75% 百菌清可湿性粉剂或 75% 瑞毒霉可湿性粉剂 500～1000 倍液进行防治；可用 25% 甲霜灵可湿性粉剂 800 倍液防治。也可用其他药剂如退菌特和克霉灵等。

第三节 大豆灰斑病

大豆灰斑病又称为褐斑病、斑点病或蛙眼病，多数不造成危害，但在有的年份可严重危害。大豆灰斑病分布广泛，我国大豆产区均有分布，尤以东北三省危害严重。病害不仅影响产量，还导致品质变劣，蛋白质和含油量均不同程度地降低。

一、诊断病害

（一）观察病害的症状

大豆灰斑病对大豆叶、茎、荚、种子均能造成危害，以叶片和种子最重。带菌种子长出幼苗，子叶上病斑多是圆形、半圆形、深褐色、稍凹陷，天气干旱时病斑停止发展，低

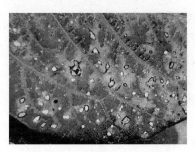

图 11-5 大豆灰斑病的症状
（引自邱强，2013）

温多雨时，病斑可继续蔓延至生长点，导致幼苗枯死。

成株期叶片上的病斑最初为褪绿小圆斑，逐渐发展为边缘褐色、中央灰色或灰褐色、直径为 1～5mm 的蛙眼状病斑；有时病斑也可发展为椭圆形或不规则形；潮湿时病斑背面密生灰色霉层（分生孢子梗和分生孢子）；严重时病斑布满叶面，病斑合并，使叶片提早枯死脱落（图 11-5）。茎上病斑为椭圆形或纺锤形。荚上病斑为圆形或椭圆形，略凹陷，因豆荚表面多毛，不易看到霉层。种子上病斑与叶斑相似，多为圆形蛙眼状，灰褐色，边缘深褐色，轻病籽粒仅现褐色不规则小点。

（二）鉴定病害的病原

病原为大豆尾孢（*Cercospora sojina* Hara），属半知菌类尾孢属。分生孢子梗 5～12 根成束从寄主气孔伸出，淡褐色，不分枝，呈膝状弯曲，孢痕显著。分生孢子倒棒状或圆柱形，无色近透明，基部钝圆，顶端尖细，萌发时从两端细胞长出芽管，有时也可从中部细胞长出芽管（图 11-6）。

病菌在 PDA 培养基上生长缓慢，产孢量少。在利马豆琼脂培养基上产孢比在 PDA 培养基上高 10 倍。蔬菜浸汁培养基病菌生长及产孢量均显著提高。病菌生长适宜温度为 25～28℃，孢子萌发适宜温度为 28～30℃。

灰斑病菌寄主范围很窄，除危害大豆外，仅能侵染野生大豆。病菌生理分化现象十分明显。据报道，东北春大豆区有 14 个生理小种。

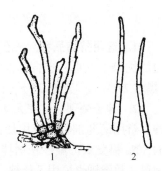

图 11-6 大豆灰斑病菌（引自徐秉良和曹克强，2012）
1. 分生孢子梗；2. 分生孢子

二、掌握病害的发生发展规律

（一）病程与侵染循环

病菌以菌丝体在种子或病残体上越冬。种子带菌对病害流行关系不大，病残体上产生的分生孢子比种子上的数量大，为主要初侵染源。表土层的病残体越冬后遇适宜环境可产生分生孢子进行初侵染。带菌种子长出幼苗，子叶上出现病斑，其上产生分生孢子或表土层病残体上产生分生孢子侵入寄主引起发病。由初侵染的病斑上产生大量分生孢子，在田间借气流传播，进行再侵染。在适宜条件下，再侵染频繁，造成病害大流行。结荚后，病菌侵染豆荚，使籽粒发病。

（二）影响发病的条件

1. 气候条件　分生孢子萌发和侵染均要求很高的湿度，以在水滴中最好。当春季平均气温达 17℃以上、病残体表面湿润时就可产生分生孢子。在田间只有当叶面湿润保持一定时间，孢子才能侵入寄主。因此，大豆生长期雨多，叶部发病重，结荚期、鼓粒期雨多，荚和种子发病重。在黑龙江 7～8 月多雨，湿度大，病害重；相反，天气干旱，病害轻。地势低洼的地块由于易积水，田间湿度大，发病重。

2. 品种抗性和菌源量　　品种抗性是此病流行的一个重要因素。如高感品种'红丰 3 号'、'荆山璞'，发病早，蔓延快，病斑多。如品种抗性不高，又有大量初侵染源，病害发生严重。

三、管理病害

（一）制订病害管理策略

大豆灰斑病的防治应以减少菌源、选用抗病良种为重点，采取在病害流行年份及时喷药保护为辅助的综合防治措施。

（二）采用病害管理措施

1. 选用抗病品种　　近年来黑龙江推广的大豆品种都是抗或高抗灰斑病优势小种的新品种，但抗性不稳定，因此一个抗病品种不能长期种植，应密切注意其抗病性的变化，及时更换品种。我国抗灰斑病的品种有'合丰 25 号'、'合丰 27 号'、'合丰 28 号'、'合丰 29 号'、'合丰 30 号'、'垦农 1 号'、'绥农 10 号' 等，这对控制病害流行起显著作用。

2. 农业防治　　大豆收获后，清除病残体，及时耕翻，减少越冬菌量。实行与非寄主植物如小麦、玉米、棉、麻、薯类等作物轮作，避免重茬，合理密植，雨后及时排水，降低田间湿度。

3. 药剂防治　　根据气象预报和病情发展，做好药剂防治准备。药剂防治要抓住防治时机，施药的关键时期是始荚期至盛荚期。常用的药剂：40% 多菌灵胶悬剂，每亩 100g，稀释成 1000 倍液喷雾；50% 多菌灵可湿性粉剂或 70% 甲基硫菌灵，每亩 100～150g，稀释成 1000 倍液喷雾。

第四节　大豆病毒病

大豆病毒病有大豆花叶病、大豆顶枯病和大豆矮缩病等，以大豆花叶病发生普遍，大豆顶枯病仅次于大豆花叶病。大豆花叶病一般南方重于北方，在东北、皖北、江汉平原、山东等地发生严重。感病品种受害后产量降低，种子品质变劣，严重时可减产 30%～70%。大豆顶枯病在东北发生严重，造成的损失一般在 25%～100%。

一、诊断病害

（一）观察病害的症状

1. 大豆花叶病　　大豆花叶病的症状因寄主品种、气候、侵染时期和部位及病毒株系不同差别很大。在植株上的症状主要有轻花叶、花叶、黄斑花叶、曲叶、卷叶、疱叶、畸形叶、皱缩、矮化和顶枯（图 11-7）。感病品种接种大豆花叶病毒后，株高、主茎节数、分枝数、单株荚数、百粒重、单株叶面积、根瘤重、茎叶干重和根干重减少。

病株豆粒常产生斑驳，斑纹呈放射状或云纹状，其形状和感病程度与寄主品种有关。斑纹色泽与豆粒脐部颜色有关，在褐脐豆粒上为褐斑，在黑脐豆粒上为黑斑。

2. 大豆顶枯病 该病症状变化较大且多在生长中期显症。在北方许多品种上表现为植株自顶部开始沿茎向下变褐枯死，也可使叶脉坏死或形成坏死大斑块（图11-8）。感病早的植株不结实，发生晚的结实率很低。枯死的顶部常被叶片掩盖。此外，有的呈轻花叶或轻微皱缩或沿主脉抽缩。病株豆粒也产生斑驳。

图 11-7　大豆花叶病的症状
（引自邱强，2013）

图 11-8　大豆顶枯病的症状
（引自中国农药第一网）

（二）鉴定病害的病原

1. 大豆花叶病 病原为大豆花叶病毒（soybean mosaic virus，SMV），属马铃薯Y病毒组。病毒粒体线状。大豆花叶病毒在寄主体外的稳定性较差，钝化温度为55～65℃。稀释限点为10^2～10^3。体外保毒期为1～4d。SMV可由汁液、介体和种子传播。传毒介体为多种蚜虫。

SMV的寄主范围很窄，只能侵染豆科植物。除侵染大豆外还能侵染细茎豆类，如蚕豆、豌豆、紫云英并显症。

2. 大豆顶枯病 病原为黄瓜花叶病毒大豆萎缩株系（cucumber mosaic virus CMV-Soybean stunt strain，CMV-S），属黄瓜花叶病毒组。病毒粒体球状。钝化温度为50～60℃，稀释限点为10^2～10^3，体外保毒期为1～4d。此病毒的寄主范围较其他黄瓜花叶病毒稍窄，系统侵染大豆、小豆、豌豆、扁豆、豇豆的某些品种、心叶烟、黄花烟、南瓜、西葫芦、矮牵牛等。

二、掌握病害的发生发展规律

（一）病程与侵染循环

1. 大豆花叶病 病毒主要在种子内越冬成为翌年的初侵染源，带毒种子长出的幼苗，条件适宜时即可发病，成为田间传播的毒源。病害在田间由介体蚜虫传播引起多次再侵染。病害流行主要的介体蚜虫种，在东北地区为大豆蚜，占传毒蚜总数的74%，其次为豆蚜，占15.5%；山东以桃蚜、豆蚜和大豆蚜为主；南京以大豆蚜为主。也可通过汁液摩擦传播。病害远距离传播是靠带毒的种子。

2. 大豆顶枯病 大豆顶枯病的寄主范围较广，但在大田中仍以种传病苗为主要初侵染源。病毒种传率很高，可达80%甚至100%。传毒蚜有大豆蚜、豆蚜、桃蚜、马铃薯长管蚜等。汁液也可以传毒。

（二）影响发病的条件

1. 大豆花叶病

（1）早期毒源数量　　由于种传病苗是此病唯一或最主要的初侵染源，而且初期介体传播距离较近，在种子带毒率高的情况下，若春季气温较高，带毒种子多数能产生病苗，因此早期出现的毒源多，后期病害发生较重，反之发病则轻。

（2）介体蚜虫变化动态　　传毒介体蚜虫的发生时期、数量及迁飞着落频次和距离直接影响田间病害的蔓延速度和严重程度。蚜虫发生早且量多的年份和地区，病害发生重，如高温干旱年份，蚜虫暴发，花叶病也重。

（3）气候条件　　气候条件中主要是温度对发病影响最大。温度直接影响病害的潜育期，如以病害发生的最低温度为9℃计算，有效积温达80℃左右时开始显症。最适温度25℃时潜育期为5～6d，潜育期短则流行速度快。温度较高是黄淮流域发病比东北严重的一个重要原因。褐斑粒的形成与结荚初期的温度有密切关系，温度越低斑驳越重，有的品种当温度超过30℃时不能形成褐斑粒。

（4）品种的抗性　　不同栽培品种对 SMV 的抗性有明显差别，表现在田间病株受害程度、种传率、种子斑驳率、产量、潜育期和易感期长短等方面。

2. 大豆顶枯病　　不同 CMV-S 株系和环境条件对症状影响很大。不同品种间抗病性也有差异。

三、管理病害

（一）制订病害管理策略

多数大豆病毒病可由种子带毒传病，防治大豆病毒病的重点是繁殖无毒种子，对尚未发病的地区，要认真进行检疫，种子田必须及时治蚜，避免或减轻发病。

（二）采用病害管理措施

1. 建立无病留种田　　种子带毒率和病害流行密切相关，获得无毒种子的途径是建立无毒种子繁殖体系。种子田防病措施：一是播种前严格筛选，清除褐斑粒；二是大豆生长期间彻底拔除病株；三是种子田应与周围毒源（大豆及其他寄主作物）隔离100m以上，以防外源传播；四是避免晚播，使大豆易感期避开蚜虫高峰期。

2. 选用抗病品种　　生产上积极选用抗病品种，如较抗大豆花叶病的品种有‘湘春豆14号’、‘豫豆26号’、‘齐黄26号’、‘齐黄27号’、‘鲁豆6号’、‘文登青黑豆’、‘莱阳二黑豆’、‘烟青豆1号’、‘铁皮黄豆’、‘丹东金黄豆’等。

3. 治蚜防病　　由于田间传毒介体是蚜虫，采取驱蚜或避蚜措施比不防蚜效果好。如苗期喷10%吡虫啉或2.5%敌杀死等；大豆与高秆作物间作，适当调整播种期，用银灰色塑料薄膜避蚜。

4. 农业防治　　及时拔除病苗，清除田间杂草，不在菜地、绿肥、牧草和荒地附近设种子田，都有助于减轻发病。

第五节　大豆胞囊线虫病

大豆胞囊线虫病又称为黄萎病，俗称"火龙秧子"，是世界大豆生产的重要线虫病害，多发生在偏冷凉地区。在我国，主要分布于东北和黄淮海两个大豆主产区，尤其东北地区多年连作大豆的干旱、盐碱、砂土地带危害严重。大豆胞囊线虫病是仅次于大豆花叶病的第二大病害。一般减产10%，严重的高达30%～50%，甚至绝收。

一、诊断病害

（一）观察病害的症状

在大豆整个生育期均可危害。主要危害根部，受害植株地上部和地下部均可表现症

图11-9　大豆孢囊线虫
（引自邱强，2013）

状。大豆在发病初期或发病轻时，表现为叶片褪绿，逐渐黄化。严重时，植株明显矮化，整株黄化，瘦弱，似缺水、缺氮状。病株根系不发达，根瘤稀少并形成大量须根，须根上附有大量如小米粒大小的白色小颗粒（图11-9），即线虫的胞囊（雌成虫），后期胞囊变褐色，并脱落土中。因此，根表雌虫是此病诊断的重要依据。病株根部表皮常被雌虫胀破，易遭受其他腐生菌侵染引起根系腐烂，使植株早枯。病株叶片常脱落，结荚少或不结荚，籽粒小而瘪，质量严重下降。

（二）鉴定病害的病原

病原为大豆胞囊线虫（*Heterodera glycines* Ichinoche），属异皮科孢囊线虫属，为专性寄生线虫。卵形成于孢囊或卵囊中，幼虫分4龄，脱皮3次后变成成虫。1龄幼虫在卵内；2龄幼虫破壳而出，雌雄难分，均为线状，线虫在土中自由活动数周后从根冠侵入寄主；3龄幼虫雌雄可辨，雄虫仍为线状，雌虫腹部膨大成囊状；4龄幼虫形态与成虫相似。成虫雄虫线状；雌虫梨形或柠檬形，初为白色，以后呈橘黄色，老熟雌虫体壁加厚，成为褐色孢囊。胞囊线虫生殖方式为雌雄交配，交配后产卵在雌虫体内，一般可产卵200～500粒（图11-10）。

线虫发育适宜温度为17～28℃，10℃以下幼虫不能发育，31℃以上幼虫开始衰退，至35℃时幼虫不能发育为成虫。在适温范围内，温度越高，幼虫发育越快，完成一个世代所需日数就越少。此线虫一般以土壤湿度60%～80%为适宜，土壤过湿，氧气不足，线虫容易死亡，完全干燥的土壤也影响其存活。

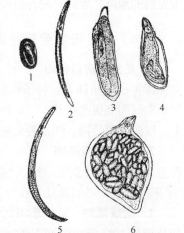

图11-10　大豆孢囊线虫（引自侯
明生和黄俊斌，2006）
1. 卵；2. 2龄幼虫；3. 4龄雄虫；
4. 4龄雌虫；5. 雄成虫；6. 雌成虫

大豆胞囊线虫除危害大豆外，还可危害小豆、绿豆、白羽扁豆。其他寄主多为不常见作物和杂草，如金沙草、水棘针、苜蓿、野豌豆、野生大豆等。

大豆胞囊线虫有生理分化现象，已鉴定出 16 个生理小种。

二、掌握病害的发生发展规律

（一）病程与侵染循环

大豆胞囊线虫主要以胞囊在土中越冬，带有胞囊的土块也可混杂在种子间成为初侵染源。胞囊抗逆性很强，在土壤中可存活 10 年以上。线虫在田间传播主要通过田间作业时农机具和人、畜携带含有线虫或胞囊的土壤，其次为排灌水和未经充分腐熟的肥料。线虫本身活动范围极小。种子的远距离传播是该病传至新区的主要途径。

胞囊中的卵在春季气温变暖时开始孵化为 1 龄幼虫，1 龄幼虫存在卵壳内，2 龄幼虫冲破卵壳进入土壤，雌性幼虫从根冠附近侵入寄主根部，经皮层进入中柱，其唾液使原生木质部或附近组织形成愈合细胞，堵塞导管。线虫则以吻针插入愈合细胞吸收营养。经 3 龄，4 龄期幼虫发育为成虫。雌成虫身体膨大，突破根皮层而显露出来，仅用口针吸着在寄主上，即大豆根上所见的白色颗粒物。

大豆孢囊线虫的发育速率与温度成正比，若环境条件适宜，完成一个世代仅需 25～35d。因土温差异每年发生的代数不同，东北为 3～4 代，上海为 10 代左右。

（二）影响发病的条件

1. 土壤性质　大豆孢囊线虫病发生及危害程度与土壤性质关系很大，通气良好的砂土和砂壤土，或干旱贫瘠的土壤有利于线虫生长发育；黏土，氧气不足，线虫死亡率高。如在黑龙江，土质黏重的白浆土地区，虽有线虫病的发生，但从未引起严重危害。碱性土壤更适于线虫的生活。调查发现，盐碱土和砂土地区 100g 土中有 4 个孢囊，减产 50% 以上。连作地发病重，轮作地发病轻。

2. 气候条件　土温影响线虫发育速度。10℃以下线虫停止发育，35℃以上不能发育成成虫。日温若有 4h 超过 35℃，这样连续 3d 半数幼虫受到影响。日温若有 4h 超过 38℃，这样连续 3～6d，幼虫不能正常发育，这是南方大豆产区夏季幼虫不能存活的原因。幼虫侵入根系的最低温度为 14℃左右，超过 36℃停止侵染。土壤过湿，氧气不足，线虫窒息死亡。在高湿淹水时，土壤中的孢囊很快失去活力。

3. 作物种类　作物种类对土壤中线虫的增减有明显影响。在有线虫的土壤中，种植寄主植物，线虫数量明显增加，发病重；而种植非寄主作物，线虫数量急剧下降。若种植线虫能侵染而不能繁殖的作物，如菜豆、豌豆、三叶草等，则可促使线虫卵孵化，幼虫从孢囊中孵出后，因找不到适当寄主而死亡，种植这种植物比休闲或种植其他非寄主作物更有效，往往称这类作物为"诱捕作物"。

三、管理病害

（一）制订病害管理策略

大豆孢囊线虫病的防治应采取加强检疫，保护无病区，在病区或发病田块以合理轮作和搞好栽培管理为重点，种植抗病、耐病品种为基础，辅以药剂防治的综合措施。

（二）采用病害管理措施

1. 加强检疫 混杂在种子中的孢囊线虫是病害远距离传播的主要途径。划定疫区，禁止从疫区调种，以保护无病区。引种时，应严格进行产地检疫，防止病害通过种子传播。农业机械、鸟类、风力和洪水都会造成孢囊的传播和蔓延，要采取各种措施控制传播途径。

2. 种植抗病、耐病品种 防治大豆孢囊线虫病最有效、最经济的办法是选用抗线虫品种，抗线虫品种根系发达、抗逆性强、活力强、吸水吸肥能力强。我国育成的抗大豆孢囊线虫病品种主要有'庆丰1号'、'嫩丰15号'、'垦丰1号'、'东农43号'、'吉林23'、'吉林32'、'吉林37'（以上的东北地区的抗病品种，主要抗3号生理小种），'商丘7608'、'齐黄25'、'齐黑豆2号'（抗1号、3号、5号小种），'齐茶豆1号'（抗1号、3号小种）和'皖豆16'（抗2号、3号、5号小种），各地应因地制宜选择种植抗病品种。美国和日本都育成数批抗线虫的品种。我国抗源丰富，用抗源与优良品种杂交，或将黑大豆抗性基因转移到黄大豆中，选育出适于各地种植的抗病黄大豆品种前途光明。

3. 农业防治 与禾谷类作物和棉花等非寄主作物实行轮作是较易推行和经济有效的防病措施。在黑土轻病区，一般只要坚持3年以上的轮作即可显著减轻危害。在盐碱土和砂土地带要结合土壤胞囊的密度测定，实行5～6年以上的轮作。实践证明，轮作年限越长，效果越好。在大豆播种面积大的地区，轮作还可与种植抗病品种相结合，即轮作制中加入一季抗病品种或诱捕作物如绿肥作物等，如此可减少轮作年限提高防病效果。大豆染病初期（3片复叶前），不可叶面喷施尿素，否则加速大豆染病概率。开花结荚期，大豆对氮的吸收达到高峰，此时应施氮肥，但染病的地块应慎施。适当增施有机肥料，提高土壤肥力，促进植株生长，也可减轻线虫危害。在高温干旱年份注意适当灌水，可以减轻危害。

4. 药剂防治 目前可用于防治大豆胞囊线虫的杀线虫剂有3类：种衣剂、熏蒸剂和非熏蒸剂。采用熏蒸剂，需在播种前15d以上沟施入土内20cm处，覆土压平密闭，15d内不能翻动，该方法防治效果好，但是费用高，伤害天敌。常用的熏蒸剂为棉隆，使用量为每公顷73.5～87.0kg。非熏蒸剂，有涕灭威、力满库等。

第六节　大豆菟丝子

大豆菟丝子又称为黄丝藤、金钱草、无根草，是一种世界性杂草，属我国进境植物检疫性有害生物。大豆菟丝子分布于我国各大豆产区，以东北、山东等地危害严重。一般减产5%～10%，重者达40%～70%，甚至颗粒无收。

一、诊断病害

（一）观察病害的症状

大豆幼苗可被害，以后随气温增高和降雨，危害加重。菟丝子以茎蔓缠绕大豆，并产生吸盘伸入寄主茎内吸取养分。被害植株矮小，茎叶变黄，结荚少，籽粒不饱满。重者植株上缠满菟丝子，全株萎黄，甚至枯死（图 11-11）。在一个生长季节内，能形成巨大的群体，使大豆成片枯黄。

（二）鉴定病害的病原

在我国危害大豆的菟丝子有两种：一种是中国菟丝子（*Cuscuta chinensis* Lam.），发生普遍，东北、华北、西北发生的多属此种；另一种是欧洲菟丝子（*C. australis* R.B.），发生在新疆、湖北等地。有些地区两种菟丝子常混合发生。

菟丝子为种子植物，是一年生寄生杂草。两种菟丝子均无根，叶片退化成鳞片状，没有叶绿素。茎丝状，黄色或橘黄色（图 11-12）。花小，常 10 余个簇生成球状，花萼环状，分裂；花冠白色。雄花 5 枚，每一雄花下有一鳞片，花药卵形；雌蕊长 1.5mm，花柱 2 枚，柱头头状。蒴果近球形，稍扁，全被花冠所包。果内有种子 2～4 粒。种子很小，近圆形，褐色，表面粗糙。两种菟丝子形态特征相似，但前者花冠长为花萼的 2 倍，可完全包被蒴果；后者花冠比蒴果短，仅能包住果实下部，蒴果不规则开裂。

图 11-11 大豆菟丝子的危害症状

图 11-12 大豆菟丝子

菟丝子种子萌发要求 15℃以上温度和 30% 以上的土壤湿度。适宜温度为 25～30℃，适宜土壤湿度为 70%～100%。大豆菟丝子除危害大豆外，还危害马铃薯、花生等作物。

二、掌握病害的发生发展规律

（一）病程与侵染循环

菟丝子的繁殖再生能力很强，一株菟丝子能连续寄生大豆 300 株。被折断的菟丝子茎蔓，只要有一个生长点，仍可发育成一个新个体，继续危害。

菟丝子种子成熟后大部分落入土中，少部分收获时混入种子里，成为翌年的初侵染源。第二年春季温度、湿度适合菟丝子种子萌发，伸出白色圆锥形胚根固定土中，另一端长出黄色细丝状的幼芽，伸出土后，其顶端在空中随风吹而摇荡，缠上寄主后，即产生吸盘伸入寄主韧皮部吸取养分，其下部逐渐枯萎与土壤分离。如 7～10d 未遇到寄主，即死亡。与寄主建立寄生关系的菟丝子每一个生长点在 1d 能伸长 10cm 以上，阴雨天生长更快。所以，低洼地，多雨、潮湿天气，菟丝子危害较重。收获大豆时，菟丝子种子可混在大豆种子里，随着种子调运而作远距离传播。菟丝子抗逆性很强，其种子在土壤内可保持发芽率5～7年。

（二）影响发病的环境条件

连作地发病重。播种前深翻，可以抑制大豆菟丝子种子萌发，减轻危害。大豆田间温度21～29℃、相对湿度70%～95%时，菟丝子扩展蔓延很快，一颗能寄生100～300株大豆。

三、管理病害

（一）制订病害管理策略

根据大豆菟丝子的发生情况，无病区加强植物检疫，病区应采取以轮作或间作、清选种子为重点，结合农业措施进行防治的综合防治措施。

（二）采用病害管理措施

1. 加强检疫　调运含有菟丝子种子的大豆种子是远距离传播的主要途径。调种时应严格执行植物检疫制度，认真检查，防止菟丝子传入新区。

2. 农业防治　发生严重地块，实行与禾谷类作物或甘薯轮作3～5年，或实行大豆与玉米间作也可减轻危害。大豆苗期及时中耕。拔除缠绕菟丝子的豆苗，并集中销毁。菟丝子幼苗出土能力弱，深翻覆土6cm以上很难出土，尤其是秋季深翻可抑制大量菟丝子幼苗出土。有机肥要经高温发酵处理，使菟丝子种子失去萌发能力。

3. 药剂防治　喷洒鲁保1号生物制剂，每亩用量2～2.5kg，于雨后或傍晚及阴天喷洒，隔7d防治1次，连续防治2～3次。

大豆播后菟丝子出土前，每亩用30%毒草胺乳油1～1.5kg，拌细土15kg，均匀撒在地表上，中耕松土，防效为60%～97%。或在大豆三复叶期，每亩用48%地乐胺乳油250g，拌细土30kg，结合中耕松土均匀撒在地表，防效达100%。

第七节　油菜菌核病

油菜菌核病又称为菌核软腐病、茎腐病，是当前我国保障油菜生产的最大障碍。我国所有油菜产区均有发生，以长江流域和东南沿海地区最为严重，一般年份发病率为10%～30%，严重时高达80%以上，产量损失5%～30%。

一、诊断病害

（一）观察病害的症状

从苗期到近成熟期均会发生，结实期发生最重。茎、叶、花及角果均可受害，茎部受害最重。

苗期发病时，接近地面的根颈与叶柄上，形成红褐色斑点，后转为白色。组织湿腐，长出白色棉絮状菌丝，后期长出黑色菌核。重者可致苗死亡。

　　成株期，茎、叶、花、角果及种子均可感病。叶片发病，病斑多从植株中部、下部开始发生，初为暗青色水渍状斑块，后扩展为圆形或半圆形斑，有 2~3 种不同颜色轮层，中央黄褐或灰褐色，中层暗青色，外围淡黄色。湿度大时长出白色棉毛状菌丝，病叶易穿孔。茎与分枝发病，初为淡褐色水渍状病斑，后发展为梭形、长条形绕茎大病斑，稍凹陷，中部白色，有同心轮纹，边缘褐色，与健全组织交界分明；湿度大时，表面生出白色絮状霉层，后变为灰白色，边缘深褐色，致使组织腐烂，髓部消解，皮层碎裂，维管束外露呈纤维状，病部长有白色菌丝，后期病茎中空易断，内生鼠粪状黑色菌核（图 11-13）。花瓣感病

图 11-13　油菜菌核病危害茎秆（内有鼠粪状黑色菌核）（引自邱强，2013）

初呈水渍状，后变黄褐色小斑，易脱落。角果发病，初期呈水渍状褐色斑，后变白色，边缘褐色；潮湿时全果变白腐烂，长有白色菌丝，后形成黑色菌核。种子发病，表面粗糙，无光泽，灰白色，皱秕。

（二）诊断病害的病原

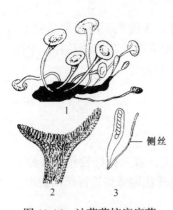

图 11-14　油菜菌核病病菌
（引自徐秉良等，2011）
1. 菌核萌发产生子囊盘；2. 子囊盘切面；3. 子囊和侧丝

侧丝

　　病原为核盘菌［*Sclerotinia sclerotiorum*（Lib.）de Bary］，属子囊菌门核盘菌属。菌核长圆形至不规则形，似鼠粪状，初白色后变灰色，成熟后黑色。菌核萌发可产生 1 至数个柄，柄褐色，顶部膨大形成子囊盘。子囊盘黄褐色，子实层由子囊与侧丝栅状排列组成。子囊长圆形棍棒状，顶部钝圆，内生 8 个子囊孢子。子囊孢子无色透明，单胞，椭圆形（图 11-14）。

　　形成菌核的温度为 5~30℃，适温为 10~25℃。菌核萌发的温度是 5~20℃。菌核对干热、低温的抵抗力强，不耐湿热，高温水浸易死亡。形成子囊盘的温度以 8~16℃为宜。子囊孢子以 5~20℃时发芽较快，侵入适温为 15~25℃。菌丝生长适宜温度为 18~25℃。

　　我国此菌能寄生 36 科 214 种植物，其中重要的经济作物除油菜外，还有向日葵、大豆、花生等。

二、掌握病害的发生发展规律

（一）病程与侵染循环

　　此病主要以菌核在土壤、种子和病残体中越夏越冬。病残体、种子中的菌核随着施肥、播种等农事操作进入土壤。菌核萌发产生菌丝或子囊盘和子囊孢子，菌丝直接侵染幼苗。子囊孢子随气流传播，侵染花瓣和老叶，染病花瓣落到下部叶片上，引起叶片发

病。病叶腐烂附着在茎上，或菌丝经叶柄传至茎部引起茎部发病，在发病部位又形成菌核。越夏菌核在秋季有少量萌发，在自然条件下，仅四川盆地发生较多。

（二）影响发病的条件

1. 气候条件　降雨量、雨日数、相对湿度、气温、日照和风速等气象因子与病害的发生均有关系，其中影响最大的是降雨和湿度。雨量多少和雨日持续时间会影响土壤含水量与田间空气湿度。在油菜抽薹开花期主要影响菌核萌发、子囊盘形成与子囊孢子释放、萌发及侵染，菌核萌发与子囊盘形成需要连续 10d 以上的土壤湿润。开花后期至结果期降雨主要影响病菌在田间的传播。雨量多，雨日长，田间湿度大，油菜叶片易衰老，病斑扩展快而大，可使整叶腐烂粘贴茎上，病菌易传播至茎，同时茎、枝上的病菌由于湿度大长出繁茂菌丝，利于接触传染。

在子囊盘形成期间，日照时间长、空气和土壤湿度低，子囊盘寿命很短。日照充足，油菜木质化程度高，抗病力增强。长江中、下游，油菜开花期间，月平均日照时数在 160h 以下，相对湿度 80% 以上病害重。

2. 耕作栽培措施　连作发病重，轮作发病轻。轮作作物种类不同，效果各异。与水稻轮作发病最轻，主要是淹水条件减少了菌源。油菜与旱地作物轮作时间愈长，面积愈大，效果愈好。在油菜正常播种范围内，播种愈早发病愈重。播种早，开花期长，与子囊盘形成期吻合时间长，感病机会多，发病重。施用未充分腐熟的有机肥、播种过密、偏施过施氮肥易发病。

3. 品种抗性　不同类型和品种的油菜感病性差异很大。3 种类型的油菜品种中，以芥菜型抗性较好，甘蓝型次之，白菜型最感病。但油菜品种中尚无高抗的品种，中国油料研究所选出 6 个抗病性好的材料，大部分是从甘蓝型油菜中选出。

三、管理病害

（一）制订病害管理策略

根据油菜菌核病的发生规律，防治此病应以农业措施为主，着重抓好轮作、播种不带菌的种子，清沟排渍，薹期控制氮肥施用量等环节，在油菜开花期适当进行药剂防治。

（二）采用病害管理措施

1. 选用抗病品种　选用抗病品种是防治油菜菌核病的根本措施，如 '中油 821'、'绵油 11 号'、'德油 5 号'、'秦油 2 号'、'中双 4 号'、'豫油 2 号'、'甘油 5 号'、'皖油 12 号'、'皖油 13 号' 等品种抗性较高。

2. 种子处理　播种前筛去种子中的菌核。用盐水（10kg 水加食盐 1～1.5kg）选种，将下沉的种子用清水冲洗干净后播种。也可用 50℃温水浸种 10～20min 或 1：200 福尔马林浸种 3min。

3. 农业防治　实行与水稻轮作或与禾本科作物进行两年以上轮作。油菜收获后深耕，在油菜抽薹期培土。重施基肥、苗肥，早施或控施蕾薹肥，施足磷肥、钾肥，防止贪青倒伏。深沟窄畦，清沟防渍。在油菜开花期摘除病、黄叶。适时播种，适当迟播。

4. 药剂防治　在初花期前后病叶率达 5%～10% 时喷药一次，7～10d 后再喷一次。喷药时，应注意喷在油菜中下部茎、叶上，以提高防治效果。可选用 50% 啶酰菌胺水分散粒剂，一般每亩用药量为 24～26g，发生偏重的年份每亩用药量为 36～48g，兑水 50kg 喷雾。常用药剂还有 40% 菌核净（纹枯利）、50% 多菌灵、50% 异菌脲、40% 灭病威、70% 甲基硫菌灵、50% 速克灵、50% 氯硝胺、50% 菌霜、50% 扑海因等。

5. 生物防治　由于菌核病危害巨大，防治菌核病的化学防治剂多数成本较高，对环境危害性也较大，低利润率的油菜生产使用化学防治显得很困难。为了解决防控菌核病与高成本、高风险的矛盾，生物防治在菌核病防控上崭露头角。目前，防治油菜菌核病的生防菌，以枯草芽孢杆菌、盾壳霉和木霉效果较好。植物次生代谢产物等天然生物提取物在防治菌核病上也表现出极大的潜力，先后从燕麦草、板状海绵、苦楝树等物种中获得大量拮抗病原真菌的天然产物。

第八节　油菜白锈病

油菜白锈病在世界各地均有分布，以印度和加拿大发生较重。我国西南及青海和长江中下游、沿海潮湿地区发生普遍，造成一定程度的损失。流行年份发病率为 10%～50%，产量损失高达 5%～20%。

一、诊断病害

（一）观察病害的症状

油菜在整个生育期的地上部分各器官均可发病。叶面初生淡绿色小斑点，发展成黄色圆形病斑，叶背面相对应处长出隆起的白漆色疱疹，疱疹破裂后散出白粉（孢子囊），严重时病叶枯黄脱落。幼茎和花梗发病，弯曲成"龙头"状。花器发病，花瓣畸形，膨大，变绿呈叶状，不能结实。受害的茎、枝、花梗和角果均可长出长圆形或短条状的疱斑。

（二）鉴定病害的病原

病原为白锈菌 [*Albugo candida*（Pers.）Kuntze]，属鞭毛菌门白锈菌属。孢囊梗棍棒状，无色，无隔，呈栅状排列于寄主表皮下。孢子囊近球形，无色，单胞。卵孢子黄褐色，球形，表面有疣状突起。每个孢子囊产生 5～7 个游动孢子，萌发的温度为 1～18℃，适宜温度为 10～14℃，产生萌发管和侵入寄主的温度为 16～25℃，最适为 20℃。病菌有生理分化现象。该菌除侵染油菜外，还侵染白菜、萝卜、甘蓝等十字花科蔬菜。

二、掌握病害的发生发展规律

（一）病程与侵染循环

我国北方以卵孢子在病残体内或间杂于种子中越夏。越夏卵孢子萌发产生孢子囊，释放游动孢子，侵染油菜引起初侵染。在侵染的幼苗上形成孢子囊堆，冬季以菌丝或孢子囊堆在病叶上越冬。翌春气温回升，孢子囊随气流传播，遇水产生游动孢子或直接萌发侵染叶、花梗、花和角果，引起再侵染。油菜成熟又以卵孢子在病组织中或混在种子内越夏。在南方温暖潮湿地区，十字花科等寄主终年存在，孢子囊在田间经风雨辗转传播，遇水产生游动孢子或直接萌发侵入寄主，引起多次再侵染，不存在越夏问题。

（二）影响发病的条件

1. 气候条件　孢子囊和卵孢子萌发需要充足的水分，春季低温多雨，寒潮频繁，油菜抗性降低，发病较重，若气温突然降低，有露水凝结，则有利于病菌孢子囊的萌发。

2. 品种抗性　品种的抗性与白锈病发生关系密切。一般早熟品种发病重；芥菜型抗病性最强，甘蓝型次之，白菜型最弱。

3. 耕作栽培措施　一般连作地，早播油菜，种植过密，氮肥施用过多、过迟，通透性差、低洼排水不良地，耕作粗放、杂草丛生地，发病重。

三、管理病害

（一）制订病害管理策略

根据油菜白锈病的发病条件，防治油菜白锈病应采用以种植抗病品种为前提，做好田间管理工作为重点，及时进行药剂防治为辅助的综合防治措施。

（二）采用病害管理措施

1. 选用抗病品种　各地可因地制宜地选用抗白锈病的油菜品种，如'国庆25'、'东辐1号'、'小塔'、'加拿大1号'和'加拿大3号'、'花叶油菜'、'云油31'、'宁油1号'、'亚油1号'、'茨油1号'等。

2. 种子处理　可用25%瑞毒霉浸种或拌种，用量为种子重量的1%。

3. 农业防治　可与大麦、小麦、蚕豆、豌豆等作物轮作2年，以减少土中的卵孢子量。适当迟播，控制密度，增施有机肥，不偏施氮肥，春雨多时注意清沟排渍，降低田间湿度，这可以减轻病害进一步扩展蔓延。

4. 药剂防治　在抽薹期或开花初期，若遇阴雨天气较多，应及时喷药防治。药剂可用58%甲霜灵可湿性粉剂200～400倍液、40%灭菌丹可湿性粉剂500～600倍液、50%福美双可湿性粉剂300～500倍液。

第九节　油菜病毒病

油菜病毒病又称为油菜花叶病，我国各油菜产区均有发生，华北、西南、华中冬油菜区发病重。重病区在流行年份产量损失20%～30%，严重者达70%，且油菜含油量降低。

一、诊断病害

（一）观察病害的症状

油菜病毒病的症状因油菜品种类型和毒源种类不同而又很大差异。

1. 甘蓝型油菜　苗期症状：①黄斑和枯斑。两者常伴有叶脉坏死和叶片皱缩。黄斑病斑较大,淡黄色或橙黄色,病健分界明显。枯斑较小,淡褐色,略凹陷,中心有一黑点,叶背面病斑周围有一圈油渍状灰黑色斑点(图11-15)。②花叶。除主脉外的叶脉呈半透明状,病叶呈黄绿相间的花叶状,有时出现疱斑,叶片皱缩。

成株期茎秆上的症状:①条斑。病斑初为褐色至黑褐色梭形斑,后成长条形枯斑,病斑相互愈合连接后导致植株半边或全株枯死。后期病斑纵裂,裂口处有白色分泌物(图11-16)。②轮纹斑。病斑稍凸出,周围有2~5层褐色油渍状环带,呈同心轮纹状。病斑连片后呈花斑状。③点状枯斑。茎秆上散生黑色针尖状的小斑点,周围油渍状,病斑连片后斑点不扩大。发病株一般矮化,畸形,薹茎短缩,花果丛集,角果短小扭曲,上有小黑斑,有时似鸡爪状。

图11-15 油菜病毒病的症状(叶片坏死斑点)(引自邱强,2013)

图11-16 油菜病毒病的症状(条斑最后致病株茎部开裂)(引自邱强,2013)

2. 白菜型和芥菜型油菜 苗期受害叶片先出现明脉,后发展为花叶和皱缩。后期植株矮化,茎和果轴短缩,分枝减少,角果畸形、数量少。

(二)鉴定病害的病原

油菜花叶病毒源种类较多,不同油菜产区不尽相同。主要毒源有芜菁花叶病毒(turnip mosaic virus,TuMV)、黄瓜花叶病毒(cucumber mosaic virus,CMV)、烟草花叶病毒(tobacco mosaic virus,TMV)和油菜花叶病毒(youcai mosaic virus,YMV),其中芜菁花叶病毒是最主要的毒源。据报道,花椰菜花叶病毒(cauliflower mosaic virus,CMV)、甜菜西部黄化病毒(beet western yellow virus,BWYV)也是油菜病毒病的毒源。芜菁花叶病毒粒体呈线状,钝化温度为62℃,稀释限点为$10^3 \sim 10^4$,体外保毒期为3~4d。既可汁液接种,也可由蚜虫传播,主要传毒蚜虫为桃蚜、萝卜蚜和甘蓝蚜。能危害十字花科、菊科、茄科、黎科和豆科植物。系统侵染萝卜、白菜、芜菁、菠菜、茼蒿和花生等,局部侵染黄花烟与苋色黎。

二、掌握病害的发生发展规律

(一)病程与侵染循环

在我国冬油菜区,病毒在寄主体内越冬,翌年春天由蚜虫传毒。冬油菜区由于终年长有油菜、春季甘蓝、青菜、小白菜等十字花科蔬菜和杂草,成为秋季油菜的重要毒源。

此外，车前草、辣根等杂草及茄科、豆科作物也是病毒越夏寄主。春油菜区，病毒可以在温室、塑料棚、阳畦栽培的油菜等十字花科蔬菜留种株上越冬。有翅蚜在越夏寄主上吸毒后迁往油菜田传毒，引起初侵染。在田间，通过蚜虫进行反复再侵染。

（二）影响发病的条件

1. 品种抗性　不同油菜类型和同一类型不同品种，病毒病的发生危害表现出明显差异。通常甘蓝型油菜抗病性较强，芥菜型油菜次之，白菜型油菜较易感病。在各类型油菜中，中、晚熟品种感病较轻，早熟品种感病较重。叶色浓绿、花青素含量较多、叶片肥厚、叶肉组织致密、苗期生长缓慢后期长势强的品种，一般抗病性强。

2. 传毒蚜虫　油菜苗期迁飞蚜虫的数量直接影响病害的发生程度。毒源植物上蚜虫数量多，带毒率高，在油菜苗期，带毒蚜虫迁飞到油菜苗床或大田移栽苗上传毒，田间蚜虫发生数量多，尤其桃蚜、萝卜蚜和甘蓝蚜发生危害重时，在田间迁飞频率高，反复吸毒传毒，从而导致病毒病的发生流行。

3. 毒源　毒源作物面积大，毒源作物发病率高，则油菜病毒病发生重。秋季比油菜播种早的十字花科蔬菜是油菜病毒病重要的毒源作物。冬油菜病毒病的主要毒源作物是萝卜，其次是大白菜，另外，北方冬油菜区的自生油菜，长江流域的芥菜类和红菜薹，也是重要的毒源作物。

4. 气候条件　气候条件主要影响传毒蚜虫的消长和迁飞。温度过高、过低或湿度过大时都不利于有翅蚜发生和迁飞。油菜苗期如遇高温干旱天气，影响油菜的正常生长，降低抗病能力，同时有利于蚜虫的大量发生和活动，则引起病毒病的发生和流行。若阴雨天气持续时间长，尤其是秋季降雨量大，直接影响蚜虫的繁殖和迁飞，通常发病较轻。

三、管理病害

（一）制订病害管理策略

根据油菜病毒病的发生规律，防治油菜病毒病应以选用高产抗病品种为基础，加强栽培管理，狠抓苗期避蚜、诱蚜、治蚜；防治重点在油菜苗期。

（二）采用病害管理措施

1. 选用抗病品种　甘蓝型油菜对病毒病有较强的抗病力，发病的地区可选用较抗病的甘蓝型油菜，如'川油19号'、'绵油11号'、'湘油10号'、'中油821'等。

2. 农业防治　根据当年9～10月雨量决定播种期，雨少天旱适当迟播，多雨适当早播。苗床远离十字花科蔬菜地特别是早播萝卜、甘蓝、大白菜地。适当稀播，早施苗肥，避免偏施氮肥，及时间苗和移栽并同时拔除病苗。天旱注意灌水，可显著减轻病害。

3. 苗期治蚜防病　防治蚜虫是防治油菜病毒病的重要措施。油菜出苗后，根据虫情，及时防治蚜虫。每公顷油菜田可插90～120块黄色板诱蚜。也可用银灰色塑料薄膜或窗纱，平铺畦面四周以避蚜。药剂防治可用50%抗蚜威可湿性粉剂2000倍液，或用10%吡虫啉可湿性粉剂1500倍液，每隔10d喷雾1次，连续喷2～3次。其他药剂如25%吡蚜酮可湿性粉剂、25%噻虫嗪水分散粒剂等也有较好的防治效果。

第十节　花生褐斑病

花生褐斑病，分布于全世界各花生产区，在我国花生产区也普遍发生。一般褐斑病发生较早，约在初花期便开始在田间出现，故又称为花生早斑病。其引起早期落叶，降低植株光合作用效率，影响养分积累而导致减产。

一、诊断病害

（一）观察病害的症状

花生褐斑病主要危害叶片，下部叶片先发病，逐渐向上部叶片蔓延，叶柄、茎、果针上也能形成病斑。

叶片受害后，初为褪绿小点，后扩展成近圆形或不规则形病斑，病斑较大，直径为 4～10mm，黄褐色至暗褐色，叶背病斑褐色，病斑周围有亮黄色晕圈（图 11-17）。湿度大时，病斑上出现灰褐色霉层（分生孢子梗和分生孢子）。叶柄和茎秆受害后，病斑呈长椭圆形，暗褐色。

图 11-17　花生褐斑病的症状
（引自邱强，2013）

（二）鉴定病害的病原

病原为落花生尾孢（*Cercospora arachidicola* Hori），属半知菌类尾孢属。有性态为落花生球腔菌（*Mycosphaerella arachidis* Deighton），属子囊菌门球腔菌属。

褐斑病菌分生孢子座深褐色，不明显。分生孢子梗丛生或散生于子座上，黄褐色，无隔膜或有 1～2 个隔膜，直或略弯，无分枝，上部渐细呈屈膝状，有明显孢痕。分生孢子顶生，无色或淡橄榄色，细长，有 4～14 个隔膜，多数为 5～7 个（图 11-18）。

病菌的发育温度为 10～33℃，以 25～28℃ 较适宜。花生褐斑病菌只危害花生。

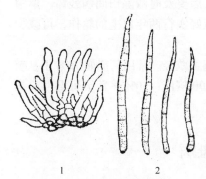

图 11-18　落花生尾孢
（引自赖传雅和袁高庆，2008）
1. 分生孢子梗；2. 分生孢子

二、掌握病害的发生发展规律

（一）病程与侵染循环

病菌主要以分生孢子座和菌丝在病残体上越冬，未腐烂的病组织内的子囊座也能越冬。翌年条件适宜，产生分生孢子，随风雨传播，进行初侵染和再侵染。菌丝直接伸入细胞间隙和细胞内吸取营养。一般不产生吸器。

（二）影响发病的条件

病菌分生孢子的形成、萌发和侵染均需要较高的温度和湿度，在 7～9 月若降雨多，则发病重。连作地病害可逐年加重。肥料充足，枝叶茂盛的植株褐斑病发生重。嫩叶较老叶发病重。

不同品种的抗病性也有差异，一般直立型较蔓生型抗病，叶形小、气孔小而叶色深绿的品种较叶形大、气孔大而叶色淡绿的品种抗病。野生品种抗性较强。一般早熟品种发病轻，主要由于收获期早，避过了病害发生盛期。

三、管理病害

（一）制订病害管理策略

防治褐斑病应以农业防治为主，消灭初侵染源，必要时进行药剂防治，还应选用抗病品种。

（二）采用病害管理措施

1. 选用抗病品种　目前缺乏抗病品种，但品种间抗病性存在差异。各地应因地制宜地选用抗病或耐病的花生品种，如'花育 23'、'日花 1 号'、'四粒红'、'桂花 14 号'、'湛油 1 号'、'辽宁立茎大粒'、'花 17'、'花 28'、'粤油 22 号'、'粤油 92 号'和'粤油 169 号'等。

2. 农业防治　适时播种，合理密植，施足底肥，及时追施速效性肥料，避免田间积水，促进花生健壮生长，提高植株抗病力。花生收获后要及时清除田间病残体，集中处理。病地应及时翻耕，以加速病残体的分解，病地最好实行两年以上的轮作，可减少来年的初侵染源。

3. 药剂防治　在发病初期及时喷药防治，可使病害减轻。常用药剂如 70% 甲基硫菌灵可湿性粉剂 1000 倍液；50% 苯菌灵可湿性粉剂 1500 倍液；50% 多菌灵可湿性粉剂 900～1000 倍液；50% 咪酰胺锰盐可湿性粉剂 2000 倍液。

第十一节　花生黑斑病

花生黑斑病分布于全世界各花生产区，在我国花生产区也普遍发生，危害较重。黑斑病发生较晚，多在盛花期才开始在田间出现，故又称为晚斑病。

一、诊断病害

（一）观察病害的症状

花生黑斑病和花生褐斑病都属于叶部病害，病害主要发生在叶片上，引起局部斑点，植株下部叶片首先发病，逐渐向上蔓延。也可危害叶柄、托叶、果针和茎秆。

花生黑斑病发病初期叶片症状与花生褐斑病难以区别，后期两者的病斑有差别。黑斑病的病斑直径比褐斑病小，一般为 1～5mm；黑斑病的病斑颜色较深（图 11-19）。叶片发病后，早期为褐色小点，后病斑为圆形，正反两面均为深褐色或黑色病斑，周围有不明显的淡黄色晕环，病健交界处明显（图 11-20）。病斑反面密生黑色小粒点，排列成同心轮纹状，为病原菌的分生孢子座。天气潮湿时，黑色小粒点上产生灰褐色霜状物（分生孢子梗及分生孢子）。叶柄、茎秆或果针上的病斑呈椭圆形，暗褐色。发病严重时，引起早期大量落叶，仅留顶部几片新叶，最后茎秆变黑枯死。

图 11-19 花生褐斑病（浅褐色病斑）和黑斑病（深褐色病斑）（引自邱强，2013）

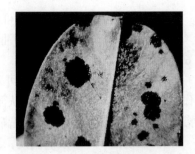

图 11-20 花生黑斑病危害叶片（引自邱强，2013）

（二）鉴定病害的病原

病原为球座钉孢霉［*Passalora personata*（Berk. & Curtis）Khan & Kamal］，属半知菌类钉孢霉属。有性态为伯克利球腔菌（*Mycosphaerella berkeleyi* Jenk.），属子囊菌门球腔菌属。

黑斑病菌子座主要产生于叶斑背面，半球形，褐色至黑色，最初埋生于叶背病斑的寄主表皮下，后期突破表皮外露，其上丛生分生孢子梗。分生孢子梗褐色或暗褐色，不分枝，短粗，具 0～2 个隔膜，顶生分生孢子。分生孢子棍棒状或圆筒状，褐色，有 1～7 个隔膜（多数为 3～5 个）。

病菌生长的温度为 10～37℃，较适为 25～28℃。花生黑斑病菌除危害花生外，还危害豆科植物。

二、掌握病害的发生发展规律

（一）病程与侵染循环

花生黑斑病菌越冬方式同花生褐斑病菌。翌年适宜条件，产生分生孢子借风雨传播，孢子落到花生叶片上，遇适宜温度和水滴，萌发产生芽管，直接穿透表皮进入组织内部，产生分枝型吸器汲取营养。

（二）影响发病的条件

病害流行需要高温高湿。秋季多雨、气候潮湿，病害重；少雨干旱年份发病轻。连作田易发病。土壤肥力差，生长衰老，分枝稀少的植株发病重。老龄化器官发病重，底部叶片较上部叶片发病重。不同品种发病轻重存在差异，'鲁花 3 号'、'海花 1 号'、蔓生型小粒种易感病。

三、管理病害

（一）制订病害管理策略

防治花生黑斑病应以农业防治为主，消灭初侵染源，必要时进行药剂防治，还应积极选用抗病品种。

（二）采用病害管理措施

1. 选用抗病品种　生产上可因地制宜地选用抗黑斑病且高产稳产的花生新品种，如'仲恺花 1 号'、'汕油 851'、'汕油 162'、'汕油 199'、'粤油 7 号'、'粤油 20'、'湛油 62'和'湛油 55'等品种。

2. 农业防治　合理轮作，可采用花生与甘薯、玉米、水稻等作物轮作，2～3 年的轮作周期可明显减少田间菌源，从而减轻病害。施足基肥，增施磷肥、钾肥，合理密植等措施，可促进花生健壮生长，提高抗病力。

3. 药剂防治　在发病初期，当田间病叶率为 5%～10%，病情指数为 3～5 时开始第一次喷药，以后视病情发展，相隔 10～15d 喷雾 1 次，连喷 2～3 次。常用药剂有 75% 代森锰锌可湿性粉剂 500 倍液、波尔多液（1：2：200）、70% 甲基硫菌灵可湿性粉剂 1000 倍液、50% 苯菌灵可湿性粉剂 1500 倍液、50% 多菌灵可湿性粉剂 900～1000 倍液等。

第十二节　花生网斑病

花生叶斑病包括花生黑斑病、花生褐斑病和花生网斑病。花生网斑病又称为网纹污斑病、云纹斑病，1982 年，我国首次在山东、辽宁等花生产区发现，后逐渐蔓延，许多地方的危害程度已超过黑斑病和褐斑病，一般减产 20%，严重时可达 30% 以上。

一、诊断病害

（一）观察病害的症状

花生网斑病自开花至收获期均可发生，主要发生在花生生长的中后期，以危害叶片为主，茎、叶柄也可受害。一般植株下部叶片先发病。叶片上发病表现有两种症状类型。一种为网斑型，相对湿度不足 80% 时形成，初在叶片表面形成黑褐色病斑，病斑稍大，不规则，边缘不清晰，似网状，常扩大或连片成黑褐色病斑；病斑不穿透叶片，仅危害上表皮细胞。另一种为污斑型，相对湿度 90% 以上时形成，初为褐色小点，渐扩展成近圆形、深褐色污斑，边缘较清晰，周围有明显的褪绿斑；病斑可穿透叶片，但叶背面病斑稍小，病斑坏死部分可形成黑色小粒点（分生孢子器）（图 11-21）。叶柄和茎受害，初为褐色小点，后扩展为长条形或椭圆形病斑，中央略凹陷，严重时引起茎叶枯死，后期病部有不明显的黑色小点（分生孢子器）。

图 11-21　花生网斑病危害叶片
（引自邱强，2013）

（二）鉴定病害的病原

有性态为花生亚隔孢壳菌 [*Didymella arachidicola* （Chochrjakov）Taber，Pettit & Philley]，属子囊菌门亚隔孢壳属，此阶段在病害侵染中不起作用。无性态为壳二孢菌（*Ascochyta adzamethic* Schoschiaschvilia），属半知菌类壳二孢属。

在寄主组织上，分生孢子器埋生或半埋生，褐色，球形，有孔口。分生孢子无色，长椭圆形，多数双胞，分隔处稍缢缩，大小为13.0μm×3.9μm，个别为单胞、3胞或4胞（图11-22）。

人工培养基上，分生孢子器淡褐色，球形，有孔口。分生孢子多为单胞，球形至椭圆形，无色，个别为双胞，孢子大小为（3.3～9.1）μm×（2～4）μm。

温度可影响孢子大小，随着温度降低，产生的孢子体积增大。厚垣孢子褐色，圆形至不规则形，单胞或多胞，厚壁，单生或串生。分生孢子在5～30℃均能萌发，适宜温度为20～25℃，低于0℃或高于30℃不能萌发。近紫外光可刺激繁殖，25℃有利于分生孢子器形成。

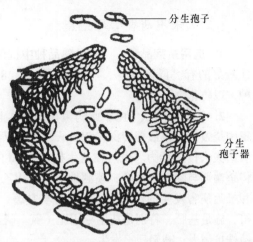

图11-22　花生网斑病菌（引自董金皋，2007）

二、掌握病害的发生发展规律

（一）病程与侵染循环

此病菌以分生孢子器或假囊壳在病残体上越冬。翌年春季，条件适宜时释放出分生孢子，借风雨传播进行初侵染。分生孢子产生的芽管穿透表皮侵入，菌丝在表皮下蔓延，引起细胞死亡，形成网状坏死斑。病斑上产生分生孢子器和分生孢子，进行多次再侵染。

（二）影响发病的条件

1. 气候条件　花生网斑病发生及其危害程度受温度和湿度影响较大。在冷凉（15～29℃）、潮湿（相对湿度85%以上）条件下，病害发生严重，在适宜温度下，保持高湿时间越长发病越重。因此，秋季多雨年份发病重。

2. 耕作栽培措施　一般土壤肥力差，花生生长不良发病重；连作地比轮作地发病重，水浇地和涝洼地比旱地发病重；平种比垄种发病重。

3. 品种抗性　花生不同品种间抗性有一定差异。据报道，费吉尼亚型和蔓生型通常比西班牙型更抗病。国内研究表明，'鲁花9号'、'鲁花13'等较抗病，'鲁花8号'、'豫花3号'等较感病。

另外，在感染花生褐斑病的叶片上不再发生网斑病，可能是花生植株与花生褐斑病菌相互作用产生的植保素抑制花生网斑病菌的生长造成的。

三、管理病害

（一）制订病害管理策略

根据花生网斑病的发生规律，控制花生网斑病应采取以加强农业管理和选用抗病品种为重点，以发病初期及时进行药剂防治为辅的综合防治措施。

（二）采用病害管理措施

1. 选用抗病品种　　中早熟品种中抗性较好的有'P12'、'8217'。中晚熟品种中抗性较好的有'群育101'、'鲁花10号'、'8130'、'806'等。根据当地情况选择抗病品种，以防花生网斑病。

2. 农业防治　　由于此病菌在病残体上越冬。花生收获后，要清除田间病残体，并集中烧毁；深耕或翻转深耕30cm，将土表病菌翻入土壤底层，以加速病残体的分解，使病菌失去侵染能力。也可在花生播种后3d内，结合目前花生大面积应用除草剂的现状，将杀菌剂与除草剂混合，喷洒地面，如用乙草胺2250ml/hm²加百科喷洒具有明显的减轻和推迟病害发生的作用。重病地应与甘薯、玉米等非寄主作物轮作。适时播种，合理密植，施足基肥，特别是花生专用肥（氮∶磷∶钾＝1∶1.5∶2），促进花生健壮生长，提高植株抗病力，减轻病害发生。

3. 药剂防治　　发病初期在田间病叶率5%～10%开始喷洒药剂防治，常用药剂有70%甲基硫菌灵（甲基托布津）可湿性粉剂1000倍液、50%苯菌灵可湿性粉剂1500倍液、50%多菌灵可湿性粉剂900～1000倍液、70%百菌清可湿性粉剂600～800倍液、40%百菌清悬浮剂600倍液。

第十三节　花生茎腐病

花生茎腐病又称为颈腐病、枯萎病、倒秧病，是花生的常见病害。我国各花生产区均有发生，而以山东、苏北等北方产区为最重。发病率一般为10%～20%，严重的达60%～70%，特别是连作多年的花生地块，甚至成片死亡。

一、诊断病害

（一）观察病害的症状

从苗期到成株期均可发生，危害子叶、根和茎等部位。

花生幼苗出土前即可感病烂种。受害子叶黑褐色，呈干腐状，并可沿子叶柄扩展到茎基部。茎基受害，初产生黄褐色、水渍状不规则形病斑，随后逐渐扩大成黑色大斑块，使病部呈黑褐色腐烂，数天后即可枯死。潮湿条件下，病部密生黑色小粒点（分生孢子器）；干燥时，病部呈褐色干腐状，髓中空，表面凹陷，皮层易脱落，纤维外露。

花生成株期多在花期后发病，多危害主茎和侧枝的基部。初期产生黄褐色水渍状病斑，扩展后变黑褐色，造成根、茎基变黑枯死。有时可扩展到茎秆中部，或直接侵染茎秆中部，使病部以上茎秆枯死。最终仍向下扩展，造成全枝和整株枯死。病部易折断，地下荚果不实或脱落腐烂。病部密生黑色小粒点。

（二）鉴定病害的病原

病原为棉壳色单隔孢（*Diplodia gossypina* Cooke），属半知菌类壳色单隔孢属。有性态为柑橘囊孢壳（*Physalospora rhodina* Berk. & Curt.），属子囊菌门囊孢壳属。分生孢子器初埋生，后突破表皮外露，黑色，近球形，顶端孔口部呈乳头状突起。分生孢子梗细长，不分枝，无色。分生孢子初期无色，透明，单胞，椭圆形，后期变为暗褐色，双胞。菌丝生长温度为10～40℃，适宜温度为23～35℃，致死温度为55℃（10min）。病菌耐水浸能力很强，水浸8个月后再接种花生，发病率高达90%以上。

花生茎腐病菌除危害花生外，还能侵染大豆、绿豆、四季豆、菜豆、扁豆、赤豆、豇豆、芸豆等多种豆科植物及棉花、甘薯、田菁、甜瓜和马齿苋等作物和杂草。

二、掌握病害的发生发展规律

（一）病程与侵染循环

病菌以菌丝体和分生孢子器在病残体、土壤、果壳、种子和粪肥中越冬，成为翌年初侵染源。病株喂牛后排出的粪便及用病残体、病土沤制的粪肥，若不经高温发酵，病菌并不完全死亡。病菌在土壤中分布很深，在多年连作的轻沙土中深60cm处仍有病菌，但以0～15cm的表层土内最多。

花生茎腐病菌主要从植株根颈部及茎部的伤口侵入，也可从表皮直接侵入。通过伤口侵入，滞育期短，发病率高；直接侵入潜育期长、发病率低。病菌在田间主要通过雨水和灌溉水传播，也可通过风和人畜、农具在农事活动中传播，进行初侵染和再侵染。调运带菌的荚果、种子可使病害远距离传播。

（二）影响发病的条件

1. 品种抗性　不同花生品种间抗病性有差异，一般直立型的花生发病重，蔓生型早熟品种发病轻。

2. 耕作栽培措施　连作地发病重，合理轮作发病轻；深翻地块发病轻；施腐熟有机肥多发病轻；管理粗放地块发病重；播种早的比播种晚的发病重；地下害虫危害严重的地发病重。

3. 气候条件　花生自出苗至收获期间的气候条件对病害发生也有很大影响。花生苗期降雨多，土壤湿度大，病害发生重。当大雨后骤晴，或气候干旱，土表温度高，植株易受灼伤，病害发生也重。当地下5cm地温10d内稳定在20～22℃，在田间开始出现病株，地下5cm地温达23～25℃，相对湿度60%～70%，旬降雨量10～40mm时，有利于病害的发生。花生在收获前受水淹，使荚果带菌率高或收获后遇阴雨天气，种子未及时晒干，贮藏期发霉，播种后发病都重。

三、管理病害

（一）制订病害管理策略

根据花生茎腐病的发病规律，防治花生茎腐病应采用以选用抗病品种和无病种子为前提，农业防治为主，药剂防治为辅的综合防治策略。

（二）采用病害管理措施

1. 选用抗病品种　由于不同花生品种的抗性不同，应根据当地实际情况，选择抗病品种，如'巨野小花生'、'农花26'、'蓬莱白粒小花生'、'莱芜爬蔓'、'青岛半蔓'、'庐江鸡窝'、'狮选三号'等对花生茎腐病有一定抗性。

2. 选用无病种子 选无病或发病轻的田块留种，切勿受水淹，应在霜冻前选晴天收获，充分晒干。贮藏期要防止种子受潮发霉。播前进行选种、晒种，选大粒饱满种子，剔除瘪小、发霉及受伤的种子。

3. 农业防治 病田可与禾谷类作物或其他非寄主作物轮作。轻病田轮作1~2年，重病田轮作2~3年。不要与棉花、甘薯及豆类等寄主作物轮作。花生收获后及时清除田间病残体，并进行深翻。施足基肥，追施草木灰。根据土壤墒情，适时排灌。

4. 药剂防治 可在花生齐苗后、开花前或发病初期喷施杀菌剂进行防治，如用70%甲基托布津可湿性粉剂或50%多菌灵可湿性粉剂等。

用50%多菌灵可湿性粉剂与50%福美双可湿性粉剂1∶1混合，按种子重量的0.25%~0.5%拌种。拌种方法是将种子用水喷湿或浸种催芽24h后捞出，淋去多余水分，再将药剂和种子充分混合均匀，拌后立即播种。

第十四节　花生青枯病

花生青枯病俗称"花生瘟"，是一种细菌性土传病害。在我国长江流域、山东、江苏等地发生较普遍，河北、安徽、辽宁偶有发生。由于南方温暖潮湿，发病重于北方。损失程度因发病早晚而异，结荚前发病损失达100%，结荚后发病损失达60%~70%，收获前半个月发病的损失也可达20%~30%。

一、诊断病害

（一）观察病害的症状

从苗期至收获期均可发生，但以花期发病最重。该病是典型的维管束病害，典型症状特征是病株地上部叶片急速凋萎。初期以主茎顶梢第2片叶先失水萎蔫，早晚可以恢复，以后随着病情发展则不再恢复，叶片从上至下急剧凋萎，叶色暗淡，但仍呈青绿色，故称为青枯病。纵剖根茎部，可见维管束变为褐色条纹状。潮湿时挤捏切口可渗出浑浊菌脓，若将根茎病段悬吊浸入清水中，可见从切口涌出烟雾状浑浊液，此为快速诊断青枯病的简易方法。后期病株完全枯死。病株的果柄、荚果呈黑褐色、湿腐状。植株从发病到枯死历时7~15d，少数达20d以上。

（二）鉴定病害的病原

病原为茄青枯劳尔氏菌［*Ralstonia solanacearum*（Smith）Yabuuchi et al］，属薄壁菌门劳尔氏菌属。菌体短杆状，两端钝圆，大小为（0.9~2）μm×（0.5~0.8）μm，极生1~4根鞭毛，无芽孢和荚膜。在牛肉汁琼脂培养基上菌落圆形，光滑，稍突起，乳白色，具荧光反应，培养6~7d后菌落渐变褐色，培养基变为黑褐色。好气性，喜高温，生长温度为10~41℃，较适温度为28~33℃，致死温度为52℃（10min）。最适pH为6.6。

此菌的致病力很强，但在培养基上则容易丧失。病菌有生理分化现象，据报道有4

个生理小种。该菌寄主范围很广，已发现可侵染44科近300种植物，常见的寄主植物有花生、烟草、番茄、茄子、辣椒、马铃薯、菜豆、红麻、蓖麻、姜、甘薯、芝麻、向日葵等，野生杂草寄主有野苋菜、鬼针草等。

二、掌握病害的发生发展规律

（一）病程与侵染循环

病菌主要在病田土壤中越冬，也可在病残体、混有病残体的粪肥和以病株为饲料的牲畜粪便中越冬，成为翌年的初侵染源。病菌在田间主要随流水传播，昆虫、人畜和农事活动也可传播。病菌由植株根部伤口或自然孔口侵入，通过皮层侵入维管束，在维管束内迅速繁殖，造成导管堵塞，并分泌毒素使病株茎叶丧失吸水能力，产生萎蔫和青枯症状。病菌还可从维管束向四周薄壁细胞组织扩展，分泌果胶酶，消解中胶层，使组织崩解腐烂。腐烂组织上的病菌散布到土中，可借流水等途径传播后进行再侵染。

（二）影响发病的条件

1. 品种抗性　不同花生品种间抗性存在差异明显。一般普通型蔓生品种、龙生型品种和部分珍珠豆品种较抗病；普通丛生型品种发病重。南方品种比北方品种抗病。

2. 气候条件　花生青枯病喜高温高湿。当旬平均气温稳定在20℃以上，约10d即可发病。多雨病重，干旱病轻。雨后突然转晴发病率迅速上升，久旱后多雨，病害也会加重。据报道，气温在27～31℃，春播花生在4～5月降雨量达120～150mm，秋播花生9月间降雨达150～200mm，病害发生严重。

3. 耕作栽培措施　凡有利于病菌积累和传播的耕作制度和栽培措施都会加重病害发生。一般连作发病重；花生新种植区发病轻；轮作，特别是水旱轮作发病轻。田间管理粗放，地下害虫多，伤根、烂根多都有利于病害发生。土壤瘠薄、地势低洼发病重，土壤肥沃、富含有机质或增施草木灰、尿素、茶麸饼、塘泥等肥料的田块发病轻。氮肥施用过多、过度密植发病重。

三、管理病害

（一）制订病害管理策略

根据花生青枯病的发病规律，花生青枯病为土传病害，防治该病害应采用以选用抗病品种、合理轮作为主，以必要时药剂防治为辅的综合防治措施。

（二）采用病害管理措施

1. 合理轮作　在水源充足的地区，推广水旱轮作，轮作1年就有很好的防病效果；旱地可与禾谷类非寄主作物轮作，如小麦、玉米、高粱。根据发病轻重决定轮作年限，发病率在50%以上的实行5～6年轮作，发病率在10%～20%的实行2～3年轮作。

2. 选用抗病品种　目前高产抗病的品种有'中花2号'、'抗青10号'、'抗青11号'、'鲁花3号'、'鄂花5号'、'粤油92'、'粤油250'、'桂油28'、'泉花3121'、'豫花14号'、'远杂9102'、'台山珍珠豆'等，各地可因地制宜选择抗病品种，以减少病害发生。

3. 农业防治　　发病初期及时拔除病株，收获后清除田间病残体，集中深埋或烧毁或施入水田作基肥。加强栽培管理，增施石灰、草木灰和磷肥作基肥，促使植株生长健壮。南方雨水充沛的区域，注意开沟排水，保证雨后田间无积水。病地不要大水漫灌，以免病原菌大面积传播扩散。

4. 药剂防治　　由于该病是一种维管束病害，发病后进行药剂防治，通常难以达到治疗效果，目前尚无很好的药剂。发病初期，可选用14%络氨铜水剂300倍液喷淋根部。还可喷洒72.7%霜霉威（普力克）水剂1000倍液、25%嘧菌酯（阿米西达）悬浮剂1000~2000倍液、43%戊唑醇（好力克）悬浮剂3600~4000倍液。若遇连续阴雨，发病快又无法灌药时，每公顷可用20%甲霜·福美双4.5~7.5kg加50%福美双12kg，与380kg细土拌匀后，撒于花生窝中。

第十五节　花生根结线虫病

花生根结线虫病又称为花生根瘤线虫病，俗称"地黄病"、"地落病"、"黄秧病"等。目前国内除西南地区外，其他各花生产区都有不同程度的发生，以山东、河北等地发生最重。病害对产量影响很大，一般减产20%~30%，重的减产70%~80%，有的甚至绝收。

一、诊断病害

（一）观察病害的症状

主要危害根部，也可危害果壳、果柄等其他入土部分。受害幼根尖端逐渐膨大，形成

小米粒至绿豆大小的不规则根结（虫瘿）。在根结上又长出许多不定须根，须根受侵染后又形成根结，经反复侵染危害后，至盛花期全株根系成为乱发状的须根团（图11-23）。果壳、果柄、根颈受害，也能形成根结。由于根结线虫的危害，使根系吸收机能受阻，致使病株生长缓慢或萎黄不长，植株矮小，始花期叶片变黄瘦小，叶缘焦枯，提早脱落。病株开花推迟、结荚很少，小而瘪。

线虫所致根结和花生根部正常根瘤的区别：固氮菌根瘤多生在主根、侧根的一旁，瘤上不生须根，剖视可见粉红色或绿色固氮菌液；而线虫根结多发生在根系的端部，

图11-23　花生根结线虫为害状

使整个根端呈不规则膨大，表面粗糙，根结上有许多不定须根，剖视可见乳白色粒状的雌虫。

（二）鉴定病害的病原

病原为线虫门根结线虫属（*Meloidogyne*）成员。据报道，侵染花生的根结线虫有3种：花生根结线虫［*M. arenaria*（Neal）Chit.］、北方根结线虫（*M. hapla* Chit.）、爪哇根结线虫［*M. javanica*（Treub.）Chit.］。我国主要为前两种，花生根结线虫主要分布于广东等南方产区，北方根结线虫分布于山东等北方产区。

花生根结线虫和北方根结线虫的形态十分近似，但会阴花纹不同。北方根结线虫近尾尖处常有刻点，近侧线处无不规则的横线；花生根结线虫尾尖无刻点，近侧线处有不规则横线。两种线虫都是雌雄异形，生活史包括卵、幼虫和成虫三个阶段。

卵椭圆形，黄褐色，刚产的卵包在卵囊内，卵囊胶质，不规则。1龄幼虫，在卵内发育，出卵壳后即为2龄幼虫，1～2龄都是线形，2龄幼虫开始侵染。3龄幼虫呈豆荚状，4龄幼虫虫体膨大。成虫为雌雄异形，雄虫仍是线形，雌虫由辣椒形逐渐发育成洋梨形。雌虫侵染后在寄主组织中定居，取食，发育，成熟产卵（图11-24）。雄虫交配后到土壤中不久即死亡。

根结内的线虫，有长期耐水浸的能力，水浸135d仍具有侵染能力，但不耐干旱。根结线虫的寄主范围很广，不同种的线虫寄主范围有一定差异。北方根结线虫能寄生550余种植物，花生根结线虫也能侵害330种植物。

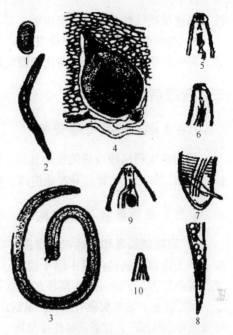

图11-24　花生根结线虫（引自王存兴和李光武，2010）

1. 卵；2. 幼虫；3. 雄成虫；4. 寄主根部组织中的雌虫；5. 雄虫头部侧面；6. 雄虫背部侧面；7. 雄虫尾部；8. 幼虫尾部；9. 雌虫的口针部；10. 幼虫的口针部

二、掌握病害的发生发展规律

（一）病程与侵染循环

病原线虫主要以卵和幼虫随病根、病果在土壤或粪肥中越冬，因此，病残体、病土、粪肥和田间的寄主植物是根结线虫病的主要侵染源。翌年春季，卵孵化成1龄幼虫，蜕皮变为2龄幼虫。2龄幼虫在土壤中活动，接触寄主植物即行侵染。先用吻针穿刺花生幼根细胞，并分泌毒素破坏根部表皮细胞，然后向内移动，头部插入寄主根部伸长区中柱或未形成中柱的分生组织中，破坏中柱细胞的正常生长，引起根组织过度生长形成根结。经4次蜕皮后，雌虫、雄虫发育成熟进行交配，交配后，雌虫不再移动而发育、产卵。线虫在田间一年可发育多代，完成一代一般为1～2个月，田间存在世代交替现象。田间传播主要靠农事操作和流水进行传播。线虫可反复侵染危害。

（二）影响发病的条件

1. 气候条件　适宜卵孵化的土壤温度为10～12℃。幼虫侵染根系的土壤温度为11.3～34.0℃，适温为15～20℃。土壤温度在12～19℃时，幼虫侵入需10d左右；20～26℃时，4～5d即能大量侵入；高于26℃时则不利于侵入。田间土壤湿度在20%以下和90%以上都不利于侵染，侵入的最适土壤湿度为70%。所以高温和高湿不利于线虫侵染，一般干旱年份发病重，多雨年份发病轻。

2. 土壤质地　通气良好、质地疏松的砂土、砂壤土发病重；瘠薄土壤发病重；低洼、黏性及透气性差的土壤发病轻。

3. 耕作栽培措施 连作发病重，一般病地连作 3～4 年发病率可达 100%。管理粗放、田间杂草多发病重。早播比晚播发病重。

三、管理病害

（一）制订病害管理策略

根据花生根结线虫病的发生规律，防治花生根结线虫病应采取以清除侵染源为重点，搞好轮作，加强栽培管理等农业措施，辅以药剂防治的综合防治策略。

（二）采用病害管理措施

1. 清除侵染源和其他农业措施 收获时深挖细刨，清除病残，就地晒晾，以防病根、病土传播。病残体集中晒干烧毁。不用病残体沤肥、喂牲畜，以防根结线虫混入粪肥，传播危害。铲除花生地周围的杂草寄主。

增肥改土，增施腐熟有机肥。重病田改春播为夏播。合理轮作，降低虫口密度，由于根结线虫寄主范围广，注意选择轮作植物，一般与禾本科作物及薯类轮作 2～3 年效果较好。

2. 药剂防治 播种前进行土壤消毒，撒施下列药剂：0.5% 阿维菌素颗粒剂 3～4kg/ 亩、10% 噻唑膦颗粒剂 2kg/ 亩、5% 丁硫克百威颗粒剂 3kg/ 亩、3% 克百威颗粒剂 3kg/ 亩、3% 氯唑磷颗粒剂 4kg/ 亩、10% 克线磷颗粒剂 2～3kg/ 亩。

第十六节　花生病毒病

花生病毒病是花生上的一类重要病害。根据病毒病在我国各地发生流行程度的不同，将我国花生产区分为以北方产区为主的流行区，包括山东、河北、河南、辽宁、江苏、安徽和北京，和南方产区为主的花生病毒病零星发生区，包括广东、广西、江西、湖南、四川。我国花生病毒病危害较大，田间发病率在 80%～90% 时，平均减产 72.6%，发病率 50%～60% 时，减产 51.7%，发病率 10%～15% 时，减产 15.3%。

一、诊断病害

（一）观察病害的症状

花生病毒病由于受病毒种类、株系、寄主、侵染时期及环境条件等因素的影响，症状表现有较大变化。

1. 花生条纹病毒病 感病植株先在顶端嫩叶上出现褪绿斑，后发展成浅绿与绿色相间的斑驳，沿着侧脉现绿色条纹，植株稍矮化，叶片不明显变小。

2. 花生黄花叶病毒病 植株顶端嫩叶初期表现为褪绿黄斑，叶脉变淡，叶色发黄，叶缘上卷，随后发展为黄绿相间的花叶、网状明脉等症状。病株中度矮化。该病常与花生条纹病毒病混合发生，表现黄斑驳、绿色条纹等复合症状。

3. 花生矮化病毒病 植株顶部嫩叶初期出现褪绿斑，并发展成绿色与浅绿相间的花叶，沿侧脉现辐射状绿色小条纹和斑点，叶片变窄小，叶缘有时出现波状扭曲。病株结荚少而小，有时畸形或开裂。病株常中度矮化。

（二）鉴定病害的病原

1. 花生条纹病毒病　　由花生条纹病毒（peanut stripe virus，PStV）引起。病毒粒体线状，大小为752nm×12nm，沉降系数为150S，蛋白质外壳亚基只有一个组分，分子质量为33.5kDa，基因组为+ssRNA。钝化温度为60～65℃，稀释限点为10^2～10^4，体外保毒期为3～5d。自然条件下，除侵染花生外，还可侵染大豆、芝麻等作物。人工摩擦接种可系统侵染决明子、望江南、绛三叶草、克氏烟和白羽扁豆等植物。该病毒存在不同的株系。

2. 花生黄花叶病毒　　病原为黄瓜花叶病毒中国花生株系（cucumber mosaic virus-China arachis，CMV-CA）。病毒粒体球形，直径28.7nm，衣壳蛋白的分子质量为26kDa，有4个RNA组分。稀释限点10^2～10^3，致死温度为55～60℃，体外保毒期为6～7d。寄主范围很广，人工接种可侵染6科的32种植物。系统侵染千日红、甜菜、菠菜、刀豆、绛三叶草、豇豆、克氏烟、心叶烟、黄瓜、番茄等。

3. 花生矮化病毒病　　病原为花生矮化病毒（peanut stunt virus，PSV）。病毒粒体球形，直径约30nm。钝化温度为50～60℃，稀释终点为10^3～10^4，体外存活期为84～96h。该病毒寄主范围较广，自然条件下可侵染花生、菜豆、大豆、烟草、苜蓿、三叶草、刺槐等作物。人工接种可侵染许多豆科植物，还可侵染藜科、菊科、葫芦科和茄科的一些植物。

二、掌握病害的发生发展规律

（一）病程与侵染循环

PStV、CMV-CA和PSV均于种子内随贮藏越冬。种子带毒率与品种和侵染时期有关。感病早带病率高，如花生生育早期人工接种PStV，种子带毒率可高达37%。CMV-CA和PSV还可在田间越冬寄主上存活，成为来年病害的初侵染源。3种病毒均主要靠蚜虫在田间传播。豆蚜、棉蚜、桃蚜等多种蚜虫均可传播，以豆蚜传播PStV和PSV的效率最高。汁液摩擦也可传毒。

（二）影响发病的条件

1. 种子带毒率与毒源数量　　花生种子带毒率高、田间毒源量大，发病就重。如PStV，花生种子带毒率达2%～5%就足以导致病害流行。

2. 介体蚜虫数量　　花生苗期蚜量与花生病毒病流行程度的关联度最大，是花生病毒病流行程度的主导因子。传毒蚜虫发生早、数量多、传毒效率高，病害就易流行。如花生田周围杂草多，或靠近果园、菜地和沟渠等，蚜虫数量大，往往发病率高。

3. 气候条件　　气候条件不仅影响蚜虫的发生与传毒，而且影响病害的潜育期。苗期降雨量对病害流行影响大，在病害扩展期，雨量大，发病高峰推迟，发病程度轻。反之，气候干燥，发病程度重。

4. 品种抗性　　不同花生品种对病毒病的抗病性存在一定的差异。据报道'花28'、

'花 37'、'徐系 1 号'、'徐花 3 号'、'徐州 68-4'、'冀油 2 号'等品种较抗条纹病。

三、管理病害

（一）制订病害管理策略

根据花生病毒病的发生规律，花生病毒病的防治应采用建立无病留种地、选用无病种子和药剂治蚜防病为主的综合防治策略。

（二）采用病害管理措施

1. 选用抗病品种　因地制宜地选用抗病品种。据报道栽培品种中'AH54'、'791-1'、'桂阳梆豆'等抗性及高产性能均较好。

2. 减少初侵染毒源　调运的花生种子要进行检疫，认真检测，防止病毒随种子远距离传播到无病区。如在美国，由于实行了严格的种子检测计划，在很大程度上阻止了PStV 的蔓延。选择无病田或无病株留种，并选大粒、饱满、色泽正常的种子播种。

3. 治蚜防病　采用地膜覆盖栽培技术驱避蚜虫；可用 40% 氧化乐果乳油，50% 抗蚜威可湿性粉剂等进行喷雾，防治蚜虫，以阻止蚜虫的传毒作用。清除田间和周围杂草，减少蚜虫来源。

4. 药剂防治　在苗期喷施病毒钝化剂，如毒病毒、病毒 A、83 增抗剂、宁南霉素等，从而减轻花生病毒病的危害。

第十七节　向日葵菌核病

向日葵菌核病又称为白腐病，俗称"烂盘病"。我国东北三省、内蒙古及山西向日葵产区均有发生，其中以黑龙江最为严重。向日葵发病后，病害引起茎腐，导致茎秆折断，还可引起烂盘。皮壳率增加，籽仁蛋白质及含油率下降。

一、诊断病害

（一）观察病害的症状

根据菌核病的发生部位和症状可分为花腐型、根腐型（立枯型）、茎腐型和叶腐型4 种。我国危害较重的是花腐型，其次是根腐型，叶腐型很少发生，而且只发生在局部叶片。

1. 花腐型　初在花盘背面出现水渍状淡褐色、圆形病斑，逐渐扩大到全部花盘，组织变软，腐烂（图 11-25）。湿度大时，病部长出白色菌丝，菌丝穿过花盘在籽实之间蔓延，最后形成黑色菌核。花盘内外均可见大小不等的黑色菌核，果实不能成熟。

2. 根腐型　根腐型从苗期一直到收获期都可发生。苗期受害时，幼芽和胚根产生水浸状褐色

图 11-25　向日葵菌核病危害花盘
（引自邱强，2013）

斑，扩展后腐烂，幼苗不能出土或虽能出土，但随病斑扩展萎蔫而死。成株期受害时，病根或茎基部产生褐色病斑，逐渐扩展到根的其他部位和茎，后向上或左右扩展，长可达 1m，有同心轮纹。湿度大时，在病部产生白色菌丝，后形成鼠粪状菌核。重病株萎蔫枯死，组织腐朽易断，内部有黑色菌核。

图 11-26　向日葵菌核病危害茎秆
（引自邱强，2013）

3. 茎腐型　　主要发生在茎的中上部，初为椭圆形褐色斑，后扩展，病斑中央线褐色具同心轮纹，病部以上叶片萎蔫，病部表面很少形成菌核（图 11-26）。

4. 叶腐型　　病斑褐色椭圆形，稍有同心轮纹，湿度大时迅速蔓延至全叶，天气干燥时病斑从中间裂开穿孔或脱落。

（二）鉴定病害的病原

病原为核盘菌 [*Sclerotinia sclerotiorum*（Lib.）de Bary]，属子囊菌门核盘菌属。菌核黑色，形状、大小因部位而异。子囊盘肉褐色，碟状，直径达 2～6mm。一个菌核最多可形成 75 个子囊盘，一般 4～5 个。子囊棍棒状，无色，内生子囊孢子 8 个。子囊孢子单胞，无色，椭圆形。菌核形成后，只要条件适宜 1 个月左右即可萌发。产生子囊盘的适宜温度为 10℃左右，pH4～6 为宜。子囊盘形成需要一定的光照。子囊孢子在 20℃、有水滴和相对湿度 100% 时发芽最好。

病菌寄主范围很广，除危害向日葵外，还可危害大豆、黄瓜、甘蓝、茄子、番茄、胡萝卜、油菜等 64 科 360 多种植物。

二、掌握病害的发生发展规律

（一）病程与侵染循环

此病以菌核在土壤中、病残体及种子间越冬。种子内的菌丝及菌核也是该病的初侵染源。翌年气温回升至 5℃以上，土壤潮湿时，菌核萌发产生子囊盘，子囊孢子成熟由子囊内射出去，借气流传播，遇向日葵萌发侵入寄主。菌核上长出的菌丝也可侵染茎基部引起腐烂。菌核在土中的位置、数量及离根部的远近直接影响发病的程度。此外，向日葵的感病期与子囊孢子的弹射期是否吻合及吻合时间的长短也影响其发病程度。病菌侵入后分泌草酸、果胶酶、多聚半乳糖醛酸酶，使组织腐烂。条件适宜，蔓延到整个花盘需 10～20d。据报道，菌核在土壤中可存活 3 年以上，甚至 10 年时仍有存活能力。

病菌生长温度为 0～37℃，最适温度为 25℃。菌核形成温度为 5～30℃，最适温度为 15℃，菌核经 3～4 个月休眠期，从菌核上产生子囊盘。子囊孢子萌发温度为 0～35℃，5～10℃萌发最快。

（二）影响发病的条件

子囊孢子不耐干旱，所以湿度是其发病的主要因素，开花后若遇多雨天气，菌核病就会暴发。适当晚播，错开雨季发病轻。连作比轮作发病重。

三、管理病害

（一）制订病害管理策略

根据向日葵菌核病的发生规律，防治向日葵菌核病应采取以种子处理为重点，搞好轮作，清除侵染源，辅以药剂防治的综合防治策略。

（二）采用病害管理措施

1. 种子处理　从无病的花盘收集种子。用 35～37℃温汤浸种 7～8min，并不断搅动，菌核吸水下沉，捞出上层种子晒干。种子内带菌采用 58～60℃恒温浸种 10～20min。使用 50% 速克灵按种子重量的 0.3%～0.5% 拌种，也有较好的防治效果。

2. 农业防治　实施轮作，与禾本科作物实行 2～3 年的轮作，避免与大豆、烟草、油菜等十字花科作物进行轮作。发现病株，拔除并处理。秋收后，清除田间病残体集中深埋或烧毁。结合秋耕把地表菌核翻到地下，深翻地要超过 7cm，可减轻发病程度。适期晚播，使开花期与降雨期错开，可以减轻病害。例如，在吉林，5 月 20～25 日播种不仅发病轻，而且产量也比正常播种得高。增施钾肥可提高植株抗病力，减轻花腐型菌核病的发病程度，一般施钾肥 75kg/hm^2 为宜。

3. 药剂防治　开花后降雨集中时有利发病，有条件的地区可在盛花后喷施药剂进行防治。常用药剂如喷洒 50% 乙烯菌核利可湿性粉剂 1000 倍液、50% 腐霉利可湿性粉剂 1500～2000 倍液、70% 甲基硫菌灵 1000 倍液。

第十八节　向日葵列当

向日葵列当，又称为弯管列当、独根草、毒根草，是向日葵种植区重要的寄生性杂草，属于我国进境植物检疫性有害生物。在我国的东北三省，西北的新疆、陕西、甘肃及内蒙古等向日葵产区均有发生，以新疆、黑龙江及内蒙古危害较重。每株向日葵可寄生多株列当，引起严重减产，甚至枯死。

一、诊断病害

（一）观察病害的症状

列当寄生在向日葵的须根上，吸收养分，使向日葵植株生长发育受到抑制，常表现为生长不良，植株矮小，叶片变黄，花盘直径变小，籽实瘪粒数增加。一般一株向日葵被 15 株列当寄生，可产 30%～40% 的瘪粒。严重受害时，花盘枯萎凋落，甚至全株枯死。

（二）鉴定病害的病原

向日葵列当（*Orobanche cernua* Loefling），属列当科列当属，为一年生的全寄生草本植物。根退化成吸盘，侵入寄主根部吸取养分。茎单生，直立，肉质，淡黄色或紫褐色，地下部分为黄白色。高度变化较大，一般 30～40cm。叶片退化成鳞片状，无柄，无叶绿素，螺旋状排列于茎秆上。花序排列紧密为穗状，每株有花 20～40 朵。两性花，蓝紫色，花冠呈屈膝状。花萼 5 裂。苞叶狭长披针状。雄蕊 4 枚，2 长 2 短；雌蕊 1 枚。蒴果常 2 纵裂。种子细小，有纵横网纹，重量极轻，10 万粒种子仅重 1g。

向日葵列当是专性寄生植物，主要在向日葵上寄生，在一定条件下，还能寄生菊科的某些野生植物。向日葵列当有 5 个不同的生理小种。

二、掌握病害的发生发展规律

（一）病程与侵染循环

向日葵列当以种子在土壤或混在向日葵种子中越冬。当种子接触到向日葵的根部时，由于根部分泌物的刺激而萌发，种子发芽形成细小的丝。细丝接触到寄主根时便侵入向日葵根内吸取养分。列当小苗出土后形成茎并在土内继续不断地形成幼茎，有的可达 100 多根，都寄生在向日葵根上。土中以 5～10cm 的列当数量较多。每一蒴果可结实 1200～1500 粒，每株列当的种子为 5 万～10 万粒。列当种子极轻，可随风传播。列当种子在土中只要环境条件适合就可发芽，并在土中可存活 10 年以上。列当从种子发芽出土到成熟，需 21～33d。种子细小，易黏附在向日葵籽上或根茬上传播，也能借风力、水流、人、畜及农机具传播。

（二）影响发病的条件

品种间抗病性差异较大。目前，国内主栽的向日葵品种，如‘匈牙利 4 号’、‘长岭大棵’等对列当都是感病的；‘中苏三’是抗病的。连作时，由于向日葵列当种子的积累，危害重。碱性土壤及阴湿的地块危害较重。

三、管理病害

（一）制订病害管理策略

根据向日葵列当的发生规律，防治向日葵列当，应采取以种植抗病品种和合理轮作等农业措施为主，辅以药剂防治的综合防治策略。

（二）采用病害管理措施

1. 选用抗病品种　不同向日葵品种对向日葵列当的抗性不同。如‘食葵 3 号’、‘辽葵杂 4 号’、‘辽葵 8377’、‘先进工作者’、‘883’、‘中苏三’等品种较抗向日葵列当。

2. 农业防治　在结实前拔除向日葵列当植株，并集中烧毁或深埋。在列当出土盛期和结实前，及时中耕除草 2～3 次。向日葵可与禾本科作物、甜菜、大豆等实行 8～9 年以上的轮作。

3. 诱捕灭杀列当　在列当发生严重的地块密播向日葵诱捕列当，在列当大部分出土未结实期，喷洒 1mg/kg 以上的 2，4-D 类除草剂，把向日葵和列当同时杀死。

4. 药剂防治　除草剂防治是目前使用最多的方法，据报道，用 0.2% 的 2，4-D 丁酯水溶液喷洒于列当和土壤表面，两周后列当灭除率可达 80% 左右；用都尔、草甘膦防治列当，施药 7d 后列当的死亡率达 100%。

5. 生物防治　生物防治列当的方法很多，利用列当镰刀菌、枯萎镰刀菌、欧氏杆菌寄生列当，能从列当伤口侵入而使其感病。另外，列当蝇幼虫能取食列当的花茎和果，间接起到防治的效果。

第十九节　芝麻枯萎病

芝麻枯萎病又称为半边黄，是芝麻的主要病害之一，主要分布于河南、湖北、江西、吉林、内蒙古、新疆、陕西、河北等芝麻产区。发病率一般为5%～10%，严重者可达30%以上，该病对产量有较大的影响。

一、诊断病害

（一）观察病害的症状

图 11-27　芝麻枯萎病的症状（引自邱强，2013）

芝麻枯萎病是一种系统侵染的维管束病害，从苗期到成株期均可发病。幼苗感病常引起根腐，出现猝倒或枯死。成株期发病较多，叶片自下而上逐渐变黄萎蔫，最后变褐枯死脱落，拔出病株可见根部、茎基部变褐腐烂；有的病株半边枯死或仅侧枝枯死，病株茎秆一侧出现红褐色条斑（图 11-27）。湿度大时，在病部产生粉红色黏质霉层（分生孢子梗和分生孢子）。病株蒴果较小，种子发育不良，易提前炸裂。

（二）鉴定病害的病原

病原为尖镰孢芝麻专化型［*Fusarium oxysporum* Schl. f. sp. *sesami*（Zap.）Cast.］，属半知菌类尖镰孢属。病部的粉红色霉层主要是病菌的分生孢子。分生孢子有大型和小型两种：大型分生孢子镰刀形，稍弯，无色透明，具隔膜2～5个；小型分生孢子椭圆形或卵圆形，无色透明，多数单细胞，少数双细胞。厚垣孢子球形或近球形，顶生或间生，多数单细胞，少数双细胞（图 11-28）。病菌生长温度为10～35℃，最适温度为30℃。

二、掌握病害的发生发展规律

（一）病程与侵染循环

病菌可在土壤、病残体及种子内越冬。翌年侵染幼苗的根，从植株根部伤口或根毛侵入，进入导管后沿导管向上蔓延，引起植株发病。一般在2～4对真叶期开始发病，花期为发病盛期。

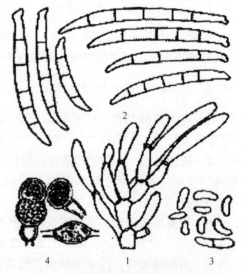

图 11-28　芝麻枯萎病菌（引自侯明生和黄俊斌，2006）

1. 分生孢子梗；2. 大型分生孢子；

3. 小型分生孢子；4. 厚垣孢子

（二）影响发病的条件

病田连作年份越长，土壤中积累病原菌越多，发病越重；土温高、湿度大的瘠薄砂壤土易发病；地下害虫和线虫多，易造成伤口，有利于病菌侵染。品种间抗病性具有差异，一般闭果型较裂果型抗病。

三、管理病害

（一）制订病害管理策略

控制芝麻枯萎病应采用以轮作和种植抗病品种为主的综合防治措施。

（二）采用病害管理措施

1. 选用抗病品种　病田可种植优质种子，如'平邑白芝麻'、'金乡芝麻'、'荣城黑芝麻'等品种。

2. 农业防治　病田实行3～5年轮作，可减轻病害；收获后及时清除病残体，防止病菌蔓延；防治地下害虫与线虫，田间管理时避免伤根；注意排渍，为芝麻生长发育创造良好条件。

3. 药剂防治　播种前采用40%多菌灵（种子质量的0.3%）拌种。发病初期每隔5～7d喷施40%多菌灵500倍液1次，连喷2～3次。

第二十节　芝麻茎点枯病

芝麻茎点枯病又称为芝麻茎腐病、茎枯病、立枯病、茎点立枯病、炭腐病、黑根疯、黑秆疯等，是我国芝麻上危害最重的病害，全国各芝麻产区都有发生，以河南、湖北等主产区发病严重。一般年份可减产10%～15%，含油量下降4%～12%，重病田成片枯死，几乎绝收。

一、诊断病害

（一）观察病害的症状

该病在芝麻生长期内都可危害，但多在苗期和开花结果期发病，主要危害植株的根、茎及蒴果。幼苗染病，根部先变褐腐烂，随后地上部萎蔫枯死，幼茎上散生许多黑色小点（分生孢子器和小菌核）。成株期发病，多从植株地下根、茎开始变褐腐烂，而后向上扩展到茎基部和茎中部、下部。茎秆病部初呈黄褐色水渍状，条件适宜时，病部很快绕茎一周，变为黑褐色，后期病部中央变为银灰色，有光泽，其上密生黑色小点（分生孢子器和小菌核），茎秆中空易折断（图11-29）。病株矮小，叶片向上卷曲，严重时，全株

图11-29　芝麻茎枯病茎部病斑
（引自邱强，2013）

枯死不能结实。蒴果感病后，呈黑褐色枯死，无光泽，也无小黑点。种子感病后表面散生小黑点（小菌核）。

（二）鉴定病害的病原

病原为菜豆壳球孢 ［*Macrophomina phaseoli*（Maubl.）Ashby］，属半知菌类壳球孢属。该菌在芝麻等寄主上形成分生孢子器，分生孢子器着生在寄主表皮角质层下，球形或近球形，深褐色，大小为（116~238）μm×（92.8~220.4）μm。分生孢子无色，椭圆形，单胞，大小为（12.5~30）μm×（5.0~11.3）μm，内含几个油球。菌核产生于寄主皮层下或皮层与木质部之间，菌核球形至不规则形，深褐色，大小为（82.5~120）μm×（67.5~120）μm（图11-30）。菌丝生长适温为30~32℃，分生孢子萌发适温为25~30℃，菌核形成适温为30~35℃。该菌存在不同的生理小种。该菌仅在芝麻和黄麻上产生分生孢子，在其他寄主上仅能形成小菌核。

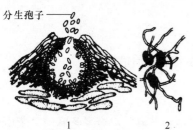

分生孢子——

图11-30　芝麻茎枯病病菌（引自侯明生和黄俊斌，2006）
1. 分生孢子器；2. 菌核

二、掌握病害的发生发展规律

（一）病程与侵染循环

该病菌以分生孢子器或菌核在种子、土壤和病残体中越冬，成为翌年初侵染源。气温25℃、湿度大时菌核萌发，以菌丝进行初侵染；病株上产生的分生孢子可借风雨传播，进行再侵染。该菌主要从伤口、叶痕侵入，也可直接侵入。在25℃以上和高湿条件下，潜育期为5~10d。苗期生活力弱，易感病；终花期后植株逐渐衰老，茎秆中营养向种子转移，抗病力下降，最易感病。每年的发病高峰期都出现在高温季节，发病后8~10d产生分生孢子器。

（二）影响发病的条件

高温、高湿、多雨有利于芝麻茎点枯病的发生。7~8月雨日多降水量大，发病重；但7~8月长期干旱高温，芝麻生长衰弱，发病也较重。病田连作比轮作发病重；偏施氮肥、种植过密、杂草丛生，其他病、虫害发生严重等也都有利于茎点枯病发生。

三、管理病害

（一）制订病害管理策略

控制芝麻茎点枯病应采取以农业防治为主，药剂防治为辅的综合防治措施。

（二）采用病害管理措施

1. 选用抗病品种　芝麻不同品种间抗病性差异很大，抗病性较强的芝麻品种如'豫芝8号'、'豫芝11号'、'陕芝3号'、'中芝5号'、'中芝7号'、'中芝8号'、'中芝 9 号' 和 '冀芝 1 号'、'冀芝 3 号' 等。要在无病地留种。带病种子可用 55~56℃温水浸种 10min，进行消毒处理。

2. 农业防治　　可与小麦、玉米、谷子等非寄主作物实行 3~5 年轮作，能较好地控制病害发生。合理密植，增施有机肥，混施磷肥、钾肥，培育健苗，增强植株抗病性。及时拔除病株，防止病菌扩散蔓延。芝麻收获后及时清除田间的病残体，及时深耕，减少田间越冬菌源。采用高畦栽培，抗旱排涝，降低田间湿度。

3. 药剂防治　　在河南，于芝麻封顶前后，进行田间药剂防治。可选用 50% 退菌特 1500 倍液、40% 多菌灵悬浮剂 700 倍液、50% 甲基硫菌灵可湿性粉剂 800~1000 倍液。以喷茎、荚为主，有很好的防病效果。

第二十一节　油料作物其他病害

一、大豆紫斑病

大豆紫斑病是大豆主要病害之一，在我国大豆产区普遍分布，且南方重于北方。感病品种紫斑率达 15%~20%，重的可达 50% 以上；病粒除表现紫斑外，有时龟裂、瘦小失去生活能力，严重影响大豆产量和品质。

（一）诊断病害

1. 观察病害的症状　　该病可侵染叶、茎、荚和豆粒。子叶发病，形成圆形波纹状褐色斑；成株期叶片发病，初生紫色小圆点，后发展成多角形或不规则形病斑，病斑中央浅灰色，边缘紫色，严重时可合并成大块枯死组织；潮湿时，病部可见稀疏灰黑色霉层（分生孢子梗和分生孢子）。茎及叶柄的病斑呈长条形或梭形，严重时全茎或叶柄呈黑紫色，边缘模糊。豆粒病部多为紫色，有的在脐部周围形成浅紫色斑，严重时，全粒呈深紫色，龟裂。

2. 鉴定病害的病原　　病原为菊池尾孢 [*Cercospora kikuchii* (Matsum. et Tomoyasu) Chupp.]，属半知菌类尾孢属。其实体生于叶片正反两面；子座小，褐色，直径为 19~25μm；分生孢子梗分枝或不分枝，簇生，多个隔膜，孢痕显著，具 1~2 个膝状节；分生孢子无色，多个隔膜，鞭状至圆筒形，直立或稍弯曲，基部平截，顶端略尖，大小为（54~189）μm×（3~5.5）μm。

（二）掌握病害的发生发展规律

1. 病程与侵染循环　　病菌以菌丝体或子座潜伏在豆粒或病残体上越冬，成为翌年初侵染源。播种带菌种子后，首先引起子叶发病。病菌从种皮扩展到子叶产生大量的分生孢子，分生孢子随气流和雨水传播到叶片、豆荚和籽粒上，从气孔、伤口和表皮直接侵入寄主引起发病。田间有多次再侵染。

2. 影响发病的条件　　该病的发生与流行主要取决于品种抗性、栽培条件及耕作制度等。病菌在田间发病适宜温度为 28~30℃，长期高湿利于发病。在我国南方地区，大豆结荚期下雨频繁，且气温多在发病适温区，病害易流行且发病重；连作地，地势低洼积水，植株密度大，田间通风透光差，发病重；反之，发病轻。气温过高或过低都对病害流行不利。此外，大豆品种间抗病性存在显著差异。另外，野生大豆抗性较强。

（三）管理病害

1. 制订病害管理策略 应采取以选用抗病品种为主，带菌种子进行处理，加强田间管理和药剂防治的综合管理策略。

2. 采用病害管理措施

（1）选用抗病品种 各地应因地制宜选用优良品种。抗病毒品种对紫斑病也有一定的抗性，如'黑龙江41号'、'九农5号'、'丰收15号'、'京黄3号'、'科黄2号'等。

（2）农业防治 选用无病种子，或进行种子消毒处理。提倡合理轮作、高畦栽培，合理密植，及时去除病枝、病叶、病株等。大豆收获后，及时清除病残体，并进行深翻地，促进病残体腐烂。

（3）药剂防治 用50%福美双或40%敌菌丹（种子质量的0.5%～0.8%）进行拌种。开花结荚初期，可选用50%多菌灵可湿性粉剂800倍液、50%甲基硫菌灵可湿性粉剂800倍液、25%溴菌腈（炭特灵）乳油500倍液、47%春雷霉素可湿性粉剂600～800倍液喷雾。

二、油菜霜霉病

油菜霜霉病是危害油菜的主要病害之一。该病在所有油菜产地均有发生，尤以长江流域、东南沿海油菜区发病重，一般发病率为10%～30%，严重发病可达100%。该病可导致叶片枯死，花序肥肿畸形，不能结实或结实不良，菜籽产量和质量下降。

（一）诊断病害

1. 观察病害的症状 该病主要危害叶、茎和角果等。叶片发病，初为淡黄色斑点，后扩大成多角形或不规则黄斑，病斑背面有白色霜霉状霉层，到后期病斑变褐，严重时病叶干枯早落；茎秆受害，初期为失绿不规则形的病斑，病部长有霜状霉；花梗感病，顶部肿大弯曲，呈"龙头拐"状，花瓣畸形肥厚，变绿如叶状，不结实，生有白色霜霉状物；角果受害后，细小，弯曲，病部也长有霜状霉。

2. 鉴定病害的病原 为鞭毛菌门霜霉菌属十字花科霜霉菌［*Peronospora parasitica*（Pers.）Fries］。菌丝无色，无隔膜，靠吸器伸入细胞中吸收水分和营养；孢囊梗由菌丝产生，长200～500μm，顶部叉状分枝，顶端小梗弯曲，末端着生1个孢子囊，单胞，球形至椭圆形，大小为（24～27）μm×（12～22）μm；卵孢子形成于后期的病组织内，球形，厚壁，黄褐色，表面光滑或有饰纹，直径为30～40μm，萌发时直接产生芽管。

孢子囊萌发的温度为3～25℃，适温为7～13℃；孢子囊对日光的抵抗力弱，也不耐干燥。病菌的侵染适温为16℃，菌丝体在植物体内生长发育最适温度为24℃。该病菌可寄生114种以上的植物，包括所有栽培的十字花科作物。

（二）掌握病害的发生发展规律

1. 病程与侵染循环 冬油菜区，病菌以卵孢子在病株残体、土壤及粪肥里越夏，秋季卵孢子萌发，侵染秋播幼苗。冬季病菌以菌丝或卵孢子在寄主组织内越冬，翌春气温回升，病组织上又产生孢子囊随气流传播再次侵染健株，引起叶、茎、花序、花器、角果等部位发病。油菜成熟时在组织内又形成卵孢子。病原的远距离传播主要靠混在种子里的卵孢子，近距离传播主要通过混在种子、粪肥中的卵孢子，以及气流、灌溉水或雨水等途径。

2. 影响发病的环境条件　该病的发生与品种、气候和栽培条件密切相关。三种油菜类型中，白菜型和芥菜型油菜发病重，而甘蓝型油菜较抗病。病菌孢子囊的形成和侵入需要有水滴和露水，春季气温升高，雨水多、湿度大、日照少有利于病害发生；冬季气温低，雨水少发病轻。缺钾或偏施氮肥，或株间过密易发病；低洼地、排水不良、田间湿度大易发病；连作地中卵孢子多，比轮作地发病重；另外，早播比晚播发病重。

（三）管理病害

1. 制订病害管理策略　防治油菜霜霉病应采取以种植抗病或耐病品种为基础，加强栽培管理，必要时辅以药剂防治的综合防治策略。

2. 采用病害管理措施

（1）选用优质、高产的抗耐病品种　因地制宜地种植抗病品种，可减轻霜霉病造成的危害。抗霜霉病的品种有'中双4号'、'两优586'、'秦油2号'、'白油1号'、'青油2号'、'沪油3号'、'新油8号'、'新油9号'、'蓉油3号'、'江盐1号'和'涂油4号'等。

（2）农业防治　根据土壤肥沃程度和品种特性，适期播种，合理密植；采用配方施肥技术，合理施用氮肥、磷肥、钾肥；雨后及时排水，防止湿气滞留和淹苗；提倡与大小麦等禾本科作物进行2年轮作，以降低菌源。

（3）药剂防治　采用种子质量1%的25%甲霜灵拌种；或用10%的盐水处理种子，再清洗种子。根据病害扩展情况，当病株率达20%以上时开始用药，可用的药剂有75%百菌清可湿性粉剂500倍液、72.2%霜霉威水剂800倍液、40%霜疫灵可湿性粉剂200倍液等。

第二十二节　油料作物病害综合管理

一、大豆病害综合防治

大豆病害种类较多，我国已报道的有50余种。病原包括细菌、真菌、病毒和线虫等，其中危害严重的病害有根腐病、霜霉病、灰斑病、病毒病及胞囊线虫病等。在生产中，大豆病害虽可引起产量损失，但往往其发生过程不为人们所重视。由于不同病害发生流行规律和防治方法差异较大，且许多病害是混合发生的，因此，在大豆病害防治过程中应该制订一套因地制宜的综合防治方案。

（一）播种前期

1. 种植抗病品种　选用抗病品种是最经济有效的措施。黑龙江、山东等地利用我国丰富的大豆资源，培育出一批抗病品种，如已培育出对胞囊线虫病、根腐病、病毒病和灰斑病抗性较好的品种。各地可根据当地的病害发生情况，选用适宜的抗病品种进行种植，以减轻病害的发生。

2. 合理轮作 轮作是防治土传病害的最经济有效的措施，轮作换茬可以降低土壤中病原物初侵染或再侵染的数量。大豆孢囊线虫、根腐病、菌核病等病害的病菌可以在土壤中越冬，所以在病区避免连作或与向日葵、油菜等寄主作物轮作或邻作。将大豆与水稻、小麦、玉米和谷类作物轮作2～3年，可有效减轻病害的发生。

3. 种子处理 大豆病害如病毒病、霜霉病、菌核病、灰斑病等能够通过种子带菌进行传播，可通过精选种子、药剂拌种、种子包衣等技术措施，减少种子中病原菌数量，从而减轻苗期病害的发生。

（二）田间管理期

1. 农业防治 大豆封垄前及时中耕培土，排除田间积水，降低田间湿度，利于防止病害的发生与蔓延。合理施肥，增施基肥，适当控制氮肥用量，促进根系生长发育，防止大豆徒长；有机肥应经过彻底腐熟后再施用。

2. 生物防治 近几年对大豆胞囊线虫病的生物防治研究较多，并有一些成功的例子。草酸青霉、淡紫拟青霉、腐皮镰孢、厚垣轮枝菌等生防真菌可在很大程度上控制线虫卵和幼虫的生长发育，如淡紫拟青霉 M-14 发酵滤液对大豆胞囊线虫卵的孵化具有很强烈的抑制作用，其2龄幼虫在滤液原液及1倍稀释液中72h后死亡率分别达到96.8%和90.5%。利用厚垣轮枝菌研发出大豆胞囊线虫生防菌制剂——豆丰一号，在东北三省进行了推广示范，在黑龙江示范的防效达59%～74%，该菌剂对大豆田土壤线虫的生物多样性产生了较好的影响。

3. 药剂防治 不同的病害应采取不同的防治方法和施药时间。在播种前15～20d，用25% D-D 混剂或二溴丙烷熏蒸剂处理土壤或将毒性较低的化学杀线剂在播种时施入土壤可以减轻大豆胞囊线虫病的发生。对大豆病毒病的防治主要是通过防治传毒介体昆虫的数量；病毒病发生后可以使用抗病毒剂1号、病毒王、植病灵等药剂防治。对于真菌病害和细菌病害，发病前期一般有中心病株出现，在病害扩散之前，选用相应的杀菌剂进行防治，可以控制病害的进一步蔓延与危害。在防治过程中，应根据具体病害的发生情况，确定施药次数、防治时期和施药部位。

（三）收获期

发病地块要单独收获，及时清除田间病株残体和根茬。地块尽量平整，病田收获后应深翻，可将菌核等病原物深埋土中，减少初侵染源。

二、油菜病害综合防治

油菜病害种类较多，常见的有菌核病、病毒病、霜霉病、白锈病及细菌性黑斑病、软腐病等。一个地区的油菜，往往受多种病害的危害，且不同生育期病害发生种类和危害程度也不相同。因此，防治油菜病害应以农业防治措施为基础，以主要病害为防治重点，制订一套切实可行的防治措施。

（一）播种前期

1. 轮作倒茬 一般病菌都有各自的寄主范围，而且绝大多数病菌在水中存活期较短，因此，实行油菜与水稻轮作或与大小麦轮作，对防治油菜菌核病、霜霉病、软腐病等都有很好效果。

2. 选用优良抗病品种 不同的油菜类型和品种对许多病害的抗性表现出明显的差异，可从中选出抗性较强的品种供生产使用。

3. 选用无病健种及种子处理 油菜成熟期，选取无病、形状良好的植株，取主轴中段留种。为了保证种子出苗齐、全、壮，可以进行种子处理。常用的方法：10%~15%盐水选种，对菌核病和霜霉病有效；40%福尔马林100倍液浸种20min，浸后清水冲洗，晾干后播种，对油菜黑腐病、白腐病等有效。

4. 适时播种 播种过早，病毒病和软腐病发生加重，适当延期播种可减轻病害的发生。

（二）田间管理期

1. 科学施肥 根据油菜生育期的需要安排施肥。原则是重施基肥，少施氮肥，增施磷肥、钾肥，以提高植株抗病能力。基肥一定要充分腐熟，以免将病菌带入田间。

2. 深沟窄畦，防止积水 做好田间的清沟排渍工作。提倡深沟窄畦，降低田间湿度，可减轻大多数病害的发生程度。

3. 清洁田园 及时摘除油菜病、黄、老叶，对控制菌核病、白锈病等有很好效果。病叶是引起油菜发病的主要来源，植株上的老叶、黄叶最先发病，摘去这些没有作用的叶片，可减轻40%左右的发病率。

4. 药剂防治 根据当地病害的发生规律和预测预报情况，确定好重要病害的防治对象和防治时期，对菌核病、病毒病和软腐病可选用化学农药和生物农药进行防治。

（三）收获期

由于多种病菌可以在病残体或种子中越夏，成为病害的初侵染源，因此，在收获过程中应该采取措施减少病菌的初侵染源数量及越夏基数。油菜收获后应及时清除田间的病残体及落叶，并集中烧毁或沤制肥料。

技能操作

油料作物病害的识别与诊断

一、目的

通过本实验，认识油料作物主要病害的症状特点及病原形态特征，为病害的田间调查、正确诊断和及时防治奠定基础。

二、准备材料与用具

（一）材料

大豆霜霉病、大豆胞囊线虫病、油菜菌核病、油菜白锈病、油菜病毒病、花生黑斑病、花生褐斑病、芝麻茎点枯病等病害盒装症状标本及浸渍标本、病原切片标本、病原培养物或保湿病原物。各种病害特征的挂图或幻灯片等。

（二）用具

显微镜、放大镜、载玻片、盖玻片、解剖针、解剖刀、镊子、培养皿等实验常规用具。

三、识别与诊断油料作物病害

（一）观察症状

用放大镜或直接观察油料作物主要病害盒装症状标本及浸渍标本的病状及病征特点，并记录。

观察大豆霜霉病病害标本，注意观察叶部病斑的形状、颜色，叶正面和反面有何区别，有何病征，病种子有何特征。

观察大豆胞囊线虫病病害标本及挂图，对比病、健植株，比较植株大小、植株节间长短等；观察病株叶片颜色是否改变，病株大豆根部须根是否增多。

观察油菜菌核病病害标本，注意观察叶部病斑形状、颜色及病组织腐败情况等；病斑上有无白色霉层；病斑是否破裂。

观察油菜白锈病病害标本，注意观察叶部病斑是否破裂，其上有无白色粉末，花轴是否成"龙头"状。

观察油菜病毒病病害标本和挂图，注意观察甘蓝型油菜和白菜型油菜之间症状的差别。

观察花生黑斑病和褐斑病病害标本，注意观察两种病害病叶的症状，注意二者病斑的大小、颜色、病斑周围的黄色晕圈及病斑上的病征有何区别。

观察芝麻茎点枯病病害标本，注意观察病茎基部的症状，病部表面有无光泽，有无细小黑点状的微菌核。

（二）鉴定病原

显微镜下观察病原切片标本、病原培养物或保湿病原物，记录并比较不同病原的形态特征。

镜检大豆霜霉病病原玻片标本，也可挑取感病组织背面灰白色霉层制片镜检，观察孢囊梗及孢子囊的形态。

镜检大豆胞囊线虫病病原玻片标本，观察线虫形态。

镜检油菜菌核病病原玻片标本（图 11-31），注意观察子囊和侧丝的排列情况；子囊排列是否整齐；每个子囊内有几个子囊孢子；子囊和子囊孢子呈何形状。

镜检油菜白锈病病原玻片标本，也可挑取白色病斑内的粉末制片镜检，观察孢囊梗及孢子囊的形态。

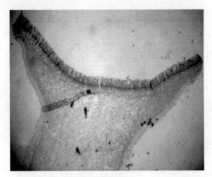
子囊盘纵切片

切片局部放大

子囊孢子
子囊

图 11-31　油菜菌核病菌

镜检花生黑斑病和褐斑病病原玻片标本，也可挑取两种病害叶部病斑上的霉层制片镜检，观察两种病原菌的分生孢子梗和分生孢子的形态，注意它们的分生孢子梗和分生孢子有何异同。

镜检芝麻茎点枯病病原玻片标本，也可挑取病茎表皮下的小黑点制片镜检，观察病菌的分生孢子器和分生孢子形态。

四、记录观察结果

1）绘制油菜菌核病菌子囊盘的切面图（示子囊和子囊孢子）。
2）花生黑斑病和褐斑病的症状有何区别？
3）绘制芝麻茎点枯病病菌形态图。

课后思考题

1. 引起大豆根腐病的病原有哪些类型？侵染后各有什么症状？
2. 大豆霜霉病的发生危害受哪些因素影响？如何控制该病发生？
3. 影响大豆灰斑病的因素有哪些？如何防治大豆灰斑病？
4. 影响油菜菌核病发生的条件有哪些？如何能有效防治油菜菌核病？
5. 油菜病毒病的主要症状是什么？如何能有效防治油菜病毒病？
6. 简述花生根结线虫病的症状特点、病原形态、发病规律。
7. 简述花生褐斑病和花生黑斑病的症状特点。

第十二章 棉花病害与管理

【教学目标】 掌握棉花常见病害的症状及病害的发生发展规律，能够识别各种常见病害并进行病害管理。

【技能目标】 掌握棉花常见病害的症状及病原的观察技术，准确诊断棉花主要病害。

棉花是我国重要的经济作物，大部分省（直辖市、自治区）都有种植。在棉花的整个生长过程中，棉花病害的危害，导致产量降低、品质变劣，使其经济价值受到严重影响。

据报道，全世界有棉花病害 120 多种，我国发生的约 40 种，其中严重危害的有 15 种。苗期发生较重的是立枯病、疫病和炭疽病；成株期危害较重的是黄萎病和枯萎病；铃期危害较重的是疫病、红粉病、红腐病和炭疽病等。在这些病害中，枯萎病和黄萎病的发生面积广、危害时期长、造成的损失最严重，对棉花生产威胁最大。尽管人们在积极探讨一些方法控制其危害，但由于缺乏抗病品种和有效药剂，问题一直没有得到解决。

第一节 棉花枯萎病

棉花枯萎病是棉花上的重要病害，最早于 1892 年在美国发现，以后随棉种调运而迅速扩散蔓延，目前在世界各主要产棉国均有发生。我国于 1934 年在江苏南通市和上海川沙县最早发现此病，以后随着棉种的调运，病区日益扩大，危害严重。20 世纪 80 年代中期以后，随大量抗病品种的推广，枯萎病在我国南北棉区基本得到控制，但局部棉区发生仍然较重，特别是新疆棉区常造成大片死亡，因此其目前仍是棉花生产上的一个重要问题。

一、诊断病害

（一）识别症状

整个生长期均可危害。棉花出苗后即可被侵染发病，严重时造成大片死苗，到现蕾期达到发病高峰。其症状因棉花的生育期和环境条件及棉花品种类型的不同，可表现以下 5 种常见类型：①黄色网纹型。病株叶脉变黄，叶肉保持绿色，叶片局部或大部呈黄色网纹状，叶片逐渐萎蔫干枯。成株期也偶尔出现此症状。②黄化型。病株多从叶尖或叶缘开始，局部或全部褪绿变黄，随后逐渐变褐、枯死或脱落。苗期和成株期均可出现。③紫红型。叶片变紫红色或呈紫红色斑块，以后逐渐萎蔫、枯死、脱落。苗期和成株期均可出现。④凋萎型。植株叶片全部或先从一边自下而上萎蔫下垂，不久全株凋萎死亡。有些高感品种感病后，中、后期有时会自植株顶端出现枯死，发生顶枯型症状。⑤矮缩型。早期发生的病株若病程进展比较缓慢，表现节间缩短，比健株矮小，顶叶皱缩、畸形等矮缩型症状，一般不死亡。

同一病株有时可同时表现几种类型的症状。无论哪种症状类型，剖视茎秆，可见维管束变为深褐色或墨绿色（图 12-1），这是识别枯萎病的一种简易方法。在潮湿条件下，枯死的病株茎秆可以产生粉红色霉层（分生孢子）。

（二）鉴定病原

病原为尖镰孢萎蔫专化型［*Fusarium oxysporum* f. sp. Vasinfectum（Atk.）Synder & Hansen］，属半知菌类镰孢属。

病菌在人工培养基和自然条件下都可产生小型分生孢子、大型分生孢子和厚垣孢子3种类型（图 12-2）。小型分生孢子无色，卵形或肾形，单胞，少数双胞。大型分生孢子无色，多胞，镰刀形，略弯曲，两端细胞稍尖，足胞明显或不明显，多数3个隔膜，一般在气生菌丝上形成，很少在分生孢子座上形成。厚垣孢子淡黄色，近圆形，光滑，壁厚，由菌丝及大型分生孢子的端部或中间若干细胞形成，单生或串生，对不良环境抵抗力很强。病菌在 PSA 培养基上生长时，菌丝体呈绒毛状或棉絮状，菌落初为白色，后变淡紫色或紫色；在米饭培养基上呈白色、紫色或红色。

图 12-1　棉花枯萎病的症状茎部剖面
可见（引自邱强，2013）
维管束变黑褐色（左）与健株对比（右）

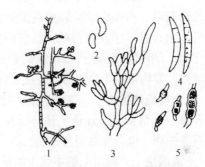

图 12-2　棉花枯萎病菌（引自南京农业大学
《农业植物病理学》精品课程网）
1. 小型分生孢子梗和分生孢子；2. 小型分生孢子；
3. 大型分生孢子梗；4. 大型分生孢子；5. 厚垣孢子

病菌生长的温度为 10～35℃，适宜温度为 25～30℃，致死温度为 77℃（10min）。pH 2.5～9.0 时都能生长，较适 pH 为 3.5～5.3。

棉花枯萎病菌的寄主范围较广。除危害棉花、甘薯、菠菜和决明子外，还能侵染小麦、大麦、玉米、高粱、甜菜、大豆、赤豆、豌豆、烟草、西瓜、甜瓜、黄瓜、笋瓜、红花、茄子、辣椒、葵花、芝麻、红麻、番茄、扁豆等40多种植物。病菌具有较强的寄主专化性。

二、掌握病害的发生发展规律

（一）病程与侵染循环

病菌主要以菌丝体潜伏在棉籽的短绒、种壳和种子内部，或以菌丝体、分生孢子及厚垣孢子在病残体及土壤中越冬，成为来年的初侵染源。另外，带菌的棉籽饼、棉籽壳及未腐熟的土杂肥和无症状寄主，也可成为初侵染源。有病棉田中耕、浇水、农事操作是近距离传播的主要途径。

棉花枯萎病菌的生存能力很强，在土表及土壤表层内的病秆中可存活 18 个月，20cm 深处病秆内的病菌经 19 个月其存活率才略有下降。厚垣孢子在土壤中能存活 15 年之久。

病菌最易从棉株根部伤口（包括虫伤、机械伤等）侵入，也可直接从根的表皮及根毛侵入。根部所受的各种虫伤及机械伤均有利于病菌侵入，尤其是棉田中土壤线虫较多时，其危害形成的伤口为病菌的侵入创造了条件。病菌侵入后经过皮层进入导管，并在导管内繁殖扩展，分布至全株，并导致种子带菌。带菌棉籽是远距离传播的主要途径。

（二）影响发病的条件

1. 种和品种抗性　不同种棉花或同种棉花的不同品种对枯萎病的抗病、感病性表现出明显差异。亚洲棉对枯萎病的抗性较强，陆地棉次之，海岛棉较差。在陆地棉各品种间，抗性也有明显区别。例如，陆地棉中'陕 401'、'86-1'对枯萎病表现为抗性，'中棉所 3 号'表现为耐病，而'鄂荆 15'、'鄂沙 28'则为感病品种。

2. 气候条件　枯萎病的发生与地温和雨量有关。一般当地温达 20℃左右开始发病，达 25～30℃时，形成发病高峰，温度升高到 33～35℃时，病情停止发展，未死亡的植株又长出新叶，出现症状减轻或高温隐症现象。秋季当地温下降到 25℃左右时，病情又有回升，出现第二个发病高峰。枯萎病的发生与土壤湿度和降雨量也有密切关系。地温低于 17℃，相对湿度低于 75% 或高于 95% 都不利于发病。一般 5～6 月，雨水较多，土壤湿度大，发病重；干旱年份，往往发病较轻。

3. 耕作与栽培措施　连作病重，轮作病轻。病田多年连作棉花，可使病菌在土壤中不断积累，病情会逐年加重。地势低洼、排水不良、整地粗放，一般发病较重。偏施氮肥、营养失调，也会加重病害发展。

4. 土壤线虫　棉田土壤中线虫的活动与消长，特别是线虫的密度与枯萎病的发生发展密切相关。危害棉花的线虫主要有根结线虫、刺线虫、肾状线虫、螺旋线虫和矮化线虫等。土壤中线虫数量多，常造成根部伤口，利于枯萎病菌的侵入，故线虫多的棉田发病较重。

三、管理病害

（一）制订病害管理策略

执行保护无病区，消灭零星病区，控制轻病区，改造重病区的综合治理策略。采取以种植抗病品种和加强栽培管理为主的综合防治措施。

（二）病害管理措施

1. 加强检疫，保护无病区　目前，我国 2/3 左右的棉区尚无该病，因此，应严禁从病区调运棉种或棉饼，建立无病良种繁殖基地和良种田。必须引种时，应硫酸脱绒后，再在 80% 的 402 抗菌剂药液中在 55～60℃下浸 0.5h，或用有效成分 0.3% 的多菌灵胶悬剂在常温下浸种 14h，晾干后播种。

2. 种植抗病品种，压缩重病区　种植抗病品种是防治棉花枯萎病最有效的措施。我国在抗枯萎病育种方面取得了较为显著的成效。抗病性较好的品种有'百棉 1 号'、'百棉 3 号'、'中棉所 38'、'中棉所 41'、'中棉所 45'、'中棉所 50'、'鲁 15'、'鲁

'19'、'鲁 28'、'鲁 29'、'鲁 30' 等一系列抗枯萎病品种，对控制枯萎病的发生发挥了重要作用。

3. 轮作倒茬，减轻病害的发生　在重病田，最好与玉米、小麦、大麦等禾本科作物轮作 3～4 年，对减轻病害有明显作用。有条件的地区，实行稻、棉水旱轮作，防病效果明显。

4. 加强栽培管理，提高植株的抗病能力　科学施肥，适时增施磷肥、钾肥，合理密植，及时定苗，在棉苗 2～3 片真叶时喷施 1% 尿素等都有利棉花的生长发育和提高抗病能力。在病田定苗、整枝时及时将病株清除，田外深埋，防止混入土杂肥。施用热榨处理的棉饼和无菌土杂肥，均有减轻发病作用。有条件的地区推广无病土育苗移栽，从而减轻病苗和死苗。

5. 药剂防治　防治棉花枯萎病的农药有多菌灵、甲基硫菌灵、56% 醚菌酯、百菌清、41% 聚砹嘧霉胺、20% 硅唑咪酰胺，并加磷酸二氢钾、硼锌肥等，每次喷药间隔 5～7d，连喷 2～3 遍，可有效预防棉花枯萎病的发生流行。重病地块用 38% 恶霜嘧铜菌酯 600 倍液或 30% 甲霜恶霉灵 800 倍液，穴施，苗期或发病初期灌根。

第二节　棉花黄萎病

棉花黄萎病是棉花生产中最重要的病害之一，也是我国农业植物检疫对象。我国于 1935 年在由美国引进斯字棉时传入，后随棉种调运不断扩大，并且多数病区都是与枯萎病混生。受害植株叶片枯萎、蕾铃脱落、棉铃变小，一般减产 20%～60%，纤维品质下降。

一、诊断病害

（一）识别症状

棉花黄萎病发病较晚，自然条件下幼苗发病少或很少出现症状。一般现蕾后才开始发病，开花结铃期达高峰。植株感病时，病害由病株下部向上发展，病株不矮化或略矮。其症状可分为普通型和落叶型。

1. 普通型　发病初期，病叶主脉间叶肉出现不规则淡黄色斑块，但主脉及其附近的叶肉仍保持绿色，整个叶片呈"花西瓜皮"症状。最后，病叶变褐枯死。开花结铃期，有时在灌水或中量以上降雨之后在病株叶片主脉间产生水渍状褪绿斑块，较快变成黄褐色枯斑或青枯，出现急性失水萎蔫型症状，但植株上枯死叶、蕾多悬挂并不很快脱落（图 12-3）。

2. 落叶型　顶叶向下卷曲褪绿、叶片突然萎垂，随即脱落成光秆，表现出急性萎蔫落叶症状。叶、蕾甚至小铃在几天内可全部落光，后植株枯死。

不同类型的黄萎病，其共同特点是剖视茎秆，可见木质部导管变褐，但较棉花枯萎病株的

图 12-3　棉花黄萎病的症状（植株叶片斑驳失绿）（引自邱强，2013）

色浅。

（二）鉴定病原

由半知菌类轮枝孢属大丽轮枝孢（*Verticillium dahliae* Kleb.）和黑白轮枝孢（*V. albo-atrum* Reinke & Berthold）引起。二者的生物学特点有明显的差异，主要区别为：①大丽轮枝孢形成大量的黑色微菌核，而黑白轮枝孢只产生黑色休眠菌丝体；②大丽轮枝孢在30℃下能生长，而黑白轮枝孢则不能生长；③在寄主组织上，黑白轮枝孢分生孢子梗成熟时基部变黑，大丽轮枝孢分生孢子梗基部不变黑；④大丽轮枝孢的分生孢子较小，而黑白轮枝孢较大；⑤长时间培养后大丽轮枝孢菌落正反两面均呈黑色，而黑白轮枝孢的菌落正面为鼠灰色，背面几乎为黑色；⑥大丽轮枝孢生长适宜 pH 为 5.3～7.2，而黑白轮枝孢适宜 pH 为 8.0～8.6。大丽轮枝孢在 pH3.6 时生长明显好于黑白轮枝孢。

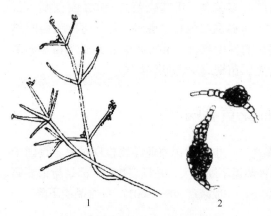

图 12-4　棉花黄萎病菌（大丽轮枝孢）
（引自徐秉良等，2011）
1. 分生孢子梗和分生孢子；2. 微菌核

大丽轮枝孢微菌核近球形。分生孢子梗轮状分枝。分生孢子无色，单孢，长卵圆形（图 12-4）。由于微菌核对不良环境的抵抗能力较强，能耐80℃高温和−30℃低温。

棉花黄萎病菌的寄主范围广，可危害 38 科 660 种植物。除了棉花外，其寄主主要是锦葵科、菊科、葫芦科、茄科、豆科、十字花科等双子叶植物，但病菌不侵染禾本科植物。

二、掌握病害的发生发展规律

（一）病程与侵染循环

棉花黄萎病的初侵染和枯萎病基本相同。初侵染源主要也是病田带菌土壤、病残体和混有病残体和病菌的堆肥，以及带菌的棉籽。另外，由于病菌的寄主范围很广，田间带病作物也是重要的初侵染源。

在适宜条件下黄萎病菌的微菌核或分生孢子萌发产生的菌丝可直接从棉苗的根尖、胚轴或伤口侵入，经过皮层进入导管并在其中繁殖，产生的分生孢子及菌丝体堵塞导管，此外，病菌产生的轮枝毒素也是致病重要因子。

棉花黄萎病的传播方式与枯萎病基本相同。

（二）影响发病的条件

1. 菌源　　土壤中菌源数量是黄萎病能否流行的先决条件。菌源累积量，尤其是病菌致病力的强弱，是直接影响病害发生严重程度的关键因素之一。感染黄萎病的病残体如根、茎、叶、叶柄、铃壳，棉籽加工下脚料和棉籽饼等带菌，是传播病害的重要途径。

2. 气候条件 温度在 25℃左右，相对湿度 80% 以上是该病暴发的关键因子。低于 22℃或高于 30℃发病缓慢，35℃以上时症状暂时隐蔽。降雨量及湿度也是影响病害发展的重要因素，多雨的年份或夏季大雨过后，往往有利于此病的发生。

3. 种、品种和生育期抗性 不同种棉花或同种棉花的不同品种，对黄萎病的抗病性、感病性也不同。并且，棉花种对黄萎病抗性反应与枯萎病相反，通常海岛棉抗病性最强，陆地棉次之，亚洲棉较弱。棉花生育期不同，抗性也不同，通常苗期很少发病，多在现蕾后才开始发病，花铃期为发病高峰期。

4. 耕作与栽培措施 棉田连作年份越长，土壤中病菌数量累积越多，病害发生越重；与非寄主作物轮作，轮作年份越长，病害发生越轻，并且与禾谷类作物轮作的防病效果较好。深耕可使病菌窒息死亡，发病减轻。地势低洼、排水不良利于病害发生。

三、管理病害

（一）制订病害管理策略

防治策略同棉花枯萎病。多年的生产实践表明，仅靠单一措施防治棉花黄萎病很难达到理想效果，综合防治尤为重要。

（二）病害管理措施

1. 加强植物检疫 加强植物检疫，做好产地检疫，保护无病区，禁止从病区引种或调种，保护无病区。

2. 培育和种植抗耐病品种 在防治黄萎病的措施中，选用抗病或耐病品种是经济、有效的。抗耐病优良品种有'中棉所16'、'中棉所19'及'辽棉9号'等。但目前选育的抗病品种都不理想，病情指数都比较高，还需高抗黄萎病新材料的发现。

3. 农业防治 根据当地的实际情况，与禾本科作物的轮换倒茬。轮作方式可为棉花—小麦—玉米—棉花。一般在重病年份经一年轮作，可减少发病率 13%～26%，两年轮作减少发病率 37%～48%。清除病株残体，减少土壤菌源，及时清沟排水，降低棉田湿度，使其不利于病菌滋生和侵染。氮肥、磷肥、钾肥合理配比，对控制病害，增加产量有效。

4. 药剂防治 用 12.5% 治萎灵（多菌灵＋水杨酸、冰醋酸等）液剂 200～250 倍液，于发病初期、盛期各灌 1 次，每株灌兑好的药液 50～100ml。

据报道，植物疫苗渝峰 99 植保、激活蛋白、氨基寡糖素单独使用或与植物生长调节剂缩节胺混合使用，对棉花黄萎病的防治均有较好的效果。

5. 生物防治 在棉花黄萎病的生物防治方面，据报道真菌中木霉菌肥、细菌中芽孢杆菌属和假单孢菌属的某些种具有较好的防治效果。

第三节 棉花细菌性角斑病

棉花细菌性角斑病最早在 1891 年发现于美国的亚拉巴马州，现分布在世界各个产棉国。我国棉区过去发生也比较普遍，长江流域棉区个别年份发生较严重。20 世纪五六十年代新疆棉区经常发生和流行。该病导致棉花产量下降，品质变劣，影响棉花经济价值。从 20 世纪 60 年代推行硫酸脱绒后，该病已基本得到控制。但有些年份局部地区发病仍然很严重。

一、诊断病害

（一）识别症状

在棉花整个生长期地上部分均可受害。带病的棉籽播种后，严重的造成烂籽、烂芽，不能出苗。出苗后，子叶上的病斑多为圆形或不定形；真叶上的病斑因受叶脉限制而呈多角形，有时沿叶脉扩展呈长条锯齿状；苞叶上的病斑和真叶相似（图 12-5）；棉铃受害，铃上病斑为圆形，微下陷，后期多个病斑汇合呈不规则状（图 12-6）。茎和枝上病斑若包围茎秆，易折断。叶、茎、铃被害，均产生深绿色，油渍状（或水渍状）病斑，以后病斑变黑褐色，叶上病斑半透明。

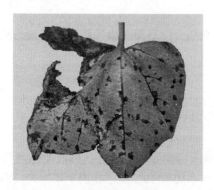

图 12-5　棉花角斑病病叶
（引自邱强，2013）

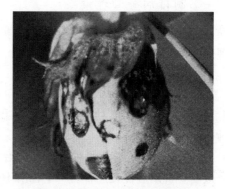

图 12-6　棉花角斑病危害棉铃
（引自邱强，2013）

该病的主要特点是，无论何处受害，病斑都呈水渍状，在潮湿情况下病部常分泌出黄色黏液状菌脓，干燥后形成一层灰白色薄膜。

（二）鉴定病原

病原为地毯草黄单胞菌锦葵致病变种 [*Xanthomonas axonopodis* pv. *malvacearum*（Smith）Dye]，属薄壁菌门黄单胞菌属。菌体短杆状，两端钝圆，具 1～3 根单极生鞭毛，可游动，有荚膜。革兰氏染色阴性。在 PDA 培养基上形成浅黄色圆形菌落，菌体细胞常 2～3 个结合为链状体。

病菌生长的适宜温度为 25～30℃，在 50～51℃下 10min 死亡。病菌在休眠阶段对不良环境的抵抗力很强，干燥情况下能耐 80℃高温和 -28℃低温。但在活动情况下抵抗力不强，其纯培养对光线很敏感，在强烈日光下曝晒 15min，大部分死亡，在 40℃高温和 0℃以下低温条件下也很容易死亡。适宜 pH 在 6.8 左右。

棉花细菌性角斑病菌存在明显的生理分化，已鉴定出 18 个生理小种，其中 8 号小种的致病力最强，几乎能感染所有供试棉花品种。该菌寄主范围较窄，除侵染棉花外，还可感染秋葵和黄蜀葵。

二、掌握病害的发生发展规律

（一）病程与侵染循环

病菌主要在棉籽及土壤中的病铃等病残体上越冬，带菌棉籽是最主要的初侵染源，病菌在棉籽上可存活 1~2 年。由于病残体在土壤中被分解后，病菌随之死亡，所以只有未分解的病残体才能成为初侵染源。

带菌棉种播种发芽后，病菌从气孔或伤口首先侵染子叶，潮湿情况下病斑处溢出大量菌脓，借风、雨、昆虫传播，进行再侵染。雨后病菌随寄主体表的水膜从气孔或伤口侵入，初侵入时仅危害气孔周围的细胞，并产生水渍状小点，不断扩展后形成较大的坏死斑。一般从侵入到产生症状需 8~10d。一个生长季节有多次再侵染。侵入棉铃的病菌，可深入到纤维和种子，引起种子带菌。

（二）影响发病的条件

1. 气候条件　一般土壤温度为 10~15℃时发病很少，16~20℃时发病明显增多，21~28℃最适于发病，超过 30℃发病又减轻。在棉花生育期，旬平均气温高于 26℃，空气相对湿度 85% 以上时，有利病害流行。其中高湿是病菌繁殖和侵入的必要条件，故棉花现蕾以后，降雨越多，尤其是暴风雨多，可造成大量伤口，有利病菌侵入，病情发展则快而重。

2. 种、品种抗性　棉花种和品种间发病有明显区别，以中棉抗性较强，陆地棉次之，海岛棉最易感病。陆地棉中又以岱字棉系统抗病性强。

3. 耕作与栽培措施　在栽培管理措施中，喷灌相比滴灌和沟灌，使得发病严重。连作病重，轮作病轻。在种子加工中若用干磨加工处理，因种表仍带有较多病菌，一般发病较多；若用稀硫酸加工处理则种子带菌率低，很少发病。

三、管理病害

（一）制订病害管理策略

棉花细菌性角斑病的防治应采用以使用无病种子和种子处理为主，加强栽培管理和辅以药剂防治的综合防治策略。

（二）病害管理措施

1. 选用无病种子、进行种子处理　病区可建立无病留种田，生产无病种子，并进行种子处理。种子处理可采取以下三种方法：①硫酸脱绒。目前生产上已全部采用稀硫酸脱绒方法加工处理棉籽，以机械脱绒代替了人工脱绒，效果很好。硫酸脱绒不仅可消灭短绒和种表上的大量病菌，同时还可促进种子发芽，适于机播。将秕子、破子汰除，为精量播种、培育早苗和壮苗提供了条件。②温汤浸种。采用"三开一凉"的温水（55~60℃）浸种 30min，可杀死棉籽内外的大部分病菌。③药剂拌种。用种子量 10% 的萎锈散或 0.5% 的三氯酚酮拌种也可有效除去病菌。

2. 农业防治　采用合理的栽培管理措施可减轻病害发生。合理密植，雨后及时排水，结合间苗、定苗，发现病株及时拔除；采摘完毕后及时清除棉田病株残体，集中沤肥或处理；重病田进行轮作和深翻冬灌，可促进病残体分解；科学施肥，增加磷肥、钾肥，培育壮苗；灌水要适量，不能大水漫灌等，这些措施都可以减轻病害发生。

3. 药剂防治　发病初期喷施 1∶1∶200 波尔多液、25% 叶枯唑可湿性粉剂 500 倍液或喷施 72% 农用硫酸链霉素 4000 倍液，都有较好效果。

第四节　棉花苗期病害

棉花苗期病害种类很多，目前报道的有 40 多种，我国已发现的棉苗病害有 20 余种。棉花苗期病害历来是棉花生产上的一个重要障碍，严重影响棉花的高产丰产。棉花苗期遭受病菌侵染，可造成烂种、病苗和死苗等。常见的有炭疽病、立枯病、红腐病、黑斑病、茎枯病、角斑病等。北方棉区以炭疽病、立枯病、红腐病为主。南方棉区以炭疽病为主，有些地区立枯病和红腐病发生也比较普遍。

一、诊断病害

（一）识别症状

1. 炭疽病　主要危害棉苗幼茎、子叶。棉苗出土前感染，造成烂芽；棉苗出土后感病，病苗的根茎部和茎基部产生褐色条纹，以后病斑扩大成为稍凹陷的梭形病斑，严重时纵裂、下陷，四周缢缩，幼苗枯死。子叶受害，病斑多在叶缘出现半圆形的褐色病斑或叶的中部出现近圆形的褐色病斑，干枯脱落后使子叶边缘残缺不全（图 12-7）。湿度大时，病部可产生肉红色黏稠状物质，即病菌的分生孢子团。

2. 立枯病　棉苗出土前常造成烂芽；出土后在根部和近地面的茎基部出现淡黄色或黄褐色病斑，后逐渐扩展围绕嫩茎使病斑变黑褐色并缢缩，病苗很快萎蔫倒伏而枯死，造成烂根和茎基腐（图 12-8）。子叶被害也会产生不规则形黄褐色病斑，病部干枯脱落后形成穿孔。潮湿时，在病株周围可见蛛丝状菌丝体。

图 12-7　棉苗炭疽病的症状　　　　图 12-8　棉苗立枯病的症状
（引自邱强，2013）　　　　　　（引自邱强，2013）

3. 红腐病　棉苗出土前感染，造成烂籽和烂芽；棉苗出土后感病，一般先侵入根尖，使根尖呈黄褐色腐烂，以后扩展到全根和茎基部，重病苗最后枯死；病斑一般不凹陷，其土面以下受害的嫩茎常略肥肿，后呈黑褐色干腐，俗称"大脚苗"，病部有时也可产生褐色纵向的条纹状病斑。子叶发病后，多在叶缘产生半圆形或不规则形褐斑，病斑常破裂，潮湿时产生粉红色霉状物。

（二）鉴定病原

1. 炭疽病　　有性态为棉小丛壳菌 [*Glomerella gossypii* (Southw.) Edg.]，属子囊菌门小丛壳属。无性态为棉刺盘孢（*Colletotrichum gossypii* Southw），属半知菌类丝核菌属茄丝核菌。分生孢子盘浅盘状，近圆形，四周有褐色刚毛。分生孢子梗无色透明、棒状（图 12-9）。分生孢子单胞，长椭圆形或短棒状。萌发前，分生孢子中部产生 1~2 个隔膜。分生孢子聚积在一起时呈橘红色。有性态很少产生，有时在枯死的组织上可形成其子囊阶段。病菌在 11~37℃下均可生长，较适生长温度为 25~30℃。分生孢子萌发温度为 15~35℃，较适温度为 25~35℃，10℃时孢子就不能发芽。

2. 立枯病　　有性态为瓜亡革菌 [*Thanatephorus cucumeris* (Frank) Donk]，属担子菌门亡革菌属。无性态为立枯丝核菌（*Rhizoctonia solani* Kühn）。

菌丝发达，初期无色、较纤细，近似直角分枝，离分枝点不远处生 1 个隔膜。经染色观察，一般每个细胞内有 3~16 个细胞核，多为 4~5 个。老熟菌丝黄褐色，较粗壮，分枝处也多呈直角分枝（图 12-10）。菌核成熟时棕褐色，形状不规则。自然情况下很少发现其有性态，只在酷暑和高湿的情况下偶尔出现。立枯丝核菌寄主范围极广，可寄生50 科 200 余种植物。

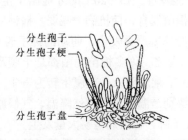

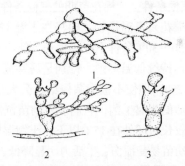

图 12-9　棉花炭疽病菌（引自南京农业大学《农业植物病理学》精品课程网）

图 12-10　棉花立枯丝核病菌（引自南京农业大学《农业植物病理学》精品课程网）
1. 老熟菌丝；2. 初生菌丝；3. 担子和担孢子

3. 红腐病　　由多种镰孢菌（*Fusarium* spp.）侵染所致，它们都属半知菌类镰孢属。我国危害棉苗的镰孢菌主要有 8 种，即串珠镰孢（*F. moniliforme*）、腐皮镰孢（*F. solani*）、半裸镰孢（*F. semitectum*）、木贼镰孢（*F. eguiseti*）、禾谷镰孢（*F. graminearum*）、锐顶镰孢（*F. acuminatum*）、燕麦镰孢（*F. avenaceum*）和三线镰孢（*F. tricinctum*），它们所占比例在不同地区、不同年份有较大差别，总的来看以串珠镰孢为主，其次为腐皮镰孢。镰孢菌可产生大小两种类型的分生孢子，大型分生孢子无色，一般呈镰刀形，具数个隔膜；小型分生孢子量大，卵形或椭圆形，无色，单胞，少数有 1 个隔膜，串生于分生孢子梗上。此菌的寄主范围较广，除棉花外，还危害水稻、麦类、玉米、高粱、甘蔗、甜菜等作物。但对棉苗致病性较丝核菌弱。病菌在 2~40℃均可生长，较适温度为 25~30℃。

二、掌握病害的发生发展规律

（一）病程与侵染循环

根据棉花苗期病害的循环特点，可以大致分为两类，即土壤传播和种子传播类型。立枯病属于土壤传播类型；炭疽病和红腐病属于种子传播类型。

炭疽病菌主要以分生孢子和菌丝体潜伏在种子内外越冬，病铃种子带菌率可达 30%～80%，棉种内部带菌率可达 2.1%，其分生孢子在棉籽上可存活 1～3 年，故种子带菌是主要侵染源，病菌也可在病残体上存活。

立枯病菌是典型的土壤习居菌，病菌主要以菌丝体和菌核在土壤或病残体上越冬，较少以菌丝体潜伏在种子内越冬，能在土壤及其病残体上存活 2～3 年。土壤及其病残体是其主要侵染源。条件适宜时，菌丝体可在土壤中扩展蔓延，反复侵染。

红腐病菌既能在土壤及其病残体上越冬，也可以分生孢子及菌丝体潜伏在种子内外越冬。棉籽上红腐病菌的带菌率可高达 30%，种子内部带菌率可达 1.6%。

另外，立枯病菌和红腐病菌寄主范围较广，田间罹病的植物也可成为初侵染源。次年播种后，带菌种子或土壤中的病菌也随之萌动，进行初侵染。播种带菌的种子，病菌便能侵染幼苗。病斑上可产生大量分生孢子，随风雨及昆虫传播进行再侵染。

（二）影响发病的条件

1. 气候条件　棉花苗期的气候条件是影响棉苗病害发生的主导因素，低温多雨则发病严重。棉花是喜温作物，棉籽在土温 12～13℃时才能发芽，15～20℃时才能出土生长，出土后在 20～30℃条件下旺盛生长，低于 17℃时影响棉苗发育，使抗病力减弱。播种后一个月内若遇持续低温多雨，特别是遇寒流，常诱发棉苗病害严重发生。萌动的种子遇 0℃低温持续 20h，即使不被病菌侵染也会大量烂籽烂芽。总之，许多棉苗病菌都是土壤及病残体上生活的半腐生菌，它们多在幼苗抗性降低的情况下乘虚而入，由腐生转为寄生。若土壤温度较长时间处在 15℃以下，土壤湿度又较高，特别是温度先高骤然降温、气候剧烈变化时，幼苗易受损伤、生活力明显降低、抗病性明显下降，棉苗病害易大量发生。

2. 种子质量　种子质量差，特别是具有较多秕籽、破籽的种子，播后很易被病菌侵染，并向周围扩散，形成发病中心，从而造成缺苗断垄，甚至出现随补随烂，多次重播的现象。

3. 播种和栽培管理　播种过早或过深，使出苗延迟，棉苗弱小，抵抗力差，容易感病。土壤质地与发病的关系十分密切，土壤黏重或板结、耕地品质粗放等有利于引发棉苗病害。多年连作会加重病害的发生。地势低洼排水不良，地下水位较高，土壤水分过多，通气性差，棉苗出土时间延长，长势弱，发病较重。

三、管理病害

（一）制订病害管理策略

棉苗病害的防治应采取以精选种子和棉种消毒处理为重点，加强栽培管理，及时药剂保护为辅助的综合治理策略。

（二）病害管理措施

1. 精选无病种子　棉种要求籽粒饱满，生活力强。

一定要选种子饱满、纯度高、成熟度好、发芽率高和发芽势强的良种，汰除瘪籽、病籽和虫蛀籽，并抢晴晒种 1～2 次，以提高种子的发芽势和发芽率。生活力强的种子会明显降低棉苗病害的发生。

2. 种子处理　由于引起棉苗病害的病原种类比较复杂，且不同地区病原种类有所不同，各地可根据本地情况选用种子量 0.5% 的 70% 五氯硝基苯、50% 多菌灵、0.3% 的甲基立枯磷、0.8%～1% 的苗病净、0.3% 的 30% 敌唑酮、0.5% 的 20% 敌菌酮、0.3% 的拌种灵等拌种。还可采用药剂浸种、种衣剂包衣或温汤浸种等措施。

3. 加强栽培管理　秋季应进行秋耕冬灌，并尽量深翻 25～30cm，将表层病菌和病残体翻入土壤深层，使其腐烂分解，减少表层病原，利于出苗。要适期播种。过早播种容易引起烂种死苗，早而不全；过晚播种又全而不早，不能发挥应有的增产作用，所以掌握适期早播非常重要。要加强田间管理，出苗后应早中耕、深中耕、勤中耕，以提高地温，减轻发病。低洼棉田应注意开沟排水，重病田应进行水旱轮作，或与禾本科作物轮作等，都可减轻病害发生。

4. 药剂防治　苗期遇寒流或阴雨天，可喷施杀菌剂。如用 50% 福美双、20% 稻脚青、50% 多菌灵、70% 代森锰锌和 70% 甲基硫菌灵喷雾，可以控制病害扩展和蔓延。

第五节　棉花其他病害

一、棉铃病害

危害棉铃的病菌有 40 余种，常见的有 10 余种。由于我国幅员辽阔，各棉区自然条件不同，所以铃病发生的种类和危害情况也不相同。黄河流域棉区以棉铃疫病、红腐病、炭疽病为主，长江流域棉区以棉铃疫病为主，炭疽病、角斑病、红腐病危害也比较严重。

（一）诊断病害

1. 识别症状

1）棉铃疫病：病斑初呈暗红色或褐色小点，后逐渐变为青褐色或黑褐色。一般不发生软腐。潮湿时，棉铃表面产生白色至黄白色的霉层（孢子囊和孢囊梗）（图 12-11）。

2）炭疽病：初为暗红色小点，后变为边缘暗红色的黑褐色斑。潮湿时，产生橘红色或红褐色黏质物（分生孢子盘）。

3）红腐病：病斑初为墨绿色、水渍状，逐渐扩展至全铃而使之呈黑褐色腐烂。湿度大时，产生白色至粉红色的霉层（分生孢子）。

4）红粉病：初为深绿色病斑，后期棉铃铃面局部或全部布满粉红色霉层（图 12-12）。

图 12-11　棉铃疫病的症状
（引自邱强，2013）

图 12-12　棉花红粉病的症状
（引自邱强，2013）

5）黑果病：初为黑色小点，后期铃面布满煤粉状物及少量白色粉状物。

2. 鉴定病原

1）棉铃疫病：病原为苎麻疫霉（*Phytophthora boehmeriae* Saw.），属卵菌门疫霉属。菌丝白色絮状，无隔。孢囊梗无色，单生或呈假轴状分枝（图 12-13）。

2）炭疽病：见棉苗炭疽病菌。

3）红腐病：见棉苗红腐病菌。

4）红粉病：病原为粉红复端孢（*Cephalothecium roseum* Corda），属半知菌类复端孢属。分生孢子梗，直立，细长，不分枝。分生孢子无色至淡粉色，梨形或卵形（图 12-14）。

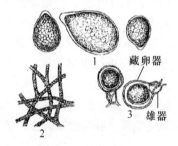

图 12-13　棉铃疫病菌
（引自徐秉良等，2011）
1. 孢子囊；2. 菌丝体；
3. 雄器、藏卵器

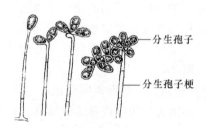

图 12-14　棉红粉病菌（引自
徐秉良等，2011）

5）黑果病：病原为棉壳色单隔孢（*Diplodia gossypina* Cooke），属半知菌类壳色单隔孢属。分生孢子器，黑褐色，球形或近球形。分生孢子梗细，不分枝。

（二）掌握病害的发生发展规律

1. 病程与侵染循环　炭疽病菌、红腐病菌可在种子上越冬，所以种子为主要初侵染源。其他棉铃病害病菌多在土壤、病残体上越冬，并成为翌年的主要初侵染源。棉铃疫菌、炭疽病菌和红腐病菌都可在苗期感染幼苗，前期感染也可为中期、后期的铃病发生提供菌源。寄生性强的，如炭疽病菌、棉铃疫菌等，除伤口侵入外，还可直接侵入，其他病菌多由伤口或棉铃裂缝等处侵入。发病后，借风、雨和昆虫传播，进行再侵染。

2. 影响发病的条件　影响铃病发生的因素很多，通风透光不良、湿度大是发病的最主要原因。8～9 月，若温度偏低，日照少，雨量大、雨日多，则有利于棉铃病害发生。开花较早的棉田，棉铃病害一般比较重。早熟品种比晚熟品种，棉铃病害重。棉铃虫、红铃虫等钻蛀性害虫危害造成的伤口，也利于棉铃病害的发生。不同品种对铃病的抗性存在显著差异。

（三）管理病害

1. 制订病害管理策略　根据当地的棉铃病害发生情况，防治棉铃病害应采取以选用抗病品种为主，加强农业防治，必要时药剂防治的综合防治策略。

2. 病害管理措施

（1）选用抗病品种　　据报道，'鲁棉研21'、'鲁棉研28'和'中棉所12'抗病性较好，而'中棉所24'、'中棉所45'和'中棉所50'较易感病。

（2）农业防治　　施足基肥，早施、轻施苗肥，重施花肥、铃肥。浅水沟灌，切忌大水漫灌，防止湿度过大。合理密植，及时整枝，使棉田通风透光。及时采摘烂铃。

（3）药剂防治　　药剂防治应以保护基部的青铃为主，时间应集中在病害流行初期的1个月内（多在8月），一般可喷药2～3次。常用药剂有1∶2∶200的波尔多液，0.2%的铜皂液（硫酸铜100g、肥皂粉50g、清水50kg），40%乙膦铝可湿性粉剂等。

二、棉花褐斑病

棉花褐斑病在我国各棉区均有发生，黄河流域和长江流域棉区发生较普遍。

（一）诊断病害

1. 识别症状　　危害叶片。病斑灰褐色，边缘紫红色，略隆起，中央散生黑色小点。病斑中心易破碎脱落穿孔，严重的叶片脱落（图12-15）。

病斑中心穿孔　　　　　　　　　　病斑中心破碎

图12-15　棉花褐斑病的危害症状（引自邱强，2013）

2. 鉴定病原　　病原为棉小叶点霉（*Phyllosticta gossypina* Ell. et Mart）和马尔科夫叶点霉（*P. malkoffii* Bubak.）。两菌的分生孢子器均埋生在叶片组织内。棉小叶点霉分生孢子器球形、黄褐色，分生孢子卵圆形至椭圆形。马尔科夫叶点霉分生孢子椭圆形至短圆柱形。

（二）掌握病害的发生发展规律

1. 病程与侵染循环　　以菌丝体和分生孢子器在病残体上越冬。翌年春季，从分生孢子器中释放出大量分生孢子，借风雨传播。

2. 影响发病的环境条件　　低温、高湿，病害发生重。所以，当棉花第一真叶刚长出时，遇低温降雨，幼苗生长弱，易发病。

（三）管理病害

1. 制订病害管理策略　　根据当地的褐斑病发生情况，防治褐斑病应采取以加强农业防治为主，必要时辅以药剂防治的综合防治策略。

2. 病害管理措施

（1）农业措施　　采用地膜覆盖，可提高苗期地温减少发病。精细整地，勤中耕，及时整枝摘叶，雨后及时排水，防止湿度过大，可减少发病。

（2）药剂防治　　发病初期，及时喷洒 70% 代森锰锌可湿性粉剂 500 倍液或 75% 百菌清悬浮剂 500 倍液、50% 石硫合剂 400 倍液。

第六节　棉花病害综合管理

棉花从播种到采收，可受到多种病害的危害。不同病害受到气候及栽培管理等多方面的影响。因此，防治棉花病害必须因时因地制宜地采取各种有效措施进行综合治理。

一、棉花苗期病害

几种主要的棉花苗期病害主要由土壤和种子传播的病原真菌引起。多发生在播种后一个半月以内的幼苗期。病害的发病程度受气候和环境条件的影响大。低温多雨天气有利于棉苗病害的发生。在防治上应立足于农业防治和种子处理相结合，重在预防。

（一）农业防治

通过农业防治措施创造不利于棉苗病害发生的环境条件，促进壮苗。适时播种非常重要，过早播种容易引起烂种死苗，早而不全；过晚播种又全而不早，不能发挥应有的增产作用。要加强田间管理，出苗后应早中耕、深中耕、勤中耕，以提高地温，减轻发病。低洼棉田应注意开沟排水。棉花收获后，及时清理田间枯枝、烂叶和烂铃，集中销毁，并实施秋耕冬灌，减少来年的初侵染源。

（二）种子处理

一定要选饱满、发芽率高和发芽势强的良种，汰除瘪籽、病籽和虫蛀籽，并进行充分暴晒，以提高种子的发芽势和发芽率。生活力强的种子会明显降低棉苗病害的发生。通过硫酸脱绒、温汤浸种或药剂处理种子，有效地杀灭种子本身携带的病原菌，减轻棉苗病害的发生。

（三）药剂防治

采用营养钵育苗时，先对苗床进行土壤消毒。棉花齐苗后，一些苗期叶病可能暴发，要及时喷药进行预防。药剂种类有波尔多液（1∶1∶200）、50% 福美双、20% 稻脚青、50% 多菌灵、70% 代森锰锌和 70% 甲基硫菌灵喷雾，每隔 10～15d 喷 1 次，共 2～3 次，可以控制棉苗病害扩展和蔓延。

二、棉花成株期病害

棉花成株期病害种类很多，除危害最严重的枯萎病和黄萎病外，其他成株期病害也造成不同程度的危害。在加强对棉花枯萎病、黄萎病的防治同时，重视局部病害的防治，做到全面考虑、统筹兼顾。应采取以种植抗病品种为主，合理轮作，改善棉田生态条件、加强栽培管理、辅以药剂的综合防治策略。

（一）种植抗病品种

在防治枯萎病、黄萎病的措施中，选用抗病或耐病品种是经济有效的。我国已育成许多抗枯萎病、黄萎病的棉花品种，应结合当地实际，选用抗病良种。

（二）轮作倒茬、加强栽培管理

根据当地的实际情况，与禾本科作物的轮换倒茬。清除病株残体，减少土壤菌源，及时清沟排水，降低棉田湿度，使其不利于病菌滋生和侵染。科学施肥，氮肥、磷肥、钾肥合理配比，对控制病害，增加产量是有效的。在农事操作时，摘除病枝、病叶，并集中烧毁，以减少菌源。

（三）药剂防治

药剂防治是一种辅助措施，主要针对某些局部性叶部病害和生理性病害。不同地区应根据本地具体情况、采用适当药剂，控制侵染性病害和生理性病害，确保棉花稳健生长。

三、棉花铃期病害

棉花铃病发生期较长，常常是数种病害复合侵染，各种铃病的发生规律十分相似，与气候因子和田间小气候有紧密的关系。因此，要结合田间栽培管理，辅以药剂进行防治棉花铃期病害。

（一）加强田间管理，降低田间湿度

降低田间湿度是控制铃病的重要技术环节。整枝打杈、推株并拢，雨后及时排水对减少烂铃有显著的作用。合理密植，以防棉株徒长、棉田荫蔽可诱发棉铃病害的发生。摘除早期病铃，降低再侵染的机会。

（二）科学施肥

一般来说，氮肥过多，容易造成棉株徒长，诱发铃病。磷肥、钾肥有利于提高棉株的抗病能力，防止蕾铃脱落。

（三）药剂防治

铃病受田间气候影响大，发生期长，病害种类多，并且植株茂密，所以药剂防治难度大。在生产中，根据具体情况，在铃病初见时用药，适当使用杀菌剂进行铃期病害防治。同时，采用药剂杀灭红铃虫、玉米螟、棉铃虫等中后期钻蛀性棉花害虫，从而减少棉铃伤口，也可减轻铃病的发生。

▌技能操作

棉花病害的识别与诊断

一、目的

通过本实验，认识棉花苗期、成株期及铃期主要病害的症状特点及病原形态特征，明确棉花苗病和铃病之间的关系，从而为病害诊断、田间调查和防治提供科学依据。

二、准备材料与用具

（一）材料

棉花枯萎病、黄萎病、立枯病、炭疽病、细菌性角斑病、红腐病和棉铃疫病等病害盒装症状标本及浸渍标本、病原切片标本、病原培养物或保湿病原物。

（二）用具

显微镜、放大镜、载玻片、盖玻片、解剖针、解剖刀、镊子、滴瓶、吸管、记载用具等。

三、识别与诊断棉花病害

（一）观察症状

用放大镜或直接观察棉花主要病害盒装症状标本及浸渍标本的病状及病征特点，并记录。

观察棉花枯萎病病害标本或取新鲜棉花枯萎病株，观察病株病害属于哪种类型。剖开茎秆，观察其导管颜色，是否变为黑褐色。

观察棉花黄萎病病害标本，注意病叶上病斑颜色、形状，维管束颜色等，注意观察病害特征与枯萎病异同之处。

观察棉花立枯病病害标本，注意观察病斑发生部位、色泽、形状特点，病斑是否环绕幼茎基部，病苗呈何状态。

观察棉花炭疽病病害标本，注意比较幼茎基部与立枯病有何区别；观察铃部病斑的形状、色泽等特点，有无病征、是否凹陷。

观察棉花细菌性角斑病病害标本，注意病斑的形状，有无溢脓存在；真叶上病斑的形状、色泽等特征；危害棉铃时其病斑与炭疽病有何区别。

观察棉铃红腐病病害标本，比较红腐病、立枯病、炭疽病在棉苗上的发生部位、病斑形状及色泽、病征特点等方面的区别；观察烂铃，注意表面霉层的特点。

观察棉铃疫病病害标本，注意病斑的颜色、形态，整个锦铃的色泽，病铃表面有无一层白色棉絮状霉层。

（二）鉴定病原

显微镜下观察病原切片标本、病原培养物或保湿病原物，记录比较不同病原物的形态特征。

镜检棉花枯萎病病原玻片标本，也可挑取保湿病原物或培养物制片观察，观察病菌大型、小型分生孢子和厚垣孢子的形态、颜色及着生方式。

镜检棉花黄萎病病原玻片标本，也可取感病组织保湿或是分离培养，挑取病原物制片观察，注意黄萎病分生孢子梗及分生孢子形态（图 12-16）。

镜检棉花立枯病病原玻片标本或用挑针从有病材料上挑取少量蛛丝状物，制片镜检，注意菌丝的形态、色泽、分枝、分隔有何特点（图 12-17）。

镜检棉花炭疽病病原玻片标本，也可取病部粉红色分生孢子团和病部小片病组织制

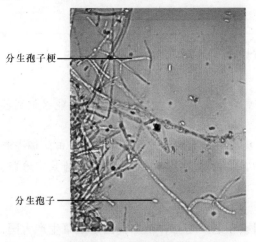

分生孢子梗

分生孢子

图 12-16 棉花黄萎病菌

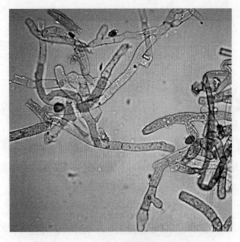

图 12-17 棉花立枯病菌（菌丝体）
（引自侯明生，2014）

片镜检，观察分生孢子盘及分生孢子形状、颜色等特征；分生孢子盘四周是否有多根直或弯曲的褐色刚毛，刚毛有无隔膜。

镜检棉花细菌性角斑病病原玻片，注意病原形态特征，或切取病叶病健交界处一小块组织制片镜检，注意有无细菌溢出。

镜检棉铃红腐病病原玻片标本，或挑取棉铃上粉红色霉状物制片镜检，观察大型、小型分生孢子形状、颜色、有无隔膜。

镜检棉铃疫病病原标本，也可从保湿培养的病苗或病铃上挑取少量霉层制片镜检，注意菌丝的颜色、形状、分枝及分隔情况；孢囊梗的颜色、分枝特点；孢子囊形状、颜色等特征，孢子囊顶端是否有乳头状突起。

四、记录观察结果

1）绘制棉花主要病害病原菌形态图。
2）描述棉花主要病害症状特点。

课后思考题

1. 比较棉花黄萎病和枯萎病，其症状主要有哪些区别？
2. 影响棉花黄萎病发生的主要因素是什么？在实践中应采取哪些防治措施？
3. 棉花苗期病害有哪些主要类型？不同病害症状和病原鉴定的依据是什么？在实践中应采取哪些防治措施？
4. 棉花角斑病的初侵染源以什么为主？如何防治？
5. 影响铃病发生的主要因素是什么？简述在实践中铃病的综合防治措施。

第十三章 烟草和甜菜病害与管理

【教学目标】 掌握烟草和甜菜常见病害的主要症状及病害的发生发展规律，能够识别各种常见病害并进行病害管理。

【技能目标】 正确识别烟草病害的症状特点及病原形态特征，为病害诊断、田间调查和防治工作提供科学依据；认识甜菜的主要病害症状特点及病原形态特征，为病害诊断、田间调查和防治提供科学依据。

烟草是重要的经济作物，世界上许多国家和地区均有种植。我国是烟草生产大国，烟草产量居世界首位。全国有 26 个省（自治区、直辖市）种植烟草，其中云南、贵州、河南、山东、安徽、湖南和湖北等的栽培面积较大，长江中下游各省（自治区、直辖市）均有一定种植面积。

从种子、幼苗到成株生长及烟叶调制、烟叶及烟制品贮存过程中，烟草都可能受到各种微生物不同程度的侵染与侵扰，严重影响烟草的产量与品质，造成巨大经济损失。国外报道的烟草病害有 116 种，其中生长期间的侵染性病害有 67 种，非侵染性病害 37 种，收获后病害 12 种。我国记载的烟草病害有近 40 种。据估计，烟草病害常年造成的产量损失达 8%～12%。

糖料作物是重要的制糖工业原料，主要包括甜菜和甘蔗。糖用甜菜主要分布于华北、东北、西北等地。据报道，甜菜病害有 110 多种。中国已发现 30 多种，其中发生比较普遍或危害较大的有根腐病、褐斑病和立枯病等。

第一节 烟草黑胫病

烟草黑胫病于 1896 年首次发现于印尼的爪哇，现已是世界性烟草的重要病害之一。

该病在我国于 1950 年发现于黄淮烟草种植区。目前烟草黑胫病是我国烟草上的重要病害之一。全国大部分烟草种植区均有此病发生，其中安徽、山东、河南、云南、贵州和福建等省发生较为普遍，危害较重。一般发病率为 10%～15%，重者达 30% 以上。在重病区或重病田块，尤其是多雨年份，一旦发病后，病情扩展蔓延速度很快，往往在 1～2 周内可导致植株死亡，甚至整田毁灭，造成绝收。

此外，在部分烟区，黑胫病常与青枯病和根结线虫病等混合发生，造成的损失更大。

一、诊断病害

（一）识别病害的症状

苗床及大田成株期均可发生。以成株期的茎基部和根系发病危害最重。

1. 苗期 首先在受害茎基部产生黑斑，茎基部萎缩，易引起猝倒。在潮湿条件下，病斑扩展较快，全株腐烂，部分或全部根系变黑坏死。病部表面布满白色霉层（孢囊梗和孢子囊），并迅速扩展蔓延至附近烟苗，造成幼苗成片死亡。气候干燥时，症状扩展较慢，病株或病部呈黑褐色干缩而枯死。在苗床后期感病，茎基部和根系出现黑色坏死，地上部有时中午出现凋萎，午后或夜间可逐渐恢复。

2. 成株期　烟草黑胫病主要危害移栽后的大田烟株，发病部位包括茎基部、根部和叶片。通常先在茎基部或根部出现水渍状黑斑，并迅速上下和环茎扩展，从而影响全株。病菌侵染烟株次生根或茎基部后，在由髓部向上扩展过程中，分泌一些酶和毒素，破坏髓部及维管束系统的细胞和组织，影响水分输送，导致初始病株叶片出现白天萎蔫、夜间恢复的现象，并自下而上依次变黄、变褐，最后垂死于病株上。在高温季节，大雨后发病急速，叶片会突然发生不可逆萎蔫，俗称"穿大褂"。

受害根部出现黑色坏死，茎基部出现黑褐色坏死斑，坏死斑横向扩展可环绕整个茎围，纵向扩展可破坏根系。病茎髓部边缘有长条形黑褐色干枯部分，不久就会造成地上部分黄萎、枯死，俗称"黑根"和"黑秆"（图 13-1，图 13-2）。

图 13-1　烟草黑胫病茎基部症状　　　　图 13-2　烟草黑胫病病茎纵剖面
（引自云南烟叶信息网）　　　　　　　（引自周志成等，2009）

在多雨潮湿季节，游动孢子可以直接侵染烟叶。初始症状为水渍状暗绿色小斑，扩大后直径可达 4～5cm（最大达 8cm），病斑暗褐色，边缘不清晰，有黄色晕团和隐约轮纹，中央褐色，形如"膏药"。

病菌侵染茎秆，造成茎中部出现黑褐色坏死，呈"腰漏"或"腰烂"症状。

病茎髓部因病菌产生毒素作用而变黑、变褐、干缩，分离成"碟片"状，犹如笋节，片层生有白色疏松絮状物（菌丝、孢囊梗和孢子囊），潮湿时，病茎外表可见白色絮状物。片层状髓是黑胫病的特殊症状。

不论什么时期发病，烟株叶片均自下而上逐渐发黄萎蔫，直至枯死。病株易拔起，茎的表面和髓部呈黑褐色，潮湿条件下，病部长出稀疏的白色霉层。

（二）观察病害的病原

病原菌为 [*Phytophthora parasitica* var. *nicotianae*（Breda de Heam）Tucker]，属于卵菌门疫霉属寄生疫霉烟草所致变种。

菌丝无色透明，无隔膜，有分枝。孢囊梗分化不明显，菌丝状，常从气孔伸出。子囊顶生或侧生，梨形或椭圆形，顶部具乳头状突起，适宜条件下产生游动孢子（图 13-3）。游动孢子圆形或肾形，侧生两根不等长的鞭毛。菌丝体可形成不规则形褐色厚垣孢子，在我国自然条件下未发现卵孢子。病菌菌丝体生长较适温度为 28～32℃，其孢子囊产生的

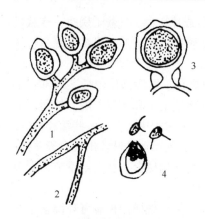

图 13-3　烟草黑胫病菌（引自吕佩
珂等，1999）

1. 孢子囊梗和孢子囊；2. 菌丝；
3. 卵孢子；4. 释放游动孢子

适宜温度为 20～28℃，游动孢子萌发适温为 20℃。病菌生长的较适 pH 为 5.7～7.0。

黑胫病菌存在生理分化现象，国外共报道有 4 个生理小种，分别是 0 号、1 号、2 号、3 号。研究表明，中国烟草黑胫病菌至少有 0 号和 1 号两个小种。不同菌系在菌落形状、颜色、生长速度、生长适温及孢子囊形成数量等性状上有差异。

在高温等不适条件下，孢子囊能直接萌发产生芽管、侵入寄主。病菌在病组织中可产生圆形或卵形厚垣孢子以度过不良环境。

二、掌握病害的发生发展规律

（一）病程与侵染循环

病菌主要以菌丝体和厚垣孢子随病残体遗落在土壤或混杂在堆肥中越冬，病土和带菌肥料被带入田间后成为翌年的初侵染源。病菌主要通过灌溉水或地面流水传播，也可借助人、畜传带的土壤和施用的带菌肥料等传播。苗床发病主要由土壤和肥料带菌引起；大田发病，除大田土壤和肥料带菌外，还可能由移栽时病菌及附在苗上的病土带到大田中所致。

病菌主要存在于 5cm 的表土层中，15cm 以下的土层中含菌量很少。病菌在土壤中能营死体营养生活，特别是有寄主残余组织存在时，存活时间更长，可存活两年以上。厚垣孢子的抗逆性很强，不论在土壤或堆肥中，一般可存活 3 年左右。

厚垣孢子接触寄主后，在适宜条件下萌发，从寄主伤口或表皮侵入。病菌在寄主组织内生长、繁殖和蔓延，引起内部组织病变。当病菌发育到一定阶段后，病部产生大量孢子囊。当温度、湿度适宜时，成熟的孢子囊即可萌发产生游动孢子，在高温等不适宜条件下，孢子囊则直接萌发产生芽管侵入寄主。风雨及农事操作可使病菌在烟田反复进行再侵染，导致病害不断蔓延，病情加重。

（二）影响发病的条件

烟草黑胫病的发生及危害与气候因素、品种抗性、栽培管理和土壤因素等关系密切。

1. 气候因素　烟草黑胫病为高温高湿型病害。温度影响发病早晚，病菌侵染适温为 24～32℃，发病适温为 30～35℃，平均气温低于 20℃时，病害发展很慢或很少发病。在烟草幼苗期，温度在 16℃以下时不利于发病，28～32℃时最适合病害的发生与发展。湿度和降雨量影响病情严重程度，在适宜温度范围内，空气相对湿度高，病情重，尤其是雨天、雨量多时，往往造成病害的流行。7 月干旱或降雨量少，病害发生轻，或发病时间推迟；如果 8 月仍无大量降雨，则当年病害一般不会再流行。下列气候条件对病害发生与流行十分有利：7～8 月旬平均气温为 25～28℃，旬阵雨量超过 100mm，相对湿度在 90% 以上。在这种气候条件下，往年重病区或重病田块，病害常造成毁灭性损失。

2. 品种抗性　烟草不同品种对黑胫病的抗性差异显著，烟株不同生育阶段抗病力也有明显差异。苗期至现蕾期为易感病阶段，现蕾以后烟草茎基部已木质化，病菌难以侵入，抗病性明显增强。

3. 栽培管理　连作时间长或不合理轮作，导致田间菌量不断积累，初侵染源较多，有利于病害的发生。苗床中播种过密、浇水过多，烟田管理不当、烟田连作、用病残体作肥料、排水不良等都容易诱发病害的发生。由于烟草移栽后至现蕾前易感病，因此，移栽时如果适逢多雨，则有利于发病。另外，地膜覆盖栽培的烟田，地膜的增温保湿作用也有利于病害的发生和发展。偏施氮肥的烟田，发病也重。耕作制度对病害有较大影响，多年连作可使抗病品种严重感病，不合理茬口间作、套作、轮作均有利于发病。高垄栽培的烟草比低垄栽培的烟草发病轻。

此外，烟田土壤条件对病害的发生也有一定影响。一般地势低洼、黏性较重的土壤有利于发病。砂性土壤通透性较好，不易积水，发病往往较轻。土壤偏碱，通常会加重病情。

三、管理病害

（一）制订病害管理策略

坚持采取以选种抗病品种为基础，加强栽培管理为中心，辅之以药剂防治的综合防治策略。

（二）采用病害管理措施

1. 选种抗病品种　抗病较强的烟草品种包括'Coker371-Gold'（美国烤烟）。目前国内培育和引进推广的品种中，比较抗病的有'中烟90'、'云烟85'、'NC82'、'K326'、'NC89'、'G28'、'G80'等，可因地制宜地选用。

2. 加强栽培管理　在河南推广的4年两头栽烟制（即间隔2年不栽烟）、福建、江西、广西等南方烟区采取烟稻轮作的栽培方式均有较好的防病效果。一般以禾本科作物或甘薯等2～3年轮作较好。并及时清除病株残体，减少侵染源。提倡超高垄栽培，使地面流水不与茎基部接触，减少病菌侵染机会。适时早育苗、早移栽，可使感病期避开雨季，减轻危害。

3. 药剂防治　25%甲霜灵 $1g/m^2$ 苗床，拌适量细干土于播种时撒施；移栽前兑水喷施，做到带药移栽。移栽时，用药 $750g/hm^2$ 与干细土拌匀穴施或兑水浇灌。也可用敌克松在移栽时穴施。敌克松见光易失效，施药后应立即覆土。烟株培土后，发病前或发病初期于茎基部喷淋或浇灌防治。常用药剂有杀毒矾、雷多米尔-锰锌等。

4. 生物防治　充分利用各种生防菌控制病害的发生也是防治烟草黑胫病的有效途径。用于烟草黑胫病防治的生防菌包括假单胞杆菌、枯草芽孢杆菌、短小芽孢杆菌、木霉菌和非致病双核丝核菌等。

第二节　烟草赤星病

烟草赤星病是烟草上发生的一种叶斑病，俗称"红斑"、"褐斑"。20世纪60年代初在河南、山东曾一度大流行，尤其1967年曾使山东烤烟均价下降约一个等级。80年代以来，赤星病在我国各主要产烟区危害日趋严重，烟叶的产量和质量都受到很大影响。是我国烟草上生长中后期发生范围最广、危害最重的一种叶部病害，常导致烟叶产量减少、品质下降或失去烘烤价值。

一、诊断病害

（一）识别病害症状

赤星病是烟叶成熟期发生的病害，烟株打顶后开始发病。

主要危害烟草叶片。叶片发病时，下部叶片先出现圆形黄褐色小斑点，在亮而薄的叶片上斑点颜色较淡。病斑最初仅 0.1cm，随后扩大成 0.6～0.7cm 的病斑，最后逐渐扩

图 13-4　烟草赤星病病叶症状
（引自中国农业信息网）

展成 1.0～2.5cm、褐色圆形或近圆形病斑，并有赤褐色同心轮纹，易破碎，在病斑边缘有黄色晕圈。条件适宜时，大病斑可相互愈合，使全叶成为碎片（图 13-4）。烟草赤星病菌也可侵染烟草茎、叶柄、花梗和蒴果。叶柄、花梗与蒴果等染病时产生大量长椭圆形或者梭形的深褐色或黑色病斑。田间湿度较大时，病斑表面产生深褐色到近黑色的霉状物，即病原菌的分生孢子梗及分生孢子。如果发病环境适宜，病部由植株下部向上蔓延，一旦暴发，即会造成严重损失。

（二）观察病害的病原

烟草赤星病的病原为半知菌类链格孢属链格孢菌［*Alternaria alternate*（Fries）Keissler］。菌丝褐色，有分隔。分生孢子梗暗色，单生或簇生，无分枝，膝状弯曲，具 1～3 个隔膜。分生孢子在分生孢子梗上单生或链状串生。接近孢子梗的分生孢子较大，倒棍棒形或长圆筒形，褐色，基部大，顶端细，多胞，具 1～3 个纵隔和 3～7 个横隔，有的弯曲，有的具喙。在孢子链末端的分生孢子较小，椭圆形，双细胞。分生孢子的形状和大小因菌龄和产孢时间长短而异。

烟草赤星病菌的适宜生长温度为 25～30℃，低于 5℃或高于 38℃病菌停止生长。赤星病菌在 pH3.0～10.2 时均可生长，在略微偏酸条件下生长较好，最适 pH 为 5.5，黑暗条件有利于产孢，但降低孢子萌发率和抑制菌丝生长。不同烟草赤星病菌菌株的致病力差异明显，致病力较强的菌株产毒素能力强，产孢少，菌落颜色为灰褐色。

二、掌握病害的发生发展规律

（一）病程与侵染循环

烟草赤星病的病原菌以菌丝在病株残体或混有病残体的粪肥中越冬，也可在田间枯死的杂草上越冬。翌年春天环境条件适宜时，病残体和杂草上的菌丝体即产生分生孢子，成为病害的初侵染源。分生孢子在适宜的温度条件下，于烟叶表面的水膜中萌发、产生芽管侵染烟草的下部叶片，导致发病。病斑上产生的分生孢子借助风、雨传播，进行再侵染。烟草赤星病在田间的水平扩散以病株为中心，随风雨向四周扩散，在烟株上的垂

直扩散是自下而上蔓延的。

（二）影响发病的条件

1. 品种的抗性　大量种植感病品种是赤星病流行的主要原因，不同的烟草品种对赤星病具有抗性差异。高抗赤星病的烟草品种'净叶黄'，在接种赤星病菌后的0～12h内，其几丁质酶和β-1, 3-葡聚糖酶的活性迅速上升，且反应时间和上升幅度均超过了不抗病品种'长脖黄'和'豫烟4号'。同一品种在不同的生育期对赤星病的抗性差异也很明显，幼苗期抗病性最强，成熟期最易感病。

2. 栽培管理措施　氮素水平和营养成分影响烟草赤星病发生的严重程度。氮素过多会导致植株营养失衡，烟株晚发迟熟；氮肥、磷肥、钾肥配比失调或土壤中磷、钾缺乏常会导致烟株抗病性降低，较易感病。因此，氮肥偏施过多或缺磷、钾的烟株，赤星病发生也较重。烟株种植密度大，植株郁闭，通风透光性较差的地块发病重。

3. 气候因素　在烟草植株生长的中前期，温度稳定、湿度适宜有利于根系固定和生长，植株抗病性较强；如在生长期中遭遇阴雨天气或冷空气，导致根系不发达，植株生长衰弱，晚发迟熟，烟株抗病性较弱。高湿度和经常降雨有利于发病。烟株在感病阶段时，雨量是决定烟草赤星病流行的主要因素，雨量大，雨天多，田间湿度大，病害扩展迅速，常常导致病害的大流行。若这一阶段气候干燥、阳光普照，发病则较轻。

三、病害管理

（一）制订病害管理策略

烟草赤星病的防治应采用综合防治措施，以种植抗病品种、优化农业栽培管理措施为主，药剂防治为辅。

（二）采用病害管理措施

1. 选用抗病性品种　'净叶黄'和美国的'Beinhart 10001'高抗赤星病，而'CV87'、'CV85'、'NC95'、'SpeightG28'和'Coker319'等品种中抗赤星病。

2. 栽培管理措施　改进栽培措施，春烟适期早栽，地膜覆盖，及时采收和烘烤，使烟草感病阶段避开雨季。适当加大行距，改善通风透光条件，降低田间湿度，可减少发病。合理施肥，氮素水平和营养成分影响烟草赤星病发生的严重程度。氮素过多会导致植株营养失衡，烟株晚发迟熟；氮肥、磷肥、钾肥配比失调或土壤中磷、钾缺乏常会导致烟株抗病性降低，较易感病。适当提高钾肥用量，于团棵期、旺长期、平顶期叶面喷施磷酸氢二钾，可增强烟草的抗病性，使病害明显减轻。科学打顶、适量留叶、及时清除底脚老叶，可防止病害发生蔓延。

3. 药剂防治　烟草赤星病发病田使用多抗霉素、异菌脲、代森锰锌等化学药剂防治，一般隔7～10d喷药1次，共2～3次。用药宜早，提早预防，及时使用表面保护剂进行防治。

第三节　烟草病毒病

烟草病毒病也称为烟草花叶病，是目前世界各烟草产区分布最广、发生最为普遍的一大类病害，发生普遍且严重。烟草病毒病最早于 1857 年由 Swieten 以烟草反常现象为特征所记载，1886 年 Mayer 首次将烟草发生的这种反常现象命名为烟草花叶病（Mosaic）。

国外报道已从烟草上分离到的病毒有 27 种左右，国内已发现 16 种，其中发生普遍的有烟草花叶病毒（TMV）、黄瓜花叶病毒 CMV）、马铃薯 Y 病毒（PVY）和烟草蚀纹病毒（tobacco etch virus，TEV）等。各种病毒在不同的地区间分布略有差异，TMV 主要分布在东北、云南、贵州、广东、四川等烟区，CMV 主要发生在黄淮、西南、西北、福建等烟区，在很多地区还存在 TMV 和 CMV 的复合侵染。20 世纪 90 年代以前马铃薯 Y 病毒在大多数烟区发生较轻，90 年代中后期在某些烟区如山东、安徽、云南及东北等地危害加重，1996 年皖北烟区马铃薯 Y 病毒的暴发流行，曾给烟叶生产造成巨大损失，山东的 PVY 与 CMV 复合侵染也是生产上亟待解决的问题。

一、诊断病害

（一）识别病害症状

1. TMV 引起的烟草花叶病　　苗期至大田期均可发生，烟株感病后一般 5～7d 表现症状。发病初期，新叶叶脉颜色变浅，表现明脉，随后叶脉两侧叶肉组织褪绿，形成黄绿相间的斑驳或花叶。田间症状因气候条件、病毒株系不同而异，大致可分为两种类型：一是轻型花叶，仅表现为叶片褪绿，形成黄绿相间的花叶或驳斑，植株高度及叶片形状、大小均无明显变化。一般成株期感病，易表现此类症状。另一种为重型花叶，叶片上部分叶肉组织增大或增多，叶片厚薄不匀，形成很多泡状突起，叶片皱缩，扭曲畸形叶尖细长有时叶缘背卷。若苗期感病，则发病更重，整个植株节间缩短，严重矮化，生长缓慢，几乎无经济价值。后期不能正常开花结实，或结出的茄果小而皱缩，种子量少，多数不能发芽。

2. CMV 引起的烟草花叶病　　与 TMV 在田间症状相似，有时不容易区别。发病初也表现明脉，然后形成花叶，重病叶也会表现扭曲，形成泡状突起等症状。但随病毒株系、品种不同而症状有较大变化。除表现花叶外，有时伴有叶片狭窄，叶基呈拉紧状，叶片上茸毛稀少，叶色发暗，无光泽。病叶有时粗糙，发脆呈革质，叶基部伸长。侧翼变窄变薄，叶尖细长。致病力强的株系还会使植株下部叶片形成闪电状坏死斑或褪绿橡叶症、叶脉坏死等症状。CMV 也可造成植株矮缩、发育迟缓等全株症状。

大田期的典型症状：①叶片颜色深浅不均，形成典型的花叶症；②上部叶狭窄，叶柄拉长，叶缘上卷，叶尖细长，呈畸形状；③有时病叶上出现深绿色的泡斑；④中部叶或下部叶可形成闪电状坏死，褐色至深褐色；⑤小叶脉或叶脉形成深褐色或褐色坏死。

CMV 与 TMV 引起的症状区别：TMV 引起的病叶边缘时常向下翻卷，叶基不伸长，叶面绒毛不脱落，泡斑多而明显，有缺刻；CMV 引起的病叶，病斑边缘时常向上翻卷，叶基拉长，两侧叶肉几乎消失，叶尖呈鼠尾状，叶面绒毛脱落，泡斑相对较少，有的病叶粗糙，如革质状。

3. PVY 引起的烟草病毒病　因病毒株系不同而表现不同症状，常见有脉带型和脉斑型。脉带型：病株上部叶片呈黄绿相间花叶斑驳，脉间色浅，叶脉两侧深绿，形成明显的脉带斑。脉斑形：病株下部叶片黄褐，叶脉从叶基开始呈灰黑或红褐色坏死，摘下叶柄可见维管束变褐，同时茎秆上可见红褐色或黑色坏死条纹。除上述症状外，有时在下部叶片产生褐色或白色不规则坏死斑，坏死斑密集时，叶片上形成穿孔或脱落。

4. TEV 引起的烟草病毒病　苗期感病，嫩叶上最初也表现明脉症状，随后形成花叶或斑驳。叶片厚薄不均，皱缩扭曲而畸形，叶缘有时向叶背卷曲。早期发病植株节间缩短、矮化。成株期感病，病株不出现明显矮化，上部新叶出现明脉和浅斑驳症状，而坏死症状多从下二棚叶开始，自下向上蔓延，重病叶多出现于感病植株的第 7 至 10 叶位，表现为叶柄拉长，叶片变窄，叶面出现 1～2mm 的褪绿小黄斑，严重时布满整叶，并沿细脉发展连接成褐色或银白色线状蚀刻症。最后病部连片坏死脱落，叶片破碎。根据烟草类型和品种不同，在叶片还可出现细叶脉、侧脉失绿发白，叶面泛红呈点刻状坏死，同时，叶背侧脉呈明显黑褐色间断坏死。

田间 CMV 常与 TMV 复合侵染，引起严重的矮花叶症状；与 PVY 复合侵染，常形成叶脉坏死，整叶变黄，枯死等症状。

（二）观察病害的病原

TMV 粒体为直杆状，大小为（15～18）nm×（300～320）nm，致死温度为 90～93℃，稀释限点为 10^4～10^7，体外保毒期 2 个月以上。干燥病组织内病毒粒体可存活 50 多年仍具致病力。

TMV 在自然界中有多个株系，我国主要有普通株系（TMC-C）、番茄株系（TMV-Tom）、黄色花叶株系（TMV-YM）和环斑株系（TMV-RS）4 个株系。因株系间致病力差异及与其他病毒复合侵染，造成症状的多样性。TMV 寄主范围非常广泛，除烟草外还可危害茄科的番茄、辣椒、马铃薯等重要蔬菜和杂草，人工接种可侵染十字花科、苋、茄科、菊科、豆科等 36 科 350 多种植物。TMV 主要靠汁液机械摩擦进行传播，但不通过种子、昆虫及其他介体传播。

CMV 粒体为等轴对称的正二十面体，直径为 28～30nm。该病毒致死温度为 67～70℃，稀释限点为 10^3～10^6，体外保毒期较短，为 72～96h。烟草上 CMV 分 5 个株系，即典型症状系（D 系）、轻症系（G 系）、黄斑系（Y1 和 Y2 系）、扭曲系（SD 系）和坏死株系（IN 系），各株系在寄主范围、症状、侵染力等方面均有差异。CMV 寄主范围极其广泛，自然寄主有十字花科、葫芦科、豆科、菊科、茄科等 67 科 470 多种植物。人工接种还可侵染藜科、马齿苋科等 85 科 365 属约 1000 种植物。此外，CMV 还可侵染玉米，是第一个被报道的既能侵染单子叶植物又能侵染双子叶植物的病毒。CMV 在自然界中主要靠蚜虫以非持久性方式传播，传毒蚜虫有 75 种左右。其中以桃蚜和棉蚜为主。

PVY 粒体为弯曲线状，大小为（11～13）nm×（680～900）nm。致死温度为 55～65℃，稀释限点为 10^4～10^6，体外保毒期为 2～4d，但因株系不同而有差异。我国已鉴定出在烟草上发生的 PVY 有 4 个株系，即普通株系（PW-0）、茎坏死株系（PVY-NS）、坏死株系（PVY-N）和褪绿株系（PVY-Chl）。PVY 寄主范围也较为广泛，可侵染马铃薯、番茄、辣椒等 34 属 163 种以上的植物，其中以茄科、藜科和豆科植物受害较重。PVY 自然条件下主要通过蚜虫以非持久性方式传播，汁液摩擦及嫁接也可传毒。传毒蚜虫主要有棉蚜、烟蚜、马铃薯长管蚜等。

TEV 粒体为弯曲线状，大小为（11～13）nm×（680～900）nm。致死温度为 55℃，稀释限点为 10^2～10^4，体外保毒期 5～10d。此病毒主要通过蚜虫传毒，有 10 种蚜虫可以传播此病毒，其中烟蚜传毒力最强，其次是棉蚜和菜缢管蚜。此外汁液传毒也很容易。烟草蚀纹病毒主要危害茄科植物，同时也可侵染其他 19 科的 120 种植物。

二、病害的发生发展规律

（一）病程与侵染循环

TMV 可在土壤中的病株残根、茎上越冬作为翌年的初侵染源。混有病残体的种子、肥料及田间其他带病寄主，甚至烘烤过的烟叶烟末都可成为病害的初侵染源。也可通过汁液摩擦接触进行传播。接触摩擦传毒效率很高，田间病健植株接触，农事操作中手、工具甚至衣物等接触病株再接触健株都可引起发病。因此田间发生多次再侵染，使病害在田间扩展蔓延。CMV 主要在越冬的农作物、蔬菜、多年生树木、杂草等植物上越冬，翌春经有翅蚜带毒迁飞传到烟田。蚜虫获毒和接毒时间很短，均只有 1min，最长保毒时间为 100～120min。CMV 还可通过多种植物种子越冬，但未见有烟草种子传毒的报道。若烟田生有菟丝子，也可进行传毒。PVY 与 CMV 相似，主要在农田杂草、马铃薯种薯、越冬蔬菜等寄主上越冬，春天，通过蚜虫迁飞传向烟田。TEV 主要在茄科蔬菜及野生杂草中越冬。翌春由蚜虫向烟田传播，造成初侵染。

（二）影响发病的条件

烟草病毒病的发生流行与气候条件、栽培管理措施、品种抗性、传毒介体等多种因素有关。气候条件对各种病毒病的影响差异较大。对 TMV 而言，苗床期至现蕾前，温度和光照在很大程度上影响病情的扩展和流行速度。TMV 适宜发生温度为 25～27℃；高于 38℃病毒侵入受到抑制；37℃以上或 10℃以下，或光照不足，则出现隐症或症状不明显。因此，适度的高温和强光照可缩短病害潜育期。而对于 CMV、PVY 和 TEV，主要受蚜虫的群体数量和活动的影响。若冬季多雨雪、气温低，翌年春季气温回升慢，则蚜虫越冬基数低，蚜虫数量少，发病轻。若翌年春季干旱、雨量少，气温回升早，并出现干热风，或在大田生长期持续高温干旱，则可导致 CMV 大流行；阴雨天多，相对湿度大蚜虫量少，则 CMV 和 PVY 发生轻。因此，CMV 和 PVY 的发生与蚜虫活动、群体数量关系密切。一般在蚜虫迁飞高峰过后 10d 左右，田间开始出现发病高峰。而烟蚜发生严重的年份，TEV 引起的危害发病也重。

栽培管理条件是影响病毒病发生流行的另一个重要因素。若前茬为茄科、十字花科的烟田，TMV 发生重。病地重茬，施用未腐熟的带病残体的粪肥，移栽带病毒烟苗均利于 TMV 的发生。凡邻近村庄、蔬菜大棚或温室的烟田，由于毒源充足，蚜虫活动早且频繁，CMV 和 PVY 发生重。土壤瘠薄、板结，田间线虫危害较重，烟田杂草丛生，管理不善及移栽较晚等对烟株生长不利的因素，也会加重病毒病发生。尤其是移栽期对 TEV 引起的病害流行有明显影响。

三、病害管理

（一）制订病害管理策略

应采取以选用抗（耐）病品种为基础，结合栽培管理，培育壮苗，以防蚜治蚜为重点，减少毒源等综合措施进行防治。

（二）采用病害管理措施

1. 选用抗（耐）病品种　抗（耐）病品种的利用对防治烟草病毒病起到了积极的作用。目前已培育出一批抗 TMV 和耐 CMV 的品种。如'H-423'、'辽烟6号'、'辽烟9号'等高抗 TMV。还有一些品种如'辽烟8号'、'辽烟10号'、'广黄54'、'广红12'、'辽44'等对 TMV 也分别有较好的抗病性或耐病性。广东培育的'C151'、'C152'、'C212'等品系对 CMV 有很强的耐病性，台湾的'TT6'、'TT7'品种及'中烟14'等对 CMV 也有一定的耐病力。有些品种如'Nc89'、'G28'、'G80'等品种对 CMV 存在阶段耐病性。烤烟、白肋烟中'G140'、'86038'、'8136'及'TN86'、'KY14'、'KY10'等品种对 TEV 有较好的抗耐病性。烤烟新品种'秦烟96'对 PVY 有较好耐病性。

2. 农业措施　对于 TMV 应从以下几方面着手：培育无病烟苗，选用无病株种子，应注意风净种子，防止混入病株残屑；苗床土应选非烟田土和非菜园土，苗床应远离烤房、晾棚等场所；间苗、除草等过程中，手及用具应用肥皂水等消毒。尽量避免病地重茬或与茄科、十字花科等连作，重病地实行2～3年轮作。适时早育苗，早移栽，严禁移栽已发病烟苗。在 CMV 和 PVY 发生重的地区，烟田应远离蔬菜园，并适当调节移栽期，使烟苗易感病期避过蚜虫迁飞高峰。合理的小麦-烟套作或用银灰塑料薄膜覆盖烟地避蚜均有良好的防病作用。若结合小麦喷洒防蚜药剂，效果更好。若出现花叶，应及时追施速效肥如1%尿素，及时浇水，减轻病害发生。对于 TEV 引起的病毒病要根据本地生态条件和蚜虫（尤其是烟蚜）迁飞的情况，适当确定移栽时间，以使烟株高感病期和蚜虫迁飞期相互避开，达到防病的目的。

3. 化学防治　发病初期田间喷施病毒抑制剂可起到较好的预防作用。缓解病毒危害，可根据当地情况选用病毒 A、病毒必克、1.5%植病灵或2%宁南霉素。用药程序为苗期1～2次，移栽前一天1次，防止病毒移栽时通过接触传染，移栽后的生长前期2～3次，可明显减轻病毒病的发生。发病初期喷洒硫酸锌可加强植株生长势，对病害有一定的减轻作用。对 CMV、PVY 和 TEV 发生重的地区，应注意及时防蚜，在烟蚜迁飞盛期及时喷施50%抗蚜威。在优质烟区，为防止化学农药引起的残留，可根据情况多使用物理防治方法，如田间设置诱蚜黄板等。除烟田外，还应及时防治邻近作物上的蚜虫，以免相互传播。国内研制出转基因的抗花叶病烟草'Nc89'，高抗花叶病，品质也很好，但考虑到安全问题，目前已停止种植。

第四节　烟草野火病和烟草角斑病

烟草野火病和烟草角斑病同为烟草植株上普遍发生的毁灭性细菌病害。在世界各地主要烟草产区普遍发生，也是我国重要的烟草病害。生产中两种病害常混合发生，产量损失达 40%～100%。

一、诊断病害

（一）识别病害症状

烟草野火病在苗期和大田期均可发生，主要危害叶片，也可危害幼茎、蒴果、萼片等器官。叶片受害时，首先产生褐色水渍状小圆点，周围被野火病菌分泌的毒素毒害而产生一圈很宽的黄色晕圈。几天后，黄色晕圈变褐，成为一个圆形或近圆形的褐色病斑，直径达 1～2cm。遇到气温较高、多雨高湿天气，褐色病斑会急性扩展增大，相邻的病斑愈合成一不规则的大斑，上有不规则轮纹，表面可产一层黏稠菌脓。天气干燥时，病斑开裂、脱落。幼茎、蒴果、萼片发病后产生不规则小斑，初呈水渍状，以后变褐，周围晕圈不明显。果实后期因病斑较多而坏死、腐烂、脱落。野火病偶尔也危害茎，在茎上形成白色或浅棕色、直径 3～6mm 的凹陷斑，黄色晕圈不明显。

烟草野火病在烟草各生育期均可发生，以烤烟生长中后期烟草叶片发生较为严重。叶片上病斑呈多角形或不规则形，受叶脉限制，边缘明显，深褐色至黑褐色，无明显黄色晕圈。有时病斑中间颜色不均匀，常呈灰褐色云状纹。病斑直径为 1～8mm，有时可扩大至 1cm 以上。病斑可互相联合，特别是几个原始侵染点位于同一叶脉的两侧，离得很近时常融合成一大片。在这种情况下，叶脉也可受侵染变褐色，沿叶脉扩展形成条斑状。空气湿度大时，病斑背面有菌脓溢出，呈细小的雾滴状，随即连成一片呈水膜状，干后形成一层薄膜，在阳光下发亮。病斑干燥后可开裂或脱落，叶片破碎。病株上的花和果实也可以受到感染，花萼和花冠变黑畸形，果实上则形成黑褐色凹陷斑，病斑周围无黄色晕圈。

烟草角斑病在大田发病较重，苗期较轻。该病主要危害叶片，蒴果、茎部等也可发生。叶片发病，在叶片上产生多角形至不规则形黑褐色病斑，边缘明显，周围无黄色晕圈，这是区别于野火病的主要特点。田间病斑的颜色变化较大，黑褐色，或边缘黑褐色中央灰白色，常表现多重云形轮纹。湿度大时，病部表面溢有菌脓，干燥条件下病斑破裂或脱落。茎、蒴果等发病，形成黑褐色凹陷，与野火病难于区别。

（二）观察病害的病原

烟草野火病和烟草角斑病同属于细菌病害，两种病害的病原都属于假单胞杆菌属。

1. 烟草野火病　病原为丁香假单胞菌烟草致病变种 [*Pseedomonas syrinaeg* pv. *tabaci* (Wolf et Foster)]。菌体杆菌状，单生，大小为（0.5～0.9）μm×（1.9～3）μm。革兰氏染色阴性，鞭毛极生 1～4 根。在 PDA 培养基上生长良好，菌落圆形，灰白至白色。病菌生长的温度为 2～34℃，适温为 24～28℃。烟草野火病菌的寄主范围很广，包括 23 个属的植物。

据报道，野火病菌存在生理分化，国外根据长花烟、黄花烟和当地的一些栽培品种作为鉴别寄主，共报道 1 号、2 号和 3 号，3 个生理小种；国内以黄花烟、长花烟、'云烟 85' 和 'K326' 作为鉴别寄主，鉴定出了 1、2、3 和 4 这 4 个生理小种。

2. 烟草角斑病　　丁香假单胞菌皱纹致病变种［*P. syringae* pv. *angulata*（Frome et al.）Holland］。异名为 *P. Angulata.*。角斑菌生长适温为 24~28℃，52℃湿热 6min 致死，不产生毒素。

二、掌握病害的发生发展规律

（一）病程与侵染循环

病菌主要随病残体在土壤中越冬，也可随种子贮藏越冬，作为翌年的初侵染源。此外，在病株残体的根际或其他作物和杂草的根部越冬存活的病菌也是重要的传染源之一。病菌越冬后借雨水及流水飞溅传播至下部叶片，经伤口或自然孔口侵入。经初侵染发病后产生的菌脓，再通过雨水冲溅扩散引起多次再侵染。研究发现，病菌必须在叶片湿润，气孔中有水时才能侵入。除雨水传播外，昆虫也可传带病菌。

（二）影响发病的条件

烟草野火病和烟草角斑病的发生与气候条件及栽培管理关系密切。在气候条件中，暴风雨天气对该病的影响尤为突出。每年夏季暴风雨后，两种病害常暴发，在暴雨后的数日内叶片破烂焦枯。暴风雨不仅利于病害传播，而且在叶片上造成很多伤口，利于气孔开张等，为病菌侵入提供门户。此外，在阴雨连绵、土壤和空气湿度大的条件下，两种病害发生较重，而在气候干燥的年份发生都很轻。

两种病害的发生流行还与烟草的抗病性及栽培条件有关。烟草品种抗野火病的能力与其抗水渍的能力呈正相关。多酚氧化酶、过氧化物酶、苯丙氨酸解氨酶 3 种酶活性变化出现的峰值强弱可作为早期鉴定烟草品种抗野火病的一个有价值的生理指标。一般情况下，氮肥过多、钾肥不足、大田后期烟株生长过旺，则易感病。栽植过密，植株郁闭，湿气滞留易发病，长期连作地块发病重。

三、病害管理

（一）制订病害管理策略

应采取以严格栽培管理和栽培条件为基础，实行轮作，适当选用抗（耐）病品种，结合化学防治等综合措施进行防治。

（二）采用病害管理措施

1. 实行轮作　　提倡与禾本科作物、棉花等实行 3~5 年轮作。避免与茄科作物、十字花科蔬菜等轮作。

2. 选用优质抗病良种　　烤烟中 'G80'、'益延 1 号'、'Kutsaga110' 等，白肋烟如 '白肋 21'、'Kyl2'、'Kyl4' 和 'Kyl65' 等都有较好的抗性，可选择使用。育苗前加强种子处理，可用 1% 硫酸铜或 0.1% 硝酸银溶液处理 10min，清水冲洗干净后晾干播种。育苗时苗床土应选用非烟田土，施用腐熟的有机肥，采用配方施肥技术，培育壮苗。移栽时认真剔除病苗，防止带病烟苗移入大田。

3. 加强栽培管理　　根据土壤肥力，合理密植，科学施肥，适当增施钾肥，适时打顶，病害发生早期及时摘除病叶，收获后清洁田园。

4. 化学防治 喷施 1∶1∶160 的波尔多液预防或用农用硫酸链霉素防治。用噻菌茂（青枯灵）或龙克菌（噻菌铜）喷雾，也可达到较好的防治效果。

第五节 甜菜根腐病

甜菜根腐病是甜菜块根在生育期间发生的腐烂病的总称，在黑龙江和吉林的甜菜产区发生比较普遍，危害较重，一般可造成甜菜块根减产 10%～20%，严重地块发病率高达60%～100%，个别地块甚至绝产。甜菜根腐病是由多种真菌和细菌复合侵染引起的一种土传病害。不同病原菌侵染甜菜后所表现的症状不同，多种病菌复合侵染后表现的复合症状更是多样。

一、诊断病害

（一）识别病害症状

根腐病为土传病害。不同病原菌引起的症状各有不同，主要有 5 种（图 13-5）：①镰刀菌根腐病。又称为镰孢菌萎蔫病，是由镰孢菌引起的一种维管束病害，主要侵染甜菜根体或根层，使得维管束变为浅褐色，木质化。病菌多由根部的伤口或植株生长衰弱部位侵入，发病初期病部表皮产生褐色水渍状不规则形病斑，后逐渐向块根内部蔓延扩展，经过薄壁组织进入导管，造成导管褐变或硬化，根的横切面上可见维管束环从浅肉桂色到深褐色。病后期块根呈黑褐色干腐状，内部出现空腔，根外常见浅粉色菌丝体。发病轻的甜菜植株生长缓慢，叶丛萎蔫；严重的甜菜块根溃烂，叶丛干枯死亡。②丝核菌根腐病。首先在根冠部及叶柄基部产生褐色斑点，逐渐扩展腐烂，病部稍凹陷形成裂缝，呈褐色至黑褐色腐烂。③黑腐型根腐病。病部从根头开始向下蔓延，首先根体或根冠处出现黑色云状斑块，

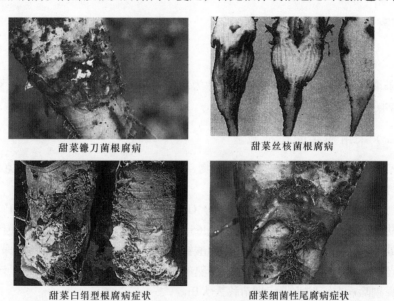

甜菜镰刀菌根腐病　　　　　　　　甜菜丝核菌根腐病

甜菜白绢型根腐病症状　　　　　　甜菜细菌性尾腐病症状

图 13-5　甜菜根腐病症状（引自中国农业有害生物信息系统）

略凹陷，后从根内向根外腐烂。表皮烂穿后形成裂口，除导管外全都变黑。④白绢型根腐病。又称为菌核病。根头先染病，后从根头开始向下蔓延，初期根组织变软凹陷，呈水渍状腐烂，发病块根外部或外表皮附有白色绢丝状菌丝体，后期可见油菜籽大小（直径约2mm）的深褐色的球形小菌核。菌丝体可从发病植株沿土面扩展，危害邻近植株。⑤细菌性尾腐病。又称为尾腐病或根尾腐烂病。细菌先从根尾、根梢侵入，由下向上扩展蔓延，病部组织变软，呈现暗灰色至铅黑色水浸状软腐，发病严重时造成块根全部腐烂，表皮从根上脱落，病组织中的导管被病原菌分解为纤维状，常溢有黏液，散发出腐败酸臭味。

（二）观察病害的病原

镰孢菌根腐病、丝核菌根腐病、黑腐型黑腐病和白绢型根腐病等4种根腐病的病原均为真菌，尾腐病的病原为细菌。

1. 镰刀菌根腐病　　由半知菌类镰孢菌属真菌引起，主要致病菌是黄色镰孢菌 [*Fusarium culmorum*（W.G.Smith）Sacc.]，属丝核菌属。分生孢子为镰孢型，无色，具3~5个隔膜，厚垣孢子间生或顶生，椭圆形或圆形。茄腐镰孢菌 [*Fusarium solani*（Mart.）App. et Wollenw.]、尖孢镰孢菌（*F. oxysporum* Schlecht.）、串珠镰孢菌（*F. moniliforme* Sheld.）和燕麦镰孢菌 [*F. avenaceum*（Fr.）Sacc.] 等也能引起甜菜根腐病。

2. 丝核菌根腐病　　病原为半知菌类丝核菌属立枯丝核菌（*Rhizoctonia solani* Kühn）。菌丝体初无色，后呈淡褐色或深黄褐色，直径为5~14μm，多为直角分枝，分枝处稍缢缩且有1个隔膜。形成的菌核深褐色，扁圆形或近圆形，表面粗糙，大小不一。通常不形成担子和担孢子。

3. 黑腐型根腐病　　病原为半知菌类茎点霉属甜菜茎点霉（*Phoma betae* Frank），与甜菜蛇眼病的病原相同。分生孢子器埋生于寄主表皮下，球形至扁球形，暗褐色。分生孢子圆形至椭圆形，单胞，无色，圆形或椭圆形，大小为（4~7）μm×（3~4）μm。

4. 白绢型根腐病　　病原为半知菌类小核菌属齐整小核菌（*Sclerotium rolfsii* Sacc.），其有性世代是担子菌门阿泰菌属罗耳阿泰菌 [*Athelia rolfsii*（Curzi）Tu & Kimbrough]。在PDA培养基上菌丝体白色，茂盛，疏松或集结成线形贴于基物上，呈辐射状扩展，状似白绢。菌丝直径为2~8μm，分枝不成直角，具隔膜。菌核初为乳白色，后变浅黄色至茶褐色，球形至卵球形，大小为1~2μm，表面光滑有光泽。

5. 细菌性尾腐病　　细菌性尾腐病的病原为薄壁菌门欧文菌属胡萝卜软腐欧文菌甜菜亚种（*Erwinia carotovora* subsp. *betavasculorum* Thomsom, Hildebrad et Schroth.）。菌落圆形，灰白色。菌体杆状，大小为（1.2~2.5）μm×（0.6~0.8）μm，单生、双生或链状，无荚膜，无芽孢，周生2~6根鞭毛，革兰氏染色阴性，兼厌气性。

二、掌握病害的发生发展规律

（一）病程与侵染循环

甜菜根腐病的病原菌物主要以菌丝、菌核或厚垣孢子在土壤、病残体上越冬；引起该病的病原细菌在土壤或病残体中越冬。翌年病原借助田间耕作、雨水和灌溉水传播，多从伤口侵入。因此，土壤带菌是重要的初侵染源。该病一般发生于甜菜定苗后生长旺盛的时期，主要从根部伤口或其他损伤处侵入。6月中下旬为发病始期，7月中旬至8月中旬进入发病盛期，8月下旬至9月病害基本停止蔓延。

（二）影响发病的条件

影响甜菜根腐病发生的主要因素包括土壤条件、栽培管理措施、气候因素和品种的抗性等。

1. 土壤条件　　甜菜根腐病一般发生于黏质土壤上。在地势低洼不平、排水不良、土质黏重、通透性差的地块，根腐病发生严重。春季土温低、土壤干旱或长期淹水，都易导致根腐病的发生。土壤干旱时，甜菜根部受损或失水枯死，给镰孢菌的侵入创造了有利条件，同时形成的好气性条件可加速镰孢菌的繁殖和侵染。

2. 栽培管理措施　　不同茬口对甜菜根腐病的发生有较大影响，连作会加重病害的发生。栽培条件不好，管理粗放，施肥水平低，使得甜菜植株发育不良，根系生长缓慢或停滞，地下害虫危害严重，根部损伤较多，均有利于根腐病的发生。土壤和病残体带菌是重要的初侵染源，甜菜收获后及时清理田间枯叶和病残体，减少病原的田间积累，降低翌年的初侵染源，可减轻病害的发生。

3. 气候因素　　该病的发生一般要求较高的土壤温度、湿度，高温有利于病原菌菌丝的生长，湿度大对甜菜块根发病的影响更大。在温度较高、降水多的年份根腐病发生严重。7~8月是甜菜根腐病的发病盛期，此时降雨较多，土壤含水量增加，田间湿度较高，有利于根腐病的发生。土壤过度干旱或干旱时期遇雨，骤然间根部进行干湿交替，均易促进根腐病的发生。而病原细菌引起的尾腐病在伤口多、雨水多、排水不良的地块发病重。

4. 品种的抗性　　不同甜菜品种对根腐病抗性差异显著，以'9103'抗病性较好，'新甜7号'抗性最差。

5. 植株的生育状况　　甜菜根腐病的发生还与甜菜的发育状况密切相关。在田间发育不良的根、畸形根、虫伤根、人为造成的伤根均有利于病菌侵入和病害发生。春季土壤温度低，低洼地块中植株生长缓慢，根系不利于水分通过，造成细胞原生质被破坏，根系生长缓慢、停滞或损伤，从而导致病害发生。

三、病害管理

（一）制订病害管理策略

影响和导致甜菜根腐病发生的因子很多，不同因子相互间的关系又十分复杂，因此，应采取综合防治措施进行防治。在选育和种植抗病品种的同时，加强病害的农业防治、生物防治和化学控制技术，以农业防治为基础，并与生物防治、化学防治有机地结合起来，构建甜菜根腐病综合防治技术体系，才能把甜菜根腐病造成的损失减少到最小，获得良好的防病增产效果。

（二）采用病害管理措施

1. 种植抗病品种　　在发病地区选用抗病或耐病品种是防治甜菜根腐病的一项

有效措施。目前我国比较抗（耐）病的品种有'甜研301'、'甜研302'、'甜研303'、'甜研304'、'甜研3号'、'甜研4号'、'双丰1号'、'范育1号'和单粒型甜菜杂交种'中甜-吉洮单302'，近年来推广的'KWS0143'、'KWS0149'、'KWS0145'及'KWSM8233'等德国品种，均具有一定的抗（耐）根腐病的效果。美国广泛推广抗丝核菌根腐病的遗传单粒种有'FC101'、'FC102'。

2. 加强农业栽培管理　实行合理轮作和换茬，避免重茬和迎茬。一般至少实行4年以上轮作，采用禾本科作物为前茬，忌用蔬菜为前茬，甜菜与禾本科作物轮作是预防甜菜根腐病的主要手段。同时改进栽培措施，改善栽培环境。选择土壤肥沃、地下水位低、排水良好、轮作时间长的地块种植甜菜，地势低洼的地块要大垄高畦栽培。挖好排水沟，以利雨后排水。合理施肥，施足基肥，在施足农家肥的基础上，增施过磷酸钙（27kg/亩）、骨粉等作种肥，在生育中期追施硝酸铵10kg/亩。增强植株抗病能力。注意深耕改土，及时中耕松土，破除土壤板结层，提高地温，增加土壤通气透水性；合理灌溉，小水轻浇，促进根系良好发育。早期发现病株，及时挖出后深埋，并对病穴消毒，防止病害扩展；及时防治地下害虫，避免伤口出现，减少病菌侵染机会，减轻病害发生。

3. 化学防治　用恶霉灵、菌毒清、敌克松和敌磺钠等药剂以种子质量的0.8%拌种，对种子进行消毒处理。移栽幼苗前用敌磺钠和五氯硝基苯进行土壤消毒，可有效地减轻根腐病的发生。田间发病时，可喷施或浇灌络氨铜、松脂酸铜等药剂进行防治。另有资料表明，应用新型植物生长激素三十烷醇处理甜菜种子和植株，可提高植株的抗病性；施硼可有效地防治甜菜根腐病，具有显著的增产增糖作用。防治细菌引起的根腐病应从防治地下害虫、减少伤口入手。

4. 生物防治　应用荧光假单胞杆菌防治甜菜根腐病有一定效果。

第六节　甜菜褐斑病

甜菜褐斑病是影响甜菜生产的重要病害之一。该病于1893年在波兰首次发现，目前已遍及甜菜种植国家和地区，其中以中欧危害最为严重，其次为东欧、美国北部、加拿大南部、前苏联和中国。我国甜菜产区均有不同程度的发生与危害。一般可使块根减产10%～20%，降低含糖量1～2°Bé。发病严重时可使块根减产30%～40%，降低含糖量3～4°Bé，茎叶减产40%～70%。我国东北的南部、中部，黄河中、下游等甜菜栽培区发生较重，华北、西北产区则较轻。

一、诊断病害

（一）识别病害症状

甜菜褐斑病菌主要危害叶片、叶柄和种球，花、枝也可受害。多自下部老叶开始发病，渐向上部蔓延，新叶则少发病。叶片感病最初呈现褐色或紫褐色圆形或不规则形小斑点，逐渐扩大形成直径为3～4mm的病斑，病斑中央色浅，较薄，易破碎，边缘由于花青素的产生呈褐色或赤褐色（图13-6）。叶片正反面均有病斑，但正面较多，危害严重时每张叶片可达数百个病斑，后期病斑常愈合成片，叶片干枯死亡。湿度大时病斑中央

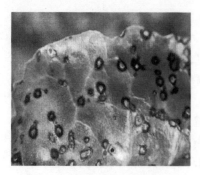

图 13-6　甜菜褐斑病病叶症状
（引自吕佩珂等，1999）

出现灰白色霉层，即病原菌的分生孢子梗和分生孢子，叶片较薄，易破碎。

在采种植株上，甜菜褐斑病菌除侵染叶片、叶柄外，还能侵染花，致使种球带菌。

在一般菌量条件下，病菌不侵染生育旺盛的幼叶，仅侵染达到一定成熟度的叶片。先从植株的外层叶片开始发病，逐渐向中层叶片扩展，致使老叶陆续枯死脱落，长出的新叶也不断被害。整个植株根冠粗糙肥大，青头很长，似菠萝状。叶柄被感染形成梭形病斑。病菌还能侵染花序，花序受害后可使种球带菌。

（二）观察病害的病原

病原为 *Cercospora beticola* Sacc.，属半知菌类真菌，为尾孢属甜菜尾孢菌。有性态自然条件下尚未见到。

病菌菌丝橄榄色，生在寄主细胞间，集结成菌丝团。分生孢子梗褐色，2～17 根束生，顶端色淡或无色，不分枝，大小为（22～64）μm×（3.5～5.5）μm。分生孢子无色，鞭形，直或弯曲，顶端尖，具 6～12 个隔膜，大小为（50～360）μm×（2.5～4.5）μm（图 13-7）。在甜菜叶琼脂培养基上，置 25℃连续荧光照射 7d，能产生大量分生孢子。分生孢子发育适温为 25～28℃，高于 37℃或低于 5℃发育停滞。45℃处理 10min 即死亡。萌发最适相对湿度为 98%～100%，在水滴中最好。

甜菜褐斑病菌有生理小种的分化，以色列最早报道该病菌有 3 个生理小种；20 世纪 70 年代美国报道有两个生理小种，即 C1（Texas）和 C2（California）小种；日本不存在生理小种分化现象，但不同来源的菌株致病力有差异；至今未发现我国的菌株致病力的分化。

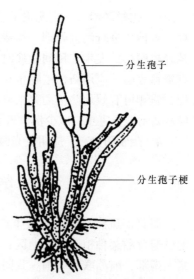

分生孢子

分生孢子梗

图 13-7　甜菜褐斑病菌
（引自吕佩珂等，1999）

二、掌握病害的发生发展规律

（一）病程与侵染循环

分生孢子附着在种球上可生存 1～2 年，在堆肥中 1～2 个月就失去生命力，对严寒的环境抵抗力很弱。菌丝团生活力较强，寄生在种球或叶片上可保持两年之久，在自然条件下可以顺利越冬。田间病叶、种球或母根根头上越冬后的菌丝团所产生的分生孢子是翌年春季的主要初侵染源。分生孢子借风雨传播，传播距离可达 500～1000m。

分生孢子在叶片上的水滴或露滴中萌发产生芽管，次日在气孔处形成附着胞，第

3天靠侵入丝由气孔侵入，形成吸器伸入到活细胞中，在细胞间隙扩展蔓延。平均气温19～23℃，最高29℃，最低13℃时，潜育期仅5～8d。经过一定的潜育期便形成病斑，再形成分生孢子，如此反复侵染。该病发生严重程度取决于侵染次数。

在东北甜菜产区中部和南部，病菌可再侵染7～9次之多，在黄河中、下游，黄淮平原发病严重地区重复侵染的次数则更多。

（二）影响发病的条件

甜菜褐斑病的发生和流行受气候条件、病原菌基数、耕作栽培条件和品种抗性等综合因素制约，其中气候条件是影响褐斑病流行的主要因素，而以温度和降雨量这两个因子特别重要。

1. 温度和降雨量　温度主要影响潜育期的长短，而降雨往往是甜菜繁茂期发生褐斑病必要和不可缺少的前导。降雨量影响病菌孢子的形成和分散，是决定甜菜褐斑病流行的主导因子。病菌分生孢子的形成需要空气相对湿度在98%以上，降雨可以增加田间相对湿度，有利于孢子形成及侵入。雨滴和水滴是孢子萌发和侵入的条件。雨滴飞溅有利于分生孢子的分散，有助于病菌的传播。一般连续降雨15～20d后，田间可出现一个病害扩展高峰。据报道，春播甜菜褐斑病发生迟早和流行取决于当时连续6～8d中的降雨量和气温，当旬平均气温在19～25℃，最低平均气温在13℃，每旬至少降雨1～2次，每次降雨在20mm左右的情况下，病势进展迅速，因此具有这种条件的天数愈多则发病愈严重。

2. 病原菌基数　越冬病原菌的数量直接影响发病的严重程度。甜菜种植老区，由于田间存在大量的病残体，菌源数量多，发病较重，特别是重茬、迎茬或邻近上一年的甜菜地，发病更重。

3. 耕作栽培条件　耕作栽培条件与该病的发生也有较密切的关系。重茬、迎茬地因土壤中已遗留大量病菌，或靠去年的甜菜地或当年的采种地，病菌来源多，发病较重。地势低洼、排水不良和土质黏重的地块，或过度密植，通风不良或灌水过频，以及偏施氮肥的地块发病较重。在同一地区，一般春播甜菜发病重。

4. 品种抗性　该病流行的主要原因是感病品种的大规模种植，不同的甜菜品种对于褐斑病的抗性差异明显。甜菜品种对褐斑病的抗性表现在降低或延迟褐斑病菌的侵染，这是由多基因控制的数量遗传。其抗性机制，主要是甜菜中的抗性基因在侵染过程各阶段的表达，可抑制甜菜褐斑病菌产生的一种主要毒素［尾孢菌素（cercosporin）］。

三、病害管理

（一）制订病害管理策略

甜菜品种对褐斑病的抗性有明显差异。种植感病品种是大流行的主要原因。因此病害控制以种植抗病品种为主，减少初侵染源、加强农业栽培管理和化学药剂防治为辅。

（二）采用病害管理措施

1. 选用抗病品种，注意田间卫生　目前世界甜菜主产国家如美国、法国、瑞典、波兰、荷兰等均积极开展对甜菜抗褐斑病品种的鉴定和选育工作，并且已鉴定选育出一批抗（耐）病优良品种（系）如'CLR'、'GW674'等。国内抗病和较抗病的甜菜品种有'甜研301'、'甜研302'、'甜研303'、'甜研201'、'双丰8号'、'范育1号'等，'中甜-吉洮单302'、'新甜11号'、'ZD'系列和'S19918'等对甜菜褐斑病也有较高的抗性。目前较耐褐斑病的甜菜品种有'新甜16号'、'新甜17号'、'ST9818'、'STN2207'等品种（系）。

2. 减少初侵染源　　秋季甜菜收获以后，切下的青头、病叶要及时清除出田间，作饲料或集中烧毁或深埋，消灭越冬侵染源，减少翌年病菌的初侵染源。

3. 合理轮作，加强管理　　重病田块实行4年以上与禾本科或豆科植物的轮作。为了减少病原的传播，当年的甜菜地还应与前一年的甜菜地相距500～1000m，最好是当年甜菜地在上一年甜菜地的上风头。采种株发病较早，也必须远离原料甜菜。

加强田间管理，精耕细作，整平地块，及时进行中耕除草，增施磷肥、钾肥，增强植株抗病力。阴雨季节及时开沟排水，增加株间通风透光性，降低田间相对湿度，减少病害的发生。注意田园清洁，秋季进行深耕，把残株病叶翻进深层土壤。

4. 药剂防治　　目前防治甜菜褐斑病的药剂较多，防病效果较好的药剂有甲基硫菌灵、多菌灵、易菌脲（浦海因）等。在田间首批病斑出现时（田间有5%～10%植株发病），开始第1次防治，以后每隔10～15d喷1次，连续喷药3～4次。

如发病田的褐斑病菌对苯并咪挫类药剂产生抗药性，可选用有机锡杀菌剂作为替代药剂，如薯瘟锡（三苯基醋酸锡）和毒菌锡（三苯基氢氧化锡），因有机锡杀菌剂和苯并咪挫类农药的抗药性无相关性。

第七节　烟草和甜菜其他病害

一、烟草根结线虫病

烟草根结线虫病在世界上分布很广，我国主要分布于河南、山东、安徽、云南、贵州、四川及华南等烟区，以轻砂质土或砂壤土发病严重。近年来我国烟草根结线虫病的发生面积逐年加大，新病区不断出现，老病区危害不断加重，一般病田减产3～4成，重病田减产6～7成。感染根结线虫病后的植株，易感染黑胫病、赤星病、炭疽病和白粉病。

根结线虫病苗期开始发病，但极少出现症状。主要危害在大田期，病原线虫主要侵染根部，但也影响地上部，使地上部矮化变黄。根结线虫侵入烟草后，根部形成大小不等的根瘤，病株须根很少，须根上初生根瘤为白色，渐次增大，最大的似花生米，呈圆形或纺锤形，多的一条根上有几个根瘤。根瘤随根系分布在25cm的耕作层内，严重时整个根系肿胀呈鸡爪状。地上部交黄，叶片边缘出现黄色枯斑，生长缓慢。后期病根腐烂中空。

此病是由根结线虫属（*Melaidogyne*）中的某些种引起的。据国外报道，主要有4个种，即南方根结线虫（*M. incognita*）、北方根结线虫（*M. hapla*）、爪哇根结线虫（*M. javanica*）、花生根结线虫（*M. arenaria*）。

根结线虫主要以卵在遗留土壤中的烟草或其他寄主根部的根结中越冬，刚孵化出的幼虫可在土壤中作短距离的移动，然后侵入烟株根部并到达中柱危害，在取食过程中同时分泌激素刺激根部的中柱鞘细胞，使其加速分裂增生而形成多核的巨型细胞，从而膨大成为根瘤。其内的幼虫经发育为成虫后，即行产卵，如此不断地进行繁殖，完成其多个世代。当烟根腐烂后，卵和幼虫在土中的根结中越冬。老病区严重发病和新病区的不断出现，是由土壤中线虫量的积累和带虫土壤的传播所致。在一块田中病情往往是沿着行间发展，主要是耕作时人、畜、农具及淄水、排水等将虫土传播。当烟草初次发病形成根结后，其内的 2 龄幼虫又迁入土中，并随农事操作、水流及自身活动进行再侵染。

在气候条件中主要是温度、湿度的影响，其中温度的影响起主导作用。$-20℃$ 各龄线虫均不能存活。在 $10\sim12℃$ 的低温及 $36℃$ 的高温下很少侵染，$22\sim28℃$ 较适于侵染。在 $25℃$ 时虫瘤最多，在温暖的地区每年可完成 $5\sim10$ 代，低于 $8℃$ 高于 $30℃$ 时雌虫不能成熟。

休耕能减轻病害。碱土或黏土通气良好，保水肥力差，发病重。线虫的活动力与土壤的含氧量成正相关，故土壤通气条件好，则病害重。

防治可选育和利用抗（耐）线虫的品种。但是目前抗线虫的品种不多，能抗以上 4 个种或一个亚种的更少，一般只能抗一种或 $1\sim2$ 种常见的线虫。据国外报道，'Nc_{95}' 品种抗南方根结线虫，兼抗黑胫病、青枯病及镰孢菌萎蔫病，还耐赤星病。经测定 'G_{28}'、'G_{80}'、'Nc_{89}'、'K_{326}'、'$Coker_{176}$'、'$Coker_{254}$' 等抗根结线虫病，河南引种试种的品种中发现 'Nc_{2512}'、'Sc_{66}'、'Sc_{72}'、'G_{28}'、'Nc_{88}' 等对根结线虫也有较好的耐病性。实行 3 年以上的轮作，如能水旱轮作效果较好。在冬季深翻时，将病根掘出烧毁，可以大大减轻越冬线虫的数量。在条件好的灌溉区，在收烟后放水漫灌 1 个半月，可以消灭害虫。另外，在栽烟前两周，采用 DD 混剂原液、二氯异丙烷、二溴乙烷或二氯异丙醚穴施或沟施可以有效防治该病。

二、甜菜黄化病

甜菜黄化病是由蚜虫传播的一种病毒病害，广泛分布于世界上大多数甜菜产区。我国东北、内蒙古、甘肃、宁夏、新疆、河北、陕西和山西等省（自治区）均有发生，一般年份发病率为 $50\%\sim60\%$，块根减产 $20\%\sim25\%$，种子减产 30%。

甜菜黄化病的典型症状是叶片早期黄化。发病初田间病株为零星分布，后逐渐扩展连片，严重时大面积发病，呈现一片金黄。病叶全部变黄后，杂菌侵染会形成许多近圆形或不规则形黑褐色霉斑，有时具轮纹，病叶最后卷缩枯萎。

病原为长线病毒属甜菜黄化病毒（beet yellow virus，BYV）。病毒粒体线形，大小为（$1200\sim1600$）$nm\times10nm$，由一个主要的外壳蛋白和一条单一的 $+ssRNA$ 组成。病毒的致死温度为 $90\sim95℃$，钝化温度 $52℃$（10min），稀释限点为 $5\sim10$，体外保毒期为 6d。

在田间主要依靠蚜虫传播，如果条件适宜，蚜虫经 $7\sim15min$ 放饲后，即能传病，但一般要经 30min 以上的饲育。饲育越久，接种成功率越大，饲育 6h 后能达到其传病力的最高点。传毒蚜虫的种类很多，主要的是桃蚜（*Myzus persicae*）及蚕豆蚜（*Aphis fabae*）。

甜菜黄化病毒在带毒母根上和其他寄主植物体内过冬，病害的初侵染源包括甜菜留种植株、原料甜菜、冬季菠菜及当地的一些杂草（如藜科和苋科杂草）。种子因其带毒率很低，不是主要侵染源。在田间的传播主要是依靠桃蚜、豆蚜和甜菜蚜虫等介体昆虫，带病的采种区供给了蚜虫初次侵染的病毒源，离采种地区越近的地区发病越多。

甜菜黄化病发生危害的严重度与气候因素、甜菜品种的抗性、蚜虫数量和栽培条件密切相关。

甜菜黄化病的防治应采取综合防治措施，包括选育抗（耐）病品种，如抗病品系‘504’，耐病的品种如‘工农2号’、‘内蒙3号’和‘甜研3号’等；采种区与普通生产区隔离，消灭传毒蚜虫减少初侵染源；加强农业栽培管理。甜菜种植区出现黄化病症状时，喷施化学药剂，如吗啉胍·乙铜（病毒克星）或菌毒·吗啉胍（病毒宁）等。

第八节　烟草和甜菜病害综合管理

一、烟草病害综合治理

烟草不同生育期发生的病害种类及其危害程度不同，不同病害所应用的防病措施不完全相同。烟草病害的综合治理应本着预防和控制相结合的策略，采取以种植抗（耐）病品种为主，加强农业防治和化学药剂防治的综合治理措施。在具体操作上应按照烟草生育阶段，根据不同病害对象、发生危害主次，合理安排，灵活掌握，统筹兼顾，有针对性地采取有效防治措施。

（一）播种前预防

烟草播种前，应根据当地所种植的烟草品种和病害发生危害情况，从选用抗病良种入手，系统做好种子消毒和苗床处理，培育无病壮苗，对控制和减轻大田期病害具有重要作用。

1. 选用抗病品种　‘K326’、‘K346’、‘NC89’、‘G28’、‘G80’、‘中烟90’等品种较抗黑胫病，其中‘中烟90’、‘K346’对赤星病抗性也较好；‘G80’、‘金星600’对野火病和角斑病抗性较好；‘Nc82’、‘Nc89’、‘G80’、‘G140’、‘中烟14’等品种较抗根黑腐病；‘K32’、‘K346’、‘K394’、‘G140’、‘G80’、‘G28’、‘Nc82’、‘Nc89’、‘Coker176’对青枯病抗性较好；‘白肋21’、‘柯克86’、‘辽烟15号’等对花叶病有一定的耐病性；‘Nc89’、‘K346’和中烟14等对根结线虫有一定抗性。在得到批准的地方，种植转病毒外壳蛋白基因或弱毒株基因的烟草品种，可有效地防治烟草花叶病等病毒病。

2. 选用无病种子　烟草留种应从无病株上采收种子，并搞好种子消毒。在播种前可用1%硫酸铜、0.1%硝酸银浸泡种子10min，然后用清水洗净、催芽。

3. 苗床土消毒　选择地势高、排水好、远离烟房和菜园地的无病地作苗床，施用无菌肥料。将肥料施入苗床，混匀，用薄膜覆盖，用熏蒸剂熏蒸，密封2d以上，然后结膜2～3d，整平苗床，灌足底水，再播种。

4. 实行轮作　对于侵染源为带病土壤的病害（如黑胫病），轮作是很有效的防病措施，可以采取水旱轮作，与禾本科作物轮作3年以上，避免与茄科作物轮作、连作。

（二）播种后苗期防治

注意苗床卫生，清除病残体，加强苗床管理，适时药剂防治，这些配套措施不仅有利于减轻苗床期病害，而且对控制大田生长期病害也具有明显效果。

1. 苗床管理　苗床灌水，应防止大水漫灌。水源对避免烟苗传染病害很重要，苗床用水必须清洁、无污染，可用井水、自来水或河水。禁止用坑塘水，以防黑胫病、根黑腐病等的发生。管理人员进入苗床前要洗手，在管理中严禁吸烟；防蚜治病，经常喷药防治苗床周围大棚和陆地蔬菜作物上的蚜虫，特别是通风排湿前，减少进入苗床的蚜虫数量。移栽前一天，喷药防治烟蚜，也可减轻蚜传病害的发生。

2. 加强栽培管理　适时早栽，起垄栽植，防止田间过水、积水；采用银灰膜或地膜覆盖栽培，驱避蚜虫，采用烟麦套栽，可阻隔和减少蚜虫向烟株传播病毒病；适当稀植，注意田间通风透光条件；搞好消毒措施，注意田间卫生，及时清除底叶、病叶及病株，并带出田间集中销毁；合理施肥，注意氮、磷、钾配比。对于赤星病，要控制氮肥用量，增施磷肥、钾肥，在烟株团棵期、旺长期和平顶期的叶面喷施磷酸氢二钾可明显减轻赤星病危害。

3. 化学防治　对于苗床期主要病害炭疽病、猝倒病，除了通过排风排湿，降低苗床湿度控制发病条件外，必要时可喷施波尔多液或代森锰锌或退菌特等杀菌剂进行防治。

（三）大田生长期防治

大田生长期主要发生的病害有烟草黑胫病、赤星病、白粉病、蛙眼病、黑根腐病、野火病、角斑病、空胫病、青枯病、根结线虫病、普通花叶病、黄瓜花叶病、蚀纹病毒病、环斑病毒病等，烟草种植区，应根据当地病害发生危害情况，采取有针对性的措施进行防治。

1. 加强栽培管理　在发病初期，及时拔除病株，对青枯病、空胫病、黑胫病有很好的防治作用。去除下部病叶，并集中销毁，对白粉病和野火病有较好防治效果。在雨季，应做好开沟排水工作；在生长期间保证氮、磷、钾合理搭配施用，并注意拔除株间杂草，提高烟株抗病能力，降低田间湿度，对各种病害控制均起作用。

2. 化学防治　用于烟草病害防治的药剂种类很多，应依据不同病害种类在发病初期进行防治，包括三个方面：一是施用杀虫剂控制媒介害虫，特别是针对蚜虫传病害作用更为明显。注意在蚜虫迁入烟田前，在蚜虫越冬寄主上开展防治。二是施用杀菌剂或杀线剂，控制病害。烟草黑胫病可用甲霜灵、恶霜·锰锌（杀毒矾）灌根；烟草根腐病用甲基硫菌灵灌根效果较好；烟草青枯病发病初期用农用链霉素灌根；烟草根结线虫病可用涕灭威或硫线磷灌根；烟草野火病、空胫病和角斑病可用农用硫酸链霉素（溃枯宁）、波尔多液喷施；烟草炭疽病、蛙眼病、赤星病等真菌性叶斑病可采用多菌灵、波尔多液、甲基硫菌灵等进行叶面喷施；烟草白粉病喷施甲基硫菌灵或代森锌。三是施用病毒钝化剂，抑制病毒病，如使用植病灵2号、金叶宝、混合脂肪酸水乳剂（83增抗剂）可作为病毒病防治的一项辅助措施。

3. 生物防治　生物防治可包括两个方面。第一是以虫治虫，或以菌治虫，控制媒介害虫，如白僵菌、绿僵菌、小蜂类控制蚜虫数量，防治病毒病。第二是以菌防病，已有多种不同类型的生防菌，包括以木霉菌为主或以枯草芽孢杆菌为主的制剂防治真菌病害，如以淡紫拟青霉（*Paecilomyces lilacinus*）和厚孢轮枝霉（*Verticillium chlamydosporium*）为主的防治根结线虫制剂已批量生产，各地可因地制宜地选择使用。

二、甜菜病害综合治理

甜菜病害的综合治理应本着预防和减轻病害为主的策略，采取种植抗（耐）病品种为主，结合农业防治和化学药剂防治的综合措施。

（一）育苗期防治

甜菜育苗前应彻底清除遗留在田间的病残体，认真做好育苗管理工作，选用适合当地种植的抗病品种。

1. 选用抗病品种　　是防治甜菜褐斑病、根腐病、丛根病和黄化病等病害的一项重要措施。目前，我国甜菜产区普遍种植了自己培育的抗病品种，基本上控制了甜菜一些重要病害的流行，提高了甜菜产量和含糖量。抗甜菜褐斑病、根腐病的品种：'甜研301'、'甜研302'、'甜研303'、'甜研304'、'甜研201'、'双丰8号'、'范育1号'、'中甜-吉单302'等。抗（耐）甜菜丛根病的品种：'内C9203'、'工农301'、'双斗305'、'中甜-吉单302'和德国的'5007'、'5075'等。抗丝核菌根腐病的遗传单粒种：'FC101'和'FC102'等。抗（耐）甜菜黄化病毒病的品种有'工农2号'、'内蒙3号'、'甜研3号'等，可因地制宜地推广种植。

2. 做好育苗工作　　由甜菜黄麦坏死病毒引起的坏死黄麦型、黄化型和黄色焦枯型甜菜丛根病，提倡用纸筒育苗，偏酸性无病土育苗，以减少传毒介体的侵染。对黑色焦枯型丛根病则应从杀灭传播该病的长针线虫入手。应搞好土壤消毒，控制线虫的发生危害。用恶霉灵（土菌消）、甲基立枯灵、敌克松、退菌特等药剂以种子重量的0.8%拌种，能减轻苗期立枯病的发生，可以控制甜菜多黏菌的初侵染，从而减轻丛根病的危害；育苗移栽时用敌克松进行土壤消毒，对减轻根腐病有良好作用。

3. 合理选择种植地　　选择地下水较低，排灌条件良好、土壤肥沃的平川地种植，低洼潮湿、排水不良的地块不宜种植甜菜。种植甜菜年久的老区，必须实行轮作，一般至少采用4年以上轮作，切忌重茬和迎茬。当年的甜菜地还应与前一年的甜菜地相距500～1000m。采种田必须与原料甜菜分区种植或隔离种植。

4. 田园卫生　　秋季甜菜收获后，仔细清理田间遗留的病叶残株，作饲料或集中烧毁或深埋，土壤实行深翻，消灭越冬菌源，减少翌年病菌的初侵染源，可减轻甜菜褐斑病、根腐病、丛根病的危害。

（二）大田期防治

甜菜移栽后大田生长期，应重点加强栽培管理，控制蚜虫发生危害，发病初期及时施药防治。

1. 合理施肥，中耕松土　　以足够的农家肥料作基肥，播种时施磷酸二铵作种肥，可促进幼苗生长及根冠形成，增强植株抗病能力，对减轻根腐病有较好作用。追肥时控制氮肥使用量，增施磷肥、钾肥，及时中耕松土和采用行间深松的方法，增强土壤通气透水性，有利于调节土壤湿度，防止过旱或过湿，促进植株生长旺盛和根系发育，提高抗病力。

2. 化学防治　　根据当地甜菜生产上病害发生危害情况，有针对性地选用化学药剂及时施药保护，控制病害的发生蔓延。喷洒或浇灌络氨铜、春雷·王铜（加瑞农）、松脂酸铜、恶霉灵等对细菌性尾腐病有较好效果；病毒克星、菇类蛋白多糖水剂（抗毒丰）、病毒宁等，可减轻甜菜黄化病毒的危害。

▎技能操作

烟草病害识别与鉴定

一、目的

正确识别烟草病害的症状特点及病原形态特征，为病害诊断、田间调查和防治提供科学依据。

二、准备材料与用具

（一）材料

烟草主要病害（黑胫病、赤星病、野火病、角斑病、普通花叶病、黄瓜花叶病、马铃薯 Y 病毒病、根结线虫病及当地其他烟草主要病害）的标本、新鲜材料、挂图、病原菌玻片，多媒体教学课件（包括幻灯片、录像带、光盘等影像资料）。

（二）用具

显微镜、幻灯机、投影仪、扫描电镜、透射电镜、计算机及多媒体教学设备，载玻片、盖玻片、解剖刀、挑针、纱布块、蒸馏水滴瓶、新刀片、徒手切片夹持物、革兰氏染色液、香柏油、二甲苯、镜头纸、0.1% 升汞溶液、无卤水、70% 乙醇、酒精灯等。

三、识别与诊断烟草病害

（一）观察症状

1. 烟草黑胫病症状　　观察病害标本，注意各部位症状特点。取病茎纵剖，观察髓部是否变黑褐色，有无干缩的碟片，碟片间有无白色菌丝。

2. 烟草赤星病症状　　主要危害叶片。病斑红褐色，其上有明显的同心轮纹，质脆，易破。边缘明显，外围有淡黄色晕，中心有深褐色或黑色的霉状物。病斑多时，连接成不规则的大斑，全叶焦枯脱落。观察病害标本，注意病斑的形状、颜色、轮纹、有无霉层等特征。

3. 烟草野火病症状　　观察病害标本，病斑圆形或近圆形，褐色，周围有较宽的黄色晕圈。注意野火病病斑与赤星病病斑有何不同。

4. 烟草角斑病症状　　注意意观察病斑周围有无晕圈。

5. 烟草普通花叶病症状　　观察病害标本症状特点。

（二）鉴定病原

1. 烟草黑胫病病原　　观察病原玻片或用挑针挑取病斑上或培养基上的菌丝体观察菌丝有无隔膜，孢子囊的形态如何。

2. 烟草赤星病病原　　取保湿的病叶，用挑针取其上的黑色霉状物，注意观察分生孢子的形状，孢子是否有连接成串的现象。

3. 烟草野火病病原　　观察病原玻片，注意菌体形态特征。

4. 烟草角斑病病原　　观察病原玻片，注意菌体形态特征。

5. 烟草普通花叶病病原　　取病叶，用刀片在叶背叶脉上切一伤口（不要切断叶脉），然后用小镊子从伤口处撕下透明的表皮，在显微镜下观察表皮细胞内 TMV 的结晶状内含体，多为六角形。

四、记录观察结果

1）绘制烟草黑胫病、赤星病的病原菌形态图。

2）列表比较所观察病害标本的症状特点。

甜菜病害识别与鉴定

一、目的

认识甜菜的主要病害症状特点及病原形态特征，为病害诊断、田间调查和防治工作提供科学依据。

二、准备材料与用具

（一）材料

甜菜主要病害（褐斑病和根腐病）的标本、新鲜材料、挂图、病原菌玻片标本，多媒体教学课件（包括幻灯片、录像带、光盘等影像资料）。

（二）用具

显微镜、幻灯机、投影仪、计算机及多媒体教学设备，载玻片、盖玻片、解剖刀、挑针、纱布块、蒸馏水滴瓶、新刀片、徒手切片夹持物、革兰氏染色液、香柏油、二甲苯、镜头纸、0.1% 升汞溶液、无卤水、70% 乙醇、酒精灯等。

三、识别与诊断烟草病害

（一）观察症状

1. 甜菜褐斑病症状　　观察病害标本，注意病斑形状、颜色、中央和边缘色泽的区别，是否均呈深紫褐色。

2. 甜菜根腐病症状　　观察病害标本，根据各种症状特点，分析判断其病害类型。

（二）鉴定病原

1. 甜菜褐斑病病原　从病叶上或从培养菌落上挑取灰色霉层制片镜检，注意观察：①分生孢子梗的形态、色泽、分隔及曲折状等特点；②分生孢子有无颜色、是否纤细呈鞭状、注意其分隔的多少。

2. 甜菜根腐病病原

（1）镰刀菌根腐病菌　从病部或从培养基上挑取病菌霉层，制片镜检。注意不同病菌菌丝分隔、分枝、色泽，以及孢子的有无、形态等有何特点。

（2）丝核菌根腐病菌　观察菌丝分枝近直角，分枝基部缢缩，近分枝处有分隔。

（3）黑腐型根腐病菌　选取病叶标本作徒手切片镜检，注意观察：①分生孢子器的形状、色泽、大小等特点；②分生孢子的形状、色泽、大小，有无分隔。

（4）白绢型根腐病菌　观察菌丝分枝不成直角，具隔膜。

（5）细菌性尾腐病菌　分别从病害标本或从培养菌落上挑取病菌，制片镜检，注意针对性观察：①镰刀菌不同类型孢子的形态、色泽和分隔等特点；②丝核菌在形态、分枝和分隔等上的特点；③茎点霉菌的分生孢子器和分生孢子的色泽、形态等特点；④细菌可做染色观察革兰氏反应和鞭毛形态。

四、记录观察结果

1）列表比较甜菜各种病害的症状特点。

2）绘制甜菜褐斑病和根腐病的病原菌形态图。

课后思考题

1. 烟草黑胫病由哪种病原引起？田间表现哪些症状？侵染循环和发病规律如何？如何对其进行病害管理？

2. 烟草赤星病由哪种病原引起？田间表现哪些症状？侵染循环和发病规律如何？如何进行病害管理？

3. 田间观察如何区分 CMV 与 TMV 引起的病毒病？

4. 哪些因素影响烟草病毒病发病？烟草病毒病病程与侵染循环？如何进行病害管理？

5. 烟草野火病和烟草角斑病由哪种病原菌引起？田间表现哪些症状？侵染循环和发病规律如何？如何对其进行病害管理？

6. 甜菜根腐病有何症状表现？

7. 甜菜根腐病病程与侵染循环？如何进行病害管理？

8. 甜菜褐斑病由哪种病原菌引起？田间表现哪些症状？侵染循环和发病规律如何？如何进行病害管理？

9. 如何对烟草病害进行综合防治？

10. 如何对甜菜病害进行综合防治？

第三篇 果树病害与管理篇

第十四章

苹果和梨病害与管理

【教学目标】 掌握苹果和梨常见病害的症状及病害的发生发展规律，能够识别各种常见苹果、梨病害并进行病害管理。

【技能目标】 掌握苹果、梨常见病害的症状及病原的观察技术，准确诊断苹果、梨主要病害。

苹果和梨是我国的重要果树，病害是影响苹果、梨丰产的主要因素之一。我国苹果、梨病害种类很多，据报道苹果病害多达 100 种，梨病害 90 余种。主要有腐烂病、枝干干腐病、果实轮纹病、黑星病、霉心病、褐斑病、斑点落叶病、锈病、白粉病、根部病害、黑斑病、疫腐病、锈果病、苦痘病和痘斑病、银叶病和炭疽病。其中发生普遍而严重的病害有腐烂病、果实轮纹病和黑星病等。

第一节 苹果、梨腐烂病

苹果、梨腐烂病俗称"臭皮病"、"烂皮病"、"串皮病"；该病是我国北方果区危害较严重的病害之一，主要危害六年生以上的结果树，造成树势衰落、枝条枯死等；发病严重的果园树干上病疤累累、枝干残缺不全，甚至死树和毁园。腐烂病除危害苹果、梨树外，也可危害沙果、林檎、海棠、山定子等。

一、诊断病害

（一）识别症状

腐烂病主要危害结果树的主干、主枝及较大的侧枝等，也可侵害幼树、苗木和果实等。病害一般仅使皮层腐烂，有时也可侵害靠近皮层的木质部。腐烂病的症状有溃疡型和枝枯型两种，以溃疡型为主。

溃疡型：多发生在主干、主枝上。病斑初为圆形或椭圆形，红褐色，水渍状，组织逐渐松软（图 14-1）；后皮层腐烂，湿腐状，常溢出黄褐色或红褐色汁液，有酒糟味。后期病部失水凹陷硬化，呈黑褐色，边缘开裂，表面产生许多黑色小粒点，即分生孢子器。在雨后和潮湿情况下，分生孢子器可溢出橘黄色、卷须状的孢子角。严重时，病斑扩展环绕枝干 1 周，造成枝干枯死。

枝枯型：多发生在二至四年生的小枝、果台、干桩等部位，以剪口处最多。病斑形状不规则，红褐色或暗褐色；病部不隆起，扩展迅速，全枝

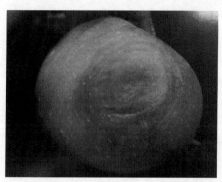

图 14-1 苹果腐烂病的症状
（引自刘红彦，2013）

很快失水干枯死亡。后期病部表面也产生许多黑色小粒点，潮湿时溢出橘黄色、卷须状的孢子角。在生长衰弱的树上，枝枯型症状表现尤为明显，可致主枝或整株发病枯死。

苹果腐烂病菌也能侵害果实。果实病斑初呈圆形或不规则形，暗红色，具黄褐色与红褐色相间的轮纹，边缘清晰；病部软腐，有酒糟味，病皮易剥离。

（二）鉴定病原

1. 苹果腐烂病菌　有性态为苹果黑腐皮壳［*Valsa ceratosperma*（Tode: Fr.）Maire］，属子囊菌门黑腐皮壳属真菌。无性态为壳囊孢［*Cytospora sacculus*（Schwein.）Gvritischvili］。

病菌外子座形成于寄主皮层，圆锥形，黑色，顶部于表皮外。子座内含有 1 个扁瓶状的分生孢子器，大小为（480～1600）μm×（400～960）μm。成熟时形成几个腔室，各室相通，有一共同孔口伸出病皮外；腔室内壁密生分生孢子梗，分生孢子梗无色透明，分枝或不分枝，大小为 10.5～20.5μm，顶生分生孢子。分生孢子无色，单胞，香蕉形，内含油球，大小为（3.6～8.0）μm×（0.8～1.7）μm；孢子成熟后，与胶状物质混合，遇到雨水或相对湿度达 60% 以上时，混合物吸水膨胀，自孔口溢出橘黄色、卷须状的孢子角（图 14-2）。

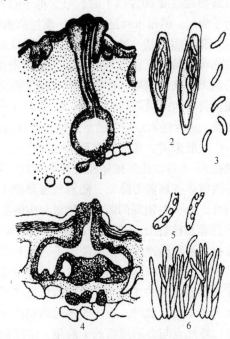

秋季于外子座的下面或旁边形成内子座，其内生 3～14 个子囊壳。子囊壳球形或烧瓶形，直径 320～540μm，具长颈，颈长 450～860μm，顶端有孔口；内壁着生子囊层，子囊长椭圆形或纺锤形，内含 8 个子囊孢子；子囊孢子无色，单胞，排列成两行或不规则，大小为（6～11）μm×（1.2～2.1）μm；

图 14-2 苹果腐烂病菌（引自董金皋，2007）
1. 着生于子座内的子囊壳；2. 子囊；3. 子囊孢子；
4. 分生孢子器；5. 分生孢子；6. 分生孢子梗

雨后或潮湿情况下，子囊孢子与胶体物质从孔口涌出（橘黄色、卷须状的孢子角）。

菌丝生长温度为 5～38℃，较适为 28～29℃。分生孢子器形成适宜温度为 20～30℃，分生孢子萌发适宜温度在 25℃左右；分生孢子在清水中不萌发，在苹果树皮浸汁或煎汁中发芽良好。子囊孢子萌发适温为 19℃左右；子囊孢子在清水中可以萌发，但发芽率低，在寄主组织浸提液中萌发良好。

2. 梨腐烂病菌　有性态为梨黑腐皮壳［*Valsa ambiens*（Pers.）Fr.］，属子囊菌门黑腐皮壳属真菌；无性态为壳囊孢（*Cytospora* sp.）。

有性态形态与苹果树腐烂病菌相似。一个子座由多个腔室组成，通常具 1 个孔口。内壁密生分生孢子梗，无色，分枝或不分枝，顶生分生孢子；分生孢子腊肠形，无色，单胞，大小为（5～6.5）μm×（1～1.5）μm。

病菌生长温度为 5～40℃，适温为 25～30℃。分生孢子萌发温度为 10～40℃，适温为 25℃；分生孢子萌发需要 98% 以上的相对湿度。

目前，国内外许多文献将苹果和梨树腐烂病的病原菌认定为 *V. ceratosperma*，表明引起苹果和梨腐烂病的病原菌可能是相同的。

二、掌握病害的发生发展规律

（一）病程与侵染循环

病菌主要以菌丝体、分生孢子器和子囊壳在田间病株和病残体上越冬。翌春，在雨后或相对湿度 60% 以上时，分生孢子器和子囊壳产生大量分生孢子和子囊孢子，以分生孢子为主，借雨水和昆虫传播。腐烂病菌的侵染具有伤口侵入、潜伏侵染等特点。

腐烂病菌是一种弱寄生菌，一般只能从伤口（如冻伤、修剪伤、日灼伤、机械伤和虫伤等）侵入，也可从叶痕、果柄痕及皮孔侵入。病菌侵入后，首先在侵入部位潜伏。外观无症状的树皮，往往也带有腐烂病菌。如果树势健壮，抗病力强，病原菌就停止扩展；当树体或局部组织衰弱，抗病力降低时，潜伏病菌便转为致病状态。病菌产生有毒物质，杀死侵入点周围的活细胞，接着菌丝向外和纵深扩展，致使树皮腐烂坏死。

一般来讲，我国北方苹果和梨产区，腐烂病一年有两次发病高峰。春季发病高峰一般在 3～4 月，此时树体经过越冬消耗，再加萌芽、展叶、开花等使养分大量向芽转移，导致树体抗病能力降低；随着气温逐渐上升，病菌迅速扩展，表现明显的发病高峰。据调查，3～4 月出现的新病斑数量和病斑扩展量均可占全年总量的 70% 左右。5～6 月，枝干营养和抗性处于全年最高水平，此时病斑停止扩展，发病盛期结束。7～9 月，花芽分化，果实迅速生长，致使枝干营养和抗病能力下降，而有利于病菌扩展，形成秋季发病高峰。与春季高峰相比，秋季高峰危害较轻（新病斑出现数量及旧病斑扩展量仅占全年总量的 20% 左右）。10 月以后气温降低，营养回流，枝干抗病能力较强，又进入一个相对静止期。此时，表皮溃疡斑的病菌穿过周皮，向健康皮层组织扩展，形成许多坏死点；坏死点与春季残留的干病斑，继续向纵深扩展危害，11～12 月，内部漏斗状病斑激增。深冬季节，病菌扩展基本停滞。

（二）影响发病的条件

树势衰弱、树体愈伤能力低，是引起腐烂病暴发的主要原因。此外，该病的发生与流行，还与果园的病菌数量、树体伤口的多少及气候条件等密切相关。

1. 树势　　腐烂病菌是弱性寄生菌，也是树体的习居菌，只有在树势衰落时才会使树体发病。随着树龄的增加和产量的不断提高，腐烂病有逐年加重的趋势。若追施肥料不足，特别是磷肥、钾肥，树体缺乏营养，抗病能力下降，发病较重。大小年严重的果园或植株，腐烂病也比较严重；大年树营养缺乏，树势衰弱，发病严重。如果叶部病虫害防治不当而发生早期落叶，也会严重削弱树势，加重该病的发生。

2. 病菌数量　　果园中病菌基数高，传播蔓延快，发病重。如果不及时治疗病斑，不及时清理死树、死枝，均会增加果园中的病菌基数和侵染数量，导致腐烂病发病严重。

3. 树体伤口　　腐烂病菌主要通过伤口侵入。冻伤、日灼、虫伤及人为伤害等，造成伤口，均有利腐烂病菌的侵染。果树整形修剪不当或修剪过重，致使树体伤口过多，树势衰落，有利于腐烂病的发生；长期不愈合的剪口、锯口往往成为发病的中心。

4. 气候条件　腐烂病的发生与冻害、日灼有很大关系。冻害使树体抗病性降低；凡冻害之年，往往是该病暴发或开始暴发之年。山区和沙地果园，向阳面枝干容易发生日灼，加重腐烂病的危害。

5. 品种抗性　常见的苹果品种中不具有免疫或高度抗病的种类，而且不同品种的感病性也无明显的差异。梨品种与腐烂病的发生有很大关系，通常，西洋梨最感病，白梨和沙梨发病较轻，秋子梨发病很轻或不发病。

三、管理病害

（一）制订病害管理策略

腐烂病防治应以加强栽培管理，增强树势为中心；以清除病菌，治疗病斑为基础；结合病虫害防治、药剂防治、防止冻害等多项措施，进行综合治理。

（二）病害管理措施

1. 加强栽培管理　以增强树势为中心，提高抗病性，争取连年稳产、高产。

（1）合理施肥　根据果树营养需求，早施基肥，科学施用氮肥、磷肥、钾肥及微量元素。

（2）合理灌水　秋季控制灌水，有利枝条成熟，可以减轻冻害；早春适当提早浇水，可增加树皮的含水量，降低病斑的扩展速度。

（3）合理负载　根据树龄、树势、土壤肥力等条件，通过疏花、疏果等措施调整结果量。可采取三种方法：一是枝果比法，壮树（3～4）∶1，弱树（4～5）∶1；二是按果台副梢留果法，1个副梢留2个果，2个副梢留3个果，无副梢者留单果；三是距离法，乔化苹果20cm左右留1个中心果，矮化苹果24cm左右留1个中心果。

（4）合理修剪　整形修剪是促使果树高产、稳产的重要措施，通过修剪调节生长与结果的矛盾，培育壮树；尽量少造成伤口，对造成的伤口及时涂药保护。

（5）病虫害防治　及时防治造成树体早期落叶的病害、虫害及根部病害。

（6）清洁果园卫生　及时清除死树、重病树、病死枝和修剪枝等，运出果园并集中烧毁，以减少越冬病原。

2. 清除病菌　降低果园菌量是控制危害的基础，重刮皮法是一种有效的清除病菌方法。5～7月，在树体主干、基层主枝等主要发病部位进行全面刮皮，深度一般为0.5～1mm，刮后露出新鲜组织，呈黄绿镶嵌状；若遇到变色组织或坏死斑点，则应彻底清除干净；重刮皮部位不能涂刷药剂，以免发生药害，影响愈合。早春及晚秋重刮皮要慎重，高寒地区更不宜在此时进行。

重刮皮主要是将枝干表面和树皮浅层的潜伏病菌彻底铲除；其次是刺激树体的愈伤能力，促进树体的抗病性。重刮皮部位，树皮成为新生的、幼嫩的组织，生活力强，且2～3年内不产生自然落皮层。试验证明，重刮皮法能明显减轻腐烂病的发生及蔓延程度。

3. 病斑治疗　及时治疗病斑，既可以控制病斑扩展，又可以减少菌源。常用的方法有刮治法、割治法和包泥法等。

（1）刮治法　　在春季发病高峰期（3～4月），彻底刮除病斑及其边缘0.5～2cm的健皮，刮口要光滑平整以利愈合，并涂药保护，常用的药剂有烯唑醇、氟硅唑、甲基硫菌灵、农抗120等，为了增加杀菌剂的渗透性和附着性，可按一定比例将其与豆油或黄油混合后使用。为防止病疤复发，应连续涂药4～5次，每隔1个月涂1次，具有良好防效。

（2）割治法　　用刀在病斑上纵向切割，刀距0.5cm，深达木质部表层，然后涂药（每周1次，连续涂3次）。药剂必须有较强的渗透性或内吸性，如稀释4～5倍的9281、10～20倍的菌毒清等。

（3）包泥法　　用黏土加水成泥，糊住病斑。泥要黏且厚（1～2cm），四周超出病斑2cm以上；糊泥后用塑料膜严密包扎，一般密封1个月以上。

4. 桥接复壮　　对产生大病斑且衰弱的树体，在进行病斑治疗时，应及时进行桥接，促进树势恢复，以增强树体抗病力。

5. 其他措施

（1）防止冻害和日灼　　秋季和早春树干涂白，可减少冻害和日灼的发生，也有防病作用。

（2）选择品种和砧木　　在比较寒冷的苹果产区，应利用抗寒砧木或品种。

第二节　苹果枝干干腐病

苹果枝干干腐病又称为胴腐病，是苹果枝干上的重要病害之一。该病在我国北方地区均有发生，一般危害衰弱的老树和定植后管理不善的幼树。枝干干腐病的寄主范围极广，除苹果外，梨、柑橘、桃、杨、柳等木本植物都能受害。

一、诊断病害

（一）识别症状

主要危害主枝和侧枝，也可危害主干。一般以皮孔为中心，形成暗红色、椭圆形或不规则形的病斑，表面湿润，常溢出褐色黏液。后期病斑干缩凹陷，呈黑褐色，病健交界处开裂，病皮翘起以至剥离。病部表面密生大量黑色细小粒点（分生孢子器），多雨潮湿时小黑点上可溢出大量灰白色黏液（图14-3）。发病严重时，病斑迅速扩展，导致枝条干枯死亡。

（二）鉴定病原

有性态为贝伦格葡萄座腔菌（*Botryosphaeria berengeriana* de Not.），属子囊菌门葡萄座腔菌属。无性态产生小穴壳菌型分生孢子器。

子囊壳产生于寄主表皮下，扁圆形或洋梨形，黑褐色，大小为（170～310）μm×（230～310）μm，具乳头状孔口，内生子囊及侧丝；子囊长棍棒状，无色，大小为（110～130）μm×（17.5～22.0）μm，内生8个子囊孢子；子囊孢子无色，单胞，椭圆形，双列，大小为（24.5～26.0）μm×（9.5～10.5）μm（图14-4）。

小穴壳菌型分生孢子器与子囊壳混生于同一子座内，大小为（182～319）μm×（127～225）μm。分生孢子无色，单胞，长椭圆形，大小为（16.8～29.0）μm×（4.5～7.5）μm（图14-4）。

图14-3　苹果枝干干腐病的症状
（引自王江柱等，2001）

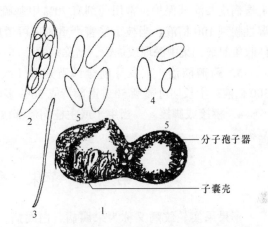

分子孢子器

子囊壳

图14-4　苹果枝干干腐病菌（引自董金皋，2007）
1. 子囊壳和分生孢子器混生；2. 子囊；3. 侧丝；
4. 子囊孢子；5. 分生孢子

二、掌握病害的发生发展规律

（一）病程与侵染循环

苹果枝干干腐病菌以菌丝体、分生孢子器和子囊壳在枝干病部越冬。翌年春季，病菌直接以菌丝沿病部扩展，或产生大量分生孢子或子囊孢子，通过风雨传播，从伤口、皮孔、枝芽等处侵入。该菌是弱寄生菌，具有潜伏侵染特性；病菌先在伤口处已死亡的寄主组织中生活一段时间，再向活组织扩展蔓延。苹果枝干干腐病一年有两次发病高峰，北方果区一般是在6月和10月。

（二）影响发病的条件

苹果枝干干腐病的发生与树势和气候条件关系密切，树势衰弱，伤口多，有利于枝干干腐病发生。一般干旱年份或干旱季节发病重；山东、河北等华北地区，6月降雨量最少，发病严重，形成第1次高峰；7月雨季来临时，病势减轻；9月中下旬至10月，病菌再次扩展，形成第2次发病高峰。

三、管理病害

（一）制订病害管理策略

采取加强栽培管理、病斑治疗及药剂防治等多项措施。

（二）病害管理措施

1. 加强栽培管理　　增强树势，提高抗病能力是防治枝干干腐病的根本途径。加强肥水管理，促进养分平衡吸收，防治苗木徒长。冬季来临之前，及时做好防冻工作。苗木、幼树移栽时，应尽量少伤根；苗木定植时避免深栽，以嫁接口与地面相平为宜，并充分浇水，缩短缓苗时间。

2. 病斑治疗　该病害一般仅限于皮层，应加强病害检查，及时治疗。方法是刮除上层病皮并涂药保护；常用药剂有 70% 甲基硫菌灵可湿性粉剂 100 倍液，50% 多菌灵可湿性粉剂 100 倍液。当枝干受害严重时，可考虑在生长季节进行重刮皮，将刮掉的病残体收集起来，集中深埋或烧毁，清除病源。

3. 药剂防治　发芽前全园普遍喷 1 次 40% 福美胂 600 倍液，或 80% 五氯酚钠 300 倍液；生长期可喷洒 50% 退菌特或 50% 多菌灵可湿性粉剂 800 倍液。

4. 桥接或脚接　当主干或主枝伤痕部位较大时，应及时进行桥接或脚接，帮助恢复树势。

第三节　苹果、梨果实轮纹病

苹果果实轮纹病又称为果腐病、白腐病，是一种世界性的苹果病害，主要分布于中国、日本、朝鲜、美国及智利等国家。随着易感轮纹病苹果品种'富士'成为我国的主栽品种，该病在华北、四川及湖北等地发生普遍，成为我国当前苹果生产上最为严重的病害之一，使苹果产业遭受巨大的经济损失。常年烂果率为 20%～30%，多雨年份可达 40%～50% 甚至 70%～80%。梨果实轮纹病也称为水烂病，在我国各梨产区分布广泛，是我国梨树的重要病害之一。该病每年可造成减产约 25%，严重时烂果率高达 80%。

一、诊断病害

（一）识别症状

苹果和梨果实轮纹病都从果实近成熟期开始发病，采收期大量烂果，贮藏期继续发生。初期以皮孔为中心，生成水渍状褐色小斑点，周缘有红褐色晕圈，稍深入果肉；后迅速向四周扩展，形成深褐色与浅褐色相间的同心轮纹病斑（图 14-5）；病部果肉软腐，但不凹陷；发病后期，病部表面散生黑色小粒点（分生孢子器）（图 14-6）；严重时 5～6d 即可全果腐烂，常溢出褐色黏液，有酸臭气味，但仍保持果形不变，失水干缩后变成黑色僵果。

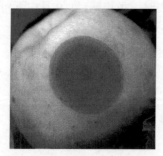

图 14-5　苹果果实轮纹病的症状
（引自王江柱等，2001）

图 14-6　梨果实轮纹病的症状
（引自徐国良等，2000）

（二）鉴定病原

引起苹果、梨果实轮纹病的病原是干腐病菌（*Botryosphaeria berengeriana* de Not.）和轮纹病菌［*B. berengeriana* f. sp. *piricola*（Nose）Koganezawa et Sakuma］。现已证实干腐病菌和轮纹病菌是同一种病菌的不同致病型。干腐病菌的有性态为贝伦格葡萄座腔菌，轮纹病菌的有性态为贝伦格葡萄座腔菌梨生专化型；两菌的无性世代均为小穴壳菌。

干腐病菌和轮纹病菌的差别在于，干腐病菌的子座发达，经常形成多个子囊腔室，而轮纹病菌的子座不甚发达，多形成1个子囊腔室。在自然情况下，干腐病菌寄主范围很广，至少包括20科34属的植物；轮纹病菌主要发生于梨、苹果和近缘植物。ITS-rDNA-RFLP分析表明，干腐病菌和轮纹病菌均具有120bp的特征性谱带，且轮纹病菌还具有210bp的特征性谱带；RAPD分析表明，两菌的遗传相似性较高，亲缘关系较近，但也具有明显的差异；另外，两种病菌的菌丝能够融合。

干腐病菌和轮纹病菌都能在多种天然或半组合培养基上生长和形成分生孢子器。干腐病菌的菌丝生长适温为28～30℃，分生孢子器形成的最适温度为27℃；轮纹病菌的菌丝生长适温为27℃，分生孢子器形成的最适温度为28℃。形成分生孢子器需要光照，在黑暗环境下均不能产孢。两种菌分生孢子萌发无需供给外源营养，但必须在有水条件下才能萌发；干腐病菌分生孢子的适宜萌发温度为25～30℃，轮纹病菌为28℃左右。

近年田间调查表明，干腐病菌是苹果和梨果实轮纹病的主要病原，占病原物总体的77.6%，而轮纹病菌只占22.4%。苹果的不同品种对两菌的感病程度有所不同，因而品种结构不同的果园，烂果系由轮纹病菌引起或是由干腐病菌引起及两者所占的比重常有相当差异。鉴于干腐病菌所致果腐的症状与轮纹病菌所致果腐的症状无明显差别，而轮纹病一词已广泛使用，目前人们将此两种病菌引起的病害统称为果实轮纹病。

二、掌握病害的发生发展规律

（一）病程与侵染循环

病菌以菌丝体、分生孢子器及子囊壳在病枝上越冬。菌丝体在枝干病组织中可存活4～5年，其中前3年能形成大量分生孢子。翌春，菌丝体恢复生长即可直接扩展；分生孢子产生的时间因地而异，一般4～9月均能产生。当气温达到10℃，病菌遇雨后大量释放分生孢子，成为初侵染源。分生孢子主要借风雨飞溅传播，其传播距离为10～30m。

病菌在花前仅浸染枝干，落花后病菌即开始侵染幼果。侵染盛期在6月中下旬至8月中旬，8月中旬以后侵染数量明显减少。分生孢子萌发和芽管侵入迅速，一般24h便可完成侵染；干腐病菌和轮纹病菌均可经伤口和皮孔侵入果实。

病菌具有潜伏侵染的特点。研究表明，果实在幼果期受侵染潜育期长达65～150d，接近成熟期受侵染潜育期仅18～21d。果实在幼果期抗病，经测定与果实内酚、糖的含量有关。果实含酚量在0.04%以上、含糖量在6%以下时病菌被抑制，反之，有利于病菌扩展危害。果实进入成熟期，生理状况发生重大变化，由抗病转变为感病，潜伏在皮孔下的病菌生长扩展，导致果实发病腐烂。

（二）影响发病的条件

1. 气候条件　　病菌侵染期间，多雨高湿是该病流行的主导因素。幼果期降雨量大、持续时间长，该病就比较重；反之则发病轻。尤其是在5~7月，降雨多，有利于病菌繁殖，病菌孢子大量散布，通常果实轮纹病发病重。如胶东地区，2010年梨盛花期在5月3日左右，梨幼果期从5月9~31日的22d内，降雨22d，降雨量为71.2mm；连续的降雨天气给梨轮纹病病菌侵染幼果创造了有利条件，造成胶东地区西洋梨轮纹病暴发。

2. 栽培管理措施　　果园管理水平是影响果实轮纹病发病程度的关键因素之一。两种病菌都是弱寄生菌，易侵染衰弱植株、老弱病枝及弱小幼树等。果园管理粗放，大小年严重，肥、水不足尤其是偏施氮肥时，病害极易发生。由于侵染果实的病菌主要来自枝干，所以，枝干发病重的果园果实发病也重。

3. 品种抗性　　苹果品种间的抗性存在差异，'富士'、'金冠'、'新乔纳金'、'元帅'、'青香蕉'等品种发病较重，'国光'、'祝光'、'新红星'等品种发病较轻。研究认为，抗病性的差异与皮孔的大小及组织结构有关，凡皮孔密度大、细胞结构疏松的品种感病都重，反之则感病轻。如'金冠'果实的皮孔数量比'黄魁'多5倍，因此金冠比黄魁发病重。梨不同品种间的抗病性差异显著，砂梨抗性最强，其次是白梨，西洋梨抗性最差。

三、管理病害

（一）制订病害管理策略

果实轮纹病的防治要做到预防为主，综合防治，配合使用多种措施，将病害控制在经济允许的范围之内。

（二）病害管理措施

1. 植物病害检疫　　苗圃选在远离病区的地方，采集无病接穗，培育无病苗木。新建果园时，对苗木进行严格的检验检疫，防止病害传入。苗木出圃时必须严格检验，防止病害传到新区。

2. 加强栽培管理　　加强土、肥、水管理，注意氮肥、磷肥、钾肥的合理搭配，促使树势生长健壮；合理修剪，及时中耕除草，保持良好的通风透光条件，提高抗病力；及时做好树干害虫，特别是吉丁虫的防治工作，以减少伤口，防治发病；通过刮除病斑、枝干涂药及清除病枝枯枝等措施，清除越冬菌源；在枝干发病初期，及时刮除病斑，刮除后用402抗菌剂100倍液消毒伤口，再外涂波尔多液保护。

3. 药剂防治　　施药时期和次数与果实套袋或不套袋有密切关系。

对不套袋的果实，落花后立即喷药，每隔10~15d喷药1次，连续喷5~8次，到9月上旬结束。在多雨年份及晚熟品种上可适当增加喷药次数。此外，必须注意到采前和采后应交替使用不同类别的杀菌剂，避免病菌产生抗药性和适药性。根据情况采前可选择下列药剂交替使用：1:（1~2）:（200~240）的波尔多液、甲基硫菌灵、代森锰锌、多菌灵、氟硅唑、戊唑醇等。在一般果园，可以建立以波尔多液为主体、交替使用有机杀菌剂的药剂防治体系。波尔多液有耐雨水冲刷、保护效果好的特点，但在幼果期（落花后 30d 内）和果实生长后期不宜使用，提倡代森锰锌等保护性杀菌剂与甲基硫菌灵等内吸性杀菌剂交替轮换使用或混合使用。

对套袋果实，防治果实轮纹病的关键在于套袋之前用药。谢花后和幼果期可喷施质量高、药害轻的有机杀菌剂，如甲基硫菌灵等；禁止喷施代森锰锌、波尔多液等药剂，以免污染果面，影响果实外观。

4. 套袋保护 果实套袋已经成为发展优质果业，提高果品质量的重要措施之一。

苹果套袋应在生理落果后进行。对不易产生果锈的中晚熟红色品种，如'红富士'、'新红星'、'新乔纳金'等，于 6 月初进行套袋比较适宜，最好在 6 月 20 日前套完。对'金帅'等黄绿色品种，以谢花后 10d 左右开始套袋为宜。梨果套袋应在 4 月下旬至 5 月上旬生理落果后进行，此时套袋可避开果锈的发生期和果实的生理落果期。

5. 贮藏期防治措施 贮藏前，应严格剔除病果及其他有损伤的果实，然后低温贮藏。为了提高贮藏效果，可将健果浸泡在特克多、乙膦铝等药液中一定时间，捞出晾干后入库，可有效控制贮藏期烂果。

第四节 梨、苹果黑星病

梨黑星病又称为疮痂病、黑霉病等，是我国梨树上的一种重要病害。该病在我国南北梨产区均有发生，尤以辽宁、河北、山东、陕西、河南和山西等梨产区危害严重。梨黑星病危害叶片，导致早期大量落叶，严重削弱树势；危害果实，导致幼果畸形，不能正常膨大。病害流行年份，病叶率达 90%，病果率达 50%～70%，严重影响梨的优质高产。

苹果黑星病是广泛分布于世界各苹果产区的主要病害。该病主要危害叶片和果实，引起早期落叶，果实畸形，严重影响苹果的产量和质量。20 世纪 90 年代，该病在新疆发生较大范围的流行，病果率在 30% 以上的果园占当地总面积的 40%。21 世纪初，在我国四川、甘肃、陕西、河北、云南等省，该病均有局部发生，并造成损失，且该病在国内有逐渐加重之势。

一、诊断病害

（一）识别症状

黑星病可侵染叶片、果实、叶柄、芽、花序、新梢及一年生枝条等绿色幼嫩组织，主要侵染叶片和果实。该病从萌芽期到落叶期均可危害，其症状特点是受害部位产生墨绿色至黑色霉状物（分生孢子梗及分生孢子）。

1. 叶片症状 梨黑星病主要发生在叶片背面。发病初期，病菌在叶背主、支脉之间形成圆形或近圆形的淡黄色病斑，2～3d 后产生黑色霉层；霉层沿叶脉呈放射状扩展，形成网状或圆形病斑。发病严重时，许多病斑相互连接，整个叶片背面布满黑色的霉层，叶片枯黄，脱落。

苹果黑星病多数发生在叶片背面；如果侵染较迟，也可在叶片正面发生。病斑初为淡黄绿色，色泽较周围组织深；逐渐老熟时，变为黑色；病斑直径为 3～6mm 或更大。幼叶上的病斑，表面呈粗糙羽毛状；老叶上病斑边缘明显，病斑周围的健康组织变厚，使病斑向上凸出，其背面呈环状凹入。发病重时，叶片变小增厚，呈卷曲或扭曲状；叶片上病斑发生较多时，病斑融合连成一片，导致叶片干枯并提早脱落。

梨和苹果的叶柄、主脉受害，病斑呈长条形或梭形，表面产生霉层。严重时叶脉断裂，叶柄变黑。叶柄和主脉受害常是早期落叶的重要原因。

图 14-7　梨黑星病的症状
（引自徐国良，2000）

2. 果实症状　　梨果实从幼果期至成熟期均可受害，其中以幼果和近成熟的果实最易感病。刚落花的梨果发病，在果柄或果面形成黑色或墨绿色近圆形霉斑，病果几乎全部早落。稍大梨幼果受害，果面产生淡黄色斑点，圆形或不规则形，上生黑霉。膨大前果实受害，病部组织停止生长，果实严重畸形、开裂。膨大期果实受害，病斑木栓化，凹陷并开裂。近成熟期果实受害，果面上形成大小不等的圆形黑色病疤，病斑硬化，表面粗糙（图 14-7）。

苹果从幼果期至成熟期均可受害，但在果实生长前期最容易感病。病斑初为淡黄绿色，圆形或近圆形，渐变为褐色或黑色，上生黑霉。后期病斑逐渐凹陷并扩大，果实表层木栓化，果实开裂畸形呈疮痂状。若果实在深秋被害，病斑密集呈黑色或咖啡色小点，选果时不易为肉眼所察觉，而在贮藏期病斑逐渐扩大。

3. 病梢　　梨黑星病能形成病梢。梨芽染病后，鳞片变黑，产生黑色霉层。翌春，病芽萌发形成病梢（病芽梢），病斑随新梢的生长而扩展蔓延，在梢基部或整个梢部形成病斑。病斑上产生一层浓密的墨绿色至黑色霉层。病梢叶片初变红，再变黄，最后干枯脱落。

（二）鉴定病原

梨黑星病：危害梨的黑星菌有两个种：梨黑星菌（*Venturia pirina* Aderh.）和纳雪黑星菌（*Venturia nashicola* Tanaka & Yamamoto），属于子囊菌门黑星菌属；无性态为梨黑星孢（*Fusicladium virescens*）。研究表明，梨黑星菌和纳雪黑星菌在形态和致病性方面存在显著差异；梨黑星菌只侵染西洋梨，而纳雪黑星菌只侵害中国秋子梨和日本梨；且后者的分生孢子及子囊孢子均显著小于前者。

黑星菌一般在越冬后的病叶上产生假囊壳，多在叶背面聚生。假囊壳圆球形或扁圆球形，颈部较肥短，黑褐色，喙部突出，大小为（95.7～220.1）μm×（81.3～201.0）μm。子囊棍棒状，聚生于假囊壳底部，无色透明，大小为（37.1～91.0）μm×（6.2～13.0）μm。每个子囊内含有 8 个子囊孢子，子囊孢子淡黄绿色或淡黄褐色，双胞，大小为（11.1～18.0）μm×（3.7～7.0）μm。病斑上的黑色霉层为病菌的分生孢子梗和分生孢子，分生孢子梗暗褐色，散生或丛生，直立或稍弯曲；分生孢子着生于孢子梗的顶端或中部，脱落后留有瘤状的痕迹。分生孢子淡褐色或橄榄色，纺锤形或卵圆形，单胞，但少数孢子在萌发时可产生一个隔膜。分生孢子大小为（8.0～24.0）μm×（4.8～8.0）μm（图 14-8）。

菌丝生长温度为 5～28℃，以 21～23℃较适。分生孢子形成适温为 20℃，萌发温度为 2～30℃，较适为 15～20℃，一般萌发需 3～5h。分生孢子萌发的相对湿度为 70%以上，低于 50% 则不萌发。分生孢子抗逆性强，在 −14～−8℃低温下经过 3 个月尚有

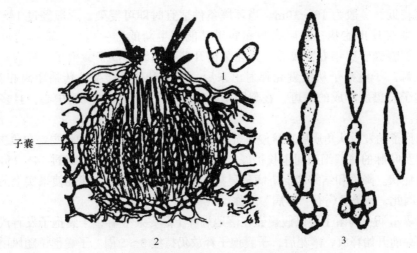

图 14-8　梨黑星病菌（引自王存兴和李光武，2010）
1. 子囊孢子；2. 假囊壳；3. 分生孢子梗及分生孢子

50%以上萌发；自然条件下，落叶上的分生孢子能够存活 4~7 个月。

梨黑星病菌假囊壳的形成不需要特殊的条件，主要取决于冬季、春季有无降雨。在湿润、较温暖的气候条件下，有利于病菌产生大量假囊壳，并以其越冬。翌年春天环境条件好转后，假囊壳继续发育产生子囊孢子。假囊壳吸水是子囊孢子释放的必要条件，短暂（10s）的浸水和饱和的相对湿度可刺激子囊孢子释放；假囊壳浸水后，10min 内子囊孢子开始释放，30min 达释放高峰，60min 释放率达 80%以上。子囊孢子虽能在黑暗中释放，但光照能促进子囊孢子的释放。子囊孢子萌发的温度为 5~30℃，最适温度为 21℃。与分生孢子相比，子囊孢子的侵染力更强。

苹果黑星病：致病菌有性态为苹果黑星菌 [*Venturia inaequalis*（Cooke）Wint.]，属于子囊菌门黑星菌属；无性态为苹果环黑星孢（*Spilocaea pomi* Fr.）。子囊座埋生或近表生，球形或近球形，直径为 90~100μm，孔口处稍有乳状突起，具少数刚毛。子囊壳内产生多个子囊，子囊无色，圆筒形，大小为（55~75）μm×（6~12）μm。子囊内含有8 个子囊孢子，子囊孢子卵圆形，褐色，双胞，上胞较小且稍尖，下胞较大而圆，大小为（11~15）μm×（6~8）μm。无性态分生孢子梗丛生，短而直，不分枝，褐色，于孢子梗上部有环痕。分生孢子倒梨形或倒棒状，淡褐色至深褐色，顶部略尖，基部平截，大小为（16~24）μm×（7~10）μm。

根据胡小平（2004）的研究，PSA、V8、苹果汁为苹果黑星病菌的最佳培养基，菌丝生长适温为 15~20℃，分生孢子萌发适温为 20℃左右。

二、掌握病害的发生发展规律

（一）病程与侵染循环

梨黑星病：病菌主要以分生孢子或菌丝体在腋芽的鳞片内越冬，也能以菌丝体在枝梢病部越冬，或以分生孢子、菌丝体及未成熟的假囊壳在落叶上越冬。在病芽内越冬的菌丝体，翌年春季随梨芽萌发形成病梢，产生分生孢子；分生孢子通过风雨传播，距离较近，一般为 10～30m。当环境条件适宜时即可侵染，一般经过 14～25d 的潜育期，即表现出症状；以后病叶和病果又能产生新的分生孢子，陆续造成再次侵染。越冬假囊壳于翌年春季成熟，并在梨树开花后陆续释放子囊孢子，成为该病的主要初侵染源。子囊孢子从假囊壳弹射出来后，随上升气流传播，传播距离相对较远。由子囊孢子侵染所形成的病斑，在梨园中随机分布，无明显的发病中心，且多出现在叶片正面。

病菌孢子萌发后从角质层直接侵入寄主组织（只需 5～48h）。菌丝主要在角质层与表皮细胞间及叶脉的薄壁细胞间生长扩展，从不侵入叶肉细胞。一般经过 14～25d 的潜育期表现出症状。降雨和结露能促进病斑显症，秋季连续的大雾，能促使果实上的病斑大量显症，因此，梨黑星病有"雾病"之称。

苹果黑星病：病菌主要以假囊壳在落地病叶上越冬。翌春，子囊孢子发育成熟，并于苹果萌芽前开始释放，落花后，子囊孢子释放仍持续 3～5 周。子囊孢子随风雨传播至叶片上，直接穿透寄主表皮进行初侵染。早春多雨，有利于子囊孢子的成熟、释放与侵染。在适宜条件下，病部产生分生孢子，进行多次侵染。分生孢子主要借风雨传播，萌发后从角质层直接侵入；病菌入侵以后在寄主角质层下和表皮细胞之间扩展、定植，并形成子座，12d 后从子座上产生分生孢子梗和分生孢子。

（二）影响发病的条件

1. 栽培管理措施　栽培条件对病害的发生、流行具有明显影响。树势衰弱，果园卫生环境差、地势低洼及通风不良等都易造成黑星病的发生。

2. 气候条件　在梨树生长季节，降雨情况是影响梨黑星病发展的重要条件。梨黑星病菌的分生孢子和子囊孢子主要靠风雨传播，降雨能促进黑星病斑产孢，5～7 月多雨容易导致黑星病大流行。在长江中下游产区，梨黑星病 5 月中旬前期的危害程度与上年 7 月的降雨量呈极显著的正相关，与 8 月的降雨量呈显著相关。

苹果黑星病是一种低温病害，其在田间流行的适宜温度为 20℃，低于 10℃，高于 30℃不利于病害流行。另外，春季降雨与当年病害的发展具有极大关系，春季降雨少发病轻，反之病害严重。

3. 品种抗性　梨不同品种之间抗性差异很大。国内的研究认为，一般以中国梨最感病，日本梨次之，西洋梨较抗病。在中国梨中，白梨系统感病重，其次为秋子梨系统，而砂梨、褐梨、夏梨较抗病。发病重的品种有'鸭梨'、'京白梨'、'秋白梨'、'花盖梨'等，而'玻梨'、'蜜梨'、'香水梨'等抗病。梨品种在不同国家或地区的抗病性产生变化，可能与气候条件、栽培条件及病原菌的生理小种分化有关。

苹果品种中，'红富士'、'嘎啦'、'乔纳金'、'老红星'等易感黑星病，而'秦冠'、'黄魁'、'祝光'等较抗病。

三、管理病害

（一）制订病害管理策略

梨、苹果黑星病的防治要做到预防为主，把病害控制在未发或初发阶段。根据该病的发生规律及多年的防治经验，防治黑星病应该注意两个关键环节：一是减少侵染源；二是适期喷药防治。

（二）病害管理措施

1. 加强检疫工作　苹果黑星病菌应以产地检疫和病区治理为主。根据病情普查资料，划定发病区或疫区。严禁从疫区引入苗木和接穗，严格限制疫区果实销售，防止病害传播蔓延。在非疫区发现此病，要立即采取措施，封锁消灭。在疫区，要采取综合治理措施，如化学防治、品种更新等。

2. 减少菌源　落叶后结合冬剪，彻底清除落叶、病僵果等病残体，深埋或集中烧毁，以减少越冬基数；每年 4～5 月及时清除病梢、病叶和病果，可明显减轻发病；芽萌动前喷施 1～2 次内吸性杀菌剂，能有效抑制病芽内菌丝生长，减少春季病梢的数量。

3. 药剂防治　药剂防治是目前防治黑星病的主要措施，其效果主要取决于用药时期、药剂种类等。在长江中下游梨区，由于黑星病发生较早，在花序露出期喷洒 3°Bé 石硫合剂和在花期雨后（病害流行年份）及花谢 80% 时喷洒保护剂是控制前期发病与全年危害的关键。从花谢喷药后每间隔 10～15d 结合防治其他病害喷药 1 次，连喷 3～5 次。为了保证果品安全，果实采收前 1 个月避免用药。防治黑星病的有效药剂种类较多，目前常用的杀菌剂有仙生、福星、速保利、烯唑醇、波尔多液等；保护剂有大生 M-45 和乐必耕等。喷药时注意药剂交替使用，以免产生抗药性。波尔多液及其他铜制剂易产生药害，在幼果期不宜喷洒。

4. 抗性育种　实践证明选育和推广抗病品种是综合防治梨黑星病的最有效措施。当前生产上主栽品种‘鸭梨’、‘砀山酥’等不抗黑星病是病害危害的主要原因，生产上迫切需要抗黑星病的、综合性状优良的新品种。河北农林科学院石家庄果树研究所选育的‘早魁’（2003）、云南省农业科学院选育的‘云红梨 1 号’（2003）及辽宁省果树科学研究所选育的‘新苹梨’（2004）等都具有抗黑星病的优良性状。

第五节　苹果、梨霉心病

苹果霉心病，又称为霉腐病、心腐病，是一种世界分布的果实病害。该病在幼果期能造成严重落果，采摘前，占落果总数的 15%～35%，个别省份高达 50% 以上；危害严重时，田间发病率可达 70%～80%，并可引起贮藏期的果实腐烂，严重影响果实的品质，造成重大经济损失。苹果霉心病主要危害‘元帅’、‘北斗’及‘红星’等心室开放的品种；近年来，该病在‘富士’品种上发生越来越严重，并有逐年蔓延之势。

梨霉心病是梨果贮藏过程中的常见病害，是造成梨果品质变劣的主要原因。该病主要危害‘二十世纪’、‘黄金梨’及‘新世纪’等。2004 年，‘黄金梨’上的霉心病暴发，11 月霉心病的发病率一般为 30%～40%，有的批次高达 80%，使‘黄金梨’贮藏和出口企业遭受严重的经济损失。

一、诊断病害

（一）识别症状

该病主要危害果实。果实受害从心室开始，逐渐向外扩展霉烂，果心变褐，充满灰色或粉红色的霉状物；当果心腐烂发展严重时，果实胴部可见褐色水渍状、不规则的湿腐斑块，斑块可彼此相连，最终导致全果腐烂。烂果果形通常保持完整，但受压极易破碎。果肉味苦。

霉心病症状可分为4种类型。

（1）整果腐烂型　多发生在生长前期，病部从心室向果面扩展，有时果心果肉变空，整个病果呈现干缩状，心室内菌落多为橘红色。

（2）心室腐烂型　主要发生在果实生长后期，菌落多呈黑色或灰色。

（3）心室大病斑型　多发生在贮藏期，心室病斑大，褐色或淡褐色，有些病斑也能扩展至果肉，病部呈湿润状。

（4）心室小病斑型　病部呈不连续条状淡褐色小斑，局限在萼筒、心室内。

（二）鉴定病原

该病是由多种弱寄生真菌侵害果实心室所致。目前，人们从病果心室及烂果肉中分离得到多种真菌，较常见者有链格孢（*Alternaria* spp.）、粉红单端孢（*Trichothecium roseum*）、镰孢菌（*Fusarium* spp.）、青霉（*Penicillium* sp.）、拟青霉（*Paecilomyces* sp.）、拟茎点霉（*Phomopsis* sp.）、头孢霉（*Cephalosporium* sp.）等。霉心病可能是由多种病原真菌复合侵染所致，并具有潜伏侵染的特性。

链格孢：分生孢子梗单生或丛生，一般不分枝，淡褐色至褐色，随着连续产孢作合轴式延伸。分生孢子单生或短链生，短链一般长2~5个孢子；分生孢子倒梨形或近椭圆形，淡褐色至褐色，一般具3~8个横隔和1~4个纵隔，大小为（22.5~40）μm×（8~13.5）μm。短喙柱状或锥状，淡褐色，大小为（8~25）μm×（2.5~4.5）μm。该菌是造成霉心症状的主要病菌。

粉红单端孢：分生孢子梗自梗顶端单个地以向基式连续产生一串孢子。分生孢子梨形或卵圆形，无色至淡褐色，双胞，上胞比下胞大，分隔处稍缢缩，大小为（12~18）μm×（8~10）μm。该菌是造成心腐症状的主要病菌。

镰孢菌：目前已发现的镰孢菌有多种，如腹状镰孢、芬芳镰孢、接骨木镰孢、砖红镰孢、茄病镰孢、串珠镰孢及多隔镰孢等。

二、掌握病害的发生发展规律

（一）病程与侵染循环

病菌主要在僵果、枯枝、落叶及其他坏死组织上存活。翌春产生分生孢子，主要经风雨传播。病菌自花期开始至果实生长期都可侵染，但花期至落花后20d的幼果期为重点侵染时期。病菌通过花和果实的萼筒进入心室扩展蔓延或潜伏。霉心病菌多为弱寄生菌，具有潜伏侵染的特点，一般花期侵染，而发病高峰出现在近采收期至贮藏期。霉心病菌对梨的侵染与其在苹果上的侵染规律基本一致。

（二）影响发病的条件

1. 品种抗性　　霉心病的发生与苹果品种具有密切关系。果实的萼口开、萼筒长、萼筒与心室相通的品种感病重，如'北斗'、'红星'、'元帅'等；而萼口闭、萼筒短、萼筒与心室不相通的品种则抗病，如'国光'、'祝光'等。'富士'、'金帅'、'乔纳金'等品种介于两者之间，发病较轻。不同品种对霉心病的抗性属于组织结构抗病类型。霉心病的发生与梨品种的关系也非常密切。'20世纪'、'黄金梨'、'新世纪'等高度感病，'鸭梨'中等发病，而'丰水'、'新兴'、'新高'、'长把梨'则发病很轻。

2. 气候条件　　霉心病的发生，与花期及其前后的气候条件有密切关系。如果花前、花期、花后（特别是花后20d内）阴雨连绵，气温偏低，田间湿度大，不仅造成霉心病菌的快速繁殖和大量蔓延，而且明显使开花期拉长，延缓了萼口的封闭时间，为病菌通过萼筒大量入侵创造了条件。因此，花期及其前后的阴雨、低温，是霉心病暴发的一个主要原因。

3. 栽培管理措施　　果园管理粗放，有机肥少，矿物质营养不均衡，树势衰弱，霉心病发生重。果园地势低洼，树冠郁闭，通风透光不良，也加重霉心病的发生。

三、管理病害

（一）制订病害管理策略

霉心病是一个病原种类多样复杂的病害，受气候、栽培管理技术及地理位置等多因素的影响，目前防治效果并不稳定，有的年份好，有的年份差，因此要及时总结，确定适应当地的防治方法。

（二）病害管理措施

1. 加强栽培管理　　合理修剪，改善果园通风透光条件；实施套袋保护，选择透光性、排水性较好的纸袋；增施有机肥料，增强树势，提高抗病性；彻底清除果园病僵果、病枯枝及残枝落叶，并集中深埋或烧毁，以减少越冬菌源。

2. 药剂防治　　在果树萌芽之前，全园喷洒5°Bé石硫合剂，以铲除越冬病菌。在盛花末期，喷施3%中生霉素1000倍液或10%多氧霉素可湿性粉剂1500倍液；高感品种应在初花期加喷1次。

3. 贮藏期防治　　果库温度应保持在0.5～1.0℃，相对湿度保持在90%，可防治霉心病菌扩展蔓延。

第六节　苹果褐斑病

苹果褐斑病又称为绿缘褐斑病，是引起苹果早期落叶的主要病害，我国各苹果产区均有发生。危害严重年份，造成苹果早期大量落叶，削弱树势，果实不能正常成熟，对花芽形成和果品产量、质量都有明显影响。该病除侵染苹果外，还可侵染沙果、海棠、山定子等。近年来随果实套袋技术的推广，褐斑病有加重趋势。

一、诊断病害

（一）识别症状

苹果褐斑病主要危害叶片，也可侵染果实和叶柄。发病初期叶片正面出现褐色小点，后扩展为 0.5～3.0cm 的褐色大斑，病斑表面有黑色小粒点和灰白色菌索。病斑可分为 3 种类型。

（1）同心轮纹型　　发病初期，叶正面出现黄褐色小点，后逐渐扩大成圆形病斑。病斑暗褐色，外有绿色晕圈，病斑中央产生许多黑色小粒点（分生孢子盘），呈同心轮纹状。叶背深褐色，四周浅黄色，无明显边缘。

（2）针芒型　　病斑呈针芒状向外扩展，无一定边缘。病斑小，数量多，常遍布叶片，后期叶片逐渐变黄，病斑周围及背部仍保持绿色。

（3）混合型　　病斑大，近圆形或不规则形，其上也有小黑点。后期病斑中心变为灰白色，边缘仍保持绿色。多个病斑可相互连接，形成不规则形大斑。

果实染病，初为淡褐色小斑点，逐渐扩大为近圆形病斑，褐色，稍凹陷，直径为 6～12mm，表面散生黑色小粒点。病斑果肉变褐，呈海绵状干腐。

（二）鉴定病原

有性态为苹果双壳菌（*Diplocarpon mali* Harada et Sawamura），属子囊菌门双壳属真菌；无性态为苹果盘二孢［*Marssonina mali*（P. Henn）Ito］。子囊盘肉质，钵状，淡褐色，大小为（120～220）μm×（100～150）μm。子囊棍棒状，大小为（55～58）μm×（14～18）μm。子囊内含有 8 个子囊孢子，子囊孢子香蕉形，直或稍弯曲，双胞，大小为（24～30）μm×（5～6）μm。病斑上着生的黑色小粒点为分生孢子盘。分生孢子盘初期埋生在表皮下，成熟后突破表皮外露，直径为 100～200μm，盘上有分生孢子梗，呈栅栏状排列，梗上产生分生孢子。分生孢子无色，双胞，上胞较大而圆，下胞较窄而尖，内含 2～4 个油球，大小为（20～24）μm×（7～9）μm（图 14-9）。

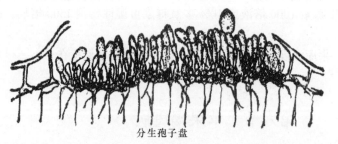

分生孢子盘　　　　　　　　　　分生孢子

图 14-9　苹果褐斑病菌（引自董金皋，2007）

二、掌握病害的发生发展规律

（一）病程与侵染循环

病菌以菌丝、菌索、分生孢子盘或子囊盘在病叶上越冬。翌春产生分生孢子和子囊孢子进行初侵染。子囊孢子在开花前释放，持续3～4周。分生孢子随雨水传播，从叶片正面直接侵入。一般潜育期为6～12d，从侵入到引起落叶一般经13～55d。发病后从病斑产生的分生孢子，借风雨传播进行再侵染。

（二）影响发病的条件

1. 气候条件　降雨和温度是影响病害发生与流行的主要因素。分生孢子只能借助风雨传播。温度主要影响病害的潜育期。在较高温度下，潜育期短，病菌积累速度快，发病高峰来得早。一般来说，春雨早、雨量大、持续时间长，夏季阴雨连绵及秋季多雨年份，苹果褐斑病发病早而重。

2. 栽培管理措施　老树、弱树易发病；管理不善，地势低洼，排水不良，树冠郁闭，发病重，反之，发病轻。

3. 品种抗性　不同苹果品种对褐斑病的抗性有差异。'金冠'、'富士'、'嘎啦'、'北斗'、'红玉'、'元帅'等易感病；'国光'、'祝光'、'柳玉'、'倭锦'、'青香蕉'等较抗病。

苹果褐斑病是一个典型的多循环病害，病害流行取决于气候条件和病菌累积量等。5～6月是病菌的累积期，若降雨早且次数多，病菌积累速度快，7～8月可达发病盛期，造成大量落叶。9月之后随气温的降低，病害逐渐减轻。

三、管理病害

（一）制订病害管理策略

一般以化学防治为主，结合清除落叶、整形修剪等农业防治措施。

（二）病害管理措施

1. 药剂防治　从苹果谢花开始喷药，每隔10～15d喷药1次，连续喷5～8次。常用的保护性杀菌剂有波尔多液、代森锰锌、丙森锌、百菌清及扑海因等。一般果园，可以建立以波尔多液为主体、交替使用有机杀菌剂的药剂防治体系。

2. 加强栽培管理　加强栽培管理，增强树势，提高树体抗病力。合理修剪，改善果园通风透光条件。秋冬彻底清扫落叶，剪除病梢，并集中处理，以减少越冬菌源。

第七节　苹果斑点落叶病

苹果斑点落叶病是1956年在日本首次发现的一种新病害。我国自20世纪70年代后期开始，有苹果斑点落叶病发生危害的报道，80年代成为各苹果产区普遍发生的一种新病害。以渤海湾、黄河故道、豫西等苹果产区发生较重。目前，该病已成为苹果产区生产上最难防治的病害之一。发生严重时，常造成早期落叶，影响树势和花芽形成。

一、诊断病害

（一）识别症状

主要危害叶片，尤其是展叶 20d 内的幼嫩叶片，也能危害叶柄、嫩枝和果实。

叶片发病后，首先出现极小的褐色小点，后逐渐扩大为直径 3～6mm 的病斑。病斑红褐色，边缘为紫红色，有时病斑具不明显同心轮纹。天气潮湿时，病斑表面可见黑色霉层。发病中后期，病斑变成灰色。有的病斑可扩大为不规则形，有的病斑则破裂形成穿孔。在高温、多雨季节病斑扩展迅速，常使叶片焦枯，病叶大量脱落。

枝条受害后，皮孔突起，以皮孔为中心产生褐色凹陷病斑，多为椭圆形，直径 2～6mm，边缘常开裂。

果实受害多发生在近成熟期。在果实表面，形成褐色至黑褐色圆形病斑，凹陷。病斑下果肉数层细胞变褐，呈木栓化干腐状。病果往往受二次寄生菌侵染而促使果实腐烂。

（二）鉴定病原

病原为苹果链格孢（*Alternaria mali* Roberts），属半知菌类链格孢属。分生孢子梗在病斑上通常簇生，直立，直或屈膝状弯曲，淡褐色，分隔，大小为（29.0～53.0）μm×（3.0～4.5）μm。分生孢子短链生或单生，卵形、倒棒状或倒楔状，淡青褐色至深青褐色，具横隔膜 3～6 个，纵隔膜 1～4 个，分隔处略缢缩，多数孢子表面密生细疣。菌丝生长温度为 5～35℃，适温 28℃；pH 为 3.0～9.0，较适 pH 为 4.5～6.0。分生孢子萌发温度在 5～35℃，最适萌发温度为 25℃。

苹果斑点落叶病菌存在生理分化现象。

二、掌握病害的发生发展规律

（一）病程与侵染循环

病菌主要以菌丝和分生孢子在落叶上、一年生枝的叶芽和花芽及枝条病斑内越冬。翌年春季越冬的分生孢子及越冬后新产生的分生孢子主要借风雨传播，直接侵入叶片危害。分生孢子传播到达苹果叶片等侵染部位后，一般在日平均气温达 15℃以上，遇雨或叶面结露时，孢子的多个细胞便可同时萌发，直接侵入或从气孔侵入。该病潜育期很短，一般为 24～48h。生长期田间病叶不断产生分生孢子，借风雨传播蔓延，进行再侵染。该病 1 年中有两个危害高峰，分别为春梢期和秋梢期。

（二）影响发病的条件

1. 气候条件　　病害发生的早晚与轻重，取决于春、秋两次抽梢期的降雨量及空气相对湿度。降雨是生长季苹果斑点落叶病流行的主导因素。降雨影响分生孢子的形成和散发，孢子散发的高峰期一般出现在雨后 5～10d。据报道，苹果新梢旺盛生长期，斑点落叶病菌大量侵染的决定性天气条件为，在 24h 内，降雨量（mm）与降雨持续时间（h）的乘积至少要达到 12，且降雨开始后空气相对湿度维持在 90% 以上至少 10h。因此，春季干旱年份，病害始发期推迟；生长季降雨多，发病重。

2. 叶龄 一般来说，嫩叶易发病，老叶不易被侵染。据报道，苹果斑点落叶病菌对叶龄 35d 之内的叶片可造成侵染发病，叶龄 36d 以上的叶片基本不再侵染发病。但不同品种叶片易感病的日龄有差异。

3. 品种抗性 苹果品种间感病性有明显差异。'新红星'、'红元帅'、'印度'、'青香蕉'、'北斗'、'玫瑰红'等品种易感病，'嘎啦'、'红富士'、'国光'、'金帅'、'金冠'、'红玉'、'乔纳金'、'祝光'等品种发病轻。

4. 栽培管理措施 树势衰弱，通风透光不良，发病重；果园地势低洼，地下水位高，以及有机质含量低和大量使用化学肥料，发病重；农药选用不当，以及果袋透气性差，枝细叶嫩，叶螨危害重等均有利于该病发生。

三、管理病害

（一）制订病害管理策略

苹果斑点落叶病的防治应采取选种抗病品种、清洁田园、加强栽培管理、及时药剂防治的综合防治措施。

（二）病害管理措施

1. 选用抗病品种 在发病重的地区，尽可能减少易感品种的种植面积，控制病害暴发。对有些发病较重、丰产性状较差的品种，应及时淘汰。抗病性较好的品种，除目前种植较多的'富士'系列外，早熟品种可选择'藤牧一号'、'嘎富'等，中熟品种选'红将军'、'金帅'等，晚熟品种选'烟富1号'、'烟富2号'、'烟富3号'等。

2. 清洁田园 秋、冬季清扫果园内落叶，结合修剪清除病枝、病叶，集中烧毁或制作沤肥，可以有效降低果园菌源基数，以减少初侵染源。

3. 加强栽培管理 多施有机肥，增施磷肥和钾肥，避免偏施氮肥，提高树体抗病能力；合理修剪，及时剪除徒长枝，使树冠通风透光，选用优质纸袋进行套袋；大雨后及时排除树底积水，降低果园湿度。

4. 药剂防治 在苹果生长季，药剂防治重点是保护春梢和秋梢的嫩叶不受害。春梢期从落花后开始喷药，10d 1 次，连续 3 次左右；秋梢期根据具体情况，一般需喷药 1~2 次。在叶片幼嫩时期宜喷布内吸性杀菌剂，如 50% 扑海因可湿性粉剂 1000~1500 倍液、3% 多抗霉素 200~300 倍液；在新梢基本停止生长后喷 50% 乙锰可湿性粉剂 500~600 倍液，或 70% 代森锰锌可湿性粉剂 500~800 倍液、1：2：200 的波尔多液。在斑点落叶病发生不重的地区，可结合褐斑病等病害的防治，对之进行兼治。

第八节 梨、苹果锈病

梨锈病和苹果锈病都称为赤星病，是由同一属的两种不同病菌引起的病害。彼此之间不互相传播，但症状特点、病害循环、流行规律和病害控制基本相同。我国南北果区都有分布，但以果园附近种植桧柏类树木较多的地区危害较重，春季多雨时，造成大量早期落叶和果实畸形，产量损失很大。

一、诊断病害

（一）识别症状

梨、苹果锈病菌都主要危害果树的幼嫩绿色部分，如幼叶、叶柄、幼果及新梢等，病害症状相似。

叶片受害，初期在叶片正面产生橘黄色、有光泽的小斑点，后逐渐扩大成为近圆形橙黄色病斑，边缘有黄绿色晕圈。随着病斑的扩大，病斑中央产生蜜黄色至红色微凸的小粒点（病菌的性孢子器）。天气潮湿时，小粒点上溢出淡黄色黏液，即病菌的性孢子。黏液干燥后，小粒点变成黑色。病斑组织逐渐变肥厚，正面凹陷，背面隆起，并长出几根至几十根灰白色或淡黄色的细管状物（病菌的锈孢子器）。锈孢子器成熟后，先端破裂，锈孢子散出。发病严重时，病叶干枯，早期脱落。

幼果被害，初期症状与叶片相似，后期病部长出锈孢子器，病斑组织坚硬，生长停滞。发病严重时，往往果实畸形早落。

叶柄、果柄受害，病部橙黄色，并膨大隆起呈纺锤形，病斑上也可长出性孢子器和锈孢子器。新梢受害后的症状与叶柄、果柄相似，但后期病部凹陷，并易在刮风时折断。

两种病菌都为转主寄生菌。转主寄主为松柏科的桧柏、龙柏、欧洲刺柏、高塔柏、圆柏、新疆圆柏、矮柏、南欧柏和翠柏等。病菌侵染转主寄主后，在针叶、叶腋或小枝上产生淡黄色斑点，病部于秋季黄化隆起，翌春形成球形或近球形瘤状菌瘿，菌瘿继续发育，破裂露出红褐色的冬孢子角。梨锈菌的冬孢子角遇雨吸水膨大后，为橙黄色舌状胶质块，干燥时缩成表面有皱纹的污胶物。苹果锈菌的冬孢子角遇雨吸湿胶化后，呈鲜黄褐色，胶质花瓣状。

（二）鉴定病原

1. 梨锈病　　病原为梨胶锈菌（*Gymnosporangium asiaticum*），属担子菌门胶锈菌属真菌。病菌需要在两类不同的寄主上完成其生活史。在整个生活史中可产生4种类型的孢子，冬孢子及担孢子阶段发生在桧柏、龙柏及欧洲刺柏等柏类寄主上，性孢子及锈孢子阶段发生在梨树上。性孢子器扁烧瓶形，埋生于梨叶正面病组织的表皮下，孔口外露，内生许多性孢子，性孢子纺锤形或椭圆形，无色，单胞。锈孢子器丛生于梨叶病斑的背面，或嫩梢、幼果和果梗的肿大病斑上，细圆筒形。组成锈孢子器壁的护膜细胞长圆形或梭形，外壁有长刺状突起。锈孢子器内生有很多锈孢子。锈孢子球形或近球形，橙黄色，表面有瘤状细点。冬孢子角红褐色或咖啡色，圆锥形。初短小，后渐伸长，顶部较窄，基部较宽。通常需要25d冬孢子才能发育成熟。冬孢子黄褐色，纺锤形或长椭圆形，双胞。在每个细胞的分隔处各有两个发芽孔，柄细长，其外表有胶质，遇水胶化。冬孢子萌发时长出担子，担子4胞，每胞生一小梗且小梗顶端生一担孢子。担孢子淡黄褐色，卵圆形，单胞。

梨树冬孢子角一般于梨树萌芽后开始陆续成熟。成熟的冬孢子角遇水萌发，3h后产生担孢子。成熟的冬孢子角在水滴中浸泡30s便萌发产生担孢子。冬孢子萌发的温度为

5～28℃，适温为16～20℃。担孢子萌发需要水，萌发的温度为5～30℃，最适为15℃。锈孢子萌发的最适温度为27℃。

2. 苹果锈病　　病原为山田胶锈菌（*Gymnosporangium yamadae*），属担子菌门胶锈菌属。该菌为转主寄生菌。在整个生活史中也产生4种类型的孢子。冬孢子及担孢子阶段发生在桧柏（圆柏）等转主寄主上，性孢子及锈孢子阶段发生在苹果树上。性孢子器扁球状，埋生在苹果叶片正面病组织的表皮下，内生性孢子；性孢子圆形至纺锤形，无色，单胞。锈孢子器丛生于叶背病部，淡黄色，有瘤。锈孢子近球形或多角形，单胞，栗褐色，表面生疣状突起。冬孢子角舌状或瓣状，深褐色，遇水膨胀变为鲜黄褐色花瓣状物。冬孢子长圆形或纺锤形，双胞，黄褐色，在隔膜附近，每胞有发芽孔1～2个，柄细长，无色，胶质。担孢子卵形，无色，单胞（图14-10）。

冬孢子萌发温度为7～30℃，适温16～22℃；锈孢子萌发温度为5～25℃，适温20℃；担孢子形成的温度在24℃以下。

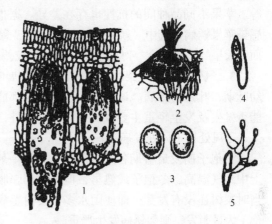

图14-10　苹果锈菌（引自董金皋，2007）
1. 锈孢子器；2. 性孢子器；3. 锈孢子；4. 冬孢子；5. 冬孢子萌发产生担孢子和担孢子

二、掌握病害的发生发展规律

（一）病程与侵染循环

两种病菌都以多年生菌丝体在桧柏、欧洲刺柏及龙柏等转主寄主病组织中越冬。一般在春季开始显露冬孢子角。冬孢子成熟后遇雨吸水膨胀，萌发产生担孢子。担孢子随风飞散，传播距离为2.5～5.0km，最远不超过10km。担孢子散落到梨或苹果树的嫩叶、新梢及幼果上，遇适宜条件萌发产生芽管，直接从表皮细胞或气孔侵入。由于两种锈病病菌都无夏孢子阶段，所以只有初侵染而没有再侵染。

梨锈病和苹果锈病的潜育期一般为6～12d，潜育期的长短除受温度影响外，还与叶龄关系密切。平均温度为20℃时，潜育期为6～7d。侵入寄主组织的病菌经过潜育后，在病斑上长出性孢子器。性孢子成熟后由孔口随蜜汁溢出，经昆虫或雨水传带至异性性孢子器的受精丝上。性孢子与受精丝互相结合，3～4周后，病斑上逐渐长出细小管状的锈孢子器。产生的锈孢子不再危害梨树或苹果树，而是经气流或风传送到转主寄主桧柏的嫩枝、叶上萌发侵入，并在桧柏上越夏和越冬，至翌年春季再度形成冬孢子角。冬孢子角上的冬孢子萌发产生担孢子，担孢子不能危害桧柏，只能侵染梨或苹果树。

（二）影响发病的条件

1. 转主寄主　　两种锈病发生的轻重与梨或苹果园周围桧柏等柏科植物的数量和距离远近有关。梨、苹果锈病发生流行的前提是果园附近5km范围内要有转主寄主桧柏类树木存在，尤其与 1.5～3.5km 的柏科植物的数量关系最大。并且果园附近，桧柏等转主寄主越多，病害发生越重；反之病害发生越轻。

2. 品种抗性　　不同梨品种间抗性存在明显差异。一般中国梨最感病，日本梨次之，西洋梨最抗病。感病品种有'鸭梨'、'严洲雪梨'、'二宫白'、'明月'及'今春秋'等。苹果不同品种间的抗性也存在差异。据报道，烟台地区所有栽培品种均不同程度地感染苹果锈病，其中'新红星'、'寒富'、'意大利早红'等品种对苹果锈病的抗性较强，而'天星'、'信浓金'对苹果锈病的抗性较差。

3. 气候条件　　梨、苹果树开始萌芽展叶时，病原菌的冬孢子角成熟。在梨和苹果幼叶期，叶片易感病。该时期的温度一般都能满足冬孢子的萌发和担孢子的侵染，病害能否发生及发生轻重主要取决于降雨。此外，担孢子散发期的风力和风向也影响病害发生，下风处比上风处发病重。

冬孢子萌发最盛期各产区略有出入，一般在 4 月，常与梨盛花期相一致。一般 3 月上中旬气温高，冬孢子成熟早，但冬孢子膨胀发芽必须要有雨水。冬孢子堆成熟后，若当时梨树还没有发芽，即使雨水多，梨树感病的机会仍少。若到梨树展叶后雨水多，冬孢子大量萌发，则梨锈病发生严重。

在苹果展叶至幼果期，气温达 17～20℃，连续两天降雨 40mm 以上时，冬孢子角便可胶化，产生大量担孢子，进行传播侵染。

三、管理病害

（一）制订病害管理策略

根据梨、苹果锈病的发病规律，应采取以控制初侵染源，防止担孢子侵染叶、果为重点，并适时药剂防治的综合防治策略。

（二）病害管理措施

1. 清除转主寄主　　砍除梨、苹果园周围 5km 内桧柏和龙柏等转主寄主是防治两锈病最彻底有效的措施。新建果园应远离桧柏、龙柏等柏科植物多的风景绿化区，彻底砍除果园周围 5km 以内的零星的桧柏等转主寄主。在缺少转主寄主时，病菌无法完成其生活史，病害也不会发生。

2. 控制桧柏等转主寄主上的病菌　　在不可能彻底砍除桧柏等转主寄主的风景绿化区，在春雨前修剪桧柏等，剪除冬孢子角，也可以在冬孢子角胶化前，向桧柏等转主寄主上喷药 1～2 次，以抑制冬孢子萌发产生担孢子。药剂可用石硫合剂或 300 倍五氯酚钠，或这两种药剂混合后喷施。

3. 药剂防治　　在果树展叶初期（苹果树开花前、梨树落花后）全面喷药 1 次，以后每隔 10d 左右喷 1 次，连续喷 3 次。雨水多的年份，应适当增加喷药次数。可选用 45% 晶体石硫合剂 150～200 倍液。也可选用翠贝、氟硅唑（福星、新星）、苯醚甲环唑（世高）、烯唑醇（特谱唑、速保利）、腈菌唑、戊唑醇、三唑酮（粉锈宁）等药剂。可以根据气象预报，在降雨来临之前喷施上述药剂或广谱性的保护剂。为了防止病菌侵染桧柏等转主寄主，避免病菌越冬，在 6～7 月喷药 1～2 次，以保护转主寄主，减少越冬菌源，常用药剂与苹果、梨树相同。

第九节　苹果、梨白粉病

苹果白粉病是苹果生产中的主要病害之一，在我国苹果栽培区均有发生，在西北和西南地区危害严重。管理粗放的果园，'红玉'、'倭锦'等感病品种上，发病严重时，新梢发病率达80%以上。

梨白粉病广泛分布于我国各梨产区，由于梨白粉病发病盛期在秋季，所以一般危害不重，个别梨园白粉病发生严重，对树势和梨果品质都有一定影响。

一、诊断病害

（一）识别症状

1. 苹果白粉病　　主要危害叶片和新梢，也可危害花器、幼果和休眠芽。新梢发病，病梢瘦弱，节间短缩，叶片细长，叶缘上卷，质硬而脆，初期表面布满白色粉状物，后期新梢停止生长，叶片逐渐变褐枯死，并在叶背的主脉、支脉、叶柄及新梢上产生成堆小黑点（闭囊壳），严重的整个新梢枯死（图14-11）。嫩叶染病后，叶背发生白粉状病斑，病叶皱缩扭曲，严重时叶片干枯脱落。芽受害，病芽呈灰褐或暗褐色，表面绒毛少，瘦长，顶端尖细，鳞片松散，有时上部不能合拢，张开呈刷状，严重时，芽干枯死亡。花芽受害，发病严重时不能开花，发病轻虽能开花，但花器畸形。病果多在萼洼或梗洼处产生白色粉斑，稍后形成网状锈斑（图14-12），病部变硬，果实长大后白粉脱落，变硬的组织后期形成裂口或裂纹。

图14-11　苹果白粉病病梢
（引自邱强，2013）

图14-12　苹果白粉病病果
（引自邱强，2013）

2. 梨白粉病　　一般只危害叶片，先在树冠下部老叶上发生，再陆续向上蔓延。发病初期叶背面发生圆形或不规则霉斑，很快扩大至全叶背面布满白色粉状物。与白色霉斑相对的叶片正面初呈黄绿色不规则形病斑，后发展为焦枯褐斑。发病严重时，病叶萎缩，变褐枯死，提早脱落。发病后期在白色粉状物上产生初为黄色，后变为黑色的小粒点。据报道，梨白粉病还有另一种症状，即叶片正、反面均可产生白色粉状物，其上产生的闭囊壳较前一种小。

（二）鉴定病原

苹果白粉病：有性态为白叉丝单囊壳 [*Podosphaera leucotricha*（Ellis & Everh.）E. S. Salmon]，属子囊菌门叉丝单囊壳属。白粉病菌为外寄生菌。病部白色粉霉状物是病菌的菌丝、分生孢子梗和分生孢子。子囊壳球形，无孔口，常称为闭囊壳，暗褐色至黑褐色，上有两种形状的附属丝，一种生于闭囊壳的顶部，另一种生于基部。顶部附属丝 3～10 根，顶端常不分枝，或作叉状分枝 1～2 次；基部附属丝短而粗，有些屈曲。子囊单个，椭圆形或球形，大小为（50.4～55.0）μm×（45.5～51.5）μm，内含 8 个子囊孢子。子囊孢子无色，单胞，椭圆形，大小为（16.8～22.8）μm×（12.0～13.2）μm。无性态为苹果粉孢霉（*Oidium farinosum* Cooke）。分生孢子梗棍棒形，顶端串生分生孢子。分生孢子椭圆形，无色，单胞，大小为（16.4～26.4）μm×（14.4～19.2）μm。

病菌菌丝生长适温为 20℃。分生孢子萌发适温在 21℃左右，最适相对湿度为 100%。在水滴中分生孢子不能萌发。分生孢子在 33℃以上即失去活力。

梨白粉病：病原为梨球针壳 [*Phyllactinia pyri*（Cast.）Homma]，属子囊菌门球针壳属。菌丝体外生，具基部膨大、顶端尖的针状附属丝 5～18 根。子囊 15～21 个，有柄。子囊孢子 2 个，椭圆形、卵形或矩圆形。无性态为拟小卵孢属（*Ovulariopsis* sp.）。分生孢子梗从外生菌丝上垂直向上生出，单生，不分枝，具 0～3 个隔膜，顶端着生分生孢子。分生孢子无色，单胞，瓜子形或棍棒形，表面粗糙，中部稍缢缩。此外，据报道，引起苹果白粉病的白叉丝单囊壳（*P. leucotricha*）也可危害梨，引起梨的白粉病。由白叉丝单囊壳引起的梨白粉病，叶片正、反两面均产生白色粉状物。

二、掌握病害的发生发展规律

（一）病程与侵染循环

苹果白粉病：病菌以菌丝在芽的鳞片间或鳞片内越冬。顶芽带菌率显著高于侧芽，第一侧芽又高于第二侧芽，第四侧芽以下基本不带菌。翌年春天随着芽的萌动，病菌开始活动，并产生分生孢子进行侵染。菌丝蔓延在嫩叶、花器、幼果及新梢的外表，以吸器伸入寄主内部吸收营养；严重发病时，菌丝也可进入叶肉组织。菌丝发展到一定阶段，可产生大量的分生孢子。分生孢子借气流传播，可发生多次再侵染。病菌主要侵害幼嫩叶片，1 年内有两个发病高峰，与新梢生长期相吻合，但以春梢生长期发病较重。

梨白粉病：病菌主要以闭囊壳在落叶上，或黏附在枝干表面越冬。子囊孢子于翌年6～7月成熟，通过风雨传播，直接侵入。7月开始发病，随着气温逐渐降低，病害发展非常迅速，秋季为发病盛期。

（二）影响发病的条件

1. 苹果白粉病

（1）气候条件　　春季温暖、干旱，夏季多雨、凉爽，秋季晴朗，利于该病的发生和流行。据报道，在我国陕西渭北果区，田间病情消长与温度密切相关，湿度次之，病害流行适宜温度为日均温 12℃左右；日均温度 21℃以上，则对病害流行有抑制。

（2）栽培管理措施　　种植过密，偏施氮肥，树冠郁闭和枝条细弱时发病重。地势低洼，土壤黏重、积水过多而造成小气候湿度过高时发病重。果园管理粗放，修剪不当，使带菌芽的数量增加，利于病菌越冬，也会加重白粉病的发生。

（3）品种抗性　苹果不同品种间对白粉病的抗性不同。据报道，'秦冠'、'秋锦'、'鸡冠'等品种表现为高抗；'国光'、'富士'等品种抗病；而'嘎拉'、'金冠'、'延风'等品种表现为感病。

2. 梨白粉病　种植过密，通风透光不良，排水不良，偏施氮肥的梨园容易发病。在陕西关中，9～10月为发病盛期，此时如遇多雨，则病害较重。白粉病在'茌梨'、'雪梨'、'花盖梨'、'波梨'、'丰水'等品种上发生较重。

三、管理病害

（一）制订病害管理策略

根据苹果、梨白粉病的发病规律，控制该病应采用休眠期前剪除病梢，摘除病芽、清扫落叶以减少越冬菌源及生长期喷药保护为主的综合防治策略。

（二）病害管理措施

1. 加强栽培管理　合理施肥，施足基肥，控制氮肥，增施磷肥、钾肥；合理密植，适时排灌；适当修剪，使树冠通风透光，以增强树势，提高树体的抗病能力。在白粉病常年流行的地区，应选用抗病品种。

2. 清除越冬菌源　对苹果白粉病，结合冬剪，剪除病梢、病芽；早春果树发芽时，及时摘除病芽，剪除病梢，集中烧毁或深埋。重病树可连续几年重剪，以控制菌源。

对于梨白粉病，在秋季应彻底清除果园地面的落叶，集中烧毁或深埋，并进行深耕，以减少病害的侵染源。

3. 药剂防治　早春萌芽前喷施3～5°Bé石硫合剂或50%硫胶悬剂。田间，在苹果上，春季，一般于开花前和落花后各喷1次杀菌剂，之后（5～6月）酌情用药1～3次；在梨上，从7月上旬开始进行喷药防治。有效药剂有70%甲基托布津1000倍液，50%多菌灵1000倍液，50%苯来特1000倍液，50%硫悬浮剂200～300倍液，40%福美胂500～700倍液，50%退菌特600倍液等。

第十节　苹果、梨根部病害

苹果、梨根部病害种类繁多，常见的有根朽病（armillariella root rot）、紫纹羽病（violet root rot）、白纹羽病（rosellinia root rot）、白绢病（southern blight）、圆斑根腐病（fusarium root rot）及根癌病（crown gall）等。根部病害隐藏在地下，发病初期不易被发现，但其所造成的危害往往是毁灭性的，因此果树根部病害已成为影响果树产量和品质的重要因素。

一、诊断病害

（一）识别症状

1. 根朽病　主要危害根颈部和主根，并沿根颈、主根、主干上下蔓延。病树根茎部皮层腐烂，在皮层与木质部之间有白色扇形的菌膜，木质部腐朽后呈白色海绵状并有蘑菇香味。高温、多雨季节，在病树根颈部常丛生蜜黄色子实体。

2. 紫纹羽病 一般从细支根开始发病，逐渐扩展到侧根、主根及根颈部。发生初期，根表可见稀疏的菌丝或紫色菌索，后发展为浓密的暗紫色绒毛状菌膜，包被整个病根，菌膜上可形成半球状紫色菌核。病根皮层腐烂但栓皮并不腐烂，呈鞘状套于根外。病根及周围土壤有浓烈的蘑菇味。

3. 白纹羽病 根系被害，开始时细根霉烂，以后扩展到侧根、主根和根颈部。病根表面缠绕有白色或灰白色的网状菌丝（根状菌索）；后期，病根皮层腐烂，但栓皮不腐烂呈鞘状套于木质部外面。有时病根的木质部上可产生黑色菌核；病根无特殊气味。

4. 白绢病 主要危害根颈部。发病初期，根颈表面形成白色菌丝，表皮出现水渍状褐色病斑。菌丝继续生长，直至根颈部全部覆盖。在潮湿条件下，菌丝层能蔓延到病部周围的地面及杂草上。后期，根颈部皮层腐烂，有酒糟味，并溢出褐色汁液。秋季，病部或附近的地表裂缝中可长出许多棕褐色油菜籽状的菌核。

5. 圆斑根腐病 多先从须根发病，后肉质根受害。病菌围绕须根形成红褐色圆斑，病斑扩大互相连接，并深达木质部，使整段根变黑坏死。地上部常表现出萎蔫、青干、叶缘枯焦及枝枯等症状。

6. 根癌病 主要危害果树根颈部，也可发生在主根、侧根、主干或主枝上，病部形成豆粒大或核桃大甚至拳头大小的黑褐色癌肿。病树生长迟缓、树势弱、产量下降、寿命缩短，甚至死亡。

（二）鉴定病原

1. 根朽病 病原为假蜜环菌（*Armillaria tabescens*），属担子菌门蜜环菌属真菌。菌丝初为白色，在暗处发荧光；菌索呈黄褐色至褐色，不发光。子实体一般6～7个丛生，幼时扁半球形，后渐平展。菌盖蜜黄色至黄褐色，其上生有毛状小鳞片，菌盖直径一般为2.8～8.5mm。菌褶白色至污白色，较稀疏，不等。菌柄长2～13cm，粗0.3～0.9cm，上部污白色，中部以下灰褐色至黑褐色，有时扭曲，无菌环。孢子印近白色。担孢子椭圆形或近球形，单胞，无色，光滑，大小为（7.5～10.0）μm×（5.3～7.5）μm。

2. 紫纹羽病 病原为桑卷担菌（*Helicobasidium mompa* Tanaka），属担子菌门卷担菌属。菌丝紫红色，在病根外表形成菌膜和根状菌索。菌膜外表着生担子和担孢子。担子无色，圆筒形，由4个细胞组成，大小为（25～40）μm×（6～7）μm。每一细胞生出1个小梗，小梗无色，圆锥形，顶端着生担孢子。担孢子顶端圆，基部尖，大小为（10～25）μm×（5～8）μm。菌核半球形，紫色，大小为（1.1～1.4）mm×（0.7～1.0）mm；菌核剖面外层紫色，稍内为黄褐色，内部为白色。

3. 白纹羽病 病原为褐座坚壳（*Rosellinia necatrix*），属子囊菌门座坚壳属。子囊壳褐色至黑褐色，球形，直径为1～2mm，着生于菌丝膜上，壳内有许多子囊。子囊无色，圆筒形，大小为（220～300）μm×（5～7）μm，内生8个子囊孢子。子囊孢子单胞，暗褐色，纺锤形，大小为（42～44）μm×（4.0～6.5）μm。无性态产生分生孢子梗及分生孢子，但常在寄主组织腐朽后产生。分生孢子梗丛生，淡褐色，有横隔膜，上部有分枝。分生孢子无色至淡褐色，单胞，卵圆形，大小为（3～4.5）μm×（2～2.5）μm。菌丝初呈白色，很细，而后变为灰褐色，形成根状菌索。菌丝隔膜处呈洋梨状膨大，这是该菌的特征。

4. 白绢病　病原为罗耳阿太菌（*Athelia rolfsii*），属担子菌门阿太菌属。菌丝体初为白色，老熟后略带褐色，分枝角度较大。菌核圆形或椭圆形，初为白色，后由淡黄色变为褐色，表面平滑，直径为 0.8～2.3mm，酷似油菜籽。担子棍棒状，其上生 4 个小梗，小梗的顶端着生担孢子。担孢子倒卵圆形，单胞，无色，大小为（6～7）μm×（3.5～5.0）μm。

5. 圆斑根腐病　病原为镰孢属（*Fusarium*）真菌，主要有 3 种，分别是腐皮镰孢（*F. solani*）、尖镰孢（*F. oxysporum*）和弯角镰孢（*F. camptoceras*）。

（1）腐皮镰孢的大型分生孢子　两端较钝圆，足胞不明显，有 2～8 个隔膜，多为 3～5 个；小型分生孢子呈卵形或肾形，单胞或双胞；米饭培养基上菌丝呈白色、淡灰色至淡咖啡色。

（2）尖镰孢的大型分生孢子　两头较尖，足细胞明显，多数为 3～4 个隔膜。

（3）弯角镰孢的大型分生孢子　需进行长期培养后才能少量产生，无足胞，顶部较尖，1～3 个隔膜；小型分生孢子呈卵圆形或肾形，单胞或双胞；米饭培养基上菌丝呈淡黄色。

6. 根癌病　病原为根癌土壤杆菌（*Agrobacterium tumefaciens*），又称为冠瘿病菌、癌肿病菌，属原核生物界薄壁菌门土壤杆菌属细菌。该菌短杆状，大小为（1.2～5.0）μm×（0.6～1.0）μm，单生或成对。不形成芽孢。革兰氏染色为阴性，能运动，具鞭毛 1～4 根（周生或侧生）。在肉汁琼脂培养基上菌落为白色，圆形，透明。生长最适温度为 22℃，最高为 34℃，最低为 10℃，致死温度为 51℃（10min）。细胞内带有致瘤质粒（Ti 质粒），可诱发寄主植物形成肿瘤。有 3 个变种或生物型，其中侵染苹果和梨的主要为生物型 I 和 II。

二、掌握病害的发生发展规律

（一）病程与侵染循环

1. 根朽病　病菌以菌丝及菌索在土中的病组织上可长期营腐生生活。病根与健根的接触、病残组织的转移及菌索的蔓延是病害传播的主要方式。当菌索与根接触后，可分泌胶质黏附在根上，然后再产生小分枝，直接或从伤口侵入根内。病菌子实体产生的大量担孢子，随气流传播，飞落在树木或残桩上，在适宜条件下萌发、侵入。侵入根部的病菌，穿透皮层组织，分泌毒素，使大块皮层死亡、剥离。

2. 紫纹羽病　病菌以菌丝、菌索或菌核在田间病株、病残体及土壤中越冬。菌索和菌核在土壤中能存活多年。条件适宜时，菌索或菌核长出菌丝，菌丝可集结成菌丝束在土壤中蔓延，当接触到寄主根系时即侵入危害。病菌先侵害细根，后逐渐蔓延到侧根、主根上。

3. 白纹羽病　病菌以菌丝、菌索或菌核在病组织或土壤中越冬。条件适宜时，菌索或菌核长出菌丝危害寄主根部；病菌可直接穿透根皮侵入危害，也可从伤口侵入危害。整个生长季节均可发病，6～8 月为发病盛期。

4. 白绢病　病菌以菌丝或菌核在病组织或土壤中越冬。菌核在土壤中可存活多年。翌年，越冬的菌丝或由菌核生出的菌丝侵染寄主植物。农事操作或流水是病菌近距离传播的主要途径；远距离传播主要通过带病苗木的调运。

5. 圆斑根腐病　　3种镰孢菌都是土壤习居菌，能在土壤中长期营腐生生活。同时，也可寄生于寄主植物上，只有当果树根系衰弱时才会致病。因此，干旱、缺肥、土壤盐碱化、土壤板结、大小年严重及其他病虫害危害严重，都是诱发根腐病的重要条件。

6. 根癌病　　该病菌以菌体在癌瘤组织和土壤中越冬。雨水和灌溉水是近距离传播的主要途径，远距离传播主要靠带病苗木的调运。细菌由伤口侵入，在皮层组织，将其携带的 Ti 质粒中的 T-DNA 整合到寄主植物染色体上，形成癌肿细胞。T-DNA 进行表达的结果是产生大量激素，使癌肿细胞不断分裂增殖，形成癌肿。正常的寄主细胞一旦转变为癌肿细胞后，即使病组织中不再有病菌存在，仍可形成癌瘤。

（二）影响发病的条件

苹果和梨根部病害的发生，与气候、土壤条件及树龄和树势等密切相关。

1. 气候条件　　一般情况下，多雨、潮湿的天气有利于根部病害的发生。雨水多有利于白绢病、根腐病及根癌病的传播。

2. 土壤条件　　土壤条件与根部病害的发生尤为密切。由旧林地或苗圃地改建的果园，根朽病等病害发生严重。土壤低洼潮湿、缺肥、瘠薄有利于紫纹羽病、白纹羽病、白绢病等病害的发生。干旱、缺肥、土壤板结、通气透水差有利于根朽病、圆斑根腐病的发生。另外，碱性土壤有利于根癌病的发生。

3. 树龄和树势　　对根朽病、紫纹羽病、白纹羽病和白绢病，老果园及树势衰弱的果园发病重；树势衰弱，地下害虫和线虫发生严重，有利于圆斑根腐病和根癌病的发生。

三、管理病害

（一）制订病害管理策略

根部病害的防治，应采取以控制建园条件，选用无病苗木，加强栽培管理，定期药剂灌根和及时治疗为主的综合防治措施。

（二）病害管理措施

1. 选址建园，选苗种植　　尽量不要在旧林地、河滩地及苗圃地建果园；不用刺槐等病害寄主作防护林。苗木调运前，严格实施检验、检疫，淘汰病苗。定植前要仔细检查，对怀疑有根部病害的苗木，可用 50% 代森铵 1000 倍液或 0.5% 硫酸铜液浸苗 10min，即有较好的杀菌效果。

2. 加强栽培管理　　增施有机肥料，避免偏施氮肥，适当增施磷肥、钾肥；合理浇水，加强松土保墒，控制水土流失；控制结果量，避免大小年出现；加强其他病虫害防治。

3. 药剂灌根　　可于每年的早春和夏末，分别用药剂灌根 1 次。灌根时，以树干为中心，开挖 3~5 条放射状沟（长至树冠外围，深 70cm，宽 30~45cm）。灌根的药剂主要有五氯硝基苯、甲基硫菌灵、多菌灵、代森铵、农抗 120、退菌特及硫酸铜等。

4. 病树治疗 经常检查果园，当初见症状时，立即采取措施，防止病害扩展蔓延。首先将根部土壤挖出，找到患病部位后，切除病根并涂药保护。在清除病根过程中需要注意保护健根。最后用药土覆盖，药土可用五氯硝基苯和无病土 [1 :（50～100）] 混合配制而成。

5. 生物防治 土壤放线杆菌（*Agrobacterium radiobacter*）K84 的细菌悬液灌根，可有效防治根癌病的发生。土壤放线杆菌 K84 已在澳大利亚、美国、加拿大等多个国家推广应用，防治效果明显。

6. 其他措施 病树治疗后及时进行根部桥接，促进树势恢复。

第十一节 梨黑斑病

梨黑斑病，又称为裂果病，是梨树上的重要病害之一，在我国主要梨产区普遍发生。梨黑斑病主要引起早期落叶、嫩梢枯死、裂果和落果，严重削弱树势，降低树体的抗病能力。

一、诊断病害

（一）识别症状

主要危害叶片、果实及新梢。叶片受害，表现为近圆形或不规则形病斑，病斑中央灰白色至灰褐色，边缘黑褐色，有时微显轮纹。病斑多时，常相互联合成不规则形大斑，叶片畸形，引起早期脱落。天气潮湿时，病斑表面产生大量黑色霉层（病菌的分生孢子梗和分生孢子）（图 14-13）。

幼果发病，初在果面上产生一至数个褐色圆形针头大小的斑点，渐扩大成近圆形或椭圆形病斑，褐色或黑褐色，病斑略凹陷。潮湿时，表面也产生黑色霉层。由于病健部分发育不均，果面发生龟裂，裂缝可深达果心，病果早落。重病果上，常数个病斑合并成大病斑，致使全果变成漆黑色，表面密生黑色霉层。

图 14-13 梨黑斑病危害叶片
（引自董伟，2007）

新梢发病，初为椭圆形、黑色、稍凹陷病斑，后扩大为长椭圆形，淡褐色，明显凹陷的病斑。病健交界处常裂开，病梢易折断、枯死。

（二）鉴定病原

病原为菊池链格孢（*Alternaria kikuchiana* Tanaka），属半知菌类链格孢属。分生孢子梗丛生，褐色或黄褐色，一般不分枝；分生孢子常 2～3 个链状长出，形状不一，大多数为棍棒状，基部膨大，顶端细小，具横隔 4～11 个，纵隔 0～9 个，分隔处有缢缩现象（图 14-14）。

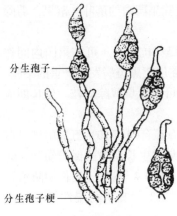

分生孢子

分生孢子梗

图 14-14 梨黑斑病菌（引自董金皋，2007）

菌丝生长适温为28℃；最低为10℃，最高为36℃。孢子形成的适宜温度为28~32℃，萌发适温为28℃。在枝条上越冬病斑，在9~28℃均能形成分生孢子，以24℃为最适。

二、掌握病害的发生发展规律

（一）病程与侵染循环

病菌以分生孢子和菌丝体在病叶、病梢、病芽及病果上越冬。翌年春季，越冬病组织上产生分生孢子，经风雨传播，从气孔、皮孔和直接侵入，引起初侵染。在适当的温湿度条件下，病菌以分生孢子可在田间引起多次再侵染。

（二）影响发病的条件

1. 气候条件　　高温和高湿利于病害的发生。在自然条件下，气温在24~28℃时发病较多，12℃以下和36℃以上不发病，因此6~7月为该病的盛发期。此病的发生还需要足够的湿度，连续阴雨时，利于黑斑病的发生和蔓延，在低洼潮湿的梨园、多雨季节发病较重。

2. 栽培管理措施　　果园肥料不足或偏施氮肥、地势低洼、植株过密，有利于病害的发生。管理粗放的老梨园发病重。树势强健的梨园发病轻，树势衰弱发病重。

3. 品种抗性　　品种间有明显抗性差异。'华酥'、'黄花'、'早美酥'、'丰水'抗性强；'爱宕'、'金水2号'抗性弱。

三、管理病害

（一）制订病害管理策略

根据梨黑斑病的发生规律，防治梨黑斑病应采取以加强栽培管理、提高树体抗病力为基础，结合清除越冬菌源，及时进行药剂防治的综合策略。

（二）病害管理措施

1. 清除越冬菌源　　在梨树落叶后至萌芽前，彻底清除果园内的落叶、落果，剪除病枝，并集中烧毁或深埋，以清除越冬菌源。

2. 加强栽培管理　　加强栽培管理，增强树势，以提高抗病力。可在果园内间作绿肥和增施有机肥料，促使植株生长健壮；并合理排灌；在历年黑斑病发生严重的梨园，冬季修剪宜重，这样不仅可以增进树冠间的通风透光，还可以大量剪除病枝。生长期应及时摘除病果，减少侵染源。

3. 药剂防治　　在梨树发芽前，全园喷施1次5° Bé石硫合剂与10%五氯酚钠可湿性粉剂300倍液的混合液，对梨黑斑病的铲除效果最佳。梨树生长期喷药保护幼叶、幼果，一般从5月上中旬开始第一次喷药，15~20d喷1次，连喷4~6次。生长期防治梨黑斑病较好的药剂为50%扑海因可湿性粉剂2000倍液和52.5%扑菌灵可湿性粉剂1000倍液。

第十二节 苹果、梨疫腐病

疫腐病又称为颈腐病、疫病，是苹果和梨的重要病害。该病主要危害果实及主干基部。果实发病会大量腐烂，而危害主干基部则会导致大量幼树死亡。疫腐病菌除危害苹果、梨外，还会侵染桃、杏、樱桃等果树。

一、诊断病害

（一）识别症状

苹果和梨果实受害，症状基本相似。发病初期在果面上产生淡褐色至褐色病斑，边缘不清晰，似水渍状。条件适宜时，病斑迅速扩大，呈深浅不均匀的暗红褐色。病斑由果实表层向深层发展，部分表皮与果肉分离，果肉变褐，但不软腐。潮湿条件下，病斑表面可产生稀疏的白色棉状物（孢囊梗及孢子囊）（图14-15）。病斑扩及全果时，果形不变，病果呈皮球状，具有弹力。病果失水干缩，易脱落，极少数悬挂树上成为僵果。一般树冠下部接近地面的果实先发病。

苹果和梨主干基部受害，病部皮层呈褐色腐烂状，后随病斑的扩展，整个根颈部被环割，腐烂。后期病部失水，干缩下陷，病健交界处龟裂。

叶片受害，病斑多出现在边缘或中部，不规

图14-15 苹果疫腐病的症状
（引自王江柱等，2001）

则形，灰褐色或暗褐色，水渍状。潮湿条件下，病斑扩展迅速，导致整个叶片腐烂。

（二）鉴定病原

病原为恶疫霉（*Phytophthora cactorum*），属卵菌门疫霉属。无性态产生孢囊梗和孢子囊（图14-16）；孢囊梗合轴分枝，顶生孢子囊，孢子囊卵形或近球形，大小为（33.4～51.4）μm×（18.0～37.5）μm，乳突明显。有性态为同宗配合，可产生大量卵孢子，卵孢子球形，大小为27.0～30.0μm。环境不良时，菌丝体可产生厚垣孢子，具有较久的存活力。病菌发育温度为10～30℃，适温为25℃。

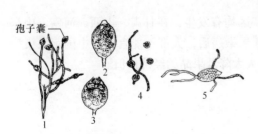

图14-16 苹果疫腐病菌（引自董金皋，2007）
1. 孢囊梗及孢子囊；2. 孢子囊；3. 孢子囊破裂；
4. 休眠孢子萌发；5. 孢子囊直接萌发

二、掌握病害的发生发展规律

（一）病程与侵染循环

病菌以卵孢子、厚垣孢子或菌丝体在病组织内或随病组织在土壤内越冬。翌春，遇有降雨或灌溉时，病菌可形成游动孢子囊，产生游动孢子；游动孢子通过灌溉水或雨水传播，形成初侵染。果实在整个生育期均可染病，每次降雨后都出现1次侵染和发病高峰。

（二）影响发病的条件

1. 气候条件　　多雨、高湿是病害流行的重要条件。雨次多、降雨量大的年份发病早且严重。

2. 栽培条件　　树冠高大，果园郁闭，通风透光不良，利于发病；果实越接近地面，发病越重；土质黏重及地势低洼或积水的果园发病重；树盘内杂草丛生或间作的果园发病重。

3. 品种抗性　　不同苹果品种发病程度明显不同。'红星'、'金冠'等易感病，'国光'、'乔纳金'、'青香蕉'等较抗病。

'苹果梨'易感病，'锦丰'、'砀山酥梨'、'鸭梨'等次之，用'杜梨'、'酸梨'作砧木的比较抗病。

三、管理病害

（一）制订病害管理策略

应以农业防治为主，结合药剂防治，可有效预防和控制该病的发生。

（二）病害管理措施

1. 加强栽培管理　　及时排除果园积水，适时中耕除草；及时整形修剪，改善通风透光条件；下垂枝要及时回缩或去除，适当提高结果部位；随时摘除树上的病果、病叶，并集中销毁。根颈部发病的植株，可于春季扒土晾晒，及时清除腐烂部分，并涂药保护伤口。

2. 药剂防治　　发病前用有机铜制剂（33.5%喹啉铜1500倍液）或80%代森锰锌600倍液喷布枝叶，每隔15～20d 1次，可有效阻止病菌入侵。发病阶段喷施70%甲基硫菌灵、80%多菌灵、65%代森锌与80%乙膦铝及其复配制剂800倍液，以喷湿地面为准。

第十三节　苹果锈果病

苹果锈果病又称为花脸病，我国各苹果产区均有发生，在甘肃、山西、河南、山东等地发生较多。锈果病为全株性病害，西洋苹果染病后，大都不能食用；中国苹果染病后，虽有商品价值，但产量降低，品质变劣，大大降低果品的经济价值。

一、诊断病害

（一）识别症状

锈果病的症状主要表现在果实上，有些品种的幼苗和枝干上也表现症状。果实上的症状主要有锈果型、花脸型及混合型3种类型。

1. 锈果型　　锈果型是主要症状类型。病树的果实于落花一个月即出现症状，从萼洼处开始出现淡绿色水渍状病斑，然后病斑沿果面向果梗处扩展，形成与心室相对的5条斑纹。斑纹渐渐木栓化为铁锈色病斑。锈斑组织仅限于表皮。由于果皮细胞木栓化，使皮停止生长，在果实生长过程中，逐渐导致果皮龟裂，果面粗糙，果实变成凸凹不平的畸形果。病果比健果小，易萎缩脱落，果肉少汁，且硬而无味，失去食用价值。

2. 花脸型　　果实在着色前无明显变化，着色后果面上散生许多近圆形不着色的黄绿色斑块，致使红色品种成熟后果面呈红、黄、绿相间的花脸症状。黄色品种成熟后的果面颜色呈深浅不同的花脸状。病果着色部分凸起，不着色部分稍凹陷，致使果面略显凹凸不平。

3. 混合型　　混合型即锈果和花脸症状混合发生，在同一病果上，锈果、花脸症状并存。病果在着色前，在萼洼附近出现锈色斑块；着色后，在未发生锈斑的地方或锈斑周围产生不着色的斑块，呈花脸状。

除上述3种典型症状外，在有些品种（如'金冠'、'黄魁'、'黄龙'等品种）上可表现绿点型症状，即于果实着色后，果面产生不着色的绿色小晕点，小晕点边缘不整齐，呈黄绿色，使果面出现黄绿相间或浓淡不均的小斑点。

（二）鉴定病原

苹果锈果病的病原为苹果锈果类病毒（apple scar skin viroid，ASSVd），属于苹果锈果类病毒属。类病毒无外壳蛋白，基因组为一条环状的单链RNA。

二、掌握病害的发生发展规律

（一）病程与侵染循环

锈果病的病原物在病树中越冬。主要靠病接穗及砧木通过嫁接传播。此外，病健树根部的自然接触也能传染，还可通过在病树上用过的刀、剪、锯等工具接触传染。病株的汁液、花粉和种子不能传播。但是病害的自然传播方式至今尚不清楚。目前认为，带病接穗及带病苗木的调运，是该病扩大危害的主要途径。

梨树是此病的带毒寄主，但不表现症状。苹果靠近梨树或与梨树混栽时发病较重。

（二）影响发病的条件

苹果品种间对锈果病的抗性存在差异。高度耐病的品种有'黄魁'、'黄龙'、'黑龙'等，不表现明显症状；耐病品种有'金冠'、'祝光'、'鹤卵'、'翠玉'等；'红玉'等品种轻度感病；'倭锦'、'印度'、'大国光'等中度感病；高度感病品种有'国光'、'红星'、'元帅'、'青香蕉'等。

三、管理病害

（一）制订病害管理策略

根据苹果锈果病的发病规律，防治锈果病应以加强植物检疫为主，防止病害传入新区，发病后应及时砍除病株，以防传染周围健树。

（二）病害管理措施

1. 加强植物检疫　　对病树较多的疫区，进行封锁。防止病苗、有病接穗、砧木传出传入，杜绝从疫区采取接穗作为繁殖材料。

2. 选用无毒接穗及砧木　　新建果园栽植无病苗木是彻底避免发病的有效措施。严格选用无病的接穗和砧木，培育无病苗木，用种子繁殖可以基本保证砧木无病；嫁接时应选择多年无病的树为取接穗的母树；嫁接前，用70%乙醇浸泡剪、锯和嫁接工具，以防交叉感染。

3. 苹果和梨树避免混栽　　建立新苹果园时，应避免与梨树混栽，并远离梨园，以免病害从梨树上传至苹果树。

4. 药剂防治　　病树较多但病情轻的果园可进行药剂辅助防治。

（1）**环切包药**　　在树体主干上间隔环剥3道沟槽，在沟槽处包上蘸过0.015%～0.03%的土霉素、四环素或链霉素的脱脂棉或卫生纸，外用塑膜包扎。

（2）**药液插根**　　在病树四周分别找出0.5～1.0cm树根并切断，将断头插入含有药液的瓶中，然后封口填土，可用药剂有0.015%～0.02%宁南霉素或土霉素、四环素、链霉素。

（3）**喷雾法**　　用70%丙森锌600倍液或富路硼200倍液喷果面。

第十四节　苹果苦痘病和痘斑病

苹果苦痘病和痘斑病只危害果实，在果实近成熟期至贮藏期发病。20世纪70年代以来，此类病害日趋普遍，一般病果率为20%～30%，在敏感品种上甚至超过50%，严重影响苹果的外观质量，造成重大经济损失。近几年，在套袋苹果上表现突出，已成为苹果套袋栽培的一大障碍。

一、诊断病害

（一）识别症状

该类病害为生理性病害，主要表现在果实上。苦痘病和痘斑病是根据病斑大小进行的区分。

图14-17　苹果痘斑病的症状（引自邱强，2013）

苦痘病：多以皮孔为中心，形成近圆形病斑，病健组织交界处不整齐。后期病斑变褐，稍凹陷，直径为3～5mm（有时可达6～12mm），斑下果肉坏死呈海绵状。有时在深层果肉中也可发现褐色海绵状坏死斑块。病组织味苦，不堪食用。

痘斑病：症状表现与苦痘病类似，只是病斑较小，直径一般为1mm；绝大多数病斑环绕在果萼末端（图14-17）。果实采收时可能不显症状，在贮藏期将进一步发展。在10℃下经7～10d病斑大量出现。

（二）病害的病因

已经明确，果实中氮含量高而含钙量不足是本病发生的重要原因。采后延迟冷却、缓慢冷却和贮温过高，也有利于此类病害发生。

二、掌握病害的发生发展规律

果实钙营养失调是该类病害发生的主要原因，苹果缺钙的诱病因素非常复杂。

1. 气候异常　①春季持续干旱，土壤板结，导致果园中的钙被土壤固定不可溶，根系无法吸收和利用。②雨水过多，土壤湿度大，幼根吸收功能大大减弱，影响钙的吸收；近成熟期，果实吸水量大，导致钙被稀释，相对浓度下降。

2. 栽培管理措施　①均衡施肥。施肥不均衡，高氮、高钾、高镁都能拮抗钙的吸收。②不提倡环剥。环剥影响根系生长发育，从而影响钙、硼等元素的吸收和利用，加重痘斑病、苦痘病的发生。③适时套袋。过早套袋会降低果实的蒸腾作用，从而影响果实的正常发育和钙的吸收。

三、管理病害

（一）制订病害管理策略

在加强栽培管理的基础上，通过人工措施提高果实的含钙水平。

（二）病害管理措施

1. 土壤施钙　苹果落花前后，追施硝酸钙、硫酸钙等，对苦痘病和痘斑病有较好的防治效果。

2. 采前喷药　用氨基酸钙或氯化钙溶液对果实进行采前喷布，每隔 1~2 周喷 1 次，共喷 3~4 次。

3. 采后浸果　果实采后用氯化钙溶液浸果，也能有效地提高果实含钙量。可在采后 10d 之内，用 4% 氯化钙溶液，浸果 1min。

4. 贮藏期防治　采收后及时入库降温，控制好贮藏条件，均可抑制苦痘病和痘斑病的发生。

第十五节　苹果、梨其他病害

苹果银叶病是 20 世纪 50 年代后期，苹果树上出现的一种严重毁灭性病害。自黑龙江首次报道后，黄河故道、西北等地都有此病发生。苹果树发病后，树势衰弱，果实变小，产量降低。

一、苹果银叶病

（一）诊断病害

1. 识别症状　病菌侵染苹果树枝干后，菌丝在枝干内蔓延，向下扩展到根部，向上可危害一至二年生枝条。横切枝干，可见木质部变褐。在枝条木质部生长的病菌产生毒素，毒素随着寄主输导系统到达叶片，使叶片表皮与叶肉分离，气孔也失去控制机能，空隙中充满了空气，由于光线反射作用，致使叶片呈现灰色，略带银白光泽，故称为银叶病。

轻病树展叶后，病叶颜色较正常略淡，5 月上中旬逐渐变为银白色。秋季，银灰色病叶上，有褐色、不规则的锈斑。

重病树在生长前期的病叶上也会出现锈斑，并且在一至二年生枝上易出现表皮剥离的"纸皮病"，一般病树出现此症状后即接近死亡。

2. 鉴定病原　　病原菌为 *Chondrostereum purpureum*，属担子菌门软韧革菌属。子实体单生或成群发生在枝干阴面，呈覆瓦状。菌丝生长适宜温度为 24～26℃。

（二）掌握病害的发生发展规律

1. 病程与侵染循环　　苹果银叶病以菌丝体在有病枝干的木质部或以子实体在病树外表越冬。担孢子和菌丝体均可传播侵染寄主。一般当年被侵染，翌年才表现出症状。子实体长成后，其上产生担孢子，担孢子陆续成熟并进行再侵染。每年的春季和秋季是病菌侵染的有利时期。

2. 影响发病的条件　　不同品种抗病性不同。据报道，'红星'、'金冠'、'乔纳金'抗病性较强，'辽伏'、'富士'、'秦冠'等品种易感病。

果园土壤黏重、排水不良、偏施氮肥发病重，岗土、坡地发病轻；大树易发病，幼树发病少；树势衰弱发病重；剪锯口、劈裂断枝等伤口处易侵染发病。秋季阴雨多湿，翌年发病重。

（三）管理病害

1. 制订病害管理策略　　防治苹果银叶病，应采取预防为主，加强栽培管理，轻病树药剂防治的综合管理策略。

2. 病害管理措施

（1）保护树体防止受伤　　一般果园应提倡轻修剪，尽量减少锯大枝。伤口要及时消毒保护。消毒时，先削平伤口，然后用较浓的杀菌剂进行表面消毒，并外涂波尔多液等保护剂。

（2）加强栽培管理　　果园内应及时清除病、死株残体，除掉根蘖苗，去掉初发病枝干，清除病菌的子实体。清除果园周围的杨、柳等病残体。增施有机肥和磷肥、钾肥，改良土壤。及时防治病虫害，增强树势，提高抗病能力。

（3）药剂防治　　对早期发现的轻病树，在加强栽培管理的基础上，可进行药剂防治。如用硫酸 -8- 羟基喹啉丸剂进行埋藏治疗，或进行挂水法治疗，常用药物有链霉素、春雷霉素等。

二、梨炭疽病

梨炭疽病也称为苦腐病。在我国吉林、辽宁、河北、河南、山东、陕西、云南、江西、江苏、浙江等地均有发生。尤其在 2007 年和 2008 年连续给安徽'砀山酥梨'造成重大危害，梨炭疽病已成为'砀山酥梨'产区首要病害。该病害引起果实腐烂和早落，对产量影响很大。

（一）诊断病害

1. 识别症状　　梨炭疽病主要危害果实，也能危害枝条。

果实受害多发生在生长中后期。初期果面上呈现淡褐色、水渍状的小圆斑，后斑点逐渐增大，色泽加深，并且软腐下陷，形成圆形或不规则形的轮纹状病斑。在病斑处表皮下，形成无数小粒点（分生孢子盘），略隆起，初褐色，后变为黑色。病斑不断扩展，病部烂入果肉直达果心，果肉变褐有苦味。果肉腐烂的形状常呈圆锥形。果实受害严重时，果实大部分或整个腐烂，引起落果或者干缩成僵果。

枝条受害，初为圆形深褐色小病斑，后形成椭圆形或长条形、中部干缩凹陷的病斑，病部皮层与木质部逐渐枯死而呈深褐色。

2. 鉴定病原　　病原菌为胶孢炭疽菌（*Colletotrichum gloeosporioides*），其有性态为围小丛壳（*Glomerella cingulata*）。菌丝无色、具有隔膜和分枝，分枝较细。培养5～6d后，肉眼可见菌落中间出现锈红色分生孢子团。分生孢子长圆形，单孢，无色，大小均匀。病菌生长适宜温度为28～29℃，最高为39℃，最低为11℃。

（二）掌握病害的发生发展规律

1. 病程与侵染循环　　病菌以菌丝体在僵果或病枝上越冬。翌年在生长季节遇到适宜的温度、湿度条件，即产生分生孢子，借雨水、昆虫传播，成为初侵染源。分生孢子可直接侵染果实。在生长季节不断侵染，一直侵染到晚秋为止。

2. 影响发病的环境条件　　高温、高湿是梨炭疽病发生流行的重要条件，病害的发生和流行与雨水有密切的关系。一般年份7～8月是雨季，降雨频繁，为梨炭疽病的发病盛期。近几年来，在黄河故道地区雨水偏多，该病害发生普遍且危害严重。

地势低洼、土壤黏重、排水不良的果园发病重；树冠郁闭、通风透光不良的果园发病重；修剪粗放，树体上干枯枝、病僵果、干枯果台等残留多的果园发病重；树势弱、日灼严重、病虫害防治不及时发病重。

（三）管理病害

1. 制订病害管理策略　　根据梨炭疽病的发生规律，防治该病害应采取以清除越冬菌源、加强栽培管理为基础，及时药剂防治为重点的综合防治策略。

2. 病害管理措施

（1）清除越冬菌源　　冬季结合修剪，清除病菌的越冬场所如病枝、干枯枝、干枯果台及病僵果等，并集中烧毁。经验证明，凡是清除菌源工作搞得彻底的果园，病害发生就轻。

（2）加强栽培管理　　增施有机肥，避免过量施用氮肥，以此增强树势，提高树体抗病力。雨后及时排水，降低果园湿度。合理修剪，改善果园通风透光条件。及时中耕除草，加强其他病虫害防治。

（3）药剂防治　　于梨树花芽萌动期（花芽露白时），喷洒3～5°Bé石硫合剂、45%

代森铵 400 倍液及 1∶2∶100 的波尔多液等，可有效铲除病源。

病菌侵染严重地区，从 6 月初开始，每隔 15d 左右喷 1 次杀菌剂，直到采收前 20d 为止；雨水多的年份，适当缩短喷药间隔时间。常用的保护性杀菌剂有波尔多液、大生 M-45、50% 克菌丹可湿性粉剂 600～800 倍液、70% 代森联水分散粒剂 500 倍液、70% 丙森锌可湿性粉剂 600 倍液、80% 福美双水分散粒剂 1600 倍液、80% 炭疽福美可湿性粉剂 700 倍液、25% 咪鲜胺乳油 1500 倍液、50% 咪鲜胺锰盐可湿性粉剂 1200 倍液等，内吸性杀菌剂有 70% 甲基硫菌灵可湿性粉剂 800 倍液、80% 多菌灵可湿性粉剂 1000 倍液、25% 戊唑醇可湿性粉剂 2000～2500 倍液、10% 苯醚甲环唑可湿性粉剂 4000 倍液等。

多雨季节，保护性杀菌剂与内吸性杀菌剂混配使用，对梨炭疽病防效较好。波尔多液是一种比较好的保护剂，但如果使用不当会产生药害，所以在使用时要特别注意天气情况，保证在施药后 1 周内没有降雨。

（4）其他措施　在梨树生长季节，人工摘除病叶、病果，及时进行果实套袋，均可有效防止梨炭疽病的发生。

▊ 技能操作

苹果和梨病害的识别与诊断

一、目的

通过技能操作，识别和掌握苹果和梨主要病害的症状特点及病原形态特征，为病害的诊断和调查，以及正确的防治提供科学依据。

二、准备材料与用具

（一）材料

苹果腐烂病、枝干干腐病、果实轮纹病、褐斑病、银叶病和梨黑星病、锈病、黑斑病等病害盒装症状标本、浸渍标本、病原切片标本及病原培养物，各种病害特征的挂图或幻灯片等。

（二）用具

显微镜、放大镜、载玻片、盖玻片、解剖针、解剖刀、镊子、培养皿、记载用具等。

三、识别与诊断苹果和梨病害

（一）观察症状

用放大镜或直接观察苹果和梨主要病害盒装症状标本及浸渍标本的病状及病征特点，并记录。

观察苹果腐烂病病害标本，注意比较溃疡型病部与枝枯型病部的区别；观察病斑表面是否有很多小黑点。

观察苹果枝干干腐病病害标本，注意观察发病部位、腐烂情况，与腐烂病有何不同。

观察苹果果实轮纹病病害标本，注意观察病斑的颜色、形态和大小，病斑上是否散生有小黑点。

观察苹果褐斑病病害标本，注意叶片标本有几种症状类型，每种类型病斑有什么特点。

观察苹果银叶病病害标本，注意观察叶片是否成银灰色，枝干的木质部有何特征，是否变色。

观察梨黑星病病害标本，注意观察叶部病斑，病斑呈何颜色；形状如何；病斑上是否有黑色霉层（分生孢子梗和分生孢子）；观察病果（成果）是否生有大小不等的圆形黑色病疤。

观察梨锈病病害标本，注意观察病斑特征，表面有无小粒点，病斑背面有何特征。

观察梨黑斑病病害标本，注意观察果面病斑形状、颜色等，是否有凹陷，有无龟裂，有无霉层。

（二）鉴定病原

显微镜下观察病原切片标本、病原培养物，记录不同病原的形态特征，比较不同病原的形态特征。

镜检苹果腐烂病病原玻片标本，观察孢子座的形态，注意观察病原菌的分生孢子器和子囊壳的着生位置；分生孢子器是否为多腔室。观察分生孢子颜色，形态，单胞还是多胞。

镜检苹果枝干干腐病病原玻片标本，观察孢子座的形态，每个子座内有几个子囊壳；子囊孢子呈何形状，有无颜色，单胞还是多胞。

镜检苹果果实轮纹病病原玻片标本，观察有性态子囊壳形态、颜色等；子囊孢子呈何形状，有无颜色，单胞还是多胞。注意观察分生孢子器颜色、形状、大小等；分生孢子呈何形状，有无颜色，单胞还是多胞。

镜检苹果褐斑病病原玻片标本，观察分生孢子盘及分生孢子，注意分生孢子的形状、颜色、大小等。

镜检苹果银叶病病原玻片标本，注意观察病菌子实体质地，形态特征等。

镜检梨黑星病病原玻片标本，观察无性态分生孢子梗颜色、大小、形态；分生孢子梗散生还是丛生；分生孢子着生于分生孢子梗何部位；观察分生孢子的形态、颜色、大小，有无隔膜，单胞还是多胞。

镜检梨锈病病原玻片标本，注意观察锈孢子器和性孢子器的形状；观察锈孢子的形态、颜色、大小等。

镜检梨黑斑病病原玻片标本，注意观察分生孢子梗是否分隔；观察分生孢子的形态、颜色、大小等。

四、记录观察结果

1）绘制苹果腐烂病菌分生孢子器和子囊壳的形态图。

2）绘制苹果果实轮纹病菌子囊壳及子囊孢子形态图。

3）描述苹果和梨主要病害的症状特点。

课后思考题

1. 根据苹果腐烂病的病害循环及发病条件，请制订该病害的综合防治措施。
2. 简述苹果枝干干腐病的症状。如何防治该病害？
3. 简述梨果实轮纹病的症状。如何防治该病害？
4. 简述苹果黑星病的症状特点及发病规律。
5. 影响梨霉心病的因素有哪些？如何防治梨霉心病？
6. 简述苹果褐斑病的症状特点。
7. 影响梨锈病发生的条件有哪些？如何有效防治梨锈病？
8. 简述苹果白粉病的症状特点。

第十五章　葡萄病害与管理

【教学目标】　掌握葡萄主要病害的病原物形态特征及其症状特点，能对常见病害进行诊断识别，并能制订有效管理措施。

【技能目标】　掌握葡萄主要病害的病原物形态特征鉴定及其症状特点识别技术。

第一节　葡萄霜霉病

葡萄霜霉病是一种世界性病害，主要分布在多雨潮湿的地区，是葡萄上的重要病害之一。1834 年在美国野生葡萄中发现，我国最早在 1899 年有记载。该病发生严重时，叶片焦枯、早落，病梢扭曲畸形，果实酸涩，严重影响树势和产量。

一、病害的诊断与识别

（一）病害的症状

葡萄霜霉病主要危害叶片，也能侵染新梢、叶柄、卷须、幼果等幼嫩部分。

叶片受害，初期在叶正面出现淡黄色、水渍状、边缘不清晰的小斑点；以后逐渐扩大为淡黄色至黄褐色多角形病斑，病斑大小形状不一，多个病斑常融合成一个不规则形的大斑块。天气潮湿时，病斑背面产生白色霜霉状物，即病菌的游动孢子囊梗及游动孢子囊（图 15-1）。发病严重时病叶干枯呈褐色，易早落。

新梢受害，病斑初为水渍状斑点，后逐渐扩大为略凹陷的褐色病斑，潮湿时产生较稀疏的白色霜霉状物，病梢停止生长，扭曲变形，严重时枯死。卷须、穗轴、叶柄有时也能被害，其症状与嫩梢相似。

图 15-1　葡萄霜霉病症状

幼果被害，病斑近圆形、呈灰绿色，果面布满白色霉状物，感病的果粒初期较硬，成熟时变软脱落。已着色的接近成熟的果粒较少感病。穗轴感病，会引起部分果穗或整个果穗脱落。

（二）病害的病原

病原为葡萄生单轴霉 [*Plasmopara viticola*（Berk.et Curtis）Berl.et de Toni]，属鞭毛菌门单轴霉属。菌丝在寄主细胞间扩展蔓延，靠吸器伸入叶肉细胞吸收养分。无性阶段产生孢囊梗，顶生游动孢子囊，内生游动孢子。孢囊梗从叶背气孔伸出，丛生，无色，单轴树状分枝，分枝处近直角，分枝末端有 2～3 个小梗，顶端着生游动孢子囊。游动孢子囊卵圆形，无色，有乳状突起，萌发产生游动孢子。游动孢子单胞，肾形，侧生鞭毛 2 条，能游动，具双游现象。有性阶段产生卵孢子。卵孢子于生长后期在病组织中形成，褐色，球形，外壁厚。卵孢子萌发形成芽管，芽管顶端形成梨形游动孢子囊，内生游动孢子（图 15-2）。

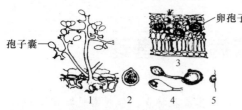

图 15-2 葡萄霜霉病菌（引自邱强，2013）
1. 孢囊梗及孢子囊；2. 孢子囊；3. 病组织；
4. 卵孢子萌发；5. 游动孢子

二、病害的发生发展规律

（一）病程与侵染循环

葡萄霜霉病菌主要以卵孢子在病组织中越冬，或随病叶等病组织在土壤中越冬。翌年春季条件适宜时，卵孢子在潮湿土壤中萌发形成游动孢子囊，游动孢子囊萌发释放出游动孢子。游动孢子再借风雨传播到植株上并由气孔或皮孔侵入，引起初侵染。随后，病菌以菌丝体在寄主的细胞间扩展蔓延，经 7～12d 的潜育期后开始表现发病症状，并从气孔中伸出孢囊梗及游动孢子囊，游动孢子囊萌发产生游动孢子进行再侵染。只要环境条件适宜，病菌可以不断产生游动孢子囊进行再侵染。直到葡萄生长后期，在病残组织内形成大量的卵孢子。卵孢子可随病叶等病残组织落入土越冬，成为翌年的初侵染源。

据测定，该菌的卵孢子在土壤内存活时间可长达 2 年以上。卵孢子萌发的温度为 13～33℃，适宜温度为 25℃。游动孢子囊寿命短，在高温干旱条件下，只能存活 4～6d，低温下可存活 14～16d。游动孢子囊萌发温度为 5～27℃，适宜温度为 10～15℃。游动孢子萌发的温度为 12～30℃，适宜温度为 18～24℃。同时，卵孢子萌发、游动孢子囊的形成和萌发及游动孢子的侵入都必须在水滴或湿度大的环境中进行。

（二）影响发病的条件

病害的发生和流行与气候条件、栽培管理及品种的抗种有关。

1. 气候条件　气候条件中，湿度是主导影响因素。由于该菌卵孢子萌发，游动孢子囊的产生和萌发，以及游动孢子的萌发和侵入都离不开水分。因此，凡增加土壤、空气和寄主表面湿度的因子及阴暗潮湿的环境，如降雨、大雾、阴天等均有利于病菌侵入。尤其昼夜温差大、持续降雨、雾多露大、少风的情况最适于病害发生和流行。

2. 栽培管理　果园设置不善，如棚架过低、架面过密、排水不畅，使果园通风透光不良、小气候潮湿，都会使病害严重发生；同时，管理不当造成树势衰弱，以及偏施或迟施氮肥，造成枝叶徒长，组织成熟延迟，也会加重病害发生和流行。

3. 品种的抗性　葡萄的含钙量、气孔的密度及结构和植株本身生化特性等都与抗性有关。特别是葡萄细胞液中钙钾比例与品种的抗性关系较大，含钙高的葡萄抗霜霉病的能力强。据测定，植株幼嫩部分的钙钾比例比老熟部分小，所以，幼叶、幼果及新梢容易感病。另外，叶片气孔稀小的品种抗病。铵态氮含量、多酚类物质等含量高则抗病性强。

一般来说，美洲系统的品种较抗病，欧亚系统的品种比较易染病。原产于我国的葡萄品种目前尚未发现对霜霉病免疫的类型，但抗性差异较大，一般抗病性较强的品种有'康拜尔早生'、'尼加拉'等，感病品种有'新玫瑰香'、'粉红玫瑰'、'巨峰'系列等。

三、病害的管理

（一）病害管理策略

控制该病主要采取以搞好果园卫生，减少初侵染源为主，结合加强栽培管理，降低小气候湿度，适时喷药等措施进行综合管理。

（二）病害管理措施

1. 搞好果园卫生　秋季彻底清扫果园，结合修剪，剪除架上病梢、病枝和病果，清除架下枯枝落叶，集中烧毁或深埋，减少越冬菌源。

2. 加强栽培管理　及时夏剪，同时绑缚新梢，改善园内通风透光条件。注意排水、除草，降低地表湿度；适当增施磷肥、钾肥，对酸性土壤适当施用石灰中和其酸性，提高植株抗病能力。在葡萄园内搭建避雨设施，可防止雨水的飘溅，从而有效切断葡萄霜霉病原菌的传播，对该病具有明显防效。

3. 生态防治　调节保护地内的温度、湿度，特别在葡萄坐果以后，室温白天应快速提至30℃以上，并尽力维持在32～35℃，以高温低湿来抑制孢子囊的形成、萌发和孢子的萌发侵染。下午4:00左右开启风口通风排湿，降低室内湿度，使夜温维持在10～15℃，空气湿度不高于85%，用较低的温度、湿度抑制孢子囊和孢子的萌发，控制病害发生。

4. 适时喷药防治　波尔多液是目前防治霜霉病的主要药剂，因为波尔多液含铜离子，霜霉菌对铜离子敏感，药效持久，且病菌一直未产生抗药性。芽前地面、植株细致喷布一遍铲除剂，以减少果园内越冬存活的菌量，可用50%硫磺悬浮剂与100倍五氯酚钠药液混合喷布。发病后每10d左右细致喷布1次保护剂。具体用药可采用80%乙膦铝可湿性粉剂500倍液、75%悦露可湿性粉剂700倍液、80%代森锰锌、恶霜菌酯800倍液、38%恶霜嘧铜菌酯800液、72%霜露速净600倍液等。为防止病菌产生抗药性，可与其他类型杀菌剂交替使用。如1:（0.5～0.7）:（160～240）的波尔多液、56%嘧菌酯百菌清800倍液、绿乳铜800倍液等，对抗药性病菌防效较好。

第二节　葡萄白腐病

葡萄白腐病俗称"水烂"或"穗烂"，全球分布，是葡萄重要病害之一。1878年首先在意大利发现，我国1899年最早报道。目前主要发生在我国东北、华北、西北和华东北部地区。在多雨年份常和炭疽病并发流行，造成很大损失。一般年份果实损失率为15%～20%，流行年份损失达60%以上。

一、病害的诊断与识别

（一）病害的症状

葡萄白腐病主要危害果穗，也危害枝梢，叶片，病害严重时，大量果粒脱落，造成严重损失。

果穗受害，大多从果实着色时期开始。一般从近地面的果穗尖端开始发病，逐渐向上蔓延。首先在穗轴和果梗上产生淡褐色、水渍状、不规则形病斑，进而病部皮层腐烂，随后迅速蔓延到果粒，使整个果粒变褐腐烂，后期果皮表面密生灰白色小粒点（病菌的分生孢子器），发病严重时整个果穗腐烂，果梗干缩，病果极易受震动脱落，园地表面落满一层病果。未脱落的果粒常常失水变干成有明显棱角的僵果，悬挂穗上长久不落。

枝蔓发病，病斑均发生在伤口处，初期呈水浸状，淡红褐色，边缘深褐色，后发展成长条形黑褐色，病部稍凹陷，病斑表面密生灰色小粒点。病害严重时，病部环绕枝干一周，使其上枝蔓及叶片萎黄枯死或折断。由于病菌分解纤维的能力很强，导致后期寄主的皮层与木质部分离，纵裂，只剩下丝状维管束组织，使病皮呈"披麻状"。

叶片发病，从植株下部近地面的老叶开始，首先在叶尖、叶缘或有损伤的部位形成淡褐色、水渍状、不规则形的病斑，并有不明显的同心轮纹，其上散生灰白色小粒点，且以叶背、叶脉两边居多。后期病斑干枯破碎。

（二）病害的病原

病原为白腐盾壳霉［*Coniothyrium diplodiella*（Speg.）Sacc.］，属半知菌类盾壳霉属。病部出现的灰白色小粒点，即病菌的分生孢子器，分生孢子器球形，壁较厚，灰褐色至暗褐色，直径为 100～150μm，底部壳壁突起呈丘状，其上着生无隔、不分枝的分生孢子梗，长 12～22μm。分生孢子梗顶端着生暗褐色、单孢、梨形的分生孢子，大小为（6～16）μm×（5～7）μm，内含 1～2 个油球（图 15-3）。

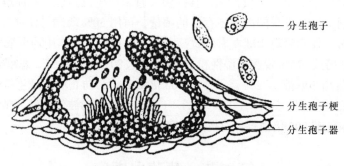

图 15-3　葡萄白腐病菌

分生孢子萌发的温度为 13～40℃，适宜温度为 28～30℃。同时孢子萌发要求 95% 以上的相对湿度，低于 92% 时不能萌发。分生孢子在清水中不能萌发，在幼果浸汁中也不能萌发。在成熟果汁中萌发率可达 90% 以上。

二、病害的发生发展规律

（一）病程与侵染循环

白腐病菌主要以分生孢子器或菌丝体随病残体在地表、土壤中及挂在穗部的僵果上越冬，尤其是在僵果上的病菌越冬能力最强。这些部位的病菌是翌年主要的初侵染源。白腐病菌在土壤中的病残组织内可存活 4～5 年，病菌在土壤中的分布，以表土 5cm 深的范围内最多，越深病菌数量越少；但 30cm 处仍有病菌存在。越冬后的病菌到翌年夏季遇降雨后，产生大量的分生孢子，分生孢子主要借雨滴飞溅传播到受侵部位引起初侵染，风、昆虫及农时操作也可传播。病菌主要从伤口侵入，冰雹造成的伤口最易引起侵染。病菌一般不侵染无伤口的果粒，但可直接侵入果梗和穗轴。在适宜的条件下，该病的潜育期最短为 3d，最长 8d，一般 5～6d。由于潜育期短，再侵染次数多，该病易发生流行。

（二）影响发病的条件

病害的发生和流行与气候条件、寄主的生育期、栽培管理方式及寄主的品种有关。

1. 气候条件 白腐病的发生与降雨关系密切。雨季来得早，病害发生也早，雨季来得迟，病害发生也迟。果园发病后，每逢雨后就会出现一个发病高峰。特别是在暴风雨或雹灾后，造成大量伤口，为病菌侵入创造了有利的条件，更易导致病害的流行。一般6月中下旬开始发病，7月下旬至8月上旬为盛期。夏季高温多雨、尤其阴雨连绵的天气易造成病害流行。

2. 寄主的生育期 发病程度与寄主的生育期关系密切。一般幼果期很少发病，进入着色期及成熟期后，发病程度也逐渐加重。原因是病菌孢子的萌发需要补充营养物质（主要是糖），幼果期组织越幼嫩，表面凝水中外渗的糖类物质越少，加上幼嫩组织愈伤能力越强，所以不易受病菌侵染；着色期以后组织越接近老熟，表面凝水中糖类物质也越多，再加上老熟组织愈伤能力差，易受病菌侵染。

结果部位与发病也有很大的关系。据调查，有80%的病穗发生在距地面40cm以下的果穗上。这是由于接近地面的果穗，易受越冬后病菌的侵染，同时下部通风透光差，湿度大、容易诱发病害。

3. 栽培管理方式 栽培管理方式与发病关系密切。土质黏重，地势低洼，通风排水不良，架下杂草丛生、枝蔓过密、架面郁闭、植株负载量过大都有利于病害的发生。在架式方面，篱架比棚架发病重，双篱架比单篱架重。由于白腐病菌是从伤口侵入的，所以一切造成伤口的条件都有利于发病，如风害、虫害及摘心、疏果等农事操作，均可造成伤口，利于病菌侵入。

4. 寄主的品种 品种间抗病性也有差异，一般欧亚种易感病，欧美杂交种较抗病。例如，'佳里酿'、'马福尔多'、'红玫瑰香'、'黄玫瑰香'、'龙宝'、'先锋'、'龙眼'等易感病；抗病的品种有'黑虎香'、'紫玫瑰香'、'保尔加尔'及野生葡萄等。

三、病害的管理

（一）病害管理策略

防治葡萄白腐病采取以加强田间管理为主，清除病株残体，配合药剂防治的综合措施。

（二）病害管理措施

1. 清除病株残体，减少侵染源 生长季节经常检查果园，发病初期及时剪除病穗、病枝蔓，拣净落地病果；秋末埋土防寒前结合修剪，彻底剪除病穗、病蔓，扫净病果、病叶，摘净僵果，集中烧毁或运出园外深埋，决不能把病残体埋在葡萄架下。发病前用地膜覆盖地面可防止地面病菌侵染果穗。

2. 加强栽培管理，改善生态条件 果园多施有机肥，增强树势；通过修剪绑蔓提高结果部位，对地面附近果穗可实施套袋管理，减少病菌侵染机会；及时打副梢、摘心，适当疏叶，调节架面枝蔓密度，改善架面通风透光条件；注意果园排水，防止雨后积水，及时中耕除草，降低地面湿度；调节果实负载量。

3. 及时药剂防治，降低流行程度　　生长期及时进行药剂防治是防治白腐病的一个重要措施。根据当地历年病害初发期决定首次喷药时间，一般应在发病初期前5～6d进行。而后每隔10～15d喷1次，连喷4～5次，如遇冰雹大雨，要立即喷药。有效药剂有50%福美双、50%速克灵、50%多菌灵、80%普诺、70%霉奇洁、50%退菌特（对龙眼、佳利酿易引起药害）、75%百菌清、50%多丰农、80%炭疽福、70%甲基硫菌灵、40%福星等，均有较好防治效果。据试验，40%福星也有较好的防治效果。此外，克菌丹、特克多、白腐灵等药剂，只要适时使用都有较好防效。为防止病菌产生抗药性，要不断更换药剂品种。为控制来自土壤的病菌，重病果园在发病前应地面撒药灭菌。可用1份福美双、1份硫磺粉、2份碳酸钙，混合均匀，以15～30kg/hm² 撒在果园土表。

第三节　葡萄黑痘病

葡萄黑痘病又称为疮痂病，俗称"黑斑病"、"鸟眼病"。我国各葡萄产区几乎均有发生。在夏季多雨潮湿的地区发病较重，常造成葡萄果粒变酸变硬并腐烂，造成较大经济损失。

一、病害的诊断与识别

（一）病害的症状

黑痘病主要危害葡萄的绿色幼嫩部分，其中以果粒、叶片、新梢为主，造成新梢和叶片枯死，果粒腐烂。

叶片被害，初期出现红褐色至黑褐色、针头大小的斑点，周围有黄色晕圈。随后病斑扩大呈圆形或不规则形，中央灰白色，边缘暗褐色或紫色，直径1～4mm。后期天气干燥时病斑中央破碎脱落，形成穿孔。病斑主要分布在叶脉周围。发病严重时，常使叶片扭曲，皱缩，甚至早落。幼嫩叶片最易受害，老龄叶片几乎不发病。

幼果被害，果面上初为圆形深褐色小斑点，后扩大成直径2～8mm、灰白色、中央凹陷、外缘紫褐色的病斑，似"鸟眼"状。感病后的果实生长缓慢，后期病斑硬化或龟裂，病果小、味酸，失去食用价值。染病晚的果粒，仍能长大，病斑凹陷不明显，但果味较酸。病斑限于果皮，不深入果肉。后期病斑上出现黑色小点，天气潮湿时，小黑点溢出灰白色的黏液，此为病菌的分生孢子角。

新梢、穗轴、枝蔓、叶柄或卷须被害，初期表现褐色、圆形或不规则小斑点，以后病斑扩大呈灰黑色，边缘深褐色或紫色，中间凹陷开裂。新梢、卷须、枝蔓等受害常造成生长停滞，果穗发育不良，病斑以上部位萎缩枯死。

（二）病害的病原

病原为葡萄黑痘痂圆孢菌（*Sphaceloma ampelinum* de Bary）。属半知菌类痂圆孢属。有性态为 *Elsinoe ampelina*（de Bary）Shear，属子囊菌门痂囊腔属，我国常见其无性阶段。病斑外表形成的小黑点即病菌产生的分生孢子盘。分生孢子盘（图15-4）黑色，直径达60μm，半埋生于寄主组织中，突破表皮后长出分生孢子梗及分生孢子。分生孢子梗圆筒形，短小密集，大小为（6.6～13.2）μm×（1.3～2）μm，顶端着生分生孢子。分生孢子卵形或长圆形，无色单胞，内含1～2个油球，大小为（4.8～11.6）μm×（2.2～2.7）μm。分生孢子盘主要形成在夏季，秋天在新梢病部边缘形成菌丝块，这是病菌的主要越冬结构。翌年春天由菌核产生分生孢子。

有性阶段的子囊着生在梨形的子囊腔内，子囊无色，球形，内含4～8个无色、香蕉形、3个分隔的子囊孢子。该病菌只危害葡萄。

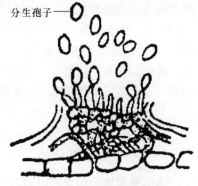

分生孢子——

图 15-4 葡萄黑痘病菌

二、病害的发生发展规律

（一）病程与侵染循环

病菌主要以菌丝体潜伏在病枝梢、病果、病蔓、病叶、病卷须及叶痕等病组织中越冬，其中以病梢和病叶为主。特别是秋天新梢病斑边缘形成的菌丝块，是病菌的主要越冬结构。病菌生活力很强，在病组织可存活3～5年。翌年4～5月，越冬的病菌在葡萄上产生大量的分生孢子，借风雨传播到幼嫩的叶片和新梢上。孢子萌发后，由芽管直接穿透表皮侵入幼叶或嫩梢，引起初侵染。侵入后，菌丝主要在表皮下扩展蔓延造成寄主发病。随后在病部形成分生孢子盘，在湿度大的情况下，突破表皮，不断产生分生孢子，分生孢子再通过风雨和昆虫等传播，侵染葡萄幼嫩的绿色组织，温湿条件适合时，6～8d便造成寄主发病产生新的分生孢子。整个生育期可以不断进行多次再侵染。病害远距离的传播则主要靠带病苗木与插条的调运。

分生孢子形成的温度是25℃左右，并需要较高的湿度。菌丝生长温度为10～40℃，最适为30℃。潜育期一般为6～12d，在24～30℃下，潜育期最短，超过30℃，发病受抑制。葡萄的花穗、幼果、卷须和新生枝叶易被感染，其潜育期也较短。

夏季天气干燥时一般发病缓慢，秋天多雨时病菌又可继续危害秋梢上的嫩绿器官。

（二）影响发病的条件

病害的发生与气候条件、栽培管理和品种密切相关。

1. 气候条件 黑痘病的发生受降雨的影响比较大，尤其是春季及初夏（4～6月）的降雨情况。此期正值葡萄生长初期，组织幼嫩，如果多雨闷热，则有利于分生孢子的形成、传播和萌发侵入，因此病害发生严重。干旱年份或少雨地区，发病显著减轻。黑痘病的发生时期因地区而异。北方果区一般5月开始发病，6～7月为发病盛期，9～10月病害停止发展。

2. 栽培管理 果园地势低洼、排水不良、栽培管理不善，树势衰弱，肥料不足或配合不当、土壤黏重、通风透光不良、枝叶过密等，都会使病害加重。一般篱架发病重于棚架。冬季不重视果园卫生，园内遗留大量的病残体，则为病菌越冬和翌年的传播创造了条件。

3. 品种 品种间抗病性有明显差异，一般欧亚种及地方品种易感病，大多数西欧品种及黑海品种抗病，欧美杂交种和美洲种抗病。其中感病严重品种有'季米亚特'、'羊奶'、'早玫瑰香'、'大粒白'、'无籽露'、'沙尔其'、'龙眼'、'无核白'、'保尔加乐'；中度感病品种有'葡萄园皇后'、'玫瑰香'、'小红玫瑰'、'新玫瑰'、'马福鲁特'等；抗病品种有'巨峰'、'先锋'、'红富士'、'黑皮诺'、'玫瑰露'、'仙索'、'赛必尔2007'、'水晶'、'金后'、'白香蕉'、'巴柯'、'赛必尔2003'、'黑虎香'等。

三、病害的管理

（一）病害管理策略

防治葡萄黑痘病采取以减少菌源，选择抗病品种为主，加强田间管理及配合药剂防治的综合措施。

（二）病害管理措施

1. 彻底清除菌源　　冬季修剪时，剪除病枝梢及僵果，刮除病、老树皮，彻底清除果园内的枯枝、落叶、烂果等，移出园外集中烧毁或深埋。并用铲除剂喷布树体及树干四周的土面。在生长期，及时摘除病叶、病果及病梢。秋季清扫落叶、病穗。

2. 选用抗病品种　　不同品种间抗病性有显著差异，所以要选择适于当地种植，具有较高商品价值且比较抗病的品种。

3. 苗木消毒　　黑痘病可以通过带病菌的苗木或插条传播。葡萄园定植时对苗木、插条要严格检验，选择无病的苗木，或进行苗木消毒处理。常用的苗木消毒剂：① 10%～15% 的硫酸铵溶液；② 3%～5% 的硫酸铜液；③硫酸亚铁硫酸液（10% 的硫酸亚铁加 1% 的粗硫酸）；④ 3～5°Bé 的石硫合剂等。将苗木或插条在药液中浸泡 3～5min 进行消毒，取出后定植或育苗。

4. 加强栽培管理　　合理施肥，葡萄定植前及每年采收后，都要开沟施足优质的有机肥料，保持强壮的树势；追肥应使用含氮、磷、钾及微量元素的全肥，避免单独、过量施用氮肥。同时加强枝梢管理，结合夏季修剪，及时绑蔓，去除副梢、卷须和过密的叶片，改善通风透光状况，降低田间温度。及时清除地面杂草。土质黏重的葡萄园，需多施农家肥，增强土壤的通透性；地势低洼的地方，雨后要及时排水，防止果园积水。

5. 药剂防治　　在葡萄发病芽前全面喷布一次铲除剂，消灭枝蔓上潜伏的病菌。常用的铲除剂：0.3% 五氯酚钠加 1～3°Bé 石硫合剂；10% 硫酸亚铁加 1% 粗硫酸混合液；80% 二硝基邻甲酚钠盐；40% 福美胂等。喷药时期以葡萄芽鳞膨大，但尚未出现绿色组织时为好。过晚喷洒会发生药害，过早效果较差。生长季节，在开花前后各喷 1 次 1：0.7：250 的波尔多液或 500～600 倍的百菌清液，对控制黑痘病有关键的作用。此后，每隔半月喷 1 次 1：1：200 的波尔多液，可有效地控制黑痘病的发展。喷药前摘除病梢、病叶、病果等效果更佳。有效药剂有 70% 甲基硫菌灵、80% 普诺、50% 多菌灵、1：0.5：（160～240）的波尔多液、80% 大生 M-45、70% 代森锰锌、40% 锰锌克菌多等。防治关键期：休眠期药剂铲除；开花前，落花 70%～80% 时，果粒似玉米粒大小时。

第四节　葡萄炭疽病

葡萄炭疽病又称为苦腐病、晚腐病，主要危害近成熟期的果实。我国大多数葡萄产区均有发生，长江流域及黄河故道地区危害严重。流行年份，病穗率达50%以上。多雨季节常引起大量烂果，严重影响葡萄产量。

一、病害的诊断与识别

（一）病害的症状

主要危害果粒，特别是着色期以后近成熟的果粒，造成果粒腐烂。果粒发病，初期果面上产生圆形、淡褐色斑点，随后病斑扩大呈深褐色、圆形、略有凹陷，并产生呈轮纹状排列的小黑点（病菌的分生孢子盘）。天气潮湿时，小黑点溢出粉红色黏液（分生孢子团）。发病严重时，病斑扩展到半个或整个果面，果粒软腐状，病果酸而苦。干燥天气病果逐渐干缩成为僵果。病果粒多不脱落，整穗僵葡萄挂在枝蔓上。果柄、穗轴发病产生暗褐色、长圆形的凹陷病斑，使上部果粒干枯脱落。

叶片与新稍病斑很少见，主要在叶脉与叶柄上出现长圆形、深褐色斑点，天气潮湿时病斑表面隐约可见粉红色黏液，但不如在果粒上表现明显。

（二）病害的病原

病原有性阶段为围小丛壳 [*Glomerella cingulata* (Ston.) Spauld et Schrenk]，属子囊菌门小丛壳属（图 15-5）。无性阶段为胶孢炭疽菌 [*Colletotrichum gloeosporioides* (Penz.) Sacc.]，属半知菌类炭疽菌属真菌。该菌寄主范围广，除危害葡萄外，也侵染苹果、梨、桃、枣、山楂、柿子、草莓、无花果等多种果树，以及部分蔬菜、花卉、林木等植物。发病组织上的小黑点是病菌的分生孢子盘（图 15-5），分生孢子盘黑色。盘上排列无色单胞、圆筒形或棍棒形、大小为（12~26）μm×（3.5~4.0）μm 的分生孢子梗，分生孢子无色单胞，圆筒形或椭圆形，大小为（10.3~15.0）μm×（3.3~4.7）μm。分生孢子形成的适宜温度为25℃~28℃，12℃以下，36℃以上则不形成分生孢子。孢子萌发适宜温度为28~30℃。

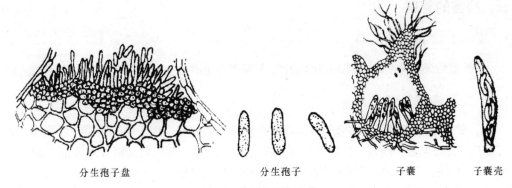

分生孢子盘　　　　分生孢子　　　　子囊　　　子囊壳

图 15-5　葡萄炭疽病菌

二、病害的发生发展规律

（一）病程与侵染循环

病菌主要以菌丝体在结果母枝、一年生枝蔓表层组织及病果上越冬，其中枝蔓节部周围菌量最多。二年生以上的枝条很难找到越冬菌源。翌春 5～6 月后，气温回升至 20℃以上时，带菌枝蔓经雨水淋湿后，开始产生大量分生孢子，借助风雨、昆虫传到果穗上萌发引起初侵染。分生孢子可直接侵入果粒或通过果皮上的皮孔、伤口侵入。该菌具有潜伏侵染的特点，病菌一般在幼果期侵入。侵染后，由于幼果酸度及其他次生代谢物质含量较高，抗性强，所以幼果期大多不表现症状，直到着色期才表现。着色期以后侵染的病菌，一般潜育期只有 4～6d。该病有多次再侵染。一般年份，病害从 6 月中下旬开始发生，以后逐渐增多，7～8 月果实成熟时，遇到多雨天气进入发病盛期。病果可不断地释放分生孢子，反复进行再侵染，引起病害的流行。

病菌也可侵染叶片、新梢、卷须等组织，但很少表现病斑，此为潜伏侵染，这种带菌的新梢将成为翌年的侵染源。

（二）影响发病的条件

病害发生及流行与气候条件、栽培环境和品种的抗性等密切相关。

1. 气候条件　　多雨高湿、温度适宜是该病流行的主要原因。分生孢子产生和萌发需要一定的温度和雨量。分生孢子团块只有遇水后才能散开并传播出去；孢子萌发也需较高的湿度。所以，高温多雨是病害流行的一个重要条件。

2. 栽培环境　　株行距过密、架式过低、留枝量过大、通风透光差、地势低洼、排水不良、地下水位高、田间湿度大、管理粗放、架面上病残体清除不彻底、土壤板结严重，则发病严重。

3. 品种的抗性　　品种间抗性也有差异，一般欧亚种感病重，欧美杂交种较抗病；早熟品种可避病，而晚熟品种往往发病较重；果皮薄的品种发病较重。感病较重的品种有'巨峰'、'季米亚特'、'保尔加尔'、'葡萄园皇后'、'沙巴珍珠'、'玫瑰香'和'龙眼'等；抗病的品种有'赛必尔 2007'、'赛必尔 2003'和'黑虎香'、'小红玫瑰'、'巴米特'等。

三、病害的管理

（一）病害管理策略

防治葡萄炭疽病应采取以加强田间管理，铲除越冬菌源为主，配合药剂防治的综合措施。

（二）病害管理措施

1. 铲除越冬病源　　结合修剪清除留在植株上的枝梢、病果穗、僵果、卷须等，并把落于地面的果穗、残蔓、枯叶等彻底清除，集中烧毁，芽眼萌动时（展叶前）细致喷洒 5° Bé 石硫合剂与 100 倍五氯酚钠混合剂。减少果园菌源。

2. 加强栽培管理　　生长期及时摘心和处理副梢，及时绑蔓，合理调节密度，科学修剪，适量留枝，合理负载，维持健壮长势，使果园通风透光，减轻发病。合理施肥，增施有机肥料、磷肥、钾肥与微量元素肥料；适当减少速效氮素肥料的用量，提高植株本身的抗病能力。搞好果园的雨后排水工作，防止暑季田间积水或地湿沤根，以免诱发植株衰弱，引起病害发生。

3. 生长季节及时喷药保护 花前可喷 1:0.7:240 的波尔多液，落花后每隔15~20d 喷 1 次药，共喷 3~4 次。常用药剂有 40% 百菌净、60% 拓福、50% 多菌灵、70% 甲基硫菌灵、80% 炭疽福美、50% 退菌特、40% 锰锌可菌多、75% 百菌清等。大生 M-45、喷克、绿得保、敌菌丹和灭菌丹等，对此病也有较好防效。退菌特是有机胂制剂，应尽量减少使用，采收前半个月必须停止使用。

第五节　葡萄房枯病

葡萄房枯病又称为穗枯病、粒枯病，主要危害果粒、果梗及穗轴，发生严重时也能危害叶片。

一、病害的诊断与识别

房枯病从果实着色前期到采收期均可发生，主要危害果实、果梗及穗轴，严重时也危害叶片。果穗受害后，初期在果梗基部产生淡褐色病斑，以后逐渐扩大，颜色加深，并蔓延到果粒与穗轴上，使穗轴萎缩干枯；果粒感病，首先在果蒂上形成淡褐色病斑，后病斑扩展到全果粒，果粒腐烂变褐色，病斑表面散生稀疏而较大的黑色小点（病菌的分生孢子器），后果粒干缩成灰褐色僵果，僵果挂在树上不脱落。

叶片感病后，最初出现红褐色圆形小斑点，后逐渐扩大，病斑边缘褐色，中部灰白色，后期病斑中央散生小黑点。

二、病害的发生发展规律

病程与侵染循环如下。

病菌以菌丝、分生孢子器和子囊壳在病果或病叶上越冬。在露地栽培条件下，翌年5~7月散发出分生孢子、子囊孢子，借风雨传播到果穗上，进行初侵染。分生孢子萌发速度较快。气温在 15~35℃时均能引起发病，但 24~28℃以较适于发病。葡萄果穗一般在 6 月中旬开始发病，7~9 月发病最多，果实越接近成熟期越易发病。

一般欧亚种葡萄较易感病，美洲系的葡萄发病较轻。在果实着色前后，高温多雨的天气，最有利于病害的发生。其次，在潮湿和管理不善、树势衰弱的果园发病较重。设施栽培葡萄发病稍轻。

三、病害的管理

1. 注意果园卫生 秋季要彻底清除病枝、叶果等，并集中烧毁或深埋，以减少翌年初侵染源。

2. 加强果园管理 合理密度，科学修剪，适量留枝，维持健壮长势。改善田间通风透光条件，降低小气候的空气湿度。并注意排水防涝，严禁暑季田间积水或地湿沤根，以免诱发植株衰弱，引起病害发生。增施肥料，增强植株抵抗力。

3. 药剂防治　　葡萄落花后开始喷 1 : 0.7 : 200 的波尔多液，每半月喷一次。或用 12.5% 氟环唑悬浮剂、68.75% 噁唑菌酮·锰锌水分散剂、40% 腈菌唑水分散剂。以上药剂间隔 7～10d 使用，并提倡药剂的轮用和混用。喷药时应注意使果穗均匀着药。

第六节　葡萄穗轴褐枯病

葡萄穗轴褐枯病又称为轴枯病，此病主要危害幼嫩的穗轴，使穗轴变褐枯死，最后导致果粒萎缩脱落。

一、病害的诊断与识别

（一）病害的症状

主要危害葡萄幼嫩的穗轴。也可危害幼果。发病初期，在幼穗各级穗轴上产生褐色、水渍状的小斑点，迅速向四周扩展，成为褐色条状凹陷坏死斑。病斑进一步扩展，可环绕穗轴，使整个穗轴变褐枯死，不久即失水干枯，果粒也随之萎缩脱落。湿度大时，在病部表面产生黑色霉状物（病菌分生孢子梗及分生孢子）。幼果受害，形成圆形深褐色至黑色斑点，直径约为 2mm，病斑仅限于果粒表皮。随着果粒膨大，病斑表面变成疮痂状，当果粒长到中等大小时，病痂脱落，果穗也萎缩干枯。

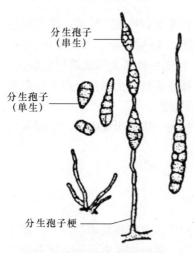

分生孢子（串生）
分生孢子（单生）
分生孢子梗

图 15-6　葡萄穗轴褐枯病菌

（二）病害的病原

病原为葡萄生链格孢（*Alternaria viticola* Brun），属半知菌类链格孢属。分生孢子梗直立，丛生，一般不分枝，有分隔，上端有时呈屈曲状，褐色至暗褐色。分生孢子着生于分生孢子梗顶端，倒棍棒状，单生或串生，淡褐色至深褐色，砖格状分隔，喙较长（图 15-6）。该菌属弱寄生菌，能危害多种植物或腐生在各种基质上。

二、病害的发生发展规律

（一）病程与侵染循环

病菌以菌丝体或分生孢子在病残组织内越冬，也可在枝蔓表皮、芽鳞片间越冬。翌年开花前后形成分生孢子，借风雨传播，侵染幼嫩的穗轴组织，引起初侵染。潜育期为 3～5d，可进行多次再侵染。病菌只能侵染幼嫩的穗轴或幼果，当果粒达到黄豆粒大小时，果穗组织老化，病菌不能侵入，病害也随之停止发展蔓延。

（二）影响发病的条件

春季开花前后，穗轴组织幼嫩，如遇低温多雨天气，有利于病害发生。不同品种对葡萄穗轴褐枯病的抗性不同，'巨峰'品种发病最重；其次为'红香水'、'白香蕉'和'黑奥林'；'新玫瑰'、'龙眼'、'红富士'、'黑汉'等发病较轻；'康拜尔'、'玫瑰香'、'玫瑰露'、'密而紫'等较抗病。地势低洼、管理不善的果园及老弱树发病重。

三、病害的管理

1. 消灭越冬菌源 冬季修剪后彻底清洁果园，将果园周围的杂草、枯枝落叶清除干净，并集中烧毁或深埋，减少越冬菌源。葡萄萌动前，重点对结果母枝喷铲除剂40%福美胂或喷石硫合剂与五氯酚钠混合液，消灭越冬菌源。

2. 生长期喷药防治 从幼穗抽出至幼果期，每隔10d左右喷1次。连续喷2~3次，把病害控制在初发阶段。常用的有效杀菌剂有80%大生M-45、1.5%的多氧霉素、50%扑海因、65%乙锰、50%多菌灵、50%退菌特或70%甲基硫菌灵等。

第七节 葡萄扇叶病

葡萄扇叶病主要危害葡萄的生长，给葡萄的产量带来严重的危害。

一、病害的诊断与识别

葡萄扇叶病又称退化病。主要有3种表现：①传染性变形或称扇叶，系由变型病毒株系引起。植株矮化，叶片变形，严重扭曲皱缩，叶形不对称，叶缘锯齿尖锐。②叶片黄化型，由产生色素病毒株系引起。病株早春呈现黄色褪色，致叶色改变，并出现散生的斑点、环斑、条斑等，严重的全叶黄化。③脉带型，传统认为是由产生色素的病毒株系引起。

二、病害的发生发展规律

葡萄扇叶病毒在田间主要通过几种土壤线虫传播，如加州剑线虫（*Xiphinema index*）、麦考岁剑线虫（*X. coxi*）和意大利剑线虫（*X. italiae*）等。通过嫁接也能传毒。该病的远距离传播主要由调运带病毒苗木导致。

三、病害的管理

1. 加强检疫 新建葡萄园，严禁从感染此病毒病的地区引进苗木或其他繁殖材料。

2. 茎尖培养脱毒 对于已感染或怀疑感染病毒的苗木，进行茎尖培养，获得无毒苗木，然后再种植。

3. 防止田间传播 嫁接时要挑选无病的接穗或砧木。

4. 加强田间管理 葡萄定植前施足充分腐熟的有机肥，生长期根据植株长势，合理追肥，增强根系和树体发育；细致修剪、摘梢、绑蔓，增强植株对该病的抵抗力。

5. 土壤消毒，治虫防病 该病在田间由土壤线虫传播，可使用5%克线磷颗粒剂浸根，每升含有效成分100~140mg，浸5~30min。也可在播种育苗时，条施或点施该药剂，亩用量为250~300g。此外，用溴甲烷、棉隆等处理土壤，也有灭线虫减少田间传毒作用。

▌技能操作

葡萄病害的识别与诊断

一、目的

通过本实验，认识葡萄上发生的主要病害的症状及病原形态特点，掌握常见病害的诊断特征，从而为病害诊断、田间病害调查和防治提供科学依据。

二、准备材料与用具

（一）材料

葡萄主要病害（葡萄白腐病、霜霉病、黑痘病、穗轴褐枯病、房枯病、炭疽病、扇叶病毒病等）盒装症状标本及浸渍标本、病原切片标本、病原培养物或保湿病原物、幻灯片、多媒体课件等。

（二）用具

显微镜、放大镜、载玻片、盖玻片、解剖针、解剖刀、镊子、滴瓶、吸管、记载用具等。

三、识别与诊断葡萄病害

（一）观察症状

用放大镜或直接观察葡萄主要病害盒装症状标本及浸渍标本的病状及病征特点，并记录。

观察葡萄黑痘病病害果实标本，注意病斑形状、颜色，中央是否凹陷，是否似"鸟眼"状；病斑有无龟裂。观察叶片标本，注意叶部病斑与果实上的病斑有何不同。观察新梢枝蔓，注意病斑特点，是否开裂。

观察葡萄白腐病病害果实标本，病果为何颜色，有无突起、小粒点。观察枝蔓标本，病蔓皮层有无小粒点，皮层与木质部是否分离。观察病叶标本，注意病斑形状，颜色，有无同心轮纹，病斑上有无灰白色小粒点。

观察葡萄霜霉病叶片标本，注意叶片正面病斑形状、颜色，病斑近缘特征。病斑反面有无霉层及颜色。注意枝梢、幼果被害情况。

观察葡萄炭疽病病果，注意病斑形状、颜色，病斑是否凹陷，病斑上小黑点排列情况，果梗及穗轴病斑特点。

观察所给其他葡萄病害标本，注意其发病部位，病斑形状、大小及色泽，病征特点等方面的区别。

（二）鉴定病原

显微镜下观察病原切片标本、病原培养物或保湿病原物，记录比较不同病原物的形态特征。

　　镜检葡萄黑痘病病原玻片标本，观察分生孢子形状、颜色、单或双胞、有无油球。注意分生孢子盘和分生孢子特征。

　　镜检葡萄炭疽病无性时期切片。观察病菌分生孢子盘，分生孢子形状，颜色，是单或双胞。

　　镜检葡萄白腐病组织切片，观察病菌分生孢子器着生位置。注意分生孢子器形状；分生孢子形状，颜色，单或双胞，有无油球。

　　镜检葡萄霜霉病，从病叶背面挑取少量白色霜霉状物制片，观察孢囊梗的分枝特点，分枝顶端状况及孢子囊形态，有无颜色，单胞或双胞等。剪一块新鲜的已变黄叶片病斑，以 1%NaOH 或乳酚油煮沸，使之透明，然后制片镜检，观察卵孢子的颜色、形状、表面特征等。

　　观察葡萄穗轴褐枯病、房枯病、扇叶病毒病等病害症状及病原观察，掌握其症状特点，了解病原物的形态特征。

四、记录观察结果

1）绘制葡萄主要病害病菌形态图。
2）描述葡萄主要病害症状特点。

课后思考题

1．葡萄有哪些主要病害？
2．葡萄主要病害的管理策略和主要措施。

第十六章

桃、杏、李病害与管理

【教学目标】 掌握桃、杏、李主要病害的病原物形态特征及其症状特点，能对常见病害进行诊断识别，并能制订有效管理措施。

【技能目标】 准确诊断桃、杏、李主要病害，能够掌握有效防治病害技术。

第一节 桃、杏、李褐腐病

褐腐病又称为菌核病、果腐病，是一种危害极广的病害。褐腐病菌可寄生在桃、杏、李、樱桃、梅等核果类果树及苹果、梨等果树上，引起果腐、花腐和叶枯。我国南北方果园均有发生，以江淮流域和山东沿海发生严重。在核果类果树中以桃受害较重，常在多雨的年份发生流行。在春季开花展叶期，遇低温多雨，褐腐病常造成严重的花腐和叶枯；在果实生长后期，遇多雨潮湿天气，引起严重果腐，若再有虫害发生，将造成重大经济损失。该病不仅在果实生长期间相互传染危害，在贮运期间还可继续造成烂果，损失严重。

一、病害的诊断与识别

（一）病害的症状

该病主要危害果实，也可危害花、叶及枝梢。

果实在整个生育期均可受害，以接近成熟期和贮藏期受害严重。果实发病初期，果面上形成褐色圆形病斑，随后若环境适宜，病斑几天内扩展至整个果面，病部果肉变褐软腐，病果表面产生一层灰褐色绒状霉丛（病菌的分生孢子梗和分生孢子）。起初，霉丛呈同心轮纹状排列，后逐渐布满整个果面，内部果肉完全腐烂，最终病果脱落，或失水后形成僵果而挂于树上，经久不落，成为病菌越冬的重要场所。

花受害，常自雄蕊及花瓣尖端开始，初形成水渍状褐色病斑，后扩展至全花，使其变褐萎蔫，多雨潮湿时染病的花迅速软腐，并在表面丛生灰色霉层。天气干燥时，染病的花萎缩干枯，残留于枝上，久不脱落。

嫩叶受害，自叶缘开始变褐，很快扩展至全叶，致使叶片枯萎，残留于枝上。

枝条受害，病菌多是从病花、病叶扩展到花梗或叶柄，再向下蔓延至枝条，形成长圆形溃疡斑，边缘紫褐色，中央稍凹陷、灰褐色，并常伴有流胶，天气潮湿时，病斑上长出灰色霉层。当病斑绕枝一周时，上部枝梢枯死。

（二）病害的病原

病原有 3 种：均属子囊菌门核盘菌属（*Sclerotinia*），即果生核盘菌［*Sclerotinia fructicola*（Wint.）Rehm］，异名为 *Monilinia fructicola*（Winter）Honey，其无性态为果生丛梗孢（*Monilia fructicola* Poll.）；桃褐腐核盘菌［*Sclerotinia laxa*（Ehrenb.）Aderh. et

Ruhl.］，异名为 *Monilinia laxa* Honey，其无性态为灰丛梗孢（*Monilia cinerea* Bon.）；果产核盘菌（Sclerotinia fructigena Aderh. et Ruhl.），异名为 *Monilinia fructigena* Honey，其无性态为仁果丛梗孢（*Monilia fructigena* Pers.）。3 种褐腐病菌常见无性阶段，均属半知菌类丛梗孢属（*Monilia*）。不同的病原菌危害特性不同，3 种褐腐病菌的主要特征如表 16-1 所示。

表 16-1　3 种核盘菌的主要性状区别

主要性状	果生核盘菌	桃褐腐核盘菌	果产核盘菌
危害特性	引起核果果腐、花腐和枝溃疡，一般不引起苹果果腐	主要引起核果花腐和枝溃疡，也可引起核果及梨果腐	引起核果仁果的果腐，苹果和梨的梢枯和枝溃疡
果实上的菌丝团	大小介于其他两种核盘菌中间，初灰色后黄褐色	直径为 0.4～0.8mm，灰色或烟灰色	直径为 1～1.58mm，浅黄褐色
分生孢子	易形成，萌发时芽管长而不分枝	冬春季 5℃以上即可形成，萌发时芽管短，有分枝	冬季 15～25℃时形成，萌发时芽管长，有分枝
在 PDA 培养基上	菌落边缘齐整，同心轮纹明显，子座有时大，常在产孢区下面形成	菌落边缘裂片状，菌落中央的菌丝体有时有色，不易形成子座	菌落边缘齐整，偶有同心轮纹，不常形成子座

资料来源：中国农业百科全书总编辑委员会植物病理学卷编辑委员会，中国农业百科全书编辑部，1996

有性阶段是在落地越冬的僵果（假菌核）上产生子囊盘。子囊盘紫褐色，盘径为 1～1.5cm，具柄，柄长 20～30mm，暗褐色。子囊盘上生有一层子囊。子囊长棍棒状，基部稍细。子囊之间有侧丝，侧丝丝状，单生或有分枝，具有数个隔膜，与子囊等长。子囊内生 8 个子囊孢子，斜行排列。子囊孢子无色，单胞，椭圆形或球形。无性阶段是寄主表面形成的灰白色霉丛，即病菌的分生孢子梗及分生孢子，分生孢子梗较短，分枝或不分枝，顶端串生分生孢子。分生孢子无色，单胞，柠檬形至椭圆形，常排列成链（图 16-1）。

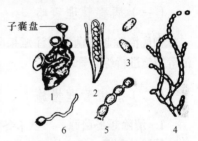

图 16-1　桃褐腐病菌

1. 僵果及子囊盘；2. 子囊及侧丝；
3. 子囊孢子；4. 分生孢子梗及分生孢子链；5. 分生孢子链一部分；6. 萌发的分生孢子

二、病害的发生发展规律

（一）病程与侵染循环

病菌主要以菌丝体在在树上及落地的僵果内或枝梢的溃疡斑部越冬。翌年春季当气温回升到 10℃以上时，越冬部位的病菌开始产生大量的分生孢子，借风雨或昆虫传播，进行初侵染；同时，有些落地越冬的僵果表面形成假菌核，翌年春季菌核萌发形成子囊盘，并散发出大量子囊孢子，也可引起初侵染。但该菌的有性阶段很少出现，所以，分生孢子起主要作用。初侵染多发生于初花期至落花期，孢子萌发产生芽管直接侵染花和叶，形成花腐及叶枯；在潮湿的条件下病花、病叶上形成大量分生孢子进行再侵染。或靠菌丝从病部扩展蔓延到枝梢和幼果上，使其发病。病菌一般通过柱头、蜜腺侵入花器引起花腐，经虫伤、机械伤、皮孔侵染果实引起果腐，贮藏期间通过病健果接触发生传染。

（二）影响发病的条件

1. 气候条件 高湿温暖有利于病害的流行。该菌分生孢子萌发的温度是10~30℃，适宜温度为24~26.5℃。病菌生长的适宜温度为24~25℃，10℃以上就能形成孢子，开始侵染。30℃以上病斑的扩大明显受到抑制，湿度在80%以下时发病时间则延长。因此开花期及幼果期低温潮湿多雨，易引起花腐；果实近成熟期温暖多雨雾，容易发生果腐。

2. 虫害 虫害的发生程度和病害的危害轻重密切相关。蛀果类昆虫如食心虫、蝽象和桃蛀螟等的数量多，会加重病害的发生程度。冰雹伤、机械伤、裂果等表面伤口多，也会加重该病的发生。

3. 栽培管理 树势衰弱，管理不善，修剪粗糙，枝叶过密，地势低洼，排水不良等都会加重发病程度。桃、杏、李混栽也会加重发病程度，因为杏、李开花较桃早，如果杏、李花腐发生多，桃树病害发生也多。

4. 品种 品种间发病程度有明显差异。一般成熟后果肉柔嫩、汁多味甜、皮薄的品种较易感病；相反，皮厚，汁少、组织坚硬的品种较抗病。

三、病害的管理

（一）病害管理策略

彻底清除越冬菌源，注意果园的卫生，及时防治虫害，加强果园管理，结合药剂防治等措施进行综合管理。

（二）病害管理措施

1. 清除越冬菌源 秋末冬初结合修剪，彻底清除树上和地面的僵果、病枝和枯枝落叶等越冬菌源，集中烧毁或深埋。同时深翻园地，将带病残体埋于地下。

2. 及时防治害虫 包括咀嚼式口器害虫和刺吸式口器害虫，如桃蛀螟、桃蝽象、桃象虫、桃食心虫等，以减少伤口，减轻其传播病害。发病严重的地区，可在5月上中旬套袋保护果实。

3. 加强栽培管理，提高树体抗病能力 合理施肥，搞好排水设施，保持果园地面干燥；及时修剪和疏果，以防过于密植，使树体通风透光。及时发现发病部位，及时清除，以减少病害传播。

4. 药剂防治 发芽前喷5°Bé石硫合剂或45%晶体石硫合剂30倍液；花前花后各喷1次速克灵可湿性粉剂或50%苯菌灵可湿性粉剂。花腐发生多的地区应在初花期（开花20%左右）加喷1次代森锌或甲基硫菌灵。发病初期和采收前3周喷50%多霉灵（乙霉威）可湿性粉剂或50%苯菌灵可湿性粉剂、70%甲基硫菌灵、50%扑海因可湿性粉剂。发病严重的果园可每15d喷1次药，采收前3周停喷。

5. 加强采后管理 果实采收、运输时尽量避免造成伤口，发现病果、虫果及时剔除，果实贮藏前严格筛选果品，用50%扑海因浸果，取出晾干后贮藏，防治效果较好；采用冷藏，温度控制在4℃效果较好。

第二节 桃根癌病

桃根癌病又称为冠瘿病（peach crown gall），是一种世界性病害。我国各桃产区都有分布，该病既危害大树，也危害幼苗，特别对幼苗危害造成的损失甚重。发病严重时，苗木出圃时的病株率可高达 90% 左右。根癌病菌寄主范围很广，国外报道包括 331 个属的植物。病树树势弱、生长迟缓、产量减少，甚至引起死亡。

一、病害的诊断与识别

（一）病害的症状

主要发生在桃树的根颈部，也可发生在侧根和支根，嫁接处较常见。根癌病的典型症状是在发病部位形成大小不一的癌瘤。瘤的数目少的有 1～2 个，多的数十个不等。瘤的大小差异很大，小的如绿豆粒，大的直径有 30cm 左右。外部色泽和寄主树皮一致，后期瘤坏死，裂开。病株树势弱，地上部表现为植株矮小、叶色浅黄、结果少、果形小，发病严重的可导致树体死亡。

（二）病害的病原

病原为根癌土壤杆菌 [*Agrobacterium tumefaciens*（Smith et Townsend）Conn]，属原核生物界薄壁菌门根瘤菌科土壤杆菌属细菌。菌体短杆状，两端略圆，单生或链生，大小为（1.2～5.0）μm×（0.6～1.0）μm，具 1～4 根周生边毛，有荚膜，无芽孢。革兰氏染色阴性。在肉汁胨琼脂培养基上菌落为白色、圆形、光亮、透明；在液体培养基上微呈云状浑浊，表面有一层薄膜。生长适温为 22℃，最高耐受 34℃，最低耐受 10℃，致死温度为 51℃。病菌喜在偏碱性环境中生长，pH 为 6～9 时均可生长繁殖，以 pH 为 8 最佳，在 pH 为 5.5 的酸性条件下不能生长。病菌体内带有核外诱癌质粒称为 Ti 质粒（tumor inducing plasmid）。

病菌寄主范围相当广，除核果类果树外，还可侵染苹果、梨、葡萄、枣等 93 科 600 多种植物。

二、病害的发生发展规律

（一）病程与侵染循环

病菌在癌瘤组织的皮层内越冬，或在癌瘤组织破裂后，进入土壤中越冬。病菌在土壤中能存活 1 年以上。病菌短距离传播主要通过雨水、灌溉水，以及地下害虫如蝼蛄、蛴螬、线虫等。此外，土壤的移动及农事操作也可传播；远距离传播主要通过苗木的调运。

病菌侵入的主要途径是各种伤口。环境条件适宜时，侵入 20d 左右即可出现癌瘤，有的则需 1 年左右。病害在苗圃发生最多。

Ti 质粒是根癌土壤杆菌染色体外能自我复制的遗传因子，由共价闭合环状的 DNA 组成，它控制病菌的致病性。在 Ti 质粒中一段转移 DNA（T-DNA）上携带诱癌基因，能编码生长素和细胞分裂素的合成等。寄主上的各种创伤有利于病菌的定植和促进病菌 DNA 的转移。该质粒基因中的 T-DNA 具有自动向寄主细胞基因组转移和整合的特性，病菌侵入寄主后可使寄主细胞脱离正常的代谢途径，转变成具有无限增生能力的肿瘤型细胞，从而形成肿瘤。因此 Ti 质粒是一种天然的基因工程载体，经过重组和改造的 Ti 质粒，作为一个基因载体已广泛应用于植物的基因工程研究之中。

（二）影响发病的条件

病害的发生与土壤温度、湿度、酸碱度及伤口多少密切相关。据测定，土壤温度为22℃左右，湿度达 60% 时最适合病菌的侵入和瘤的形成。超过 30℃时不形成癌瘤；中性至碱性土壤对病害发生有利，当 pH≤5 时，不发生侵染。各种创伤均有利于病害的发生，细菌通常是从树的裂口或伤口侵入，断根处是细菌侵染的主要部位。地下害虫的种类和数量与病害发生也有关系，蝼蛄、蛴螬、线虫多的地块，有利于病菌侵入，加重病情；此外，苗木嫁接方式及嫁接后管理都与病害发生的轻重有关。一般切接、枝接比芽接发病重。土壤黏重、排水不良的苗圃或果园发病较重。

三、病害的管理

（一）病害管理策略

以选用无病苗木，减少伤口为中心，结合药剂处理土壤及病瘤等措施进行综合管理。

（二）病害管理措施

1. 选用无病苗木　　选择无病地块作苗圃，发现出圃苗木中的病苗立即淘汰；严格检查砧木根部，保证移栽时应用健全无病的苗木。

2. 苗木消毒　　苗木定植前，用 1% 硫酸铜将嫁接口以下的部位浸泡 5min 再转到2% 石灰水中浸泡 1min，防止苗木及土壤带菌。发现病株，及时采用外科手术的方法切除癌瘤，用抗菌剂 402 等作切口处理，再涂波尔多浆保护。切下的癌瘤要集中烧毁。用热中子辐射处理桃苗可提高抗性。

3. 药剂处理病瘤　　病株根际灌浇抗菌剂 402 进行消毒处理，对减轻危害有一定作用。或用 80% 二硝基邻甲酚钠盐 100 倍液涂抹根颈部的瘤，可防止其扩大围绕根颈，可以在三年生以内的植株上使用，处理后 3～4 个月内瘤枯死。

4. 生物防治　　定植时，用放射土壤杆菌（*Agrobacterium radiobacter*）K84 株系浸根处理，通过产生抗生素 Agrocin84，可有效抑制根癌土壤杆菌的生长。

5. 防治地下害虫　　以蛴螬、小地老虎、线虫为主要防治对象，可采用人工捕捉、撒毒饵等方法。

6. 加强栽培管理　　搞好肥水管理和果园排灌工作，增强树势。嫁接苗木采用芽接法，以免伤口接触土壤增加感病机会，嫁接工具使用中注意用 75% 乙醇消毒；注意保护各种伤口，伤口处涂抹农用链霉素外加凡士林保护；对碱性土壤可适当施用酸性肥料或有机肥等改变土壤性质，以抑制病菌生长。

第三节　桃穿孔病

桃穿孔病是桃树上危害叶片的常见病害，世界各桃产区广泛发生。我国各桃产区常见。穿孔病可引起桃树大量落叶，严重者枝梢枯死，产量降低，并影响花芽形成，造成巨大损失。此外，穿孔病还危害李、杏、樱桃等多种核果类果树。

一、病害的诊断与识别

（一）病害的症状

桃穿孔病常见的有细菌性穿孔病、霉斑穿孔病及褐斑穿孔病。其中细菌性穿孔病最常见。

1. 细菌性穿孔病　　主要危害叶片，也危害果实和枝梢。叶片受害，初为水渍状小病斑，主要分布在叶脉两侧，后逐渐发展成深褐色、周围有黄色晕圈的病斑。环境潮湿时，病斑背面溢出黄白色胶状黏液（菌脓）。后期病斑干枯脱落，形成穿孔或一部分与叶片相连，病斑2mm左右，穿孔边缘不整齐。枝条染病有春、夏两种溃疡病斑，春季溃疡发生在上年夏季生出的枝条上。病菌侵入后，翌年春季在枝条上形成褐色小疱疹，扩大后造成枯枝，春末病部表皮破裂，环境湿度大时流出黄色黏液，为当年的初侵染源。夏季溃疡多发生在夏末当年生新梢上，以皮孔为中心形成暗紫色病斑，扩大后稍凹陷，颜色变深。果实受害，初期褐色小斑，渐扩展为水浸状、中央凹陷、近圆形的紫褐色斑，后期病斑干裂，潮湿时溢出黄白色黏液。

2. 霉斑穿孔病　　又称为桃褐色穿孔病。主要危害叶片和花果，也危害枝梢和果实。叶片受害，病斑初为紫色或紫红色斑点，逐渐扩大为圆形或不规则形、红褐色或褐色病斑，直径2～6mm，病斑外缘有明显的红色晕圈，最后病斑脱落形成穿孔，穿孔边缘整齐，不残留坏死组织。病叶极易脱落。湿度大时，在叶背面长出灰色霉状物（病菌分生孢子梗及分生孢子），有的病叶脱落后才穿孔。枝梢受害，以芽为中心形成长椭圆形病斑，边缘紫褐色，病斑处常发生龟裂和流胶。果实染病，病斑小而圆，紫色，渐变褐色，边缘红色，中央凹陷。花梗染病，未开花即干枯脱落。

（二）病害的病原

细菌性穿孔病：病原为油菜黄单胞菌李致病型 [*Xanthomonas campestris* pv. *pruni* (Smith) Dye.]，属薄壁菌门黄单胞菌属。菌体短杆状，大小为（1.4～1.8）μm×（0.4～0.8）μm。单根极生鞭毛，革兰氏染色阴性，好气性。在肉汁胨琼脂培养基上菌落黄色，圆形，光滑，边缘整齐。发育适温为25℃。

霉斑穿孔病：病原为嗜果刀孢菌 [*Clasterosporium carpophilum* (Lév.) Aderh.]，属半知菌类刀孢属。分生孢子梗丛生，短小，有分隔。分生孢子棍棒形或纺锤形，具1～6个分隔，多为2～3个，稍弯曲，无色或淡褐色，大小为（30～56）μm×（6～7）μm。菌丝发育适温为19～26℃，最高耐受40℃，最低耐受5℃。

褐斑穿孔病：病原为核果假尾孢菌 [*Pseudocercospora circumscissa* (Sacc) Liu & Guo]，属半知菌类尾孢属。分生孢子梗丛生，不分枝，橄榄色，有隔膜0～2个。分生孢子细长，鞭状或倒棍棒状，浅青黄色，3～9个隔膜，大小为（25～80）μm×（2～4）μm。病菌发育温度为7～37℃，适温为5～28℃。

二、病害的发生发展规律

（一）病程与侵染循环

1. 细菌性穿孔病　病原细菌在病枝条组织内越冬，翌年春季开始活动。桃树开花前后，病菌从病组织中溢出，借风雨或昆虫传播，从叶片的气孔、枝条的芽痕和果实的皮孔侵入，经7～14d的潜育期引起发病，故春季溃疡斑是该病的主要初侵染源。整个生育期可发生多次再侵染。气温19～28℃、相对湿度70%～90%时利于发病。夏季气温高，湿度小，溃疡斑易干燥，病害发展缓慢。该病一般于5月出现，7～8月发病严重。

2. 霉斑穿孔病　病菌以菌丝体或分生孢子在病叶、病枝梢或芽内越冬。桃树枝条或芽外覆有胶质层，利于病菌抵抗低温。翌年越冬病菌产生分生孢子，借风雨传播，先危害幼叶，产生新的分生孢子后，才侵入枝梢或果实。该病潜育期因温度不同差异较大，日均温19℃时为5d，日均温1℃时则为34d。病害的发病高峰主要出现在雨季。

3. 褐斑穿孔病　病菌以菌丝体在病叶或枝梢组织内越冬，翌春气温回升，降雨后产生分生孢子，借风雨传播，侵染叶片及枝梢和果实。以后，病部产生的分生孢子进行再侵染。

（二）影响发病的条件

1. 细菌性穿孔病　该病的发生与气候、树势、管理水平及品种有关。温度适宜，雨水频繁或多雾、重雾季节发病重。树势强比树势弱发病较轻且较晚，树势强病害潜育期可达40d。果园地势低洼、排水不良、通风透光差、偏施氮肥等发病重。早熟品种比晚熟的发病轻。

2. 霉斑穿孔病　该病的发生主要受气候因素的作用，一般低温多雨利于发病。一年当中病害的发病高峰一般出现在雨水多的时期。

3. 褐斑穿孔病　该病的发生主要受气候因素的影响。病菌发育温度为5～37℃，适温为7～28℃，故低温多雨利于病害发生和流行。

三、病害的管理

1. 休眠期减少菌源　冬季结合修剪，彻底清除枯枝落叶及落果，集中烧毁或深埋，减少越冬菌源。

2. 加强果园的栽培管理，增强树势　合理施肥，增施有机肥，避免偏施氮肥；对容易积水，树势偏旺的果园，要注意排水，修剪时疏除密生枝、下垂枝、拖地枝、改善通风透光条件，降低果园温度、湿度；促使树体生长健壮，提高抗病能力。

3. 施药防治　果树发芽前，喷施4～5°Bé石硫合剂或45%晶体石硫合剂、1：1：100的波尔多液、30%绿得保胶悬剂、80%五氯酚钠。5～6月，喷施75%百菌清可湿性粉剂650倍液1～2次，或3%克菌康可湿性粉剂1000倍液，农用链霉素50～100mg/L，70%甲托可湿性粉1000倍液。生长期多雨季节喷灭菌丹、克菌丹或代森锰锌等，对穿孔病均有良好效果。

第四节　桃缩叶病

桃缩叶病主要危害桃树叶片，是一种世界性病害。目前在我国各地都有发生，尤以春季潮湿的沿江河湖海等局部地区发生严重，内陆干旱地区发生很少。桃树染病后引起叶片皱缩，严重时病叶干枯脱落，对当年产量和次年的花芽分化都有很大影响。该病除危害桃以外，也危害和桃近缘的油桃、巴丹杏等果树。

一、病害的诊断与识别

（一）病害的症状

主要危害幼嫩组织，其中以嫩叶为主，嫩梢、花和幼果也可受害。春季，嫩叶刚从受侵芽鳞抽出即可受害，表现为卷曲皱缩，颜色发红。随叶片逐渐展开，发病部位皱缩程度加重，明显肿大肥厚，质地变脆，呈红褐色。春末夏初时，病部表面生一层灰白色粉状物（病菌的子囊层）。以后病叶变褐、枯焦、脱落。一般新梢下部先长出的叶片受害较严重，长出迟的叶片则较轻。枝梢受害呈黄绿色，比正常的枝条短而粗，其上病叶丛生，受害严重时病梢扭曲，生长停滞，最后整枝枯死。花及幼果受害后多数脱落，故不易觉察。未脱落的病果，发育不均，病果畸形，果面常龟裂，容易早落。

（二）病害的病原

病原为畸形外囊菌［*Taphrina deformans*（Berk.）Tulasme］，属子囊菌门外囊菌属（图16-2）。子囊裸生，栅状排列成子实层。子囊圆筒形，上宽下窄，顶端扁平，大小为（25～40）μm×（8～12）μm，内生4～8个子囊孢子。子囊孢子单胞无色，圆形或椭圆形，大小为（6～9）μm×（5～7）μm。子囊孢子在子囊内芽殖形成芽孢子。芽孢子无色，单胞，卵圆形，大小为（2.5～6.0）μm×（4～5）μm。薄壁的芽孢子可直接再芽殖，厚壁的芽孢子可休眠。在老的培养基和病枝表面，病菌形成厚壁芽孢子。病菌在培养基上形成酵母状菌落。病菌生长的温度为10～30℃，适温为20℃。侵染适温为10～16℃，最低耐受7℃。厚壁芽孢子耐寒，存活时间长，在果园可存活1年以上。

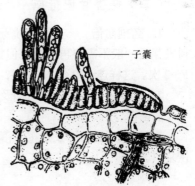

子囊

图16-2　桃缩叶病病菌

二、病害的发生发展规律

（一）病程与侵染循环

病菌主要以子囊孢子在桃芽鳞片和树皮上越夏，以厚壁的芽孢子越冬。芽孢子也可在土壤中越冬。翌年春季桃树萌芽时，芽孢子萌发，直接从表皮侵入或从气孔侵入正在伸展的嫩叶，进行初侵染。孢子大多从叶背面侵入叶组织。侵入叶肉中的菌丝大量繁殖，并分泌多种生理活性物质,刺激寄主细胞异常分裂,使胞壁加厚。造成病叶较正常叶片大 2 倍以上,叶肉变厚、皱缩、变色、质脆。发病中期,病叶表面出现灰白色粉状子囊层,产生子囊孢子和芽孢子,条件适宜继续芽殖,偶尔发生再侵染,但危害不明显,一般不发生再侵染。病害一般在 4 月上旬展叶后开始发生,5 月为发病盛期,6 月以后气温升至 20℃以上时病害即停止发展。

(二)影响发病的条件

1. 气候条件　　低温高湿有利于病害的发生。春季桃芽膨大和展叶期气温低,桃缩叶病常严重发生。一般气温在 10～16℃时,桃树最易发病,温度在 21℃以上时,发病较少。原因是气温低,桃幼叶生长慢,寄主组织不易成熟,有利于病菌侵入。反之,桃叶生长快,减少了染病的机会。另外,湿度高的地区,有利于病害的发生,早春(桃树萌芽展叶期)低温多雨的年份或地区,桃缩叶病发生严重;若早春温暖干燥,则发病轻。故一般沿江湖地区和地势低洼的果园发病重。

2. 品种　　一般早熟品种发病重,晚熟品种发病轻。感病品种有'金桃'、'爱尔巴特'、'早生水蜜'、'离核'等;抗病品种有'白桃'、'福鲁柯士美依'、'蟠桃'等。

三、病害的管理

(一)病害管理策略

在早春桃发芽前及时喷药防治是防治此病的关键措施,并应结合摘除病叶进行综合管理。

(二)病害管理措施

1. 药剂防治　　在早春桃芽刚露红但尚未展开前,喷 5°Bé 石硫合剂一次即可,桃树发芽后一般不需要再喷药,但如遇冷凉多雨天气,利于病菌侵染,需再喷 25% 多菌灵 1～2 次。这样连续喷药 2～3 年,就可彻底根除桃缩叶病。

2. 摘除病叶　　发病初期及早摘除病叶,剪除病梢、病果,集中烧毁处理,以减少翌年的菌源。

3. 增强树势　　发病重、落叶多的桃园,要增施肥料,加强栽培管理,以促使树势恢复。

第五节　桃流胶病

桃流胶病,又称为疣皮病,在各地桃树上均有发生,是一种极常见的病害。该病是由病菌侵袭或生理因素引起的,造成枝干或果实流胶而导致皮层腐烂、树势衰弱,重者枝干枯死,是核果类果树普遍发生的枝干病害。

一、病害的诊断与识别

(一)病害的症状

生理性流胶:主要发生在主干、主枝上,以主干发病最突出。发病初期,病部稍肿胀，并不断流出半透明的黄色树胶，特别是雨后流胶现象更为严重。天气干燥时，流出的树胶变为红褐色，表面凝固呈胶胨状，最后变为红褐色的坚硬胶块。病部易被腐生菌侵染，使其皮层和木质部变褐、腐烂，致使树势衰弱，严重时枝干或全株枯死。

侵染性流胶：主要危害枝干。病菌侵染当年生新梢，形成以皮孔为中心的瘤状突起，当年不流胶。来年瘤皮裂开，溢出胶液。发病初期，病部皮层微肿胀，暗褐色，表面湿润，后病部凹陷开裂，流出半透明且具黏性的胶液，潮湿多雨时，胶液沿枝干下流。干燥条件下，胶液结晶成表面光滑的硬球。发病后期，病部表面生出大量梭形或圆形的小黑点（病菌子座），这是与生理性流胶的主要区别。

（二）病害的病原

生理性流胶的病因复杂。很多原因可促使或诱发流胶：虫害所造成的伤口，特别是柱干害虫；机械损伤造成的伤口及冻害、日灼伤等；修剪过度；使用不亲和的砧木；一些寄生性真菌及细菌的危害，如干腐病、腐烂病、细菌性穿孔病和真菌性穿孔病等；土壤过于黏重，积水过多等造成树势衰弱。

侵染性流胶病菌的有性态为茶藨子葡萄腔菌 [*Botrysphaeria ribis*（Tode）Grossenb. et Dugg.]，属子囊菌门葡萄座腔菌属。无性态为桃小穴壳菌（*Dothiorella gregaria* Sacc.）。分生孢子座球形或扁球形，黑褐色，革质，直径为 165～300μm，孔口处有小突起。分生孢子梗短，不分枝。分生孢子单胞，无色，椭圆形或纺锤形，大小为（13.0～32.5）μm×（5.2～11.7）μm。子囊腔成簇埋生在垫状子座内，后渐突出呈葡萄状，丛生在子座上。子囊棍棒状，壁较厚，双层，有拟侧丝，大小为（78～130）μm×（13～23.4）μm。子囊孢子单胞，无色，卵圆形或纺锤形，两端稍钝，多为双列，大小为（23.4～28.6）μm×（7.8～13）μm。菌丝生长适温为 20～30℃，分生孢子萌发适宜温度为 25～30℃。

二、病害的发生发展规律

（一）病程与侵染循环

病菌以菌丝体、分生孢子器和子囊座在枝干病组织中越冬。翌年春季产分生孢子或子囊孢子，经风雨传播，萌发后从伤口或皮孔侵入，引起初侵染。潜育期为 6～30d，有的病部分生孢子器形成分生孢子行再侵染。一般 6 月为发病盛期。

（二）影响发病的条件

各种造成伤口及影响果树正常生长发育的因素都有利于流胶病的发生，如各种机械伤害、虫害、冻害、修剪过重、水肥不当、栽植过密、结果过多、土壤黏重等。树龄大发病重，幼龄树发病轻。春季气温达 15℃左右开始流胶，以后随气温升高，病情加重。大量降雨也加重病情。

三、病害的管理

（一）病害管理策略

采取加强栽培管理，提高树势，并结合保护树体、防止造成伤口，及时防治虫害等措施进行综合管理。

（二）病害管理措施

1. 加强桃园管理，增强树势 增施有机肥，改善土壤结构，提高土壤通气性能。注意排水，合理修剪，减少枝干伤口，增强树势，提高树体抗病能力。

2. 调节修剪时间，减少流胶病发生 改变修剪时间，生长期采取轻剪，及时摘心修剪过密枝条。主要的疏删、短截、回缩修剪，放在冬季落叶后进行，以减少伤口流胶现象。

3. 保护树体、防止造成伤口 冬春季树干涂白，可预防冻害和日灼伤；加强对天牛、吉丁虫等害虫防治，以免侵害根茎、主干、枝梢等部位，同时注意防治桃蛀螟幼虫、卷叶蛾幼虫、梨小食心虫、椿象等害虫蛀果。

4. 刮除病斑 发芽前刮除病斑，并涂药保护伤口，如抗菌剂402、退菌特、石硫合剂、福美胂等，以减少菌源。

5. 喷药保护 春季新梢旺盛期喷药保护，预防病菌侵入。

▌技能操作

桃、杏、李病害的识别与诊断

一、目的

通过本实验，认识桃、杏、李上发生的主要病害的症状及病原形态特点，掌握常见病害的诊断特征，从而为病害诊断、田间病害调查和防治提供科学依据。

二、准备材料与用具

（一）材料

桃、杏、李主要病害（桃、杏、李褐腐病，桃穿孔病，桃流胶病等病害）盒装症状标本及浸渍标本、病原切片标本、病原培养物或保湿病原物、幻灯片、多媒体课件等。

（二）用具

显微镜、放大镜、载玻片、盖玻片、解剖针、解剖刀、镊子、滴瓶、吸管、记载用具等。

三、识别与诊断桃、杏、李病害

（一）观察症状

用放大镜或直接观察桃、杏、李主要病害盒装症状标本及浸渍标本的病状及病征特点，并记录。

观察桃褐腐病发病初期及发病后期的病果，注意病斑形状，颜色，病果表面有无灰褐色霉层，霉层排列状况，病果失水后干缩情况。观察嫩枝条病斑，有何特点。

观察桃缩叶病叶，注意病叶卷曲情况，是否皱缩成畸形，病叶色泽，表面有无灰白色粉状物，病枝梢症状特点。

观察桃根癌病症状标本，注意癌瘤发生的部位，形状，大小，质地，数量等特征。

观察桃穿孔病症状标本，注意区分三种穿孔病的异同点：发生部位，边缘是否整齐，病斑颜色，潮湿环境下的病征表现等。

（二）鉴定病原

显微镜下观察病原切片标本、病原培养物或保湿病原物，记录比较不同病原物的形态特征。

镜检桃褐腐病的病原切片，观察其子囊盘的形状、大小、柄长度，注意子囊、子囊孢子形态，子囊间有无侧丝。另取无性时期玻片标本，镜检、观察分生孢子形状、排列情况，注意孢子单或双孢。

镜检桃缩叶病病原切片，观察病叶切面子囊层着生情况、子囊形状，有无足胞，子囊内子囊孢子数目及子囊孢子形状等。

镜检桃穿孔病三种病原切片：①细菌性穿孔病菌属于薄壁菌门黄单胞杆菌属细菌；②霉斑穿孔病菌属于半知菌类刀孢属真菌；③褐斑穿孔病菌属于半知菌类尾孢属真菌。分别观察3种病菌的玻片，注意细菌性穿孔病菌菌体形态和两种真菌性穿孔病菌的分生孢子梗和分生孢子的特征。

观察杏、李褐腐病，桃流胶病等病害症状及病原观察，掌握其症状特点，了解病原物的形态特征。

四、记录观察结果

1）绘制桃、杏、李主要病害病病菌形态图。
2）描述桃、杏、李主要病害症状特点。

课后思考题

1．桃、杏、李有哪些主要病害？
2．简述桃、杏、李主要病害的管理策略和主要措施。

第十七章 其他果树病害与管理

【教学目标】 掌握柿、草莓、枣、板栗、核桃、猕猴桃、山楂等其他果树树种上的主要病害发生情况、引起病害的病原物形态特征及其症状特点，对常见病害进行诊断识别，并能制订有效管理措施。

【技能目标】 掌握柿、草莓、枣、板栗、核桃、猕猴桃、山楂等其他果树树种上的常见病害的症状及病原的观察技术，准确诊断其主要病害。

第一节 柿角斑病

柿角斑病分布颇广，华北、贵州、浙江、江西、广东、广西、福建、台湾等省（自治区）均有发生。发病严重时可造成早期落叶、落果，对树势和产量均有较大影响。

一、病害的诊断与识别

（一）病害的症状

柿角斑病主要危害叶片，也危害柿蒂。叶片受害，初期正面出现不规则形黄绿色病斑，斑内叶脉变黑。以后随着病斑的扩大，颜色逐渐加深，变成褐色或黑褐色。环境条件适宜时，病斑上密生黑色绒状小粒点（病菌的分生孢子座）。柿蒂染病，只在柿蒂的四个角上出现淡黄色至深褐色病斑，形状不规则，其上着生黑色绒球状小粒点，以背面较多。

（二）病害的病原

病原为柿尾孢（*Cecospora kaki* Ell. et. EV.），属半知菌类尾孢属。其分生孢子座半球形或扁球形，深橄榄色，其上丛生分生孢子梗。分生孢子梗不分枝，淡褐色，短杆状，无分隔，顶端稍细，大小为（7～23）μm×（3.5～5.0）μm，其上只着生一个分生孢子。分生孢子（图17-1）倒棍棒状，直立或稍弯曲，无色或淡黄色，有0～8个隔膜，大小为（15～77.5）μm×（2.5～5）μm。病菌发育温度为10～40℃，适温为30℃左右。

柿角斑病菌除危害柿树外，还可危害君迁子（黑枣树），尤其对幼树危害严重。

二、病害的发生发展规律

（一）病程与侵染循环

病菌主要以菌丝体在病蒂和落叶中越冬，尤其是挂在树上的病蒂为主要初侵染源。病蒂在柿树上可残存2～3年，病蒂内的菌丝也可存活3年以上。翌年柿树落花后1个多月以内，即6～7月，越冬病蒂上便可不断产生大量分生孢子，通过风雨传播，气孔侵入，经

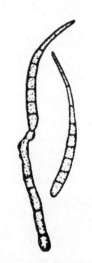

图17-1 柿角斑病菌

过 25～28d 的潜育期，8 月初开始表现发病，9 月病叶开始脱落。重病树随着病叶相继脱落，柿果变红、变软脱落。当年生病斑上产生的分生孢子可以进行再侵染，但由于该病的潜育期较长，再侵染在病害循环中不重要。

（二）影响发病的环境条件

柿角斑病的发生与叶片成熟度、越冬菌源数量及当年的降雨情况密切相关。

1. 叶片成熟度　　柿角斑病菌主要侵染老叶，故下部老叶病重，枝梢顶部叶片很少发病。

2. 越冬菌源数量　　该病的发生主要取决于初侵染，故病害的发生程度取决于挂在树上越冬的病蒂数量，树上的病蒂多及靠近黑枣树的柿树发病严重。

3. 当年的降雨情况　　柿角斑病菌分生孢子的传播、萌发和侵入均需高温和降雨，所以 6～7 月降雨早、雨量大，发病早而严重。同时，环境潮湿也有利于该病发生，所以渠边河旁的柿树及树冠下部和内膛叶片发病重，而路边旱地柿树及树冠上部和外围叶片发病轻。

三、病害的管理

（一）病害管理策略

此病的发生主要取决于树上病蒂的多少和 6～7 月的降雨，所以在防治上应采取以彻底摘除树上病蒂为主，结合加强栽培管理适时进行化学防治为辅的综合防病措施。

（二）病害管理措施

1. 清除越冬菌源　　秋后彻底清除挂在树上的病蒂及落地病蒂、病叶，移出园外集中烧毁或深埋，减少初侵染源，控制病害发生。

2. 加强栽培管理　　加强肥水管理，增施有机肥，改良土壤，促进树势健壮，提高抗病能力；合理修剪，适时排灌，降低田间湿度，创造不利病菌繁殖生息的场所；柿树园内及其附近，避免栽植黑枣树，减少病菌传播侵染。

3. 药剂防治　　落花后 20～30d（北方柿区 6～7 月）喷药防治，一般年份喷 1～2 次，多雨年份喷 2～3 次。有效药剂有 1:（3～5）:（300～600）的波尔多液、70% 代森锰锌和 50% 菌核净等。

第二节　柿圆斑病

柿圆斑病在柿树产区都有不同程度发生。该病主要危害叶片，发病后常造成柿树早期落叶、柿果个小或畸形，早期变红、变软、脱落，导致树势衰弱，严重影响产量，造成经济损失。

一、病害的诊断与识别

（一）病害的症状

该病主要危害叶片，也可危害柿蒂。叶片受害，初期产生圆形小斑点，浅褐色，无明显边缘。后逐渐扩大为圆形病斑，中心深褐色，边缘黑色，病斑外围有黄绿色晕圈。病斑直径一般为2～5mm，每片病叶有许多病斑。发病严重时，病叶在5～7d内可变红脱落，仅留柿果，最后柿果也逐渐变红、变软，相继大量脱落。柿蒂受害，病斑圆形、褐色，发病时间比叶片晚，病斑也小。

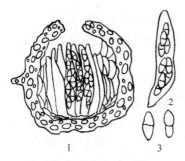

图 17-2　柿圆斑病菌
1. 子囊壳；2. 子囊；3. 子囊孢子

（二）病害的病原

病原为柿叶球腔菌（*Mycosphaerella nawae* Hiura et Ikata），属子囊菌门球腔菌属。子囊壳球形或洋梨形，黑褐色，顶端有孔口。子囊圆筒形，丛生于子囊壳底部，内有8个子囊孢子。子囊孢子纺锤形，无色，双胞，成熟后上胞较宽，分隔处稍缢缩（图17-2）。

本菌在自然条件下，一般不产生无性孢子。菌丝发育温度为10～35℃，适温为20～25℃。

二、病害的发生发展规律

（一）病程与侵染循环

柿圆斑病菌以未成熟的子囊壳在病叶上越冬，翌年6月中旬至7月上旬子囊壳成熟，喷发出子囊孢子。子囊孢子通过风雨传播，从气孔侵入。潜育期为60～100d，一般于8月下旬至9月上旬开始出现症状，9月下旬病斑数量大增，10月上中旬开始大量落叶，10月中下旬至11月上旬柿叶基本落清。该菌在自然条件下不产生分生孢子，故没有再侵染，初侵染的多少决定了当年的发病程度。

（二）影响发病的环境条件

柿圆斑病的发生与越冬菌源数量及当年的降雨情况和树势的强弱密切相关。

1. 越冬菌源数量及当年的降雨情况　该病的发生程度主要取决于初侵染的菌量及当年的降雨情况，上年发病重落叶多，当年6～8月雨水早、雨量大，有利于子囊孢子的形成和侵染，该病将严重发生。

2. 树势　树势的强弱和病害发生也有密切的关系。弱树上的叶片易感病，而且病叶变红快，脱落早；相反，壮树上的叶片比较抗病，病叶不易变红脱落。另外，凡地力差或施肥不足，导致树势衰弱的树，发病往往比较严重。

三、病害的管理

（一）病害管理策略

采取以消灭初侵染源为重点的综合防病措施。

（二）病害管理措施

1. 搞好田间卫生　秋末冬初直至翌年6月，彻底大面积清扫落叶，集中烧毁或深埋，以减少初侵染源，控制该病的危害。

2. 加强果园管理　增施有机肥，改良土壤，合理修剪，促进树体生长，增强抗病能力。

3. 喷药保护　柿落花后（6月上中旬），在子囊孢子大量成熟飞散之前开始喷药，可获得较好的防治效果。若能准确预报子囊孢子的飞散时间，喷药1～2次即可控制病害发生。目前常用的药剂有1：2：300的波尔多液，或65%代森锌可湿性粉剂、50%多菌灵可湿性粉剂、36%甲基硫菌灵悬浮剂等。

第三节　草莓灰霉病

草莓灰霉病是目前草莓生产中的重要病害，我国所有草莓栽培地区普遍发生。草莓灰霉病直接造成花器和果实腐烂，一般感病品种的病果率在30%左右，严重的可达60%以上，对草莓产量、品质影响非常大。

一、病害的诊断与识别

（一）病害的症状

主要危害花器和果实，也侵害叶片和叶柄、匍匐茎等。

花器染病多从花期开始，病菌最初从将开败的花或较衰弱的部位侵染，使花瓣上呈浅褐色坏死斑，随后病斑迅速扩大腐烂。环境潮湿时发病部位产生灰色霉层。

果实染病多从残留的花瓣或靠近地面的部位开始，也可从早期与病残组织接触的部位侵入，初呈水渍状灰褐色病斑，随后颜色变深，环境潮湿时病果湿软腐烂，表面产生浓密的灰色霉层。环境干燥时病果干腐状，提早脱落。

叶片发病多从基部老黄叶边缘侵入，初始产生水渍状病斑，逐渐形成"V"字形黄褐色大斑，或沿花瓣掉落的部位侵染，形成近圆形坏死斑。田间湿度高时，病斑产生较稀疏的灰霉。发生严重时病斑蔓延到全叶，致使叶片腐烂，后期叶片早落。

叶柄及匍匐茎染病，初期为暗黑褐色油渍状病斑，常环绕一周，严重时受害部位萎蔫、干枯；湿度高时病部也会产生较稀疏的灰霉。

（二）病害的病原

无性态为灰葡萄孢（*Botrytis cinerea* Pers. Ex Fr. ），属半知菌类葡萄孢属。分生孢子梗（图17-3）数根丛生，褐色，有隔膜，顶端呈1～2次分枝，分枝顶端略膨大，密生小柄。分生孢子椭圆形，无色至淡褐色，单胞，大小为11～15μm。有性态为富氏菌核菌［*Sclerotinia fuckeliana*（de Bary）Fuckel. ］，一般很少产生。菌体有时产生菌核，菌核生于腐烂果中，黑色，不规则形。

分生孢子萌发温度为4～32℃，萌发适温为13～25℃，

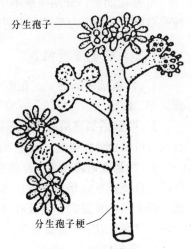

分生孢子

分生孢子梗

图17-3　草莓灰霉病菌

较低温度更有利于灰霉病菌繁殖。病菌对湿度要求高，相对湿度95%以下不能萌发。

病菌除危害草莓外，还可侵染茄子、黄瓜、番茄、莴苣、葡萄等多种植物。

二、病害的发生发展规律

（一）病程与侵染循环

病菌主要以分生孢子、菌丝或菌核在病残体和土壤中越冬。翌年环境适宜时，菌核萌发产生分生孢子，分生孢子借气流、浇水或农事活动传播。直接侵入，或从伤口侵入引起初侵染。在适温条件下，伤口侵入发病速度快且严重。病部潮湿环境下形成的分生孢子借气流、浇水及病果间的互相接触引起再侵染。分生孢子萌发的温度范围较宽，适宜温度为13～25℃，分生孢子有较强的抗旱能力，但萌发时要求相对湿度95%以上，在水滴中萌发率最高。

（二）影响发病的条件

温度、湿度是影响草莓灰霉病发生程度的关键条件。环境温度在0～35℃，相对湿度80%以上均可引起发病，温度0～25℃、湿度90%以上，或植株表面有积水时适宜发病，故温暖潮湿的环境有利于病害发生。如空气湿度高，或浇水后逢雨天或地势低洼积水，偏施氮肥、过度密植、栽培垄过低，植株基部老叶多，棚内通风差等，都会有利于此病的发生与发展。另据调查，大棚内草莓连作，发病早且严重，平畦种植病害严重；高垄、地膜栽培病害轻。

草莓品种间抗病性差异不显著。但一般欧美系统品种属硬果型抗病性较强，而软果型品种较为感病。

三、病害的管理

（一）病害管理策略

草莓花期长，分期结果不明显，果实采摘的间隔期短。所以，草莓灰霉病的防治，应采取以农业措施为基础、花期药剂防治为保证的综合管理策略。

（二）病害管理措施

1. 种植抗病品种　　在雨水多，环境湿度大的地区选择欧美系品种，其抗病性较强，如'红福'、'戈雷拉'、'春香'等。

2. 收获后彻底清除病残落叶　　冬春季认真清园，把枯枝、病叶和杂草集中烧毁。在北方可结合地膜覆盖，迅速缓苗，增强植株抗性和生长势，以减轻病害。

3. 加强栽培管理　　合理密植，调整叶果比，增强通透性，降低小气候湿度。在多雨的地区应高畦栽培，注意排水。对易感病的品种，要控制氮肥的施用量，注意增施磷肥、钾肥。一旦发病，应及时将病叶、病花、病果等摘除，放塑料袋内带棚、室外妥善处理。发病后应适当提高管理温度。对连作大棚利用夏季高温消毒土壤。

4. 药剂防治　　药剂防治的最佳时期是草莓第1级花序有20%～30%开花，第2级花序刚开花时。有效药剂有40%施佳乐、65%万霉灵、50%速克灵、50%扑海因、25%

灰克等，7~10d 喷 1 次，连续喷 3~4 次。药剂防治时，要注意药剂的交替使用，减缓抗药性的出现。

5. 生物防治　　使用生物农药多氧清防治草莓灰霉病。生产中用 3% 多氧清 AS 对灰霉病进行防治效果较好，适合设施栽培草莓灰霉病害的无公害防治。苦小檗碱黄酮水剂防治草莓灰霉病也有一定疗效。

第四节　枣　疯　病

枣疯病俗称"丛枝病"、"扫帚病"、"公枣树"，是枣树的毁灭性病害。全国各地均有分布，尤以河北、河南、山东等省发生最为普遍，危害严重。感病枣树发育滞缓，枝叶丛生，常导致植株死亡。严重时造成枣树大量死亡甚至毁园。

一、病害的诊断与识别

（一）病害的症状

枣疯病发病初期，一般先在一个或几个枝条出现症状，然后再传播扩展至全株，但也有整株同时发病的。

枣疯病的症状特征是枝叶丛生、叶片黄花及花器退化。其表现有几种反常现象：①花器返祖。整个花器变为营养器官，花柄延长为正常花的 3~6 倍成枝条，花瓣、萼片、雄蕊和雌蕊反常生长成浅绿色小叶、小枝。②芽的不正常萌发。发育枝正副芽和结果母枝，一年多次萌发生长，连续抽生细小黄绿的枝叶，形成稠密的枝丛，冬季不易脱落。③枝干上原是休眠状态的隐芽大量萌发，抽生黄绿细小的枝丛。

由此致使病枝纤细，节间变短，叶小而萎黄。病枝一般不结果。病树健枝能结果，但其所结果实大小不一，果面凹凸不平，着色不匀，果肉多渣，汁少味淡，不堪食用。疯枝上的叶片，先是叶肉变黄，叶脉仍绿，而后整叶逐渐变黄，叶缘上卷，硬而发脆，秋后干枯不落。

病树根部的不定芽，可大量萌发长出一丛丛短疯根。后期病根皮层变褐腐烂，最后整株枯死。

（二）病害的病原

枣疯病病源为植原体（MLO）。植原体为不规则球状，直径 90~260nm，外膜厚度为 8.2~9.2nm，堆积成团或联结成串。植原体侵染枣树后，主要分布在韧皮部筛管细胞中。其对四环素族抗生素敏感，使用这类药物可有效控制枣疯病的发展，使症状明显受抑制或减轻。

二、病害的发生发展规律

（一）病程与侵染循环

枣疯病可通过嫁接和分根传播。多年人工嫁接试验表明，枣疯病树根部可终年带菌，而地上部的植原体则随枣树落叶进入休眠逐渐减少，越冬后期基本消失，所以根部带菌越冬是枣疯病翌年发病的重要初侵染源。在根部越冬后的病原体，翌年春季随根部营养物质上行到地上部引起丛枝等枣疯病症状。试验证明，植原体一旦被传播侵入到地上部，必须首先沿韧皮部下行到根部，经过繁殖后再上行到地上部枝条才能引起树冠发病，因此适时环割树干有防病作用。

用当年疯枝上的病皮嫁接到当年生健枝上，10d后发现植原体下行20cm左右。嫁接发病的潜育期，最短为25～31d，最长可达372～382d。一般，接种愈早、接种量愈大、接种点离根部愈近，其潜育期就愈短。6月底以前接种，当年即可发病。如果是6月底以后接种，翌年开花后才能发病。在根部或主干中部接种，当年发病，尤以根部接种发病最早。皮接块数愈多，发病愈快。

枣疯病的自然传播是通过昆虫。我国北方枣区自然传病的媒介主要是3种叶蝉，即凹缘菱纹叶蝉（*Hishmonus sellatus* Uhler.）、橙带拟菱纹叶蝉（*H. aurifaciales* Kuoh.）和红闪小叶蝉（*Typlilocyba* sp.）。

（二）影响发病的条件

枣疯病的发生与寄主抗性和生态环境密切相关。

寄主抗性：枣树品种对枣疯病的抗性有明显差异。人工嫁接试验表明，'金丝小枣'高度感病，发病株率为60.5%；滕县红枣较抗病，发病株率仅有3.4%；而有些醋枣则表现为免疫。其他品种各地表现不同。

生态环境：地势较高，土地干旱瘠薄，肥水条件差的山地枣园病重，而土壤肥沃，肥水条件好的平原和近山枣园病轻；管理粗放，杂草丛生的枣园病重，而精细管理，田间清洁的枣园病轻。大多数盐碱地枣区很少发生枣疯病，是由于盐碱地的植被种类不适于传病叶蝉的滋生，而并非盐碱直接抑制病害。

三、病害的管理

（一）病害管理策略

该病目前无任何有效的根除治疗方法，故在病害发生前采取有效的预防措施是控制枣疯病蔓延的最好方法。

（二）病害管理措施

1. 选用抗病品种　利用抗病品种是防治枣疯病的根本性措施。可利用抗病酸枣品种或抗病的大枣品种做砧木，培育抗病枣树，或从无病枣园中采取接穗、接芽或分根进行繁殖，培育无病苗木。禁止病区苗木调入非病区。

2. 加强栽培管理　枣疯病的发生与枣树本身的营养状况有直接关系，所以加强枣园肥水管理，对土质差的进行深翻扩穴，增施有机肥，改良土壤，促进枣树生长，增强抗病能力，可减缓枣疯病的发生和流行。

3. 清除疯枝，铲除病株　生长期注意病株、病苗的检查，发现后立即拔除烧毁，并刨净根部，以减少侵染源，防止病害蔓延。

4. 防治传毒昆虫　新建枣园附近不要栽松柏、桑、构、泡桐等树，也不要种植白菜、芝麻，这样可有效减少传病叶蝉的数量，防治叶蝉在若虫初孵化群集于矮小植物上时为宜。目前常用的药剂有洒菊酯类杀虫剂。

5. 手术防治 对于轻病树，早春发芽前环剥主干，落叶前彻底去掉疯枝，生长期随时抹去疯芽，可有效地阻断植原体的运行，治愈或延缓发病。

6. 药物治疗 用四环素族抗生素注入疯树体内或浸根、浸泡接穗，均有一定的治疗效果，但药停后容易复发。

7. 化学防治

1）在发病初期，用手摇钻在病树根茎部钻孔，于春季枣树萌芽期或10月间，每株病树滴注0.1%的四环素药液500ml。

2）在树干基部或中下部无疤节处两侧各钻1个孔，深达髓心，两孔垂直距离10～20cm，用高压注射器注入含1万单位的土霉素药液。树干圆周径30cm以上者，用药液300～400ml；40cm以上，用500～700ml；50cm以上，用800～1000ml；60cm以上用1200～1500ml。

3）发病初期，也可按每亩枣园喷施0.2%的氯化铁溶液2～3次，隔5～7d喷1次。每次用药液75～100kg，对于预防枣疯病具有良好效果。

第五节 枣缩果病

枣缩果病又称为黑腐病，铁皮病，干腰病，褐腐病等。20世纪70年代末始见报道，主要分布于河北、河南、山东、山西、陕西、安徽、甘肃、辽宁等地。常与炭疽病混合发生，目前已成为威胁枣果产量和品质的重要病害。一般年份病果率为10%～50%，严重年份达90%以上，甚至绝收。病果失去食用价值。

一、病害的诊断与识别

（一）病害的症状

仅危害果实。症状有3种类型，即干蒂型、干腰型和干肩型。干蒂型多发生在幼果期，干腰型和干肩型多发生在成果期。

干蒂型：病初在枣果着生花蒂的尖端变红干缩，后不断向中上部扩展，干缩变红可达枣果的1/3或1/2。病果风吹易落。

干腰型：病初在枣果腰部表面出现淡黄色水渍状小斑点，后病部逐渐失水萎缩为暗红色，失去光泽。病果两端粗中腰细，呈干腰缩果状。病果肉由淡绿变为赤黄，呈海绵状，味苦，不堪食用。果柄呈暗黄色，提早形成离层，病果未熟先落。

干肩型：在枣果肩部先形成水渍状淡黄色凹陷病斑，后变红干缩。有时扩及果柄，变红干缩，病果及早先落。

（二）病害的病原

国内外对枣缩果病研究甚少，对病原目前尚无统一认识。最早认为由病毒引起，也有人认为是生理病害。1987年报道，枣缩果病是一种细菌病害，其病原为噬枣欧氏杆菌（*Erwinia juiubovara* Wabg Cau Febg et Gao.），大小为（0.4～0.5）μm×10μm，周生鞭毛1～3根，革兰氏染色阴性，无芽孢。1992年报道，病原为群生小穴壳菌（*Dothiorella gregaria* Sacc.），为半知菌类真菌。1996年报道，枣缩果病是由多种病菌混合侵染，其主要病原菌为橄榄色盾壳霉（*Coniothyrium olivaceum* Bon.）、群生小穴壳菌（*Dothiorella gregaria* Sacc.）和交链孢（*Alternaria alternata* f. sp. *tenuis*）。

二、病害的发生发展规律

（一）病程与侵染循环

枣缩果病的病害循环，目前尚不十分清楚。现有资料表明，其初侵染源可能有两个方面：一是树体带菌越冬，二是病果带菌越冬。从越冬后的枣树皮、枣枝、枣头、枣吊等部位均可分离到枣缩果病原，早春从地表和石缝处落叶覆盖下的病果上，可见到大量枣缩果病原的子实体。枣缩果病原虽有多种，但均为弱寄生菌，一般在果实着色成熟期传播侵染危害枣果，病菌借风雨和昆虫进行传播，从果实伤口侵入或直接穿透果皮侵入。从枣果红圈到2/3变红，枣果内含糖量达18%以上，pH为5.5～6.0时，为发病高峰期。

（二）影响发病的条件

枣缩果病的发生与品种抗性和气候条件密切相关。枣果着色期，即8月中下旬，气温在25℃左右，阴雨连绵或夜雨昼晴、多雾天气，枣缩果病往往暴发成灾。通常栽植过密、氮肥过多、树势徒长、间作不合理、修剪不当等，造成树冠荫蔽，光照通风不良等，增加害虫（蚧、螨、叶蝉、椿象、桃小食心虫）传病，发病率较高。一般，山沟内枣园病重，山坡及平原枣园病轻。密集的枣林病重，孤立枣树病轻。

三、病害的管理

（一）病害管理策略

此病由多种病原侵染，病原侵染的时间较长，防治比较困难。

（二）病害管理措施

1. 加强栽培管理　不在枣园间作高秆作物和与枣树有相同病虫害的作物；合理密植，适当修剪，加强通风透光，增强树势，提高抗病能力。雨后及时排水，降低田间湿度。重施有机肥，改良土壤结构，增施磷肥、钾肥、钙肥、硼肥，适当控制氮肥，做到配方施肥，合理供给养料，促进水、肥协调，增强树势，提高抗病力。

2. 清园灭菌　每年采果后，彻底清除枣园中的落地病虫果、烂果，集中烧毁，消灭越冬病菌基数，减少下年发病率。

3. 防治害虫　加强对枣树害虫，特别是刺吸口器和蛀果害虫，如桃小食心虫、介壳虫、椿象、螨等害虫的防治，可减少枣果伤口，降低病菌感染率。前期喷施杀虫剂，以防治叶蝉、枣尺蠖为主；后期8～9月结合杀虫，施用氯氰菊酯等杀虫剂与烯唑醇混合喷雾，对枣缩果病的防效可达95%以上。

4. 药剂防治　发病始期喷药是关键。在发病初期，要及时喷药进行保护。一般是在枣果充分膨大、开始着色成熟前15～20d开始喷药，每隔7～10d喷药1次，连喷2～3次。具体喷药时期和次数应根据降雨情况而定，强调雨后及时喷药。当前的有效药剂为50%缩果宁1号、80%大生M-45、链霉素、多菌灵、甲基硫菌灵可湿性粉剂、10%苯醚甲环唑水分散粒剂等。喷药时要均匀，雾点要细，使果面全部着药，遇雨及时补喷。

第六节　板栗干枯病

板栗干枯病又称为栗疫病、栗树腐烂病等，是栗树上的重要病害之一。我国各板栗产区均有发生，发病程度由北向南逐渐减轻。被害栗树树皮腐烂、树势削弱，重则造成整株枯死。

一、病害的诊断与识别

（一）病害的症状

板栗干枯病危害主干和枝条。病树树势衰弱，发芽迟缓，叶色较淡。

（1）大树枝干　发病初期枝干上产生圆形、黄褐色、略隆起的水肿状病斑，患病组织内部溃烂，有浓厚的酒糟味。以后病部继续扩展成较大的不规则的红褐色斑块，病部干缩凹陷以致开裂，最后病斑围绕整个树干，并上下扩展，病部斑块环绕枝干10d后上部枝条枯死。在病皮上可见许多黑色小点（病菌的分生孢子器），当天气潮湿时，从小黑点内可挤出黄色、卷须状的分生孢子角。

（2）幼树枝干　幼树多在树干基部发病，初期病斑与大树相似，最终上部组织逐渐枯死，病部下端产生愈伤组织，反复发病后树干基部形成一块大瘤直至病树死亡。

（二）病害的病原

病原为寄生隐丛赤壳菌［*Cryphonectria parasitica*（Murr）Barr.］；异名为*Endothia parasitica*（Murr）And. et. And，属子囊菌门真菌，无性态产生分生孢子器，生于子座中，形状不规则。分生孢子无色，单胞，长形至圆筒形，大小为（3～4）μm×（1.5～2）μm。后期，子囊壳生于子座底部，球形或扁球形，有长颈，多个子囊壳常深浅不同地埋生于一个子座中，它们分别在子座顶端开口。子囊无色，棍棒形，内含8个子囊孢子。子囊孢子双胞，中间分隔处稍缢缩，无色透明，大小为4.5～8.6μm。病菌在培养基上的生长温度为7～39℃，以25～30℃为适宜。其还可侵染栎、欧洲山毛榉、山核桃、栲等多种植物。

二、病害的发生发展规律

（一）病程与侵染循环

病菌主要以菌丝体、分生孢子器及子囊壳在病部越冬，还可以菌丝在种实内越冬。翌年4～5月开始，分生孢子及子囊孢子借风雨、昆虫或鸟传播，从树皮上的各种伤口侵入，特别是嫁接口和新伤口发病多。远距离传播主要通过带病苗木。据观察，老病斑于3～4月开始扩展，6～8月扩展最快，9～10月逐渐停止。新病斑从3～10月都可以陆续出现。早春气温回升至栗树发芽前后（3~4月）病斑扩展最快，是病害发生最严重时期，常在短期内造成枝干枯死。4~5月随着病叶展开，树体营养积累增加，愈伤力增强，抗病能力也增强，病斑逐渐停止扩展。5月以后，病斑上形成子座，并出现孢子角，继续传播危害引起再侵染。一般来说，树干上原发性病斑多集中在西南面或南面，北面相对较少。

（二）影响发病的条件

1. 伤口　病菌主要通过伤口侵入，如冻伤、嫁接伤、剪锯伤、机械伤、虫伤等，伤口的多少及树体的愈伤能力，对发病的影响最大。

2. 气候条件　早春气温回升至栗树发芽前后，是病害发生关键时期，此时气温昼夜温差大的地区发病重。另外，秋冬干旱年份，翌年春季发病明显加重。冬季气温偏低，造成冻伤，利于发病。

3. 栽培条件　土壤瘠薄板结，根系发育不良，影响愈伤组织的形成。施肥不足，尤其是氮肥不足，也影响愈伤组织的形成。由于愈伤能力差，树体抗侵入及抗扩展能力下降，病害发生严重。密植园及管理粗放果园发病重。嫁接时接口未经消毒，会加重病害。

4. 寄主抗性　不同品系的栗树抗病力有明显差异。一般来说，亚洲栗树普遍较抗病；欧美洲栗树抗病性差，中国板栗被认为是最好的抗源。在中国板栗中，不同品种的抗性也存在明显差异。此外，嫁接部位的高低、栽植密度的大小也与发病有密切的关系。

三、病害的管理

（一）病害管理策略

对板栗干枯病的控制应采取以选用无病苗木，种植抗病品种为主，辅以病斑治疗的综合治理策略。

（二）病害管理措施

1. 选用无病苗木及选栽抗病品种　病害可通过苗木传播，建园时应严格剔除病苗，选用无病苗木。在发病较重地区，应选用抗病品种。在中国板栗中，北方品种相对抗病的有'红栗'、'红光栗'、'明栗'等，在南方品种中以'桂林油栗'、'油毛栗'等较抗病。

2. 加强栽培管理措施，增强树体抗病性　栗疫病主要通过伤口侵入，树体愈伤能力与抗侵入能力密切相关，故增强树势，提高愈伤能力对减轻病害有直接影响，如改良土壤，适时灌水、增施肥料，合理密植等。在发病较多的园子，可于晚秋进行树基培土，北方冻害较重的地区，应于晚秋进行树干涂白，在嫁接时，应提高嫁接部位。高接换种时，应在接口涂药泥，免受病菌侵染。

3. 刮除主干和大枝上的病斑　发病严重的树干，要及时刮除病斑，深达木质部，清除病死枝条，方法参见苹果腐烂病防治。

4. 重视防治虫害　及时防治蛀干害虫，严防人畜损伤，减少伤口浸染。对于幼虫，在秋冬季节结合深翻，清除杂草，翻出幼虫，使其受旱、受冻而死，减轻来年危害。

对于成虫，在每年 7 月中旬和 8 月上旬采用 5% 高效氯氢菊酯或 10% 比虫啉，对树冠各喷药一次，杀虫效果可达 90%。

5. 生物防治 利用栗树疫病弱毒菌系可以有效地防治板栗干枯病，这在国外已经形成了较成熟的技术，在法国、意大利和美国对重病栗园中接种弱毒菌系，让其在园内生存和扩散，对板栗干枯病流行有良好的遏制作用。中国板栗干枯病中，也有弱毒菌系的研究成果。

第七节 核桃黑斑病

核桃黑斑病又称为黑腐病，是危害核桃的主要病害，在全国各产区都有分布，核桃发病后常造成幼果腐烂，早期落果。

黑斑病除危害核桃外，还可侵染多种核桃属植物。

一、病害的诊断与识别

（一）病害的症状

核桃黑斑病主要危害幼果、叶片，也可危害嫩枝。

（1）果实 幼果染病，果面生褐色小斑点，边缘不明显，后扩大成片变黑，深达果肉，致整个核桃及核仁全部变黑腐烂脱落。较成熟的果实染病后，先局限在外果皮，后逐渐扩展到中果皮，致果皮变黑腐烂，随后病皮脱落，内果皮外露，核仁表面完好，但出油率降低。

（2）叶片 叶片染病，先在叶脉上现近圆形或多角形小褐斑，扩展后相互愈合，外围生水渍状晕圈，中央灰褐色，后期少数穿孔，病叶皱缩畸形。

（3）枝梢及叶柄 枝梢、叶柄上病斑长形，边缘褐色，中央灰色，稍凹陷，严重时病斑包围枝条使上部枯死。

（二）病害的病原

病原为甘蓝黑腐黄单胞菌胡桃致病变种（*Xanthomonas campestris* pv. *juglandis* Pierce Dye），异名为 *Xanthomonas juglandis*（Pierce）Dowson.，属细菌中黄单胞杆菌属。菌体短杆状，大小为（1.3～3.0）μm×（0.3～0.5）μm，极生鞭毛 1 条。在牛肉汁葡萄糖琼脂斜面培养，菌落突起，生长旺盛，光滑，具光泽，淡柠檬黄色，有黏性。生长适温为 28～32℃，最高 37℃，最低 5℃，致死温度为 53～55℃（10min）。适应 pH 为 5.2～10.5，pH 为 6～8 时较适宜。

二、病害的发生发展规律

（一）病程与侵染循环

病原细菌在枝梢的病斑或病芽内越冬。翌春遇降雨分泌出细菌，借风雨和昆虫传播到叶、果或嫩枝上，从气孔、皮孔、蜜腺及伤口侵入，引起病害，也可入侵花粉后借花粉传播造成幼果染病。据测定：在气温 4～30℃，同时寄主表皮湿润时，病菌均能侵入叶片；侵入果实的气温是 5～27℃。潜育期为 5～34d，在田间多为 10～15d。

（二）影响发病的条件

核桃黑斑病发病与雨水及生育期关系密切，首先核桃在展叶及开花期最易感病；其次雨后常常造成病害迅速蔓延。4～8 月为发病期，可反复侵染多次，以后抗病逐渐加强。此期如果温度高湿度大将形成发病高峰。另外，该病发生与核桃举肢蛾的危害有关，核桃举肢蛾蛀果危害造成的伤口易遭该菌侵染。树冠稠密、通风不良，容易发生病害。

三、病害的管理

（一）病害管理策略

对核桃黑斑病的管理要采取以及时清除病残体、增强树势为主，结合生长期药剂防治为辅的综合管理策略。

（二）病害管理措施

1. 选择抗病品种，加强肥水管理　保持树体健壮生长，增强抗病能力。

2. 及时清除病残体　对病叶、病果、病枝和核桃采收后脱下的果皮及时清理，集中烧毁或深埋。

3. 及时防治害虫　对核桃举肢蛾，在幼虫发生期，可用 20% 溴氰菊酯乳油喷雾防治，减少蛀果，减轻病害。

4. 药剂防治　核桃发芽前喷洒 1 次 3～5°Bé 石硫合剂；展叶时喷洒 1∶0.5∶200 的半量式波尔多液或 47% 氧氯化铜可湿性粉剂。落花后 7～10d 为侵染果实的关键时期，可喷施下列药剂：1% 中生菌素水剂；30% 琥胶肥酸铜可湿性粉剂；60% 琥胶肥酸铜·三乙膦酸铝可湿性粉剂；72% 农用硫酸链霉素可溶性粉剂等，每隔 10～15d 喷 1 次，连喷 2～3 次。

第八节　核桃炭疽病

主要危害核桃果实。一般当地品种发病较轻，从新疆引进的核桃发病均较重，一般病果率为 20%～40%，严重时高达 90%。受害果实落果早或核仁干瘪，无食用价值。

一、病害的诊断与识别

（一）病害的症状

核桃炭疽病主要危害果实。叶片、芽及嫩梢上时有发生。果实受害后，先在绿色的外果皮上产生近圆形黑褐色病斑，后病斑扩展并深入果皮，中央凹陷，内生许多黑色小点，散生或排列成轮纹状，雨后或湿度大时，黑点上溢出粉红色黏液（病菌分生孢子盘和分生孢子）。发病早且严重时，病斑连成片，果皮变黑腐烂，全果干缩脱落；发病晚且轻时，果皮上病斑大小不等，病果不落，但果仁发育受影响，品质差。叶片染病，产生黄褐色近圆形病斑，有的在叶脉两侧呈长条状枯斑，有的在叶缘发病呈枯黄色病斑，上生小黑点。

（二）病害的病原

病原有性态称为围小丛壳菌［*Glomerella cingulata*（Stonem.）Spauld. et Schrenk］，属子囊菌门真菌。无性态为胶孢炭疽菌［*Colletotrichum gloeosporioides*（Penz.）Sacc.］，属半知菌类真菌。子囊壳褐色，球形至梨形，具喙，子囊平行排列在壳内，无色，棍棒状，大小为（44～73）μm×（6～10）μm，内生 8 个子囊孢子。单孢无色，圆筒形，略弯曲，大小为（12～17）μm×（4～6）μm。分生孢子盘在果实的表皮下，褐色，直径为185～390μm，未见刚毛。分生孢子圆柱形，单孢无色，大小为（11～13）μm×（4～6）μm。

该菌寄主范围非常广，除核桃外，苹果、梨、桃、葡萄、板栗、枣、柑橘等多种果树都能被侵染危害。

二、病害的发生发展规律

（一）病程与侵染循环

病菌以菌丝、分生孢子在病果、病叶或芽鳞中越冬，翌年4～5月产生分生孢子，借风雨或昆虫传播，从伤口或自然孔口侵入，发病后产生孢子团借雨水飞溅传播，进行多次再侵染。一般 7～9 月初均能发病，8 月上旬开始产生孢子，8 月底为发病和分生孢子流行高峰期，9 月初采果前果实迅速变黑，品质大大下降。

（二）影响发病的条件

核桃炭疽病的发生与栽培管理水平有关，管理水平差，湿度大，地下水位高、株行距小、过于密植、通风透光不良则发病较重；核桃园附近有苹果树的发病重。气候条件也有很大影响，一般雨水早，雨日多，则发病重。不同核桃品种抗性差异较大，一般华北本地核桃树比新疆核桃树抗病，新疆的阿克苏、库车丰产薄壳类型易染病，晚熟种发病轻。

三、病害的管理

（一）清除病株残体，减少菌源

及时清除落地病果、僵果，扫除病落叶，结合冬剪，剪除病枝，集中烧毁。发芽前喷撒 3～5°Bé 石硫合剂，消灭越冬病菌。

（二）选用丰产抗病品种

种植新疆核桃时，注意合理密植，株行距要适当，保持良好的通风透光。

（三）药剂防治

展叶期和6～7月各喷洒 1：0.5：200 的波尔多液 1 次。发病重的花后 3 周开始喷药，效果好的药剂：50% 多菌灵可湿性粉剂＋50% 福美双可湿性粉剂；50% 多·福·锰锌（多菌灵·福美双·代森锰锌）可湿性粉剂；70% 甲基硫菌灵可湿性粉剂＋75% 百菌清可湿性粉剂，40%腈菌唑水分散粒剂；6%氯苯嘧啶醇可湿性粉剂；2%嘧啶核苷类抗生素水剂。间隔10～15d喷1次，连喷2～3次。

第九节　山楂花腐病

山楂花腐病是山楂的重要病害之一。分布于辽宁、吉林、河北、河南等山楂产区。造成新梢、叶片枯死，果实腐烂，发生严重时减产高达80%～90%，常造成绝产。

一、病害的诊断与识别

（一）病害的症状

主要危害山楂花、叶片、新梢和幼果，造成病部腐烂。危害叶片：新展出的嫩叶初表现褐色斑点或短线条状小斑，6～7d后扩展成红褐色至棕褐色大斑，环境潮湿时，病斑上生灰白色霉状物（病菌的分生孢子梗及分生孢子），严重时，病斑沿叶柄向基部扩展，致使病叶焦枯脱落。危害新梢：新梢发病多由病叶沿叶脉扩展造成，病斑初为褐色，后变为红褐色，病斑环绕枝条一周即枯死，尤以萌蘖枝发病重。危害幼果：幼果发病，源于花器受侵染，在开花期，病菌从柱头侵入，危害严重时造成花腐烂；危害轻时，一般在落花后10d表现症状，初果面上产生1～2mm褐色小斑点，2～3d即扩及全果，病果变成褐色腐烂，表面有黏液，酒糟味，病果脱落。

（二）病害的病原

山楂花腐病菌为山楂褐腐菌［*Monilinia johnsonii*（Ell. et Ev.）Honey］，属于子囊菌门真菌。春季在僵果或腐花的干死组织上产生子囊盘，子囊盘肉质，初为淡褐色，成熟时为灰褐色，子囊棍棒状、无色，子囊间有侧丝、子囊孢子椭圆形或卵圆形，单胞无色，子囊孢子大小为（7.4～16.1）μm×（4.9～7.4）μm。无性态为*Monilia* sp.，分生孢子单胞，柠檬形，串生，有分枝，孢子大小为（12.4～21.7）μm×（12.4～17.3）μm。

该病菌只侵染山楂树。

二、病害的发生发展规律

（一）病程与侵染循环

山楂花腐病菌以假菌核在落地病僵果越冬。翌年4月下旬，从地表潮湿处的病僵果上产生子囊盘。子囊盘释放子囊孢子，借风力传播，侵染嫩叶、嫩枝发生初侵染，嫩叶、嫩枝发病后在病部产生分生孢子，重复侵染。分生孢子可经花的柱头侵入引起果腐。5月上中旬达到侵染高峰，5月下旬停止侵染。病果落地后形成假菌核越冬。

（二）影响发病的条件

病菌子囊孢子的传播、侵染的关键期是山楂展叶期到开花期。展叶期土壤含水量达到25%～35%，地温5℃以上就可产生大量子囊盘，据观察，子囊盘在果园沟边有落叶覆盖或有碎石子下面的病僵果上产生的数量居多，此期若多雨，有利于子囊孢子释放。展叶后降雨多则叶腐病重；开花期降雨多则花腐、果腐严重。同时，雨水的早晚也决定着发病的早晚，高温、高湿天气出现早则发病早而重。另外，若春季温度偏低，将延缓展叶、开花时间，可增加病菌侵染机会，发病也加重。山地果园较平原果园重，沟谷地较山坡地发病重，晚熟品种较早熟品种发病重。

三、病害的管理

（一）病害管理策略

该病发生主要与环境湿度关系密切，故进行病害管理时要以农业防治及清除菌源为主，结合药剂保护进行综合治理。

（二）病害管理措施

1. 清除菌源 采果后彻底清除病僵果，集中烧毁或深埋，以减少越冬菌源。

2. 地面处理 4月上中旬，深翻土地，将遗留在地面的病僵果翻入土层15cm以下。在山地果园或进行深翻地有困难的地方，可于4月底前用五氯酚钠1000倍液喷地面，重点处理树冠下及方圆3m内的地面，每亩用药0.5kg，或每亩撒施石灰粉25～30kg。

3. 喷药保护 于50%叶片初展及叶片全展开时，连喷两次25%粉锈宁可湿性粉剂或70%甲基托布津可湿性粉剂，能有效地控制叶腐。于开花盛期均匀喷1次50%多菌灵可湿性粉剂或70%甲基托布津可湿性粉剂，能有效地控制果腐。在喷多菌灵时混加40～50mg/kg的赤霉素，还能提高坐果率，增加果实数量。

第十节 猕猴桃溃疡病

猕猴桃溃疡病被列为全国森林植物检疫对象，是猕猴桃上的一种毁灭性病害，该病容易在冷凉、湿润地区发生，病害发生时来势凶猛，不仅减低产量，而且导致果皮变厚，果味变酸，品质严重下降，造成重大经济损失。该病目前在我国猕猴桃产区有逐步加重之势，已经成为对猕猴桃威胁最严重的病害，发生严重的地方造成多处果园毁灭。

一、病害的诊断与识别

（一）病害的症状

主要危害猕猴桃枝干、叶片及花蕾等部位。

1. 枝干 主干和枝条受害，一般是在春季植株伤流期至萌芽期开始表现明显症状，先从幼芽、叶痕、分枝及剪痕处出现少量铁锈红色渗出液，同时周围树皮组织表现红褐色腐烂。随着腐烂组织的扩大，颜色加深，变软，皮层分离，后期病部皮层开裂，形成1～2mm宽的裂缝，潮湿环境，流出青白色至红褐色黏液，病斑能绕茎迅速扩展，用刀剖茎，皮层和髓部均变褐腐烂。最终，受害枝干上部枝叶萎蔫、枯死或整株枯死。

2. 叶片 叶片发病，一般在4月开始表现症状，新生嫩叶正面初散生深褐色不规则形或多角形小斑，后发展到 2～3mm 不规则形或多角形的褐色病斑，边缘有明显的黄色晕圈。在适宜的条件及感病寄主上，因病斑扩展迅速，多数不产生晕圈。受害叶片易脱落。

3. 花蕾　花蕾受害常变褐枯死。

（二）病害的病原

病原为丁香假单胞杆菌猕猴桃致病变种（*Pseudomonas syringae* pv. *actinidiae*），属假单胞杆菌属细菌。菌体短杆状，两端钝圆，单生，菌体大小为（1.57～2.07）μm×（0.37～0.45）μm，鞭毛极生，多数为 1 根，无荚膜及芽孢，在肉汁胨琼胶平板稀释培养，菌落圆形，稍凸起，乳白色，边缘整齐有光泽，半透明具黏性，产生弱的荧光色素。

该菌除危害猕猴桃以外，还可侵染桃、梅、豆类、番茄、马铃薯、洋葱等。

二、病害的发生发展规律

（一）病程与侵染循环

溃疡病菌是一种腐生性强、又耐低温的细菌，主要在病枝蔓上越冬，也可随病枝、病叶等病残体在土壤中越冬。翌年早春 3 月病原细菌从病部溢出，借风雨、昆虫传播，也可通过枝剪、耕作等农事操作传播，从植株的伤口、气孔、皮孔、水孔处侵入。在适宜的条件下，潜育期为 3～5d。从病部溢出的病菌可不断传播，扩展蔓延。该病一年有两个发病高峰：一是春季，在伤流期至落花期；二是秋季果实成熟前后，但以春季发病最明显，受害最重。

（二）影响发病的条件

该病的发生与温度、湿度、地势、栽培管理、品种及生育期等关系密切。溃疡病是一低温高湿病害。据调查，春季旬平均气温在 10～14℃，若遇暴风雨或阴雨高湿，病害就易流行，旬平均气温超过 16℃时，病害停止扩展。此外，溃疡病的发生与生育期有关，以春季伤流期发生最为严重，伤流期终止后病情随之减轻；果园地势高，有利于病菌传播和侵入；农事操作人为碰伤，夏剪冬剪的剪锯口愈合慢时，易使病害侵入，造成发病；不同品种抗病性差异很大，一般野生猕猴桃抗病性比人工栽培品种强。

三、病害的管理

（一）病害管理策略

对该病的管理应采取以农业防治为主，辅以药剂防治的综合治理措施。

（二）病害管理措施

1. 选用抗病品种，培育无病苗木　据湖南农业大学调查，猕猴桃品种（系）的抗病性差异较大，应选用高产抗病优良品种，如东山峰 78-16 等。并在无病区培育无病苗木。

2. 清洁果园　果实采收后结合冬季修剪，剪除病枝干，彻底清扫落叶并集中烧毁或深埋。对树体病斑进行刮除，为保护伤口不受病菌侵染，对刮口、剪口及锯口可选医用凡士林拌杀毒矾涂抹。

3. 加强检疫　为防止病菌传播扩散，严禁从病区引进和调运苗木，对外来苗木要进行消毒处理。

4. 农业防治　多施农家肥料，改善土壤结构，提高树体对多种元素的吸收利用率，限制挂果量，增强树势。

5. 化学防治　入冬前，结合冬剪全面喷一遍 0.3～0.5°Bé 石硫合剂。立春后至萌芽期喷 1∶1∶100 的波尔多液，7～10d 一次；萌芽后至谢花期用农用链霉素、代森铵，7～10d 喷一次。也可在春季发病后治疗病斑，用小刀在距病斑外延 1～2cm 处切一圈环沟，并在病斑上纵向切割，刀口间距 1～2cm，深达木质部，用毛刷蘸强力克菌灵 50 倍液在刀口上涂抹。

第十一节　山　楂　锈　病

山楂锈病近几年成为山楂树上的主要病害之一。

一、病害的诊断与识别

主要危害叶片、叶柄、新梢、果实及果柄。叶片染病，初生橘黄色小圆斑，直径为 1～2mm，后扩大至 4～10mm；病斑稍凹陷，表面产生黑色小粒点（病菌性孢子器）；发病后一个月叶背病斑突起，产生灰色至灰褐色毛状物（锈孢子器）；破裂后散出褐色锈孢子。最后病斑变黑，干枯脱落。叶柄染病，初病部膨大，呈橙黄色，生毛状物，后变黑干枯，叶片早落。

二、病害的发生发展规律

以菌丝在桧柏针叶、小枝及主干上部组织中越冬。翌春遇充足的雨水，冬孢子角胶化产生担孢子，借风雨传播、侵染危害，潜育期为 6～13d。该病的发生与 5 月的降雨早晚及降雨量正相关。展叶 20d 以内的幼叶易感病；25d 以上的叶片一般不再受侵染。目前国内绝大多数栽培品种均感病。

三、病害的管理

（一）砍除转主寄主

山楂园附近 2.5～5km 不宜栽植桧柏类针叶树，若有应及早砍除。

（二）药剂防治

山楂发芽前后，在果园周围的桧柏树上喷药防治一次，以消除转主寄主上的冬孢子。可喷洒 5°Bé 石硫合剂或 45% 晶体石硫合剂 30 倍液。冬孢子角胶化前后（5 月下旬至 6 月下旬），在山楂树体上喷 2～3 次 50% 硫悬浮剂 400 倍液或 15% 三唑酮可湿性粉剂 1000 倍液、25% 敌力脱乳油 3000 倍液、15% 三唑酮可湿性粉剂 2000 倍液＋25% 敌力脱乳油 4000 倍液、15% 三唑酮可湿性粉剂 2000 倍液＋70% 代森锰锌可湿性粉剂 1000 倍液，隔 15d 左右 1 次，防治 1 次或 2 次。

▌技能操作

其他果树病害的识别与诊断

一、目的

通过本实验，认识其他果树上发生的主要病害的症状及病原形态特点，掌握常见病害的诊断特征，从而为病害诊断、田间病害调查和防治提供科学依据。

二、准备材料与用具

（一）材料

其他果树病害盒装症状标本及浸渍标本、病原切片标本、病原培养物或保湿病原物、幻灯片、多媒体课件等。

（二）用具

显微镜、放大镜、载玻片、盖玻片、解剖针、解剖刀、镊子、滴瓶、吸管、记载用具等。

三、识别与诊断其他果树病害

（一）观察症状

用放大镜或直接观察其他果树主要病害盒装症状标本及浸渍标本的病状及病征特点，并记录。

观察柿角斑病症状标本，注意发病部位，病斑颜色，是否有小黑点出现。

观察柿圆斑病症状标本，注意发病部位，病斑形状及颜色，与柿角斑病的区别。

观察枣疯病症状标本，注意症状特点，丛生枝是否开花，叶片大小、颜色等。

观察草莓灰霉病症状标本或实物，注意发病部位，霉层的颜色及密度。

观察山楂锈病症状标本或实物，注意发病部位，叶片正面是否凹陷，是否有黑色小粒点，叶片背面是否有毛状物出现，毛状物的颜色。

（二）鉴定病原

显微镜下观察病原切片标本、病原培养物或保湿病原物，记录比较不同病原物的形态特征。

镜检柿角斑病病原切片，观察分生孢子梗着生特点，分生孢子形状、颜色及细胞数目等。

镜检柿圆斑病病原玻片，观察其子囊壳、子囊和子囊孢子形态。

镜检草莓灰霉病病原，从病果表面取少许霉状物制片，观察其分生孢子梗着生特点及分枝顶端是否膨大，分生孢子的形态。

镜检葡萄褐斑病病原玻片，观察其分生孢子梗与分生孢子的形态特征。

镜检山楂锈病的病原玻片，观察其锈子器及锈孢子的形态特征，性孢子器及性孢子的形态特征。

观察其他果树病害症状及病原观察，掌握其症状特点，了解病原物的形态特征。

四、记录观察结果

1）绘制其他果树病害病原形态图。

2）描述其他果树病害症状特点。

课后思考题

1．柿、草莓、枣、板栗、核桃、猕猴桃、山楂等果树有哪些主要病害？

2．简述柿、草莓、枣、板栗、核桃、猕猴桃、山楂等果树主要病害的管理策略和主要措施。

第四篇　蔬菜病害与管理篇

第十八章　十字花科蔬菜病害与管理

【教学目标】　掌握十字花科蔬菜常见病害的症状及病害的发生发展规律，能够识别各种常见病害并进行病害管理。

【技能目标】　掌握十字花科蔬菜常见病害的症状及病原的观察技术，准确诊断十字花科蔬菜的主要病害。

　　十字花科蔬菜主要包括白菜、油菜、甘蓝、花椰菜、芥菜、芜菁、萝卜、紫菜苔等。其病害种类很多，目前已发现十字花科蔬菜病害 40 余种，主要有病毒病、软腐病、霜霉病、菌核病、根肿病、黑斑病、黑腐病等，其中以病毒病、软腐病、霜霉病分布较广、危害较大，是十字花科蔬菜的三大病害。

第一节　十字花科蔬菜病毒病

　　十字花科蔬菜病毒病，别名孤丁病、抽风病、癫病。在全国普遍发生，危害较重，华北、东北及西北地区以大白菜受害最重，华南地区小白菜、菜心、萝卜、大白菜、芜菁、芥菜等的病毒病普遍发生。在过去的 50 多年间，我国各地十字花科作物特别是北方地区的大白菜都曾经由于病毒病的危害，遭受过较大面积的损失，特别是 1952 年、1958 年、1972 年、1977 年、1985 年、1987 年曾由于全国气候高温干旱，形成病毒病大流行的条件，致使市场蔬菜的供应受到极大的影响。而油料作物如油菜和芜菁在病害流行年，其减产严重的可以达 70% 以上。此病发病率一般为 3%～30%，重病地块可达 80% 以上，并且感染病毒病的十字花科蔬菜容易受到霜霉和软腐病的侵染，使危害加重。

一、诊断病害

（一）识别病害症状

1. 白菜　　幼苗受害后，心叶产生明脉症状，继而在这些叶脉附近发生褪绿现象，渐变成淡绿色与深绿色相间的花叶症状（图 18-1），因此，该病又称为花叶病。以后新叶上花叶逐渐显著，叶面皱缩不平，有的僵缩矮化，或呈畸形病状；同时，叶背主脉及侧脉上会产生褐色坏死点或条斑，以致于叶片皱缩而凹凸不平，受病植株叶片变硬而脆，常不能包心。病株根系不发达，须根系很少，剖示根部可见切面上变成黄褐色。植株受病愈早则损失愈重，受病较晚的植株仍能抱头结球，而且外表近乎正常，但剥去外叶后，可以看到内部有些叶片上有很多灰色的坏死斑点。

图 18-1　白菜病毒病

　　带病的留种菜株，严重的于翌年春季花薹尚未抽出便死亡。发病较轻的植株，花薹抽出时弯弯曲曲，高度不及正常的一半。抽出的新叶，一开始就表现明显的明脉症状及沿脉褪绿症。老叶上也产生坏死斑，花梗上发生很多纵横的裂口，花瓣的色泽较浅，有时花未开放就萎蔫。受粉结荚后，果荚瘦小，曲折，结实不多，子实不饱满，发芽率降低，对种子产量影响很大。

图 18-2　甘蓝病毒病
（引自吕佩珂等，1992）

　　2. 甘蓝　甘蓝发病后在幼苗叶片上产生褪绿的圆斑，直径为 2～3mm，迎光检视非常明显。后期叶片上呈淡绿色与黄绿色相间的斑驳，成为花叶症状（图 18-2）。病株比一般的健株发育缓慢，结球较迟而且结得疏松。开花期间叶片上表现更明显的斑驳。

　　3. 油菜　甘蓝型油菜发病后产生系统性的黄斑型和枯斑型，以黄斑型占多数。对于黄斑型症状，在发病初期，叶片上出现系统性分散的绿色斑点，扩大后直径达 2～4mm，病斑中心出现直径 1mm 左右的褐色枯点。其后生长的新叶上，先形成密集的小褪绿斑点，直径约 1mm 左右，这些褪绿斑点以后逐渐形成明显的黄斑，并在斑背的中心出现褐色细小的枯点。枯点变大，呈不规则形。当温度适宜时，在黄斑的边缘产生褐色圈纹，最后在病斑的正面也出现枯点。此外在病株的花梗上有长形的褪绿斑块。枯斑型症状则以'胜利油菜'为典型。病叶上出现深褐色枯斑，斑点正面组织枯死，有的叶脉、叶柄也产生褐色枯死条纹，花梗上有深褐色长形的枯死斑块，也能导致病株的死亡。有一些病株可能呈现两种症状混合型。受病早的植株矮化明显，幼叶产生大量枯点而死亡。重病株花期茎秆上花梗和种荚上都可能产生黑褐色、油渍状的枯死条纹，有时也产生黑褐色梭形斑点，并形成同心圈。病荚常扭曲，轻病株能开花结籽，且有提早成熟的现象（图 18-3）。

图 18-3　油菜甘蓝型病毒病（引自马奇祥，1998）

图18-4 萝卜病毒病（示叶片皱缩症状）
（引自王恒亮，2013）

白菜型和芥菜型油菜病株的症状基本上和大白菜的相似，其主要症状为病叶表现花叶皱缩，叶脉褪色，呈半透明或透明状，重者全株矮缩，往往在抽薹前就枯死。花梗缩短，花色加深，呈橙暗色。荚果僵缩弯曲成鸡爪状，种子皱瘪。甚至花序萎黄，逐渐枯死。

4. 其他种类　在萝卜、芜菁、芥菜等其他十字花科蔬菜上所引起的症状与大白菜基本相同。叶片明脉显著，产生深绿和淡绿相间斑纹，病叶稍皱缩，少数畸形，植株矮化（图18-4）。轻病株一般正常，矮化不明显，但抽薹后结实不良，结实少，不实籽粒多。

（二）观察病害的病原

各地的鉴定结果表明，我国十字花科蔬菜病毒的病原主要为芜菁花叶病毒（TuMV），其次为黄瓜花叶病毒（CMV）、烟草花叶病毒（TMV），此外还有萝卜花叶病毒（RMV）、白菜沿脉坏死病毒（YNV）、花椰菜花叶病毒（CaMV）、苜蓿花叶病毒（AMV）等。其中主要是前三种病毒，但各地略有不同。

1. 芜菁花叶病毒　TuMV属于马铃薯Y病毒科马铃薯Y病毒属（*Potyvirus*），粒体丝状，大小为（700～760）nm×（13～15）nm，螺旋对称，螺距为304nm，由95%的外壳蛋白和5%的RNA构成。钝化温度为55～66℃，稀释限点为（2×10^3）～（5×10^3），体外保毒期为1～7d。病毒侵染幼苗，潜育期为9～14d。潜育期长短视气温和光照而定。一般在25℃左右，光照时间长，潜育期短；气温低于15℃，潜育期延长，有时甚至呈隐症现象。TuMV通过蚜虫或汁液接触传毒，在自然条件下被蚜虫以非持久传播方式传播，已知至少有89种蚜虫可以传播，主要传毒蚜虫包括桃蚜、甘蓝蚜、萝卜蚜、棉蚜等。TuMV具有明显的专化性，存在株系的分化。依据其钝化温度及在心叶烟和普通烟上的症状，可分为K_1～K_4的4个株系。该病毒寄主范围广泛，除十字花科外，还包括菊科、茄科、藜科、苋科、豆科和石竹科，而且也侵染单子叶植物。

2. 黄瓜花叶病毒　据1983年以来全国对白菜和甘蓝病毒病毒源普查，发现与20世纪60年代相比，现黄瓜花叶病毒单独侵染和与TuMV复合侵染的比例有所上升。该病毒除危害十字花科蔬菜外，葫芦科、藜科等多种蔬菜和杂草也能被侵染。病毒粒体球状，钝化温度为55～70℃，稀释限点为10^3～10^4，体外保毒期为2～4d，由蚜虫和汁液接触传染。

3. 烟草花叶病毒　只有一小部分十字花科蔬菜病毒病由此病毒所致。该病毒寄主范围广，能侵染十字花科、茄科、菊科、藜科及苋科等多种植物。钝化温度为90～97℃，稀释限点为10^6。体外保毒期的长短因不同株系而异，有的株系为10d左右，有的可长达30d以上。该病毒粒子成杆状，只能以汁液接触传染。

二、掌握病害的发生发展规律

（一）病程与侵染循环

在冬季寒冷、田间无十字花科蔬菜的北方地区，病毒在上年秋末冬初受侵的窖藏白菜、甘蓝、萝卜等的留种株上越冬，也可以在多年生的宿根作物（如菠菜）及杂草上越冬，成为翌年的初侵染源。春季以后主要由蚜虫把病毒从越冬种株上传到春种的甘蓝、萝卜和小白菜等十字花科蔬菜上，再从夏季的甘蓝、白菜等传到秋白菜和秋萝卜上（图18-5）。在河南，田间杂草蔊菜和车前草是油菜花叶病的病毒和蚜虫的主要越夏寄主。在长江流域及华东油菜区，病毒可在田间生长的十字花科蔬菜、菠菜及杂草上越冬，引起翌年十字花科蔬菜发病，再传到夏秋植的小青菜和萝卜等，最后传到秋冬种的油菜上。在广州地区此病的毒源很广，晚秋及初春期间大量种植的十字花科蔬菜及周年种植的菜心、小白菜和西洋菜成为此病整年不断的重要侵染源。

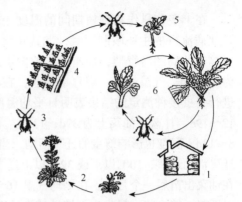

图18-5　白菜病毒病侵染循环示意图
（引自裘维蕃，1982）

1. 带毒种菜在窖内越冬；2. 春季采种株发病；
3. 蚜虫传播；4. 其他十字花科菜田发病；
5. 秋白菜幼苗发病；6. 秋白菜通过蚜虫传毒再侵染

　　田间病害的传播，主要通过蚜虫。菜缢管蚜（萝卜蚜）、桃蚜、菜蚜（甘蓝蚜）及棉蚜都有传病能力，华东地区以菜缢管蚜和桃蚜为主。通过传毒试验，广州地区发现普通红蜘蛛也是传病媒介之一。新疆则以甘蓝蚜为主。蚜虫传毒为非持续性的，一次吸毒后经3h才取食，仍能传毒；若连续多次从无病株吸食，传病期不过20min，因为病毒仅机械地存在于蚜虫口器中。但是传病效率很高，接种试验时，每株有两只带毒的蚜虫，传病率就可达100%；而感染饲养5min已经能够传病。所以，通过蚜虫的活动病毒在十字花科蔬菜及杂草间相互传染。至于蚜虫传播病毒，主要是依靠它的有翅期。有翅蚜活动能力强、范围大，因此传病作用也大。相反，无翅蚜活动范围小，只在很少数甚至在1~2株蔬菜上活动，即使它们数量很多，传病的作用却很小。

　　此外，十字花科蔬菜病毒病也可通过病株汁液接触传播，此种传播方式在田间虽起一定的作用，但远不及蚜虫传播来得重要。病株的种子不会传病。在带有未腐熟的病菜残体的土壤里进行直播，长出来的菜苗没有发病的；但是把菜苗移植在这种土壤里，则会有极少量的植株感病。

（二）影响发病的条件

1. 气候条件　　在各种气候条件中降雨量及降雨天数与此病的发生流行关系最为密切。根据我国各地的研究表明，东北各省在7月下旬至8月上旬，黄河流域以北在8月中旬，新疆地区在6~8月，华东的杭州地区在10月，华南的广州地区在9月下旬和10月间的降雨天数往往成为秋菜病毒病发生流行的限制因素。在这段期间干旱、高温时，病害将严重发生流行。这是因为干旱、高温，一方面不适于蔬菜正常发育，降低其抗病力，另一方面有利于蚜虫大量发生和活动。大雨对蚜虫有冲刷和淹死的作用。在江苏的研究表明，暴雨或连续降雨两天以上，有翅蚜的发生量和迁飞量都显著下降，因而可推迟病毒病的流行。在广州的调查认为，只要有几小时的大雨，就能把蚜虫全部或大部分冲刷淹死，从而使病害的发生和流行推迟约一个月。北方在大白菜播种前后若有大暴雨或者阴雨连绵，病害发生就轻。

在十字花科作物种植期间的温度一般都适合于蚜虫的生长繁殖和活动，故气温不是此病流行的主要限制因素，尤其在南方各省（自治区、直辖市）更是这样。但高温可缩短此病的潜育期，加速病害的发生。气温在28℃左右，此病的潜育期最短，一般为8～14d；气温越低，潜育期越长，在10℃时潜育期在25d以上。据报道，在温室内进行蚜虫接种测定的结果表明日平均温度为8～10℃时，白菜型油菜上此病的潜育期为12～19d，甘蓝型油菜上为39d；13℃左右，在白菜型油菜上为7～8d，甘蓝型油菜上为8～12d。温度也影响蚜虫的迁飞活动，当气温为26～28℃、相对湿度为70%时，蚜虫的迁飞活动最盛，10℃以下或32℃以上迁飞活动较差。对湖北、安徽、江苏等省调查发现在油菜出苗后一个月内，在平均气温16～19℃，月降雨量在35mm以下，相对湿度77%以下时，蚜虫将大量发生，植株感染后潜育期短，苗期的病害将严重发生，成株期病害可能大流行；相反月平均气温在14℃以下，月降雨量超过60mm，相对湿度85%以上时，蚜虫发生少，病害则发生也较轻。

土温对病害症状的表现有一定关系，其他条件相同而土温不同，症状差异显著，土温增高，症状加重。

此外，日光和风速也影响蚜虫的迁飞，从而影响此病的发生流行，晴天蚜虫起飞较阴天多，风速超过1.87m/s（约2级风左右）时，迁飞数量很快下降。

2. 耕作与栽培管理　　十字花科蔬菜互为邻作或靠近毒源植物较多的村边地，此病往往发生严重，反之则发生较轻。在东北和新疆地区，秋白菜种在夏甘蓝附近的发病重，种在非十字花科蔬菜附近的发病轻。

白菜和油菜不同生育期的抗病性不同。一般来讲，越早感病则受害越大，特别是幼苗6～7叶期以前感病的则往往发病极其严重，甚至死苗。8叶期以后越迟受侵则发病越轻。用带毒蚜虫在温室接种油菜时，以子叶期及1～2真叶期受侵发病最重，开花期较轻，开花后期不感病。在一般情况下，播种早的往往遇到有翅蚜迁飞高峰，菜苗受侵普遍而受害严重，但我国北方菜区过迟播种则又因生长后期气温过低，白菜不能结球而严重减产，所以必须因地制宜、适期播种。

在通常情况下，土质疏松，有机质含量多，潮湿，苗期水肥充足，有利于植株生长健壮，抗病力强，同时也不利于喜欢干旱的蚜虫繁殖和生存，但偏施氮肥也会加重病害。

3. 品种抗性　　不同的品种抗性有显著差异，一般来说，大白菜中的青帮品种比白帮品种抗病。油菜中甘蓝型油菜抗病力较强，芥菜型次之，白菜型多较感病。在各类型油菜中则中、晚熟品种比早熟品种感病较轻。对于白菜品种来说，一般植株体内多元酚氧化酶的活性高、细胞原生质的黏滞度和总糖量高及在幼苗3～4叶期的细胞内单宁含量越高的品种抗病性较强，但是，优良的抗病品种必须与优良的栽培技术相结合，否则就不能显示其抗病性。

三、管理病害

（一）制订病害管理策略

由于此病的毒源植物分布较广，不易消灭或处理，而发生流行主要是由于介质蚜虫的传毒活动，所以在防治上应采用以选栽抗病品种和消灭、防止或隔离蚜虫传染的措施为主，以增强寄主耐病性或保护苗期避免侵染的栽培措施为辅的综合防治措施。

（二）采用病害管理措施

1. 蚜虫的防治

（1）药剂治蚜　　在种菜窖藏地区，在种菜入窖前应彻底治蚜，出窖栽植后也要注意治蚜。在秋白菜育苗前，应把秋白菜地附近夏种的甘蓝、茄科、葫芦科蔬菜及杂草上的蚜虫尽量消灭，避免有翅蚜迁飞传毒。秋白菜和油菜出苗后至 7 叶期前，每 5～7d 喷药 1 次，以便及时消灭幼苗上的蚜虫，减少传毒机会。在四川等地，用荧光皿（将荧光素稀释 500 倍液，装入直径为 11.6cm 的玻皿中，放在 85cm 高的木架上）诱蚜，在苗上有翅蚜高峰前 5～7d，在皿内首先发现蚜虫，可立即喷药，效果较好。诱蚜皿也可用金色盅、黄色皿代替。药剂可用 40% 乐果乳油 1000 倍液，或 50% 马拉硫磷乳油 1000～1500 倍液。为使白菜苗期全株带药，还可在播种时施用 1% 乐果或 1% 灭蚜松颗粒剂。颗粒剂的制法，是以 20～60 目的载体（如小米粒大小的黏土粒或砖粒等），每 50kg 均匀喷布 20% 乐果乳油 0.5kg 或灭蚜松 0.5kg，风干后使用。颗粒剂随配随用。每亩施用 7.5～10kg 颗粒剂，随大白菜或油菜播种时施入。喷药防治蚜虫来防治此病，如果只是小面积（1～2 亩）菜地单独进行，即使几天喷药一次，也只能治蚜而不能防病，但大面积（数百亩以上）整片同时进行喷药，则不单能治蚜，而且也能防病。防治面积越大，效果也越显著。

（2）苗地驱蚜　　近年来根据银色对蚜虫有忌避作用，在菜苗地应用银色反光来驱蚜防病有良好效果，特别是在育苗地切实可用，一般有下列三种方法：一是用铝银灰色或乳白色反光塑料薄膜网眼育苗，方法是在大白菜苗床区播种后立即搭以 50cm 高的拱棚，每隔 30cm 宽纵横各拉一反光塑料薄膜，使成 30cm² 的网孔，覆盖苗期约 18d，当菜苗长到 6～7 片真叶时，撤去拱棚定植。这种方法防治病毒病可以不受播种期的限制，在发病重的年份，播种越早，防病效果越明显。二是用铝光纸避蚜，方法是在播种后即把 50cm 宽的铝光纸平铺在 1.7m 的畦埂上，使形成一铝光带。播种后 18～20d 撤去铝光带，此法避蚜防病的效果良好。三是张挂白色聚乙烯塑料带。方法是播种后，用 5cm 宽的白色聚乙烯塑料带张挂在菜地里，每隔 20～67cm 挂一条，高度超过田畦 20～50cm，其驱蚜防病效果比第一种方法还稍好，播后 20d 撤去。

2. 加强栽培管理

（1）适期播种和直播间苗　　各地的播种适期可根据大白菜或油菜的苗期（6 叶前期）能避过当地有翅蚜的迁飞高峰，又不影响蔬菜的生长期，能获得较高的产量为准则，如北京地区播种适期为立秋前 3d 至立秋后 5d。在多雨年份和水肥条件较差的地块及远离城区，或种植生长期较长的抗病品种时，应适期早播；而在旱年，在近城区、常发病区及种植生长期较短的品种时，可适期晚播。杭州地区大白菜播种以在处暑后几天为适宜，若播种过早，气温高，蚜虫发生多，病毒病发生常较严重；而适当晚播能减轻发病。直播间苗的病毒病轻，而播后移栽的病重。

（2）培育壮苗　　十字花科蔬菜育苗时，不要用之前种植十字花科作物的土地作苗床。苗床应设在远离这些蔬菜区，并彻底清除周围生长的十字花科杂草，如薄菜、荠菜等。选饱满的种子播种，苗期要加强培育管理。在播种期干旱的年份，特别要注意田间灌水。在苗期增加肥水是减轻病毒病危害的有效措施。苗床底肥要足，出苗后要多施肥水，采取小水多次勤灌，少量多次追肥，使幼苗生长健壮，提高抗病力。在苗期水多肥足，除有利于菜苗生长，增强抗病力外，同时由于湿度大，不利于有翅蚜的活动，可以抑制病毒病的发展。

移栽时除去病苗、弱苗，选健壮苗栽植。移栽前喷一次40%乐果2000倍液，或在拔苗后幼苗叶片放在乐果液（2000倍）中浸一下再移栽，以杀灭蚜虫。

（3）合理轮作和间作　避免十字花科作物连作，可以和豆类、葱蒜、茄子等作物轮作。白菜与菠菜、筒蒿菜或葱、蒜、韭菜等蔬菜间作，可以减轻发病。

3. 选育和应用抗病品种　选育和应用抗病品种是防治病毒病的重要途径。大白菜抗病品种有'北京新1号'、'辽白1号'、'冀3号'、'北京大青口'、'包头青'、'山东1号'、'青杂5号'、'天津绿'、'秋杂2号'、'晋菜1号'和'晋菜3号'等。河北培育的新品种'8361'高抗TuMV，兼抗霜霉病和软腐病。普通白菜可选用叶色深绿，花青素含量多，叶片肥厚，生长势强的品种如'抗青'、'绿秆青菜'、'矮杂2号'等。油菜有'天津青帮'、'上海四月蔓'、'丰收4号'、'秦油2号'、'九二油菜'、'陇油'系统等。此外，利用杂交一代的优势，也是提高品种抗病性的一种方法。

4. 药剂防治　在病毒病发病前至发病初期，可选用宁南霉素、嘧肽霉素、菌毒·吗啉胍、烷醇·硫酸铜等药剂进行防治。

第二节　十字花科蔬菜软腐病

十字花科蔬菜软腐病别名腐烂病、烂蒲头、烂葫芦、烂疙瘩、水烂等。该病是世界各地普遍发生的一种病害，我国各地均有发生，为大白菜和甘蓝包心后期的主要病害之一。在黄河以北地区个别年份可造成大白菜减产50%以上，甚至绝收。其他如甘蓝、芜菁和萝卜等蔬菜损失达10%左右。此病危害期长，自田间、贮运期以至市场上，都会引起腐烂，造成损失。此病除危害十字花科作物外，还可危害马铃薯、番茄、胡萝卜、芹菜、葱类、辣椒、莴苣、黄瓜等蔬菜，引起各种不同程度的损失。

一、诊断病害

（一）识别病害症状

症状因不同寄主作物、不同器官、不同环境条件而稍有不同，但其共同特点是发生部位从伤口处开始，初呈浸润半透明状，以后病部扩大而发展成明显的水渍状，表皮下陷，上面有污白色细菌溢脓。病部内部组织除维管束外，全部腐烂，呈黏滑软腐状，并发出恶臭。这种恶臭是软腐细菌分解细胞组织后由乘机侵入的其他腐败细菌分解蛋白胨所产生的吲哚之类的物质所致。

甘蓝感染软腐病后，初期外围的叶片在烈日下表现萎蔫，但早晚仍能恢复。病情继续进展，这种萎蔫的叶片便不再恢复，结球部分完全裸露。严重时菜株枯黄皱缩，结球细小，臭气四溢，用脚轻踢，菜头即落下（图18-6）。这时可以看到菜株基部已完全腐烂，在病组织里充满着灰黄色的黏稠物质，仅维管束还联系着。如将菜头剖开两半，可以看到腐烂部分从根髓向上发展，通过茎髓，然后蔓延到叶柄中。也有从菜头上开始烂起，然后向下蔓延的，但这种情况较少。

大白菜软腐病症状与甘蓝基本相同，植株基部腐烂，外叶萎垂脱落，包头外露，北方菜农称之为"脱大褂"。包头期腐烂，心髓已经全部变成灰褐色稠黏物，菜农称之为"烂葫芦"或"烂疙瘩"。外叶叶缘枯焦，称之为"烧边"。有时植株外叶全面腐烂，天气转晴干燥后，腐叶干枯成薄纸状，植株内部完好（图18-7）。

图 18-6 甘蓝软腐病（引自吕佩珂等，1992）

图 18-7 白菜软腐病（引自刘保才，1998）

萝卜感病后，常自根的尖端部分开始呈水渍状软腐，向上蔓延，病健部分界明显，并常有汁液渗出。留种植株往往有这种情况，即老根外观完好，而心髓已完全腐坏，仅存空壳（图18-8）。

（二）观察病害的病原

病原为胡萝卜欧氏杆菌胡萝卜致病变种（*Erwinia carotovora* pv. *carotovora* Dye），薄壁菌门欧文氏菌属（图18-9）。菌体短杆状，大小为（0.5～10）μm×（2.2～3.0）μm，周生鞭毛2～8根，无荚膜，不产生芽孢，革兰氏染色阴性。培养基上菌落为灰色圆形或不定形，稍带荧光性，边缘清晰；埋在肉汁培养基中的菌落多为圆形或长圆形。有的菌株使糖发酵产气，有的不产气，但若延长人工培养时间，常会由产气变为不产气。病菌生长温度为9～40℃，适温为25～30℃；对氧气要求不严格，在缺氧情况下也能生长发育；在pH为5.3～9.3时都能生长，最适pH为7.2；病菌生长要求高湿度，不耐干旱和日晒，在室内干燥2min或在培养基上暴晒10min即会死亡；致死温度为50℃（10min）。在培养基上，其致病性不易丧失。在土壤中的未腐烂寄主组织中可存活较长时间。但当寄主腐烂后，单独只能存活两个星期左右。病菌通过猪的消化道后能全部死亡。

图 18-8 萝卜软腐病（引自吕佩珂等，1992）

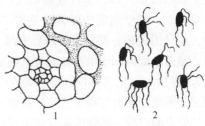

图 18-9 十字花科蔬菜软腐病菌
（引自吕佩珂等，1992）
1. 被害组织；2. 病原细菌

软腐病细菌的致病作用，主要由病原细菌能分泌一种消解植物细胞胞间层（果胶质）

的酶，从而使其组织分解离析所致。果胶质在分解的过程中有三种酶起作用，第一种是原黏胶质酶，这种酶把果胶质中的原黏胶质分解为黏胶质；第二种是凝黏胶质酶，它把黏胶质分解为黏胶质酸、甲醇及乙醇；第三种是黏胶质酶，它把黏胶质分解为阿拉伯树胶糖、水解乳糖及水解乳糖醛酸。

二、掌握病害的发生发展规律

（一）病程与侵染循环

十字花科作物田间软腐病的初侵染源主要是带有病株残体的土壤和堆肥；带菌越冬的媒介昆虫（如黄条跳岬、甘蓝蝇、花菜蟥象等）；在北方还有带病的采种株及菜窖内外和附近残留的病株残体；在南方，特别是华南地区，还有大田里从春到冬都可种植的各种寄主作物。

此病的自然传播媒介为昆虫、风雨、灌溉水和肥料等。由于软腐病细菌只能从寄主伤口侵入危害，而媒介昆虫一方面体内外携带病菌，另一方面又在寄主体上取食时造成伤口，所以就同时起到了传播和接种细菌的作用。软腐病细菌从伤口侵入寄主后，迅速繁殖并分泌果胶酶，使寄主细胞的胞间层分解，各个细胞分离。病菌借高渗透压从这些分离的细胞中吸取养分，导致这些细胞死亡腐烂，造成软腐症状。在适宜的条件下，腐烂组织中的病原细菌借昆虫、雨水等媒介传播，使病害进一步扩展蔓延。

（二）影响发病的条件

1. 雨水、温度和湿度　　雨水、温度和湿度既影响病原细菌的传播和发育，又影响媒介昆虫的繁殖和活动危害，而且还影响寄主植物的愈伤能力。在久旱后，而突然下大雨的情况下，白菜叶柄还会发生自然裂口，增加侵染机会。

温度对幼苗期组织的愈伤能力影响较小，在15℃以上32℃以下，伤口细胞木栓化的速度差异不大，但对成株期的组织愈伤能力却影响较大。在26～32℃时，伤口在6h后开始木栓化，在15～20℃时要12h，而在7℃时则要24～48h才能达到同等程度。空气相对湿度对于愈伤作用的速度影响较小，相对湿度在50%～100%时，伤口木栓化速度差异不大。但在连续降雨的情况下，伤口便失去木栓化的能力。实验证明，伤口木栓化需要两个条件：一个是充足的氧气；另一个是伤口组织分泌的促使伤口愈合的称为伤愈素的物质。雨水浸渍伤口，伤口处缺氧气，且雨水冲洗掉伤口上的愈伤素，所以伤口很难形成愈伤组织，易受细菌的侵染而发病。在大白菜品种中，疏心型比包心型白菜在田间发病少，就是因为疏心型白菜在雨后内部渍水容易蒸发，或流失，所以较难造成发病条件，而包心型白菜则内部渍水不易流失或蒸发，很容易形成侵染的有利条件。

2. 昆虫　　昆虫不仅危害白菜造成伤口，使病原细菌容易侵入，同时其可以传带软腐细菌，因此，昆虫与病害的关系相当密切。黄条跳甲和花菜椿象的成虫、菜粉蝶与犬猿叶虫的幼虫的口腔、肠管内都有细菌存生。蜜蜂、麻蝇、花蝇、芜菁叶蜂、小菜蛾等昆虫的体表或体内也均能携带病菌，而以体外带菌较多。其中以麻蝇、花蝇传带能力最强，可进行长距离传播。因此在北方，这些昆虫特别是麻蝇、花蝇将窖内烂菜上的软腐病细菌传至田间，可能是引起初侵染的主要媒介。甘蓝软腐病的发生与甘蓝蝇幼虫活动关系极为密切，细菌可以在其体内长期存活越冬。地下害虫如金针虫、蝼蛄、蛴螬等危害所造成的伤口，都有利于病原细菌的侵入。由此可见，防治昆虫对防治此病具有积极的意义。

3. 栽培管理与发病的关系　　具体有如下 5 种形式。

（1）高垄栽菜及平畦栽菜　　各地农民的经验说明，高垄栽菜软腐病发生轻，平畦栽菜则发病重。从栽培的角度来看，高垄栽菜有利于根系的发展，这与高垄的土壤松而多氧有关。从防病的角度看，它防止了灌溉水的漫顶及溃水，因此，不易使病原细菌进入菜基的伤口。另外，在封垄时加大了基叶和地面的距离，降低了垄沟内的湿度，不利病害的发展。而平畦栽菜由于畦内易积水，有利于病菌的繁殖和传播，同时菜株湿度大，不利于伤口的愈合，因此发病较重。

（2）播种期　　播种期的迟早影响到白菜生育期的提前或推迟。包心期的提前，也就是提早了易感病期，这样往往会加重发病；包心期的推迟，也就是延迟了感病期，使易感病的阶段处于少雨的季节，因此，减轻了病害的发生。但迟播的大白菜是否能减轻发病，主要看当年当地雨水来得早晚。若当地雨水来得早，早播的发病重；反之，雨水来得晚，则迟播的发病重。

（3）间作和轮作　　有些地区白菜与韭菜、葱、蒜进行间作，可以减轻软腐病的发生。白菜的前作若是茄科作物或瓜类，则容易发生软腐病；若前作是葱类、豆类或大麦、小麦，则软腐病发生较少。

不同间作方式和轮作制度对白菜软腐病发生轻重会有影响，其原因：一是前作与病原细菌的关系，如番茄、马铃薯及瓜类等本身可以遭受软腐病细菌的侵染，因此，在这些作物的残体中，保存有大量的病原细菌；二是前作与昆虫的关系，有些前作上常有某些昆虫的大量发生，致使后作白菜也受到这些昆虫的危害，这样增加了感病的机会；三是前作物根际作用，有些前作物或间作物的根际分泌物刺激了某些土壤微生物的繁殖，从而抑制了软腐细菌的增殖，或促使它们灭亡。

（4）播种前耕翻晒土　　在播种前一个月左右开始耕翻晒土，可以改善土壤性状，加速土壤中病株残余物的分解，促进病菌的死亡。因为病原细菌在土壤中最多只能存活15d，但是在没有完全分解的寄主残体内则能长期存活。另外，翻到土壤表层的部分，经太阳照晒，可以直接杀死细菌。

（5）施肥和灌溉　　混有病株残余的堆肥，或将病叶沤入人粪中，未经腐熟即行施用，软腐病往往发生重，尤其在追肥时迎头泼浇的更为显著。施用化学肥料，则发病较少。

灌溉水可以传播田间的病原细菌，尤其在田间已有病株发现时，灌溉水传播病害非常明显。

4. 大白菜伤口种类　　根据黑龙江省农业科学院植物保护研究所调查，大白菜伤口种类有很多，尤以叶柄部分的伤口最多，几乎每株都有伤口。叶柄的伤口可分为 4 类，即自然裂口（包括纵裂、横裂、柄基侧裂和柄茎离裂）、各种病斑伤（包括真菌性黑斑病斑、丝核菌危害的病斑等）、虫伤及机械伤。由各种伤口发病而引起的最终损失，以自然裂口发病者为最大，机械伤发病者为最少。

5. 伤口的愈伤能力　　软腐病细菌侵入寄主必须通过伤口，故伤口愈合的速度就会影响细菌侵入的机会。大白菜一般以苗期较强，而生长后期减弱，所以苗期发病较少，而生长后期，特别是莲座期发病较多。试验证明，大白菜苗期受伤后 3h，伤口即开始木栓化，24h 后木栓化的程度即可达到病原细菌不易侵入的程度，而莲座期受伤后 12h 才开始木栓化，72h后木栓化程度才能达到细菌不能侵染的程度。

寄主的愈伤能力，一方面取决于细胞本质上的机能，如抗病品种的愈伤速度较快；另一方面又取决于环境条件，如温度、氧气和湿度。白菜成株期在高温（26～32℃）下愈伤速度最快，温度低则愈伤速度慢。在连续人工降雨的条件下，伤口失去其木栓化的能力。可以推想，在田间多雨的情况下，白菜伤口因迟迟不能木栓化而诱致了病菌的侵染。在缺氧的条件下，木栓化是不能实现的，而在多氧条件下木栓化速度较快。水浸伤口阻止木栓化形成的原因可能有两方面，一方面是缺氧；另一方面与雨淋作用一样，是由于冲洗掉伤口上的某种促使愈伤的物质，如愈伤素。

6. 品种的抗性　品种的抗性有显著的差异，一般来说，疏心直筒的品种在地里比较不容易得病，但得病后仍是容易腐烂的，这种类型称为"形态上"的抗病性，其原因是菜的外叶直立，垄间不荫蔽，通风良好。第二类是本质上抗病的，如青帮菜不易得病，即使得病也烂得比较慢些。第三类是结圆球的品种，在地里易得病也易腐烂，但在贮藏期间比直筒形的品种要烂得慢些，这也是得益于其形态。因为圆球菜在田间外叶贴地，容易诱发病害，但在贮藏期由于菜球圆形，堆积时相互之间的空隙较多，通风良好，因此，在贮藏期腐烂较少。另外，抗病毒病和霜霉病的品种，也较抗软腐病。

三、管理病害

（一）制订病害管理策略

防治软腐病应以农业防治为主，结合防治害虫、药剂保护等，才能达到良好的效果。若单纯依赖某种药剂，往往不能解决问题。

（二）采用病害管理措施

1. 选种抗病品种　选用抗病品种进行栽培，一般早熟白帮类型的品种容易感病，青帮类型的品种抗病性较强，直筒类型的品种比卵圆类型、平头类型的品种抗病性强。

2. 加强栽培管理　合理轮作，前作选择麦类、豆类、韭菜或葱类作物可减轻危害；施足基肥，肥料应充分腐熟；适期播种；雨后及时排水，防止大水漫灌；清洁田园，发现病株立即拔除深埋处理，病穴应撒上石灰粉消毒；精细翻耕整地，促进病残体分解；采用高畦或半高畦栽培，减少病菌传播和入侵的机会。

3. 治虫防病　在生长期以防虫治虫为中心，早期注意防治地下害虫；幼苗期经常检查，发现黄条跳甲、菜青虫、甘蓝蝇等害虫危害时，立即喷药防治。

4. 药剂防治　发病前或发病初期喷施药剂防治。喷药以轻病株及其周围的植株为重点，注意喷在接近地表的叶柄及茎基部。常用药剂有农用硫酸链霉素、新植霉素、喹菌酮、络氨铜等。间隔10d左右，连续用药2～3次，还可兼治黑腐病。

第三节　十字花科蔬菜霜霉病

十字花科蔬菜霜霉病在油菜上俗名"龙头拐"、"瘟病"等，在大白菜上俗称"支干"。愈是秋季气候冷凉，日夜温差较大的地区，此病危害愈重，如在黑龙江地区，大白菜霜霉病在流行年份所致损失可达50%～60%。在十字花科蔬菜整个生育期中，只要条件适宜随时可以发生霜霉病，一般以晚秋和早春栽植的蔬菜发病较多。

在华北地区，霜霉病在2月下旬出现在甘蓝苗床上，5月出现在大白菜采种株上，6月中旬至6月下旬又不断发生在小白菜上，8月中旬开始危害大白菜幼苗，到9月下旬起在大白菜上严重发生。

一、诊断病害

（一）识别病害症状

此病主要危害叶片，其次危害茎、花梗和种荚等。叶片被害时，初期在叶正面产生淡绿色的病斑。病斑逐渐扩大，色泽由淡绿转为黄色至黄褐色，并受叶脉限制而呈多角形或不规则形，在叶片背面的病斑上则出现白霉。病斑后期变褐，在空气潮湿时，病情会急剧发展，病斑数目迅速增加，叶背面白霉满布，最后叶片变黄干枯（图18-10）。薹茎和花序被害时，初生水渍状病斑，以后变成不定形的黑褐色斑。在茎上，病部的髓组织细胞及皮层细胞因受病菌的刺激而生长过旺，常出现扭曲畸形及膨肿的症状，天气潮湿时病部也现白霜状霉。花梗被害后，有的稍弯曲，有的畸形肿胀，病部有时也长白霜状霉。花器被害后肥大畸形，花瓣变成绿色、经久不凋。被害种荚细小弯曲，结实小或不结实。

多个病斑　　　　　　　　　多角型病斑白色霉层　　　　　　　　畸型

图18-10　白菜霜霉病（引自吕佩珂等，1992）

包心大白菜的幼苗发病后，叶片背面出现白霜状霉，而叶片正面的症状则不甚明显。严重受害时，茎和叶片变黄枯死。在成株上被害，叶片由外而内，层层干枯，严重时仅剩下小小的心叶球。

甘蓝和花椰菜发病后，被害叶片正面出现微凹陷的黑色至紫黑色、点状或不规则的病斑，叶背病斑现白霜状霉。花椰菜的花球被害后，顶端变黑，变黑部若蔓延及全花球，则花球失去食用价值。

芜菁和萝卜的肉质根部发病后，分别表现褐色至黑褐色不正形病斑和黑色稍凹陷的病斑。薹茎上的病斑也相同。

（二）观察病害的病原

病原为寄生霜霉菌，属卵菌门霜霉属。菌丝无隔、无色，寄生于细胞间隙，以吸器伸入寄主细胞内吸收养分。吸器初为梨形或圆形，后变为圆柱形或棒形。无性繁殖产生孢子囊（图18-11），着生于孢囊梗上，孢囊梗由菌丝直接产生，从气孔伸出，长260～300μm，无色，无隔，状如树枝，具6～8次二叉状分枝，顶端的小梗尖细，向内弯曲，略呈钳状，上

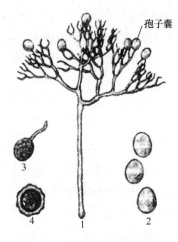

孢子囊

图 18-11　十字花科蔬菜霜霉病菌
（引自张艳菊等，2014）
1. 孢囊梗及孢子囊；2. 孢子囊；
3. 孢子囊萌发；4. 卵孢子

着生一个孢子囊。孢子囊无色，单胞，长圆形至卵圆形，大小为（24~27）μm×（25~30）μm。孢子囊萌发时直接产生芽管。有性态产生卵孢子，在感病的叶、茎、花薹和荚果中都可形成，尤以花薹等肥厚组织中为多。卵孢子黄色至黄褐色，近球形，壁厚，表面光滑或有皱纹，直径为 30~40μm。卵孢子萌发直接产生芽管。

病菌发育要求较低的温度和较高的湿度。菌丝发育适温为 20~24℃；孢子囊形成适温为 8~12℃，孢子囊萌发温度为 3~35℃，适温为 7~13℃，在水滴中和适温下，孢子囊经 3~4h 即可萌发。病菌侵染适温为 16℃，10~15℃的温度和 70%~75% 的相对湿度，有利于卵孢子的形成，萌发的温度要求大致与孢子囊一致。

寄生霜霉菌为专性寄生菌，存在明显的寄生专化性。国外认为其有不同的生理小种，国内鉴定有 3 个变种：①芸薹属变种。对芸薹属蔬菜侵染力强，对萝卜侵染力较弱，不侵染芥菜。根据其致病力差异，又分为 3 个生理小种，即甘蓝类型，侵染甘蓝、花椰菜等，对大白菜、油菜、芜菁、芥菜等侵染能力极弱；白菜类型，侵染白菜、油菜、芜菁、芥菜等能力强，侵染甘蓝能力弱；芥菜类型，侵染芥菜，对甘蓝侵染能力很弱，有的菌株可侵染白菜、油菜和芜菁。②萝卜属变种。对萝卜侵染力强，对芸薹属蔬菜侵染力极弱，不侵染芥菜。③荠菜属变种。只侵染荠菜，不侵染萝卜属和芸薹属蔬菜。

二、掌握病害的发生发展规律

（一）病程与侵染循环

在北方，霜霉菌一般以卵孢子随病残体在土壤中越夏越冬，或以卵孢子和休眠菌丝在萝卜和芜菁的块根里越夏或越冬。在不良的环境下，卵孢子在土壤中可存活 1~2 年。但在适宜的环境条件下，则只需 2 个月的短期休眠就可萌发。春季染病的小白菜、油菜、萝卜等，在其发病中后期的病组织内产生卵孢子。这些卵孢子在当年秋季可萌发而侵染秋菜。所以卵孢子是北方地区春秋两季十字花科蔬菜大面积发病的初侵染源。

在南方，病菌还能以菌丝体在田间十字花科蔬菜寄主体内越冬。在适宜条件下，菌丝体形成孢囊梗，自气孔伸出并产生孢子囊。卵孢子和孢子囊都成为这些地区病害的初侵染源。

在广东周年种植蔬菜的地方，病菌整年都在各种寄主作物上辗转传播危害，不存在越冬问题。这些病株上产生的孢子囊成为当地病害的初侵染源。

卵孢子和孢子囊可借风雨或农具传播到寄主上，萌发抽出芽管，从气孔或表皮侵入寄主组织，并发展为菌丝。菌丝在细胞间隙扩展，引起寄主组织的病变。以后，菌丝产生孢囊梗，从气孔伸出。孢囊梗产生孢子囊。孢子囊由风雨或气流传播，进行再侵染。在一个生长季节中，再侵染多次发生，病害得以蔓延扩展。在侵染后期，病组织内的菌丝产生藏卵器和雄器，藏卵器内的卵子经受精后形成卵孢子，以后病菌又以卵孢子或休眠菌丝进行越夏或越冬。

采种株上受侵染的种荚、花梗、除病部长有孢子囊外，后期在组织内也形成大量的卵孢子，这些卵孢子可随病残组织混在种子中或在脱粒时附着在种子上，播种时被带入田间而侵染幼苗。卵孢子侵染白菜幼苗时，能造成有限的系统侵染，即卵孢子萌发而从幼茎侵入，菌丝向上扩展，可达幼苗子叶及第一对真叶处引起发病，但不能达到第二片真叶。

（二）影响发病的条件

1. 气候条件　　十字花科蔬菜霜霉病的发生流行同气候条件特别是温度、湿度关系密切。其中温度决定病害出现的迟早和发展的速度，雨量决定病害发展的严重程度。一般来说，气温稍低（<18℃），昼暖夜凉，昼夜温差较大，多雨高湿或雾大露重的条件，最有利于此病的发生流行。这是因为孢子的形成、萌发和侵入要求较低的温度和较高的湿度，而入侵寄主后菌丝的发育则要求较高的温度（20～24℃）。田间小气候的温湿条件对病害的发生流行影响很大，只要田间处于高湿条件，夜间经常结露，虽然无雨，病情也会发展。

华北和东北地区，若8月上中旬降雨多，大白菜从拉十字期就可开始发病，大白菜莲座期（9月上旬）至包心期（10月上旬）的气候条件对病害流行影响更大。如果此时日夜温差大而多雨高湿，霜霉病往往容易暴发。

在长江流域中下游地区，若冬暖春寒，多雨高湿，油菜在抽薹期及开花期霜霉病最容易流行。若同时并发白锈病，则损害更大。

山区的气候条件特别适于霜霉病和白锈病的并发，因为这两个病害都是在低温高湿下大量发生的，而山区长期处于低温阴湿，雾大露重的气候条件，有利于病菌孢子的形成、萌发和侵入。

2. 栽培条件　　土地连作，随病残株遗落土中的卵孢子数量多，初侵染源就大，从而发病常多而重。轮作特别是水旱轮作则起到相反的作用，从而使发病较轻。北方秋白菜播种过早使白菜包心期提前，有利于发病。长江中下游地区，如果油菜播种过早，也有利于秋季提早发病。凡是播种过密，间苗过迟，蹲苗过长的有利于发病。地势低洼容易积水的田块或整地不平通风不良的窝风地，发病常较重。追肥不及时，特别是在大白菜包心期脱肥的发病较重。油菜偏施过施氮肥，致植株后期贪青倒伏的反而利于发病，同一植株上嫩叶营养较充足，不易发病，而老叶营养不良，抗病力弱，容易发病，并促使孢子囊的产生。

3. 品种抗性　　不同品种的抗性差异显著，但目前尚未发现免疫的品种。在大白菜上，疏心直筒的品种，因外叶较直立，垄间不易荫蔽，通风良好，故发病较轻；圆球型、中心型的品种，因外叶向外张开，株间湿度较大，发病常较重。柔嫩多汁的白帮品种发病较重，青帮品种发病常较轻。

4. 病毒病的影响　　有试验证明，霜霉病菌较易侵染患有病毒病的菜株。病毒病似能改变菜株的生理特性以致降低对霜霉病菌的抗性。一般来讲，抗病毒病的品种，同时也抗霜霉病，反之亦然。

三、管理病害

（一）制订病害管理策略

防治此病应以栽培管理和消灭菌源为主，同时也要适当使用化学保护。抗病耐病品种数量较少，同时抗耐性往往同品质有矛盾，因此，只能在可能的情况下，尽量采用，目前还不能放在首要地位。

（二）采用病害管理措施

1. 改进栽培管理技术　由于卵孢子随着残体在土壤中越冬，为减少菌源，应与非十字花科作物隔年轮作，有条件的地方最好实行水旱轮作，以减轻发病。同时应精选种子，药剂消毒；适期播种，注意合理密植、防止播种过密。及时间苗，剔除病弱苗，摘除老黄病叶，可以增加田间通透性；低洼地宜深沟高畦短垄，雨后清沟排渍，可降低田间湿度，利于根系的下扎，而使生长苗壮；在深翻和施足腐熟底肥的同时，注意增施磷肥、钾肥，合理分期追肥。对于大白菜，在包心期勿令其缺水缺肥。

2. 加强测报，进行药剂防治　根据天气预报，加强检查，及早发现中心病株，初发病期及时喷药，以控制病害蔓延。对于一般食用的十字花科蔬菜，可结合防治其他病虫害进行喷药保护。对于留种田，应在抽薹期和开花期进行喷药保护。当油菜进入初花期，病叶率达 10% 以上就开始施药。一般 7～10d 施 1 次，在阴天和多雾露天气，应5～7d 施 1 次。喷后遇雨还需补喷。

常用药剂有嘧菌酯、醚菌酯、乙膦铝、百菌清、甲霜灵、甲霜灵·锰锌、锰锌·烯酰、霜霉威、恶霜·锰锌、霜脲氰、霜脲·锰锌、烯酰吗啉、氟吗锰锌等。

3. 利用抗病品种　由于抗花叶病的品种也抗霜霉病，应因地制宜地结合防治花叶病选用抗病品种。白菜高抗霜霉病品种有'中白 76'、'中白 85'、'多抗 3 号'、'多抗 4号'、'多抗 5 号'、'多抗 6 号'、'多抗春秋'、'新乡 903'、'绿抗 70'、'秋香 80'等；抗病品种有'中白 60'、'中白 65'、'中白 66'、'中白 80'、'中白 83'、'秋绿 55'、'秋绿 80'等。普通白菜（白小菜、油菜、青菜）抗病品种有'京绿 2 号'、'春秀'、'矮脚苏州青白菜'。

第四节　十字花科蔬菜菌核病

十字花科蔬菜菌核病又称为菌核性软腐病，在我国分布很广，是十字花科蔬菜重要病害之一，在长江流域及西南地区，危害严重，是冬油菜及白菜、萝卜、甘蓝等采种母株的主要病害。一般冬油菜的发病率为 10%～30%，严重的达 80% 以上。病株一般减产 10%～70%，含油量降低 1%～5%。北方春季作为采种用的大白菜在低湿地或多雨时往往发生烂根及烂茎，有时在大白菜窖中也可能发生。菌核病的寄主范围很广，除危害油菜、白菜、甘蓝、萝卜、芥菜等十字花科作物外，常见的寄主植物还有大豆、蚕豆、豌豆、菜豆、莴苣、菠菜、甜菜、元葱、大麻、向日葵、桑、柑橘、无花果等。此菌通常不侵染禾本科作物，但在适宜的条件下也可侵染禾本科杂草中的牛筋草和铺地黍。

一、诊断病害

（一）识别病害症状

此病从苗期到接近成株期都可以发生。油菜及采种用的白菜、萝卜、甘蓝等以终花期发生最盛，茎秆受害最重（图18-12，图18-13）。

图18-12 大白菜菌核病（引自吕佩珂等，1992）

图18-13 结球甘蓝（椰菜）菌核病
（引自吕佩珂等，1992）

一般苗期病害发生较少。苗期发病先在茎基与叶柄部近泥土处形成红褐色斑点，斑点扩大后转为白色，病组织湿腐，其上长有白色棉絮状菌丝，病斑绕茎一周后，幼苗即死亡，有的地区在病部还形成许多黑色菌核。受害轻的幼苗生长发育不良，植株矮小纤细。

成株的植株下部衰老而黄化的叶片受侵后初生暗青色水渍状斑块，后扩大成为圆形或不规则形大斑，有时具有轮纹。病斑中心灰白色，中层暗青色，外缘具有黄晕。天气干燥时病斑干枯穿孔，潮湿时病部长出棉絮状白色菌丝，菌丝蔓延迅速，以致整个叶片很快腐烂脱落。

留种植株发病，大多在茎秆上出现病斑，稍凹陷，初呈浅褐色，后转变为白色，最后病部组织腐朽，碎裂成乱麻状，茎内中空，生有黑色鼠粪状的菌核。在高湿的条件下，病部表面可以长出白色棉毛状菌丝及黑色鼠粪状菌核。种荚受害也产生白色病斑，后在荚内生有与菜籽粒相似的黑色小菌核，病荚提早成熟即造成落粒。发病严重的留种植株，常早期枯死，不能结实；即使结实，种子也不饱满。根据留种植株茎秆上的症状，浙江农民称其为"白秆病"。

角果受害后，病斑初呈水渍状，浅褐色，不规则形，后成为白色。空气干燥时，病部稍凹陷，并往往提前裂果。潮湿时湿腐，其上长满白色棉絮状菌丝，有时也可能长出菌核，角果内的也长出很多黑色、像油菜籽那样的菌核。受侵的油菜种子，在贮藏中若湿度大还可以继续扩展蔓延。

（二）观察病害的病原

该病是由子囊菌门核盘菌属真菌［*Sclerotinia sclerotiorum*（Lib.）de Bary］侵染造成的。菌丝由子囊孢子或菌核萌发产生，白色，分隔。菌核前期白色，后期黑色，长圆形或不规则形。在茎秆内的菌核大，角果内的菌核小，一般为（1~26）mm×（1~14）mm。菌核外部黑褐色，内部浅红褐色，经长期干燥后转为米黄色。

菌核萌发产生子囊盘柄。子囊盘柄细长而弯曲，长度随入土深度而异，埋入土深的可达6～7cm。柄基部黑褐色，上部浅褐色。子囊盘柄顶部伸出土面后，其先端膨大，展开为盘状子囊盘（图18-14）。子囊盘肉质，浅肉色至褐色，直径为0.5～16mm。在自然情况下，一个菌核可长出1～30个子囊盘。子囊无色、棍棒状，有柄、具有子囊孢子。子囊孢子单胞无色，椭圆形，两端有油点。子囊孢子在子囊内斜向排成一列。此病菌一般不产生分生孢子，只在衰老的或营养缺乏的菌丝上有少量产生。分生孢子在水中或培养物上很少萌发，在传播上无显著作用。

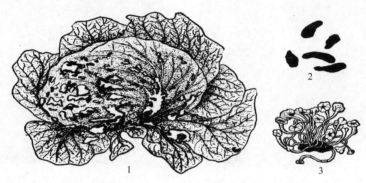

图18-14　甘蓝菌核病（引自裘维蕃，1982）
1. 症状；2. 病原菌核；3. 菌核萌发产生子囊盘

形成菌核的温度为5～30℃，适温为10～25℃。菌核萌发的温度为5～20℃，适温为10℃左右。菌核对湿热的抵抗能力弱，在50℃热水中5min或60℃热水中1min就死亡，但在干燥条件下70℃经10h，其存活率仍达75%。菌核对低温抵抗能力很强，在我国各冬油菜产区的土壤中可以安全过冬。子囊盘形成的温度为5～20℃，在0～3℃即受冻伤，失去放射孢子的能力，而在5℃以上，放射孢子的时间长达8～15d（一般为3～5d）。

子囊孢子置于干燥环境下两个月仍有发芽力，相对湿度在85%以上时，即使没有水膜，其萌发率也可达100%，但菌丝不耐干燥，田间相对湿度要在75%以上才能生长。病斑上的菌丝在干燥条件下易干枯死亡，故在干旱的年份此病难以流行。菌核在干燥情况下可存活4～11年，相对湿度在100%的条件下1个月全部存活，但水田中的菌核在30℃下浸泡1个月后则软化腐烂，其原因主要是土壤微生物对菌核进行侵染。土温适宜时，相对湿度在70%～80%时，菌核不需休眠就可以萌发。

在黑暗或散光下对子囊孢子的萌发没有影响，但日光直射4h后，子囊孢子就丧失生活力。不管有无光照，菌核都可以萌发形成子囊盘柄，但必须有足够的散光或直射的阳光，子囊盘才能完成发育。菌丝可以在pH为1.6～10的范围内生长，适宜的pH为2～8。子囊孢子形成的适宜pH为6～9.7。缺乏氮素时，菌丝生长衰弱，形成菌核少。当氮素丰富时，气生菌丝生长繁茂，形成菌核也多，但不同的氮源对此菌的影响有异。

二、掌握病害的发生发展规律

（一）病程与侵染循环

病菌以菌核在土壤、种子和病残体中越夏和越冬。翌年2～4月，气温回升而雨量增多时，土壤中的菌核大量萌发而产生子囊盘。子囊盘放出大量子囊孢子，喷射高度可达80cm以上，随气流带走的距离可达数米。子囊孢子在寄主表面萌发后直接（或通过伤口、自然孔口）侵入寄主，但不能直接侵染健康的茎叶而只能侵染花瓣及老叶、黄叶。侵入的菌丝在寄主细胞间蔓延，并分泌出果胶酶、纤维素酶及毒素，使病部软化腐烂，并引致落花、落叶。脱落的花瓣或叶片贴附在健全的茎叶上，也引致健茎叶的发病。病秆与健秆的接触也可以传染。菌核也可产生菌丝直接侵入近地面的茎叶，南方秋播包心期的大白菜和甘蓝及冬油菜的幼苗，北方春季播种大白菜的采种株等最易受侵。不论是南方或北方任何时期形成的菌核，都能越夏及越冬而相当长时期地在土壤中成为侵染源。

（二）影响发病的条件

1. 有效菌核　　一般来说，土壤中有效菌核的多少取决于土壤、肥料和种子带菌核的数量。土壤中菌核的存活率和存活数量是随着轮作期限的增长而锐减的。越冬的有效菌核数量越多，初侵染的子囊孢子数量就越多，发病就越严重；反之，初侵染引起的病害就越轻。

2. 气候条件　　常年春季气温均符合病菌生长发育的要求（菌丝在 5～30℃ 时均能侵染寄主），所以湿度（特别是雨量）成为病害流行的主要因素。温度在 20℃ 左右，相对湿度在 85% 以上时，对病菌的发育有利，因此田间发病常严重。若植株间通风透光良好，田间相对湿度较低（70% 以下），则发病较轻。偏施氮肥，促使植株枝叶徒长，造成田间郁闭，会加重发病。大白菜、甘蓝等在包心后，留种白菜在抽薹开花后，若遇多雨天气，常造成病害的严重发生。寒流会降低植株抗病力，也是病害发展的有利条件。所以在冷凉多雨的早春和晚秋期间，常引起菌核病的流行。大风有利于子囊孢子的散射及传播，并增加田间病组织与健康部分的接触机会，也有利于病害的发生和发展。

3. 耕作　　连年种植十字花科、豆科、茄科等蔬菜的土地，病害会逐年加重，因为上述蔬菜都在病菌的寄主范围内。轮作地发病轻，其中又以水稻轮作地发病最轻。偏施或过量施用氮肥时，易于疯长及倒伏，从而有利于发病。同时氮素营养也促进病菌的生长发育。增施磷肥、钾肥不会使病害加重，同时有增产效果。合理密植的田间通透性良好，相对湿度低，发病较轻。深耕可以深埋菌核，阻止菌核萌发的子囊盘出土，起到灭菌作用。排灌良好的田块发病轻，渍水田或大水漫灌的发病重，畦作病害轻，高爽地发病轻，低洼地发病重。中耕培土可以破坏和阻止子囊盘出土，所以中耕培土的比不中耕培土的发病轻。过早播往往会引起"早花"，而且花期长，发病比适期播种的重。

4. 品种和生育期　　不同品种或同一品种不同生育期抗病性是有差异的，如白菜型油菜发病重，甘蓝型次之，芥菜型发病最轻。此外，分枝部位高，分枝紧凑，茎秆紫色、坚硬、蜡粉多的品种发病轻。从整个生育期来看，则以开花期最感病。因为开花前后气温回升，雨量增多，有利于病菌生长，是子囊盘的盛发期。子囊孢子萌发后又容易侵害花瓣。油菜从始花到盛花期，花瓣的带菌率达 90% 以上。

由于各地子囊盘的盛发期和终止期不同，故对流行的预测预报的标志，要根据当地子囊盘的发育期而定，如武汉地区为 3 月 4～28 日，上海地区为 3 月下旬至 4 月上旬。同时也要根据当地油菜品种的开花特性及时期来定。

三、管理病害

（一）制订病害管理策略

根据十字花科作物菌核病的发生发展规律，病害管理应采取以轮作，种子处理，排灌水，施肥，中耕培土，及时摘除病叶、黄叶、老叶等农业防治措施为重点，辅以药剂防治的综合管理策略。

（二）采用病害管理措施

1. 合理轮作，做好排灌工作　　最好和水稻轮作，旱地应与禾本科作物进行大面积轮作。旱地轮作的年限应在两年以上，条件允许时，应尽量远离去年的发病田块和油菜脱粒场所。

病区地势低洼，排水不良的田块，要特别注意整窄畦，开深沟，预防积水。油菜畦宽一般采用 167～233cm，大白菜等的畦宽一般采用 100～133cm，畦沟深 16.7cm，中沟和围沟相通无阻，达到明水能排，暗水能滤的要求。如果天气干旱需要灌溉，则应采用沟灌，要防止漫灌。

2. 选用无病种子和种子处理　　从无病植株选留种子，作为播种材料。在油菜成熟期选取无病和性状优良的植株，取其主轴中段留种。通过这样的选种，在播种前就可不必进行种子处理。若种子间混杂菌核及其碎屑，播种前筛去混杂在种子中的粗大菌核，然后用 1.03～1.1°Bé 的盐水（5kg 水加食盐 0.5～0.75kg），或硫铵水（5kg 水加硫酸铵 0.5～1kg）选种，除去上浮的秕粒和菌核，将下沉的种子用清水冲洗干净后播种。用硫铵水选种的不必用水冲洗。

3. 合理施肥和中耕培土　　油菜应重施基肥，增施磷肥、钾肥，早施蕾薹肥（蕾薹肥应在薹高 10cm 以前施下），避免薹花期过量施用氮肥。这样就能够促使油菜苗期健壮，苔期稳长，花期茎秆坚硬，角果发育期不脱肥早衰，不贪青倒伏。中耕培土最好在子囊盘盛发期前进行。具体做法可以结合各种作物的栽培管理工作同时进行。

4. 摘除病叶、黄叶、老叶，剔除病株　　冬油菜和种用的白菜、萝卜、甘蓝等应该在终花期将病叶、黄叶、老叶摘除，或者在盛花期和终花期分别摘叶两次。摘下的叶片应作饲料或沤肥。不要随手乱甩。

在间苗、定植、留种、入窖等工作中，发现病苗或病株应及时剔除。大白菜、甘蓝等在包心期间发现严重病株也要及时拔除。大白菜入窖前后应防止冻害，窖温最好保持在 0～3℃，还要注意通风换气。

5. 药剂防治　　在发病初期就应喷药保护，大白菜生长期喷药，一般在 11 月进行。留种白菜喷药，一般在 3 月中下旬及 4 月上中旬进行。在喷药前应拔除田间已发病的少数病株并摘除下部的黄叶。大白菜、甘蓝生长期喷撒的药剂可用 50% 托布津 500 倍液、50% 多菌灵 1000 倍液或 0.2%～0.3% 石灰倍量式波尔多液。每隔 10d 左右喷一次，连续喷 2～3 次。白菜、花椰菜等留种植株防治菌核病，在始花期、盛花期和终花期各喷 1 次，连续喷 3 次。药剂以 50% 多菌灵 500 倍液和 50% 甲基托布津 500 倍液为最有效。此外，也可以应用 1∶2 的草木灰、消石灰混合粉，每亩撒施 20～30kg，对菌核病有一定的防治效果。

防治菌核病，施药时，应着重喷撒于菜株基部及土壤表面，因为侵染源主要来自土壤。

第五节　十字花科蔬菜根肿病

十字花科蔬菜根肿病别名萝卜根、根瘤病，在世界上分布很广，欧洲各国发生已久，且普遍而严重。13 世纪在欧洲首发现，19 世纪在苏联大面积流行并造成毁灭性灾害，但直到 1978 年才明确其病原。1936 年，我国台湾报道在大白菜上发生根肿病，目前在全国均有分布。在国外此病侵染甘蓝受害最为普遍且严重，在国内的报道一般发生在大白菜、甘蓝和芜菁类蔬菜上。但在广东，甘蓝和花椰菜却很少受害。此病自苗期开始发生，严重时，可导致菜苗死亡以至全田毁株。成株受害则根部肿大，腐烂，甚至植株枯萎死亡。一般植株的发病率达 10%～30%，严重的高达 50% 以上。

一、诊断病害

（一）识别病害症状

此病主要发生在植株的根部，被害根肿大成瘤是其典型特征。发病初期，植株地上部的症状不明显。当病害已发展到相当程度即根部已逐渐膨大时，病株地上部表现出叶片淡绿无光泽、叶边变黄、生长缓慢、植株矮小及萎蔫等症状。

成株受侵的根系的病部，由于病菌的刺激作用，其薄壁细胞大量分裂和增大而形成肿瘤。肿瘤的发生部位、形状和大小因寄主不同而异。在甘蓝、大白菜、油菜、芥菜等蔬菜上，其肿瘤多发生于主根及侧根上，主根的肿瘤体积大而数量少，侧根的肿瘤体积小而数量多，一般多呈纺锤形、手指形或不规则形，大的可如鸡蛋或更大，小的如玉米粒（图 18-15）。在萝卜、芜菁等根菜类上，肿瘤多发生于侧根上，主根一般不变形，或仅在根端生瘤（图 18-16）。初期肿瘤表面光滑，后期球形肿瘤的表面龟裂，粗糙，病部易被软腐细菌等侵染而腐烂，散发臭气。

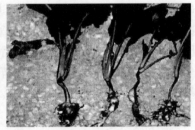

白菜根肿病　　　　　　　　　　　　　油菜根肿病

图 18-15　白菜、油菜根肿病（引自昆明市科学技术局，2006）

（二）观察病害的病原

病原为芸薹根肿菌，原生动物界根肿菌门根肿菌属。病菌的营养体是没有细胞壁的原生质团，在寄主根细胞形成休眠孢子囊，散生，密集成卵块状，单个休眠孢子囊单细胞，球形、卵圆形或椭圆形，壁薄，表面较光滑，无色或浅灰色，大小为（4.6～6.0）μm×（1.6～4.6）μm，休眠孢子囊密生于寄主细胞内，呈鱼子状排列（图 18-17）。休眠孢子囊萌发产生游动孢子，游动孢子呈梨形或球形，直径为 2.5～3.5μm，在水中能游动片刻。

休眠孢子囊的抗逆性很强，在土壤中可存活并保持侵染力达十年或更长时间，稍经休眠或不经休眠也能萌发。萌发时要有充足的氧气，土壤含水量在 45% 以上时，休眠孢

图 18-16　萝卜根肿病
（引自吕佩珂等，1992）

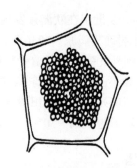

图 18-17　根肿病菌内的休眠孢子囊
（引自张艳菊等，2014）

子囊可萌发，以 70% 为最适。在碱性基物中（pH 为 7.2～7.4）很少萌发或不萌发。萌发和侵染的土温为 6～30℃，而以 18～25℃适宜。环境潮湿有利于休眠孢子囊的萌发及游动孢子的侵入。侵入后的病菌其生长发育就不再受土壤湿度的影响了。

二、掌握病害的发生发展规律

（一）病程与侵染循环

病菌以休眠孢子囊随病根遗留在土壤中越冬和越夏。休眠孢子囊越冬或越夏后，在环境条件适合时即萌发，产生游动孢子，从幼根或根毛侵入寄主表皮细胞。侵入后经过一定的发育阶段，在寄主细胞内形成不定形的变形体，变形体随着寄主细胞的分裂而蔓延到新的细胞中，变形体也可以穿过细胞壁而进入新细胞。最后变形体又形成孢子囊。

病菌对寄主根的侵害常始自皮层，然后进入形成层。尤其是形成层被侵害，由于细胞受刺激加速分裂，细胞间相互挤压造成维管束组织的不正常发育，输导系统不能连贯，故病组织变形而形成肿瘤。一般在病菌侵染后 9～10d 就开始形成肿瘤。

病害的传播主要依靠病根及带菌泥土的转移，大雨及流水能把带菌泥土传送到较远的地区。农具、动物等有时也能携带病土而传播病害。

（二）影响发病的条件

1. 土壤 pH、温度和湿度　诱发此病最重要的条件为土壤 pH、温度和湿度。当土壤 pH 为 5.4～6.5，土温为 18～25℃和土壤湿度为 60% 左右时，适宜于病菌的萌发和侵入，寄主发病和受害最严重。而当土壤 pH 在 7.2 以上，土温 12℃以下或 27℃以上和土壤湿度在 45% 以下或 98% 以上时，因不适于病菌的萌发和侵入，病害不发生或很少发生。一般认为在寄主作物栽培季节中，土壤温度基本能满足病菌的入侵和发育要求，所以发病决定因素主要是湿度。当湿度上升到 60%～70% 并保持 18～24h，病菌就可完成萌发和侵入。侵入以后，病害的发展就不为土壤湿度变动所左右，这就有助于解释田间湿度与发病有时不一致的一些偶然现象。

2. 土壤中病菌孢子含量　国外报道，就甘蓝而言，黏重的病田土壤，孢子含量多为 2 万个 /cm^3；而在富含腐殖质的病田土壤中，则为 20 万个 /cm^3。有一些研究还认为，当土壤中病菌孢子含量较低时（$10～10^7$ 个 /g），光照强度同病情指数的相关性明显，即光照强度较低时病情指数也较低，而当土壤中病菌孢子含量较高时（$>10^7$ 个 /g），光照度同病情指数的相关性就不明显。

3. 栽培条件　一般情况下连作地土壤中的含菌量较大，所以发病较重，轮作地土壤中含菌量较小，所以发病较轻，实行 4～5 年轮作或菜地与水稻轮作，都可以减少发病；凡晴天种菜或定植后有半个月左右的晴天时，根肿病就较少发生，反之，若雨天种菜或定植后下雨较多，植株发病率通常较高；一般施用石灰较多的地方，发病较轻。石灰的目的在于降低土壤的酸度，但由于土质的差异，有些地方施用石灰的防治效果并不理想。施用过多的氮肥或过多过少的磷肥、钾肥都有加速发病的趋势。

三、管理病害

（一）制订病害管理策略

根据根肿病的发生规律及流行条件，在加强检疫的基础上，应采取以轮作、改良土壤等农业防治措施为主，以药剂防治为辅的管理策略。

（二）采用病害管理措施

1. 实行轮作　有条件情况下实行水旱轮作或与非十字花科蔬菜、烟草、番茄、茄子、辣椒、南瓜、黄瓜、苦瓜、胡萝卜、茴香、芫荽、菠菜、水稻、小麦、玉米、葱蒜等轮作 5 年，并结合深耕，可以有效地减轻病害的发生。

2. 改良土壤　适当增施石灰降低土壤酸度（pH 在 7.2 以上较少发生），一般可亩施石灰 50～70kg，使土壤变成微碱性，可以减轻发病。在蔬菜种植前 7～10d 将石灰粉均匀撒施于土面，也可以穴施，每穴施 25g，防病效果较好；或用 15% 石灰水，在菜株移栽时，每株浇施或在蔬菜地开始出现病株时，用 15% 石灰水浇根，可以有效地制止病害的发展和蔓延。

3. 减少菌源　老菜地收获后要彻底清除并销毁病残体，最好在田间挖深坑，生长季节要勤巡视菜田，发现病株立即拔除并丢放于石灰塘内，施撒生石灰沤肥，使之充分腐热产生高温，杀死病菌。

4. 加强检疫　新菜区要注意植物检疫，严禁重病区育菜苗出售，非疫区自行育苗移栽，不到市场上购菜苗，不从病区购买菜苗或菜种，不用病区污染水灌溉。

5. 药剂防治

（1）做好种子消毒　播种前用 55℃温水浸种 15min，再用 10% 氰霜唑悬浮剂 2000～3000 倍液浸种 10min，洗净后播种。

（2）苗床消毒　可用 50% 敌磺钠可溶性粉剂 500 倍液或 10% 氰霜唑悬浮剂 1000～1500 倍液对苗床喷淋，淋土深度为 15cm 左右。

（3）种苗杀菌　种苗移栽前用适当浓度（15%）的石灰水或 10% 氰霜唑悬浮剂 1500～2000 倍液浸根或作定根水浇施，防止病菌侵入根系。

（4）移栽前对大田消毒灭菌　使用的药剂有氟啶胺和谱菌特。氟啶胺喷雾混土进行土壤处理，是防治根肿病的高效药，但浓度大时对幼苗根系生长有抑制作用，不宜作灌根等集中式施药处理。60% 谱菌特一般用 750 倍液喷施，用作大田土壤消毒处理，防治效果可达 70%～80%。

（5）发病后喷药防治　大田十字花科蔬菜呈现根肿病症状后，可用 10% 氰霜唑悬浮剂 1500～2000 倍液灌根，或用 75% 百菌清可湿性粉剂 800 倍液灌根处理，或用 20%

喹菌酮可湿性粉剂 1000 倍液，对发病株基部定点喷药防治。

第六节　十字花科蔬菜黑斑病

十字花科蔬菜黑斑病，全国各地分布广泛。该病可侵染白菜、甘蓝、花椰菜、芜菁、芥菜和萝卜等十字花科蔬菜。以白菜、甘蓝及花椰菜上发生较多，春秋两季发生普遍，流行年份，可减产 20%～50%。20 世纪 80 年代末期，黑斑病在我国北方地区频频流行，危害逐年加重，已上升为一个很重要的叶部病害，该病不仅可造成减产，而且茎叶味变苦，品质低劣。

一、诊断病害

（一）识别病害症状

主要危害十字花科蔬菜植株的叶片、叶柄，有时也危害花梗和种荚。在不同种类的蔬菜上病斑大小有差异。叶片受害，多从外叶开始发病，初为近圆形褪绿斑，以后逐渐扩大，发展成灰褐色或暗褐色病斑，且有明显的同心轮纹，有的病斑周围有黄色晕圈，在高温高湿条件下病部穿孔。白菜上病斑比花椰菜和甘蓝上的病斑小，直径为 2～6mm，甘蓝和花椰菜上的病斑直径为 5～30mm。后期病斑上产生黑色霉状物（分生孢子梗及分生孢子）。发病严重时，多个病斑汇合成大斑，导致半叶或整叶变黄枯死，全株叶片自外向内干枯。叶柄和花梗上病斑长梭形，暗褐色，稍凹陷；种荚上的病斑近圆形，中央灰色，边缘褐色，外围淡褐色，有或无轮纹，潮湿时病部产生暗褐色霉层，可区别于霜霉病（图 18-18）。

白菜黑斑病

甘蓝黑斑病

小青菜黑斑病

图 18-18　十字花科蔬菜黑斑病（引自吕佩珂等，1988）

（二）观察病害的病原

病原为芸薹链格孢［*Alternaria brassicae*（Berk.）Sacc.］和芸薹生链格孢［*A. brassicola*

（Schw.）Wiltshire（＝*A. oleracea* Milbr.）]，属半知菌类链格孢属（图18-19）。两者分生孢子形态相似，倒棍棒状，有纵横分隔，分生孢子有3～10个横隔，1～25个纵隔，深褐色。两种病菌的主要区别：前者分生孢子梗单生或2～6根丛生，分生孢子多单生，较大，大小为（42～138）μm×（11～28）μm，淡橄榄色，喙长，顶端近无色，具15个左右隔膜，主要危害白菜、油菜、芥菜等。后者分生孢子常串生，8～10个连成一串，较小，大小为（50～75）μm×（11～17）μm，色较深，无喙或喙短，主要危害甘蓝和花椰菜。

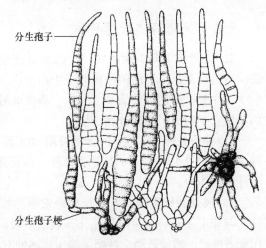

图18-19 白菜黑斑病菌（引自吕佩珂等，1992）

两种病菌都要求高湿度。在高湿条件下，黑斑病菌产孢量大；分生孢子萌发要有水滴存在。芸薹链格孢在0～35℃下均能生长发育，最适温度是17℃，孢子萌发适温为17～22℃，菌丝和分生孢子48℃时处理5min可被致死；芸薹生链格孢在10～35℃都能生长发育，菌丝生长适温为25～27℃，孢子萌发温度是1～40℃。

二、掌握病害的发生发展规律

（一）病程与侵染循环

病菌以菌丝体、分生孢子在田间病株、病残体、种子或冬贮菜上越冬。分生孢子在土壤中一般能生存3个月，在水中只存活1个月，遗留在土表的孢子经1年后才死亡。翌年环境条件适宜时，产生分生孢子，从气孔或直接穿透表皮侵入，潜育期为3～5d，分生孢子随气流、雨水传播，进行多次再侵染。在生长季节，病菌可连续侵染当地的采种株及油菜、白菜、甘蓝等十字花科蔬菜，使病害不断扩展蔓延。

（二）影响发病的条件

黑斑病发生的轻重及早晚与阴雨持续的时间长短有关，多雨高湿有利于黑斑病发生。发病温度为11～24℃，适宜温度是11.8～19.2℃。孢子萌发要有水滴存在，在昼夜温差大，湿度高时，病情发展迅速。因此，雨水多、易结露的条件下，病害发生普遍，危害严重。病情轻重和发生早晚与降雨的迟早、雨量的多少成正相关。此外，品种抗病性有差异，但未见免疫品种。

三、管理病害

（一）制订病害管理策略

十字花科蔬菜黑斑病的管理策略应以选用抗病品种、种子处理及加强栽培管理为主，辅以药剂防治。

（二）采用病害管理措施

1. 选用抗（耐）病品种 因地制宜地选用适合当地的抗黑斑病品种，以减轻危害。目前白菜抗黑斑病的品种有'中白 50'、'中白 76'、'新乡 903'、'京翠 55'、'琴萌 8 号'、'鲁白 15 号'、'青研 5 号'、'青研 8 号'等。萝卜品种'白玉春'系列最为感病，而'世农 YR1010'的抗性就很好。

2. 种子处理 种子若带菌可用 50℃温水浸种 20～25min，冷却晾干后播种，或用种子重量的 0.4% 的 40% 福美双拌种，也可用种子重量的 0.2%～0.3% 的 50% 扑海因可湿性粉剂拌种。

3. 加强栽培管理 生长期经常驱除媒介昆虫，驱虫抗病。高畦栽培，最好覆地膜。与非十字花科蔬菜隔年轮作，收获后及时清除病残体，以减少菌源。合理施肥，采用配方施肥，增施磷肥、钾肥，施用腐熟的有机肥，提高植株抗病力。

4. 药剂防治 发病初期及时喷药。常用的药剂有 50% 扑海因、50% 菌核净、70% 代森锰锌、75% 百菌清、64% 杀毒矾等，隔 7～10d 喷 1 次，连续喷 3～4 次。

第七节 十字花科蔬菜黑腐病

十字花科蔬菜黑腐病俗称"半边瘫"，各地菜区均有发生，主要危害甘蓝、结球白菜、不结球白菜、芥菜、花椰菜、球茎甘蓝、青花菜、孢子甘蓝、羽衣甘蓝、紫甘蓝、萝卜等，以甘蓝、花椰菜和萝卜受害普遍。此病在不同年份危害程度有异，重病地区或年份可造成较重的损失，而且在贮藏期可继续危害，加重损失。萝卜病株率可高达 30%，贮藏后块根腐烂率为 5%～10%；流行年份花椰菜枯死率可达 30% 以上，是蔬菜生产中的主要病害之一。除在生长期危害外，在贮藏期可继续危害，加重损失。

一、诊断病害

（一）识别病害症状

白菜和甘蓝幼苗期和成株期均可发病，危害特点是维管束坏死变黑。幼苗期感病，出土前染病不能出苗；出土后受害，子叶水浸状，逐渐枯死，或蔓延至真叶，使真叶叶脉上出现黑点状斑或黑色条纹，根髓部变黑，幼苗枯死。成株期，叶片发病多从叶缘开始，逐步向内扩展，形成"V"字形黄褐色病斑，周围组织变黄，与健部界限不明显；有时病菌沿叶脉向里扩展，形成网状黑脉或黄褐色大斑块。叶柄发病，病菌沿维管束向上扩展，使部分菜帮形成淡褐色干腐，常使叶片歪向一侧，半边叶片或植株发黄，部分外叶干枯、脱落，甚至倒瘫。湿度大时，病部产生黄褐色菌溢或油浸状湿腐。重者茎基部腐烂，植株萎蔫，纵切茎部可见髓部中空、黑色干腐。种株发病，叶部病斑也呈"V"字形，叶片脱落，花薹髓部暗褐色，最后枯死（图 18-20）。

萝卜受害，主要危害叶片和块根。叶片发病，症状和白菜类相似，也产生"V"字形褐色病斑。块根被害，外观症状不甚明显，但维管束变黑，内部组织黑色干腐状，严重者形成空心。田间多并发软腐病，终致腐烂状（图 18-21）。

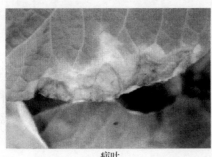 

病叶　　　　　　　　　　　　　病株

图 18-20　甘蓝黑腐病（引自吕佩珂等，1992）

黑腐病有时会和软腐病并发，加剧病情，但此病腐烂时无臭味，可与后者区别。

（二）观察病害的病原

病原为野油菜黄单胞杆菌野油菜黑腐病致病变种［*Xanthomonas campestris* pv. *campestris*（Pammel）Dowson］，属薄壁菌门黄单胞菌属。菌体（图 18-22）短杆状，极生单鞭毛，无芽孢，不产荚膜，大小为（0.7～3.0）μm×（0.4～0.5）μm，菌体单生或链生，革兰氏染色反应阴性。培养基上菌落近圆形，黄色，具光泽，凸起，边缘整齐。病菌生长温度为 5～39℃；适温为 25～30℃；致死温度为 51℃（10min）；对 pH 适应范围为 6.1～6.8，最适 pH 为 6.4。

 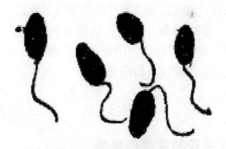

图 18-21　萝卜黑腐病　　　　　　图 18-22　十字花科蔬菜黑腐病菌
（引自吕佩珂等，1992）　　　　　　（引自孟晓云，1985）

二、掌握病害的发生发展规律

（一）病程与侵染循环

病菌随种子或病残体遗留在土壤内或在采种株上越冬。种子带菌是主要的侵染源，播种后病菌从幼苗子叶叶缘的水孔和气孔侵入，引起发病。病菌在土壤中的病残体上可存活 1 年以上，故可通过雨水、灌溉水、农事操作及昆虫等传播到叶片上，从叶缘的水孔或叶面的伤口侵入，先侵染少数薄壁细胞，然后进入维管束组织，由此上下扩展，造成系统性侵染。带病采种株栽植后，病菌可从果柄维管束进入种荚使种子表面带菌，并可从种脐侵入使种皮带菌。病菌在种子上可存活 28 个月，是病害远距离传播的主要途径。

（二）影响发病的条件

病菌喜高温、高湿。25～30℃利于病菌生长发育；多雨高湿、叶面结露、叶缘吐水，均利于发病。低洼地块，排水不良，浇水过多，病害重。播种过早，与十字花科蔬菜连作、施用未腐熟的带菌粪肥、中耕伤根严重、害虫较多的地块，发病均重。环境条件适宜时，病菌大量繁殖，再侵染频繁，遇暴风雨后，病害极易流行。

三、管理病害

（一）制订病害管理策略

应采取农业防治为主，使用无病种子，辅以药剂防治的综合措施。

（二）采用病害管理措施

1. 使用无病种子　从无病田和无病株上采种，必要时进行种子消毒。可温汤浸种，种子先用冷水预浸 10min，再用 50℃温水浸 30min；或用药剂消毒，以 72% 农用链霉素浸种 2h，或 45% 代森铵水剂浸种 20min；也可用 50% 福美双按种子重量的 0.4% 拌种；还可用漂白粉 10～20g（有效成分）加少量水拌种 1kg，于容器内封存 16h。

2. 加强栽培管理　重病地与非十字花科蔬菜进行 2～3 年轮作；施用腐熟肥料，适时播种，不宜过早，密度适宜，适期蹲苗，合理肥水，雨后及时排水，注意减少伤口，及时防虫；清洁田园，及时清除病残，秋后深翻，消灭菌源。

3. 药剂防治　发病初期及时喷施 72% 农用硫酸链霉素、新植霉素、氯霉素、50%DT、60% 百菌通、10% 高效杀菌宝、14% 络氨铜水剂等。注意对铜制剂敏感的品种不可随意提高浓度，以防药害。

第八节　十字花科蔬菜其他病害

一、十字花科蔬菜白斑病

白斑病只危害十字花科蔬菜，主要侵染大白菜、甘蓝、油菜、萝卜、芹菜、芜菁等。该病以叶片受害为主，其中以大白菜及萝卜等受害较重。白斑病常与霜霉病并发，危害性会加重。通常在 8 月中下旬开始发病，9～10 月进入危害盛期。主要发生在冷凉地区，不仅造成产量损失，还会影响蔬菜的质量和贮藏。

（一）诊断病害

1. 识别病害症状　白斑病菌主要危害叶片。发病初期叶面散生灰褐色细小圆形斑点，后逐渐扩大，成为圆形、卵圆形或不整圆形的病斑，直径为 6～10mm，中央部逐渐由褐色转变为灰白色，周缘围绕有淡黄色的晕圈。叶背病斑同正面，但周缘多少带浓绿色，空气潮湿时在病斑背面产生淡灰色的霉状物，即病菌的分生孢子梗和分生孢子。后期病斑变白色而半透明，最后像被火烤伤一样破裂而穿孔。一张叶片上的病斑数，从数个至数十个，严重时多数病斑常彼此合并成不规则形的大病斑。下部叶片首先发病，逐渐蔓延到上部叶片，最后叶片枯黄，逐一脱落（图 18-23）。

发病前期　　　　　　　　　　　　　发病后期

图 18-23　白菜白斑病病叶（引自吕佩珂等，1992）

2. 观察病害的病原　　病原为 *Cercosporella albo-waculans*（Ell et Ev.）Sacc.，异名为 *Cercosporella brassicae*，属半知菌类丝孢目小尾孢属白斑小尾孢。菌丝蔓延于寄主细胞间隙，有隔无色。分生孢子梗丛生，从叶背气孔伸出，线形，无色，单胞，直或略弯曲，大小为（7～12.6）μm×（2～2.7）μm，顶端着生单个分生孢子。分生孢子无色，线形或鞭形，大小为（40～65）μm×（2～2.5）μm，直或略弯曲，有3～4 个隔膜（图 18-24）。

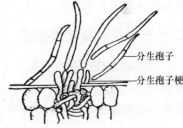

图 18-24　白菜白斑病菌
（引自浙江农业大学，1980）

（二）掌握病害的发生发展规律

1. 病程与侵染循环　　病菌主要以菌丝体，特别是分生孢子梗基部的菌丝块，随病叶遗落在土表越冬，也能以菌丝体在留种菜株的病部越冬。在环境条件适合时产生分生孢子，成熟后随风飞散，落于适当的寄主上就发芽侵入，引起初侵染；以后菌丝体在寄主组织内蔓延，于环境条件适宜时，在病部又长出分生孢子，引起再侵染。白斑病在春季尚能侵染留种菜株的种荚，因此，分生孢子可以附着在种子上传播。白菜白斑病一般在 8 月中下旬开始发生，9 月发病最盛，10 月以后病害逐渐减少。秋季多雨发病常严重。

2. 影响发病的条件　　病菌随病株残体在土表或在种子或种株上越冬，翌年春季随风雨传播。发病的适宜温度为 11～23℃，相对湿度在 60% 以上。在温度偏低，昼夜温差大，田间结露多，多雾、多雨的天气易发病。在连作、地势低洼、浇水过多、播种过早等情况下，病害易流行。

（三）管理病害

1. 制订病害管理策略　　在选用抗病品种、带菌种子进行处理，加强田间管理等措施进行农业防治的基础上，一旦出现病害，及时进行生物防治和药剂防治。

2. 采用病害管理措施　　主要措施有 5 项。

（1）选用抗病品种　　要因地制宜地选用抗病品种，一般杂交种较抗病。

（2）带菌种子处理　　选用无病种株，防止种子带菌。带菌种子可用 50℃温水浸种 20min，然后立即移入冷水中冷却，晒干后播种。还可用 70% 代森锰锌可湿性粉剂，或 50% 多菌灵可湿性粉剂，或 50% 福美双可湿性粉剂，按药量为种子重量的 0.4% 进行拌种。

（3）加强田间管理　与非十字花科蔬菜实行 3 年以上轮作。适期晚播，避开发病环境条件，增施有机肥，配合磷肥、钾肥，补充微量元素肥料，及时清除田间病株。收获后深耕。

（4）生物防治　病害开始发生时，用 2% 农抗 120 水剂 200 倍液，或 1% 农抗 BO-10 水剂 150 倍液，隔 6d 喷一次，连喷 2～3 次。

（5）药剂防治　田间见有零星发病时，开始喷施 70% 甲基托布津可湿性粉剂 800 倍液，或 75% 百菌清可湿性粉剂 600 倍液，或 60% 杀菌矾 500～700 倍液，或 50% 多菌灵 800 倍液，或 40% 多硫悬浮剂 800 倍液，或大生 M-45 的 400～600 倍液等，交替使用，每 10d 喷一次，连喷 2～3 次。遇有霜霉病与白斑病同期发生时，可在多菌灵药液中混配 40% 乙膦铝可湿性粉剂 300 倍液，每隔 10d 左右喷一次药，连喷 2～3 次。农药应严格按照无公害要求施用。

二、十字花科蔬菜炭疽病

炭疽病在全国都有分布。一般下部的叶片首先受害枯死，逐渐蔓延到上部叶片，严重的可以造成全株枯死。炭疽病在白菜、菜心、甘蓝、花椰菜、芥菜、萝卜等十字花科蔬菜上均有发生，白菜、菜心受害较重。

（一）诊断病害

1. 识别病害症状　主要危害叶片，病斑多发生在叶背中肋、叶柄和茎上，叶面发生较少。偶尔能侵染花序和种荚。叶片上病斑较小，圆形，一般为 1～2mm，初为白色水浸状小斑点，后扩大为灰褐色，稍凹陷的圆形斑，最后病斑中央褪为灰白色，极薄，易穿孔；叶脉上病斑多发生于背面，病斑褐色，条状，凹陷；叶柄上病斑多为长椭圆形或纺锤形，褐色，凹陷明显。叶片被害严重时，病斑多达数百个，相互愈合，引起叶片干枯。在潮湿情况下，病部能产生淡红色黏状物（图 18-25）。叶片病斑小容易穿孔，这是与白斑病的主要区别。

2. 观察病害的病原　病原为 *Colletotrichum higginsianum* Sacc.，属半知菌类黑盘孢目炭疽菌属芸薹炭疽菌。分生孢子盘埋生于寄主表皮下，黑褐色，散生，直径为 25～42μm。刚毛散生其上，量少，暗褐色，顶端色淡，较尖，基部稍膨大，有 1～3 个隔膜，大小为（48～70）μm×（3～5）μm。分生孢子梗无色，单胞，洋梨形。分生孢子圆柱形，单胞，无色，大小为（13～18）μm×（3～4.5）μm（图 18-26）。

（二）掌握病害的发生发展规律

1. 病程与侵染循环　炭疽病菌以菌丝体和孢子盘随病残体或在土壤中越冬，种子受侵染也可以带菌。翌年，当温度、湿度适宜时长出分生孢子，通过风雨溅散或是昆虫传播，分生孢子发芽长出芽管进行初侵染。带菌种子出苗后发展成病株。初侵染发病后长出新的分生孢子，传播后可频频进行再侵染。

图 18-25　白菜炭疽病
（引自昆明市科学技术局，2006）

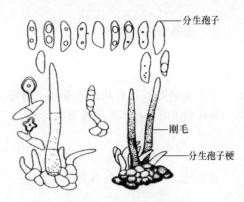

图 18-26　白菜炭疽病菌
（引自吕佩珂等，1992）

2. 影响发病的条件　炭疽病的发病需要高温高湿条件，适宜发育温度为 26～30℃，相对湿度为 80% 以上。降雨次数多、雨量大、持续时间长，空气湿度大有可能诱发炭疽病的流行。因此，地势低湿、土质黏重、过度密植或土壤贫瘠、田间管理差、杂草丛生的地块，发病都较重。十字花科蔬菜连作，发病也较重。

（三）管理病害

1. 制订病害管理策略　炭疽病的管理应采取选用抗病品种、无病种子或种子处理，加强田间管理和药剂保护的综合管理策略。

2. 采用病害管理措施

（1）选用抗病品种、无病种子或种子处理　因地制宜地选用抗病品种，最好从无病留种株上采收种子，商业种子可用 54℃ 温汤浸种 5min，然后立即移入冷水中冷却，晾干播种；或 50% 多菌灵 600 倍液或 50% 福美双 200 倍液浸种 20min，冲洗药液，晾干播种。

（2）加强田间管理　与非十字花科蔬菜隔年轮作，以减少田间病菌来源。合理密植，合理施肥。收获后及时清除病残体，深翻土壤，加速病残体的腐烂分解。加高和整平畦面，利于雨季排水，降低田间湿度。重病区适期晚播，避开高温多雨季节。

（3）药剂保护　药剂可用 70% 代森锰锌可湿性粉剂 600 倍液；70% 甲基托布津 1000 倍或 50% 多菌灵 800 倍液；75% 百菌清 600 倍液；80% 炭疽福美 800 倍液等。在发病初期开始喷药，隔 7d 喷一次，连续喷 2～3 次。

技能操作

十字花科蔬菜病害的识别与诊断

一、目的

通过本实验，熟悉十字花科蔬菜常见病害种类；掌握十字花科蔬菜主要病害的症状及病原物的形态特征；掌握一般病害的识别特征和诊断方法，为田间正确诊断和防控奠定工作基础。

二、准备材料与用具

（一）材料

十字花科蔬菜软腐病、病毒病、霜霉病、黑腐病、根肿病、黑斑病、白斑病、炭疽病、菌核病等病害标本及病原玻片标本。

（二）用具

显微镜、放大镜、载玻片、盖玻片、解剖针、解剖刀、镊子、滴瓶、吸管、记载用具等。

三、识别与诊断十字花科蔬菜病害

（一）观察症状

观察十字花科蔬菜病毒病病害标本，注意植株是否矮化畸形，叶片颜色、形状有无变化，叶脉上有无坏死斑和明脉现象，根部发育是否正常。

观察十字花科蔬菜霜霉病病害标本，注意观察病斑发生部位、形状、颜色等特点，病斑背面霉状物有何特点。

观察白菜软腐病病株，观察腐烂起始部位、状态和颜色，有无黏液、臭味。

观察十字花科蔬菜根肿病病害标本，注意主根和侧根上肿瘤的形状、大小和正常根系的区别。

观察十字花科蔬菜黑腐病病害标本，病斑形状、颜色等特点，病斑是否呈"V"字形，和软腐病的症状有何异同点。

观察十字花科蔬菜黑斑病病害标本，注意观察病叶和叶柄上病斑的形状有何区别；病斑是否为近圆形或梭形，颜色如何，有无轮纹，病部是否有黑色的霉状物。

（二）鉴定病原

十字花科蔬菜病毒病病原观察可结合电镜照片或多媒体教学课件进行。

镜检十字花科蔬菜霜霉病病原玻片标本，也可挑取病叶背面霉层制片，镜检孢囊梗和孢子囊形态，注意孢囊梗分枝特点，孢子囊是否具乳头状突起。取干枯病叶用乳酚油透明后，镜检组织内卵孢子形状、颜色、表面是否略带皱纹。

镜检十字花科蔬菜软腐病病株，从病健交界处剪取小块病组织，制片镜检，观察细菌溢脓情况；从新鲜腐烂处挑取病菌进行革兰氏染色，镜检病菌是否为短杆状革兰氏阴性细菌（图 18-27）。

镜检十字花科蔬菜根肿病病原玻片标本，或从病根部标本上挑取病菌制片，镜检孢子囊的形状、颜色和孢子排列形态的特点。

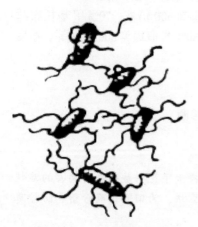

图 18-27　大白菜软腐病菌

　　镜检十字花科蔬菜黑腐病病原，从黑腐病新鲜病部挑取病菌镜检和进行革兰氏染色，镜检病菌形态及病菌是否为短杆状革兰氏阴性细菌。

　　镜检十字花科蔬菜黑斑病病原，取病原玻片标本，或从病部霉层或培养基上挑取病菌制片，镜检分生孢子梗和分生孢子（图18-28）的形态。注意两种病菌在孢子大小、颜色、形状和分隔情况等方面各有特征。

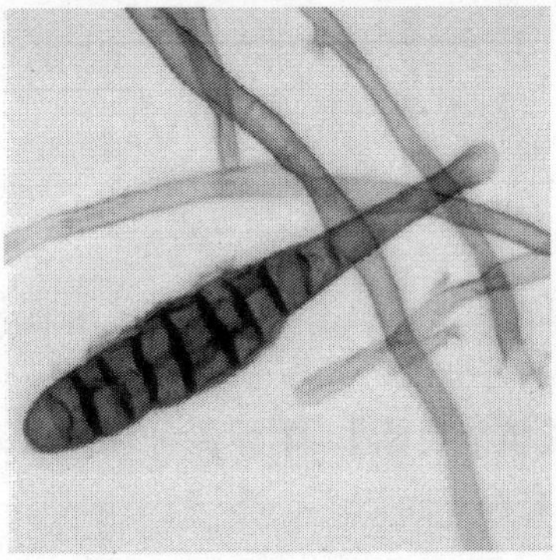

　　观察十字花科蔬菜白斑病、炭疽病、菌核病等病害症状及病原，掌握其症状特点，了解病原物的形态特征。

图 18-28　白菜黑斑病菌分生孢子

四、作业

1）绘制白菜的霜霉病菌形态图。

2）绘制十字花科蔬菜黑斑病菌形态图。

课后思考题

1. 影响十字花科蔬菜病毒病发病的环境条件有哪些?

2. 十字花科蔬菜病毒病的病害管理措施有哪些?

3. 白菜病毒病的症状是什么?

4. 十字花科蔬菜软腐病的症状及管理措施有哪些?

5. 影响十字花科蔬菜霜霉病发病的环境条件有哪些?

6. 十字花科蔬菜菌核病的症状及管理措施有哪些?

7. 十字花科蔬菜根肿病的管理措施有哪些?

8. 影响十字花科蔬菜黑斑病发病的环境条件有哪些?

9. 十字花科蔬菜黑腐病的管理措施有哪些?

10. 十字花科蔬菜白斑病的症状及发病条件有哪些?

11. 十字花科蔬菜炭疽病的管理措施有哪些?

12. 根据所学知识，制订出十字花科蔬菜病害的综合防治措施。

第十九章 茄科蔬菜病害与管理

【教学目标】 掌握茄科蔬菜常见病害的症状及病害的发生发展规律，能够识别各种常见病害并进行病害管理。

【技能目标】 掌握茄科蔬菜常见病害的症状及病原的观察技术，准确诊断茄科蔬菜的主要病害。

在蔬菜生产中，主要的茄科蔬菜有番茄、辣（甜）椒和茄子、马铃薯等。我国发现的茄科蔬菜病害 80 余种。苗期猝倒病、立枯病等在茄科蔬菜上普遍发生；病毒病、茄子黄萎病、辣椒疫病等病害在生产上危害严重。近年来随着保护地蔬菜栽培面积的不断扩大，番茄的灰霉病、晚疫病、叶霉病和早疫病等危害逐年加重；枯萎病在局部地区有时会严重发生；溃疡病是我国检疫性病害；茄子褐纹病和绵疫病等也表现上升趋势；辣椒病毒病、炭疽病发生普遍。此外，茄科蔬菜根结线虫病近年来发生严重，局部地区已经造成较大损失。

第一节 茄科蔬菜苗期病害

茄科蔬菜苗期病害主要有猝倒病、立枯病、灰霉病、根腐病及生理性病害"沤根"，全国各地均有分布，在冬春苗床上发生较为普遍，轻者引起死苗缺株，发病严重时易造成大量死苗。

一、诊断病害

（一）识别病害症状

1. 猝倒病 大多发生在早春育苗床上。常见症状有烂种、死苗、猝倒。烂种是播种后未萌发或刚发芽时就遭病菌侵染，造成腐烂死亡。死苗是种子萌发抽出胚茎或子叶的秧苗，在未出土前就遭病菌侵染而死亡。猝倒是秧苗出土后，真叶尚未展开前受到病菌侵染，茎基部初呈水渍状，后病部变黄褐色，纵向缢缩成线状。病情发展迅速，常在子叶尚未凋萎枯黄，仍呈青绿色时，幼苗就折倒贴伏于地面。在苗床上，开始时单株幼苗发病，几天后即成片幼苗猝倒（图 19-1）。苗床湿度大时，病苗及其附近的土壤上，长出一层白色棉絮状丝状物。

2. 立枯病 刚出土幼苗和大苗均可发病。多发生在育苗中后期。患病幼苗茎基部产生暗褐色病斑，早期病苗中午萎蔫，早晚恢复。病部逐渐凹陷，病斑横向绕茎一周，最后病部缢缩，植株枯死。因病苗大多直立而枯死，故称为立枯（图 19-2）。在潮湿条件下，病部生椭圆形暗褐色斑，具有同心轮纹及淡褐色蛛丝状霉。

3. 灰霉病 地上部嫩茎被害呈水渍状缢缩，继而变褐色，上端向下倒折。叶片被害呈水渍状腐败，一般地下根部正常。无论是在茎或者叶片上，被害部表面均密生一层灰霉。

图 19-1　辣椒猝倒病（引自吕佩珂等，1992）　　　　图 19-2　茄子立枯病（引自李研学和陈静，1995）

4. 沤根　　幼苗根部开始呈现锈褐色，然后逐渐变褐色腐烂，不长新根，地上部叶片色泽较淡或萎缩，幼苗生长发育迟缓，病苗易拔起（图 19-3）。

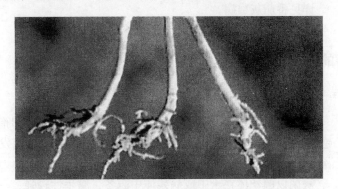

图 19-3　茄科蔬菜苗期沤根（引自李研学和陈静，1995）

（二）观察病害的病原

1. 猝倒病　　由多种腐霉菌引起。以瓜果腐霉 [*Pythium aphanidermatum*（Eds.）Fitzp.] 为主，属卵菌门腐霉属。菌丝体发达，多分枝，无色，无隔膜。孢囊梗分化不明显。孢子囊着生于菌丝顶端或中间，与菌丝间有隔膜，有的为膨大的管状，有具裂瓣状的分枝，大小为（24～62）μm×（4.9～14.9）μm。孢子囊成熟后产生一排孢管，逐渐伸长，顶端膨大成球形的泡囊。孢子囊中的原生质通过排孢管进入泡囊内，在其中分化形成 6～50 个游动孢子。游动孢子双鞭毛，肾形，在水中短时游动后，鞭毛消失，变成圆形的休眠孢子（静孢子），萌发产生芽管侵入寄主。有性阶段产生卵孢子，卵孢子球形、光滑，生于藏卵器内，直径为 13.2～25.1μm（图 19-4）。

此菌喜低温，10℃左右可以活动，15～16℃下繁殖较快，30℃以上生长受到抑制。

2. 立枯病　　由立枯丝核菌（*Rhizoctonia solani* Kühn）侵染引起，属于半知菌类丝核菌属（图 19-5）。菌丝体初无色，后逐渐变为淡褐色，分枝处呈直角，分枝基部微缢缩，接近分枝处有一隔膜。菌丝交错纠结形成菌核。菌核大小不等，无定形，淡褐色至黑褐色，质地疏松，表面粗糙。病菌不产生无性孢子。

病菌对温度要求不严格，一般在 10℃下即可生长，适宜温度为 20～30℃，可耐受40～42℃。

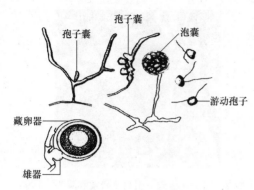

图 19-4　瓜果腐霉
（引自余永年，1998）

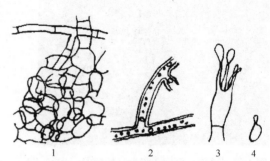

图 19-5　立枯丝核菌（引自戚佩坤和白金铠，1966）
1. 菌丝和菌核组织切面；2. 多核菌丝；3. 担子和担孢子；
4. 担孢子萌发

3. 灰霉病　　详见番茄灰霉病。

4. 沤根　　生理性病害。

二、掌握病害的发生发展规律

（一）病程与侵染循环

1. 猝倒病　　病菌的腐生性很强，可在土壤中长期存活。主要以卵孢子或菌丝体在土壤及病残体上越冬。条件适宜时，卵孢子萌发产生游动孢子或直接萌发产生芽管侵入寄主。病菌主要借雨水、风和灌溉水、带菌肥料、农具等传播侵染。

2. 立枯病　　病菌以菌丝体在土中或病残体中越冬，腐生性较强，一般在土壤中可存活 2～3 年。在适宜条件下，菌丝直接侵入寄主危害。病菌随雨水和灌溉水传播，也可由农具和粪肥等携带传播。

3. 灰霉病　　主要以菌核和分生孢子在病组织内越冬。在适宜条件下菌核萌发，产生菌丝体和分生孢子。分生孢子成熟后脱落，借气流、雨水或露珠及农事操作进行传播。

4. 沤根　　苗床土温过低、高湿和光照不足是诱发该病的主要原因。

（二）影响发病的条件

1. 苗床管理　　苗床管理不当，如播种过密、间苗不及时、浇水过量而导致苗床湿度大，加温不匀等使床温忽高忽低，都不利于菜苗生长，易于诱导病害发生。苗床保温不好、土壤黏重、地下水位高，易引起病害发生。

2. 气候条件　　苗床低温高湿、日照不足是诱发苗期病害发生的重要因素。当温度适宜时，菜苗生长良好，抗病力强。适于大多蔬菜幼苗生长的气温为 20～25℃，土温为 15～20℃；反之，温度不适则易诱发病害。若长期阴雨或雪天，苗床光照受到影响，床温过低，长期处于 15℃ 以下，不利幼苗生长，猝倒病和沤根容易发生。另外，床温较高、幼苗徒长柔弱时，易发生立枯病。空气及床土的湿度大则病害重。光照充足，幼苗光合作用旺盛，则生长健壮，抗病力强；反之，幼苗生长衰弱，叶色淡绿，抗病力差则易发病。

3. 寄主的生育期　幼苗子叶中养分已耗尽而新根尚未扎实，幼茎尚未木栓化期间是感病的危险期，抗病力最弱，尤其对猝倒病最敏感。这个时期若天气低温、阴雨，根系生长不良，幼苗生长缓慢，感病期延长，有利病菌侵入，造成病害严重发生。

三、管理病害

（一）制订病害管理策略

蔬菜苗期病害的管理应采取以加强苗床的管理为主，药剂保护为辅的综合管理策略。

（二）采用病害管理措施

1. 加强苗床管理　苗床应该设在地势较高、排水良好的向阳地，使用无病新土作床土。若使用旧床，床土应进行消毒处理。播种不宜过密，播种后盖土不要过厚，便于出苗。要做好苗床保温、通风换气和透光工作，防止低温或冷风侵袭，促进幼苗健壮生长，提高抗病力。避免低温、高湿条件出现。苗床浇水应看土壤湿度和天气情况而定，阴雨天不浇水，以晴天上午浇水为宜，每次水量不要过多。

2. 床土消毒

（1）福尔马林　一般在播种前2～3周进行，先将床土耙松，用药量为50ml/m²，加水30L左右（加水量视土壤干湿度而定），浇于床面，用塑料薄膜覆盖4～5d，然后揭去薄膜，并将床土耙松，使药液充分挥发，2周后待药液充分挥发后播种。

（2）甲霜灵　用药量为1g/m²，加细土拌匀成药土。播种前1次浇透底水，待水渗下后，取1/3药土撒在床面上作为垫土，另外2/3药土均匀撒在种子上作覆土，下垫上覆，使种子夹在中间，预防病害发生。

（3）其他　50%多菌灵＋50%福美双等量混匀；或单用50%多菌灵、50%托布津、40%拌种灵，按8～10g/m²，加细潮土15kg拌匀，播种时按1∶2用量垫床、覆种。处理后，要保持苗床土表湿润，以防发生药害。

3. 种子处理　用40%拌种双，50%苯莱特等可湿性杀菌剂拌种，用药量是种子量的0.2%；用25%甲霜灵与70%代森锰锌以9∶1混剂拌种，或加水1500倍液浸种，待风干后播种。

4. 药剂防治　若苗床已经发现少数病苗，及时拔除，并喷药保护，防止病害蔓延。经常用的药剂有瑞毒霉·锰锌、百菌清、代森锰锌、多菌灵等。若以猝倒病为主，可用甲霜灵喷雾。苗床喷药后，往往造成湿度过大，可撒草木灰或细干土以降低湿度。

第二节　番茄病毒病

番茄病毒病是番茄生产的重要病害之一，在我国几乎遍布所有番茄产区。番茄病毒病常见的有花叶型、蕨叶型和条纹型三种类型。花叶型分布最广，几乎到处都有发生，但危害性比另外两种要小。春番茄得病可减产30%左右，夏、秋番茄得病损失会更为严重，有的年份或有的地块几乎会绝收，严重影响着番茄生产。

一、诊断病害

（一）识别病害症状

某一番茄植株上有时同时出现两种或两种以上病毒症状，病毒复合传染相当普遍。

1. 花叶型　　在田间发生最为普遍，常见症状有两种：一是轻型花叶病，叶片上呈现黄绿相间或绿色深浅不匀的斑驳，植株正常，叶片不变小，畸形较轻，对产量影响较小（图 19-6）；二是重型花叶病，叶片有明显花叶、疱斑，新叶变小，叶细长狭窄或扭曲畸形，茎顶端叶片生长停滞，植株较矮，病株花芽分化能力减退，大量落花落蕾，果实少而小，果面着色不均呈花脸状，对产量影响较大。

2. 蕨叶型　　全株黄绿色。叶背明显紫脉，叶片纤细线条状；叶片边缘向上卷起，有的下部叶片卷成筒状。植株矮化、细小和簇生，严重影响产量（图 19-7）。

图 19-6　花叶型（引自吕佩珂等，1988）　　　图 19-7　蕨叶型（引自吕佩珂等，1992）

3. 条纹型　　病株上部叶片呈现茶褐色斑点或云纹，随之茎秆上中部初生暗绿色下陷短条纹，后为深褐色下陷油渍状坏死条斑，逐渐蔓延围拢，致使病株萎黄枯死。病株果实畸形，果面有不规则形褐色下陷油渍状坏死斑块或果实呈淡褐色水烫坏死。番茄受害程度以条纹型为最重，造成的损失最大（图 19-8）。

叶片上的症状　　　　　　　　　　　果实上的症状

图 19-8　条纹型（引自吕佩珂等，1992）

（二）观察病害的病原

1. 花叶型　　主要由烟草花叶病毒（TMV）侵染引起，这种病毒的寄主范围很广，有 36 科 200 多种植物，并且是一种抗性最强的植物病毒。烟草花叶病毒钝化温度为 92～96℃，稀释限点为 10^6～10^7，体外保毒期为 60d 左右，在干燥病组织上可存活 30 年以上。在指示植物上的反应：普通烟表现系统花叶，心叶烟、曼陀罗为局部枯斑，不危害黄瓜。病毒粒体杆状，大小为 280nm×15mm。在寄主细胞内能形成不定形的内含体。

2. 条纹型　　主要由番茄花叶病毒（ToMV）侵染所致。该病毒属于烟草花叶病毒属，病毒粒体短杆状，其物理性状与烟草花叶病毒相似。

3. 蕨叶型　　该病主要由黄瓜花叶病毒（CMV）侵染引起。CMV 粒体球状，钝化温度为 60～70℃，稀释限点为 10^2～10^4，体外保毒期为 3～4d。除番茄外、辣椒、黄瓜、甜瓜、番瓜、莴苣、萝卜、白菜、胡萝卜、芹菜等蔬菜都可被该病毒侵染，还能危害多种花卉、杂草及一些树木。在指示植物普通烟、心叶烟、曼陀罗等上均表现系统花叶；黄瓜呈现花叶；苋色藜、豇豆（黑籽品种）、蚕豆呈现局部枯斑。CMV 有明显的株系分化现象，但尚无统一的株系鉴定方法。

二、掌握病害的发生发展规律

（一）病程与侵染循环

烟草花叶病毒可在多种植物上越冬，也可附着在番茄种子上、土壤中的病残体上越冬，田间越冬寄主残体、烤晒后的烟叶、烟丝均可成为该病的初侵染源。主要通过汁液接触传染，只要寄主有伤口，即可侵入。黄瓜花叶病毒主要由蚜虫传染，此外用汁液摩擦接种也可传染。冬季病毒多在宿根杂草上越冬，春季蚜虫迁飞传毒，引致发病。

番茄病毒病的发生与环境条件关系密切，一般高温干旱天气利于病害发生。此外，施用过量的氮肥，植株组织生长柔嫩或土壤瘠薄、板结、黏重及排水不良发病重。番茄病毒病的毒源种类在一年里往往有周期性的变化，春夏两季烟草花叶病毒比例较大，而秋季以黄瓜花叶病毒为主。因此，生产上防治时应针对病毒的来源，采取相应的措施，才能收到较满意的效果。

（二）影响发病的条件

1. 品种抗性的差异　　不同品种的抗性具有差异，但是尚未发现免疫或高抗的品种。值得注意的是，在良好的栽培条件下，一些比较抗病的品种能发挥它们固有的性状，反之则表现不明显。

2. 栽培条件的影响　　番茄连作的地块，发病显著重于轮作地。适期早播和早定植也可减少发病，这是由于使植株生育期提前，避免了与后期的高温干旱有利发病的气候条件相遇；苗期管理不当，幼苗徒长或生长衰弱时感病性显著增加，苗期墩苗过长或定植开花结果后灌溉不及时及肥料不足，均有利于发病。

3. 气候条件　　病害的发生、发展与气温关系密切。一般气温达到 20℃，病害开始发生，25℃时，病害进入盛发期。条纹病与降雨量有关，番茄定植后直至 5 月初若遇连续阴雨，这段期间的降雨量只要达到 50mm，这一年就有可能是个重病年。若 5～6 月再有较大的降雨量，并且雨后连续晴天，会促进病害的流行。这是由于阴雨造成土壤湿度大，地面板结，土温降低，影响番茄根系的生长发育。在发根不好、长势弱的条件下，遇到雨后高温，番茄植株生理机能失调，抗病力降低，就会导致病害的流行。在高温干旱的气候条件下，有利于蚜虫的大量繁殖和有翅蚜的迁飞传毒，蕨叶型病毒病发生严重。

三、管理病害

（一）制订病害管理策略

番茄病毒病是由以烟草花叶病毒和黄瓜花叶病毒为主的多种病毒单独或复合感染引起的。控制番茄病毒病发生与流行应采取抗病品种和农业防治并重、结合药剂防治的综合管理策略。

（二）采用病害管理措施

1. 选用抗病品种　针对当地主要毒源，因地制宜地选用抗病品种。近年国内新育成抗烟草花叶病毒的丰产品种较多，如'佳粉 15'、'佳粉 17'、'中杂 9 号'、'早丰'（'秦菜 1 号'）、'兰优早红'、'中丰'、'542 粉红番茄'、'苏抗 5 号'、'苏抗 7 号'、'东农 702'、'东农 703'、'东农 704'、'河南 3 号'、'新番 1 号'、'皖红 1 号'、'西粉 3 号'、'晋红 1 号'等，可根据各地的消费习惯选用。耐黄瓜花叶病毒品种有'毛粉 802'、'542 粉红番茄'、'中蔬 5 号'等。

2. 种子处理　播种前种子用清水浸泡 3~4h，再在 10% 磷酸三钠水溶液中浸 40~50min，捞出后用清水冲洗干净，催芽播种。

3. 轮作换茬　实行轮作换茬，避免间套作和连作，减少和避免番茄病毒病土壤和残留物的传毒。

4. 健身栽培的防病措施　一是适期播种，培育壮苗，苗龄适当，定植时要求带花蕾，但又不老化；二是适时早定植，促进壮苗早发，利用塑料棚栽培，避开田间发病期；三是早中耕锄草，及时培土，促进发根，晚打杈，早采收，定植缓苗期喷洒万分之一增产灵，可提高对花叶病毒的抵抗力。第一穗坐果期应及时浇水，坐果后浇水要注意粪肥和化肥混用，促果壮秧，尤其高温干旱季节要勤浇水，注意改善田间小气候。

5. 早期防蚜、粉虱　育苗地和栽植地尽早应用吡虫啉或高效大功臣喷药防治杂草、周边蔬菜上的带毒蚜虫、粉虱，杜绝蚜虫、粉虱等昆虫媒介传播，尤其是高温干旱年份要注意及时喷药防治蚜虫、粉虱等，可有效地预防 TMV 侵染，减轻番茄病毒病的发生危害。

防蚜虫可选用 50% 抗蚜威可湿性粉剂 3000 倍液，或 20% 菊·马乳油 2000 倍液，或 2.5% 功夫乳油 4000 倍液，或 90% 万灵可溶粉 2000 倍液，或 10% 除尽悬浮剂 2000 倍液。

防治烟粉虱，初期可用 500 目或更密的防虫网防烟粉虱，当烟粉虱零星发生开始，交替用 25% 扑虱灵可湿性粉剂 1000~1500 倍液，或 25% 阿克泰水分散粒剂 2000~3000 倍液，或 2.5% 天王星乳油 2000~3000 倍液，或 80% 锐劲特水分散粒剂 15 000 倍液等喷雾防治；或者在保护地内每亩用 22% 敌敌畏烟剂 200g 熏烟，结合灌水或喷水进行，确保烟熏时土壤湿润。通过选用 40~50 目防虫网覆盖栽培、在大棚内挂黄板诱杀、及时摘除老叶和病叶、清除田间和大棚四周杂草等措施，可以降低烟粉虱虫口密度，切断传播途径，减少发病。

6. 药剂防治　发病初期喷施 1.5% 植病灵乳剂 800 倍液，或 20% 病毒 A 可湿性粉剂 500 倍液。发病较重的棚室喷施 1000 倍液医用高锰酸钾，效果较好，隔 5~7d 再喷施一次。

7. 采用防病毒新技术　　应用弱毒疫苗 N14 可减轻花叶型和条纹型病毒的危害，卫星病毒 S52 可防治由黄瓜花叶病毒引起的蕨叶型病毒病。具体方法以浸根接种比较方便，将 1~2 叶期番茄小苗起出，洗净泥土，立即浸入 100 倍疫苗液中，30min 后分苗假植于苗床内，该技术防病增产效果显著。

<h2 style="text-align:center">第三节　番茄叶霉病</h2>

番茄叶霉病俗称"黑毛病"，主要危害叶片，多从中下部叶片先发病。发病棚病株率最高可达 60%~80%，在适合条件下，植株可 100% 发病，病情严重时造成叶片干枯及减产。

一、诊断病害

（一）识别病害症状

番茄叶霉病主要危害叶片，严重时亦可危害茎、花、果实。发病初期，叶片正面出现边缘不清晰的椭圆形或不规则形的褪绿淡黄色斑，背面为灰白色，随后在叶背面病斑上长出乳黄色至黄褐色绒状霉层，后期病斑正反面均可出现灰紫色或黑褐色的绒状霉层，但常见于病斑背面（图 19-9）。随着病情的发展，叶片由下向上逐渐卷曲，植株呈黄褐色干枯（图 19-10）。嫩茎和果柄上也可产生相似的病斑，并可延及花部，引起花器发病。果实发病，果蒂附近或果面形成黑色圆形或不规则形斑块，硬化凹陷，不能食用。

图 19-9　番茄叶霉病病叶
（引自吕佩珂等，1992）

图 19-10　番茄叶霉病整株
（引自李研学和陈静，1995）

（二）观察病害的病原

病原为黄褐孢霉 [*Fulvia fulva*（Cooke）Cif]，属半知菌类褐孢霉属，异名为黄枝孢菌（*Cladosporium fulvum* Cooke）。分生孢子串生，孢子链通常分枝，孢子圆柱形或椭圆形，淡褐色至榄褐色，光滑，具 0~3 个隔膜，隔膜处有时稍缢缩（图 19-11）。

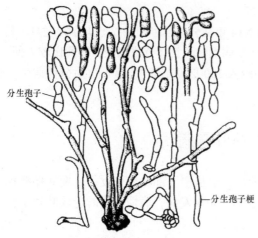

分生孢子

分生孢子梗

图 19-11 黄褐孢霉（引自吕佩珂等，1992）

二、掌握病害的发生发展规律

（一）病程与侵染循环

病菌主要以菌丝体或菌丝块在病株残体内越冬，也可以分生孢子附着在种子或以菌丝体在种皮内越冬。翌年环境条件适宜时，产生分生孢子，借气流和农事活动进行传播，从叶背的气孔侵入，还可从萼片、花梗等部分侵入，并进入子房，潜伏在种皮上。

（二）影响发病的条件

病菌喜高温、高湿环境，病菌发育最低温度为9℃，最高温度为34℃，适宜温度为20～25℃，室内空气相对湿度高低是影响该病发生的决定性因素，相对湿度高于90%，发病严重。低于70%，基本不发病。浙江等长江中下游地区主要发病盛期为春季3～7月和秋季9～11月。番茄的感病生育期是开花结果期。多年连作、排水不畅、通风不良、过于郁闭、空气湿度大的田块发病较重。早春低温多雨、连续阴雨或梅雨较多的年份发病重。晚秋温度偏高、多雨的年份发病也重。

三、管理病害

（一）制订病害管理策略

番茄叶霉病一旦发生，扩展迅速，流行性强，应在加强栽培管理的基础上，采取及时喷药的管理策略，以控制病害的发生。

（二）采用病害管理措施

1. 选用抗病品种　番茄品种对叶霉病的抗性有明显差异。如'沈粉3号'和'佳红'等抗病性较强。'双抗2号'、'佳粉3号'对叶霉病菌的1号、2号生理小种具有抗性。选择抗叶霉病的番茄品种，应注意生理小种的消长，及时更换品种。

2. 种子处理　用新高脂膜拌种能驱避地下病虫，隔离病菌感染，不影响萌发吸胀功能，加强呼吸强度，提高种子发芽率，播种后应及时喷施新高脂膜800倍液保温保墒，防止土壤结板，提高出苗率。

3. 加强田间管理　播种前应施足磷肥、钾肥，在番茄生长适时中耕除草，浇水追肥，并及时降低田间湿度，喷施促花王3号抑制主梢旺长，促进花芽分化，提高植株的抗病能力，同时在开花前喷施菜果壮蒂灵提高花粉质量，增强循环坐果率，提高番茄的品质，使番茄连连稳产优质。

4. 药剂防治　发病初期可根据植保要求喷施50%多菌灵500倍液、70%甲基托布津500倍液等针对性药剂，7d 1次，连续防治2～3次，同时配合喷施新高脂膜800倍液增强药效，提高药剂有效成分利用率，巩固防治效果。

5. 生物防治　　将奥力克 - 霉止按300~500倍液稀释，在发病前或发病初期喷雾，每5~7d喷药1次，喷药次数视病情而定。病情严重时，按奥力克 - 霉止大于300倍液稀释，3d喷施一次。施药避开高温时间段，最佳施药温度为20~30℃。或在发病前或发病初期用3亿CFU/g哈茨木霉菌叶部型300倍液稀释喷雾，每7d喷药1次，发病严重时，3~5d用药1次。重要防治时期是开花期和果实膨大期。

第四节　番茄灰霉病

番茄灰霉病是番茄上的一种重要病害，特别是冬春季节保护地内低温、高湿，内外气候条件变化较大，往往发病严重，造成减产20%~40%。除番茄外，还可以侵染辣椒、黄瓜、草莓、莴苣、韭菜、花生等。

一、诊断病害

（一）识别病害症状

主要发生在花期和结果期，可危害花、果实、叶片和茎。幼苗染病，叶片和叶柄上产生水浸状腐烂，之后干枯，表面产生灰霉，严重时可扩展到幼茎，使幼茎产生灰黑色病斑，腐烂折断；叶片叶尖开始出现水浸状浅褐色病斑，病斑呈"V"字形，向内发展，潮湿时病部长出灰霉，边缘不规则，干燥时病斑呈灰白色；茎部初期产生水浸小点，后扩展成长条形病斑，高湿时长出灰色霉层，上部植株枯死；果实染病主要在青果期，先侵染残留的柱头或花瓣，后向果面和果梗发展，果皮变成灰白色、水浸状、软腐，病部长出灰绿色绒毛状霉层，后期病部产生黑褐色鼠粪状菌核；花萼变为暗褐色，随后干枯（图19-12）。

病叶症状　　　　　　　　　　　果实上的症状

图19-12　番茄灰霉病（引自吕佩珂等，1992）

（二）观察病害的病原

病原为灰葡萄孢菌（*Botrytis cinerea* Pers.）属半知菌类真菌（图19-13）。分生孢子梗细长，深褐色，数根丛生，顶端具1~2次分枝，分枝顶端簇生分生孢子成葡萄穗状，梗大小为（960~1200）mm×（16~22）mm。分子孢子单胞，无色，短椭圆形，大小为（12~18）mm×（9~12）mm，聚集成堆时呈灰色。菌核由菌丝组成，形状不规则，大

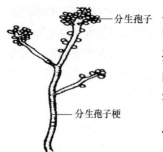

——分生孢子

——分生孢子梗

图 19-13　番茄灰霉病菌
（引自张艳菊等，2014）

小为（1～40）mm×（1～7）mm，多产生于寄主表皮层下面。病原为弱寄生菌，腐生性强，可在有机物上腐生。分生孢子在 13.7～29.5℃均能萌发，但产生分生孢子与孢子萌发的适温为 21～23℃。分生孢子抗旱力强，在自然条件下能存活 138d。

二、掌握病害的发生发展规律

（一）病程与侵染循环

病原主要以菌核在土壤中或以菌丝及分生孢子在病残体上越冬或越夏。条件适宜时，菌核萌发，产生菌丝体和分生孢子梗及分生孢子。分生孢子成熟后脱落，借气流、雨水或露珠及农事操作进行传播。萌发时产出芽管从寄主伤口或衰老的器官及枯死的组织上侵入。

在日光温室中发病流行过程可划分为 3 个时期。定植后 3 月初至 4 月上旬为叶部灰霉病的始发期，该时期病情平稳发展；4 月上旬至 4 月下旬，为叶部灰霉病的上升期，此时病害发展迅速；4 月下旬至 5 月下旬为该病发生高峰期。病果发生时期：番茄定植后 20～25d（3 月末）第 1 层果开始发病，之后病果迅速上升，4 月中旬至 5 月初为盛发期；以后随着温度上升温室开始大放风，病情下降；第 2 层果在 4 月 10 日开始发病，之后病果率迅速增长，4 月末至 5 月初达到高峰；第 3 层果在第 2 层果发病后 15d 开始发病，病果增至 5 月初后下降。

（二）影响发病的条件

1. 气候因素　温暖湿润是灰霉病流行危害的主要条件。灰霉病原发育适温为 20～23℃，相对湿度要求 95% 以上。早春棚室的生态条件恰好温暖湿润，很容易引起发病。连阴天、寒流天、浇水后湿度增大易发病。

2. 栽培因素　植株徒长、棚室透光差、光照不足易发病。管理不当、粗放耕作、过于密植、氮肥不足或过量、领秧绑架过晚、灌水后放风排湿不及时、阴雨天灌水、施用未腐熟的农家肥、病果及病叶不及时清理等易发病。

三、管理病害

（一）制订病害管理策略

番茄灰霉病的危害以保护地为主，应采取及时摘除病叶、病果，轮作，适当通风换气等农业措施，7～8 月高温季节进行物理防治，以及发病后及时喷药保护。

（二）采用病害管理措施

1. 农业防治　及时摘除病叶、病果，放入塑料袋内拿出棚外集中烧毁或深埋，尤其在番茄坐果后要及早摘除残留的花瓣。收获后彻底清理病残体。与非寄主植物轮作，苗期不可与生菜等寄主蔬菜间套，避免灰霉病原先在生菜等间套寄主上大量繁殖，待番茄开花时传播到番茄上危害。

大棚通风换气，控制棚室内的温度、湿度。白天当棚室温度达33℃时，开始放风，使上午温度下降至25～28℃，下午温度保持在20～25℃，相对湿度维持在60%～70%。在日落后应短时间放风，当温度降至20℃时，关闭通风口，使夜间温度保持在15℃左右。采用滴灌或膜下灌水，降低棚室相对湿度。浇水应在晴天上午进行，浇水后马上关闭通风口，使棚温升到33℃，保持1h，然后迅速放风排湿3～4h。若棚温降到25℃，可再闭棚升温至33℃持续1h再放风。

2. 物理防治　在7～8月高温季节，密闭大棚15～20d，利用太阳能使棚内温度达到50～60℃，最高达到70℃，高温闷棚消毒。烤棚可以全面杀死棚内的病原，减轻病害的发生。

3. 化学防治　在番茄苗定植移栽前喷一次药，以确保无病苗进入棚室。一般用50%多菌灵可湿性粉剂500倍液，或50%速克灵可湿性粉剂2000倍液。

定植后结合蘸花施药，在蘸花稀释液里，加入0.1%的50%扑海因可湿性粉剂或50%多菌灵可湿性粉剂后再进行蘸花。

灌催果水前或发病初期施药，可采取多种施药方法，轮换用药或混合用药，以利于延缓病原抗药性的发生。喷雾药剂可选50%速克灵可湿性粉剂2000倍液、50%扑海因可湿性粉剂1500倍液、70%甲基托布津可湿性粉剂1000倍液、50%多菌灵可湿性粉剂500倍液等。为降低棚室内湿度也可施用烟雾剂，45%百菌清烟雾剂或10%速克灵烟雾剂，每次每公顷用药量为3750g。根据病情和棚室内的生态环境，选择适当的施药方法和药剂种类，每7～10d用药1次，连续2～3次。每次喷药前将番茄的老叶、黄叶、病叶及病果清除出棚，既减少病原基数，又利于植株下部通风透光。喷洒药剂时要周到细致，对植株基部，大棚地面、棚膜、山墙、后墙及棚内空间都要喷药。大棚前檐湿度高易发病，靠大棚南部的植株要重点喷；中心病株周围的植株重点喷；植株中、下部叶片及叶的背面要重点喷。及早发现中心病株，及早防治。使用药剂时要注意几种药剂交替轮换，以免病原产生抗药性。

第五节　番茄早疫病

番茄早疫病又称为轮纹病、夏疫病，全国各地均有发生。该病常引起落叶、落果，尤其是在大棚、温室中发病严重。常年可减产20%～30%，危害严重时可达50%以上，甚至绝产。

一、诊断病害

（一）识别病害症状

番茄早疫病发生普遍，主要危害叶片，也可危害幼苗、茎和果实。幼苗染病，在茎基部产生暗褐色病斑，稍凹陷有轮纹。叶片受害初期出现针尖大小的黑褐色圆形斑点，逐渐扩大成圆形或不规则形病斑，具有明显的同心轮纹，病斑周围有黄绿色晕圈，潮湿时病斑上生有黑色霉层。茎及叶柄上病斑为椭圆形或梭形，黑褐色，多产生于分枝处。果实多在绿熟期之前（青果）受害，多在花萼或脐部（后期在果柄处）形成黑褐色近圆形凹陷病斑，病部密生黑色和白色霉层。发病后期，茎基部病斑绕茎一周，植株枯死，产量损失严重（图19-14）。

叶片上的症状

果实上的症状

图 19-14 番茄早疫病（引自吕佩珂等，1992）

（二）观察病害的病原

早疫病是由茄链格孢菌侵染所致，在真菌分类中，属于半知菌类链格孢属。除发生在番茄上外，还可侵染马铃薯、茄子、辣椒等作物，其主要侵染体是分生孢子。该病原菌在 PDA 等一般培养基上较难产孢，经诱导处理可产生分生孢子，分生孢子梗单生或丛生，长不超过 110μm，分生孢子单生，褐色，倒棍棒形至长椭圆形，大小为（150～300）μm×（15～19）μm，一般有多个纵横隔膜，有长喙（一般不短于孢身长度），极少数孢子喙有分叉（图 19-15）。

PDA、PSA 是其最适合培养基，pH 为 2～12 时，菌丝均能生长，pH 为 6～8 时，生长较快。该菌在 5～35℃均能生长，其中，适宜温度为 25～30℃；在 5～35℃分生孢子均能萌发，适宜温度为 25～30℃；分生孢子致死温度为 50℃（10min）。该菌对多种单糖、双糖和多糖等碳源及有机氮、无机氮等氮源都能利用。葡萄糖、蔗糖和甘露糖为适宜碳源；酪氨酸、甘氨酸、天门冬酰胺为适宜氮源。

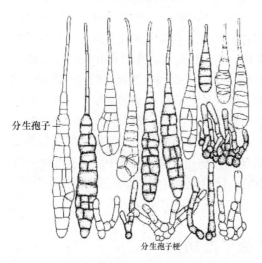
分生孢子

分生孢子梗

图 19-15 番茄早疫病菌（引自张艳菊等，2014）

二、掌握病害的发生发展规律

（一）病程与侵染循环

病原以菌丝体或分生孢子在病残体或种子表面越冬，附着在种子上的病原可存活 2 年。播种带菌种子，种子萌发时即可发病，病原从气孔、皮孔或表皮直接侵入形成初侵染，潜育期 2～3d 后出现病斑，3～5d 产生分生孢子，并可通过气流、雨水、昆虫和农事操作进行多次侵染。在大棚内，主要是种子携带分生孢子，土壤中带有分生孢子，或者从通风口处，风携带分生孢子进入大棚，完成初侵染。

（二）影响发病的条件

早疫病的发生与气温、相对湿度、降雨量、叶片生理年龄及品种耐病性有直接关系。

湿度是病害发生与流行的主导因素，田间发病前 5d 平均温度为 21℃，相对湿度大于 70% 的时间超过 2d，早疫病即可发生。湿度 80% 以上，温度 20～25℃时，最易发病。番茄连作，栽种密度过大，基肥不足，灌水多或低洼积水，或阴雨天气造成环境高湿，结果过多，植株生长衰弱等，都有利于该病暴发流行。春季棚室栽培，番茄定植后，昼夜温差大，塑料薄膜上常结有小水珠，并落在叶片上，形成一层水膜，利于病害发生。

三、管理病害

（一）制订病害管理策略

番茄早疫病的管理应采取以选用抗病品种和加强栽培管理为主，一旦发病，配合药剂防治的综合策略。

（二）采用病害管理措施

1. 选用抗病品种 一般早熟品种、窄叶品种发病偏轻，高棵、大秧、大叶品种发病偏重。抗病品种有'茄抗 5 号'、'北京早红'、'苏抗 11'等。

2. 种子处理 在注意从无病地块、无病植株上选留种子的基础上，对采后的种子除结合其他病害的预防、用 70℃干热处理 72h 法进行处理外（注意采后对种子给予一定的后熟转化期），在播前可用 52℃温水、自然降温处理 30min，然后冷水浸种催芽。

3. 加强管理 加强管理，施足腐熟的有机底肥，合理密植。棚室栽培时注意通风透光，降低湿度。露地栽培时，注意雨后及时排水。与非茄科作物实行 2～3 年轮作。早期及时摘除病叶、病果，带出田外集中销毁。番茄拉秧后及时清除田间残余植株、落花、落果，结合翻耕土地，搞好田间卫生。

4. 药剂防治 注意检查田间病情，见零星病株即全田喷药防病。可用药剂有 70% 代森锰锌可湿性粉剂 500 倍液、80% 大生可湿性粉剂 600 倍液、70% 安泰生可湿性粉剂 500 倍液、75% 百菌清可湿性粉剂 600 倍液、50% 扑海因可湿性粉剂 1000 倍液、58% 甲霜灵锰锌可湿性粉剂 500 倍液、47% 加瑞农可湿性粉剂 800～1000 倍液。以上药剂可根据具体情况轮换交替使用。早疫病防治必须要早，一般 7d 左右防治 1 次，连续防治 5 次左右。

第六节 番茄晚疫病

番茄晚疫病又称为疫病，是秋冬茬番茄栽培生产中普遍发生的真菌病害，番茄晚疫病在保护地、露地均可发生，但主要危害保护地番茄。1847 年在法国首次报道，1861 年，Heinrich Anton de Bary 证明晚疫病菌的致病性。该病发病后扩展迅速，流行性强，若遇 7 月、8 月多雨季节病害极易发生和流行。一般造成减产 20%～30%，个别棚室减产可达 60%～80%，是极具危害性的一种病害。

一、诊断病害

（一）识别病害症状

幼苗期染病，先由叶染病，病叶出现水浸状暗绿色病斑，叶腋处病斑黑褐色，当向叶脉和茎蔓延后，可使茎变细并呈黑褐色，最终导致植株萎蔫或倒伏，高湿条件下病部产生白色霉层；成株期，叶片染病多从下部叶片和叶尖、叶缘开始，初为暗绿色不规则的水浸状病斑，逐渐变为暗褐色，随后病斑很快扩及全叶，腐烂变为褐色。高湿时，叶背病健交界处长出白霉，整个叶腐烂，可蔓延到叶柄和主茎。茎秆染病产生长条状暗褐色凹陷条斑。果实染病主要发生在青果上，病斑初呈油浸状暗绿色，后变成暗褐色至棕褐色，病斑呈不规则云纹扩展状，稍凹陷，边缘明显，果实一般不变软，湿度大时其上长少量白霉，迅速腐烂（图 19-16）。

叶片上的症状　　　　　　　　　　　　　　果实上的症状

图 19-16　番茄晚疫病（引自吕佩珂，1988）

（二）观察病害的病原

病原为致病疫霉［*Phytophthora infestans*（Montagne）de Bary］，属卵菌门疫霉属。菌丝丝状，初无色透明，后变褐色，寄生于寄主组织内。孢囊梗无色，单根或多根成束地从气孔长出，具分枝。当孢囊梗顶端形成一个孢子囊后，孢囊梗又向上生长而把孢子囊推向一侧，顶端又形成新的孢子囊。孢囊梗膨大呈节状（图 19-17）。孢子囊单胞，无色，卵圆形，顶端有乳状突起，大小为（22.5～40）μm×（17.5～22.5）μm。病菌可危害番茄和马铃薯等多种茄科植物。

二、掌握病害的发生发展规律

（一）病程与侵染循环

番茄晚疫病菌主要以菌丝体随病残体在土壤里越冬，也可以菌丝体潜伏在马铃薯的薯块上。在有保护地的地区，可在秋、冬季温室中危害番茄，成为春播露地番茄晚疫病的初侵染源，由春播植株传给番茄。病原孢子囊通过气流和雨水落到植株上后，在水中萌发，产生游动孢子，游动孢子再萌发，侵入到植物组织中去。当田间形成中心病株后，产生大量繁殖体，再经风雨向四周扩展，慢慢形成普遍发病。

——游动孢子

——孢子囊

——孢囊梗

图 19-17　番茄晚疫病菌（引自张艳菊等，2014）

（二）影响发病的条件

番茄晚疫病发病轻重与气候关系密切，病菌发育的适宜温度为 18～20℃，适宜相对湿度在 95% 以上。多雨低温天气，露水大，早晚多雾，病害即有可能流行。栽培条件对病害发生影响较大。一般种植感病品种，种植带病苗，偏施氮肥，定植过密，田间易积水的地块，易发病。靠近发生晚疫病棚室的地块，病害重。凡是跟马铃薯连作或连茬的地块易发病。另外，番茄品种间抗病性存在明显差异。

三、管理病害

（一）制订病害管理策略

应采取选用抗病品种、培育无病壮苗、加强田间管理等农业措施和化学防治相结合的管理策略。

（二）采用病害管理措施

1. 种植抗病品种　目前国内较抗晚疫病品种有‘渝红 2 号’、‘圆红’、‘中蔬 5 号’、‘中蔬 4 号’、‘佳红’、‘强丰’、‘佳粉 10 号’、‘辽园多丽’、‘金棚三号’、‘佳宝’等品种，可以因地制宜地选种。

2. 培育无病壮苗　病菌主要在土壤或病残体中越冬，因此，育苗土必须严格选用没有种植过茄科作物的土壤，提倡用营养钵、营养袋、穴盘等培育无病壮苗。

3. 加强田间管理　防止连作，应与十字花科蔬菜实行 3 年以上轮作，避免和马铃薯相邻种植。根据不同品种生育期长短、结果习性，采用不同的密植方式，可改善田间通风透光条件，降低田间湿度，减轻病害的发生。施足基肥，实行配方施肥，避免偏施氮肥，增施磷肥、钾肥。定植后要及时防除杂草，根据不同品种结果习性，合理整枝、摘心、打杈，减少养分消耗，促进主茎的生长。作物收获后，彻底清除病株、病果，减少初侵染源。经常检查植株下部靠近地面的叶片，一旦发现中心病株，立即除去病叶、病枝、病果或整个病株，同时立即施药和连续用药，防止病害蔓延。

4. 化学防治　烟雾施药，傍晚关闭棚室，施用 45% 百菌清烟剂，每公顷用药 3.3～4kg，熏烟一夜。粉尘施药，每公顷喷撒 5% 百菌清粉尘剂 15kg，隔 9d 左右 1 次。灌根施药，治疗时用霜贝尔 50ml＋大蒜油 15ml 兑水 15kg 进行均匀喷雾，3～5d 1 次，连打 2～3 次；打住后，转为预防。预防时用霜贝尔 500 倍稀释进行喷雾。

第七节　番茄溃疡病

番茄溃疡病又称为番茄细菌性溃疡病，是一种毁灭性病害，自 1985 年在北京市发现后，该病已相继在内蒙古、山西、河北、黑龙江、吉林、辽宁等省（自治区）发生危害。严重发病的地块番茄减产达 25%～75%。我国已将其列为检疫对象以防止和控制病害的发生蔓延。

一、诊断病害

（一）识别病害症状

番茄幼苗至结果期均可发生溃疡病，叶、茎、花、果都可以染病受害（图 19-18）。

病茎髓部变褐　　　　　　　茎上的症状　　　　　　　果实上的症状

图 19-18　番茄溃疡病（引自董伟，2012；李研学和陈静，1995）

幼苗期多从植株下部叶片的叶缘开始，病叶发生向上纵卷，并向上逐渐萎蔫下垂，好似缺水，病叶边缘及叶脉间变黄，叶片变褐色枯死。有的幼苗在下胚轴或叶柄处产生溃疡状凹陷条斑，致病苗株体矮化或枯死。

成株期病菌由茎部侵入，从韧皮部向髓部扩展。初期，下部凋萎或纵卷缩，似缺水状，一侧或部分小叶凋萎，茎内部变褐色，病斑向上下扩展，长度可达一至数节，后期产生长短不一的空腔，最后下陷或开裂，茎略变粗，生出许多不定根。在多雨水或湿度大时，从病茎或叶柄病部溢出菌脓，菌脓附在病部上面，形成白色污状物，后茎内变褐色而中空，全株枯死，枯死株上部的顶叶呈青枯状。果柄受害多由茎部病菌扩展引起，其韧皮部及髓部呈现褐色腐烂，可一直延伸到果内，致幼果滞育、皱缩、畸形，使种子不正常并带菌。有时从萼片表面局部侵染，产生坏死斑，病斑扩展到果面。潮湿时病果表面产生"鸟眼斑"，鸟眼斑圆形，周围白色略隆起，中央为褐色木栓化突起，单个病斑直径为 3mm 左右。有时许多鸟眼斑聚在一起形成不定形的病区。鸟眼斑是番茄溃疡病病果的一种特异性症状，由再浸染引起，不一定与茎部系统侵染同发生于一株。

另外，溃疡病在番茄茎上的症状表现与番茄条纹型病毒病极为相似，可凭下列特征区分：手捏病茎，内部中空且变为褐色的为溃疡病株；茎内不中空，髓部不变褐色的则为病毒病。

（二）观察病害的病原

病原为密执安棒杆菌番茄溃疡病致病型 [*Clavivbacter michiganense* subsp. *michiganense* (Smith) Davies et al.]，属细菌。短杆状或棒状，大小为（0.3～0.4）μm×（0.6～1.2）μm。革兰氏染色阳性，无鞭毛，无芽孢，有荚膜，无运动性。据张爱军等（1997）观察，棒状杆菌，有时一端膨大，有时两个菌体形成分叉。革兰氏染色阳性。培养48h，菌落直径为针尖大。培养96h，菌落为圆形，直径达 1mm，颜色初为淡黄色，以后菌落变成明显的黄色，表面有突起，菌落边缘整齐，不透明，有一定的黏度，培养基近似于无变化。

适宜生长温度为 25～28℃，最高温（极限值）为 37℃，致死温度为 51℃。最低生长 pH 为 5.0，适宜生长 pH 为 6.5～7.0，最高生长 pH 为 8.5。其为好气性的细菌。除番茄外，还可侵染辣椒及龙葵、天仙子等杂草，但不危害马铃薯。

二、掌握病害的发生发展规律

（一）病程与侵染循环

病原可在种子和病残体上越冬，可在土壤中存活 2～3 年。种子带菌是新病区的主要初侵染源。初侵染发病后，条件合适时可发生多次再侵染，使病情逐渐加重。该菌主要由各种伤口侵入，包括损伤的叶片、幼根，也可从植株茎部或花柄处侵入，经维管束进入果实的胚，侵染种子脐部或种皮，使种子内带菌。病菌借雨水和灌溉水传播，特别是连阴雨及暴风雨，也可通过分苗移栽及整枝打杈等农事操作进行传播。

（二）影响发病的条件

高温、大雾、重露、多雨等因素有利于病害发生，尤其是暴风雨后病害明显加重。播种出苗后，前期阴雨，后期又遇高温高湿，使病菌得以快速蔓延，甚至短暂几天就会造成植株死亡。农事操作造成了大量伤口，引致病菌侵入。保护地内采用喷灌时也可造成果实发病加重。连片种植、地块低洼、排水通风不良，利于病菌的近距离大面积传播。反季番茄溃疡病发病较迟，7～8 月为发病的高峰期。

三、管理病害

（一）制订病害管理策略

番茄溃疡病的管理应采取加强检疫措施，保护无病区，在疫区内采取种子消毒为主要措施的综合防控策略。

（二）采用病害管理措施

1. 加强检疫　严格检疫封锁疫区，严禁疫区的种子、果实、种苗等外调。

2. 种子处理　播种前用 55℃ 的温水浸种 30min，其间要保持恒定温度，并不断搅拌，捞出后晾干播种。干燥种子放在 70℃ 恒温下保持 72h，或 80℃ 恒温下保持 24h，干热灭菌。或用 1.3% 次氯酸钠浸种 30min，再用清水冲净，晾干播种。鲜种子用 0.8% 的醋酸溶液、干种子用 0.6% 的醋酸溶液，浸泡 24h，然后用清水冲净，晾干后播种。

3. 加强栽培管理　建立无病留种田，从无病植株上留种。提倡用新苗床育苗或换用新床土。与非茄科作物实行 3 年以上轮作。及时中耕培土，及早搭架。各种农事操作要尽量在露水干后进行。发现病株应及时拔除深埋或烧毁，并用生石灰对病穴进行消毒处理。采取高垄栽培，避免带露水进行农事操作；病后注意肥水管理，避免大水漫灌，不能偏施氮肥。棚室内白天温度控制在 22～25℃，夜间控制在 15～17℃。下午棚温降到 13℃ 时关闭通风口，尽量减少夜间棚温的变化，当夜温超过 13℃ 时可整夜放风。

4. 化学防治　若用旧床育苗，每平方米可用 40% 福尔马林 30ml 加水 3kg，配成溶液处理床面，用塑料膜闷盖 5d，然后揭膜使药剂散尽，15d 后再播种。也可以每平方米苗床用 40% 五氯硝基苯 20g，拌入 1kg 细土中，均匀撒在苗床上，耙平，再用塑料膜闷盖 5d，然后播种。发病初期要及时喷药保护，可选用 73% 农用链霉素 3000 倍液，或 60% 琥铜·乙膦铝可湿性粉剂 500 倍液，或 50% 加瑞农可湿性粉剂 600 倍液、77% 可杀得可湿性粉剂 600 倍液，14% 络氨铜水剂 300 倍液，交替喷雾，每隔 7～10d 喷 1 次，连喷 3～4 次。在番茄定植后，喷洒 1∶1∶200 的波尔多液进行保护性防治，每隔 7～10d 喷 1 次，连喷 3～4 次。保护地番茄还可选用烟剂 5 号（沈阳农业大学研制），每亩棚室用 350g 熏烟，每 10d 熏 1 次，连续 2 次。

第八节　茄子绵疫病

茄子绵疫病，又称为烂茄子、白毛病、茄子掉蛋，是茄子三大病害之一。在全国各地茄子生产地区均有发生，以华北、华东、华南等省区最常见；初夏多雨或秋季多雨、多雾的年份发病重。发病严重时常造成果实大量腐烂，直接影响产量。常年造成的损失为 20%～30%，尤其多雨年份危害更为严重。除危害茄子外，还危害番茄、辣椒、丝瓜等蔬菜。

一、诊断病害

（一）识别病害症状

幼苗期发病，茎基部呈水浸状，发展很快，常引发猝倒，致使幼苗枯死。成株期叶片感病，产生水浸状不规则形病斑，具有明显的轮纹，但边缘不明显，褐色或紫褐色，潮湿时病斑上长出少量白霉。茎部受害呈水浸状缢缩，有时折断，并长有白霉。花器受侵染后，呈褐色腐烂。果实受害最重，开始出现水浸状圆形斑点，边线不明显，稍凹陷，黄褐色至黑褐色。病部果肉呈黑褐色腐烂状，在高湿条件下病部表面长有白色絮状菌丝，病果易脱落或干瘪收缩成僵果（图 19-19）。

叶片上的症状　　　　　　　　　果实上的症状

图 19-19　茄子绵疫病（引自刘秀芳，1993）

（二）观察病害的病原

此病由真菌鞭毛菌亚寄生疫霉菌（*Phytophthora parasitica* Dast.）和辣椒疫霉菌（*P. capsici* Leon.）侵染所致。菌丝白色，棉絮状，无隔，分枝多，气生菌丝发达，病组织和培养基上易产生大量孢子囊，孢囊梗无色，纤细，无隔膜，一般不分枝；孢子囊无色或微黄，卵圆形、球形至长卵圆形，大小为 30～70μm；孢子囊顶端突起明显，大小为 6.8μm。菌丝顶端或中间可生大量黄色圆球形厚垣孢子，直径为 20～40μm，壁厚 1.3～2.6μm，单生或串生。

二、掌握病害的发生发展规律

（一）病程与侵染循环

由茄疫霉菌引起的真菌病害。病菌主要以卵孢子在土壤中病株残留组织上越冬，成为翌年的初侵染源。卵孢子经雨水溅到植株体上后萌发芽管，产生附着器，长出侵入丝，由寄主表皮直接侵入。病部产生的孢子囊所释放出的游动孢子可借助雨水或灌溉水传播，使病害扩大蔓延。高温高湿有利于病害发展。气温 25～35℃、相对湿度 85% 以上、叶片表面结露等条件下，病害一般发展迅速而严重。此外，地势低洼、排水不良、土壤黏重、管理粗放、偏施氮肥、过度密植、连茬栽培等，也会加剧病害蔓延。

病菌以卵孢子随病残组织在土壤中越冬。翌年卵孢子经雨水溅到茄子果实上，萌发长出芽管，芽管与茄子表面接触后产生附着器，从其底部生出侵入丝，穿透寄主表皮侵入，后病斑上产生孢子囊，萌发后形成游动孢子，借风雨传播，形成再侵染，秋后在病组织中形成卵孢子越冬。

（二）影响发病的条件

发育最适温度为 30℃，空气相对湿度 95% 以上时菌丝体发育良好。在高温范围内，棚室内的湿度是认定病害发生与否的重要因素。此外，重茬地、地下水位高、排水不良、密植、通风不良，或保护地撤天幕后遇下雨，或天幕滴水，造成地面积水、潮湿，均易诱发本病。

茄子绵疫病属于真菌病害。主要靠土壤和雨水传播。高温高湿、雨后暴晴、植株密度过大、通风透光差、地势低洼、土壤黏重时易发病。

三、管理病害

（一）制订病害管理策略

茄子绵疫病管理应采取选用抗病品种、种子处理、加强田间管理等农业防治和化学喷药防治的综合策略。

（二）采用病害管理措施

1. 选用抗病品种 选用抗病品种是防治绵疫病发病的措施之一。一般情况下圆茄子品种比长茄子品种抗病，厚皮品种比薄皮品种抗病，早熟品种比晚熟品种抗病，常用的抗病品种有'兴城紫圆茄'、'贵州冬茄'、'通选1号'、'济南早小长茄'、'竹丝茄'、'辽茄3号'、'丰研11号'、'青选4号'、'老来黑'等。

2. 种子消毒 用 35% 精甲霜灵乳化种衣剂 2ml，兑水 150～200ml，包衣 4kg 茄种。也可用 68% 精甲霜·锰锌水分散粒剂 600～800 倍液浸种 30min 后催芽。播种前对种子进行消毒处理，如用 50～55℃ 的温水浸种 7～8min 后播种，可大大减轻绵疫病的发生。

3. 加强田间管理 要合理安排地块，前茬最好是葱蒜类或豆类作物，有条件的实行水旱轮作效果更好。忌与西红柿、辣椒等茄科、葫芦科作物连作。非茄科类蔬菜实行 2 年以上的轮作倒茬。选择高低适中、排灌方便的田块，秋冬深翻，施足酵素菌沤制的堆肥或腐熟的有机肥，采用高垄或半高垄栽植，合理密植。改善通风透气条件。及时中耕、整枝，摘除病果、病叶，采用地膜覆盖，增施磷肥、钾肥等，雨后及时排除积水。施足腐熟有机肥，预防高温高湿。同时，及时整枝，适时采收，发现病果、病叶及时摘除，集中深埋。

4. 药剂防治 茄子定植前，可用 50% 多菌灵 500 倍液喷洒苗床，带药定植。缓苗后用 70% 代森锰锌可湿性粉剂 500 倍液喷洒保护。发病初期及时喷药保护，可选用 25% 甲霜灵可湿性粉剂 800～1000 倍液、60% 氟吗锰锌可湿性粉剂 1000 倍液、58% 甲霜灵锰锌可湿性粉剂 500 倍液、40% 乙膦铝可湿性粉剂 300 倍液、77% 可杀得可湿性微粒粉剂 500 倍液，每 7～10d 喷一次，连续喷药 2～3 次，即可防治茄子绵疫病的发生。若遇阴雨天，可改用 5% 百菌清粉尘剂，每 333.5m² 温室 500g 喷粉或 25%～40% 百菌清烟雾剂，每 333.5m² 温室 150～200g 熏烟防治，每 5～7d 一次，连续 2～3 次。

第九节　茄子褐纹病

茄子褐纹病又称为褐腐病、干腐病，是一种世界性病害，为茄子三大病害（绵疫病、黄萎病和褐纹病）之一。茄子褐纹病在我国大部分茄子生产区均有发生，发病程度因各地气候条件而异，从总体上看，高温多雨年份发病相对较重。该病在茄子的整个生育期均能发生，可引起苗期猝倒，成株期叶斑、枝枯、茎枯及果腐，其中果腐造成的损失最大。田间发生褐纹病时，茄子产量和品质均受到严重影响，且在运输和贮藏过程中，褐纹病也可导致整堆茄子腐烂，严重影响菜农的经济收入。

一、诊断病害

（一）识别病害症状

茄子从苗期到成株期均可受害，但仍以果实受害为主（图 19-20）。幼苗发病初期幼茎基部形成水浸状、梭形或椭圆形病斑，病斑褐色至黑褐色，稍凹陷并收缩。条件适宜时病情扩展迅速，病斑可环绕茎部一周，后期病部萎缩，致使幼苗猝倒死亡。幼苗稍大

叶片上的症状

果实上的症状

图 19-20　茄子褐纹病（引自吕佩珂，1988）

时受害，则呈立枯状，病部密生小黑点（分生孢子器）。发病轻微的幼苗定植后病斑逐渐扩大，造成茎部上粗下细，呈棒槌状，遇风易折断倒伏，后期也生成小黑点。

成株期茄子叶、茎、果实均可发病，一般近地部更容易受侵染。叶片发病初期，病斑圆形或近圆形，灰白色至褐色，中央颜色较浅，具同心轮纹，后期病斑扩大成不规则形，颜色加深，中央易穿孔，并着生大量灰色或黑色小点。成株期茄子近地部茎秆最易受侵染，发病处常出现不规则形、灰白色至灰褐色病斑，病斑上密生小黑点，剖开之后内部组织变褐。后期茎部呈干腐或纵裂，皮层脱落露出木质部，遇风易折断。发病严重时，造成枝枯、茎枯或整株枯死。果实发病后病斑圆形或近圆形，浅褐色至暗褐色，病果果肉凹陷呈半腐烂状，具有明显的同心轮纹。田间湿度大时，病果落地腐烂，病部密生小黑点。病果种子灰白色或灰色，皱瘪无光泽。

（二）观察病害的病原

茄褐纹拟茎点霉 [*Phomopsis vexans*（Sacc. Et Syd.）Harter.]，属半知菌类腔孢纲球壳孢目球壳孢科拟茎点霉属真菌（图19-21）。茄褐纹拟茎点霉病斑上产生的黑色小点是病菌的分生孢子器。初埋生于寄主表皮下，成熟后突破表皮而外露。分生孢子器单独着生于子座上，呈凸透镜形，具有孔口，其大小为（55～400）μm×（45～250）μm，可随寄主部位和环境条件而变化。分生孢子有两种不同形态：一种是椭圆形或纺锤形，大小为（5～8）μm×（2～8）μm，通常内含2～3个油球；另一种呈细长线状，并在一端弯曲成钩，大小为（12.2～28）μm×（1.18～2）μm。两者均为无色单胞。

有性世代为茄间座壳菌 [*Diaporlhe vexans*（Sacc. et Syd.）]，属子囊菌门真菌。有性世代在自然条件下很少见到，偶见于茎秆或果实的老病斑上。子囊壳常2～3个聚生在一起，球形或卵形，具有长形或不整形的喙部，直径为130～350μm。子囊呈倒棍棒状，大小为（28～44）μm×（5～12）μm。子囊孢子双胞，无色，长椭圆形至钝纺锤形，在横格处稍有溢缩，大小为（9～12）μm×（3.4～4）μm。

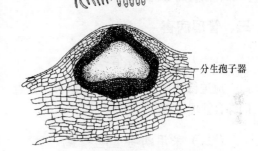

图19-21　茄子褐纹病菌（引自吕佩珂等，1992）

二、掌握病害的发生发展规律

（一）病程与侵染循环

病菌主要以菌丝体或分生孢子器在土表的病残体上越冬，同时也可以菌丝体潜伏在种皮内部或以分生孢子黏附在种子表面越冬。在病残体上的病菌可存活3年以上。种子带菌是造成幼苗猝倒的主要原因，同时也是病害远程传播的媒介。土壤中的病菌常常引致植株茎秆基部的溃疡。分子孢子萌发后可直接穿透寄主表皮而侵入，也能通过伤口进行侵染。果实受害往往先从萼片开始，然后再侵入果实，病菌很少从光滑且多角质的果皮上侵入。

病菌及茎基溃疡上产生的分生孢子为当年再侵染的主要菌源。然后，再经过反复多次再侵染，造成叶片、茎秆上部及果实的大量发病。分生孢子在田间主要通过风雨、昆虫及人工操作（如摘果、整枝等）传播。潜育期在幼苗上为3～5d，成株期则为7～10d。

（二）影响发病的条件

诱发病害的最适气候条件是高温和高湿，温度28～30℃、80%以上的相对湿度利于茄子褐纹病的发生。南方地区6～8月的高温多雨季节，极易引起病害的流行。北方地区在7～9月，高温又遇多雨潮湿的年份，也能引起病害流行。因此，降雨的早晚和多少及高湿度是否存在，便成为褐纹病在北方能否流行的决定性因素。

此外，地势低洼，排水不良，栽植过密过迟或施用氮肥过多，也可促进病害的发生危害。连作地块发病重与轮作发病，甚至邻近头两年重病地的田块也发病较多。土壤黏重、偏酸；多年重茬，田间病残体多；氮肥施用太多，生长过嫩；肥力不足、耕作粗放、杂草丛生的田块，植株抗性降低，发病重。肥料未充分腐熟、有机肥带菌或肥料中混有本科作物病残体的易发病。阴雨天或清晨露水未干时整枝，或虫伤多，病菌从伤口侵入，易发病。不同品种间具有抗病性差异，一般长茄类比圆茄类抗病；白皮茄、绿皮茄比紫皮茄、黑皮茄要抗病。

三、管理病害

（一）制订病害管理策略

应进行选用抗病品种，采取种子消毒、苗床消毒、加强栽培管理和药剂防治相结合的综合管理策略。

（二）采用病害管理措施

1. 选用抗病品种 这对病害经常严重发生的地区尤为重要，一般长茄比圆茄抗病，绿茄比紫茄抗病。

2. 种子消毒 播种前用55～60℃温水浸种15min，捞出后放入冷水中冷却后再浸种6h，而后催芽播种。也可用种子重量0.1%的50%苯菌灵可湿性粉剂拌种。

3. 苗床消毒 提倡营养钵育苗，选2年以上未种过茄子的地块作苗床，有条件的可进行无土育苗。尽可能早播种、早定植，使茄子生育期提前，减少茄子生长后期与褐纹病发生适期重叠的时间。

苗床土最好选用无病田的净土或用50倍福尔马林溶液灌注处理，灌注药液后可将床土堆起来，用塑料薄膜覆盖2～3d，然后放置2周，等药剂散去后再行使用，以免发生药害。也可用50%多菌灵可湿性粉剂，按每平方米10g，或50%福美双可湿性粉剂8g，拌细土2kg制成药土进行床土消毒，下铺上盖，即用1/3药土铺底，播种后，将剩余药土覆在种子上。

4. 加强栽培管理 注意田园卫生，及时清除病叶、病果及病株，加以深埋或销毁，避免连作，重病地可实行三年轮作。合理密植 实行宽行密植，及早定植，以利于植株行间的通风透光，降低株间湿度。做好肥水管理，施足底肥，注意氮、磷、钾的合理配合，灌水应结合天气及植株需水情况进行，以勤浇浅浇为宜，雨季则要及时排水。要多施腐熟优质有机肥，一般要求每亩施入腐熟有机肥 4000kg，配合鸡粪 500kg、过磷酸钙 50kg、硫酸钾 25kg 一起混合发酵后施入田间，然后深翻。及时追肥，提高植株抗性。夏季高温干旱，适宜在傍晚浇水，以降低地温。雨季及时排水，防止地面积水，以保护根系。

5. 药剂防治 苗期或定植前喷 50% 多菌灵可湿性粉剂 500 倍液 1～2 次。进入结果期开始喷洒 70% 代森锰锌可湿性粉剂 500 倍液，或 50% 苯菌灵可湿性粉剂 800 倍液，或 75% 百菌清可湿性粉剂 600 倍液，或 50% 甲霜铜可湿性粉剂 500 倍液，或 58% 甲霜灵·锰锌可湿性粉剂 400 倍液，或 64% 杀毒矾可湿性粉剂 500 倍液，每 7～10d 喷 1 次，连喷 2～3 次。

第十节　茄子黄萎病

茄子黄萎病俗称"半边疯"、"黑心病"、"凋萎病"。是茄子的主要病害之一，除危害茄子外，还可危害番茄、辣椒、马铃薯、瓜类、棉花、烟草等，一般减产 20%～30%，严重甚至绝收。

一、诊断病害

（一）识别病害症状

茄子黄萎病在茄子的整个生长期都可发生，一般 5～6 叶开始发病，门茄坐果后出现症状，进入盛果期急剧增加（图 19-22）。

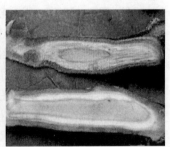

叶片上症状　　　　　　　　植株症状　　　　　　　　维管束症状

图 19-22　茄子黄萎病（引自吕佩珂，1988）

田间通常有 4 种症状类型：①黄色斑块型。这是茄子黄萎病最典型的症状，发病时多见此症状。开始时，病株的下部叶片叶脉间或边缘产生不规则的淡黄色斑块，然后病斑逐渐发展到半边叶或整叶发黄，最后至失水萎蔫状。初期病叶在天气干旱或中午表现萎蔫，早晚恢复，后期病叶萎蔫不再恢复，颜色由黄变褐，叶缘向上卷曲，最后叶片枯死脱落。病害有时发展至整株，有时只半边叶或半边植株发病。因此，茄子黄萎病也俗称"半边疯"。剖视病株根、茎、分枝及叶柄等部，可见维管束变褐，用手挤，无白色黏液渗出。②网状斑纹型。病株叶片上的叶脉变黄，病斑呈网状斑纹形，此症状在田间发生较少。③萎蔫型。发病植株叶片自下而上呈现失水萎蔫状，下部叶片枯死，上部叶片

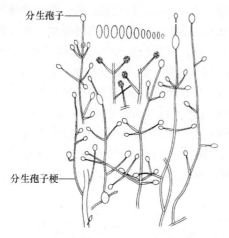

分生孢子

分生孢子梗

图19-23　茄子黄萎病菌（引自吕佩珂等，1992）

萎蔫。④矮化型。发病植株茎节间缩短，有的病株整株矮缩枯死，叶片全部脱落。发病严重的多见此症状。

（二）观察病害的病原

病原为大丽轮枝孢菌（*Verticillium dahliae* Kelb.），属半知菌类轮枝孢属（图19-23）。菌丝体初无色，老熟时变褐色，有隔膜。分生孢子梗直立，较长，长110～200μm，呈轮状分枝，在孢子梗上生1～5个轮枝层，每层2～3个轮枝，轮枝长10～35μm，轮距12.4～24.8μm，顶枝或轮枝顶端着生分生孢子。分生孢子椭圆形，单胞，无色或微黄，大小为（2.5～6.25）μm×（2～3）μm。大丽轮枝孢菌在培养基上产生白色菌丝，后形成大量黑色微菌核及由孢壁增厚而产生的串生黑褐色的厚垣孢子。微菌核大小为（35～215）μm×（21～69）μm。病菌生长适温为22.5℃，33℃时仍能生长。生长适宜pH为5.3～7.2，pH在3.6条件下，生长良好。茄子新鲜组织汁液可明显促进分生孢子发芽和菌丝伸长。黄萎病菌的寄主范围较广，除危害茄子外，还危害辣椒、番茄、马铃薯等茄科蔬菜及瓜类等作物38科180余种植物。

根据病原菌致病力不同分为3种致病类型。Ⅰ型：致病力强，接种30d病情指数高于70.0，并有枯死株，发病早，病株明显矮化，叶片皱缩，枯死脱落成光秆，直至整株死亡，病株率为100%。Ⅱ型：致病力中等，接种30d，病情指数为25.1～70.0，极少有枯死株，病株率为50%～100%，发病较Ⅰ型慢，叶片一般不枯死。Ⅲ型：致病力弱，接种30d，病情指数低于25.0，病株率为33%～95%，发病缓慢，矮化不明显，症状为黄色斑驳。

病菌有生理分化现象。经鉴定，国内存在黑色和白色两个小种（类型），黑色菌株为优势类型，占93.7%，致病力强，30℃生长缓慢，33℃停止生长，形成微菌核数量极多。

另外，茄子黄萎病菌还有黑白轮枝菌（*V. albo-atrum*），病菌不产生微菌核，而形成黑色念珠状菌丝。成熟的分生孢子梗基部变黑。生长适温为20～22℃，30℃时不生长，其余形态特征与大丽轮枝孢菌相似。中国未分离到这个菌株。

二、掌握病害的发生发展规律

（一）病程与侵染循环

病菌以菌丝体、厚垣孢子和微菌核随病残体在土壤中或附在种子上越冬，成为翌年的初侵染源。病菌在土壤中可存活6～8年，微菌核可存活14年。土壤带菌是此病的主要侵染源，病菌也能以菌丝体和分生孢子在种子内越冬，是病害远距离传播的主要途径。病菌借风、雨、流水、人畜、农具传播发病，带病种子可将病害远距离传播。土壤中的病菌，从幼根侵入，在导管内大量繁殖，随体液传到全株，病菌产生毒素，破坏茄子的代谢作用，引起植株死亡。病株表面不产生分生孢子，故无再侵染。病原菌在茄子发病植株内的分布：发病初期茎内均存在病原菌，其侵入叶柄、果柄较慢，几乎不向果实转移；发病后病情发展迅速，短期内即表现全株病状，叶片大量脱落。病叶在 10～25℃ 产生分生孢子和微菌核，低于 5℃、高于 30℃ 或干燥、淹水条件下不能产生。其他微生物在叶上占优势时其产生受抑制。

（二）影响发病的条件

1. 气候条件　病害在气温 20～25℃、土温 22～26℃、较高的湿度下易发生。高温干旱病害发生减轻，气温在 28℃ 以上发病会受到抑制。

2. 栽培管理条件　连作地发病重，轮作地发病轻；平衡施肥，植株健壮，抗病力强；偏施氮肥，植株长势弱，抗病力弱；气温低，定植时根部造成的伤口愈合慢，利于病菌侵入，茄子定植至开花期，平均气温低于 18℃ 的天数多，雨量大，浇凉的井水发病重；地势低洼，施用未腐熟的有机肥，底肥不足，定植过早，覆土过深，起苗时伤根多，过于稀植，土壤龟裂等均有利于病害的发生。

三、管理病害

（一）制订病害管理策略

采用以合理灌溉，增施腐熟有机肥，早期扣地膜为主的农业措施，辅以化学防治的病害管理策略。

（二）采用病害管理措施

1. 选用抗耐病品种　茄子不同品种对黄萎病的抗性有明显的差异，目前未发现免疫和高抗品种。'苏长茄 1 号'、'龙杂茄 1 号'、'辽茄 3 号'、'济南早小长茄'、'湘茄 4 号' 等较抗病。尤其是野生材料，抗病性强，如'刚果茄'、'观赏茄'等。

2. 农业防治　实行与葱蒜等非茄科作物 4 年以上的轮作，水旱轮作 1 年有效。每亩施用充分腐熟厩肥 5000kg 以上，并增施氮、磷、钾混合肥 30kg 作基肥。种子用 50% 多菌灵可湿性粉剂 500 倍液浸种 2h，或用 55℃ 温水浸种 15min，移入冷水冷却后备用。无病土育苗，采用营养钵育苗，起苗时多带土减少伤根。高垄栽培铺地膜，定植后选晴天高温时浇水，小水勤浇，保持土面不龟裂。

3. 药剂防治　定植田每亩用 2～2.5kg 50% 多菌灵可湿性粉剂喷撒地面，耙入 15cm 深处，也可用以上药剂 500 倍液在定植时灌根。发病初期用 50% 多菌灵可湿性粉剂 500 倍液或 50% 苯菌灵可湿性粉剂 1000 倍液，每株灌配好的药液 0.5L，或用 12.5% 增效多菌灵可湿性粉剂 200～300 倍液，每株灌液 100ml。

4. 嫁接换根　用'野茄 2 号'、'云南野茄'、'日本赤茄'、'托洛巴姆'等作砧木，栽培茄作接穗，采用劈接法嫁接，可收到 95% 以上的防效。嫁接时必须用无菌土培育接穗，防止接穗带菌，否则影响防效。砧木播前催芽，要提前 25d 播种，5～6 片叶时，下部留 2 片真叶，横切，去掉上部。在茎中间劈一深 1～1.5cm 的刀口，将接穗保留 2～3 片真叶削成楔形，对好形成层插入木切口，用嫁接夹夹住。保持白天温度 26℃，湿度 95% 以上，遮阴 3～4d，以后半遮阴直至成活，将嫁接苗定植到大棚时，接口处一定高于地面，以防黄萎病再次侵染。

5. 高温土壤消毒或换土　7月后，将大棚土壤每平方米用 10～15g 多菌灵或敌克松喷洒后深翻，再喷土壤表面，将土壤与杀菌剂拌匀。晴天，覆盖地膜，密闭棚膜，使土温达 60～70℃，可杀死病菌。换土的方法比较费工，将 30cm 厚的大棚土壤倒到棚外，将至少 3 年没种植过茄科作物的肥沃土壤倒进大棚内。

第十一节　辣（甜）椒病毒病

该病在世界上分布广泛。在我国辣（甜）椒生产上，病毒病是影响其产量的主要病害。20 世纪 70 年代以来辣（甜）椒病毒病的发生日趋严重，发病率高、蔓延快速，一般可减产 30% 左右，严重的可达到 60% 以上，甚至绝产。辣（甜）椒病毒病发生后造成辣椒三落，即落花、落叶、落果，成为我国辣（甜）椒生产上的主要限制因素。

一、诊断病害

（一）识别病害症状

田间症状十分复杂，从苗期至成株期都可发病。常见的有花叶、黄化、坏死和畸形 4 种症状。有时几种症状同在一株出现，严重影响辣（甜）椒的产量和品质。

花叶型症状包括轻型花叶和重型花叶两种。轻型花叶（图 19-24），病叶初现明脉轻微褪绿，或现浓、淡绿相间的斑驳；病株无明显畸形或矮化，不造成落叶；重型花叶，除表现褪绿斑驳外，叶面凹凸不平，叶脉皱缩畸形，或形成线形叶，生长缓慢，果实变小，严重矮化。黄化型症状，病叶明显变黄，出现落叶现象（图 19-25）。坏死型症状，叶脉呈褐色或黑色坏死，沿着叶柄和果柄扩展到侧枝、主茎和生长点，出现系统坏死状条斑，维管束变褐，造成落叶、落花和落果，严重时嫩枝、生长点甚至种株都枯死（图 19-26）。畸形型症状，病株变形，如叶片变成线形，即蕨叶，或植株矮小，分枝极多，呈丛枝状。重病果果面有深绿、浅绿相间的花斑和疱状突起（图 19-27）。

图 19-24　轻型花叶（引自吕佩珂等，1992）

图 19-25　黄化型（引自商鸿生，2000）

（二）观察病害的病原

已报道辣（甜）椒病毒病毒源有 10 多种病毒，我国已发现有 7 种（各地互不相同）：黄瓜花叶病毒（CMV），可划分为重花叶株系、坏死株系、轻花叶株系和带状株系；烟草花叶病毒（TMV）；马铃薯 Y 病毒（PVY）；烟草蚀纹病毒（TEV）；马铃薯 X

图 19-26　坏死型（引自吕佩珂，1988）　　　　图 19-27　畸形型（引自商鸿生，2000）

病毒（PVX）；苜蓿花叶病毒（AMV）；蚕豆萎蔫病毒（BBWV）。

黄瓜花叶病毒（CMV）能引致辣（甜）椒系统花叶、畸形、蕨叶、矮化，有时产生叶片枯斑或茎部条斑；钝化温度为 65～70℃（10min）；稀释限点为 10^4；体外保毒期为 3～4d，不耐干燥。

烟草花叶病毒（TMV）主要前期危害，引起甜椒急性型枯斑或落叶，后心叶呈系统花叶，或叶脉坏死，茎部表面或顶梢坏死；钝化温度为 90～97℃（10min）；稀释限点为 10^6，体外保毒期很长，在无菌汁液中维持致病力达数年，在干燥病组织内存活力达 30 年以上。

马铃薯 Y 病毒（PVY）在辣椒上造成系统轻花叶和斑驳，引致花叶、矮化、果少等症状；病毒粒体弯曲长杆状，质粒大小为 11nm×730nm；钝化温度为 52～62℃；稀释限点为 100～1000；体外保毒期为 2～3d。

烟草蚀纹病毒（TEV）弯曲纤维状，长约 730nm；钝化温度 55℃；稀释限点 10^4；体外保毒期为 5～10d。

马铃薯 X 病毒（PVX）在甜椒产生系统重花叶和叶脉深绿；弯曲纤维状，有螺旋结构，大小为 515nm×（11～13）nm；钝化温度为 70℃（10min）；稀释限点 10^6；体外保毒期 127d，20℃下侵染性能保持几周，加甘油可保持 1 年以上。

苜蓿花叶病毒（AMV）在甜椒上产生系统花叶或褪绿黄斑；钝化温度为 55～60℃；稀释限点为 1000～2000；体外保毒期 3～4d。

蚕豆萎蔫病毒（BBWV）在甜椒上造成系统性褪绿、斑驳、花蕾变黄，顶枯，茎部坏死及整株萎蔫；钝化温度为 60～70℃；稀释限点为 10^4～10^5；体外存活期为 4～6d。

二、掌握病害的发生发展规律

（一）病程与侵染循环

辣（甜）椒各种病毒都能在寄主的活体内越冬，传播途径主要分为虫传和接触传染两类：CMV、TEV、PYV、AMV 和 BBWV 等 5 种病毒为虫传病毒；TMV 和 PVX 靠接触及伤口传播，通过整枝打杈等农事操作传染。

（二）影响发病的条件

CMV、TEV、PYV、AMV 和 BBWV 等 5 种虫传病毒引起的病毒病的发生与蚜虫的发生情况关系密切，特别遇高温干旱天气，不仅可促进蚜虫传毒，还会降低寄主的抗病性。TMV 和 PVX 两种接触传染病毒引起的病毒病的发生情况与定植晚、连作地、低洼及缺肥地关系密切。此外，栽植密度过稀，如遇高温，地表干燥，影响植株根系发育从而降低辣（甜）椒的抗病能力。

三、管理病害

（一）制订病害管理策略

病毒病是发生在辣（甜）椒上的一种常见病害，尤其在春夏季节棚内高温干旱的情况下极易发生，严重影响了辣（甜）椒的产量和品质。在病害管理上应采取以农业防治为主的综合管理策略。

（二）采用病害管理措施

1. 种子处理　选用抗病品种，一般早熟有辣味的品种比晚熟无辣味的品种抗病，各地区应因地制宜地选用抗病品种。种子在播种前先用清水浸泡 3～4h，再放在 10% 磷酸三钠溶液中浸种 20～30min，捞出后用清水冲洗干净，催芽播种。

2. 温度、湿度调节　高温干旱是诱发辣（甜）椒病毒病的重要因素之一。因此，在管理上要注意加强通风、合理浇水，调节好棚内的温度、湿度。一般情况下，白天应将温度控制在 25～30℃，夜间应将温度控制在 15～16℃，当棚内温度超过 35℃并通过通风不能控制时，应采用遮阳网或向棚膜上喷泥浆遮阴。夏季土壤水分蒸发量大，要注意及时浇水，保持一定的土壤湿度，使环境条件不利于病毒病的发生发展，或使其处于隐症状态，以减少损失。

3. 防虫措施　辣（甜）椒病毒病主要是由昆虫传播和接触传播。因此，放风口处一定要设置防虫网，严防蚜虫、飞虱、叶蝉、蓟马等昆虫从风口潜入，这是预防辣（甜）椒病毒病的又一重要措施。对于潜入棚内的昆虫，可采用黄板诱杀法防治，也可用 3% 的啶虫脒 1500 倍混 10% 的吡虫啉可湿性粉剂 2000 倍防治。对于棚外的杂草，一定要清理干净，彻底铲除昆虫寄居繁殖的场所。另外，菜农平时在农事操作中一定要注意减少枝叶擦伤，以防病毒从蔬菜的微伤口传入。

4. 加强肥水管理　辣（甜）椒定植时，一定要注意起垄栽培，定植后到结果前这段时间应控制浇水，以防植株旺长。对于旺长的植株，可用助壮素进行叶面喷洒。施肥更要科学合理，应根据辣（甜）椒的生物特性平衡施肥，尤其是盛果期，要注意补足钾肥，并注意微生物肥料和叶面肥的配合使用。平时还应及时整枝打杈，疏除植株下部的老叶、黄叶、病叶，以促进辣（甜）椒的健壮生长，提高植株的抗病性。另外，叶面喷用 6000 倍的爱多收或甲壳素也能提高蔬菜对病毒的抗性。

5. 轮作　与非茄科植物实行 3 年以上轮作和邻茬减少，病毒来源和传染。

6. 生物防治　利用烟草花叶病毒的弱毒株系 N14 和黄瓜花叶病毒 RNA 制剂 S_{52} 等进行生物防治均已获成功。

7. 药剂防治　定植后现蕾前，用 20% 病毒灵、20% 病毒 A 等喷施，间隔 7～10d 喷一次，连续 2～3 次，均有一定的防治效果；另喷施 0.1% 硫酸锌也可以减轻发病。

第十二节　辣椒炭疽病

辣椒炭疽病是辣椒上常见且危害较重的一种病害，全国各地均有发生，危害也较严重。辣椒上发生的炭疽病有3种，即黑色炭疽病、黑点炭疽病和红色炭疽病。其中黑色炭疽病发生较普遍，黑点炭疽病仅部分地区发生，红色炭疽病发生较少。3种炭疽病除危害辣椒外，也能侵染茄子，黑点炭疽病还能侵染番茄。

一、诊断病害

（一）识别病害症状

黑色炭疽病主要危害叶片和果实，成熟果实和衰老叶片受害更重。叶片发病初期呈褪绿水渍状斑点，并逐渐变成褐色，最后形成边缘为深褐色、中间为浅褐色或灰白色的近圆形或不规则形斑，上面轮生黑色小点，即病菌和分生孢子盘。发病叶片易脱落，严重时只剩顶部小叶。果实上的病斑长圆形或不规则形，初呈水渍状，后呈褐色、凹陷，有稍隆起的同心轮纹，其上也密生小黑点，病斑的边缘有湿润的变色圈。干燥时病斑干缩，似羊皮纸状，易破裂。

黑点炭疽病主要是成熟果实受害严重。病斑很像黑色炭疽病，但病斑上的小黑点较大，色较深，在潮湿条件下，小黑点能溢出黏质物。

红色炭疽病幼果和成熟果均能受害，病斑圆形、黄褐色，水浸状，凹陷，病斑上有橙红色小点，且略呈同心环状排列，在潮湿条件下，整个病斑表面溢出红色黏质物（图19-28）。

黑色炭疽病病果　　　　黑点炭疽病病果　　　　红色炭疽病病果

图19-28　辣椒炭疽病病果（引自刘秀芳，1993）

（二）观察病害的病原

辣椒3种炭疽病的病原均为半知菌类炭疽菌属（*Colletotrichum*），有性态为子囊菌门围小丛壳属（*Glomerella*）：①刺盘孢属的黑刺盘孢菌，引起辣椒黑色炭疽病（图19-29）。病斑上的黑色小点是病菌的分生孢子盘，周缘生暗褐色刚毛，有2~4个隔膜。分生孢子梗短圆柱形，无色，单胞。分生孢子长椭圆形，无色，单胞。②丛刺盘孢属的辣椒丛刺盘孢菌，引起黑点炭疽病（图19-30）。分生孢子盘周缘及内部均密生刚毛，内部刚毛

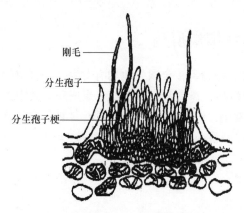

图 19-29　黑色炭疽病菌（引自张艳菊等，2014）

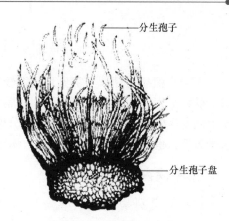

图 19-30　黑点炭疽病菌

特别多，刚毛暗褐色，有隔膜。分生孢子新月形，无色，单胞。③盘长孢属的辣椒盘长孢菌，引起红色炭疽病（图 19-31）。分生孢子盘排列成轮纹状，无刚毛，分生孢子椭圆形，无色，单胞。

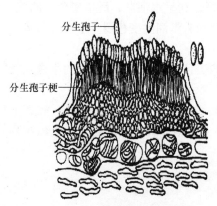

图 19-31　红色炭疽病菌
（引自张艳菊等，2014）

二、掌握病害的发生发展规律

（一）病程与侵染循环

病菌以分生孢子盘和菌丝体随病残体在田间越冬，种子也可以带病，病菌以分生孢子附着在种子表面，或以菌丝体潜伏在种皮内越冬，成为翌年的初侵染源。越冬的病菌在适宜条件下产生分生孢子，借风雨传播蔓延，病菌多从伤口侵入，发病后产生的分生孢子进行重复侵染。病菌侵入后 3d 可发病。

（二）影响发病的条件

发病适宜温度为 27℃，12～33℃均可发病，孢子萌发要求相对湿度在 95% 以上，若低于 54%，则不发病。在北方往往在高温多雨时发病，夏季雨量大的年份受害重。

辣椒的根系发育不良致使植株生长衰弱，是发病的重要因素。辣椒根系的根量少，入土浅，对环境条件敏感，冷热、旱涝都会影响根系发育。凡不利于辣椒根系生长发育的栽培条件都能促进发病，例如，栽植过深、地温低、中耕不及时、肥料不足或施用氮素化肥过多，以及栽植密度过小，枝叶不能封行，使土壤温度过高等都能造成根系衰弱，病害发生严重。地势低洼、土壤黏重、排水不良的地块发病早而重，往往成为发病的中心。

不同品种和成熟度不同的果实具有抗病性差异。有辣味的辣椒品种中辣味强的比较抗病。甜椒类型品种中的'铁皮青'比'双富椒'抗病，一般成熟果实易受害，幼果很少发病。果实受日光灼伤或机械损伤可加重炭疽病的发生。

三、管理病害

（一）制订病害管理策略

连续多年实行种子处理和轮作可不发病或发病少。在发病重的地区的防病增产办法除实行轮作和种子处理外，应着重采取促进根系发育的病害管理策略。

（二）采用病害管理措施

1. 种子处理　各地可因地制宜地选用抗病品种，一般辣味强的品种抗性高，如'杭州鸡皮椒'、'铁皮青'等较抗病品种。消灭种子上的病菌，要在播种前进行种子处理。温汤浸种：用清水洗净种子，然后用 55℃ 温水浸种 10min，再移入冷水中冷却，催芽播种。硫酸铜溶液浸种：先将种子在清水中浸泡 6～15h，再用 1% 硫酸铜溶液浸种 5min，捞出后拌少量消石灰或草木灰中和酸性，或硫酸铜浸种后，用清水洗 3 遍，再播种。

2. 轮作与选地　进行 2～3 年轮作，避免与上年辣椒茬相邻种植。要选择排水良好的地块。

3. 加强栽培管理　深耕，每亩施腐熟有机肥 5000kg，较长效的氮磷复合颗粒肥 60～80kg 作底肥。用营养钵育苗，减少移植；定植深度从茎基部算起，一般以 4～5cm 为宜，定植次日开始中耕，雨后和灌水后适时中耕，防止土表裂缝，最后一次中耕要多培土。灌水时，如果气温低要选晴天进行，气温高时要在早晚进行，追肥不要离根太近，追肥后要及时灌水。

4. 防止日灼和机械损伤　定植密度以成株期枝叶相接又不拥挤为原则，达到防止果实日灼和通风透光的目的；田间操作避免碰伤果实。

5. 搞好田园卫生　果实采收后，要彻底清除田间病残体，集中烧毁或深埋，并结合深耕促使病菌死亡。

6. 药剂防治　加强检查，发现病株及时用 1∶1∶200 的波尔多液，或 70% 甲基托布津可湿性粉剂 1000 倍液、75% 百菌清可湿性粉剂 500～600 倍液、50% 福美双可湿性粉剂 500 倍液、抗菌剂"401"500 倍液等喷雾防治。

第十三节　辣椒疮痂病

辣椒疮痂病又称为细菌性斑点病，俗名"落叶瘟"，是辣椒上普遍发生的病害，幼苗和成株均能发病。一般病田发生率为 20% 左右，严重达 80%，常引起早期落叶、落花、落果，对产量影响较大。特别是南方 6 月，北方 7 月、8 月高温多雨或暴雨后，发病尤为严重。

一、诊断病害

（一）识别病害症状

主要危害叶片、茎蔓、果实；病苗子叶上产生水浸状银白色小斑点，后变为暗褐色凹陷病斑，严重时叶片脱落，植株死亡；叶片被害，初期呈水渍状黄绿色小斑点，

图 19-32　辣椒疮痂病
（引自吕佩珂等，1992）

扩大后呈不规则形，边缘暗绿色稍隆起，中间淡褐色、稍凹陷，表皮呈粗糙的疮痂状病斑，受害重的叶片，边缘、叶尖变黄，干枯脱落，如果病斑沿叶脉发生，常使叶片变成畸形（图 19-32）。茎蔓染病后病斑呈水渍状不规则条斑，随后木栓化隆起，纵裂呈疮痂状；果实染病后出现圆形或长圆形墨绿色病斑，直径在 0.5cm 左右，边缘略隆起，表面粗糙，引起烂果。潮湿时，疮痂中间有菌液溢出。

（二）观察病害的病原

Xanthomonas campestris pv. *vesicatoria* 称为野油菜黄单胞辣椒斑点病致病型，属薄壁菌门黄单胞菌属细菌。菌体杆状，两端钝圆，大小为（1～1.5）μm×（0.6～0.7）μm，具极生单鞭毛，能游动。菌体排列链状，有荚膜，革兰氏阴性，好气。寄主为辣椒、番茄。病菌分为三个类型：Ⅰ型侵染辣椒，Ⅱ型侵染番茄，Ⅲ型对辣椒和番茄均可侵染。病菌发育温度为 5～40℃，适宜温度为 27～30℃，致死温度为 59℃（10min）。

二、掌握病害的发生发展规律

（一）病程与侵染循环

病原细菌主要在种子表面越冬（干燥状态下可存活 16 个月以上），也可随病残体在田间越冬。异地调种导致远距离传病，雨水飞溅或昆虫作近距离传播。病原细菌由辣椒植株的气孔、伤口、害虫食痕等处侵入。在发病田，细菌还随风雨、灌溉水、昆虫农事操作和植株间相互接触而扩大传染，发生多次侵害。只要早期有 10% 病株，就足以导致全田发病。

（二）影响发病的条件

高温高湿是最重要的发病条件，20～25℃为发病适温。在结露或降雨以后，叶面果实有一层水膜，空气相对湿度高达 90% 以上有利于病原菌侵入。在 6～8 月高温多雨季节，疮痂病往往暴发，从入侵到显症一般只需 36d 时间。

低洼、密植、土壤偏酸性、管理粗放的辣椒田病重。害虫多发、风雨袭击和果实受日灼等都使植株伤口增多而有利于病菌侵染。

三、管理病害

（一）制订病害管理策略

应采用加强栽培管理和药剂防治相结合的综合病害管理策略。

（二）采用病害管理措施

1. 种子处理　在生产上要选用抗病品种，从无病株或无病果上选留生产用种。种子带菌可采用 55℃温水浸种 10min 或在 1∶10 的农用链霉素中浸种 30min，消毒效果良好。

2. 轮作　　发病重的地块，可与非茄科蔬菜实行 2～3 年轮作；结合深耕，清除病残体，促使病残体分解和病菌死亡。

3. 加强田间管理　　应及时深翻土壤，加强松土、浇水、追肥，促进根系发育，提高植株抗病力，并注意氮肥、磷肥、钾肥的合理搭配；同时在辣椒生长期喷施辣椒壮蒂灵提高授粉质量，果蒂增粗，防止落叶、落花、落果，使辣椒着色早、辣味香浓。

4. 药剂防治　　发病初期喷洒 1∶1∶200 的波尔多液或农用硫酸链霉素、新植霉素。该病施药预防效果不佳，要注意田间发病情况，及时识别和药剂防治。发病初期，特别是遇持续阴天降雨后及时喷洒药剂，可采用以下杀菌剂进行防治。

（1）预防用药　　方案一：奥力克细截 30ml，兑水 15kg，每 7～10d 1 次。方案二：奥力克细截 30ml＋金贝 40ml 兑水 15kg，每 7～10d 1 次。

（2）发病初期　　方案一：奥力克细截 50ml＋金贝 40ml，兑水 15kg，5～7d 用药 1 次，连用 2～3 次。方案二：奥力克细截 50ml＋奥力克青枯立克 30ml，兑水 15kg，每 5～7d 用药 1 次。方案三：奥力克细截 50ml＋奥力克速净 30ml，兑水 15kg，5～7d 用药 1 次，连用 2～3 次。

（3）发病中后期　　奥力克细截 50ml＋25% 叶枯唑 20～25g，兑水 15kg，3～5d 用药 1 次。

第十四节　辣椒疫病

辣椒疫病是一种毁灭性病害，危害辣椒的根、茎、枝、叶和果实，常引起大面积死棵，一般田块死株率为 10%～30%，严重的达 90% 以上。辣椒疫病对辣椒产量、品质影响极大，严重时减产 50% 以上，甚至造成毁灭性的危害。在种植辣椒时应采取综合措施进行防治。

一、诊断病害

（一）识别病害症状

辣椒在幼苗至成株期都可感病（图 19-33），幼苗期染上辣椒疫病可使嫩茎基部出现似热水烫伤状、不定形的暗褐色斑块，逐渐软腐，幼苗倒伏死亡。成株的根、茎、叶、果实均可受害。主根染病初出现淡褐色湿润状斑块，逐渐变黑褐色湿腐状，可引致地上部茎叶萎蔫死亡。茎染病多在近地面或分叉处，先出现暗绿色、湿润状不定形的斑块，后变为黑褐色至黑色病斑。病部常凹陷或缢缩，致使上端枝叶枯萎，但维管束不变色。叶片染病开始时呈水浸状暗绿色，后出现褐色或黑褐色条斑，病部以上枝、叶迅速凋萎死亡，但不掉叶。果实感病始发于果蒂部，产生暗绿色病斑，后变褐软腐，表面长出白色稀疏霉层（病菌的孢子囊和孢囊梗）。僵果和叶失水后残留于枝上，后猝倒或站立枯状死亡。区分枯萎病和疫病时应注意，枯萎病发病时，全株凋萎，不落叶，维管束变褐，根系发育不良。而疫病发病时部分叶片凋萎，相继落叶，维管束色泽正常，根系发育良好。

幼苗期染病　　　　　　　叶片上的症状　　　　　　果实上的症状

图19-33　辣椒疫病（引自昆明市科学技术局，2006）

（二）观察病害的病原

辣椒疫病的病原是辣椒疫霉菌（*Phytophthora capsici* Leonian），属鞭毛菌门疫霉属。病菌孢囊梗简单，菌丝状。孢子囊顶生，长椭圆形，单孢，顶端突起明显。萌发时产生多个有双鞭毛的游动孢子。病菌还能产生球形的厚壁孢子，球形，单胞，黄色，壁平滑。有性生殖为异宗配合，藏卵器球形，淡黄色至金黄色，卵孢子圆球形，黄褐色，直径为15～28μm。病菌生长发育温度为10～37℃，适宜温度为25～32℃。辣椒疫霉菌的寄主范围较广，除辣椒外还能寄生番茄、茄子和一些瓜类作物。

二、掌握病害的发生发展规律

（一）病程与侵染循环

病原菌主要以卵孢子在土壤或残留在地上的病残体内越冬。卵孢子在土壤中病残体组织内越冬，一般可存活3年。土壤中或病残体中的卵孢子是主要的初侵染源。当温度24～27℃，相对湿度95%以上时，可产生游动孢子囊，并释放出游动孢子，经雨水、灌溉水传播到寄主的茎基部或靠近地面的果实上，引起初侵染，形成发病中心或中心病株，在高湿或阴雨条件下病部产生大量孢子囊，孢子囊和所萌发的游动孢子又借风、雨传播，不断进行再侵染。病菌直接侵入或从伤口侵入寄主，有伤口存在则更有利于侵入。

（二）影响发病的条件

疫病是一种流行性很强的积年流行病害，条件适宜时，短时间内就可以流行成灾。疫病的发生与品种的抗性和气候条件关系密切。

1. 气候条件　　多雨、潮湿是关键因素，有利于孢子囊形成、萌发、侵入和菌丝生长；其次是温度，平均温度为26～28℃有利于发病。

2. 栽培管理因素　　与茄科或瓜类蔬菜连作发病较重；地势低、土质黏重、排水不良、通风透光性差、管理粗放、杂草丛生的菜地发病也较重。

3. 品种抗性　　不同的品种抗性也有差异，一般甜椒类抗性较差，辣椒类较为抗病。'双丰'、'甜杂'、'茄门'和'冈丰37'等品种较易感病，'碧玉椒'、'冀研5号'、'丹椒2号'、'细线椒'等品种较抗病，'辣优4号'、'翠玉甜椒'、'陇椒1号'等品种较耐病。辣椒一般苗期易感病，成株期较抗病。

三、管理病害

（一）制订病害管理策略

应采取农业防治和化学防治相结合的综合管理策略。

（二）采用病害管理措施

1. 因地制宜地选用抗病品种　选栽早熟品种、避病或抗病耐病品种，培育出适龄壮苗。辣椒较甜椒抗病。可选用'碧玉椒'、'冀研5号'、'丹椒2号'等抗病品种或'辣优4号'、'翠玉甜椒'、'陇椒1号'等耐病品种。

2. 搞好田园卫生　及时进行病残体的清理，及早发现中心病株并拔除销毁，以减少初侵染源。

3. 实行轮作，加强栽培控病措施　避免与茄科及瓜类连作，可与十字花科、豆类、水稻轮作；收获后彻底清除病残体；播前翻晒土壤，高畦深沟种植；勿过量偏施速效氮肥，宜适当增施磷肥、钾肥。

4. 药剂防治

（1）种子处理　1%的福尔马林浸种30min，捞出洗净后催芽播种，或用阿米西达进行种子包衣。

（2）发病初期立即选喷下列药剂　58%雷多米尔（瑞毒霉锰锌）可湿性粉剂600～800倍液；64%杀毒矾可湿性粉剂500倍液；30%氧氯化铜悬浮剂500倍液；75%百菌清可湿性粉剂500～600倍液。上述药剂宜交替使用，隔7～8d喷一次，连续喷3～4次。

第十五节　茄科蔬菜其他病害

一、茄科蔬菜青枯病

茄科蔬菜青枯病以番茄受害最严重，马铃薯、茄子次之，辣椒受害较轻。

（一）诊断病害

1. 识别病害症状　青枯病是一种土壤传播的细菌性维管束病害。植株长到约30cm高以后才开始发病。病株最初白天凋萎，傍晚后恢复，后不再恢复而死亡，叶片仍为绿色故称为青枯病。茎、根维管束变褐腐烂。切断病茎，用手挤压病茎横切面处有乳白色黏液渗出，这是本病的重要特征。受害植株最后萎蔫死亡，但由于作物种类不同，萎蔫症状的出现有快慢。

番茄苗期不表现症状，长到30cm高发病。首先是顶部叶片萎垂，以后下部叶片凋萎，而中部叶片凋萎最迟，病株最初白天萎蔫，傍晚以后恢复正常。如果土壤干燥、气温高，2～3d后病株即不再恢复而死亡。叶片色泽稍淡，但仍保持绿色，在土壤含水较多或连日下雨的条件下，病株可持续一周左右才死去。病茎下端往往表皮粗糙不平，常发生大而且长短不一的不定根。潮湿时病茎上出现1～2cm大小、初呈水渍状后变为褐色的斑块，病茎木质部褐色，用手挤压有乳白色的菌脓渗出（图19-34）。

图 19-34　番茄青枯病（引自吕佩珂，1988）

茄子被害，初期个别枝条的叶片或一张叶片的局部呈现萎垂，逐渐扩展到整株枝条上，病株茎面没有明显的症状，但将茎部皮层剥开，木质部呈褐色。这种变色从根颈部起一直延伸到上面枝条的木质部。枝条里面的髓部大多腐烂空心。用手挤压病茎的横切面，也有乳白色的菌脓渗出。

马铃薯被害后，叶片自下向上逐渐萎垂，4～5d 后全株茎叶萎蔫死亡，但茎叶色泽仍为青绿色，切开病株上薯块和近地面的茎部，可见维管束变褐色，受挤压后也有乳白色的菌脓渗出，其症状与番茄病株上的相似。

2. 观察病害的病原　病原物为茄科劳尔氏菌（*Ralstonia solanacearum*），劳尔氏菌属。细菌短杆状，两端圆，大小为（0.9～2）μm×（0.5～0.8）μm，一般为 1.1μm×1.6μm。极生鞭毛 1～3 根，在琼脂培养基上形成污白色、暗褐色至黑褐色的圆形或不整圆形菌落，平滑，有亮光。革兰氏染色阴性反应。生长适宜温度为 30～37℃，最高耐受 41℃，最低耐受 10℃，致死温度为 52℃（10min）。对 pH 的适应范围为 6.0～8.0，而以 pH 为 6.6 最适。

（二）掌握病害的发生发展规律

1. 病程与侵染循环　病菌主要随病残体在土壤中越冬，在受病植株残骸上营腐生生活，即使没有适当寄主，也能在土壤中存活 14 个月乃至 6 年之久。一有适当机会，病菌就从寄主的根部或茎基部伤口侵入，进入导管系统，引起发病。整个输导器官因此失却功用，茎、叶由于得不到水分的供应，从而引起植株枯萎。田间病菌主要随雨水或灌溉水传播，此外，农事操作等也能传病。此病不由种子传带，但对马铃薯而言，带病的马铃薯块茎是主要的传病来源。

2. 影响发病的条件　高温和高湿条件适于此病的发生。降雨的早晚和多少往往是发病轻重的决定性因素。一般高畦种植的田块排水良好，发病轻；连作发病重，微酸性土壤发病重。品种和品种之间抗病性有差异。

（三）管理病害

1. 制订病害管理策略　应采取农业防治和化学防治相结合的综合管理策略。

2. 采用病害管理措施

（1）种植抗病品种　因地制宜地选用抗病品种，如'丰顺'、'好时年'、'福安'、'多宝'、'秋星'、'夏星'等。

（2）改进栽培管理　轮作是预防此病最有效的方法。有条件的地区与禾本科作物轮作，特别是与水稻轮作效果最好。结合整地撒施适量石灰，使土壤呈微碱性。选择干燥、排水良好的无病地块建苗床。早播、早定植可减轻发病。适当增施磷肥、钾肥。

（3）药剂防治　田间发现病株应立即拔除并销毁，用 20% 石灰水消毒或对病穴撒石灰粉，发病初期喷洒 100～150mg/L 农用链霉素溶液，7～10d 1 次，连续 3～4 次。

二、辣椒白粉病

（一）诊断病害

1. 识别病害症状　辣椒白粉病主要危害叶片（图 19-35）。初在叶片背面的叶脉间产生一块块薄的白色霜状霉丛，不久在叶正面开始褪绿，出现淡黄色的斑块。叶背面的白色霉丛逐渐长满整个叶片，产出白粉状物，即病菌分生孢子梗及分生孢子。当病情继续发展时，病斑密布，白粉迅速增加，终致全叶发黄，容易脱落，严重时全株叶片落光，仅残留顶部嫩叶，果实不能正常膨大，对产量和品质影响很大。

2. 观察病害的病原　病原是子囊菌门的鞑靼内丝白粉菌。无性阶段称为辣椒拟粉孢霉，属半知菌类真菌。菌丝内外兼生，分生孢子梗散生，由气孔伸出。

图 19-35　辣椒白粉病
（引自刘秀芳，1993）

（二）掌握病害的发生发展规律

以闭囊壳随病叶在地表越冬。分生孢子在 15～25℃条件下经过 3 个月仍具很高的萌发性。孢子萌发从寄主叶背气孔侵入。在田间，主要靠气流传播蔓延。分生孢子形成和萌发适温为 15～30℃，侵入和发病适温为 15～18℃，一般 25～28℃和稍干燥条件下该病流行，分生孢子萌发一定要有水滴存在。

（三）管理病害

1. 制订病害管理策略　辣椒白粉病比较难防治，该病的病菌在营养生长阶段菌丝都藏在叶片里面，等到产生繁殖体的时候，才伸出叶面，为内寄生菌。往往难以在早期发现，而一旦发现，再用药防治就困难了。因此，防治中一定要突出一个"早"字，提早预防。

2. 采用病害管理措施

（1）温棚熏蒸消毒　对育苗温室、定植温棚需提前 7d 按 100m^2 用硫磺粉 0.25kg，锯末 0.5kg 的量，分几处点燃熏蒸密闭 1d。

（2）及早清洁田园　田间发现病株及病叶应及早清除，集中深埋或烧毁，收获后及时清除植株残体，以断绝循环侵染途径。

（3）种子消毒　用 55℃温水浸种 15min，或用 0.1%～0.15% 的高锰酸钾溶液浸泡种子 15～20min。

（4）苗床消毒与培育壮苗　选 3 年没种过辣椒的壤土作床土，并按每平方米床土用 50% 多菌灵或 70% 甲基托布津 8～10g 处理，苗床期注意通风，培育无病壮苗。

（5）实行轮作　与其他蔬菜实行 1～2 年轮作，并深耕晒垡，促进病菌死亡。

（6）测土平衡施肥　增施有机肥和磷肥、钾肥，促进植株生长健壮，增强抗病力。

（7）合理密植，加强管理　栽培密度为每亩 3600～4000 株，单株定植。采用高垄栽培，栽苗于垄两侧，适量灌水，勤通风，保持空气相对湿度 60% 左右，尽量避免忽干忽湿。

（8）预防为主，防治结合　　本着预防为主，能早治不晚治，能与其他病虫害一起治而不单独治的原则，选择适当农药适时进行防治。最好在辣椒挂果时，喷施保护剂农药，如50%硫悬乳剂500倍液，75%百菌清可湿性粉剂500倍液、70%代森锰锌可湿性粉剂800倍液，每7～10d喷1次，连喷2次。田间出现病叶，这时候就必须使用内吸性杀菌剂，可用70%甲基托布津可湿性粉剂1000倍液、15%粉锈宁（三唑酮）1000倍液、40%百菌清（达科宁）悬乳剂800～1000倍液，还有2%武夷菌素水剂150倍液、40%多硫悬乳剂400～500倍液、40%福星乳油6000～8000倍液，10%世高水分散性颗粒剂2000～3000倍液进行喷雾防治。此外每亩还可用45%百菌清烟剂250g、50%百菌清粉剂1kg进行熏蒸，每隔7～10d熏1次，连续2～3次。

▌技能操作

茄科蔬菜病害的识别与诊断

一、目的

通过本实验，认识并掌握茄科蔬菜主要病害的症状和病原物的形态特征；了解不同类别一般病害症状的识别；掌握主要病害和其他病害的判断特征和诊断鉴定基本方法。

二、准备材料与用具

（一）材料

番茄病毒病、叶霉病、灰霉病、早疫病、晚疫病、溃疡病、茄子褐纹病、黄萎病、绵疫病，辣椒病毒病、炭疽病、疮痂病、疫病等病害及病原玻片标本。

（二）用具

显微镜、放大镜、载玻片、盖玻片、解剖针、解剖刀、镊子、滴瓶、培养皿、吸管、记载用具等。

三、识别与诊断茄科蔬菜病害

（一）观察症状

观察番茄病毒病病害标本，判断其属于哪种症状类型。观看病毒图片，了解其形态。

观察番茄灰霉病病害标本，注意病果水浸状、变褐、变软腐烂的特点；病叶上病斑是否暗绿色、近圆形，有无隐约的轮纹。

观察番茄晚疫病病害标本，注意在叶片、茎秆和果实上的病斑症状特点，叶片病健交界有无霜状霉轮；茎秆上病斑是否为条形黑秆状；果实上是否呈边缘不清晰、棕褐色、较硬的病斑。

观察番茄早疫病病害标本，观察各部位病斑形状、颜色等特点；注意病斑同心轮纹的特点。

观察茄子褐纹病病害标本，观察各部病斑的形状、颜色特点；果实上病斑是否凹陷，是否有小黑点，病斑上的小黑点是否均排列成同心轮。

观察茄子绵疫病病害标本，注意不同部位病斑的颜色、形状、大小、有无白色霉层等症状，剖开果实，果肉是否腐烂变黑；茎枝是否有萎蔫。

观察辣椒疫病病害标本，注意病叶、病茎、病植株基部的病斑特点，植株是否萎蔫，果实病部有无霉层。

观察辣椒炭疽病病害标本，取病叶和病果标本，注意观察病斑形状呈灰色腐烂、中央凹陷、上生轮状小黑点的症状特点。比较观察炭疽病和疮痂病叶部为害状的区别。

（二）鉴定病原

观看番茄病毒病病毒图片，了解其形态。

镜检番茄灰霉病病原玻片标本，或从病部或培养基上取病菌制片镜检，注意分生孢子梗的颜色、形态、分枝等特点；分生孢子是否小而密集、球形、无色（图19-36）。

镜检番茄晚疫病病原玻片标本或从病部上挑取病菌，制片镜检孢囊梗和孢子囊的形状、颜色等特点，注意孢囊梗的膨大结节状特点。

镜检番茄早疫病病原玻片标本，或从病部霉层或培养基上挑取病菌，制片镜检分生孢子梗和分生孢子的形态，注意分生孢子大小、颜色、形状和分隔情况；纵横分隔是否明显（图19-37）。

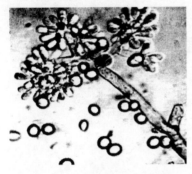

图19-36 茄科蔬菜灰霉病菌
（引自李国庆，2009）

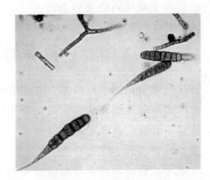

图19-37 番茄早疫病菌

镜检茄子褐纹病病原玻片标本，或取茄褐纹病果皮（带小黑点的）作徒手切片，镜检分生孢子器和分生孢子形态；注意茎秆及果实上的分生孢子器中多产生哪种类型的孢子。

镜检茄子绵疫病病菌玻片，观察孢囊梗、孢子囊、卵孢子的形态、颜色等特征（图19-38）。

镜检辣椒疫病病菌玻片，观察孢囊梗和孢子囊形态特点（图19-39），孢囊梗有无分枝，卵孢子的形态、颜色有何特征。

镜检辣椒炭疽病病原玻片标本，或取辣椒炭疽病带小黑点的病果皮做徒手切片，镜检分生孢子盘及分生孢子梗的形态；分生孢子的形状、大小、颜色；注意分生孢子盘周缘刚毛的形态特点（图19-40）。

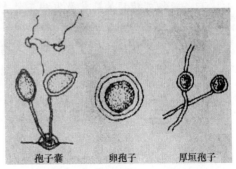

孢子囊　卵孢子　厚垣孢子

图19-38 茄子绵疫病菌（引自侯明生，2014）

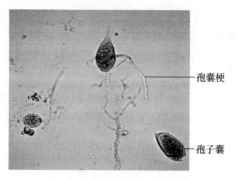

图 19-39 辣椒疫病菌

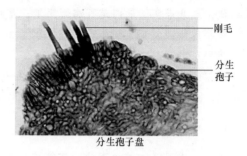

图 19-40 辣椒炭疽病菌

观察茄科蔬菜青枯病、番茄叶霉病、番茄溃疡病、茄子黄萎病、辣椒疮痂病等病害症状及病原，掌握其症状特点，了解病原物的形态特征。

四、作业

1）绘制辣椒炭疽病病菌形态图。
2）绘制番茄晚疫病病菌形态图。
3）绘制茄子褐纹病病菌形态图。

课后思考题

1. 茄科蔬菜苗期病害有哪些？其症状有哪些？
2. 影响茄科蔬菜苗期病害发病的环境条件有哪些？
3. 番茄病毒病的病害管理措施有哪些？
4. 番茄叶霉病的症状是什么？
5. 番茄灰霉病的症状及管理措施有哪些？
6. 列表区分番茄早疫病、晚疫病和溃疡病的症状、病原、发病条件及管理措施。
7. 茄子绵疫病的症状及管理措施有哪些？
8. 茄子褐纹病的管理措施有哪些？
9. 茄子黄萎病发病的环境条件有哪些？
10. 辣（甜）椒病毒病的症状及管理措施有哪些？
11. 辣椒炭疽病的症状及发病条件有哪些？
12. 辣椒疫病的管理措施有哪些？
13. 茄科青枯病的症状及病害管理措施有哪些？
14. 辣椒白粉病的症状及病害管理措施有哪些？

第二十章 葫芦科蔬菜病害与管理

【教学目标】 掌握葫芦科蔬菜常见病害的症状及病害的发生发展规律，能够识别各种常见病害并进行病害管理。

【技能目标】 掌握葫芦科蔬菜常见病害的症状及病原的观察技术，准确诊断葫芦科蔬菜的主要病害。

我国葫芦科作物种类很多，如黄瓜、冬瓜、南瓜、葫芦、丝瓜等，是夏季的主要蔬菜。这些作物的病害有霜霉病、疫病、炭疽病、猝倒病、枯萎病、白粉病、花叶病、细菌性角斑病、白绢病等，其中以霜霉病、疫病、枯萎病发生最为严重，常造成很大的损失。炭疽病、猝倒病和白粉病发生较普遍，对产量也有一定的影响。

第一节 黄瓜霜霉病

霜霉病是黄瓜上发生最普遍、危害最严重的病害之一。我国各地都有发生，露地和保护地栽培的黄瓜，常因此病危害遭受很大损失。在适宜发病条件下，流行速度快，一般可造成20%~30%的减产，严重时可达40%~50%，有的地块因此病危害，只采1~2次瓜后就提早拉秧，菜农称之为"跑马干"。此病除危害黄瓜外，还危害甜瓜、丝瓜、南瓜、冬瓜、葫芦等葫芦科植物，而西瓜的抗病性很强，很少受害。

一、诊断病害

（一）识别病害症状

苗期、成株期均可发病，主要危害叶片，表现为局部性的病斑，也能危害茎、卷须和花梗等。幼苗期便开始受侵，刚出土的幼苗，子叶很易感病，表现为子叶正面不均匀地褪绿、黄化，逐渐产生不规则的枯黄斑。在潮湿条件下，受病子叶的反面可产生一层疏松的灰黑色或紫黑色的霜霉层。

成株发病多数在植株进入开花结果期之后，一般是由下部叶片开始先发生。发病初期，叶片正面叶脉间隐约可见淡黄色病斑，没有明显的边缘，黄色病斑的反面出现明显受叶脉限制、边缘清晰的水渍状多角形病斑，在清晨露水未干前观察尤其明显。湿度大时病斑背面产生灰黑色霉层（图20-1），即病菌孢囊梗及孢子囊。在高温和干燥的条件下，病斑停止发展而枯干，背面不产生霉层。病斑虽可受叶脉限制，但往往多个病斑连成一片，严重的，病斑可占叶面积的1/2以上，常使叶片迅速变黄枯干，天气干燥时容易碎裂，潮湿天气下则容易霉烂。

（二）观察病害的病原

病菌是鞭毛菌门假霜霉属古巴假霜霉菌（*Pseudoper- nospora cubensis*），属专性寄生菌

霜霉病叶片正面黄色病斑　　　叶片背面黑色霜霉

图 20-1　黄瓜霜霉病（引自吕佩珂等，1992）

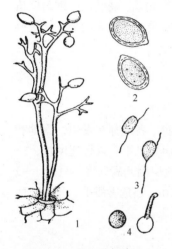

图 20-2　黄瓜霜霉病菌
（引自浙江农业大学，1980）
1. 孢囊梗及孢子囊；
2. 孢子囊；3. 游动孢子；
4. 休止孢子及其萌发

（图 20-2）。营养菌丝无隔膜，无色，在寄主细胞间生长发育，从菌丝上产生卵形或指状分枝，在细胞内吸收养分。无性繁殖器官是孢子囊，卵形或柠檬形，顶端有乳头状突起，淡褐色，着生在自气孔伸出的孢囊梗的小梗上。孢囊梗单生或 2～4 根束生，无色，基部稍膨大，先端锐角分枝 3～5 次，分枝末端小梗稍弯曲。每个小梗上着生一个孢子囊。有性繁殖产生卵孢子。在黄瓜整个生长期间，病菌孢子囊起初侵染和再侵染的作用。孢子囊在水滴或水膜中萌发产生游动孢子，游动孢子在水中游动片刻后，形成休止孢子，休止孢子萌发产生芽管，从气孔侵入。有的孢子囊萌发时直接产出芽管，这多在较高温度和低湿的环境条件下发生。

二、掌握病害的发生发展规律

（一）病程与侵染循环

　　我国黄瓜霜霉病发生的时间和地区，表现为由南向北逐步移动的现象，病菌是从发病较早的地区随季候风向传播。华北、东北、西北等黄瓜区，冬季病菌在保护地黄瓜上侵染危害，并产生大量孢子囊，翌年逐渐传播到露地黄瓜上；秋季黄瓜上的病菌再传到冬季保护地黄瓜上危害并越冬，以此方式完成周年循环。北方高寒地区，全年有 1～4 个月不种植黄瓜，多数学者认为此地区的初侵染源是由发病较早的地区随季风吹来孢子囊侵染所致。南方地区，全年均有黄瓜栽培，病菌以孢子囊在各茬黄瓜上不断侵染危害，周年循环。

　　在田间，发病的叶片上产生大量孢子囊，孢子囊主要通过气流和雨水传播。孢子囊萌发后，从寄主的气孔或直接穿透寄主表皮侵入。环境适宜时潜育期仅为 3～5d，环境不适宜时，潜育期可延长至 8～10d。随后，病斑上又产生孢子囊进行多次再侵染，不断扩大蔓延危害。

（二）影响发病的条件

　　霜霉病的发生与温度和湿度关系密切，其孢子囊的产生、萌发，游动孢子的萌发、侵入均要求很高的温度和水分。在适温范围内，湿度越高，孢子囊形成愈快，产孢数量也多，空气湿度在83%以上时，经过44h，病斑上产生孢子囊，如果湿度低于60%，孢子囊不易产生。叶面有水滴或水膜，持续3h以上孢子囊即萌发和侵入；夜间由20℃逐渐降到12℃，叶面有水6h，病菌才能完成发芽和侵入。在干燥的叶面上，即使有大量病菌，也不会发病。孢子囊萌发的温度为5～30℃，适温为15～20℃；侵入温度为10～25℃，适宜温度为16～22℃。产生孢子囊的温度为10～30℃，适宜温度为15～20℃。温度在10～20℃时，孢子囊产生持续时间较长。在20～30℃时，孢子囊的产生数量较多，速度较快，但持续时间短。日均温为15～16℃时，潜育期为5d；17～18℃时，潜育期为4d；20～25℃最有利于病害发生，潜育期为3d。田间始发期均温15～16℃，流行气温20～24℃；低于15℃或高于30℃发病受抑制。多雨、多露、多雾、昼夜温差大、阴晴交替等气候条件有利于该病的发生与流行。

病害发生与田间栽培管理方式有很大关系。在保护地发病情况与管理方式更为密切，温度、湿度控制不好，通风不当，棚室内湿度过高，昼夜温差大，夜间易结露，均会导致病害严重发生。地势低洼、栽植过密、通风透光不良、肥料不足、浇水过多、湿度大的地块发病重。

不同黄瓜品种对霜霉病的抗性差异很大。幼苗期子叶较抗病，成株期顶部嫩叶比下部叶片抗病，基部老叶由于钙积累较多也比较抗病，成熟的中下部叶片较感病。因此，幼嫩叶片和老叶受害较轻，中下部功能叶片发病最重。一些抗霜霉病的品种往往对枯萎病抗性较弱，推广后易使枯萎病严重发生。

三、管理病害

（一）制订病害管理策略

黄瓜霜霉病潜育期短、流行速度快，病害控制应在选用抗病品种的基础上，加强栽培管理，注意田间卫生，创造有利于黄瓜生长而不利于发病的环境条件，及时进行药剂防治。

（二）采用病害管理措施

1. 选栽抗病品种　黄瓜品种不同，抗病性有差异。应因地制宜地选用抗病品种，露地主栽品种有'津优41号'、'津研4号'、'中农5号'等；大棚主栽品种有'津研6号'、'津绿2号'、'津优11号'、'津优1号'等。

2. 加强栽培管理　应选择地势较高、排水良好的地块种植黄瓜。采用专用配方施肥技术，施足底肥，合理追施氮肥、磷肥、钾肥。黄瓜生长中后期，要进行叶面施肥，可施1%尿素＋0.3%磷酸二氢钾，或叶面施用喷施宝，提高植株抗病力。另外，喷施1%蔗糖溶液也可减轻病害发生。生长前期适当控制浇水，以促进植物根系发育。雨后适时中耕，以提高地温，降低空气湿度。大棚黄瓜灌水要在晴天早晨进行，避免阴天或雨天灌水，要及时通风，昼夜温差不宜过大。

3. 生态防治　利用黄瓜与霜霉病菌生长发育对环境条件要求的不同，创造有利于黄瓜生长发育，不利于病菌生长的条件达到防病目的。上午日出后使棚温升至25～30℃，相对湿度降到75%左右，实现温度、湿度双控制，满足黄瓜光合作用的要求，增强抗病性，抑制发病。下午温度上升适时放风，使温度控制在 20～25℃，相对湿度降到 70% 左右，实现湿度单控制。夜间温度控制在 15～20℃，相对湿度保持在 70% 左右。在黎明时，温度降至最低，湿度达到饱和时进行放风，降低棚内湿度。

4. 高温焖棚　在发病初期进行，选择晴天上午，大棚门窗、通风口关闭，使大棚黄瓜生长点附近温度升高到 45℃，维持 2h，然后放风降温。处理时要求棚内湿度高，若土壤干燥，可在前一天浇水一次，处理后适当追肥。每次处理间隔 7～10d。棚内温度超过 70℃，或棚内干燥，会引起生长点灼伤，要特别注意。

5. 药物防治　黄瓜霜霉病发展极快，药剂防治必须及时。发病初期可选用霜霉威、甲霜铜、嘧菌酯、烯酰·锰锌、甲霜灵、霜脲·锰锌等药剂喷雾。保护地棚室也可选用百菌清烟剂。

第二节　瓜类枯萎病

瓜类枯萎病又称为萎蔫病，是瓜类作物重要病害之一。国内瓜类主栽区普遍发生，塑料大棚和温室栽培发生严重。一般发病率在 10%～20%，严重时可达 50% 以上，重者引起大面积死秧。以西瓜、黄瓜上发病最重，冬瓜、甜瓜次之，南瓜上发病较轻，也危害瓠瓜、丝瓜、苦瓜等。

一、诊断病害

（一）识别病害症状

瓜类枯萎病是一种土传病害，发病严重时田间病株率达 50% 以上。枯萎病典型症状是萎蔫，而后整株枯死（图 20-3）。主要侵染茎，不侵染果实。枯萎病在整个生长期均能发生，以开花结瓜期发病最多。发生早时，幼苗不能出土，即在土中腐烂；或出土后不久顶端呈现失水状，子叶萎蔫下垂，茎基部变褐收缩，发生猝倒。

整株形态

叶片上的症状

图 20-3　黄瓜枯萎病（引自李丽明和邢岩，1995）

成株发病，初期病株常只有少数分枝萎垂，后逐渐延及全株。病势发展缓慢时，叶片自下向上逐渐萎蔫褪绿，似缺水状，中午萎蔫下垂，早晚可恢复，数天后萎蔫严重，不能恢复，直至枯萎死亡。但在病势急剧发展时，则茎叶突然由下而上全部萎蔫。主蔓茎基部纵裂，溢出琥珀色胶体物。将病茎部纵切，维管束呈褐色。在潮湿环境下，茎基部表面常产生白色或粉红色霉状物，最后病部变成丝麻状。

（二）观察病害的病原

瓜类枯萎病主要由半知菌类瘤座孢目镰孢菌属尖孢镰孢菌（*Fusarium oxysporum*）侵染所致（图 20-4）。在 PDA 培养基上气生菌丝呈淡青紫色或淡褐色绒霉；小型分生孢子无色，单胞，椭圆形至长椭圆形，大小为（5～12.5）μm×（2.5～4）μm，在培养基上大量产生；产孢细胞瓶梗状，短而密集。大型分生孢子镰刀形，无色，1～5 个分隔，以 3 个分隔者居多，顶端细胞较长渐尖，足胞有或无，大小为（15～47.3）μm×（3.5～4）μm。在 PDA 培养基上一般产生量少且慢。厚垣孢子产生于菌丝细胞间或顶端，

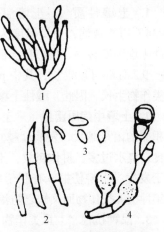

图 20-4　黄瓜枯萎病菌
（引自张艳菊等，2014）
1. 分生孢子梗；2. 大型分生孢子；
3. 小型分生孢子；4. 厚垣孢子

或在分生孢子上产生，单生或成链状，近球形，淡黄绿色，直径为 5～13μm。尖孢镰孢菌可侵染多种葫芦科蔬菜，根据对不同瓜类的侵染力差异，尖孢镰孢菌分为 7 个专化型及多个生理小种，如侵染黄瓜为主的黄瓜专化型、侵染西瓜为主的西瓜专化型、侵染丝瓜为主的丝瓜专化型。其中，黄瓜专化型有 4 个生理小种（我国的黄瓜枯萎病菌为 4 号小种），西瓜专化型有 3 个生理小种。

二、掌握病害的发生发展规律

（一）病程与侵染循环

病菌通过根部伤口或直接从侧根分枝处的裂缝及幼苗茎基部裂口侵入。附着于种子上的病菌孢子，在种子萌发时可直接侵入幼根。病菌侵入后，在根部和茎部的薄壁组织中繁殖蔓延，然后进入木质部维管束，以菌丝或寄主产生的侵填体等堵塞导管，影响水分运输，使植株迅速萎蔫；还可以分泌毒素，破坏寄主细胞原生质体，干扰寄主代谢，积累许多醌类物质，使植物细胞中毒死亡，使导管变褐色。病菌沿导管还可以进入种胚，使种子成为病害发生的初侵染源之一。

尖孢镰孢菌为土壤习居菌，以菌丝体、厚垣孢子和菌核在土壤中越冬，也可在病残体、种子及未经高温腐熟的肥料中越冬，成为翌年病害的初侵染源。病菌在土中腐生性强，可存活 5～6 年或更长的时间，但在优良的轮作制度下，3～4 年后土壤中的病菌就会大大减少。厚垣孢子通过牲畜的消化道后仍能存活。病菌在田间主要靠雨水、灌溉水、土壤耕作、地下害虫和土壤线虫进行传播。该病属积年流行病害，发生程度取决于当年初侵染菌量，一般当年不进行再侵染，即使有也不起主要作用。

（二）影响发病的条件

瓜类枯萎病是典型的土传病害，其发生与土壤性质、土壤中病原菌量、品种抗性及害虫与线虫数量等因素密切相关。

1. 土壤性质 土壤温度、湿度及 pH 对枯萎病的发生有较大影响。病菌在 8～34℃均能致病，适宜温度为 24～28℃。病害的发生与湿度有密切关系，病势的轻重常随土壤湿度转移。根部积水促使病害发生蔓延，湿度越大发病越重。枯萎病菌在 pH 为 4.5～9.2 时都可以生长，其中 pH 为 5.5 左右适宜，酸性土壤有利于病菌活动，而不利于瓜类作物生长，因此，酸性土壤发病重，而碱性土壤发病比较轻。

2. 土壤中病原菌量 土壤中病原菌量多少是当年发病程度的决定因素之一，土壤中积累的菌量越大，发病就越重。一般保护地栽培比露地栽培发病重；地势低洼，排水不良，浇水过多，耕作粗放，土壤瘠薄，偏施氮肥，不清洁田园等不利于植株健壮生长，易于发病；中耕伤根，有利于病菌侵入，病害发生严重；施用未腐熟的有机肥发病重。连年种植瓜类作物而又缺乏防治的田块，土壤中病菌积累多，病害会逐年加重。

3. 品种抗性 瓜类作物中，南瓜高抗枯萎病；不同瓜类品种对枯萎病抗性有较大差异。以黄瓜为例，'津杂 1 号'、'津杂 2 号'、'津杂 3 号'、'津杂 4 号'、'津春 1 号'、'中农 7 号'、'中农号'、'中农 11 号'、'中农 13 号'等品种较抗枯萎病，发病轻。'津研 2 号'、'北京小刺瓜'、'农大 14'等不抗病，发病重。西瓜以'京欣 4 号'和'京欣 8 号'比较抗病。冬瓜以'天津小节瓜'比较抗病。瓜类蔬菜在苗期比较抗病，一般开花结瓜期开始显症，结瓜盛期发病最重。

4. 害虫与线虫数量 地下害虫与土壤线虫多时，危害根部，造成伤口，利于枯萎病菌侵入，致使病害发生加重。

三、管理病害

（一）制订病害管理策略

瓜类枯萎病的防治应采取以种植抗病品种为主，结合栽培管理、药剂防治等的综合防治措施。有条件的情况下，实行 3～4 年的轮作，避免多年多茬口连作，尽可能减少土壤中病菌数量，压低初侵染的数量和强度。注重氮肥、磷肥、钾肥的科学配比，不施用未腐熟的有机肥。加强对地下害虫与土壤线虫的防治，减少存活数量。根据病害发生程度，适时药物防治。

（二）采用病害管理措施

1. 品种选择 各地应因地制宜地选用适合当地的抗病品种。

2. 轮作倒茬 可与瓜类轮作的有百合科、藜科、十字花科、豆科、茄科等多种蔬菜及小麦、玉米、高粱等大田作物，轮作至少要 3 年以上，避免连作或重茬。

3. 嫁接防病 瓜类枯萎病是一种根部病害，寄主专化性较强。因此，选用一些不能被专化型病菌侵染的瓜苗作砧木，进行嫁接换根是防治瓜类枯萎病的有效方法。不同种类的瓜类蔬菜选用的砧木品种不同，如嫁接黄瓜、冬瓜使用黑籽南瓜或'圣砧 1 号'等作砧木；西瓜使用黑籽南瓜、葫芦、瓠瓜作砧木。

4. 加强栽培管理 地块深耕整平，合理施用氮肥、磷肥、钾肥，增施有机肥。选用无病壮苗，移栽时不要伤根，定植后，前期适当控制浇水，并适时中耕，提高地温，促进根系发育。结瓜后适当增加浇水次数，并及时追肥，保持土壤半干湿状态，切忌大水漫灌，雨后及时排水。发现病株及时拔除。

5. 种子处理 应使用无病田留种，否则种子要进行消毒。种子高温消毒处理分为干热消毒及温汤浸种两种方法。温汤浸种是将黄瓜种子放在55℃的温水中处理15min。

6. 土壤高温消毒　　保护地可利用太阳能进行土壤高温消毒，即在夏季高温期间（最好是6月、7月保护地空闲期）清洁田园后，将棚室内土壤深翻25cm，每亩撒施500kg切碎的稻草或麦秸与土壤混匀后起垄，铺地膜，灌透水，保持15～20d。

7. 药剂防治

（1）种子消毒　　可使用25%多菌灵可湿性粉剂按种子重量的1%进行药剂拌种，也可用0.1%的60%多菌灵＋0.1%平平加浸种60min，捞出后冲净催芽。

（2）苗床消毒　　旧苗床土壤带菌的，播种前可用50%多菌灵可湿性粉剂，每平方米均用8g与5kg细土充分拌匀，将2/3药土均匀施入苗床内，播种后再把1/3的药土均匀撒上。

（3）移栽前土壤处理　　每亩用50%多菌灵可湿性粉剂4kg，或50%福美双可湿性粉4kg＋70%甲基硫菌灵可湿性粉4kg，加细土50～100kg拌匀后，定植前均匀施在地表把药土翻入土中，也可均匀施在播种沟或定植沟内。

（4）药剂灌根　　在发病初期可使用防霉宝、甲基硫菌灵、多菌灵、福美双、苯菌灵等药剂灌根。

第三节　瓜类白粉病

瓜类白粉病俗称"白毛"，是一种广泛发生的世界性病害。各种瓜类作物上均有发生，以黄瓜、南瓜、西葫芦和甜瓜受害较重，冬瓜和西瓜次之，丝瓜因较为抗病受害轻（图20-5，图20-6，图20-7），此病害还可以侵染向日葵、凤仙花、月季、蒲公英等多种作物和杂草。通常在植株生长中后期发病较多，在叶片上产生白色粉状物，影响叶片的光合作用和呼吸作用。严重时，造成叶片干枯，致使果实早期生长缓慢，植株早衰，影响瓜的品质和产重，导致严重的经济损失。

图20-5　黄瓜白粉病
（引自吕佩珂等，1992）

图20-6　西葫芦白粉病
（引自昆明市科学技术局，2006）

一、诊断病害

（一）识别病害症状

苗期和生育中后期均可发生，而以生长后期更易受害，发病越早，损失愈重。白粉病菌

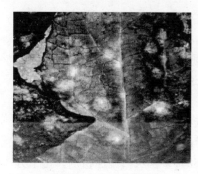

图 20-7　丝瓜白粉病
（引自昆明市科学技术局，2006）

主要侵染叶片，亦危害茎和叶柄，果实一般不受害。叶片受侵染，初期在叶面或叶背产生白色、近圆形的白粉霉斑，以叶面较多，条件适宜时白粉霉斑向四周迅速蔓延而连接成片，成为边缘不整齐的大片白粉斑区，上面布满白色粉状物，即病菌的菌丝体、分生孢子梗和分生孢子。随病情发展，白粉斑上的菌丝老熟变为灰色或红褐色，发病后期病斑上产生成堆或散生的黑褐色小点，为病菌的有性世代——闭囊壳。叶柄和嫩茎上的症状与叶片相似，只是产生较小的白粉霉斑，白粉状物也较少。病害一般由下向上逐渐发展，严重时叶片枯萎卷缩，但一般不脱落。

（二）观察病害的病原

　　我国瓜类白粉病的病原有两种：瓜类单囊壳菌 [*Sphaerotheca cucurbitae*（Jacz）Z.Y Zhao]、葫芦科白粉菌（*Erysiphe cucurbitacearum* Zheng et Chen），分属于子囊菌门白粉菌目单囊壳属和白粉菌属，以前者为主。两种白粉菌的无性态均为半知菌类粉孢属。分生孢子梗（图 20-8）短棍状或圆柱状，不分枝、无色，有 2～4 个隔膜，其上着生成串、椭圆形、单胞、无色的分生孢子。瓜类单囊壳菌的分生孢子大小为（13～24）μm×（26～45）μm，葫芦科白粉菌的分生孢子大小为（13～24）μm×（24～45）μm。两种白粉菌的闭囊壳（图 20-9）均为扁球形，暗褐色，无孔口，直径为 70～140μm，表面有附属丝。主要根据子囊和子囊孢子个数、分生孢子萌发方式、纤维体的有无及鉴别寄主来区分两种白粉菌。葫芦科白粉菌属闭囊壳直径为 80～140μm，闭囊壳内含有 10～15 个子囊，子囊卵圆形或椭圆形，大小为（30～50）μm×（40～58）μm；每个子囊内有 2 个单胞、无色、椭圆形子囊孢子，大小为（12～20）μm×（20～28）μm；分生孢子为细长的圆柱形，分生孢子上没有纤维状体，萌发管指状，从分生孢子的顶端或底部长出，不能侵染瓠瓜。瓜类单囊壳属闭囊壳直径为 70～120μm，内含 1 个子囊，大小为（46～74）μm×（63～98）μm。子囊内有 8 个单胞、无色、椭圆形的子囊孢子，大小为（12～17）μm×（15～26）μm；分生孢子椭圆形，有发达的纤维状体，萌发管叉状或顶端膨胀，从分生孢子的侧面长出，可侵染瓠瓜。

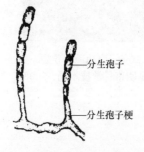

分生孢子
分生孢子梗

图 20-8　瓜类白粉病菌（无性世代）
（引自李怀方等，2001）

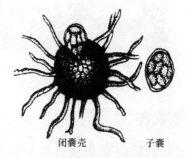

闭囊壳　　　　　子囊

图 20-9　瓜类白粉病菌（有性世代）
（引自李怀方等，2001）

二、掌握病害的发生发展规律

（一）病程与侵染循环

瓜类白粉病菌为专性寄生菌，只能在活的寄主体内吸取营养。两种白粉病菌都能以有性时期的闭囊壳随被害植物残体遗留土表越冬，至翌年5~6月放射出子囊孢子，引起初侵染。在温暖地区和温室内，病菌以菌丝或分生孢子在寄主上越冬或越夏。

田间发病后，病菌能产生分生孢子，造成再侵染。分生孢子主要通过气流传播，接触寄主后在适当的环境条件下，孢子萌发以侵入丝直接侵入表皮细胞，并在表皮细胞间扩展蔓延，以吸器吸取养分和水分。菌丝体匍匐于寄主表面，处处着生附着器，同时在寄主外表不断蔓延开来。在适宜的环境条件下，5d后在侵染处，形成白色菌丝丛状病斑，经7d成熟，形成分生孢子借气流和雨水飞溅传播，进行多次再侵染。秋季植物生长后期，温度变低，受害部位产生闭囊壳，成为翌年的侵染源。

（二）影响发病的条件

瓜类白粉病的发生和流行，主要受气候条件、品种抗性及栽培管理水平等因素的影响。白粉病菌分生孢子在10~30℃时都能萌发，发生的适宜温度为20~25℃，超过30℃或低于10℃病菌受到抑制。白粉病菌对湿度的适应性较广，即使相对湿度低至25%仍能萌发，但高湿萌发率明显提高，分生孢子发芽和侵入适宜的相对湿度为90%~95%，湿度越大越有利于病害发生。但当叶面有水滴或水膜存在时，由于分生孢子吸水后膨压过大，会使细胞破裂。因此，雨滴对分生孢子萌发不利。在田间，高温干旱与高温高湿交替出现、又有大量白粉菌源时很易流行。

温室栽培的黄瓜较露地栽培的黄瓜发病早而重，即由于温室内温度较高，湿度较大，空气不流通，对病有利。露地栽培的黄瓜，以天阴多湿时病害蔓延快。病害盛发一般在多雨季节。

栽培管理粗放或不当，偏施氮肥，密度过大，通风透光不良；同时光照不足，水湿不易干燥，有利于病害发生。此外，瓜类生育期不同，对白粉病的感病性有差异，如黄瓜幼嫩的植株或成长中的嫩叶，一般有较强的抗病力；而至生长中后期，抗病力逐渐减弱，就容易发病。

三、管理病害

（一）制订病害管理策略

瓜类白粉病的防治应以选用抗病品种和加强栽培管理措施为主，结合进行药剂防治，如此可以收到良好的效果。

（二）采用病害的防治措施

1. 品种选择　选用抗病品种，目前的主栽品种除密刺类黄瓜易感白粉病外，大多数杂交种对白粉病的抗性均较强。露地主栽品种有'津春4号'、'津春5号'、'夏青4号'、'津研4号'、'中农4号'、'中农8号'等。大棚栽培品种有'津春1号'、'津春2

号'、'中农 5 号'、'中农 7 号'、'津优 3 号' 等。温室栽培品种有 '津春 3 号'、'津优 3 号'、'中农 13 号'、'津优 2 号'、'农大春光 1 号' 等。

2. 加强栽培管理　选择通风良好、土质疏松肥沃、排灌方便的地块种植。保护地应注意通风透光，以控制温度和湿度。及时摘除黄叶、老叶、病叶；合理灌水、采取地膜覆盖、滴灌等技术；避免偏施氮肥、施足有机肥，增施磷肥、钾肥，以提高植株抗病力。经验表明，白粉病发生时，可在黄瓜行间浇小水，提高空气湿度，同时结合喷药，能一举控制病害。

3. 设施消毒　在播种前或定植前 2～3d，对整好地的棚室熏蒸 1 次，进行设施消毒。具体做法：每 100m^2 空间用硫磺粉 250g、锯末 500g，或 45% 百菌清烟剂 250g，分放几处点燃，密闭熏蒸 1 夜即可。

4. 药剂防治　在发病期间，可选用 50% 托布津可湿性粉剂的 500 倍液，25% 多菌灵可湿性粉剂 800 倍液，75% 百菌清可湿性粉剂 600～800 倍液，25% 三唑铜可湿性粉剂 2000 倍液，50% 甲基托布津可湿性粉剂 1000～1500 倍液，70% 甲基硫菌灵可湿性粉剂 1000 倍液，20% 抗霉菌素 200 倍液，2% 武夷霉素水剂 200 倍液等。每 7d 喷药 1 次，连续防治 2～3 次。

第四节　瓜类炭疽病

炭疽病又称为蟹壳瘟，是瓜类蔬菜重要病害之一。炭疽病是瓜类作物上的重要病害，全国各地都有发生，主要危害西瓜、甜瓜和黄瓜，也能危害冬瓜、南瓜、葫芦、苦瓜等。发病时常造成幼苗猝倒，成株茎叶枯死，瓜果腐烂，损失可达 30% 以上。除生长期危害外，贮藏运输期间可继续蔓延，造成大量腐烂，危害加剧。

一、诊断病害

（一）识别病害症状

此病在瓜类各生长期都可发生，而以生长中后期发病较严重。在不同寄主上，症状表现有所差异。主要危害叶片，也可危害茎、叶柄、果实。幼苗发病，子叶上出现褐色圆形或半圆形病斑，上有淡红色黏稠物；茎基部呈黄褐色，渐萎缩，造成幼苗折倒死亡。

黄瓜和甜瓜叶部受害后，在叶片上初出现水渍状小斑点，逐渐扩大成圆形病斑，红褐色，外围有一圈黄纹。病斑多时互相愈合成不规则的大斑块，其上并长多小黑点，即分生孢子盘，潮湿时溢出粉红色的黏质物，即分生孢子。天气干燥时病斑开裂或脱落，穿孔，以至于叶片干枯死亡。在茎或叶柄上，病斑长圆形，稍凹陷，初呈水浸状，淡黄色，后变为深褐色或灰色。病部若环绕蔓或叶柄一周，则蔓、叶枯死。黄瓜未成熟时不易感病，若感病则瓜果多变弯曲。接近成熟的果实被害时，初出现淡绿色水渍状点，很快变为黑褐色，并逐渐扩大，凹陷，中部颜色较深，上长有许多小黑点（图 20-10，图 20-11）。甜瓜成熟果上的病斑较大，后期显著凹陷和开裂。

西瓜叶片上病斑圆形，黑色，外围晕圈为紫黑色。蔓和叶柄受害时，初为近圆形、水渍状黄褐色病斑，很快成为长圆形，稍凹陷，以后病斑颜色也变为黑色（图 20-12）。西瓜果柄受害时，幼果可能变黑皱缩而枯死。未成熟的西瓜果实病斑初呈水渍状，淡绿色，近圆形。感病幼果畸形，往往早期脱落。在成熟的西瓜果实病斑初也呈水渍状，淡绿色，近圆形，稍突起。扩大后变褐色、深褐色至紫色，显著凹陷，上有许多小黑点，

图 20-10　黄瓜炭疽病病叶
（引自刘保才，1998）

图 20-11　黄瓜炭疽病病果
（引自吕佩珂等，1992）

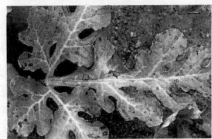

图 20-12　西瓜炭疽病病叶（左）、病蔓（右）（引自吕佩珂等，1992）

成环状排列；潮湿时其上溢出粉红色黏质物。老病斑常龟裂，并露出果肉（图 20-13）。

葫芦上的症状和西瓜相似，叶片上病斑黄褐色或黑褐色，形状多数呈不规则形。

（二）观察病害的病原

病原为葫芦科刺盘孢［*Colletrichum lagensrium*（Pass.）Ell. et Halst］，属半知菌类刺盘孢属真菌。有性态为子囊菌门小丛壳属，自然条件下尚未发现，人工培养条件下用紫外灯照射可以产生。

图 20-13　西瓜炭疽病病果
（引自刘保才，1998）

在寄主表皮下产生分生孢子盘，成熟后突破表皮外露，呈黑褐色。分生孢子盘中散生多根褐色刚毛，有 2～3 个隔膜。分生孢子梗无色，单胞，圆筒状，大小为（2.6～3.0）μm×（20～26）μm。分生孢子单胞、无色，长圆或卵圆形，大小为（5～6）μm×（14～20）μm，多聚集成堆呈粉红色（图 20-14）。

二、掌握病害的发生发展规律

（一）病程与侵染循环

病菌主要以菌丝体和拟菌核（发育未完成的分生孢子盘）随寄主残余物遗留在土壤中越冬，菌丝体也可潜伏在种皮黏膜

图 20-14　瓜类炭疽病菌（引自李怀方等，2001）

上越冬。此外，病菌还可以在土壤的有机质中和温室内的旧木料上营腐生生活，保持其生活力。

越冬后，菌丝体和拟菌核，翌年发育成为分生孢子盘，产生大量的分生孢子，是初侵染源之一。种子上潜伏的菌丝体，在播种发芽后，可以直接侵害子叶。寄主发病后，在适宜的环境条件下，又能在病部形成分生孢子盘及分生孢子，借助雨水、灌溉水、农事活动和昆虫进行传播，造成再侵染。分生孢子在有充足的氧气和水的条件下，水湿时萌发长出芽管，芽管在接触寄主坚实的表皮后，产生深色、厚膜、圆形的附着器。附着器紧紧地附着在寄主表皮上，长出一条纤细的侵入丝侵入寄主表皮，然后再发育成菌丝体。菌丝体蔓延在寄主细胞间，随后在病斑的表皮下形成分生孢子盘和分生孢子。

（二）影响发病的条件

湿度是诱发此病的主导因素。在适宜的温度下，相对湿度为87%~95%时，潜育期为3d，湿度愈低，则潜育期愈长，病害发生也较慢。如果湿度降低至54%以下，此病就不能发生。温度对此病的影响较小，在10~30℃时都会发生，但以24℃为最适，低于4℃不能萌发。因此，湿度在95%以上，温度在24℃左右时，发病最烈；温度高达28℃以上的夏季，则很少发病。孢子萌发除温度、湿度外，还需要有充足的氧气。瓜果在贮藏和运输中，病菌也能侵入发病，随着果实的成熟度而增加，瓜愈老熟，愈易感病。

偏施氮肥、排水不良、通风不佳、寄主生长衰弱或连作使土壤中病菌积累等因素，均有利于发病。

三、管理病害

（一）制订病害管理策略

瓜类炭疽病的发生危害主要与品种抗性，温度、湿度及栽培管理条件等关系密切。应采取抗病品种为主，加强栽培管理并结合药剂防治的综合措施。

（二）采用病害管理措施

1. 选用抗病品种　应因地制宜地选用抗病品种。如'黄瓜津研'系列品种、'津杂1号'、'津杂2号'、'中农1101'、'夏丰2号'等比较抗炭疽病。

2. 种子处理　选用无病种子或从无病植株、健全果实内采收种子。播种前，可用福尔马林100倍液浸种30min，洗净后催芽或直接播种。也可用50℃温水浸种20min，或用福美双、克菌丹等药剂，按种子重量的0.3%药量拌药后用种。

3. 加强栽培管理　与非瓜类作物进行3年以上的轮作。选择排水良好的温室大棚，高畦地膜栽培，避免在低洼、排水不良的地块种植。大雨过后及时排水，降低田间湿度。合理施肥，施足基肥，增施磷肥、钾肥，培育壮苗，增强植株抗病力。中后期注意适度放风排湿，清除病叶、病株，带出田外烧毁，病穴撒施生石灰消毒。

4. 生态防治　保护地栽培瓜类，生长前期适当控制浇水，进行通风，防止棚顶滴水。在发病期间，田间连作应在露水消失后进行，以黄瓜为例，上午温度控制在30~33℃，下午和晚上适当通风，把湿度降至70%以下，抑制病害发生。

5. 喷药保护　发病初期摘除病叶后，喷射50%多菌灵1000倍液，或50%托布津

500 倍液，或 70% 百菌清可湿性粉剂 600 倍液，或 70% 代森锌锰锌可湿性粉剂 400 倍液等。也可用 45% 百菌清烟剂熏烟。每隔 7d 左右喷一次，连续喷 3～4 次。

第五节　黄瓜黑星病

黄瓜黑星病又称为疮痂病，为黄瓜重要病害之一，是国内植物检疫对象。黄瓜黑星病也是一种世界性病害，在欧洲、北美、东南亚等地严重危害黄瓜生产。近年来，随着我国保护地生产的发展，黄瓜黑星病在许多地区呈迅速扩展蔓延之势，危害日趋严重，并在部分地区成为危害保护地黄瓜的重要病害之一。此病除危害黄瓜外，还危害南瓜和甜瓜。

一、诊断病害

（一）识别病害症状

黄瓜黑星病在黄瓜整个生育期均可侵染发病，危害部位有叶片、茎、卷须、瓜条及生长点等，以植株幼嫩部分如嫩叶、嫩茎和幼果受害最重，而老叶和老瓜对病菌不敏感。幼苗染病，子叶上产生黄白色圆形斑点，子叶腐烂，严重时幼苗整株腐烂。稍大幼苗刚露出的真叶烂掉，形成双头苗、多头苗。侵染嫩叶时，起初在叶面呈现近圆形褪绿小斑点，进而扩大为 2～5mm 淡黄色病斑，边缘呈星纹状，有黄晕，干枯后呈黄白色，后期形成边缘有黄晕的星星状孔洞。卷须染病则变褐，腐烂。生长点染病时，心叶枯萎，形成秃桩。嫩茎染病，初为水渍状暗绿色菱形斑，后变暗色，凹陷龟裂，湿度大时病斑长出灰黑色霉层。幼瓜和成瓜均可染病，其中以幼果或中龄果实发病重。起初为圆形或椭圆形褪绿小斑，病斑处溢出透明胶状物，逐渐变成乳白色（俗称"冒油"），凝结成块。以后病斑逐渐扩大、凹陷，胶状物增多，堆积在病斑附近，最后脱落。湿度大时，病部密生黑色霉层。接近收获期，病瓜暗绿色，有凹陷疮痂斑，后期变为暗褐色，空气干燥时龟裂，病瓜一般不腐烂。幼瓜受害，病斑处组织生长受抑制，引起瓜条弯曲、畸形（图 20-15）。

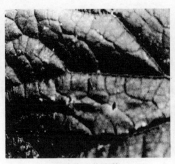

老瓜上的症状　　　　　　　叶片上的症状　　　　　　　幼瓜上的症状

图 20-15　黄瓜黑星病（引自昆明市科学技术局，2006）

（二）观察病害的病原

病原［*Cladosporium cucumerinum* Ell. et Archnr］称为瓜疮痂枝孢霉，属半知菌类丝孢纲丝

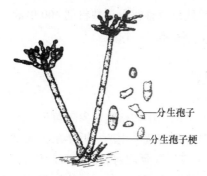

图 20-16　黄瓜黑星病菌
（引自李怀方等，2001）

孢目黑色菌科枝孢霉属真菌（图 20-16）。菌丝白色至灰色，具分隔。分生孢子梗细长、丛生，直立，褐色或淡褐色，顶部、中部稍有分枝或单枝，产生分生孢子。分生孢子圆柱状、不规则形，褐色或橄榄绿色，光滑或具嫩刺，单生或串生，单胞、双胞、少数三胞，有 0～2 个隔膜，单孢平均为（17.5～17.8）μm×4.5μm；双孢平均为（19.5～24.5）μm×（4.5～5.5）μm。

二、掌握病害的发生发展规律

（一）病程与侵染循环

病菌以菌丝体在病残体内于田间土壤中或附着于架材、大棚支架上越冬，成为翌年初侵染源；也可以分生孢子附着在种子表面，或以菌丝潜伏在种皮内越冬，病菌可直接侵害幼苗。初侵染源以分生孢子萌发芽管从叶片、果实、茎蔓的表皮直接穿透，或从气孔和伤口侵入。寄主病部产生的孢子借助水、气流、灌溉水和农事操作传播进行再侵染。种子带菌是该病远距离传播的重要途径。

（二）影响发病的条件

该病属于低温、耐弱光、高湿病害。温度为 9～30℃时均可发病；适宜侵染温度为 15～20℃；发病适宜温度为 20～22℃。湿度要求比较高，相对湿度 85% 以上都可发病，最适宜相对湿度为 90%。在冷凉高湿的环境下发病重。因此，连阴天、光照不足、植株郁闭、空气相对湿度过大、长期重茬和播种带病种子是引起发病的重要条件。

早春大棚栽培温度低、湿度高、结露时间长，最易发病。田间郁闭，阴雨寡照，病势发展快。在加温温室，病害往往在停止加温后迅速蔓延。露地栽培，春秋气温较低，常有雨或多雾，此时也易发病。黄瓜重茬、浇水多、通风不良，发病较重。黄瓜植株长势，尤其前期长势与发病有密切关系，一般前期长势弱易发病且发病重。黄瓜品种的抗病性存在一定的差异。

三、管理病害

（一）制订病害管理策略

加强种子检疫，选用无病种子，做好种子处理，定期棚室消毒，加强田间管理，及时清除干病植株并集中焚烧或深埋，根据病情发展情况，适时采取药物防治。

（二）采用病害管理措施

1. 加强检疫　未发病地区应严禁从疫区调入带菌种子，制种单位应注意从无病种株上采种，防治病害传播蔓延。

2. 选用抗病品种　品种之间对黑星病的抗性存在明显差异，可选用'津春1号'、'中农13号'等高抗黑星病品种。'中农7号'等保护地栽培品种对黑星病的抗性也较强。

3. 种子处理　　应选用无病种子或对种子消毒后使用。具体方法：①用 55~60℃温水浸种 20min；②50% 多菌灵可湿性粉剂 500 倍液浸种 20min，洗净后催芽播种；③用种子量 0.3% 的 50% 多菌灵可湿性粉剂拌种。

4. 加强栽培管理　　采取高畦地膜、滴灌、加大通风量等措施，提高棚室温度，降低湿度。及时拔除病株，带出棚外深埋或烧毁，减少病菌传播。有条件的情况下，实行与非瓜类作物 2~3 年轮作。

5. 设施消毒　　苗床土每平方米用 25% 多菌灵可湿性粉剂 16g，均匀撒在土里再播种。温室、大棚定植前 10d，每 100m³ 空间用硫磺粉 0.25kg、锯末 0.5kg 混合后分放数处，点燃后密闭大棚，熏 1 夜。

6. 药剂防治　　黑星病防治的重点是及时，一旦发现中心病株要及时拔除，及时喷药防治，如果错过防治的最佳时机，就会给防治带来困难。发病初期用 40% 福星乳油 8000 倍液、50% 多菌灵可湿性粉剂 500 倍液、43% 好力克悬浮剂 3000 倍液、20% 氟硅唑咪鲜胺乳化剂 1200 倍液、52.5% 抑快净可分散粒剂 2000 倍液、75% 甲基硫菌灵剂 600 倍液、25% 凯润乳油 3000 倍液、80% 云生可湿性粉剂 600 倍液、70% 代森锰锌可湿性粉剂 500 倍液均匀喷雾，要特别注意喷幼嫩部分，每隔 7~10d 喷 1 次，交替选用农药，连续防治 2~3 次。

第六节　黄瓜细菌性角斑病

黄瓜细菌性角斑病是黄瓜上的重要病害之一，各地均有发生。此病除危害黄瓜外，还危害南瓜、丝瓜和甜瓜等。发病严重时病株率可达 40%~80%，极大地影响了黄瓜的产量。常在田间与黄瓜霜霉病混合发生，病斑比较接近，容易使人们混淆而延误防治适期。

一、诊断病害

（一）识别病害症状

黄瓜整个生长期都会受害，主要危害黄瓜叶片，其次是茎蔓和瓜条（图 20-17）。幼苗和成株期均可受害，以成株期叶片受害为主。幼苗期子叶染病，开始产生近圆形水浸状凹陷斑，以后变褐色干枯。叶片上初生针头大小的水浸状斑点，病斑扩大受叶脉限制

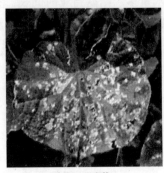

叶片正面症状　　　　　　　　　叶片背面症状

图 20-17　黄瓜细菌性角斑病（引自李丽明和邢岩，1995）

图 20-18　黄瓜细菌性角斑病菌
（引自姜恩国，1991）

呈多角形，黄褐色；湿度大时，叶背面病斑上产生乳白色黏液，干后形成一层白色膜，或白色粉末状物，病斑后期质脆，易穿孔。茎、叶柄及幼瓜条上病斑呈水浸状，近圆形，后为淡灰色，老病斑干枯成灰白色，中部常产生裂纹。潮湿时，瓜条上病部溢出菌脓，病斑向瓜条内部扩展，沿维管束的果肉变色，一直延伸到种子，引起种子带菌。病瓜后期腐烂，有臭味，幼瓜被害后常腐烂、早落。

（二）观察病害的病原

病原为丁香假单胞菌黄瓜角斑病致病型（*Pseudomonas syringae* pv. *lachrymans*），属细菌。菌体（图 20-18）短杆状，可链生，大小为（0.7～1.0）μm×（1.4～2）μm，一端生有 1～5 根鞭毛，有荚膜，无芽孢，革兰氏染色阴性，不抗酸性，为好气性。病菌发育适温为 25～28℃，在 49～50℃下经 10min 致死。耐受 pH 范围为 5.6～8.8，最适 pH 为 6.8。

二、掌握病害的发生发展规律

（一）病程与侵染循环

病菌附着在种子内外，或随病株残体在土壤中越冬，成为翌年初侵染源，病菌存活期达 1～2 年。借助雨水、灌溉水或农事操作传播，通过气孔或伤口侵入植株。用带菌种子播种后，种子萌发时即侵染子叶，病菌从伤口侵入的潜育期比从气孔侵入的潜育期短，一般为 2～5d。发病后通过风雨、昆虫和人的接触传播，进行多次重复侵染。

（二）影响发病的条件

温度、湿度是黄瓜细菌性角斑病发生的重要条件。温暖、多雨或潮湿条件发病较重，发病温度为 10～30℃，适温为 25～27℃，适宜的相对湿度为 75% 以上，棚室低温、高湿利于发病。病斑大小与湿度相关，夜间饱和湿度持续时间大于 6h，叶片病斑大；湿度低于 85%，或饱和湿度持续时间不足 3h，病斑小；昼夜温差大，叶面结露重且持续时间长，发病重。

棚室栽培时，空气湿度大，黄瓜叶面常结露，病部菌脓可随叶缘吐水及棚顶落下的水珠飞溅传播蔓延，反复侵染。因此，黄瓜吐水量多、结露持续时间长，有利于此病的侵入和流行。露地栽培时，随雨季到来及田间浇水，病情扩展，北方露地黄瓜在 7 月中下旬达高峰。此外，地势低洼积水，排水不良，栽培密度过大，通风透光差，多年连茬，偏施氮肥，磷肥不足等均可诱发细菌性角斑病。

三、管理病害

（一）制订病害管理策略

黄瓜细菌性角斑病的防治应采取以采用耐病品种和加强栽培管理为主，结合化学防治的综合管理措施。棚室栽培黄瓜要重视温度、湿度的管理与调控，采用覆膜、滴灌等技术。

（二）采用病害管理措施

1. 品种选择　可选用'津研2号'、'津研6号'、'津早3号'、'中农5号'等耐病品种。

2. 种子处理　从无病瓜上选留种，种子可用70℃恒温干热灭菌72h，或50℃温水浸种20min，捞出晾干后催芽播种；还可用次氯酸钙300倍液，浸种30～60min，或40%福尔马林150倍液浸1.5h或100万单位硫酸链霉素500倍液浸种2h，冲洗干净后催芽播种。

3. 加强田间管理　保护地栽培时要注意避免形成高温高湿条件，覆盖地膜，采取滴灌技术，降低田间湿度。无病土育苗，与非瓜类作物实行2年以上轮作，生长期及收获后清除病叶，及时深埋。

4. 药剂防治　发病初期喷洒14%络氨铜水剂300倍液，或50%甲霜铜可湿性粉剂600倍液、或50%福美双可湿性粉剂500倍液、或60%琥·乙膦铝可湿性粉剂500倍液、或77%可杀得可湿性微粒粉剂400倍液，每5～7d1次，连喷3～4次。琥胶肥酸铜对白粉病、霜霉病有一定兼防作用。此外也可选用硫酸链霉素或72%农用链霉素可溶性粉剂4000倍液；或1∶4∶600的铜皂液或1∶2∶（300～400）的波尔多液；40万单位青霉素钾盐对水稀释成5000倍液也有效。

第七节　瓜类病毒病

瓜类病毒病又称为花叶病，发生和危害都很普遍，国内凡是有瓜类作物栽培的地区，几乎都有此病的分布。主要危害西葫芦、哈密瓜，其次是甜瓜，还危害南瓜、冬瓜、丝瓜、黄瓜、葫芦等作物，其中以西葫芦病毒病最为严重。一般田块减产10%～20%，重者可达40%～50%，甚至绝收。病毒还能影响瓜的形态和品质，病瓜甜味淡，无果香味，严重影响瓜果的商品价值。

一、诊断病害

（一）识别病害症状

各种瓜类病毒病的症状表现大同小异，以几种瓜类病毒病为例描述其症状特点。

1. 黄瓜受害症状　黄瓜幼苗期即可感病，子叶变黄枯萎。幼叶呈现浓绿相间的花叶或斑驳，植株矮小。成株新叶呈现黄绿相嵌状的花叶，病叶小而略有皱缩；严重时叶反卷，变硬发脆，植株下部叶片渐黄枯死。瓜条呈现深浅色相间的花斑，果面凹凸不平或畸形。重病株茎蔓节间缩短，簇生小叶，不结瓜，常萎缩死亡（图20-19）。

2. 西葫芦受害症状　从幼苗至成株均可发病，主要有花叶型、黄化皱缩型及两者混合型。呈现系统性斑驳、花叶，叶上有深绿色疱斑，新叶受害严重；重病株上部叶片畸形呈鸡爪状。植株矮化，叶片变小，不能展开；后期叶片枯黄或死亡。病株不结瓜或结瓜少；瓜面上有瘤状突起或环形斑，小而畸形（图20-20）。

3. 甜瓜受害症状　甜瓜表现为系统性花叶，上部叶先显症状，呈深绿色相间的斑驳花叶，叶小而卷，茎扭曲萎缩，植株矮化，结瓜少，瓜小，上有深浅绿颜色不均的斑

图 20-19　黄瓜病毒病（引自李丽明和邢岩，1995）　　图 20-20　西葫芦病毒病（引自刘保才，1998）

驳（图 20-21）。

4. 丝瓜受害症状　　幼嫩叶片呈深绿浅绿相间的斑驳或褪绿小环斑，老叶上为黄绿相间的花叶或黄色小环斑，叶脉抽缩，而使叶片畸形缺刻，后期老叶上产生枯死斑。果实细小呈螺旋状扭曲畸形，上有褪绿斑（图 20-22）。

5. 南瓜受害症状　　病株叶片呈现系统花叶，主要表现为叶绿素分布不均匀，呈现大块浓绿色相间斑驳或花叶，新叶症状明显。严重时叶面凹凸不平，叶脉皱缩变形，病株顶叶与茎蔓扭曲。瓜果上有褪绿病斑。一般早期发病轻，开花结瓜后病情渐重（图 20-23）。

6. 冬瓜受害症状　　冬瓜呈全株性系统花叶或瓜畸形，发病植株节间缩短或矮化，花期叶片出现褪绿黄斑，逐渐形成斑驳或大型环斑，整株叶片凹凸不平。有些品种出现明脉或沿叶脉变色（图 20-24）。

图 20-21　甜瓜病毒病（引自吕佩珂等，1992）　　图 20-22　丝瓜病毒病（引自房德纯，1997）

图 20-23　南瓜病毒病
（引自吕佩珂等，1992）

图 20-24　冬瓜病毒病
（引自吕佩珂等，1992）

（二）观察病害的病原

目前，在自然条件下从瓜类作物上分离和鉴定的病毒有 36 种。瓜类病毒病病原主要有黄瓜花叶病毒（CMV）、甜瓜花叶病毒（MMV）、南瓜花叶病毒（SqMV）和西瓜花叶病毒（WMV）。

1. 黄瓜花叶病毒　寄主范围很广，能侵染葫芦科、茄科、十字花科、藜科及杂草等 40 多科的 120 多种植物。在西葫芦、笋瓜、南瓜上引起黄化皱缩，甜瓜上引起黄化，黄瓜上则为系统花叶，不侵染西瓜。病毒粒体为正二十面球状体，直径为 $28\sim30nm$，颗粒相对分子质量为 5.3×10^6，其中 18% 是 RNA，82% 是蛋白质。病毒的大部分株系在 $65\sim70℃$、10min 失活，稀释限点为 10^4，室温下体外存活期为 $3\sim4d$。

2. 甜瓜花叶病毒　寄主范围较窄，只侵染葫芦科植物。病毒粒体线状，钝化温度为 $60\sim62℃$，稀释限点为 $2500\sim3000$，体外存活期为 $3\sim11d$。

3. 南瓜花叶病毒　自然寄主仅限于葫芦科。病毒粒体球形，直径为 $28\sim30nm$，钝化温度为 $70\sim80℃$，稀释限点为 $10^4\sim10^6$，体外保毒期为 $4\sim6$ 周。

4. 西瓜花叶病毒　寄主植物主要是葫芦科、豆科植物。病毒粒体线状，长约 750nm，稀释限点为 2.5×10^4，钝化温度为 $60\sim65℃$，体外保毒期为 $3\sim11d$。

二、掌握病害的发生发展规律

（一）病程与侵染循环

病毒主要在越冬蔬菜、多年生树木及农田杂草等多年生宿根植物上越冬，甜瓜花叶病毒、甜瓜花叶病毒、南瓜花叶病毒等可由种子带毒，黄瓜花叶病毒也可在土壤中越冬，成为翌年发病的初侵染源。瓜类病毒在田间的传播以介体传播为主，主要有蚜虫、叶蝉、白粉虱等。黄瓜花叶病毒、西瓜花叶病毒、甜瓜花叶病毒等主要通过蚜虫进行非持久性传播；南瓜花叶病毒主要通过叶蝉等叶甲类昆虫传播。此外，农事活动时，病毒可通过汁液摩擦进行传毒蔓延。

（二）影响发病的条件

瓜类病毒病的发生和流行与小气候条件和蚜虫的发生动态有密切关系。高温、干旱、光照强的条件下，有利于蚜虫的繁殖和有翅蚜迁飞、传毒及病毒的增殖，蚜虫发生严重，潜育期缩短。此外，缺水、缺肥、管理粗放、植株生长弱、杂草丛生的田块发病较重。附近有番茄、辣椒等茄科作物和甘蓝、芥菜、萝卜、菠菜等作物，毒源多，发病重。

三、管理病害

（一）制订病害管理策略

选育和利用抗病品种、采用无病毒种子、铲除田边杂草，及时消灭带毒蚜虫并加强栽培管理措施，是防治瓜类病毒病的主要途径。

（二）采用病害管理措施

1. 品种选择 尽量选用抗病、耐病品种预防及减轻病害的发生。一般瓜形细长，刺多皮硬，色泽青黑的品种较耐病。例如，'津研7号'、'长春密刺'和'中农5号'黄瓜品种对花叶病毒有较好的耐病性，薄皮甜瓜比厚皮甜瓜抗病能力稍强。

2. 防治传毒媒介 要及时用药防治蚜虫、白粉虱、蓟马等刺吸式害虫，也可采用物理方法。在早期蚜虫飞迁前，可选用吡虫啉、啶虫脒等药剂喷雾防治。

3. 种子处理 留种地应远离蔬菜地，保证获得无病种子。播种前进行种子消毒处理；用55℃温水浸种40min或将干种子在72℃下干热处理72h，以钝化种子上的病毒；也可用10%磷酸三钠浸种20min，用清水冲洗2～3次后催芽播种。

4. 加强田间管理 施足有机肥，增施磷肥、钾肥，培育壮苗，增强植株抗病能力。在打杈、绑蔓、掐卷须等农事作业时应将病株与健株分别进行操作；接触过病株后用肥皂水冲洗作业工具，防止病毒传染。田间及地边杂草应彻底铲除干净，防止传毒。温室及大棚应采用防虫网，阻避蚜虫。同一田块不宜或不与瓜类作物混种；避免连作重茬，应科学安排茬口。

5. 药剂防治 在田间发现中心病株后，应立即进行药剂防治，避免病害扩展蔓延。可选用的药剂有1.5%植病灵水剂800～1000倍液、0.15%高锰酸钾液、5%菌毒清500倍液，每7d1次，连喷3次。

第八节　葫芦科蔬菜其他病害

一、冬瓜疫病

冬瓜疫病俗称"烂冬瓜"，是冬瓜果实的重要病害，多在果实成熟期发生，危害严重时可造成减产30%～50%。

（一）诊断病害

1. 识别病害症状 冬瓜疫病主要侵害茎、叶、果各部位，整个生育期均可发病。苗期染病，茎、叶、叶柄及生长点呈水渍状或萎蔫，后干枯死亡。成株染病多从茎嫩头或茎节部发生，初为水浸状，病部失水缢缩，病部以上叶片迅速萎蔫，维管束不变色。叶片受害，先出现水浸状圆形或不规则形灰绿色大斑，严重的叶片枯死。果实染病，初现水浸状斑点，后病斑凹陷，有时开裂，溢出胶状物，病部扩大后引致瓜腐烂，表面常疏生白霉（图20-25）。

2. 观察病害的病原 冬瓜疫病病原为鞭毛菌门的甜瓜疫霉菌（*Phytophthora melonis* Katsura）。菌丝丝状，无色无隔，老熟菌丝有球状体。孢囊梗无隔细长，分枝，顶生单胞，无色，卵圆形，顶部有乳突的孢子囊。有性时

图 20-25　冬瓜疫病
（引自昆明市科学技术局，2006）

期产生淡黄色、球形的卵孢子。

（二）病害的发生发展规律

1. 病程与侵染循环 以菌丝体或卵孢子及厚垣孢子随病残体在土壤中越冬。翌年温度、湿度适宜，产生孢子囊，借气流、雨水、灌溉水传播蔓延，田间有多次再侵染。

2. 影响发病的条件 高湿是冬瓜疫病发生的关键因子，相对湿度90%以上易发病。在9～37℃病菌均可生长发育，发病的适宜温度为28～30℃。在一定温度条件下，病害的发生与冬瓜生长期间雨情关系密切，降雨多的年份发病重，病害迅速蔓延；雨季来得早，降雨量正常则发病轻。连续阴雨天发病重。同样雨量条件下病害的发生还与排灌、施肥等管理技术有关。不合理灌溉，或地势低洼、排水不良、重茬地、施用未腐熟带有病残体的厩肥及偏施氮肥，尤其偏施速效氮肥发病重。

（三）管理病害

1. 制订病害管理策略 采取农业防治为主，药剂防治为辅的综合措施。

2. 采用病害管理措施

（1）品种选择 选用抗病品种，青皮有白粉的冬瓜品种较抗病，如青皮冬瓜、黑皮冬瓜、'杂一代12号'、'杂一代16号'等。

（2）加强田间管理 与非瓜类作物实行3年以上轮作，适期播种育苗，原则上当地雨季前已坐瓜，作为确定播种期的依据，保证坐果率。根据不同季节、品种，确定合理密度。以有机肥为基肥，增施磷肥、钾肥，避免氮肥过多。高畦深沟栽培，铺地膜，雨后及时排水。结瓜后垫草或搭架把瓜吊起来或垫高，避免接触地面，雨季适当提前采收。收获后及时清洁田园，把病残体集中烧毁或深埋。

（3）药剂防治 发病初期喷洒或浇灌70%锰锌·乙铝可湿性粉剂500倍液，或60%琥铜·乙铝·锌可湿性粉剂500倍液，或72%霜霉疫可湿性粉剂700倍液，或66.8%霉多克可湿性粉剂800倍液，或72.2%普力克水剂800倍液，或72%克露可湿性粉剂800倍液，或25%嘧菌脂胶悬剂1500倍液等。隔7～10d用药一次，病情严重时可以5d用药一次，连续防治3～4次。

二、丝瓜蔓枯病

丝瓜蔓枯病又称为黑腐病，是丝瓜上的常发性病害之一，各地均有不同程度发生。病株率一般为10%～40%，产量损失5%～10%，严重时损失达30%～60%。此病还可以危害西瓜、甜瓜、冬瓜、黄瓜、苦瓜、佛手瓜等多种瓜类作物。

（一）诊断病害

1. 识别病害 病菌主要危害茎蔓，也可危害叶片和果实。茎蔓上病斑呈椭圆形至梭形，边缘褐色，中部灰褐色，有时病部溢出琥珀色树脂状胶质物，严重时茎蔓腐烂，终致枯死。叶片染病，病斑近圆形，褐色或黑褐色，微具轮纹。果实病斑近圆形或不定形病斑，边缘褐色，中部灰白色，病斑下面的果肉呈黑腐状（图20-26）。

图 20-26　丝瓜蔓枯病
（引自房德纯，1997）

2. 观察病害的病原　丝瓜蔓枯病为真菌病害，病原为甜瓜球腔菌 [*Mycosphaerella melonis* (Pass.) Chiu et Waler]，属子囊菌门真菌。无性世代为西瓜壳二孢（*Ascochyta citrullina* Smith），属半知菌类真菌。分生孢子器叶面聚生，球形至扁球形，器孢子圆柱形。子囊壳球形，子囊棒状，子囊孢子短棒状，无色，透明，有分隔。

（二）掌握病害的发生发展规律

1. 病程与侵染循环　病菌以菌丝体或分生孢子器随病残体在土壤中越冬，分生孢子也可以附着在种子上越冬。病菌以分生孢子进行初侵染和再侵染。病菌通过风雨、农事操作传播蔓延。分生孢子萌发产生芽管，从气孔、水孔或伤口侵入，经 7～8d 潜育期后发病。

2. 影响发病的条件　高温多雨环境下发病严重。种植过密，浇水过多，通风不良，湿度过大，连作，氮肥过多等情况，发病较重。病菌附着在病残体在土中越冬，也可在种子上越冬。病菌喜温湿条件，温度 20～25℃、相对湿度 80% 以上、土壤湿度大时，易于发病。

（三）管理病害

1. 制订病害管理策略　采取以农业防治为主，药剂防治为辅的综合措施。

2. 采用病害管理措施

（1）种子处理　从无病田或无病植株上留种，防止种子带菌。用 55℃ 温水浸种 15min，浸后用清水冲洗，催芽播种。也可用种子重量 0.3% 的 50% 福美双可湿性粉剂拌种；50% 多菌灵可湿性粉剂 1000 倍液浸种 30～40min。

（2）加强田间管理　与非瓜菜作物轮作 2～3 年。瓜田翻晒土壤，高畦深沟栽培，施足优质有机底肥，增施磷肥、钾肥，避免偏施氮肥，适时追肥，防止植株早衰。合理灌水，并注意清沟排渍，增大株间通透性。清洁田园，销毁病残体，将病株拔出后用石灰处理病株周围土壤。

（3）药剂防治　发病初期可喷施 65% 甲硫·霉威可湿性粉剂 700 倍液，或 50% 咪鲜胺可湿性粉剂 1500 倍液，或 50% 异菌脲可湿性粉剂 700 倍液，或 12.5% 腈菌唑乳油 2500 倍液，或 50% 斑点全杀可湿性粉剂 600 倍液，5～7d 喷施一次，连续喷施 2～3 次。

三、西瓜绵腐病

绵腐病为西瓜的常见病，分布较广，发生较普遍，主要在露地西瓜上发生危害，以多雨季节较常见，造成烂瓜，影响生产。

（一）诊断病害

1. 识别病害症状　苗期染病，引起猝倒，结瓜期主要危害果实。贴土面的西瓜先发病，病部初呈褐色水浸状，后迅速变褐、软腐。湿度大时，病部长出白色绵毛。后期病瓜腐烂，散发出臭味。严重时，可导致瓜秧死亡（图 20-27）。

2. 观察病害的病原　病原为瓜果腐霉 [*Pythium aphanidermatum*（Eds.）Fitzp.]，属鞭毛菌门真菌。菌丝体生长繁茂，呈白色棉絮状；菌丝无色，无隔膜，直径为 2.3～7.1μm。菌丝与孢子囊梗区别不明显。孢子囊丝状或分枝裂瓣状，或呈不规则膨大。泡囊球形，内含 6～26 个游动孢子。藏卵器球形，直径为 14.9～34.8μm，雄器袋状至宽棍状，同丝或异丝生，多为 1 个。卵孢子球形，平滑，直径为 14～22μm。

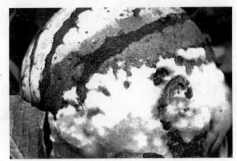

图 20-27　西瓜绵腐病
（引自吕佩珂等，1992）

（二）掌握病害的发生发展规律

1. 病程与侵染循环　病菌以卵孢子在 12～18cm 表土层越冬，并在土中长期存活。翌年春季，遇有适宜条件萌发产生孢子囊，以游动孢子或直接长出芽管后侵入寄主。此外，在土中营腐生生活的菌丝也可产生孢子囊，以游动孢子侵染瓜苗引起猝倒。田间的再侵染主要靠病苗上产出孢子囊及游动孢子，借灌溉水或雨水溅附到贴近地面的根茎或果实上引致更严重的损失。病菌侵入后，在皮层薄壁细胞中扩展，菌丝蔓延于细胞间或细胞内，后在病组织内形成卵孢子越冬。

2. 影响发病的环境条件　病菌生长适宜地温为 15～16℃，温度高于 30℃时其生长受到抑制；适宜发病地温为 10℃，低温对寄主生长不利，但利于发病。当幼苗子叶养分未基本用完，新根尚未扎实之前是感病期。这时真叶未抽出，碳水化合物不能迅速增加，抗病力弱，遇有雨、雪连阴天或寒流侵袭，地温低，光合作用弱，瓜苗呼吸作用增强，消耗加大，致幼茎细胞伸长，细胞壁变薄病菌乘机侵入。因此，该病主要在幼苗长出 1～2 片真叶期发生，3 片真叶后，发病较少。结果期阴雨连绵，果实易染病。病菌生长的适宜温度为 22～25℃，最适相对湿度为 95%。通常地势低洼、土壤黏重、地下水位高、雨后积水，或浇水过多时，有利于发病。

（三）管理病害

1. 制订病害管理策略　采用以农业防治为主，药剂防治为辅的综合措施。尤其要做好预防，重点做好苗期和结果期的防治。

2. 采用病害管理措施

（1）床土消毒　床土应选用无病新土，并进行苗床土壤消毒。方法：每平方米苗床施用 50% 拌种双粉剂 7g，或 40% 五氯硝基苯粉剂 9g 与细土 4～5kg 拌匀，施药前先把苗床底水打好，且一次浇透，水渗下后，取 1/3 充分拌匀的药土撒在畦面上，播种后再把其余 2/3 药土覆盖在种子上面，即上覆下垫。

（2）加强田间管理　选择地势高燥，排灌方便的地块种植。实行高垄或高畦地膜栽培，合理密植；科学施肥，增施磷肥、钾肥，提高植株抗病力；合理排灌，避免田间积水。及时清除病株和病瓜，集中田外销毁，消灭侵染源。

（3）药剂防治　　发病初期喷淋 72% 普力克水剂 400 倍液，每平方米喷淋对好的药液 2～3L，或 15% 恶霉灵（土菌消）水剂 450 倍液，每平方米 3L。每 10d 喷 1 次，交替使用药剂。

■ 技能操作

葫芦科蔬菜病害的识别与诊断

一、目的

认识并掌握葫芦科蔬菜主要病害的症状及病原的形态特征；了解不同类别一般病害症状的识别；掌握主要病害和其他病害的判断特征和诊断鉴定基本方法。

二、准备材料与用具

（一）材料

瓜类枯萎病、黄瓜霜霉病、瓜类白粉病、瓜类炭疽病、黄瓜细菌性角斑病、黄瓜黑星病、瓜类病毒病、冬瓜疫病、西瓜绵腐病、丝瓜蔓枯病等病害标本及病原玻片标本。

（二）用具

显微镜、放大镜、载玻片、盖玻片、解剖针、解剖刀、镊子、滴瓶、培养皿、吸管、记载用具等。

三、识别与诊断葫芦科蔬菜病害

（一）观察症状

观察瓜类枯萎病病害标本，注意其全株性萎蔫和枯死、茎蔓病部外表皮层组织撕裂的特点，剖视病部维管束，注意内部是否变褐色。

观察黄瓜霜霉病病害标本，注意病斑形状、颜色特点，叶背面霉状物特点。

观察瓜类白粉病病害标本，注意病斑的形状、颜色，霉层的特点。

观察瓜类炭疽病病害标本，取病叶标本，注意比较幼茎、叶片、茎蔓和瓜条上危害的异同之处；观察病斑形态、颜色、凹陷、胶质物溢出等特点。

观察黄瓜细菌性角斑病病害标本，取病害标本，观察叶片病斑形状、颜色等特点，病斑的菌脓有何特点，注意和霜霉病有何不同之处。

观察黄瓜黑星病病害标本，注意各病斑形态、颜色及其上病菌表现状态；病部是否呈星形放射状开裂；后期病斑有无穿孔、胶质物流出。

（二）鉴定病原

镜检瓜类枯萎病病原（图 20-28），取病原玻片标本，或挑取病茎上白粉色霉层制片，镜检其小型、大型分生孢子及厚垣孢子的形态、颜色等特点。

镜检黄瓜霜霉病病原，取病原玻片或用挑取病部灰色的霉层制片镜检，注意孢囊梗、孢子囊的形态特点（图 20-29）。

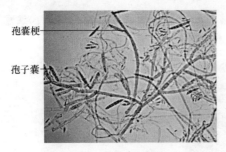

孢囊梗
孢子囊

图 20-28　瓜类枯萎病菌

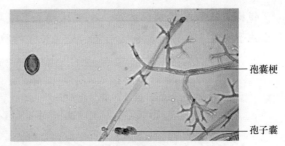

孢囊梗
孢子囊

图 20-29　黄瓜霜霉病菌

　　镜检瓜类白粉病病原玻片，观察分生孢子梗、分生孢子、闭囊壳、子囊孢子、子囊的形态特点（图 20-30）。或挑取病叶上的黑褐色小粒点镜检，注意病菌闭囊壳外面附属丝形状，轻压盖玻片，可看到子囊从破裂的闭囊壳压出，注意病菌两个种的闭囊壳内子囊数目，子囊内孢子数目。

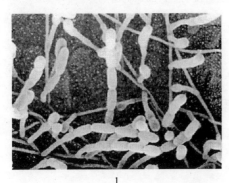

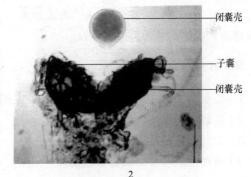

闭囊壳
子囊
闭囊壳

1　　　　　　　　　　　　　　　　2

图 20-30　瓜类白粉病菌（引自侯明生等，2014）
1. 分生孢子梗及分生孢子；2. 闭囊壳和子囊

　　镜检瓜类炭疽病病原玻片标本或挑取病部小黑点制片镜检，观察分生孢子梗和分生孢子的形状、颜色等特点，分生孢子盘有无刚毛（图 20-31）。

刚毛

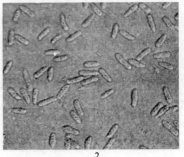

1　　　　　　　　　　　　　　　　2

图 20-31　瓜类炭疽病菌（引自李怀方，2009；侯明生，2014）
1. 在黄瓜上的分生孢子盘；2. 分生孢子

　　镜检黄瓜细菌性角斑病病原玻片，或用刀片切取病叶标本，观察细菌溢脓情况，镜检病菌形态及革兰氏染色反应。

镜检黄瓜黑星病病原玻片，也可从病果上或培养的病菌上挑取霉层制片镜检，注意分生孢子梗及分生孢子颜色、形态，分生孢子细胞数目等特点（图20-32）。

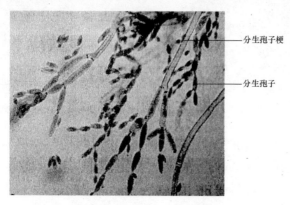

图20-32　黄瓜黑星病菌（引自侯明生，2014）

观察瓜类病毒病、冬瓜疫病、西瓜绵腐病、丝瓜蔓枯病等病害症状及病原，掌握其症状特点，了解病原物的形态特征。

四、作业

1）绘制黄瓜霜霉病菌孢囊梗及孢子囊形态图。

2）绘制瓜类炭疽病菌形态图。

3）绘制瓜类枯萎病菌形态图。

4）绘制黄瓜黑星病病菌形态图。

课后思考题

1．影响黄瓜霜霉病病害发病的环境条件有哪些？

2．瓜类枯萎病的病害管理措施有哪些？

3．瓜类白粉病的症状是什么？

4．瓜类炭疽病的症状及管理措施有哪些？

5．黄瓜黑星病的症状及管理措施有哪些？

6．黄瓜细菌性角斑病的管理措施有哪些？

7．瓜类病毒病发病的环境条件有哪些？

8．冬瓜疫病的症状及管理措施有哪些？

9．丝瓜蔓枯病的症状及发病条件有哪些？

10．西瓜绵腐病的管理措施有哪些？

第二十一章 豆科及其他蔬菜病害与管理

【教学目标】 掌握豆科及其他蔬菜常见病害的症状及病害的发生发展规律，能够识别各种常见病害并进行病害管理。

【技能目标】 掌握豆科及其他蔬菜常见病害的症状及病原的观察技术，准确诊断豆科及其他蔬菜的主要病害。

我国豆类蔬菜主要有菜豆、豇豆、蚕豆、豌豆、扁豆和菜用大豆等。豆科蔬菜病害的种类也很多，危害比较严重的有豆类枯萎病、锈病、病毒病、细菌性疫病、叶斑病和炭疽病等。

其他蔬菜如芹菜、胡萝卜、菠菜、莴苣、葱、韭菜、大蒜、姜、洋葱、山药、芦笋、黄花菜等的病害问题也是威胁这些蔬菜生产的重要障碍之一。有些病害如芹菜斑枯病和早疫病，葱紫斑病和霜霉病，姜瘟病，韭菜灰霉病等，在局部地区常造成严重的经济损失，应引起重视。

第一节　豆类锈病

锈病是菜豆、豇豆、豌豆、小豆、扁豆和蚕豆等蔬菜上的重要病害之一，其中除豌豆锈病的危害性略小外，其他豆类锈病发生普遍而严重，造成叶片干枯脱落，直接影响产量。我国南方地区，主要在春季流行，北方地区则在秋季发病严重。锈病可使植株早衰，结荚减少，产量降低。

一、诊断病害

（一）识别病害症状

豆类锈病主要发生在叶片上，也危害叶柄、茎和豆荚。叶片和茎蔓染病，初现边缘不明显的褪绿小黄斑，后中央稍突起，渐扩大现出深黄色夏孢子堆。表皮破裂后，散出红褐色粉末，即夏孢子。后在夏孢子堆或四周生紫黑色疮斑，即冬孢子堆。有时叶面或背面可见略凸起的白色疮斑，即病菌锈孢子腔。豆荚染病形成突出表皮疮斑，表皮破裂后，散出褐色孢子粉，即冬孢子堆和冬孢子。锈病严重时，导致叶片干枯脱落，影响产量。豆荚染病后，形成突出表皮的疱斑，降低食用价值（图 21-1）。

（二）观察病害的病原

病原为疣顶单胞锈菌 [*Uromyces appendiculatus*（Pers.）Ung.]，属担子菌门单胞锈菌属真菌。可侵染菜豆、豇豆、扁豆、小豆和豌豆等。

豆类锈菌多为单主寄生的全型锈菌，但在田间经常见到的是夏孢子和冬孢子，性孢子和锈孢子不常见。冬孢子单胞，栗褐色，近圆形，孢壁平滑，顶端有浅褐色的乳头状突起，

叶片上的夏孢子堆　　　　　　　叶片上的白色疱斑　　　　　　　豆荚上的症状

图 21-1　菜豆锈病（引自吕佩珂等，1992）

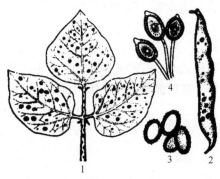

图 21-2　菜豆锈病（引自李怀方，2001）
1、2. 被害状；3. 夏孢子；4. 冬孢子

大小为（27～36）μm×（20～28）μm，基部有柄，无色透明。夏孢子单胞，黄褐色，椭圆形或卵圆形，表面生有细刺，大小为（20～32）μm×（18～25）μm，有芽孔 2 个（图 21-2）。

二、掌握病害的发生发展规律

（一）病程与侵染循环

在北方，豆类锈菌主要以冬孢子随病残体遗留在土壤中及附着在架材表面越冬。在南方，主要以夏孢子越冬，一年四季连续侵染豆科植物。病菌从气孔侵入，产生夏孢子堆，通过气流传播进行再侵染，直至生长后期或天气转凉时，在病部形成冬孢子堆和冬孢子，然后越冬。

（二）影响发病的条件

影响豆类锈病发生的主要条件是温度、湿度。叶面结露或有水滴是锈菌孢子萌发和侵入的先决条件，夏孢子形成和侵入适温为 15～24℃，10～30℃均可萌发，以 16～22℃适宜。温度为 17～27℃、相对湿度为 95% 以上时豆类锈病发生严重；早晚重露、天阴、多雨、多雾最易诱发锈病。此外，地势低洼积水、种植密度过大、通风不良、施氮肥过多、连作地发病重。北方该病主要发生在夏秋两季；南方一些地区春播较秋播发病重。

三、管理病害

（一）制订病害管理策略

在品种选择方面，应选用抗病品种。在种植地块方面，以地势高的地块为佳，地势低洼的地块要注意排水，不要积水。豆类种植密度要适宜，避免种植密度过大，造成田间郁闭、通风不良。豆类作物具有固氮作用，避免过多施用氮肥。豆类锈病在连作地发病重，因此要注意轮作倒茬。

（二）采用病害管理措施

1. 品种选择　　各地应因地制宜地选用抗病、耐病品种。由于锈菌易发生变异，因此，要加强生理小种的监测，注意选用具有数量性状的抗病品种。

2. 加强栽培管理　春播和秋播注意隔离，减少病菌的传播；采用配方施肥技术，适当增施磷肥、钾肥，提高植株抗性；摘除老叶、病叶等，集中销毁，减少菌源；改变田间小气候，使之通风透光，降低相对湿度。豆类蔬菜收获时，要及时清除病残体，并集中烧毁。实行轮作和与禾本科作物间作。

3. 药剂防治　发现此病后在孢子未破裂前及时喷施15%三唑酮可湿性粉剂1000～1500倍液，或25%敌力脱乳油3000倍液，或25%敌力脱乳油4000倍液+15%三唑酮可湿性粉剂2000倍液，或70%代森锰锌可湿性粉剂1000倍液+15%三唑酮可湿性粉剂2000倍液，隔15d左右1次，防治1～2次。以上几种药剂要交替使用，不要单一用药，防止产生抗药性。

第二节　芹菜斑枯病

芹菜斑枯病又称为芹菜晚疫病、叶枯病，俗称"火龙"。是冬春保护地及采种芹菜的重要病害，发生普遍而又严重，对产量和质量影响较大。此病在贮运期还能继续危害。

一、诊断病害

（一）识别病害症状

芹菜斑枯病主要危害叶片，也能危害叶柄和茎（图21-3）。一般老叶先发病，后向新叶发展。我国主要有大斑型和小斑型两种。大斑型初发病时，叶片产生淡褐色油渍状小斑点，后逐渐扩散，中央开始坏死，后期可扩展到3～10mm，多散生，边缘明显，外缘深褐色，中央褐色，散生黑色小斑点。小斑型，大小为0.5～2mm，常多个病斑融合，边缘明显，中央呈黄白色或灰白色，边缘聚生许多黑色小粒点，病斑外常有一黄色晕圈。叶柄或茎受害时，产生油渍状长圆形暗褐色稍凹陷病斑，中央密生黑色小点。

茎上的症状　　　　　　　　　叶片上的症状

图21-3　芹菜斑枯病（引自昆明市科学技术局，2006）

（二）观察病害的病原

大斑型斑枯病菌为半知菌类芹菜小壳针孢（*Septoria apii* Chest），小斑型斑枯病为半知菌类芹菜大壳针孢（*Septoria apiigraveolengin* Dorogin）。华南地区主要是大斑型，东北、华北则以小斑型为主。主要以菌丝体在种皮内或病残体上越冬，且存活 1 年以上。

二、掌握病害的发生发展规律

（一）病程与侵染循环

播种带菌种子，出苗后即染病，产出分生孢子，在育苗畦内传播蔓延。在病残体上越冬的病原菌，遇适宜温度、湿度条件，产出分生孢子器和分生孢子，借风或雨水飞溅将孢子传到芹菜上。遇有水滴存在，孢子萌发产出芽管，经气孔或直接穿透表皮侵入植株，经 8d 潜伏，病部又产出分生孢子进行再侵染。

（二）影响发病的条件

芹菜斑枯病菌在冷凉天气下发育迅速，高湿条件下也易发生，发生的适宜温度为 20～25℃，相对湿度为 85% 以上。芹菜最适感病生育期在成株期至采收期，发病潜伏期为 5～10d。浙江及长江中下游地区芹菜叶枯病的主要发病盛期在春季 3～5 月和秋冬季 10～12 月。年度间早春多雨、日夜温差大的年份发病重，秋季多雨、多雾的年份发病重，高温干旱而夜间结露多、时间长的天气条件下发病重，田间管理粗放，缺肥、缺水和植株生长不良等情况下发病也重。

三、管理病害

（一）制订病害管理策略

选用耐病品种，培育无病壮苗，增施有机底肥，注意氮肥、磷肥、钾肥合理搭配。发病初期适当控制浇水，保护地栽培注意增强通风，降低空气湿度，若发生病害，可采取药物防治。芹菜收获后彻底清除病株落叶，集中焚烧。

（二）采用病害管理措施

1. 品种选择 选用无病种子或对带病种子进行消毒。从无病株上采种或采用存放 2 年的陈种，若采用新种要进行温汤浸种，即 48～49℃温水浸 30min，边浸边搅拌，后移入冷水中冷却，晾干后播种。

2. 加强田间管理 施足底肥，看苗追肥，增强植株抗病力。适当密植，及时间苗。栽植过密或间苗除苗不及时，常造成通风不良，株间湿度大，容易发病。保护地栽培要注意降温排湿，白天温度控制在 15～20℃，高于 20℃要及时放风，夜间控制在 10～15℃，缩小日夜温差，减少结露，切忌大水漫灌。对于已经发病的棚室，要及时清除室内的病株残体，减少菌源的扩散和蔓延。

3. 药剂防治 保护地芹菜苗高 3cm 后有可能发病时，施用 45% 百菌烟剂熏烟，用量：每亩 200～250g，或喷撒 5% 百菌清粉尘剂，每亩 1kg。露地可选喷 75% 百菌清可湿性粉剂 600 倍液，或 60% 琥·乙膦铝可湿性粉剂 500 倍液，或 64% 杀毒矾可湿性粉剂 500 倍液，或 40% 多硫悬浮剂 500 倍液，隔 7～10d 喷施 1 次，连续防治 2～3 次。

第三节　芹菜早疫病

芹菜早疫病又称为斑点病。随着棚室秋冬春季芹菜栽培面积的迅速发展，现已成为主要病害之一。严重时叶片干枯、叶柄折倒，对产量和品质影响较大，可减产30%，甚至绝产。

一、诊断病害

（一）识别病害症状

芹菜地上部均可染病。叶片染病，初为水渍状褪绿色近圆形小斑点，渐发展扩大近圆形或不规则形的大病斑，病部边缘不明显，中心灰褐色。后期病斑互相联结，叶片枯焦死亡。湿度大时，病部长有灰色霉层。叶柄发病长圆或条斑，水渍状，灰褐色，凹陷，叶柄常从病部折断，病部有灰白色霉（图21-4）。

叶片上的症状　　　　　　　　　　　发病后期症状

图21-4　芹菜早疫病（引自吕佩珂等，1992）

（二）观察病害的病原

芹菜早疫病病原为芹菜尾孢霉（*Cercospora apii* Fres），属半知菌类尾孢属。子实体两面生，子座较小，暗褐色。分生孢子梗束生，褐色，顶端色淡，多不分枝，多具膝状弯曲，其上孢痕明显。分生孢子无色，鞭形，正直或略弯，顶端较尖，向下逐渐膨大，基部近截形。

二、掌握病害的发生发展规律

（一）病程与侵染循环

病菌以菌丝体附在种子上或病残体上越冬，也可在保护地芹菜上越冬。条件适宜时产生分生孢子，借雨水、气流、农具、农事活动等传播，从芹菜气孔或直接穿透叶、茎表皮而侵入。此外，早疫病可在棚室栽培的芹菜上持续发生，为露地芹菜发病提供菌源。露地芹菜产生的分生孢子，也可以侵染棚室芹菜。

（二）影响发病的条件

病菌的发育适温为25～30℃，最适宜分生孢子萌发、侵染的温度为28℃。高温、多雨天气，郁闭、高湿环境，均有利于发生和流行。芹菜栽培中密度过高、昼夜温差大、结露时间长、管理温度高、缺肥、缺水或灌水多、长势弱的地块，发病比较重。保护地放风不及时，棚内闷热高温，昼夜温差大，易结露，发病加重。

三、管理病害

（一）制订病害管理策略

选用耐病品种，培育无病壮苗，增施有机底肥，注意氮肥、磷肥、钾肥的合理搭配。要控制芹菜生育期间用水，避免缺水或是灌水过多。保护地栽培注意增强通风，降低空气湿度。收获后彻底清除病株落叶，做到集中处理。

（二）采用病害管理措施

1. 品种选择　可选用'津南实芹1号'、'福特胡克'等耐病品种。

2. 种子处理　从无病株上采种，或种子消毒，用50℃温水浸种30min，也可用种子重量0.4%的70%代森锰锌可湿性粉剂拌种。

3. 田间管理　增施有机底肥，注意氮肥、磷肥、钾肥的合理搭配。合理密植，科学灌水，防止田间湿度过高。保护地要控制好温度、湿度，棚室内湿度大时，要适当通风排湿；白天温度控制在15～20℃，夜间温度控制在10～15℃，以减少叶面结露。重病地进行2年以上轮作。

4. 药剂防治　发病初期喷洒50%多菌灵可湿性粉剂800倍液，或80%喷克可湿性粉剂600倍液，或68%倍保利可湿性粉剂800倍液，或70%科博可湿性粉剂500倍液，或77%可杀得可湿性微粒粉剂500倍液。保护地条件下，可选用5%百菌清粉尘剂，每亩每次1kg或用45%百菌清烟剂熏烟，每亩每次250g。

5. 病残体处理　随时摘除病叶，带出田外烧毁或深埋，以减少病原，控制病害蔓延。芹菜收获后彻底清除病株落叶，做到集中处理。

第四节　葱紫斑病

葱紫斑病又称为黑斑病、轮斑病，是葱常见的病害之一，各菜区普遍发生，主要危害露地栽培的大葱、洋葱、大蒜和韭菜等，夏季多雨天气的年份发病重。发病严重时常造成叶片变黄枯死或折倒，直接影响产量。

一、诊断病害

（一）识别病害症状

紫斑病主要危害叶和花梗。多从叶尖和花梗中部发病向上蔓延，出现紫褐色小斑点或纺锤形稍凹陷斑。病斑初期呈水渍状白色小点，后变为淡褐色圆形或纺锤形，继续扩大呈褐色或暗紫色。湿度大时病部长满深褐色或黑灰色霉状物，呈粉色，常排列成同心轮纹状。病斑继续扩展，数个病斑交接形成长条形大斑，叶片和花梗受病部位软化易折断，严重时叶大量枯死（图21-5）。

（二）观察病害的病原

葱链格孢菌［*Alternaria porri*（Ellis）Ciferri］，属半知菌类链格孢菌属。分生孢子梗单生或束生，淡褐色，有隔膜。分生孢子褐色，倒棍棒状，有多个纵横膈膜（图21-6）。

图21-5　葱紫斑病（引自吕佩珂，1988）

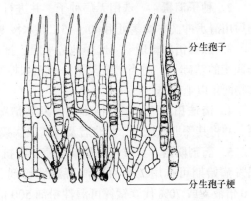

分生孢子

分生孢子梗

图21-6　葱紫斑病菌（引自吕佩珂等，1992）

二、掌握病害的发生发展规律

（一）病程与侵染循环

在冬季较寒冷地区，紫斑病菌以菌丝体在寄主体内或随病残体遗落在土壤中越冬，种子也可带菌，成为初侵染源。翌年春季越冬病菌产生分生孢子，借气流和雨水传播，接触并侵入葱类叶片。但在冬季较温暖地区，病菌以分生孢子在葱类植物上辗转传播危害，并无明显越冬期。分生孢子通过气流传播，从伤口、气孔或表皮直接侵入致病。病菌孢子形成、萌发和侵入均需有水滴并保持足够的湿润时间，故温暖多湿的天气和植地环境有利于发病。

（二）影响发病的条件

病菌喜温暖、高湿环境，发病适宜的环境条件为相对湿度90%以上，温度20～27℃，低于12℃则不易发病。浙江等长江中下游地区葱紫斑病的主要发病盛期为4～7月和9～11月。葱紫斑病感病生育期在生长中后期。该病对环境条件要求不严格，一般温暖多湿、连阴雨天发病较重；重茬地、砂性土、旱地、老苗田、地势低洼、种植密度大、肥力不足、植株生长衰弱、管理粗放的地块和葱蓟马造成伤口时发病严重。品种间抗病性有差异。

三、管理病害

（一）制订病害管理策略

选用抗病或轻病品种。重病地与非葱类作物轮作。及时清除田间病残体，收获后深耕。育苗地和栽植地应平坦肥沃，排水方便。实行壮苗栽培，施足基肥，合理密度，适时追肥，以氮肥为主，氮肥、磷肥、钾肥平衡施用，防止生长后期脱肥。生育期间发生病害，要及时进行药剂防治。

（二）采用病害管理措施

1. 品种选择　选择较抗病的品种，如紫皮洋葱较抗病，白皮品种较感病。

2. 种子消毒　选用无病种子，并进行种子消毒，可用 40% 甲醛 300 倍液浸种 3h，而后用清水冲洗。鳞茎可用 40～45℃温水浸 90min 消毒。

3. 加强田间管理　选择地势平坦、排水方便的壤土种植，在施足腐熟优质有机肥作底肥的基础上，适当增施磷肥、钾肥和控制灌水，以增强作物抵抗力。实行与非葱类作物两年以上轮作。

4. 清洁田园　经常检查病害发展情况，及时拔除病株或摘除老叶、病叶、病花梗，并将其深埋或烧毁，收获后及时清除病残体并深耕。

5. 药剂防治　重茬地移栽前使用农抗 120、百菌清、多菌灵喷雾后带药移栽。田间发病始期可选用 75% 百菌清可湿性粉剂 500～600 倍液，或 64% 杀毒矾可湿性粉剂 500 倍液，或 70% 代森锰锌可湿性粉剂 500 倍液，或 50% 扑海因可湿性粉剂 1500 倍液，或 2% 多抗霉素可湿性粉剂 30mg/kg 防治，每隔 7～10d 喷 1 次，连续喷 2～4 次。

6. 采后管理　适时收获，低温贮藏，防止病害在贮藏期继续蔓延。尤其是洋葱，应掌握在葱头顶部成熟时收获，收后适当晾晒至鳞茎外部干燥后入窖，窖温控制在 0℃左右，相对湿度 65% 以下。

第五节　蔬菜根结线虫病

蔬菜根结线虫病，又称为"瘤子病"，各地均有分布，特别是随着保护地蔬菜面积的增长，此病发生日益严重，一般减产 20%～50%，严重的甚至绝收。此外，该病常与真菌、细菌、病毒形成复合侵染，加重对蔬菜的危害，成为蔬菜生产的重要障碍之一。

根结线虫广泛分布于世界各地，寄主植物有 3000 余种。在蔬菜上可危害茄科、豆科、葫芦科、十字花科及菠菜、茼蒿、胡萝卜、生菜、苋菜、落葵、香菜、芹菜、洋葱等数 10 种蔬菜。

一、诊断病害

（一）识别病害症状

主要侵染根部，侧根和须根最易受害，形成大量瘤状根结。其根结的大小和在根上的分布因寄主种类不同而异，葫芦科、豆科蔬菜发病，在侧根和须根上形成大小不等成串的瘤状根结，根结初白色，质地柔软，后变为浅黄褐色或深褐色，表面粗糙，有时龟裂，剖视较大的根结内部，可见到白色梨形的粒状物即线虫的雌成虫，一个根结中可有一至多个雌虫，小根上根结多为一个（图 21-7）。茄科或十字花科蔬菜受害则侧根与须根细胞增生畸形，形成瘤状结较肥大，有时根结上可生出细弱新根，发病后生有根结（图 21-8）。剖视根结或瘤状物，内有乳白色粒状物，为雌成虫。轻病株地上部分没有明显症状，病情较重的，地上部分生长不良，植株矮小，叶色暗淡发黄，呈点片缺肥状，叶片变小，不

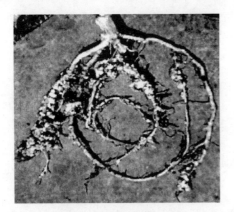 

图 21-7　黄瓜根结线虫病　　　　　　　图 21-8　番茄根结线虫病
（引自昆明市科学技术局，2006）　　　　（引自王恒亮，1995）

结实或结实不良，但病株很少提前死亡。在干旱或水分供应不足时，中午前后，地上部常呈现萎蔫现象，或提早枯死。重病株后期根部腐烂，而全株死亡。

（二）观察病害的病原

根结线虫病由根结线虫属（*Meloidogyne*）的几种线虫侵染所致，主要种类有南方根结线虫（*M. incognita*），花生根结线虫（*M. arenaria*），北方根结线虫（*M. hapla*）和爪哇根结线虫（*M. avanica*）。其中南方根结线虫为优势种群，该种线虫属内寄生线虫，雌虫和雄虫的形态明显不同，雌虫成熟后膨大呈梨形，体长 440～1300μm，体宽 325～700μm，双卵巢，卵巢盘卷于虫体内，阴门和肛门位于虫体后部末端，阴门周围的角质膜形成特征性的会阴花纹，是鉴定"种"的重要依据，会阴花纹背弓稍高，顶或圆或平，侧区花纹由波浪形到锯齿形，侧区不清楚，侧线上的纹常分叉。雄成虫细长，尾短，无交合伞，交合刺粗壮，成对，针状弓形，末端尖锐，彼此相连，体长 1150～1900μm，体宽 280～570μm（图 21-9）。

虫体发育分为卵、幼虫和成虫 3 个阶段。卵：肾脏形或椭圆形，黄褐色，两端圆，大小为（79～91）μm×（26～37.5）μm。卵藏于黄褐色的胶质卵囊内。单个卵囊内有卵 300～500 粒。幼虫：1 龄幼虫呈"8"字形蜷缩在卵壳内，蜕皮后破壳而出为 2 龄幼虫，2 龄幼虫体细长，线形，无色透明，头部较钝，尾部尖，大小因种类不同而有差异。2 龄幼虫开始侵染寄主故又称为侵染性幼虫，蜕皮后成为 3 龄幼虫，此时雌雄虫体开始分化，再经两次蜕皮即成为成虫。雌虫产的卵排出到胶质卵囊中，有时部分留在体内。雌虫寄生部位不深的，尾端稍微露出根外，卵囊和其中的卵则可露到根外，卵囊就长期留在细根上；寄主部位很深的所产的卵则留在根组织内。卵囊和根组织中的卵能抵御不良环境条件而长期存活，条件适宜时再孵化。根组织的卵孵化后可继续在组织内发育而完成生活史，也可迁移到根外再侵染新根。排在寄主组织外的卵，孵化后可侵染寄主为害。

南方根结线虫由 4 个小种组成，这 4 个小种均可在辣椒、西瓜、番茄上繁殖，但它们对烟草及棉花的反应不同。1 号小种在烟草和棉花上均不能繁殖；2 号小种可在烟草上繁殖但不能在棉花上繁殖；3 号小种不能在烟草上繁殖，但能在棉花上繁殖；4 号小种在烟草和棉花上均能繁殖。在 27～32℃的适宜温度下，根结线虫完成 1 代只需 17d 左右；

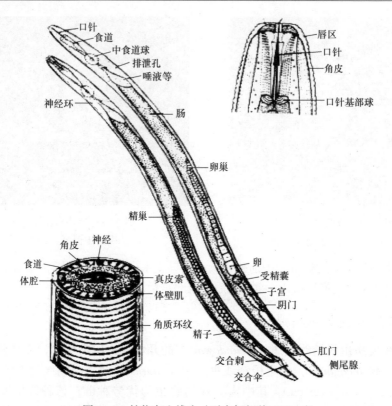

图 21-9　植物寄生线虫（引自杨新美，2000）

15℃时则需要 57d。因此，南方根结线虫在南方温暖气候地区或北方保护地中发生严重，在适温下发生代数较多。温度高于 40℃，低于 8℃则雌成虫将不能发育成熟。致死温度为 55℃（10min）。

二、掌握病害的发生发展规律

（一）病程与侵染循环

南方根结线虫主要以卵、卵囊或 2 龄幼虫随病残体在土壤中越冬，北方地区也可在保护地内继续危害过冬，成为翌年发病的主要侵染源。病苗调运可使线虫远距离传播，田间主要通过病土、病苗、灌溉水和农事操作传播。翌年春季，条件适宜时，越冬卵孵化为幼虫或越冬幼虫侵染寄主幼根。如果是越冬卵，当平均地温为 10℃以上时，卵孵化为 1 龄幼虫，寄主根的分泌物对卵的孵化有促进作用，蜕皮后孵出 2 龄幼虫。2 龄幼虫具有侵染能力，离开卵块后寻找根尖，一般仅于根冠上方侵入根，利用口针穿透细胞壁，其分泌液是从食道腺注入的，可引起周围细胞分裂加快，根部中柱鞘细胞发生大量分裂，但不能形成细胞壁，而形成多种巨型细胞，周围细胞以此为中心，肥大生长形成肿瘤，使根形成虫瘿即根结。

发育到 4 龄后即可交尾产卵，卵可于根结中孵化发育，也有大量的卵被排出体外进入土壤，卵孵化后进行再侵染。由于雌虫可连续产卵，线虫的数量呈对数增殖，故而生长季节，线虫世代交替，反复侵染，寄主根系布满根结，危害越来越重。

（二）影响发病的条件

土壤温度、湿度对发病影响较大。4 种根结线虫中，南方根结线虫生长发育的适宜温度范围最高，为 27～32℃，北方根结线虫最适温度范围最低，为 15～25℃，爪哇根结线虫和花生根结线虫介于其间，超过 40℃和低于 5℃时，任何根结线虫的侵染活动都很少。土壤持水量在 40% 左右较适合线虫的生长发育。雨季有利于卵的孵化，但连续水淹 4 个月后幼虫死亡，但卵仍能存活，水淹 22.5 个月后，线虫和卵全部死亡。连作地由于线虫数量的积累而发病较重，因此保护地明显重于露地。地势高燥，土质疏松，盐分含量低的地块较土质黏重的地块发病重，适宜 pH 为 4～8。根结线虫喜欢砂质疏松的土壤，在土壤中的分布主要集中于 5～30cm 土层。

三、管理病害

（一）制订病害管理策略

采取农业防治与土壤药剂处理相结合的综合防治措施。在品种选择上，可以选择抗病品种。在农业防治方面，可以通过清理病根，集中焚烧措施，或是与禾本科作物轮作、水旱轮作方式，减少病原数量来达到防治的目的。在土壤消毒方面，可采用物理消毒、化学消毒两种办法。在蔬菜生长期，可采用化学、生物等方法进行线虫防治。

（二）采用病害管理措施

1. 品种选择　可以选抗病品种。

2. 轮作种植　与禾本科作物实行 2 年以上的轮作，水旱轮作效果较好。

3. 加强田间管理　清除病根，集中销毁，以减低田间线虫密度。选择无病地块或无病土作苗床培育无病壮苗移栽，还可采用营养钵或穴盘无土育苗。

4. 物理防治　①水淹法：对 5～30cm 土层进行淤灌几个月，可抑制线虫的侵染和繁殖。保护地收获后，挖沟起垄，加入生石灰灌水，覆地膜并闭棚，利用高温缺氧杀死线虫。②高温闷棚：在 7 月或 8 月深耕翻土并覆盖薄膜，利用高温杀死土壤中的根结线虫。③敞篷冻地：在北方 1 月中下旬未定植的大棚采用敞篷冻地的方式处理 1～2 周，对南方根结线虫防治效果较好，但对北方根结线虫没有防治效果。

5. 土壤消毒　①定植前：有条件时对保护地可进行休闲期蒸汽消毒，事先于土壤中埋好蒸汽管，地面覆盖厚塑料布，通过打压送入热蒸汽，使 25cm 土层温度升至 60℃以上，并维持 0.5h，可大大减少虫口密度。苗床土或棚室土壤定植前化学消毒，可用 98% 棉隆（必速灭）微粒剂，每公顷用药 90kg 拌入 900kg 细干土，开 25cm 深的沟施药，然后覆土压实，土温为 15～20℃时，封闭 10～15d 再播种栽苗。也可选溴甲烷熏蒸。②定植时：可施用 2.5% 阿维菌素、10% 力满库或 5% 甲基异硫磷以 75kg/hm^2，穴施或沟施。③成株期发病：可用药剂灌根，药剂可选辛硫磷、敌敌畏、甲基异硫磷等。

6. 生物防治　定植时用线虫清（淡紫拟青霉）或线虫必克（厚垣轮枝菌）处理土壤，连年使用生物制剂对防治蔬菜根结线虫病有良好效果。

第六节　姜　瘟　病

姜瘟病又称为腐烂病、软腐病或青枯腐败病，发生十分普遍而严重，是危害生姜最重的病害，发病后一般减产 20%～30%，重者达 60%～80%，甚至绝收。姜瘟病菌也危害番茄、茄子、辣椒、马铃薯等。

一、诊断病害

（一）识别病害症状

主要危害根部及姜块；茎、叶也能受害。一般多在靠近地面的茎基部和地下根茎的上半部先发病。病部初为水渍状，黄褐色，失去光泽，其后逐渐软化腐烂，仅留表皮。腐烂组织内变为白色黏稠汁液，且有恶臭气味。茎被害部位呈暗紫色，后变黄褐色，内部组织变褐腐烂。在腐烂过程中，由于根茎失去吸收水分的机能，茎上端叶片及收叶出现变黄症状，严重时，叶片萎蔫卷曲，叶色由黄变为枯褐色，最后茎叶枯死（图 21-10）。

叶片上的症状

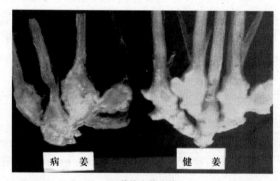

病姜　　健姜

姜块上的症状

图 21-10　姜瘟病（引自刘秀芳，1993）

（二）观察病害的病原

姜瘟病原为青枯假单胞杆菌 ［*Pseudomonas solanacearum*（Smith）Smith］，属细菌。菌体短杆状单细胞，两端圆，单生或双生，大小为（0.9～2.0）μm×（0.5～0.8）μm，极生鞭毛 1～3 根，在琼脂培养基上菌落圆形或不正形，稍隆起，污白色或暗色至黑褐色，平滑具亮光。革兰氏染色阴性。病菌能利用多种糖产生酸，不能液化明胶，能使硝酸盐还原。10～40℃均可生长，发病的适宜温度为 20～30℃，耐 pH6～8，最适 pH 为 6.6。

二、掌握病害的发生发展规律

（一）病程与侵染循环

该病菌在土壤及根茎内越冬，在土中可存活 2 年以上。病菌多从茎部伤口或自然孔口侵入。病菌主要借灌溉水及地下害虫传播，地上则借风雨接触染，多从伤口侵入，也可由叶、茎向下侵害根茎；肥料、农具等也能传病。病菌侵入寄主造成组织崩溃，根茎腐败，引起全株枯死。根茎腐烂后，细菌从病部散入土壤，侵害邻近植株，逐渐扩大侵染范围。

（二）影响发病的条件

姜瘟病的发生与蔓延受温度、湿度等多种因素影响。姜瘟病病原菌存活的温度为5～40℃，病菌发育的适宜温度为24～31℃。在适宜温度范围内，一般温度越高，潜育期和病程越短，病害蔓延越快，尤其是高温多雨天气，病菌大量繁殖并随水扩散，造成多次再浸染，可在较短时间内引起大量植株发病，造成大面积流行成灾。连作地、黏质土或地势低洼、排水不良、偏施氮肥，或掰母姜时造成的伤口多，均易发病。姜瘟病对环境适应性强，病害流行期长，危害严重。通常6月开始发病，8～9月高温季节发病严重。

三、管理病害

（一）制订病害管理策略

姜瘟病的发病期长、传播途径多，可多次侵染，防治较为困难，目前尚无理想的杀菌剂，也未培育出抗病强的生姜品种。因而，在栽培上应以农业防治措施为主，辅之以药剂防治，以切断传播途径，尽可能地控制病害的发生及蔓延。

（二）采用病害管理措施

1. 轮作换茬　轮作换茬是切断土壤传播病菌的重要途径，尤其是对已发病地块，间隔3年以上才可种姜。种植生姜的前茬最好选用新茬或种植粮食作物的地块，菜园地以葱蒜茬较好，种过茄科作物并发生过青枯病的地块不宜种姜。

2. 严格选种　收获前，在无病姜田里严格选种，选长势强、分枝多、无病害症状的健壮植株，单独收获和贮藏；翌年催芽前再选颜色黄白、表皮光滑、无病害表现的肥大姜块作姜种，避免姜种带菌传播病害。

3. 选地和整地　选择地势高燥、排水良好的砂壤地块。整地时地面要平，姜沟不宜过长，以防排水不畅，姜田还应设排水沟，防止雨季田间积水。

4. 施干净肥　姜田所用肥料应保证无病菌，因此，切不可用病株残体或带菌土壤沤肥，有机肥充分腐熟后方可施用。

5. 浇干净水　姜田最好用井水灌溉，并注意防止污染，严禁将病株扔入水渠或井内。在发病季节，不可大水灌溉，若在田间发现有病植株，应及时铲除，然后将病株四周0.5m以内的健株一并去除，并挖去带菌土壤。在病穴内及四周撒上消石灰或漂白粉，每穴施消石灰1kg或漂白粉0.125kg，然后用无菌土掩埋，并及时改变浇水渠道。这样可有效地防止病害继续蔓延。

6. 药剂防治

1）掰姜前用40%福尔马林100倍液浸种或闷种6h或1∶1∶100的波尔多液浸种20min，或用72%农用链霉素500倍液浸种48h，或可杀得800倍药液浸种6h，掰姜后用康地雷得300倍液浸种后将掰口蘸新鲜、清洁的草木灰后播种。

2）始发病时拔除病株，及时用康地雷得细粒剂、克菌康、72%农用链霉素可溶性粉剂、20%龙克菌悬浮剂、53.8%可杀得2000干悬浮剂、86.2%铜大师可湿性粉剂、2%宁南霉素水剂、50%杀菌王可溶性粉剂等药液灌根，每穴0.5～1kg。灌根的同时，也要进行适量的叶面喷施。

第七节　其他病害

一、大蒜花叶病

大蒜花叶病是大蒜上常见的病害之一，各地普遍发生，主要危害露地栽培大蒜。花叶病可造成大蒜产量和品质明显下降，种性退化。还可侵染大葱、洋葱等葱蒜类蔬菜。

（一）诊断病害

1. 识别病害症状　发病初期，沿叶脉出现断续黄条点，后连接成黄绿相间长条纹，植株矮化，且个别植株心叶被邻近叶片包住，呈卷曲状畸形，长期不能完全伸展，致使叶片扭曲畸形。植株感病后鳞茎变小，蒜瓣及须根减少，严重时蒜瓣僵硬，贮藏期尤为明显（图 21-11）。

2. 观察病害的病原　病原为大蒜花叶病毒（garlic mosaic virus，GMV）及大蒜潜隐病毒（garlic latent virus，GLV）。GMV粒体线状，多数粒体长约 750nm，个别长达 800nm 以上、寄主范围窄，稀释限点 100～1000，钝化温度为 55～60℃，体外存活期为 2～3d。

图 21-11　大蒜花叶病
（引自吕佩珂等，1992）

（二）掌握病害的发生发展规律

1. 病程与侵染循环　由于大蒜系无性繁殖，以鳞茎作为播种材料，鳞茎带毒是初侵染源。若鳞茎带毒则播种出苗后即染病。田间主要通过蚜虫等进行非持久性传毒，以汁液摩擦传毒，通过伤口侵入。大蒜植株带毒能长期随其营养体蒜瓣传至下代，且不断扩大病毒繁殖系数，致使大蒜退化变小。

2. 影响发病的条件　大蒜花叶病适宜高温、干旱环境，发病最适宜气候条件为温度 20～30℃，相对湿度 70% 左右。管理条件差、蚜虫发生量大、与其他葱属植物连作或邻作的田块发病重；年度间秋季、春夏高温干旱年份发病严重。

（三）管理病害

1. 制订病害管理策略　选用无病种子，积极灭蚜，加强田间管理，及时药剂防治。

2. 采用病害管理措施

（1）严格选种　一定要选择无病蒜瓣栽培。尽可能建立原种基地，保障原种质量；采用轻病区大蒜的鳞茎（蒜瓣）作种，减少鳞茎带毒率。也可采用大蒜鳞茎脱毒技术，培育种蒜。

（2）加强田间管理　施足有机肥，增施磷肥、钾肥提高抗病力，避免偏施氮肥。避免与大葱、韭菜等葱属植物邻作或连作，减少田间自然传播。和非葱、蒜类作物进行 2 年以上轮作。及时清除病残体，并带出田间集中销毁。

（3）防治蚜虫　在蒜田及周围作物喷洒杀虫剂防治蚜虫，防止病毒的重复感染。可选用 1.8% 阿维菌素（虫螨克）3000～5000 倍，或 10% 吡虫啉可湿粉 2000 倍液防治，或 50% 抗蚜威可湿粉 1500~2000 倍液对蚜虫有特效，或 20% 灭扫利乳油 2000 倍液，或 2.5% 天王星乳油 3000 倍液，或 25% 乐·氰乳油 1500 倍液，或 40% 乐果乳油 1000 倍液，或 20% 复方浏阳霉素乳油 1000 倍液，或 30% 乙酰甲胺磷乳油 1000 倍液等药剂。此外，还可挂银灰膜条避蚜。

（4）药剂防治　　发病初期可用 0.5% 抗毒剂 1 号水剂 300 倍液，或 1.5% 植病灵乳利 1000 倍液，或 20% 病毒净 500 倍液，或 20% 病毒 A 可湿性粉剂 500 倍液，或 20% 病毒克星 500 倍液，或 20% 病毒宁可湿性粉剂 500 倍液，或 25% 敌力脱乳油 3000 倍液等药剂喷雾。每隔 5~7d 喷 1 次，连续 2~3 次。

二、韭菜灰霉病

韭菜灰霉病俗称"白点病"，是韭菜上常见的病害之一，各地普遍发生。冬春低温、多雨年份危害严重。严重时常造成叶片枯死、腐烂，不能食用，直接影响产量。还可危害葱、蒜等作物。

（一）诊断病害

1. 识别病害症状　　主要危害叶片，初在叶面产生白色至淡灰色斑点，随后扩大为椭圆形或梭形，后期病斑常相互联合产生大片枯死斑，使半叶或全叶枯死。湿度大时病部表面密生灰褐色霉层。有的从叶尖向下发展，形成枯叶，还可在割刀口处向下呈水渍状淡褐色腐烂，后扩展为半圆形或"V"字形病斑，黄褐色，表面生灰褐色霉层，引起整簇溃烂，严重时成片枯死。贮运中，韭菜病叶可继续发展，引起腐烂（图 21-12）。

2. 观察病害的病原　　病原（*Botrytis squamosa* Walker）称为葱鳞葡萄孢菌，属半知菌类。菌丝近透明，直径变化大，中等的为 5μm，具隔，分枝基部不缢缩。分生孢子梗在寄主叶内伸出，在 PDA 培养基上则由菌核上长出，密集或丛生，直立，衰老后梗渐消失；孢子梗淡灰色至暗褐色，具 0~7 个分隔，基部稍膨大，有时具瘤状突起，分枝处正常或缢缩，分枝末端呈头状膨大，其上着生短而透明小梗及分生孢子，孢子脱落后，侧枝干缩，形成波状皱折，最后多从基部分隔处折倒或脱

图 21-12　韭菜灰霉病（引自吕佩珂等，1992）

落，主枝上留下清楚的疤痕。分生孢子卵形至椭圆形，光滑，透明，浅灰至褐绿色，大小为（12.5~25）μm×（8.75~18.5）μm。小型孢子少见。

（二）掌握病害的发生发展规律

1. 病程与侵染循环　　病菌主要以菌核在土壤中的病残体上越冬。翌年春季，在适宜的条件下，菌核萌发产生菌丝体和分生孢子，分生孢子侵染叶片，引起田间最初发病。在发病的部位上又产生大量分生孢子，通过气流传播蔓延。到了夏天，菌核越夏，秋末初冬扣棚后，又侵染发病危害。通过灌水、农事操作等，传到新生叶片上，引起反复再侵染。

2. 影响发病的条件 病菌生长的温度是 15～30℃，产生菌核的适温在 27℃左右，相对湿度 75% 以上时开始发病，相对湿度 93% 以上时发病严重。塑料棚栽培，由于通风不良，日夜温差大，容易结露，棚膜滴水、叶面结露有露水，为病菌提供了致病条件。一旦发病，扩展迅速，发病严重。品种不同，抗性不同。重茬、施肥不足或施氮肥过多、植株生长弱、病势加重、浇水过多、湿度大、通风不良，光照不足时，发病也重。

（三）管理病害

1. 制订病害管理策略 采取以加强田间管理为主，关键要注重湿度调控，结合选用抗病品种和药剂防治的综合管理措施。

2. 采用病害管理措施

（1）品种选择 选用抗病品种，如'黄苗'、'竹杆青'、'早发韭 1 号'、'优丰 1 号'、'中韭二号'、'克霉 1 号'、'791 雪韭'等。

（2）加强田间管理 培育壮苗注意养茬，多施有机肥，及时追肥、浇水、除草，养好茬。适时通风降湿，通风量要据韭菜长势确定，刚割过的韭菜或外温低，通风要小或延迟，严防扫地风。清洁田园。韭菜收割后，及时清除病残体，防止病菌蔓延。

（3）药剂防治 发病初期，可喷 6.5% 甲霉灵粉尘，或 5% 灭霉灵粉尘，或 5% 利得粉尘，每亩每次喷 1kg。用喷粉器，喷头向上，喷在韭菜上面空间，让粉尘自然飘落在韭菜上，隔 7d 喷 1 次，连喷 4～5 次。也可在发病初期或每次给韭菜培土前，用 3.3% 特克多烟熏剂，10% 速克灵烟剂，或 15% 腐霉利烟剂，或 15% 多霉清烟剂，每亩每次 250g 于傍晚密闭烟熏，隔 7d 熏 1 次，连熏 4～5 次。还可喷雾，可选用 50% 速克灵可湿性粉剂 1000 倍液，或 50% 乙烯菌核利可湿性粉剂 1000 倍液，或 25% 万霉灵可湿性粉剂 800 倍液，或 50% 多霉灵可湿性粉剂 600 倍液，或 50% 腐霉利可湿性粉剂 1200 倍液，或 65% 甲霉灵可湿性粉剂 600 倍液，或 50% 灭霉灵可湿性粉剂 800 倍液，或 50% 利得可湿性粉剂 600 倍液，或 50% 多霉清可湿性粉剂 600 倍液，或 50% 扑海因可湿性粉剂 800 倍液，或 50% 灰霉宁可湿性粉剂 500 倍液等药剂喷雾，隔 7d 喷 1 次，连喷 4～5 次。

三、菜豆白绢病

菜豆白绢病是菜豆的主要病害之一，各地均普遍发生。寄主范围很广，在蔬菜作物中除豆科蔬菜外，茄科和瓜类一些作物也被侵染。

（一）诊断病害

1. 识别病害症状 主要危害菜豆茎基部和根部。病部初呈暗褐色水渍状病变，表面生白色绢丝状菌丝体，向茎的上部延伸，或向地面呈辐射状扩展。后期菌丝纠结成菌核，幼嫩的菌核如纽扣状，白至乳黄色，老熟的菌核如油菜子状，球形，褐色至棕褐色。随着病情的发展，茎部皮层腐烂，甚至露出木质部，终致全株萎蔫枯死。

2. 观察病害的病原 病原为半知菌类的齐整小核菌（*Sclerotium rolfsii* Sacc），属半知菌类无孢目。其有性阶段为担子菌门的白绢薄膜革菌［*Pellicularia rolfsii*（Sacc.）

West],但在自然条件下很少产生。

（二）掌握病害的发生发展规律

1. 病程与侵染循环　　病菌主要以无性态的小菌核遗落在土壤中存活越冬。其存活力相当强，在自然条件下经过 5 年时间仍具萌发力。菌核可借助流水、灌溉水、雨水溅射等而传播，萌发产生菌丝，从植株根部或茎基部的伤口侵入致病。发病后病部形成的菌核又可萌发进行再侵染扩大危害。

2. 影响发病的条件　　病菌生长温度为 8～40℃，适宜温度为 28～32℃，最佳相对湿度为 100%。露地栽培时，在 6～7 月高温多雨天气，或时晴时雨天气发病严重。气温降低，病害减轻。施用未腐熟的有机肥、植地连作，或酸性砂壤土或过度密植、株间通透不良等，发病重。

（三）管理病害

1. 制订病害管理策略　　对菜豆白绢病应以栽培防病为主，药物防治为辅。

2. 采用病害管理措施

（1）品种选择　　要选用表现抗病性良好的品种。

（2）种植地处理　　与禾本科的物作轮作，或重病田水旱轮作一年防病效果很好。或利用夏季高温地膜覆盖湿润土 2～4 周，结合施哈茨木霉菌生物制剂（7.5～15kg/hm²），处理后整地秋植。

（3）加强田间管理　　施用腐熟有机肥，适当增施石灰，改良土壤酸性。及时拔除病株，集中深埋或烧毁，并向病穴内撒施石灰粉。定植前进行深耕，避免果实直接与地面接触。保持地面干燥，防止地面积水。

（4）药剂防治　　发病初期施用 15% 三唑酮（粉锈宁）可湿性粉剂，或 40% 五氯硝基苯，或 20% 甲基立枯磷（利克菌）可湿性粉剂 1 份，兑细土 100～200 份，撒在病部根茎处，防效明显。必要时也可喷洒 36% 甲基硫菌悬浮剂 500 倍液，或 20% 三唑酮乳油 1500 倍液，或 20% 利克菌（甲基立枯磷）乳油 1000 倍液，隔 7～10d 1 次，防治 1～2 次。

▎技能操作

豆科及其他蔬菜病害的识别与诊断

一、目的

通过本实验，熟悉豆科和其他蔬菜常见病害种类；掌握豆科和其他蔬菜主要病害的症状及病原物的形态特征；掌握一般病害的识别特征和诊断方法，为田间正确诊断和防控奠定工作基础。

二、准备材料与用具

（一）材料

豆类锈病、芹菜斑枯病、芹菜早疫病，葱紫斑病、韭菜灰霉病、蔬菜根结线虫病、姜瘟病、大蒜花叶病、菜豆白绢病等病害标本及病原玻片标本。

（二）用具

显微镜、放大镜、载玻片、盖玻片、解剖针、解剖刀、镊子、滴瓶、吸管、记载用具等。

三、识别与诊断豆科及其他蔬菜病害

（一）观察症状

观察豆类蔬菜锈病病害标本，注意病叶夏孢子堆发生的部位、形状、色泽；夏孢子堆和冬孢子堆有何区别。

观察芹菜斑枯病病害标本，注意危害部位、病斑颜色、形状等特征，是否产生小黑点。

观察葱紫斑病病害标本，注意病斑颜色、形状等特点，有无霉层产生。

观察蔬菜根结线虫病病害标本，注意观察病株根部是否有形状不同的瘤状物（根结），观察根结颜色、大小，对比观察病、健株，看病株是否有营养不良、植株矮小、叶片褪绿黄化等现象。

（二）鉴定病原

镜检豆类蔬菜锈病病原玻片标本，或从病斑上刮取少量锈状物，制片镜检，观察夏孢子、冬孢子的形状、大小和色泽等特征（图21-13）。

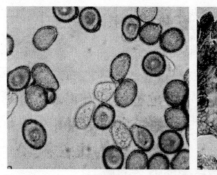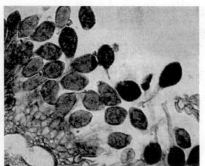

夏孢子　　　　　　　　　　　　　冬孢子

图21-13　菜豆锈病菌（引自侯明生，2014）

镜检芹菜斑枯病病原玻片标本，或取病部制片镜检，注意病菌分生孢子器形状，分生孢子形状、颜色、分隔情况等特征。

镜检葱紫斑病病原玻片标本，注意分生孢子梗和分生孢子的形状、颜色和分隔等特点（图21-14）。

仔细观察蔬菜根结线虫病根结线虫的形态、结构（图21-15），注意雌虫的会阴花纹特征，2龄幼虫的平均长度和雄虫背食道腺口的位置等，这是鉴定4种根结线虫的主要根据。

通过韭菜灰霉病、芹菜早疫病、姜瘟病、大蒜花叶病、菜豆白绢病等病害症状及病原观察，掌握其症状特点，了解病原物的形态特征。

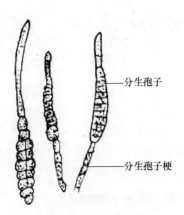

图 21-14 紫斑病菌
分生孢子梗和分生孢子

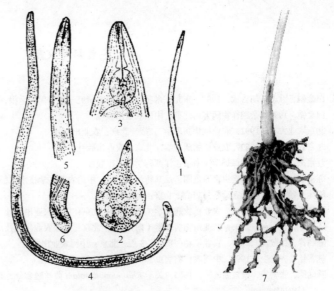

图 21-15 根结线虫病原与症状（引自陈利锋和徐敬友，2001）
1. 2 龄幼虫；2. 雌虫；3. 雌虫前端；4. 雄虫；
5. 雄虫前端；6. 雄虫尾部；7. 芹菜根结线虫病

四、作业

1）绘制菜豆锈病夏孢子、冬孢子形态图。
2）绘制芹菜斑枯病病菌形态图。
3）绘制葱紫斑病病菌形态图。

课后思考题

1. 豆类锈病的症状有哪些？
2. 影响豆类锈病病害发病的环境条件有哪些？
3. 芹菜斑枯病的病害管理措施有哪些？
4. 芹菜早疫病的症状是什么？
5. 葱紫斑病的症状及管理措施有哪些？
6. 蔬菜根结线虫病的症状及管理措施有哪些？
7. 姜瘟病的管理措施有哪些？
8. 大蒜花叶病发病的环境条件有哪些？
9. 韭菜灰霉病的症状及管理措施有哪些？
10. 菜豆白绢病的症状及发病条件有哪些？

主要参考文献

白金铠，尹志，胡吉成. 1988. 东北玉米茎腐病病原的研究. 植物保护学报，15（2）：93-98.

白金铠. 1997. 杂粮作物病害. 北京：中国农业出版社.

北京农业大学. 1991. 农业植物病理学. 2版. 北京：农业出版社.

北京农业大学. 1982. 农业植物病理学. 北京：农业出版社.

蔡银杰. 2006. 植物保护学. 南京：江苏科学技术出版社.

陈福如. 2012. 水稻病虫害原色图谱及其防治. 北京：中国农业科学技术出版社.

陈捷. 1999. 玉米病害诊断与防治. 北京：金盾出版社.

陈利锋，徐敬友. 2001. 农业植物病理学（南方本）. 北京：中国农业出版社.

陈利锋，徐敬友. 2005. 农业植物病理学（南方本）. 北京：中国农业出版社.

陈利锋，徐敬友. 2007. 农业植物病理学. 3版. 北京：中国农业出版社.

陈善铭，齐兆生. 1995. 中国农作物病虫害. 北京：中国农业出版社.

陈廷熙，张敦华，段霞渝，等. 1985. 关于 *Rhizoctonoia solani* 菌丝融合分类和有性世代的研究. 植物病理学报，15（8）：139-143.

陈啸寅，马成云. 2008. 植物保护. 2版. 北京：中国农业出版社.

董伟，张立平. 2012. 蔬菜病虫害诊断与防治彩色图谱. 北京：中国农业科学技术出版社.

董金皋. 2001. 农业植物病理学（北方本）. 北京：中国农业出版社.

董金皋. 2007. 农业植物病理学. 2版. 北京：中国农业出版社.

董金皋. 2010. 农业植物病理学（北方本）. 北京：中国农业出版社.

董金皋. 2010. 农业植物病理学. 北京：中国农业出版社.

方中达. 1996. 中国农业植物病害. 北京：中国农业出版社.

方中达. 1998. 植病研究方法. 3版. 北京：中国农业出版社.

房德纯. 1997. 特种病害防治图册. 沈阳：辽宁科学技术出版社.

费显伟，黄宏英. 2005. 园艺植物病虫害防治. 北京：高等教育出版社.

费显伟. 2010. 园艺植物病虫害防治. 北京：高等教育出版社.

高必达. 2005. 园艺植物病理学. 北京：中国农业出版社.

高成伟，傅强，黄世文，等. 2005. 水稻病虫害诊断与防治原色图谱. 北京：金盾出版社.

顾耘. 2003. 豆类蔬菜病虫害诊断与防治原色图谱. 北京：金盾出版社.

关继东. 2007. 林业有害生物控制技术. 北京：中国林业出版社.

广西壮族自治区植物保护总站. 2009. 广西农作物主要病虫测报技术手册. 南宁：广西科学技术出版社.

韩召军. 2012. 植物保护学通论. 2版. 北京：高等教育出版社.

贺献林. 2005. 温室番茄异常诊治及高效栽培新技术. 北京：中国农业出版社.

洪剑明，童贤明，徐福寿，等. 2006. 中国水稻病害及其防治. 上海：上海科学技术出版社.

侯建文. 2001. 植物保护学. 南京：河海大学出版社.

侯明生，黄俊斌. 2006. 农业植物病理学. 北京：科学出版社.

胡吉凤，曾琛，任军，等. 2013. 烘烤前后烟草赤星病病斑扩展情况的研究. 湖北农业科学，52（19）：4665-4666.

华南农业大学，河北农业大学. 2000. 植物病理学. 2版. 北京：中国农业出版社.

黄宏英，程亚樵. 2006. 园艺植物保护概论. 北京：中国农业出版社.

黄宏英. 2001. 植物保护技术. 北京：中国农业出版社.

黄少彬，孙丹萍. 2000. 园林植物病虫害防治. 北京：中国林业出版社.

黄少彬. 2012. 园林植物病虫害防治. 北京：高等教育出版社.

黄婷，柯美福，陈伟，等. 2012. 烟草品种对烟草花叶病毒病和黄瓜花叶病毒病的抗性鉴定. 植物保护，38（5）：115-119.

黄晓芳，苏杭，王春梅，等. 2013. 植物源抗病毒剂丁香酚抗烟草花叶病毒病的机理. 江苏农业学报，29（4）：749-754.

江世宏. 2007. 园林植物病虫害防治. 重庆：重庆大学出版社.

江苏省植物保护站. 1995. 江苏省农作物主要病虫害预测预报办法. 南京：江苏科学技术出版社.

姜恩国. 1991. 庭院蔬菜病虫害防治. 沈阳：辽宁科学技术出版社.

姜莉. 2012. 甜菜抗根腐病、丛根病授粉系的选育. 中国甜菜糖业，(2)：13-14.

昆明市科学技术局. 2006. 蔬菜病虫害的识别与防治. 昆明：云南科技出版社.

赖传雅，袁高庆. 2008. 农业植物病理学（华南本）. 2版. 北京：科学出版社.

赖传雅，袁高庆. 2008. 农业植物病理学（农林类）. 北京：科学出版社.

赖传雅. 2003. 农业植物病理学（华南本）. 北京：科学出版社.

雷晓，罗定棋，何余勇，等. 2012. 烤烟品种KRK26对烟草普通花叶病毒病及黑胫病的抗性鉴定. 贵州农业科学，40(1)：79-81.

李春杰，韩成贵. 2012. 高效杀菌剂对甜菜褐斑病的防治效果及其评价. 土壤与作物，(3)：186-189.

李春杰，韩成贵. 2013. 5种杀菌剂对甜菜褐斑病的防治效果. 中国糖料，(3)：62-63.

李光博，曾士迈，李振岐. 1990. 小麦病虫草鼠害综合治理. 北京：中国农业科学技术出版社.

李洪连，徐敬友. 2001. 农业植物病理学实验实习指导. 北京：中国农业出版社.

李怀方，刘凤权，郭小密，等. 2001. 园艺植物病理学. 北京：中国农业大学出版社.

李怀方. 2009. 园艺植物病理学. 北京：中国农业大学出版社.

李惠明. 2006. 蔬菜病虫害预测预报调查规范. 上海：上海科学技术出版社.

李丽明，邢岩. 1995. 黄瓜病虫害防治图册. 沈阳：辽宁科学技术出版社.

李梅云，冷晓东，刘勇. 2013. 新引国外烤烟品种的抗病性鉴定. 烟草科技，(4)：78-80.

李清西，钱学聪. 2002. 植物保护. 北京：中国农业出版社.

李研学，陈静. 1995. 番茄病虫害防治图册. 沈阳：辽宁科学技术出版社.

李振岐，曾士迈. 2002. 中国小麦锈病. 北京：中国农业出版社.

梁帝允，邵振润. 2011. 农药科学安全使用培训指南. 北京：中国农业科学技术出版社.

刘保才. 1998. 蔬菜病虫害识别与防治大全. 北京：中国林业出版社.

刘红彦. 2013. 果树病虫害诊治原色图鉴. 北京：中国农业科学技术出版社.

刘大群，董金皋. 2011. 植物病理学导论. 北京：科学出版社.

刘海河，张彦萍. 2002. 蔬菜病虫害防治. 北京：金盾出版社.

刘克明，吴全安，刘俊芳，等. 1989. 玉米小斑病菌三个生理小种生物学特性比较的初步研究. 华北农学报，4(2)：74～78.

刘锡若，薛国典. 1983. 玉米品种对丝黑穗病的抗病性和幼苗诊断的研究. 植物保护学报，10(4)：274～276.

刘秀芳. 1993. 西瓜蔬菜病虫害图解. 合肥：安徽科学技术出版社.

陆家云. 1997. 植物病害诊断. 2版. 北京：中国农业出版社.

陆家云. 2001. 植物病原真菌学. 北京：中国农业出版社.

吕桂云，李守勉. 2013. 设施蔬菜种植与病虫害防治技术. 北京：北京理工大学出版社.

吕佩柯，李明远. 1998. 中国蔬菜病虫原色图谱. 北京：中国农业出版社.

吕佩珂，李明远，吕钜文，等. 1992. 中国蔬菜病虫原色图谱（普通本）. 北京：农业出版社.

吕佩珂. 1988. 蔬菜病虫原色图谱. 长春：吉林科学技术出版社.

骆焱平，王兰英，张小军，等. 2012. 冬季瓜菜安全用药技术. 北京：化学工业出版社.

马秉元. 1985. 我国玉米丝黑穗病的综合防治研究进展. 中国农业科学，18(1)：46～51.

马成云. 2009. 作物病虫害防治（"十一五"国家级规划教材）. 北京：高等教育出版社.

马平，潘文亮. 2002. 北方主要作物病虫害实用防治技术. 北京：中国农业科学技术出版社.

马奇祥. 1998. 经济作物病虫实用原色图谱. 郑州：河南科学技术出版社.

孟建玉，汪汉成，贾蒙鹜. 2014. 贵州省烟草黑胫病菌对甲霜灵的抗药性. 植物保护，40(5)：168-171.

农业部农药检定所. 1998. 新编农药手册（续集）. 北京：中国农业出版社.

农业部人事劳动司，农业职业技能培训教材编审委员会. 2004. 农作物植保员. 北京：中国农业出版社.

彭兵，刘剑，惠非琼. 2015. 印度梨形孢诱导烟草对黑胫病的抗性及其机理的初步研究. 农业生物技术学报，23(4)：432-440.

戚佩坤，白金铠. 1966. 吉林省栽培植物真菌病害志. 北京：科学出版社.

邱强. 2002. 中国果树病虫原色图鉴. 郑州：河南科学技术出版社.

邱强. 2013. 作物病虫害诊断与防治彩色图谱. 北京：中国农业科学技术出版社.

全国农业技术服务推广中心. 2006. 农作物有害生物测报技术手册. 北京：中国农业出版社.

商鸿生. 2000. 新编辣椒病虫害防治. 北京：金盾出版社.

石明旺. 2011. 瓜类蔬菜病虫害防治技术. 北京：化学工业出版社.

郜连春. 2007. 作物病虫害防治. 北京：中国农业大学出版社.

郜连春. 2014. 作物病虫害防治技术. 2 版. 北京：中国农业大学出版社.

天津市农林局技术推广站. 1974. 农作物病虫害防治. 天津：天津人民出版社.

王存兴，李光武. 2010. 植物病理学. 北京：化学工业出版社.

王金生. 1992. 寄主—病原物互作. 植物病理学报，22（4）：289-292.

王久兴，贺桂欣. 2008. 茄果类蔬菜病虫害诊断与防治原色图谱. 北京：金盾出版社.

王久兴，同立英. 2013. 黄瓜病虫害诊断与防治图谱. 北京：金盾出版社.

王连荣. 2000. 园艺植物病理学. 北京：中国农业出版社.

王善龙. 2001. 园林植物病虫害防治. 北京：中国农业出版社.

王恒亮. 2013. 蔬菜病虫害诊治原色图鉴. 北京：中国农业科学技术出版社.

王险峰. 2000. 进口农药应用手册. 北京：中国农业出版社.

王晓玲. 1997. 植物病理学. 贵阳：贵州民族出版社.

王运兵，吕印谱. 2004. 无公害农药实用手册. 郑州：河南科学技术出版社.

吴全安，梁克恭. 1984. 玉米小斑病菌寄主范围的研究. 植物病理学报，14（2）：79-86.

吴新兰，庞志超，田立民，等. 高粱丝黑穗病 Sphacelotheca reiliana（Kühn）Clint 的生理分化. 植物病理学报，12（1）：13-18.

武三安. 2006. 园林植物病虫害防治. 2 版. 北京：中国林业大学出版社.

夏声广，唐启义. 2006. 水稻病虫草害防治原色生态图谱. 北京：中国农业出版社.

夏声广. 2008. 西瓜病虫害防治原色生态图谱. 北京：中国农业出版社.

肖启明，欧阳河. 2002. 植物保护技术. 北京：高等教育出版社.

邢来君，李明春. 1999. 普通真菌学. 北京：高等教育出版社.

徐秉良，曹克强. 2012. 植物病理学. 北京：中国林业出版社.

徐汉虹. 2008. 生产无公害农产品使用农药手册. 北京：中国农业出版社.

徐洪富. 2003. 植物保护学. 北京：高等教育出版社.

徐卫红. 2012. 叶类蔬菜栽培与施肥技术. 北京：化学工业出版社.

许志刚. 2003. 普通植物病理学. 3 版. 北京：中国农业出版社.

许志刚. 2008. 植物检疫学. 3 版. 北京：高等教育出版社.

许志刚. 2009. 农业植物病理学. 北京：高等教育出版社.

许志刚. 2009. 普通植物病理学. 4 版. 北京：高等教育出版社.

薛超群，奚家勤. 2014. 生防菌剂 ZY-9-13 用量对烟草黑胫病发生的影响. 烟草科技，（12）：71-73.

杨安沛，曹禹. 2014. 不同甜菜品种对褐斑病的抗性分析. 中国糖料，（4）：48-49.

杨安沛，李迎春，孙桂荣，等. 2014. 伊犁地区甜菜褐斑病田间消长规律及其与气象因子的关系. 新疆农业科学，51（4）：679-684.

杨新美. 2000. 植物生态病理学. 北京：中国农业科学技术出版社.

杨毅. 2008. 常见作物病虫害防治. 北京：化学工业出版社.

叶恭银. 2006. 植物保护学. 杭州：浙江大学出版社.

叶钟音. 2002. 现代农药应用技术全书. 北京：中国农业出版社.

于生. 2012. 枯草芽孢杆菌防治甜菜褐斑病田间试验. 中国糖料，（2）：47-48.

于永浩，付岗. 2010. 瓜类蔬菜病虫害防治图谱. 南宁：广西科学技术出版社.

袁会珠. 2004. 农药使用技术指南. 北京：化学工业出版社.

曾昭慧，李厚忠. 1993. 植保实用技术新编. 北京：科学普及出版社.

张俊花. 2013. 大棚温室黄瓜南瓜高产栽培一本通. 北京：化学工业出版社.

张莉. 2013. 焉耆盆地甜菜根腐病病因调查分析. 新疆农业科技，（1）：15.

张丽芳，陈海如. 2013. 烟草青枯病、黑胫病和猝倒病的多重 PCR 检测. 华北农学报，（S1）：22-26.

张敏恒. 2013. 农药品种手册精编. 北京：化学工业出版社.

张求东. 2008. 水稻植保员培训教材. 北京：金盾出版社.

张随榜. 2007. 园林植物保护. 2 版. 北京：中国农业出版社.

张文吉，李学锋. 1998. 新农药应用指南. 2 版. 北京：中国林业出版社.

周志成，肖启明，曾爱平，等. 2009. 烟草病虫害及其防治. 北京：中国农业出版社.

张学哲. 2005. 作物病虫害防治. 北京：高等教育出版社.

张艳菊，戴长春，李永刚，等. 2014. 园艺植物保护学与实验. 北京：化学工业出版社.

张跃进. 2006. 农作物有害生物测报技术手册. 北京：中国农业出版社.

张中义. 1988. 植物病原真菌学. 成都：四川科学技术出版社.

赵善欢. 2001. 植物化学保护. 3 版. 北京：中国农业出版社.

浙江农业大学. 1980. 农业植物病理学. 上海：上海科学技术出版社.

中国农业科学院植物保护研究所. 1996. 中国农作物病虫害. 2 版. 北京：中国农业出版社.

朱彪. 2013. 设施蔬菜病虫害防治新技术. 北京：化学工业出版社.

宗兆锋，康振生. 2002. 植物病理学原理. 北京：中国农业出版社.

宗兆锋，康振生. 2010. 植物病理学原理. 2 版. 北京：中国农业出版社.

《中国农作物病虫图谱》编绘组. 1992. 中国农作物病虫图谱. 北京：农业出版社.

Agrios G N. 1999. 植物病理学. 陈永萱，陆家云，许志刚译. 北京：中国农业出版社.

南京农业大学《农业植物病理学》精品课程网 http://course.jingpinke.com/details?courseID=C060022&objectId=oid:8a83399
　　　6-18ac928d-0118-ac928f29-01d9&uuid=8a833996-18ac928d-0118-ac928f29-01d8

云南烟叶信息网 http://www.yntsti.com/

中国农业有害生物信息系统 http://pests.agridata.cn/

中国农业信息网 http://www.agri.cn/

中国农药第一网 http://www.nongyao001.com